高职高专机械设计与制造专业规划教材

# 机械制造工艺编制及实施

## (第2版)

马敏莉　主　编

陈广健　肖红升　陈旭东　陈振玉　副主编

清华大学出版社

北　京

## 内容简介

本书根据“高职高专教育机械制造类专业人才培养目标及规格”的要求，结合编者在机械制造应用领域多年的教学改革和工程实践的经验编写而成。

本书以项目、工作任务为引领，适合“教、学、做”合一的教学模式改革。本书的主要内容有机械制造工艺编制基础知识、轴类零件加工工艺编制及实施、套类零件加工工艺编制及实施、箱体类零件加工工艺编制及实施、齿轮类零件加工工艺编制及实施、装配工艺编制及实施。配备企业生产用零件图集，供学生工艺编制时选用。

本书可作为高职高专院校及本科院校的二级职业技术学院机械制造类专业的教学用书，也可作为社会相关从业人员的业务参考书及培训用书。

本书为“十二五”江苏省高等学校重点教材(编号：2014-1-132)。



**图书在版编目(CIP)数据**

机械制造工艺编制及实施/马敏莉主编. —2 版. —北京：清华大学出版社，2016 (2024.12重印)
(高职高专机械设计与制造专业规划教材)
ISBN 978-7-302-44618-7

Ⅰ. ①机… Ⅱ. ①马… Ⅲ. ①机械制造工艺—高等职业教育—教材 Ⅳ. ①TH16

中国版本图书馆 CIP 数据核字(2016)第 175371 号

**责任编辑：** 陈冬梅 李玉萍
**装帧设计：** 王红强
**责任校对：** 周剑云
**责任印制：** 丛怀宇
**出版发行：** 清华大学出版社
**网 址：** https://www.tup.com.cn，https://www.wqxuetang.com
**地 址：** 北京清华大学学研大厦 A 座 **邮 编：** 100084
**社 总 机：** 010-83470000 **邮 购：** 010-62786544
**投稿与读者服务：** 010-62776969, c-service@tup.tsinghua.edu.cn
**质量反馈：** 010-62772015, zhiliang@tup.tsinghua.edu.cn
**课件下载：** https://www.tup.com.cn, 010-62791865
**印 装 者：** 三河市铭诚印务有限公司
**经 销：** 全国新华书店
**开 本：** 185mm×260mm **印 张：** 22.25 **字 数：** 538 千字
**版 次：** 2011 年 1 月第 1 版 2016 年 6 月第 2 版 **印 次：** 2024 年12月第 8 次印刷
**定 价：** 58.00 元

---

产品编号：070423-03

# 前　言

针对高职高专机械、机电专业人才培养的要求，本书根据典型机械零件工艺特点和工艺员岗位的工作过程，整合机械制造工艺理论知识和实践知识，实现课程内容综合化。教材内容以项目、工作任务为引领，适合“教、学、做”合一的教学模式改革。本书的主要内容有机械制造工艺编制基础知识、轴类零件加工工艺编制及实施、套类零件加工工艺编制及实施、箱体类零件加工工艺编制及实施、齿轮类零件加工工艺编制及实施、装配工艺编制及实施，配备企业生产用零件图集，供学生工艺编制时选用。本书突出工作过程在教材中的主线地位，每一单元均具有较强的范例性、可迁移性及可操作性。

本书具有以下几个特点。

(1) 根据企业的工作岗位和工作任务，开发设计以工作过程为导向，具有“工学结合”特色的课程体系，具有明显的“职业”特色，实现了实践技能与理论知识的整合，将工作环境与学习环境有机地结合在一起。

(2) 体现以工艺规程编制应用能力的培养为主线、相关知识为支撑的编写思路，注重理论联系实际，突出应用。每一单元都有工作情景的引入和情景任务实施及检查，并且都具有拓展实训和工程实践常见问题的解析，有利于帮助学生掌握知识、提高解决工程问题的能力。

(3) 按照学生的认知规律和职业成长规律合理编排教材内容，第 1 章主要介绍基础知识，第 2～5 章主要介绍轴、套、箱体、齿轮类零件的工艺编制及实施，第 6 章主要介绍装配工艺的编制及实施，各学校可根据学时数和不同专业的需要进行取舍。为便于学生自学和巩固所学内容，各章均有相关思考与练习习题和拓展训练。

(4) 突出教材的关联性。本书选用的工作情景均选自企业产品 8E160C-J 机油泵的零件和部件，零件与零件之间、零件与部件之间具有关联性。

本书第 1 版已经使用了 4 年，实际使用效果较好，受到师生的广泛好评。但随着机械制造工艺技术的发展，机械制造技术在不断更新，第 1 版教材已不能满足学习和工作的需要，我们通过修订来反映和融入新标准、新技术要求，满足高职院校对人才培养目标的需要。教材第 1 版中每一单元都配有实际工作场景导入和拓展实训，但企业生产用零件图数量偏少，训练案例单一，同时工作场景导入、计划、实施与检查、评价与讨论还不够完善，缺乏专业能力自评和互评、职业核心能力自评和互评等。针对上述情况并结合江苏省高等学校“十二五”重点教材建设的要求，对第 1 版《机械制造工艺编制及实施》教材进行了修订、调整，以保证新的教学改革顺利进行和满足人才培养新目标的迫切需要。第 2 版融入了最新的国内外相关标准，增加了大量企业真实产品案例，将职业岗位要求和职业标准具体化，增加学生专业能力自评和互评、职业核心能力自评和互评，完善评价体系，并对第 1 版使用过程中师生发现的所有谬误进行了修改。本书更加符合高职院校学生的认知规律和特点，满足高职教学改革的要求，具有明显高职教育特色。

本书由马敏莉任主编，陈广健、肖红升、陈旭东、陈振玉任副主编。马敏莉编写第1～3 章，马敏莉、陈旭东合编第 4 章，马敏莉、肖红升、陈振玉合编第 5 章和附录，陈广健编写前言、第 6 章，南通柴油机股份有限公司王建章、南通科技投资股份有限公司沈峰参与企业真实产品案例的收集，南通职业大学学生彭立、许志参与企业真实产品案例的整理，全书由马敏莉统稿。

南通职业大学李业农教授、周开俊博士、周小青博士和南通高级技师学院葛小平副教授等对本书的编写提出了许多宝贵的意见和建议，清华大学出版社的编辑也给予了热情的帮助和指导，在此表示衷心的感谢！

由于编者水平所限，书中难免有疏漏和不妥之处，殷切希望读者和各位同仁提出宝贵意见。邮箱：yyu2000@126.com

编　者

# 目　录

# 第 1 章　机械制造工艺编制基础知识

**本章要点**

- 机械制造工艺编制的概念。
- 零件的工艺性分析。
- 毛坯的选择。
- 机械加工路线的拟订。
- 机械加工工序内容的确定。
- 工艺尺寸链的计算。

**技能目标**

- 根据零件图的加工技术要求(材料、加工表面的尺寸精度、形状精度、位置精度、表面粗糙度、热处理等)，对零件图实施结构工艺性分析。
- 根据零件的批量及结构特点，确定零件的毛坯。
- 根据零件的批量及结构特点等要求，拟订加工工艺路线。
- 根据零件的加工顺序，确定重要加工工序的内容。

## 1.1　工作场景导入

**【工作场景】**

某企业生产的主要产品之一为 84002 齿轮，零件材料为 45 钢，中批量生产，其零件图样如图 1-1 所示。

**【任务要求】**

(1) 审查 84002 齿轮零件图样的工艺性。

(2) 选择 84002 齿轮毛坯，画毛坯图。

(3) 根据中批量生产和结构特点要求，确定零件的加工顺序。

(4) 根据零件的加工顺序，确定 2～3 道重要加工工序的内容。

**【引导问题】**

(1) 什么是制造过程、工艺过程、工艺系统、生产过程、机械加工工艺过程？

(2) 什么是工序、工步、走刀、装夹和工位？

(3) 什么是生产组织类型？

(4) 什么是机械零件加工工艺规程？机械零件加工工艺规程有何作用？制定的原则及步骤有哪些？

(5) 零件结构工艺性的概念是什么？如何实施零件结构工艺性分析？衡量零件结构工

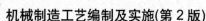

艺性的一般原则有哪些？工艺条件对零件结构工艺性的影响有哪些？

(6) 如何选择零件毛坯？

(7) 何谓经济加工精度？选择加工方法时应考虑的主要问题有哪些？

(8) 机械加工工艺过程划分加工阶段的原因是什么？

(9) 机械加工工序的安排原则是什么？

(10) 影响加工余量的因素有哪些？

(11) 基准重合时，工序尺寸及公差如何确定？

(12) 切削用量如何选择？

(13) 基准不重合如标注工序尺寸的基准是尚待加工的设计基准时、多尺寸保证时、余量校核以及零件进行表面热处理时的工序尺寸如何换算？

(14) 企业生产参观实习。

① 84002 齿轮生产现场的机械加工工艺过程是什么？共有几道工序？其中第 5 道工序工件是如何装夹的？有几个工步？

② 84002 齿轮生产现场涉及的工艺系统有哪些？请举例说明。

③ 生产现场的齿轮毛坯为何种类型？

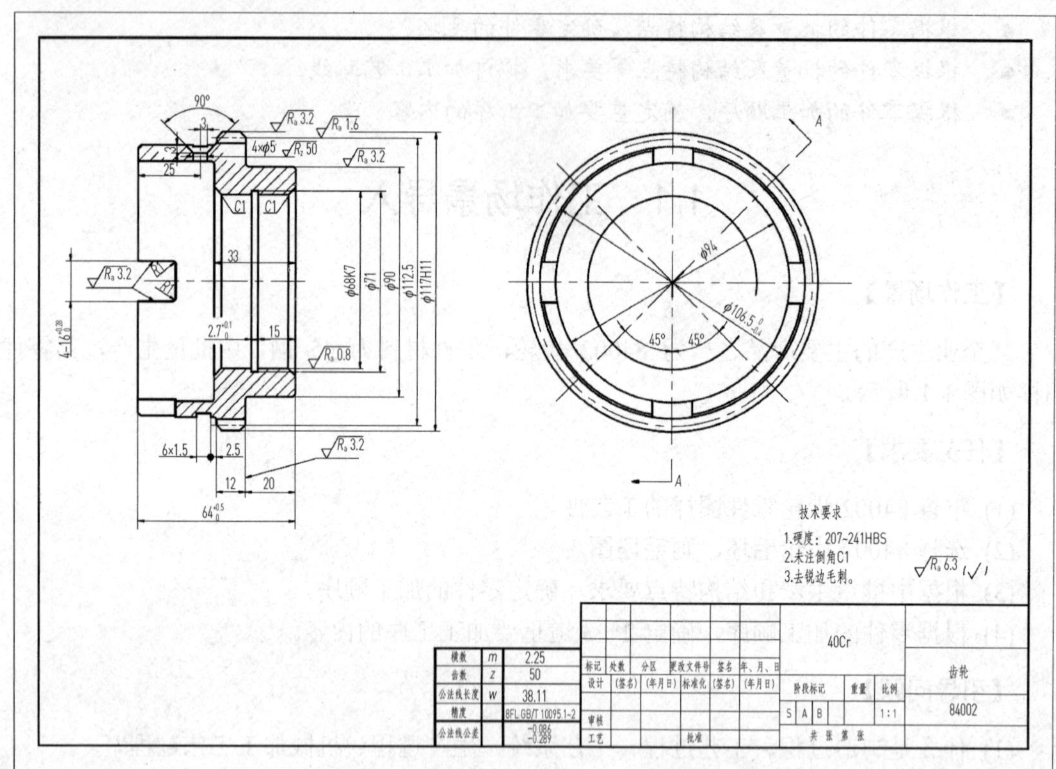


图 1-1 84002 齿轮零件图样

# 1.2　基 础 知 识

【学习目标】了解机械制造工艺编制基础知识，包括：制造过程、工艺过程、工艺系统、生产过程、机械加工工艺过程的概念、工序、工步、走刀、装夹和工位的概念，生产纲领和生产组织类型的概念，工序、工步划分的依据，机械零件加工工艺规程的概念、作用、制定的原则及步骤。

## 1.2.1　机械制造过程、工艺系统及生产系统

### 1. 制造过程、工艺过程与工艺系统

产品的生产过程主要划分为 4 个阶段，即新产品开发阶段、产品制造阶段、产品销售阶段和售后服务阶段。其中，产品制造过程是将设计零件图样或装配图样转化为实物零件、部件或整台产品的一系列活动的总称。

机械制造系统是完成制造过程的各种装置的总和，如图 1-2 所示，其整体目标就是使生产车间能最有效地全面完成所承担的零件机械加工任务。在机械制造中，将毛坯、工件、刀具、夹具、量具和其他辅助物料作为“原材料”输入机械制造系统，经过存储、运输、加工装配、检测等环节，最后作为机械加工后的成品输出，形成“物质流”。由加工任务、加工顺序、加工方法、物料流要求等确定的计划、调度、管理等属于“信息”的范畴而形成“信息流”。制造过程中必然消耗各种形式的能量，机械制造系统中能量的消耗及其流程则被称为“能量流”。

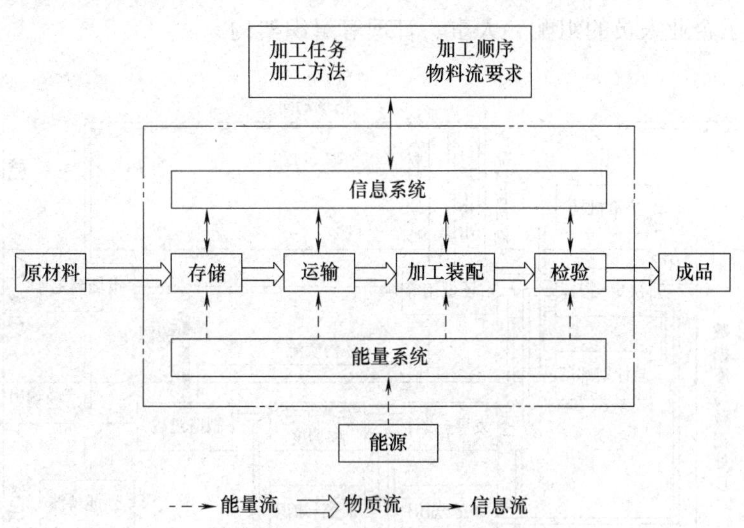


图 1-2　机械制造系统框图

工艺过程是指将制造过程中改变生产对象的形状、尺寸、相对位置和物理、力学性能等，使其成为成品或半成品的过程。工艺过程可根据其具体工作内容，分为铸造、锻造、冲压、焊接、机械加工、热处理、表面处理、装配等不同的工艺过程。

机械加工中由机床、刀具、夹具和工件(机、工、刀、夹)组成的相互作用、相互依赖

且具有特定功能的有机整体，称为机械加工工艺系统，简称工艺系统。由它完成零件的制造、加工或装配。工艺系统的整体目标是在特定的生产条件下，适应环境要求，在保证机械加工工件质量和生产率的前提下，采用合理的工艺过程，并尽可能降低工序的加工成本。

### 2. 生产过程与生产系统

不同的企业从自身的实际条件、外部环境等方面综合考虑，组织产品生产的模式主要有以下 3 种。

(1) 生产全部零部件，组装产品(机器)，即“大而全”的传统模式。

(2) 生产一部分关键的零部件，其余的由其他企业外协供应，再组装整台产品。

(3) 完全不生产零部件，零部件靠外协加工，购回后装配产品，即所谓“大配套”模式。

生产过程是指将原材料转变为成品的全过程。它包括：原材料的运输、保管与准备，产品的技术、生产准备，毛坯的制造，零件的机械加工及热处理，部件及产品的装配、检验、调试、油漆、包装，以及产品的销售和售后服务等。

机械工厂的生产过程是以整个机械制造工厂为整体，为了实现最有效的经营管理，以获得最高的经济效益，因此不仅要把原材料、毛坯制造、机械加工、热处理、装配、油漆、试车、包装、运输和保管等属于物质范畴的因素作为要素来考虑，而且还必须综合分析和考虑技术情报、经营管理、劳动力调配、资源和能源利用、环境保护、市场动态、经济政策、社会问题和国际因素等，由此而形成的比制造系统、工艺系统更大的总体系统称为生产系统，如图 1-3 所示。生产系统中同样有物质流、能量流和信息流等子系统贯穿其中，而且比制造系统更加复杂和庞大。生产系统将一个有机的企业整体划分出不同的层次结构，它决定了企业人员的组配、人事、管理等组织架构。

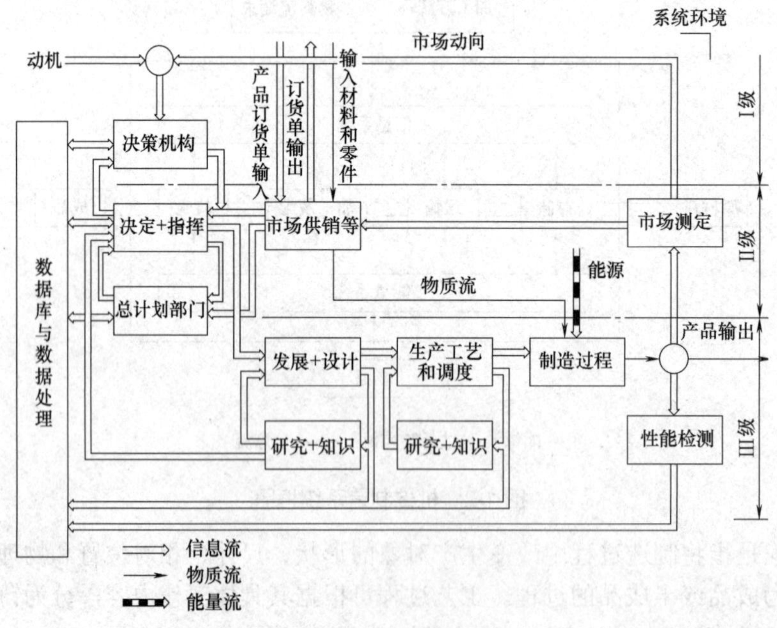


图 1-3　生产系统基本框图

## 1.2.2　机械加工工艺过程及其组成

### 1. 机械加工工艺过程

机械加工工艺过程是指用机械加工的方法改变毛坯的形状、尺寸、相对位置和性质，使其形成零件的全过程。从广义上来说，特种加工(包括电加工、超声波加工、激光加工、电子束及离子束加工)也是机械加工工艺过程的一部分，然而其实质不属于切削加工范畴。机械加工工艺过程直接决定零件及产品的质量和性能，对产品的成本、生产周期都有较大影响，是整个工艺过程的重要组成部分。

### 2. 机械加工工艺过程的组成

组成机械加工工艺过程的基本单元是工序。工序是由安装、工位、工步及走刀组成。

1) 工序

工序是指一个或一组工人，在一个工作地对同一个或同时对几个工件所连续完成的那一部分工艺过程。

工作地、工人、零件和连续作业是构成工序的 4 个要素，其中任一要素的变更即构成新工序。连续作业是指在该工序内的全部工作要不间断地接连完成。如图 1-4 所示的阶梯轴，外圆表面粗车后接着就进行精车，则整个粗、精车外圆为一个工序。如果阶梯轴的生产批量很大，则宜将粗车与精车分开，先完成这批零件的粗车，然后再进行精车。由于粗、精车外圆中间有了间断，因此成为两个工序，如表 1-1 及表 1-2 所示。

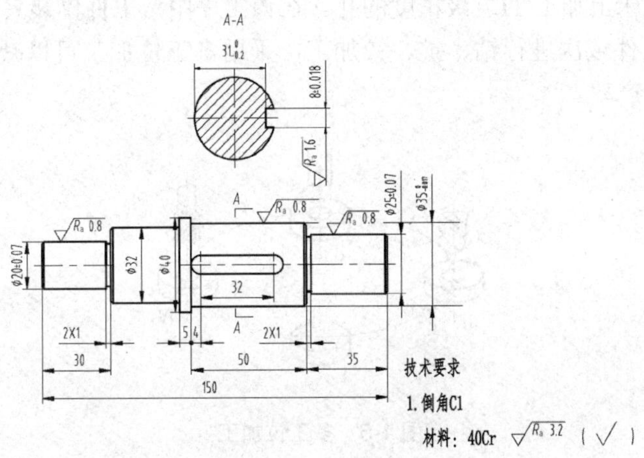


图 1-4　阶梯轴

表 1-1　单件生产阶梯轴的工艺过程

| 工序号 | 工序名称 | 设　备 |
|---|---|---|
| 1 | 车端面、钻中心孔 | 车床 |
| 2 | 车外圆、车槽和倒角 | 车床 |
| 3 | 铣键槽、去毛刺 | 铣床 |
| 4 | 磨外圆 | 磨床 |

表 1-2 大批量生产阶梯轴的工艺过程

| 工序号 | 工序名称 | 设 备 |
|---|---|---|
| 1 | 两边同时铣端面、钻中心孔 | 铣床 |
| 2 | 车一端外圆、车槽和倒角 | 车床 |
| 3 | 车另一端外圆、车槽和倒角 | 车床 |
| 4 | 铣键槽 | 铣床 |
| 5 | 去毛刺 | 钳工台 |
| 6 | 磨外圆 | 磨床 |

2) 安装

安装是工件经一次装夹后所完成的那一部分工序。工件在机床或夹具中定位并夹紧。在一个工序中，有的工件只需装夹一次，有的需要多次装夹。如图 1-4 所示的阶梯轴，要完成车外圆的工序，一般需要进行两次装夹。但是，从减少装夹误差及装夹工件花费的工时考虑，应尽量减少装夹次数。

3) 工位

在一个工序中，有时为了减少因多次装夹而带来的装夹误差及时间浪费，常采用转位或移位装置(转位或移位工作台或转位夹具)来实现多工位加工。在一次装夹中，工件与夹具或机床可动部分一起相对于刀具或机床固定部分所占据的每一个位置称为工位。图 1-5 所示为在多工位机床上加工 IT7 级精度的孔。在该工序中，工件仅装夹一次，利用 4 工位的回转台使每个工件依次进行钻、扩、铰加工。采用多工位加工可以减少装夹次数，降低装夹误差，提高生产率。

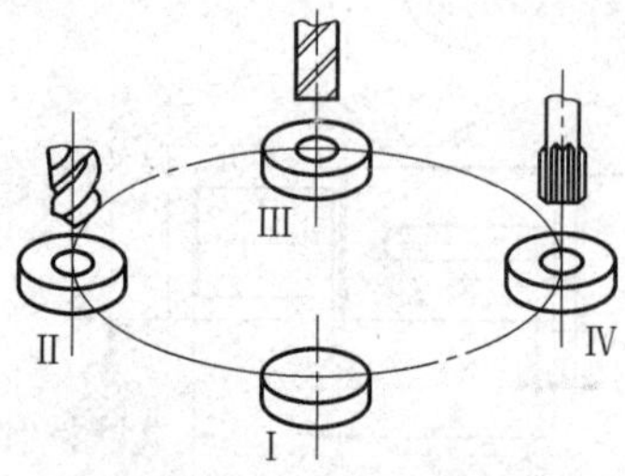


图 1-5 多工位加工

I —装、卸工位；II —钻孔工位；III—扩孔工位；IV—铰孔工位

4) 工步

在一道工序(一次装夹或一个工位)内，零件可能有多个表面需要加工，也可能虽只加工一个表面，但却要用若干把不同刀具，或虽用一把刀具，但却要用若干种不同切削用量分作多次加工。在加工表面、切削刀具和切削用量(仅指转速和进给量)都不变的情况下连续完成的那部分工艺过程，称为一个工步，简记为“四同一连续”。

图 1-6 所示为基本零件的孔加工工序，它由钻、扩、锪 3 个工步组成，3 个工步分别使用了钻头、扩孔刀和锪刀 3 种不同的刀具。对于六角自动车床的加工工序来说，六角头

(或转塔)每转换一个位置，一般是改变了切削刀具、加工表面以及机床的主轴转速和走刀量，这样就构成了不同的工步，如图 1-7 所示。有时，为提高生产效率，可把几个加工表面用几把刀具(或组成复合刀具)同时进行加工，通常将其看成是一个工步，称为复合工步，如图 1-8 所示。

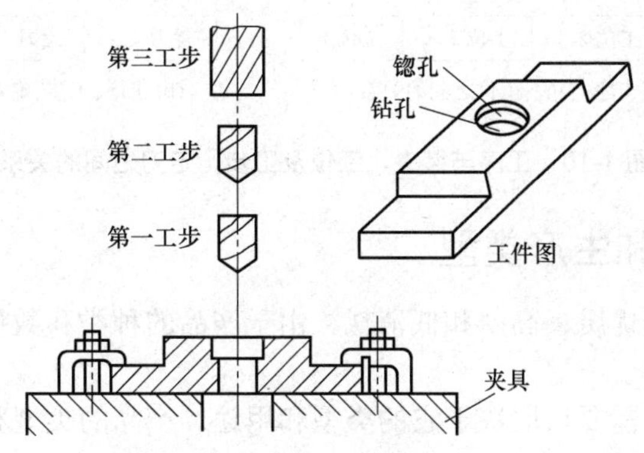


图 1-6　基本零件的孔加工工序

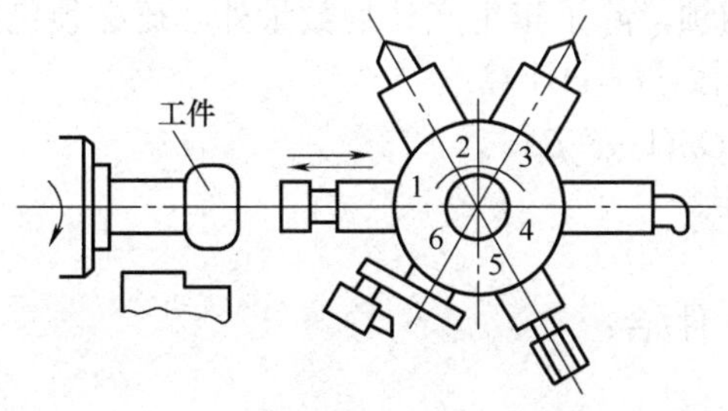


图 1-7　六角转台车床的不同工步

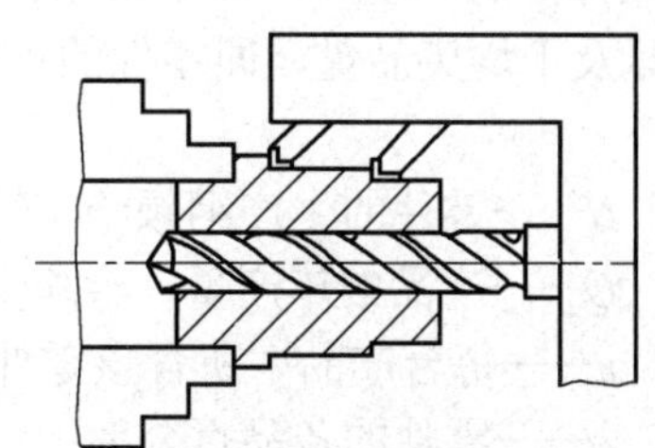

图 1-8　复合工步

5) 走刀

在一个工步中，如果要切掉的金属层很厚，可分几次切削，每切削一次就称为一次走刀。图 1-9 所示车削阶梯轴的第二工步中就包含了两次走刀。

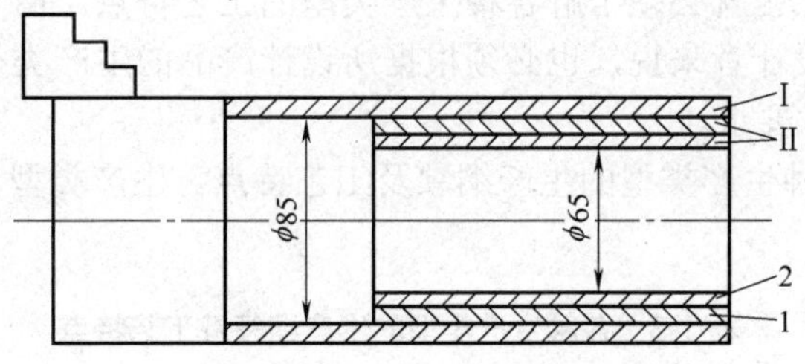


图 1-9　车削阶梯轴

Ⅰ—第一工步(在 $\phi85$)；Ⅱ—第二工步(在 $\phi65$)；1—第二工步第一次走刀；2—第二工步第二次走刀

图 1-10 给出了工序、装夹、工位之间以及工序、工步、走刀之间的层次结构关系。

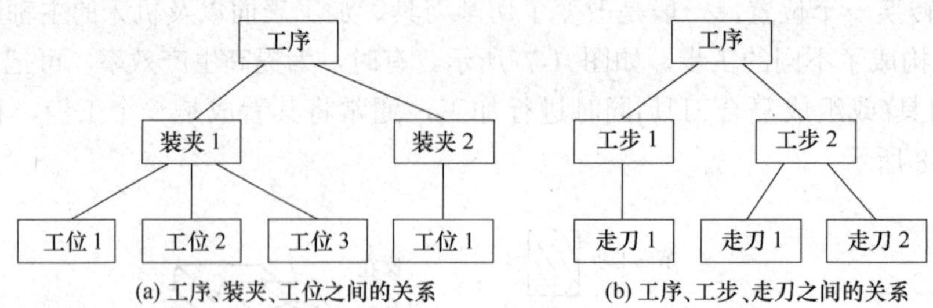

(a) 工序、装夹、工位之间的关系　(b) 工序、工步、走刀之间的关系

图1-10　工序与装夹、工位及工步、走刀之间的关系

## 1.2.3　生产纲领和生产类型

工艺过程的要求是优质、高产和低消耗。由于产品的种类和数量不同，其合理的工艺路线也大不相同。

对各种机械产品的需要量取决于它的类型和用途。产品的类型和用途不同，其生产类型也不同。某些产品只需要单件生产，某些产品却需要成批生产甚至大量生产。

生产纲领是指工厂的生产任务，其内容包括产品对象(结构型号和类别)，以及全年或季度或每月的产量。产品中某零件的生产纲领，除了年生产计划数量外，还必须包括它的备品量及平均废品量，即零件的年生产纲领按式(1-1)计算：

$$N=Qn(1+\alpha+\beta) \tag{1-1}$$

式中：$N$——零件的生产纲领(年产量)，件/年；

$Q$——产品的年产量，台/年；

$n$——每台产品中所含该零件的数量，件/台；

$\alpha$——零件的备品百分率；

$\beta$——零件的废品百分率。

生产纲领对工厂的生产过程、工艺方法和生产组织起决定性的作用，包括决定各工作的专业化程度、所用工艺方法、机床设备和工艺装备(工艺装备是指刀(工)具、夹具、量具、辅助工具和物料输送装置等)，因此也就对产品的优质、高产、低消耗问题起决定性作用。同一种产品由于生产量不同(也就是生产纲领不同)，就可以有完全不同的生产过程，因此研究产品的制造工艺就必须了解各种生产类型的工艺特点。由于产品结构与工艺有密切关系，所以对产品设计者来说，也必须根据所设计产品的生产类型的工艺特点，合理地确定其结构形状和技术要求。

表1-3列出了各种生产类型的生产纲领及工艺特点。生产类型常常分为单件生产、成批生产和大量生产。

表1-3　各种生产类型的生产纲领及工艺特点　单位：件

| 生产类型 / 纲领及特点 | | 单件生产 | 成批生产 | | | 大量生产 |
|---|---|---|---|---|---|---|
| | | | 小　批 | 中　批 | 大　批 | |
| 产品类型 | 重型机械 | <5 | 5～100 | 100～300 | 300～1000 | >1000 |
| | 中型机械 | <10 | 10～200 | 200～500 | 500～5000 | >5000 |
| | 轻型机械 | <100 | 100～500 | 500～5000 | 5000～50 000 | >50 000 |

续表

| 纲领及特点＼生产类型 | | 单件生产 | 成批生产 | | | 大量生产 |
|---|---|---|---|---|---|---|
| | | | 小　批 | 中　批 | 大　批 | |
| 工艺特点 | 毛坯的制造方法及加工余量 | 自由锻造，木模手工造型；毛坯精度低，余量大 | | 部分采用模锻、金属模造型；毛坯精度及余量中等 | 广泛采用模锻、机器造型加工余量等高效方法；毛坯精度高、余量小 | |
| | 机床设备及机床布置 | 通用机床按机群式排列；部分采用数控机床及柔性制造单元 | | 通用机床和部分专用机床及高效自动机床；机床按零件类别分工段排列 | 广泛采用自动机床、专用机床，采用自动线或专用机床流水线排列 | |
| | 夹具及尺寸保证 | 通用夹具、标准附件或组合夹具；划线试切保证尺寸 | | 通用夹具、专用或成组夹具；定程法保证尺寸 | 高效专用夹具；定程法及自动测量控制尺寸 | |
| | 刀具、量具 | 通用刀具、标准量具 | | 专用或标准刀具、量具 | 专用刀具、量具，自动测量 | |
| | 零件的互换性 | 配对制造，互换性低，多采用钳工修配 | | 多数互换，部分试配或修配 | 全部互换，高精度偶件采用分组装配、配磨 | |
| | 工艺文件的要求 | 编制简单的工艺过程卡片 | | 编制详细的工艺规程及关键工序的工序卡片 | 编制详细的工艺规程、工序卡片、调整卡片 | |
| | 生产率 | 采用传统加工方法，生产率低，用数控机床可提高生产率 | | 中等 | 高 | |
| | 成本 | 较高 | | 中等 | 低 | |
| | 对工人的技术要求 | 需要技术熟练的工人 | | 需要具有一定熟练程度的技术工人 | 对操作工人的技术要求较低，对调整工人的技术要求较高 | |
| | 发展趋势 | 采用成组工艺、数控机床、加工中心及柔性制造单元 | | 采用成组工艺，用柔性制造系统或柔性自动线 | 用计算机控制的自动化制造系统、车间或无人工厂，实现自适应控制 | |

注：“重型机械”“中型机械”和“轻型机械”可分别以轧钢机、柴油机和缝纫机作代表。

### 1. 单件生产

单件生产是指制造的产品数量不多，生产过程中各工作地点的工作完全不重复，或不定期重复的生产。单件生产的产品一般是需要量不大，或是生产劳动量很大、生产周期很长、投资额巨大的产品。例如，重型机械、轧钢机、大型船舶、航空母舰和航天飞机的生产，各种精密机械的试制过程，一般都属于单件生产。

单件生产中所用设备，除了有特殊技术要求的工件外，绝大多数采用通用设备和通用的工艺装备，现代制造中越来越多地采用数控机床。机床在车间内按类型排列，一般利用划线和试切方法加工零件。零件的加工质量和生产率主要依靠操作技术好的工人来保证。

单件生产的工艺特点是能适应产品品种多变和产量小。

**2. 成批生产**

成批生产是指产品成批地投入制造，通过一定的时间间隔，生产呈周期性的重复。成批生产的标志是在每一工作地点周期性地完成若干个工序，如通用机床、光学仪器、液压传动装置、火炮、车辆等的生产均属于成批生产。每批制造的相同产品的数量称为批量。根据批量的大小，又可将成批生产分为大批生产、中批生产和小批生产 3 种类型。小批生产与单件生产的工艺特点比较接近，大批生产与大量生产的工艺特点比较接近。

在成批生产中，一方面采用通用设备和通用工艺装备，另一方面也采用专用设备和专用工艺装备。车间中设备的布置应考虑零件加工顺序，制定的工艺规程比单件生产时所用的详细。在零件的生产过程中较多地采用尺寸自动获得法加工，因而对工人的操作技术水平的要求可以较低。某些零件的制造过程可以组织流水线生产。

**3. 大量生产**

大量生产是指一种产品长期地在同一工作地点进行的生产，其主要标志是每一工作地点长期固定地重复同一工序。大量生产的产品一般是具有广泛用途而类型比较固定的产品，如汽车、拖拉机、轴承等。

大量生产的主要特征是广泛采用专用的设备和工艺装备，它们在车间的布置都按工艺先后顺序排列，并采用流水生产的组织形式，生产过程的机械化和自动化程度最高，主要采用尺寸自动获得法加工，工艺规程的制定工作非常细致。

在成批和大量生产的条件下都可采用流水生产组织，它是指：工件经某一工序加工完毕后随即(或稍经停留)交给下一工序进行加工。流水生产的主要特征如下。

(1) 每一工序在固定工作地点进行。

(2) 按工序的先后顺序排列工作地点。

(3) 生产有节奏(或称节拍性)。节拍是指生产中每一个工序所规定的时间指标，即要求各工序的工作时间同期化(各工序时间都与生产所规定的节拍相等或成整数倍)。

## 1.2.4 机械加工工艺规程

一个零件可以采用几种不同的加工工艺来制造。在一定的生产条件下，确定一种较合理的加工工艺，并将它以表格形式的技术文件用来指导生产，这类文件称为机械加工工艺规程(简称工艺规程)。其主要内容有零件的加工工艺顺序、各道工序的具体内容、工序尺寸及切削用量、各道工序采用的设备和工艺装备及工时定额等。工艺规程是机械制造厂最重要的技术文件之一，它是企业生产中的指导性技术文件，其具体作用如下。

(1) 它是指导生产的主要技术文件。无论生产规模大小，都必须有工艺规程，否则生产调度、技术准备、工艺装备配置等都无法安排，生产将陷入混乱。工人只有按照它进行才能保证产品质量的稳定、较高的生产率和较好的经济效果。

(2) 它是生产组织和管理工作的基本依据。生产计划部门将根据工艺规程进行有关的技术准备和生产准备工作，如安排原材料的供应、通用工装设备的准备、专用工装设备的设计与制造、生产计划的编排、经济核算等工作，也是生产中对工人业绩考核的主要依据。

(3) 它是新建和扩建工厂的基本资料。新建或扩建工厂或车间时，要根据工艺规程和生产纲领来确定所需要的机床设备的品种和数量，机床的平面布置，占地面积，生产工人的工种、等级和数量，辅助部门的安排等。

### 1. 机械加工工艺规程的种类

机械加工工艺规程主要有机械加工工艺过程卡片和机械加工工序卡片两类。

1) 机械加工工艺过程卡片

机械加工工艺过程卡片主要列出了零件加工所经过的整个路线(称为工艺路线)，以及工装设备和工时等内容。每个零件编制一份，每道工序只写出其名称及设备、工装设备及工时定额等，而不写工序的详细内容，所以它只供生产管理部门应用，一般不能直接指导工人操作。在单件小批生产中，通常不编制其他较详细的工艺文件，而是以这种卡片指导生产，这时应编制得详细一些。机械加工工艺过程卡片的基本格式如表 1-4 所示。

**表 1-4　机械加工工艺过程卡片基本格式**

| | 机械加工工艺过程卡片 | 产品型号 | | 零(部)件图号 | |
|---|---|---|---|---|---|
| | | 产品名称 | | 零(部)件名称 | |

| 材料牌号 | | 毛坯种类 | | 毛坯外形尺寸 | | 每毛坯可制件数 | | 每台件数 | | 备注 | |
|---|---|---|---|---|---|---|---|---|---|---|---|

| | 工序号 | 工序名称 | 工序内容 | 车间 | 设备 | 工艺装备 | | | 工时 | |
|---|---|---|---|---|---|---|---|---|---|---|
| | | | | | | 夹具 | 刀具 | 量具 | 准终 | 单件 |
| | | | | | | | | | | |
| | | | | | | | | | | |
| | | | | | | | | | | |
| | | | | | | | | | | |
| | | | | | | | | | | |
| | | | | | | | | | | |
| | | | | | | | | | | |
| | | | | | | | | | | |
| | | | | | | | | | | |
| | | | | | | | | | | |
| 描图 | | | | | | | | | | |
| | | | | | | | | | | |
| 描校 | | | | | | | | | | |
| | | | | | | | | | | |
| | | | | | | | | | | |
| 底图号 | | | | | | | | | | |
| | | | | | | | | | | |
| 装订号 | | | | | | | | | | |

| | | | | | | | | | | 编制(日期) | 审核(日期) | 会签(日期) | 标准化(日期) | 批准(日期) |
|---|---|---|---|---|---|---|---|---|---|---|---|---|---|---|
| 标记 | 处数 | 更改文件号 | 签字 | 日期 | 标记 | 处数 | 更改文件号 | 签字 | 日期 | | | | | |

2) 机械加工工序卡片

机械加工工序卡片是用来具体指导工人操作的一种最详细的工艺文件，每一道机械加工工序均编写一张工序卡片。在机械加工工序卡片上，需画出工序简图，注明该工序的加工表面应达到的尺寸精度、形状精度、位置精度和表面粗糙度要求，以及定位基准、夹紧表面等；同时，还应根据工序卡片的其他要求填写完整。在大批量生产或中批量生产重要零件时都要采取这种卡片，其基本格式如表 1-5 所示。

**表 1-5　机械加工工序卡片基本格式**

| | 机械加工工序卡片 | 产品型号 | | 零(部)件图号 | | |
|---|---|---|---|---|---|---|
| | | 产品名称 | | 零(部)件名称 | | |

| | 施工车间 | 工序号 | 工序名称 | |
|---|---|---|---|---|
| | | | | |
| | 材料牌号 | 同时加工件数 | 冷却液 | |
| | | | | |
| | 设备名称 | 设备型号 | 设备编号 | |
| | | | | |
| | 夹具编号 | 夹具名称 | 工序工时 | |
| | | | 准终 | 单件 |
| | 工位器具编号 | 工位器具名称 | | |
| | | | | |

| | 工步号 | 工步内容 | 工艺装备 | | | 主轴转速/(r/s) | 切削速度/(m/s) | 进给量/mm | 切削深度/mm | 走刀次数 | 工时定额 | |
|---|---|---|---|---|---|---|---|---|---|---|---|---|
| | | | 刀具 | 量具 | 辅具 | | | | | | 机动 | 辅助 |
| | | | | | | | | | | | | |
| | | | | | | | | | | | | |
| 描图 | | | | | | | | | | | | |
| | | | | | | | | | | | | |
| 描校 | | | | | | | | | | | | |
| | | | | | | | | | | | | |
| 底图号 | | | | | | | | | | | | |
| | | | | | | | | | | | | |
| 装订号 | | | | | | | | | | | | |
| | | | | | | | | | | | | |
| | | | | | | | | | | | | |
| | | | | | | | | | | | | |

| | | | | | | | | | | 编制(日期) | 审核(日期) | 会签(日期) | 标准化(日期) | 批准(日期) |
|---|---|---|---|---|---|---|---|---|---|---|---|---|---|---|
| | 标记 | 处数 | 更改文件号 | 签字 | 日期 | 标记 | 处数 | 更改文件号 | 签字 | 日期 | | | | |

### 2. 制定零件机械加工工艺规程的原始资料

制定零件机械加工工艺规程时，必须具备下列原始资料。

(1) 零件的全套技术文件。它包括产品零件图样、零件验收的质量标准及零件的生产纲领；必要时应获得零件配套产品的全套图样、合同或订单的验收标准等。

(2) 毛坯图及毛坯制造方法。工艺员应研究毛坯或毛坯图，了解毛坯余量、结构工艺性等；对于铸件毛坯，还应了解铸型面、浇口、冒口的位置；对于模锻件产品，还应了解模锻件的出模斜度、飞边位置等，其目的是正确选择零件加工时的装夹部位及方法。

(3) 本厂(车间)的生产条件。了解工厂的设备、刀具、夹具、量具的性能、规格及精度状况，工厂的生产面积，工人的技术水平以及专用设备、工艺装备的制造能力等。

(4) 各种技术资料。它包括有关的手册、标准，以及国内外先进的工艺技术资料等。

#### 3. 制定零件机械加工工艺规程的原则及步骤

在一定的生产条件下，以最少的劳动消耗和最低的费用，按计划或合同要求加工出符合图纸要求的零件，这是制定机械加工工艺规程的基本原则。具体表现为保证产品质量，获得较高的生产率和最好的经济效益，并使工人具有良好而安全的劳动条件，做到技术上先进、经济上合理。

制定零件机械加工工艺规程的步骤如下。

(1) 研究分析产品装配图和零件图。其主要包括零件的加工工艺性、装配工艺性、主要加工表面及技术要求，了解零件在产品中的功用；对结构工艺性不好的地方提出必要的修改意见。

(2) 选择毛坯的种类和制造方法。这里应全面考虑毛坯制造成本和机械加工成本，以达到降低零件总成本的目的。

(3) 拟订工艺过程。其包括选择定位基准，选择零件表面加工方法，划分加工阶段，安排加工顺序和组合工序等。

(4) 工序设计。其包括确定加工余量，计算工序尺寸及其公差，确定切削用量，计算工时定额，以及选择机床和工艺装备等。

(5) 编制工艺规程。

## 1.3　零件的工艺性分析

【学习目标】理解零件结构工艺性的概念；掌握零件图样的分析内容；掌握衡量零件结构工艺性的一般原则；了解工艺条件对零件结构工艺性的影响。

### 1.3.1　分析和审查产品的装配图和零件图

在编制零件的机械加工工艺规程之前，必须先研究零件的工作图及产品装配图，了解该产品的作用及其工作条件，检查零件图的完整性和正确性，从加工制造的角度来分析审查零件的结构、尺寸精度、形位精度、表面粗糙度、材料及热处理等技术要求是否合理，是否便于加工和加工的经济性。通常情况下，改善零件的结构工艺性可以大大减少加工工时，简化工装并降低成本。如果是新产品的图样，则必须经过工艺分析和审查，若发现问题，可以和设计人员商量作出修改。另外，通过工艺分析后可对零件有更深入的了解，有助于制定出合理的工艺规程。

## 1.3.2 衡量零件结构工艺性的一般原则及实例

零件进行工艺分析的一个主要内容就是研究、审查零件的结构工艺性。所谓零件的结构工艺性，是指所设计的零件在满足使用要求的前提下，其制造的可行性和经济性。零件的结构要根据其用途和使用要求进行设计。但是，其结构上是否完善合理，还要看它是否符合工艺方面的要求，即在保证产品使用性能的前提下，是否能用生产率高、劳动量少、材料消耗省和生产成本低的方法制造出来。

零件的制造包括毛坯生产、切削加工、热处理和装配等许多生产阶段，各个生产阶段都是有机地联系在一起的。在进行结构设计时，必须全面考虑，而且是在设计的开始阶段，就应充分注意结构设计的工艺性，使得各个生产阶段都具有良好的工艺性。生产出现矛盾时，应统筹考虑，予以妥善解决。

为了改善零件机械加工的工艺性，在结构设计时通常应注意以下几项原则(见表 1-6)。

(1) 应尽量采用标准化参数。对于孔径、锥度、螺距、模数等，采用标准化参数有利于采用标准刀具和量具，以减少专用刀具和量具的设计与制造。零件的结构要素应尽可能统一，以减少刀具和量具的种类，减少换刀次数。

(2) 要保证加工的可能性和方便性，加工面应有利于刀具的进入和退出。

(3) 加工表面形状应尽量简单，便于加工，并尽可能布置在同一表面或同一轴线上，以减少工件装夹、刀具调整及走刀次数，有利于提高加工效率。

(4) 零件的结构应便于工件装夹，并有利于增强工件或刀具的刚度。

(5) 有相互位置精度要求的有关表面，应尽可能地在一次装夹中加工完，因此要求有合适的定位基准面。

(6) 应尽可能减轻零件重量，减少加工表面面积，并尽量减少内表面加工。

(7) 零件的结构应尽可能有利于提高生产效率。

(8) 合理地采用零件的组合，以便于零件的加工。

(9) 在满足零件使用性能的条件下，零件的尺寸、形状、相互位置精度与表面粗糙度的要求应经济合理。

(10) 零件尺寸的标注应考虑最短尺寸链原则、设计基准的选择，并且应符合基准重合原则，使得加工、测量、装配方便。

(11) 零件的结构应与先进的加工工艺方法相适应。

表 1-6 零件结构工艺性图例

| 序 号 | 结构工艺性不好 | 结构工艺性好 | 说 明 |
| --- | --- | --- | --- |
| 1 | 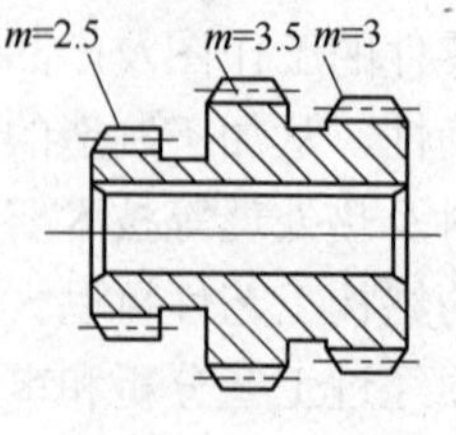 m=2.5 m=3.5 m=3<br>(1) | 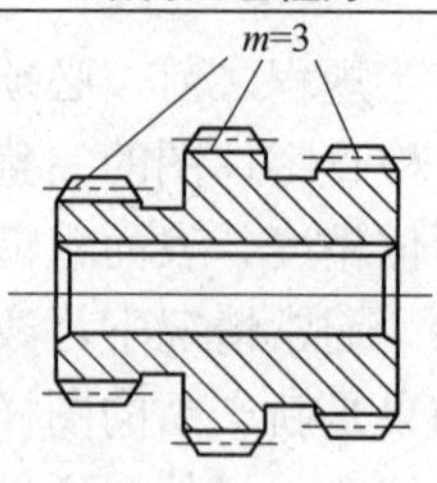 m=3<br>(2) | 图(1)需要 3 种模数的齿轮刀具，而图(2)只需要 1 种 |

续表

| 序　号 | 结构工艺性不好 | 结构工艺性好 | 说　明 |
| --- | --- | --- | --- |
|  | 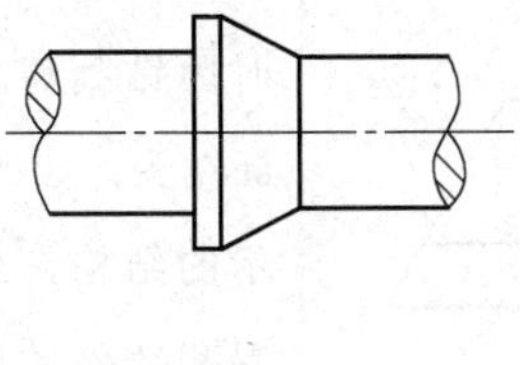 (3) | 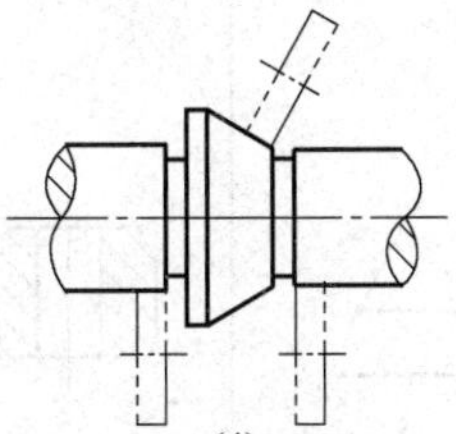 (4) | 图(3)所示的结构在阶梯表面的过渡部位和轴的磨削终端处无越程槽，砂轮的圆棱在工件上会产生不必要的圆角；图(4)所示的结构带有越程槽 |
| 2 | 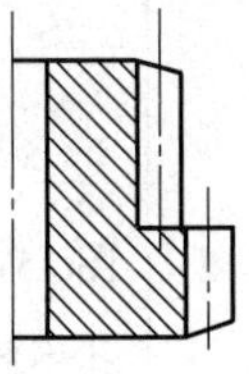 (5) | 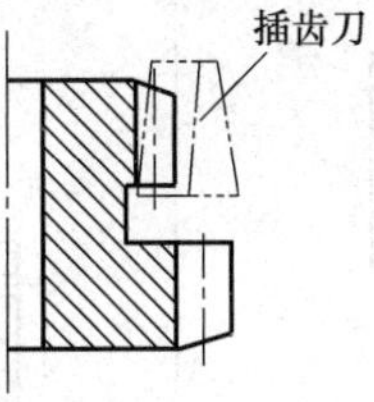 插齿刀<br>(6) | 图(5)所示的双联齿轮没有退刀槽，因而无法加工小直径齿轮，应改为图(6)所示的结构，以便于加工 |
|  | 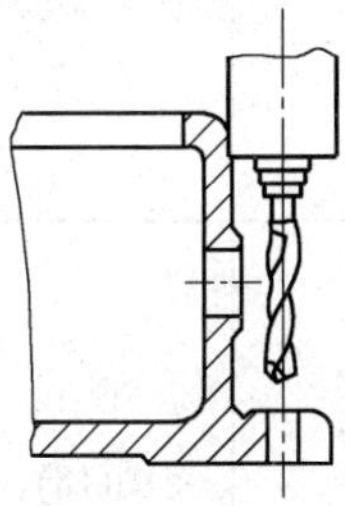 (7) | 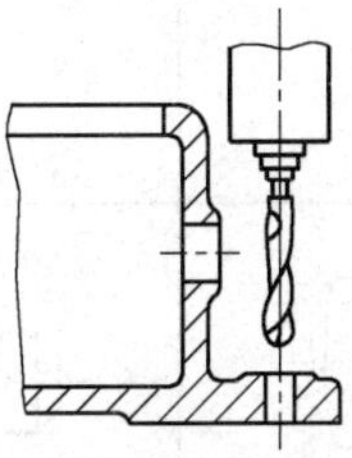 (8) | 图(7)所示的结构，孔距离箱体壁太近，因而无法加工；图(8)所示的结构使钻头能顺利地进刀和退刀 |
| 3 | 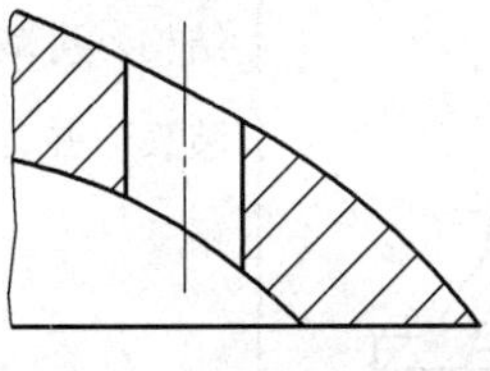 (9) | 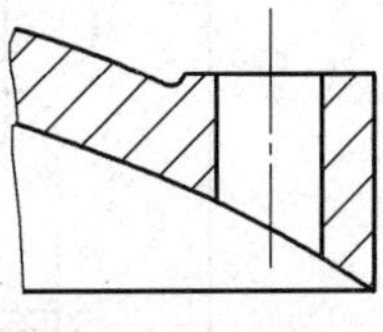 (10) | 应尽量避免在曲面上或斜壁上钻孔，图(9)所示的结构会使钻孔时钻头偏斜或折断，应改为图(10)所示的结构，使孔的轴线与端面垂直 |
|  | 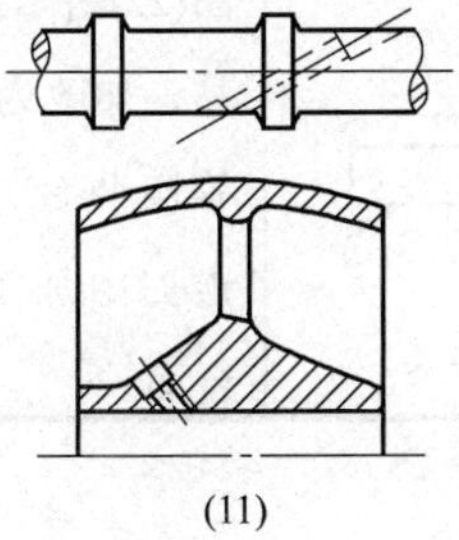 (11) | 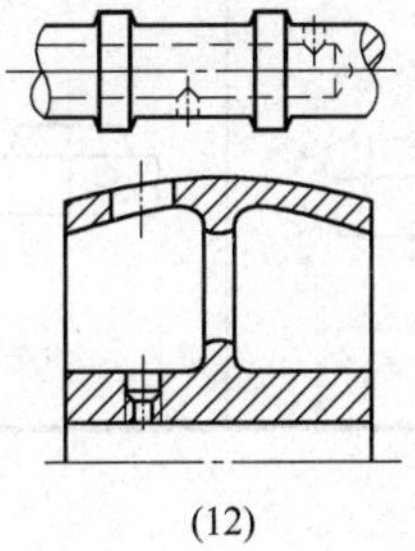 (12) | 图(11)所示的斜油孔使加工困难，应改为图(12)所示的结构 |

续表

| 序　号 | 结构工艺性不好 | 结构工艺性好 | 说　明 |
| --- | --- | --- | --- |
|  | 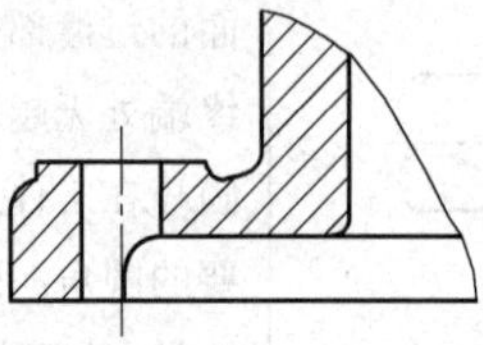 (13) | 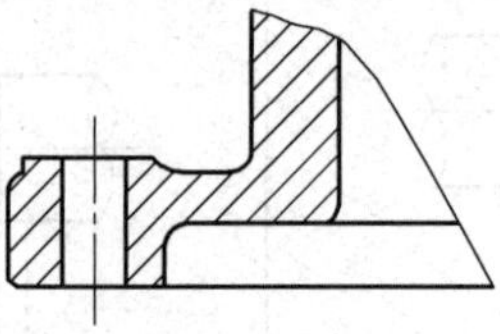 (14) | 图(13)所示的结构，钻孔时因钻到铸件壁上会折断钻头，应改为图(14)所示的结构，使钻孔的位置和铸件的壁保持一定的距离 |
| 3 | 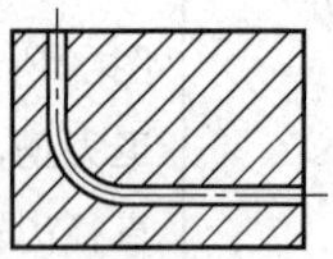 (15) 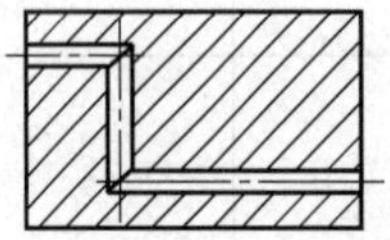<br>(16) | 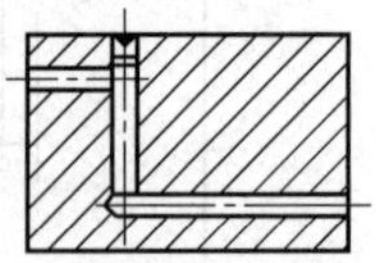 (17) | 图(15)、图(16)所示的弯曲孔不便于切削加工，应改为图(17)所示的结构 |
| 4 | 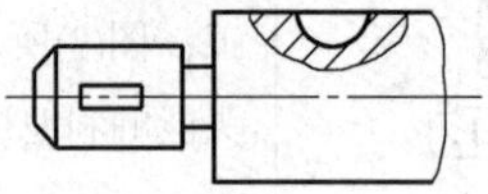 (18) 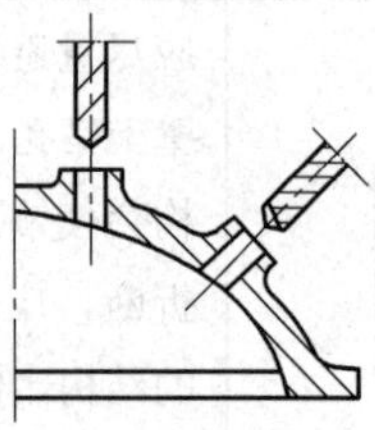<br>(20) | 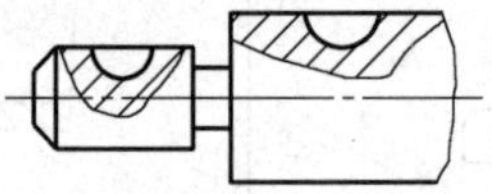 (19) 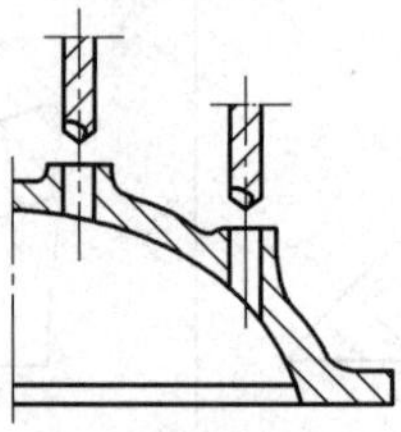<br>(21) | 将图(18)、图(20)的结构分别改为图(19)、图(21)的结构，可减少一次工件的装夹，并有利于提高位置精度 |
| 5 | (22) | (23) | 图(22)所示的凸台面不等高，如改为图(23)所示的等高凸台，可以在一次走刀中加工出所有的凸台面 |

续表

| 序　号 | 结构工艺性不好 | 结构工艺性好 | 说　明 |
| --- | --- | --- | --- |
| 6 | 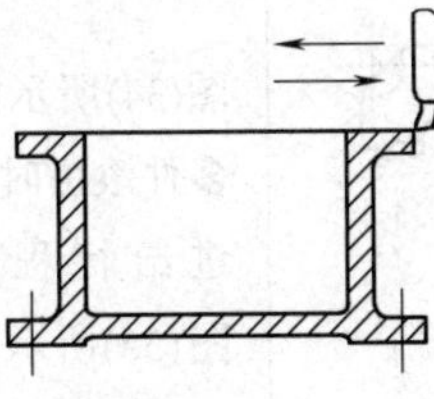 (24) | 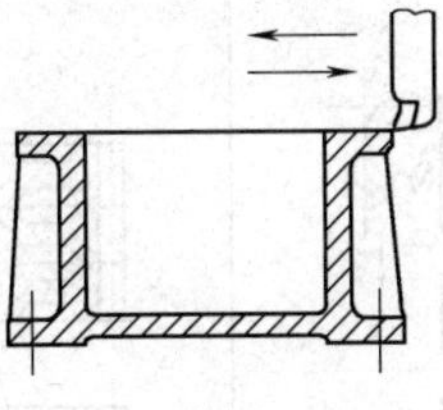 (25) | 图(24)所示的零件结构刚性差，刨刀切入的冲击力大，工件易变形，应改为图(25)所示的结构，设置的角板增强了工件的刚性 |
|  | 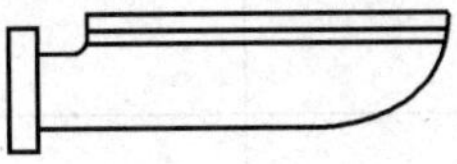 (26) | 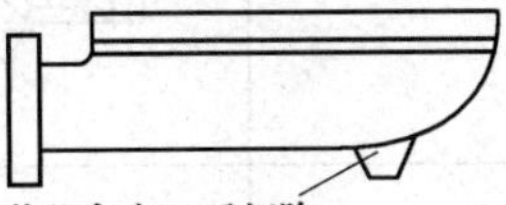 工艺凸台,加工后切除<br>(27) | 图(26)所示的数控铣床床身刨削上平面时定位困难，改为图(27)所示的有工艺凸台的结构则很容易定位 |
| 7 | 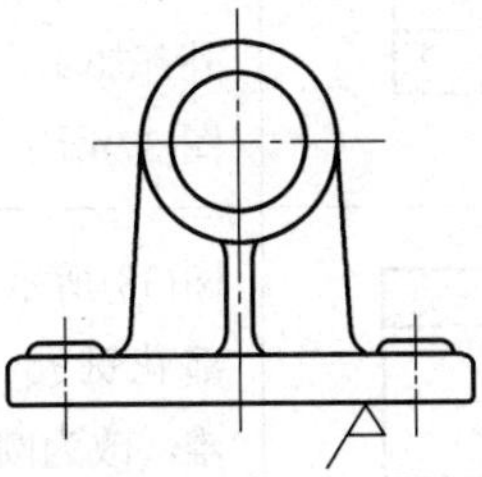 (28) | 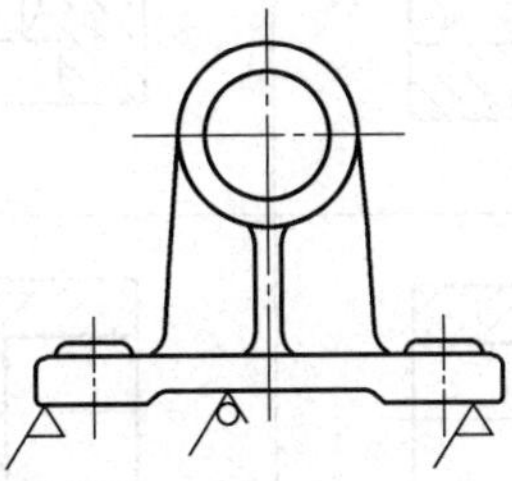 (29) | 图(28)所示的结构应改为图(29)所示的结构，这样既可减少切削加工工作量，又有利于保证配合精度 |
|  | 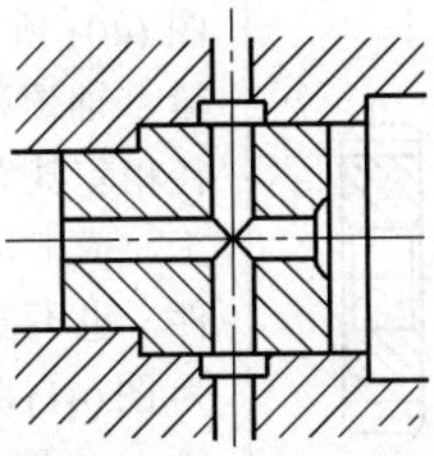 (30) | 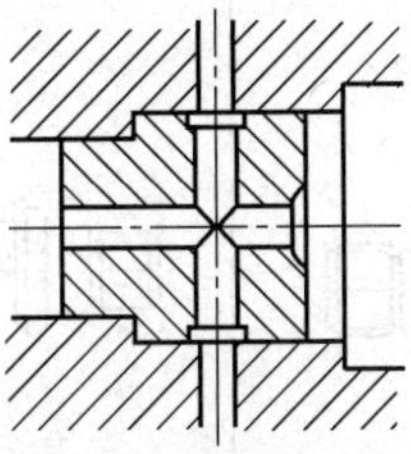 (31) | 图(30)所示的结构阀孔内凹槽不便于加工，改为图(31)所示的轴上外沟槽，加工方便，槽间距也容易保证 |
| 8 | 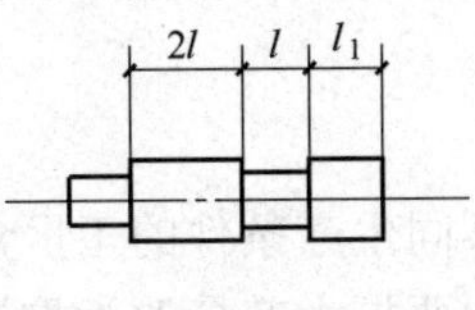 $2l$　$l$　$l_1$<br>(32) | 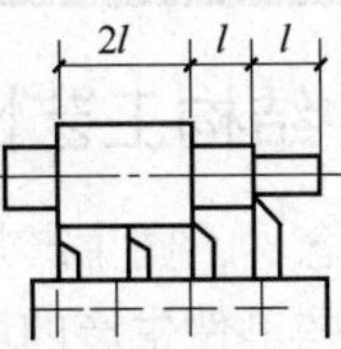 $2l$　$l$　$l$<br>(33) | 将图(32)所示的结构改为图(33)所示的结构，使加工表面长度相等或呈倍数，直径尺寸沿一个方向递减，便于布置刀具，零件可在多刀半自动车床上加工，可提高生产效率 |

续表

| 序　号 | 结构工艺性不好 | 结构工艺性好 | 说　明 |
| --- | --- | --- | --- |
| 8 | 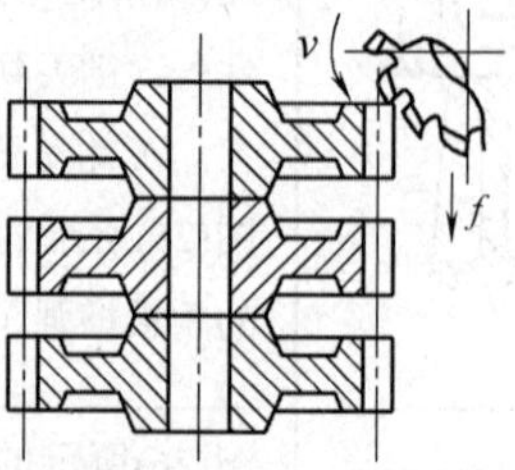 (34) | 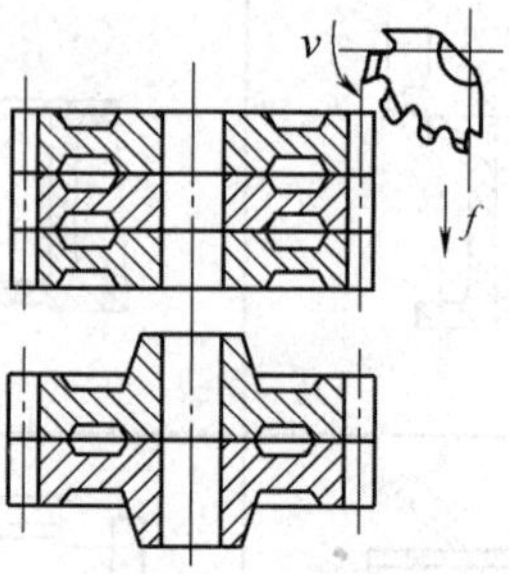 (35) | 图(34)所示的齿轮结构，多件滚齿时刚性差，轴向进给行程长，应改为图(35)所示的结构，刚性好且行程短，可提高生产效率 |
|  | 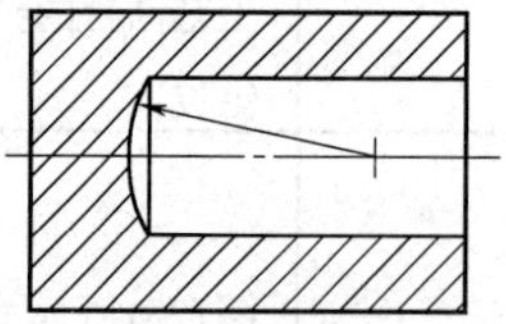 (36) | 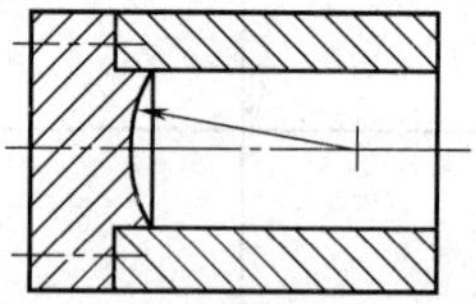 (37) | 图(36)所示的零件其内部为球面凹坑，很难加工，改为两个零件，凹坑变为外部加工，比较方便，如图(37)所示 |
| 9 | 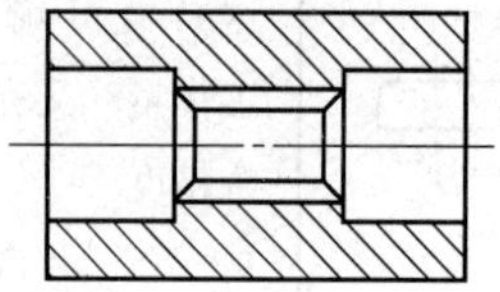 (38) | 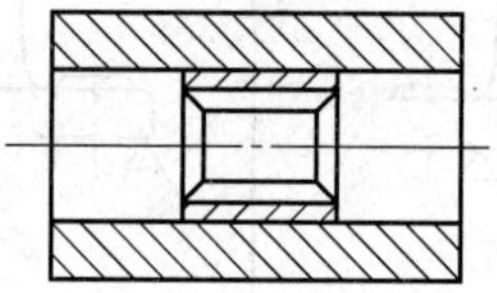 (39) | 图(38)所示的滑动轴套中部花键孔，加工比较困难，改为圆套、花键套分别加工后再组合比较方便，如图(39)所示 |
|  | 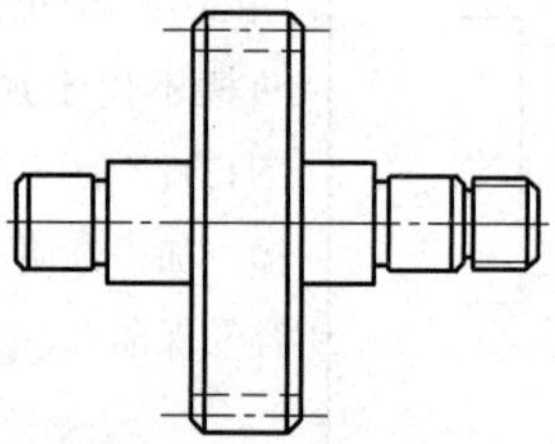 (40) | 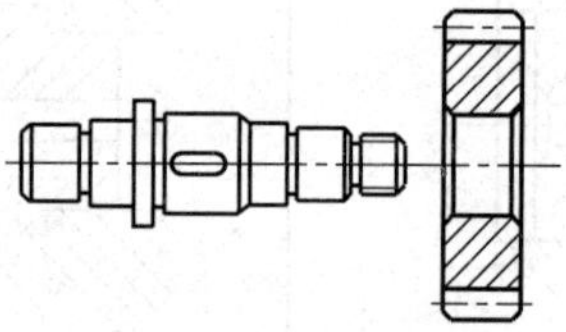 (41) | 图(40)所示的联轴齿轮，轴颈和齿轮齿顶圆直径相差甚大，若用整料加工，费工费料，若采用锻件，也不便于锻造，应改为图(41)所示的轴和齿轮，分别加工后用键连接，既节约材料又便于加工和维修 |

## 1.3.3　工艺条件对零件结构工艺性的影响

结构工艺性是一个相对概念，不同生产规模或具有不同生产条件的工厂，对产品结构工艺性的要求不同。例如，某些单件生产的产品结构，如要扩大产量改为按流水生产线来加工可能就很困难，若按自动线加工则困难更大。又如，同样是单件小批生产的工厂，若分别以拥有数控机床和万能机床为主，由于两者在制造能力上差异很大，因而对零件结构工艺性的要求就有很大的不同。同样，电火花等特种加工对零件的结构工艺性要求和切削加工也是有明显区别的。

### 1. 生产批量对零件结构工艺性的影响

图 1-11(a)所示的车床进给箱的箱体零件，在单件小批量生产时，同轴孔的直径尺寸设计应成单向递减，以便能在镗床上一次装夹加工完毕。但在大批量生产中，用双面组合镗床加工时，这种结构使得左面的镗杆要依次加工 3 个直径不同的孔，而右边的镗杆只能镗削最右边的一个孔，结构工艺性显然很差。如果改为图 1-11(b)所示的结构，孔径双向递减，使得左右镗杆的切削负荷大体一致，则可以缩短加工时间。

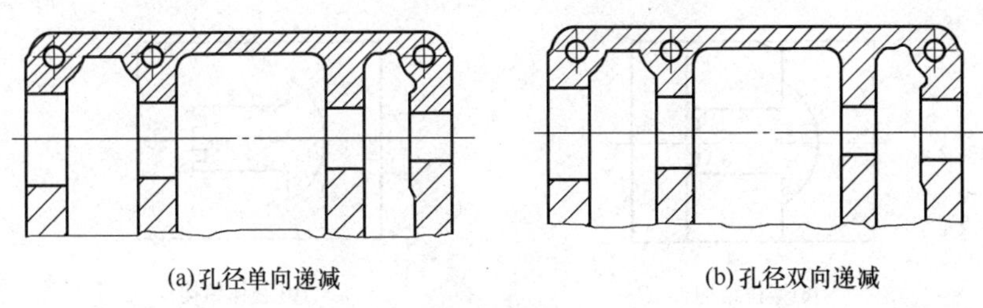

(a) 孔径单向递减　　(b) 孔径双向递减

图 1-11　箱体零件的结构工艺性

### 2. 数控加工对零件结构工艺性的影响

数控加工是指在数控机床(包括加工中心)上进行零件加工的一种工艺方法。数控加工的特点是：自动化程度高，加工精度高；对加工对象的适应性强，当加工对象改变时，除了相应地更换刀具和解决毛坯装夹方式外，只要重新编制该零件的加工程序，便可自动加工出新的零件；易于与计算机辅助设计系统连接，形成计算机辅助设计与制造紧密结合的一体化系统。因此，数控加工在下列场合中应用能充分发挥其卓越的工艺性能。

(1) 采用通用机床加工时，要求设计制造复杂的专用夹具或需很长调整时间的零件加工。

(2) 小批量生产(100 件以下)的零件加工。

(3) 轮廓形状复杂、加工精度高或必须用数学方法决定的复杂曲线、曲面零件的加工。

(4) 要求精密复制的零件加工。

(5) 预备多次改型设计的零件加工。

(6) 钻、镗、铰、锪、攻螺丝及铣削工序联合进行加工的零件，如箱体零件的加工。

(7) 价值高的零件或要求百分之百检验的零件加工。

数控加工对传统的零件结构工艺性衡量标准产生了巨大影响。例如：精度要求很高的复杂曲线、曲面的加工，对数控加工来说却是非常简单的事情；对于预备多次改型设计的零件，对数控加工而言，通常只需改写部分程序和重新调整机床即可，故其工艺性并无不妥之处。

### 3. 特种加工对零件结构工艺性的影响

在普通的切削、磨削加工中，方孔、小孔、弯孔、窄缝等被认为是工艺性很“差”的典型，有的甚至是“禁区”，特种加工的采用改变了这种局面。对于电火花穿孔、电火花线切割工艺来说，加工方孔和加工圆孔的难易程度是一样的；喷油嘴小孔，喷丝头小异形孔，涡轮叶片大量的小冷却深孔、窄缝，静压轴承、静压导轴的内油囊型腔等，采用电加工后也变难为易了。如图 1-12 所示的冲模结构，具有狭槽与尖角，难以切削加工。过去常采用镶拼结构(见图 1-12(a))，现用电火花加工出整体模(见图 1-12(b))，简化了结构，提高了模具的刚度。又如电液伺服阀阀套(见图 1-13(a))上精密方孔的加工，为了保证方孔之间尺寸的公差要求，过去是将阀套分成 5 个圆环，分别加工到方孔之间的尺寸精度达到要求后，再连接起来，现在用电火花加工，阀套改为整体结构(见图 1-13(b))，4 个电极同时加工出 4 个方孔，既能保证方孔之间的尺寸精度，又能提高生产效率，降低成本。

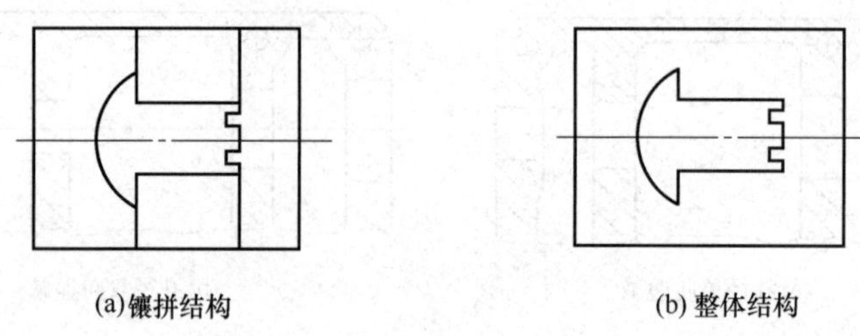


图 1-12　镶拼结构改为整体模结构

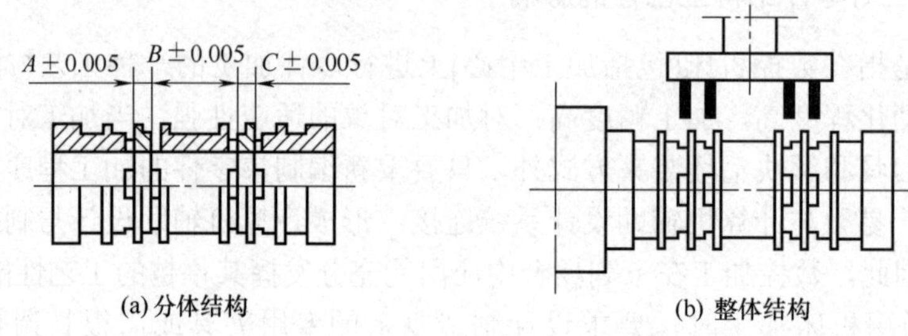


图 1-13　电液伺服阀的阀套结构

## 1.4　毛坯的选择

【学习目标】了解机械加工中常用毛坯的种类、毛坯种类应注意的问题；选择毛坯时应考虑的因素；掌握常用毛坯的制造方法；了解毛坯形状和尺寸的确定方法。

正确选择毛坯具有重大的技术经济意义，因为工序数量、材料消耗、机械加工劳动量等在很大程度上取决于所选择的毛坯。

### 1.4.1　机械加工中常用毛坯的种类

机械制造中常用的毛坯有以下几种。

1. 铸件

目前铸件大多用砂型铸造，它又分为木模手工造型和金属模机器造型。木模手工造型铸件精度低，加工表面余量大，生产率低，适用于单件小批生产或大型零件的铸造。金属模机器造型生产率高，铸件精度高，但设备费用高，铸件的重量也受到限制，适用于大批量生产的中、小铸件。另外，少量质量要求较高的小型铸件可采用特种铸造，如压力铸造、离心铸造和熔模铸造。

### 2. 锻件

机械强度要求高的钢制件一般要用锻件毛坯。锻件有自由锻造锻件和模锻件两种。自由锻造锻件可用手工锻打(小型毛坯)、机械锤锻(中型毛坯)或压力机压锻(大型毛坯)等方法获得。这种锻件的精度低，生产率不高，加工余量较大，而且零件的结构必须简单，适用于单件小批生产，以及制造大型锻件。

模锻件的精度和表面质量都比自由锻件好，而且锻件的形状也较为复杂，因而能减少机械加工余量。模锻的生产率比自由锻高得多，但需要特殊的设备和锻模，故适用于批量较大的中、小型锻件。

### 3. 型材

型材按截面形状可分为圆钢、方钢、六角钢、扁钢、角钢、槽钢及其他特殊截面的型材。型材有热轧和冷拉两类。热扎的型材精度低，但价格便宜，可用于一般零件的毛坯；冷拉的型材尺寸较小、精度高，易于实现自动送料，多用于批量较大的生产，适用于自动机床加工。

### 4. 焊接件

焊接件是用焊接方法获得的结合件。焊接件的优点是制造简单、周期短、节省材料；缺点是抗震性差，变形大，需经时效处理后才能进行机械加工。

除此之外，还有冲压件、冷挤压件、粉末冶金等其他毛坯，这里不再阐述。

机械加工中常用毛坯的制造方法及工艺特点如表 1-7 所示。

**表 1-7 机械加工中常用毛坯的制造方法及工艺特点**

| 毛坯制造方法 | | 最大质量/kg | 最小壁厚/mm | 形状复杂程度 | 适用材料 | 生产类型 | 精度等级(CT) | 毛坯尺寸公差/mm | 表面粗糙度/μm | 加工余量等级 | 生产率 | 其 他 |
|---|---|---|---|---|---|---|---|---|---|---|---|---|
| 铸造 | 木模手工砂型 | 无限制 | 3～5 | 最复杂 | 铁碳合金<br>有色金属<br>及其合金 | 单件及小批生产 | 11～13 | 1～8 | √ | H | 低 | 表面有气孔、砂眼，结砂，硬皮，废品率高 |
| | 金属模机械砂型 | 至 250 | 3～5 | 最复杂 | 铁碳合金<br>有色金属<br>及其合金 | 大批生产 | 8～10 | 1～3 | √ | G | 高 | 设备复杂，工人水平可降低 |
| | 金属型浇注 | 至 100 | 1.5 | 一般 | 铁碳合金<br>有色金属<br>及其合金 | 大批生产 | 7～9 | 0.1～0.5 | $R_a$12.5～6.3 | F | 高 | 结构精密，能承受较大压力 |
| | 离心铸造 | 至 200 | 3～5 | 回转体 | 铁碳合金<br>有色金属<br>及其合金 | 大批生产 | | 1～8 | $R_a$12.5 | — | 高 | 力学性能好，砂眼少，壁厚均匀 |

续表

| 毛坯制造方法 | | 最大质量/kg | 最小壁厚/mm | 形状复杂程度 | 适用材料 | 生产类型 | 精度等级(CT) | 毛坯尺寸公差/mm | 表面粗糙度/μm | 加工余量等级 | 生产率 | 其他 |
|---|---|---|---|---|---|---|---|---|---|---|---|---|
| 铸造 | 压铸 | 10～16 | 0.5(锌)<br>10(其他合金) | 取决于模具 | 有色金属及其合金 | 大批生产 | 6～8 | 0.05～0.15 | $R_a$6.3～3.2 | E | 最高 | 直接出成品，设备昂贵 |
| | 熔模铸造 | 小型零件 | 0.8 | 较复杂 | 难加工材料 | 单件及成批生产 | 5～7 | 0.05～0.2 | $R_a$12.5～3.2 | E | 一般 | 铸件性能好，便于组织流水生产，直接出成品 |
| | 壳模铸造 | 至 200 | 1.5 | 复杂 | 铁和有色金属 | 小批至大批生产 | 8～10 | | $R_a$12.5～6.3 | G | 一般 | — |
| 锻造 | 自由锻造 | 不限制 | 不限制 | 简单 | 碳素钢、合金钢 | 单件及小批生产 | 14～16 | 1.5～10 | ✓ | 3～5 | 低 | 技术水平高 |
| | 模锻(锤锻) | 至 100 | 2.5 | 由锻模制造难易而定 | 碳素钢、合金钢 | 成批及大量生产 | 12～14 | 0.2～2 | $R_a$12.5 | — | 高 | 锻件力学性能好，强度高 |
| | 精密模锻 | 至 100 | 1.5 | 由锻模制造难易而定 | 碳素钢、合金钢 | 成批及大量生产 | 11～12 | 0.05～0.1 | $R_a$6.3～3.2 | — | 高 | 要增加精压工序，锻模精度高，加热条件好，变形小 |
| 冷挤压 | | 小型零件 | | 简单 | 碳钢合金钢有色金属 | 大批量 | 6～7 | 0.02～0.05 | $R_a$1.6～0.8 | — | — | 用于精度较高的小零件，不需机械加工 |
| 板料冷冲压 | | (板料厚度0.2～6) | | 复杂 | 各种板材 | 大批量 | 9～12 | 0.05～0.5 | $R_a$1.6～0.8 | — | 高 | 有一定的尺寸、形状精度，可满足一般的装配使用要求 |
| 型材 | 热轧 | (圆钢直径范围$\phi$10～$\phi$250) | | 圆、方、扁、角、槽等形状 | 碳素钢、合金钢 | 各种批量 | 4～15 | 1～2.5 | $R_a$12.5～6.3 | — | 高 | 普通精度，采用热轧 |
| | 冷轧 | (圆钢直径范围$\phi$3～$\phi$60) | | 圆、方、扁、角、槽等形状 | 碳素钢、合金钢 | 大批量 | 9～12 | 0.05～1.5 | $R_a$3.2～1.6 | — | 高 | 精度高，价格贵，适于自动及转塔车床 |
| 粉末冶金 | | (尺寸范围宽 5～120，高 3～40) | | 简单 | 铁基、铜基 | 大批量 | 6～9 | 0.02～0.05 | $R_a$0.4～0.1 | — | | 成型后可不切削，设备简单，成本高 |
| 焊接 | 熔化焊 | 不限制 | 气焊 1<br>电弧焊 2 | 简单 | 碳素钢、合金钢 | 单件及成批生产 | 14～16 | 4～8 | ✓ | — | 一般 | 结构简单，生产周期短，结构轻便，抗震性差，热变形大，需时效消除内应力 |
| | 压焊 | | ≤12 | | | | | | | | | |

## 1.4.2　选择毛坯应考虑的因素

### 1. 零件材料及其力学性能

零件的材料大致确定了毛坯的种类。例如，材料为铸铁和青铜的零件应选择铸件毛坯；钢质零件形状不复杂、力学性能要求不太高时可选型材；对于重要的钢质零件，为保证其力学性能，应选择锻件毛坯。

### 2. 零件的结构形状与外形尺寸

形状复杂的毛坯一般用铸造方法制造；薄壁零件不宜用砂型铸造；中、小型零件可考虑用先进的铸造方法；大型零件可用砂型铸造。一般用途的阶梯轴，如果各阶梯直径相差不大，可用圆棒料；如果各阶梯直径相差较大，为减少材料消耗和机械加工的劳动量，则宜选择锻件毛坯。尺寸大的零件一般选择自由锻造；中、小型零件可选择模锻件；一些小型零件可做成整体毛坯。

### 3. 生产类型

大量生产的零件应选择精度和生产率都比较高的毛坯制造方法，例如：铸件采用金属模机器造型或精密铸造；锻件采用模锻、精锻；型材采用冷轧或冷拉型材；零件产量较小时应选择精度和生产率较低的毛坯制造方法。

### 4. 现有生产条件

确定毛坯的种类及制造方法，必须考虑具体的生产条件，如毛坯制造的工艺水平、设备状况以及对外协作的可能性等。

### 5. 充分考虑利用新工艺、新技术和新材料

随着机械制造技术的发展，毛坯制造方面的新工艺、新技术和新材料的应用也发展很快，如精铸、精锻、冷挤压、粉末冶金和工程塑料等在机械中的应用日益增加。采用这些方法大大减少了机械加工量，有时甚至可以不再进行机械加工就能达到加工要求，其经济效益非常显著，在选择毛坯时应给予充分考虑，在可能的条件下尽量多采用。

## 1.4.3　毛坯形状和尺寸的确定

毛坯的形状和尺寸，基本上取决于零件的形状和尺寸。零件和毛坯的主要差别在于，在零件需要加工的表面上，需要加上一定的机械加工余量，即毛坯加工余量。毛坯制造时，同样会产生误差，毛坯制造的尺寸公差称为毛坯公差。毛坯加工余量和公差的大小直接影响机械加工的劳动量和原材料的消耗，从而影响产品的制造成本。所以现代机械制造的发展趋势之一，便是通过毛坯精化，使毛坯的形状和尺寸尽量与零件一致，力求做到少、无切削加工。毛坯加工余量和公差的大小与毛坯的制造方法有关，生产中可参考有关工艺手册或有关企业、行业标准来确定。

在确定了毛坯加工余量以后，除了将毛坯加工余量附加在零件相应的加工表面上外，还要考虑毛坯制造、机械加工和热处理等多方面工艺因素对毛坯形状尺寸的影响。下面仅

从机械加工工艺的角度分析，确定毛坯形状和尺寸时应考虑的问题。

1. 工艺搭子的设置

有些零件，由于其结构等原因，加工时不易装夹稳定，为了使其装夹方便迅速，可在毛坯上制作凸台，即所谓的工艺搭子，如图 1-14 所示。工艺搭子只在装夹工件时使用，零件加工完成后一般都要切掉，但如果不影响零件的使用性能和外观质量，则可以保留。

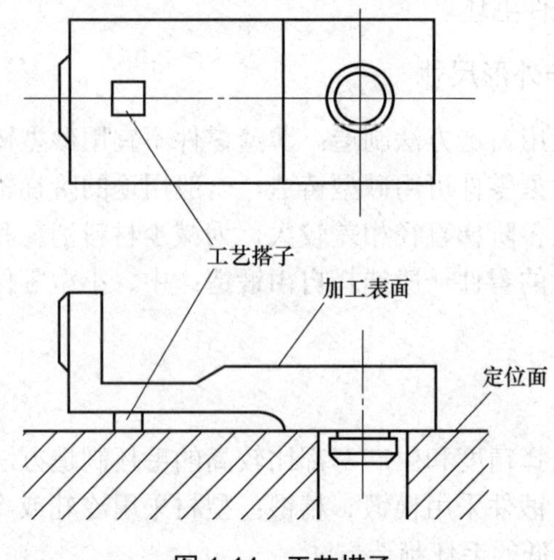


图 1-14　工艺搭子

2. 整体毛坯的采用

在机械加工中，有时会遇到磨床主轴部件中的三瓦轴承、发动机的连杆和车床的开合螺母等类零件，为了保证这类零件的加工质量以及便于加工，常做成整体毛坯，加工到一定阶段后再切开。如图 1-15 所示为连杆整体毛坯。

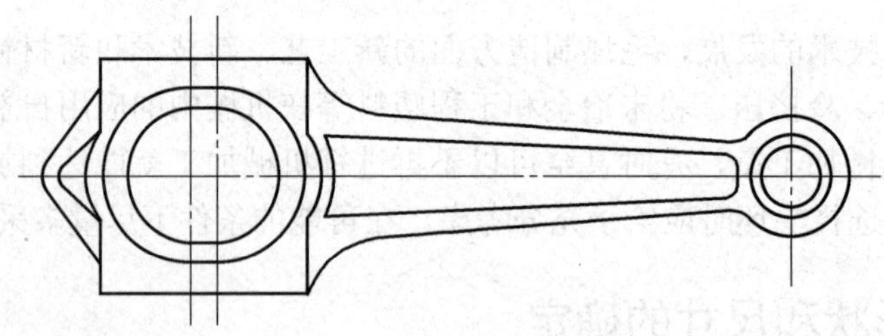

图 1-15　连杆整体毛坯

3. 合件毛坯的采用

为了便于加工过程中的装夹，对于一些形状比较规则的小型零件，如 T 形键、扁螺母、小隔套等，应将多件合成一个毛坯，待加工到一定阶段后或者大多数表面加工完毕后，再加工成单件。图 1-16(a)所示为 T815 汽车上的一个扁螺母，毛坯取一长六方钢。图 1-16(b)表示在车床上先车槽、倒角，车槽时控制前工序尺寸为 $\phi$20 mm。图 1-16(c)表示在车槽及倒角后，用 $\phi$24.5 mm 的钻头钻孔，钻孔的同时将其切成若干个单件。在确定合件毛坯的长度尺寸时，既应考虑切割刀具的宽度和零件的个数，还应考虑切成单件后，切割的端面是否需要进一步加工，若要加工，还应留有一定的加工余量。

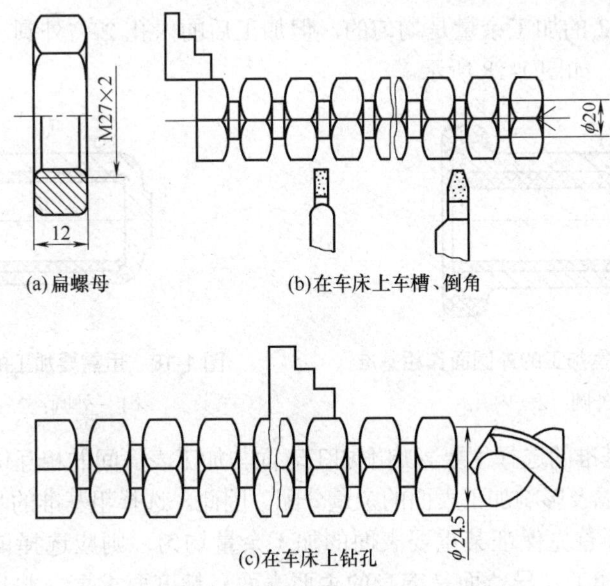


(a) 扁螺母　(b) 在车床上车槽、倒角　(c) 在车床上钻孔

图 1-16　扁螺母整体毛坯及加工

在确定毛坯种类、形状和尺寸后，还应绘制一张毛坯图，作为毛坯生产单位的产品图样。绘制毛坯图时，是在零件图的基础上，在相应的加工表面上加上毛坯余量。但绘制时还要考虑毛坯的具体制造条件，例如：铸件上的孔、锻件上的孔和空档、法兰等的最小铸出和锻出条件；铸件和锻件表面的起模斜度(拔模斜度)和圆角；分型面和分模面的位置等。

## 1.5　机械加工工艺路线拟订

【学习目标】了解定位基准的种类，掌握粗、精基准的选择方法，掌握拟订工艺路线时需要解决的主要问题；选定各表面的加工方法；划分加工阶段；安排工序的先后顺序、确定工序的集中与分散程度等。

### 1.5.1　定位基准的选择

定位基准有粗基准和精基准之分。在工件加工的第一道工序中，只能用毛坯上未曾加工过的表面作为定位基准，则该表面称为粗基准；在以后的工序中，使用经过加工过的表面作为定位基准，则该表面称为精基准。

#### 1. 粗基准的选择

零件毛坯在铸造时内孔与外圆之间难免会有偏心，因此在加工时，如果用不需加工的外圆 1 作为粗基准(用三爪卡盘夹持外圆)加工内孔 2，由于此时外圆 1 的中心线和机床主轴回转中心线重合，所以加工后内孔 2 与外圆 1 是同轴的，即加工后孔的壁厚是均匀的，但是内孔的加工余量却是不均匀的，如图 1-17 所示。相反，如果选择内孔 2 作为粗基准(用四爪卡盘夹持外圆 1，然后按内孔 2 找正)，由于此时内孔 2 的中心线和机床主轴回转中心线重合，所以内孔2的加工余量是均匀的，但加工后的内孔2与外圆1不同轴，即加工后的壁厚是不均匀的，如图1-18所示。

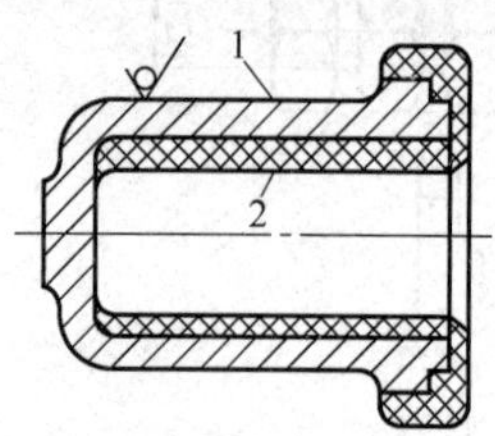


图1-17 用不需加工的外圆面作粗基准

1—外圆；2—内孔

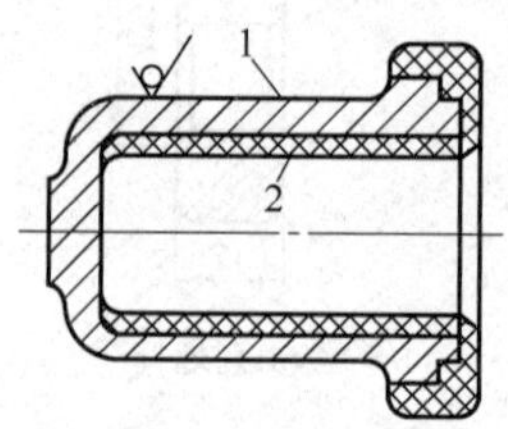


图1-18 用需要加工的内孔作粗基准

1—外圆；2—内孔

由此可见，粗基准的选择主要影响不加工表面与加工表面间的相互位置精度(如上例加工后的壁厚均匀性)，以及影响加工表面的余量分配。因此，选择粗基准的基本原则如下。

(1) 若工件必须首先保证某重要表面的加工余量均匀，则应选择该表面为粗基准。例如，床身导轨面的加工，导轨面是床身的主要表面，精度要求高，并且要求耐磨。在铸造床身毛坯时，导轨面需向下放置，以使其表面层的金属组织细致均匀，没有气孔、夹砂等缺陷；加工时要求加工余量均匀，以使其容易达到较高的精度，又可使切去的金属层尽可能薄一些，留下组织紧密、耐磨的金属表层。采用如图1-19所示的定位方法来加工，即先以导轨面作粗基面加工床脚平面，再以床脚平面作精基面加工导轨面，可保证导轨面的加工余量比较均匀。此时床脚平面上的加工余量可能不均匀，但它不影响床身的加工质量；反之，则会造成导轨面加工余量不均匀。

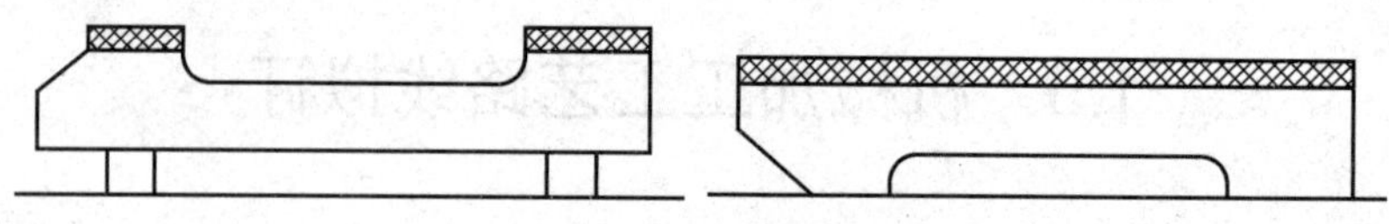

图1-19 车床床身加工

(2) 在没有要求重要表面加工余量均匀的情况下，若零件上每个表面都要加工，则应该以加工余量最小的表面作为粗基准。这样可使该表面在以后的加工中不致因余量太小以及留下没有经过加工的毛坯表面而造成废品。如图1-20所示的阶梯轴，由于$\phi$55 mm外圆表面的余量小，所以应选$\phi$55 mm的外圆作为粗基准；如果以$\phi$108 mm的外圆为粗基准来加工$\phi$50 mm的外圆，当两外圆有3 mm的偏心时，则有可能因$\phi$50 mm的余量不足而使工件报废。

(3) 在与(2)中相同的前提条件下，若零件上有的表面不需加工，则应以不加工表面中与加工表面的位置精度要求较高的表面为粗基准，以达到壁厚均匀、外形对称等要求。例如，图1-17所示的零件，一般为了保证镗内孔2后零件壁厚均匀，应选不加工外圆表面1作为粗基准。又如，图1-21所示的零件，有3个不加工表面，若表面4和表面2壁厚均匀度要求较高，在加工表面4时，应选表面2作为粗基准。

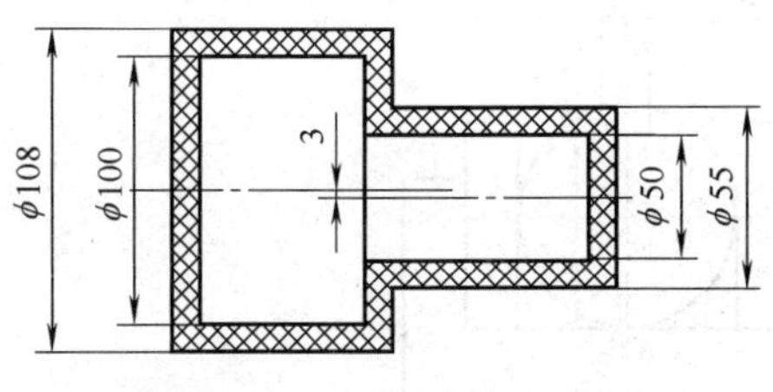


图 1-20　阶梯轴的加工

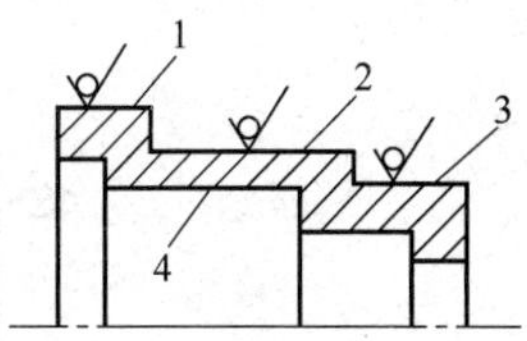


图 1-21　粗基准选择

1，2—不加工表面；3，4—加工表面

若工件上既需要保证某重要表面加工余量均匀，又要求保证不加工表面与加工表面的位置精度，则仍应按本项处理。此时重要表面的加工余量可能会不均匀，它对保证表面加工精度所带来的不利影响则可通过采取其他一些工艺措施(如减小背吃刀量、增加走刀次数)予以减小。

(4) 选用粗基准的表面应尽量平整光洁，不应有飞边、浇口、冒口及其他缺陷，这样可减小定位误差，并能保证零件夹紧可靠。

(5) 粗基准一般只使用一次，因此，一般只在第一道工序中使用，以后不应重复使用，以免由于精度及表面粗糙度很差的毛面多次定位而引起较大的定位误差。但是，当毛坯是精密铸件或精密锻件时，毛坯的质量很高，如果工件的精度要求不高，这时可以重复使用某一粗基准。

### 2. 精基准的选择

精基准的选择应从保证零件加工精度，特别是加工表面的相互位置精度来考虑，同时也要照顾到装夹方便、夹具结构简单。因此，选择精基准一般应遵循下列原则。

1) “基准重合”原则

应尽量选用设计基准和工序基准作为定位基准，这就是基准重合原则。如果加工工序是最终工序，所选择的定位基准应与设计基准重合；若是中间工序，则应尽可能采用工序基准作为定位基准。图 1-22 所示的键槽加工，如以中心孔定位，并按尺寸 $L$ 调整铣刀位置，工序尺寸为 $t=R+L$，由于定位基准和工序基准不重合，因此 $R$ 与 $L$ 两尺寸的误差都会影响键槽尺寸精度。如果采用图 1-23 所示的定位方式，工件以外圆下母线 $B$ 作为定位基准，则定位基准与工序基准重合，容易保证键槽尺寸 $t$ 的加工精度。

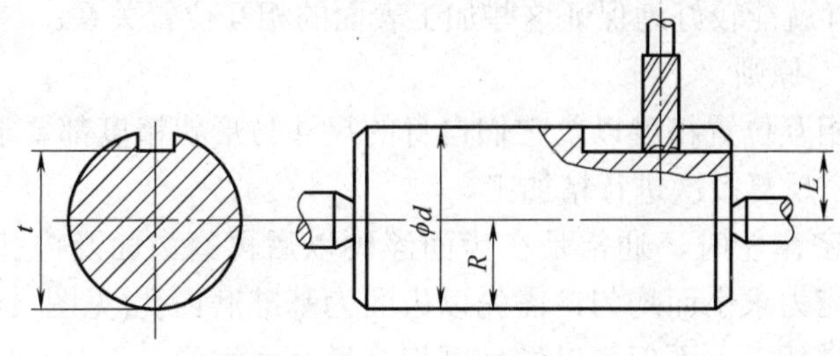


图 1-22　定位基准与工序基准不重合

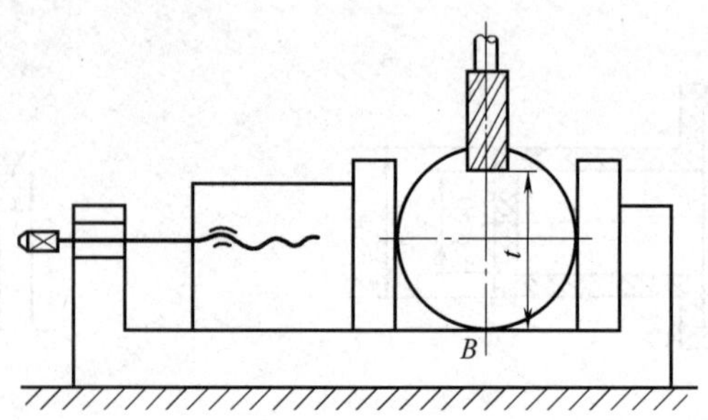


图 1-23　定位基准与工序基准重合

这里还需指出：

(1) 设计基准与定位基准不重合时，误差只发生在用调整法获得加工尺寸的情况下，这时刀具是相对于定位面来对刀的。

(2) 当设计基准与定位基准不重合时，就会产生基准不重合误差，对于图 1-22 所示情况来说，其值为设计基准与定位基准之间尺寸的变化量，即尺寸 $R$ 的公差。

(3) 基准不重合一般发生在下列情况：①用设计基准定位不可能或不方便；②在选择精基准时，由于优先考虑了基准统一原则而不得不放弃基准重合要求。

(4) 设计基准与测量基准不重合也会产生基准不重合误差，因此，在检验零件的精度时也要注意这一问题。

(5) 基准不重合误差不仅指尺寸误差，还包括位置误差。

2) “基准统一”原则

应尽可能选择加工工件多个表面时都能使用的定位基准作为精基准，即遵循基准统一的原则，这样便于保证各加工面之间的相互位置精度，避免基准变换所产生的误差，并简化夹具的设计和制造。

例如：轴类零件，采用顶尖孔作为统一基准加工各个外圆表面及轴肩端面，这样可以保证各个外圆表面之间的同轴度以及各轴肩端面与轴心线的垂直度；机床主轴箱箱体多采用底面和导向面作为统一基准加工各轴孔、前端面和侧面；一般箱体类零件常采用一大平面和两个距离较远的孔作为精基准；圆盘和齿轮零件常用一端面和短孔作为精基准；活塞常用止口作为精基准。

图 1-24 所示为汽车发动机的机体，在加工机体上的主轴承座孔、凸轮轴座孔、汽缸孔及主轴承座孔端面时，就是采用统一的基准——底面 $A$ 及底面 $A$ 上相距较远的两个工艺孔作为精基准的，这样就能较好地保证这些加工表面的相互位置关系。

3) “互为基准”原则

当两个表面的相互位置精度以及它们自身的尺寸与形状精度都要求很高时，可以采取互为精基准的原则，反复多次进行精加工。

例如，加工精密齿轮时，通常是在齿面淬硬以后再磨齿面及内孔，因齿面淬硬层较薄，因此磨削余量应力求小而均匀，需先以齿面为基准磨内孔(见图 1-25)，然后再以内孔为基准磨齿面。这样加工，不但可以做到磨齿余量小而均匀，而且还能保证轮齿基圆对内孔有较高的同轴度。又如，车床主轴的主轴颈和前端锥孔的同轴度要求很高，因此，也常采用互为基准反复加工的方法。

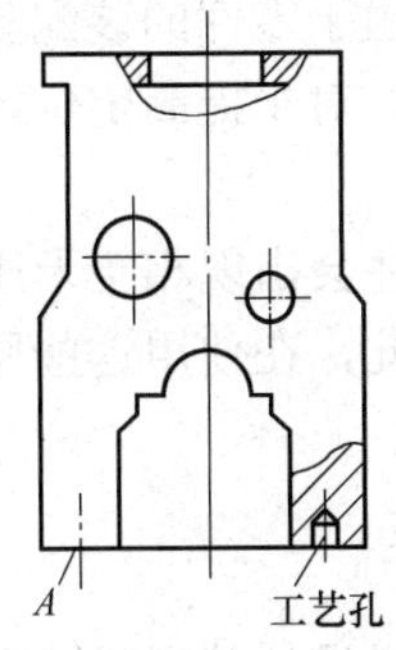


图 1-24　汽车发动机机体的精基准

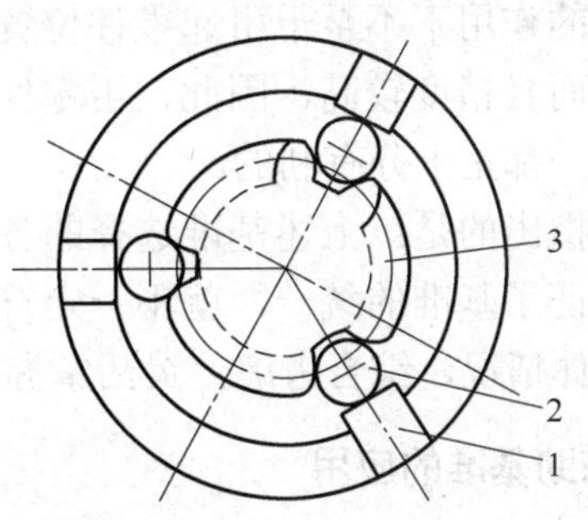


图 1-25　以齿形表面定位加工

1—卡盘；2—滚柱；3—齿轮

4) “自为基准”原则

有些精加工或光整加工工序要求余量小而均匀，因此在加工时就应尽量选择加工表面本身作为精基准，即遵循自为基准的原则，而该表面与其他表面之间的位置精度则由先行的工序保证。

例如，在磨削叶片泵定子外圆表面时(见图 1-26)，由于定子内腔是特形曲面，不适于作定位基面，因此采用外圆面定位，即属于自为基准。工件装夹时，先将工件 4 套在心轴 1 上，用加工的外圆面作为定位基准，用夹具上的定位套 2 定心，用定位销 3 作周向定位，然后用开口压板 5 和螺母 6 将工件夹紧，再取下定位套，工件即可连同心轴一起装在磨床上进行外圆磨削加工。

又如，磨削床身导轨面时，为使加工余量小而均匀，以提高导轨面的加工精度和生产率，常在磨头上安装百分表，在床身下安装可调支承，以导轨面本身为精基准来调整找正，如图 1-27 所示。此外，用浮动铰刀铰孔、用拉刀拉孔、用无心磨床磨外圆、珩磨内孔等均为自为基准的实例。

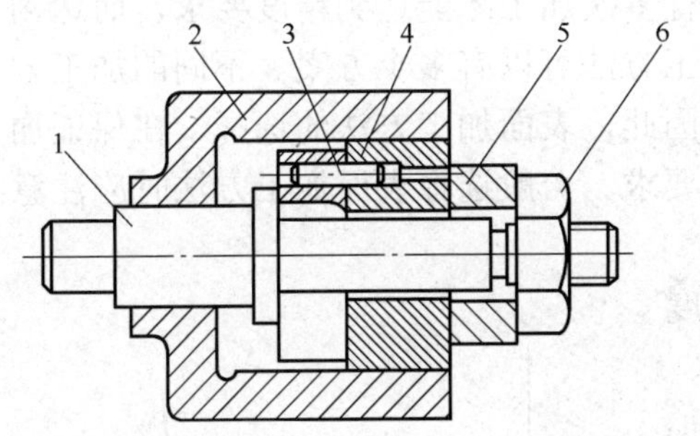


图 1-26　自为基准磨削叶片泵定子外圆表面

1—心轴；2—定位套；3—定位销；

4—工件(定子)；5—开口压板；6—螺母

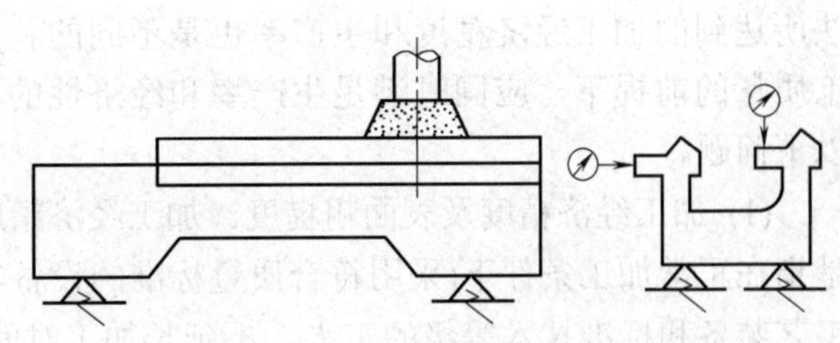

图 1-27　床身导轨自为基准

选择精基准时，一定要保证工件定位准确，夹紧可靠，夹具结构简单，工件装夹方便。因此，零件上用作定位的表面既应该具有较高的尺寸、形状精度及较小的表面粗糙度值，以保证定位准确，同时还应具有较大的面积并应尽量靠近加工表面，以保证在切削力和夹紧力的作用下不至于引起零件位置偏移或产生太大变形。由于零件的装配基准往往面积较大，而且精度较高，因此，用零件的装配基准作为精基准，对于提高定位精度，减小受力变形，都是十分有利的。

应当指出的是：上述基准选择的各项原则在实际应用时往往会出现相互矛盾的情况，例如，保证了基准的统一，就不一定符合基准重合的原则，因此，在使用这些原则时，必须结合具体情况，综合考虑，灵活掌握。

3. 辅助基准的应用

工件定位时，为了保证加工表面的位置精度，大多优先选择设计基准或装配基准作为主要定位基准，这些基准一般为零件上的主要表面。但有些零件在加工中，为装夹方便或易于实现基准统一，人为地制造一种定位基准，如活塞加工用的止口(见图 1-28)、轴类零件加工时的中心孔。这些表面不是零件上的工作表面，只是为满足工艺需要而在工件上专门设计的定位基准，称为辅助基准。

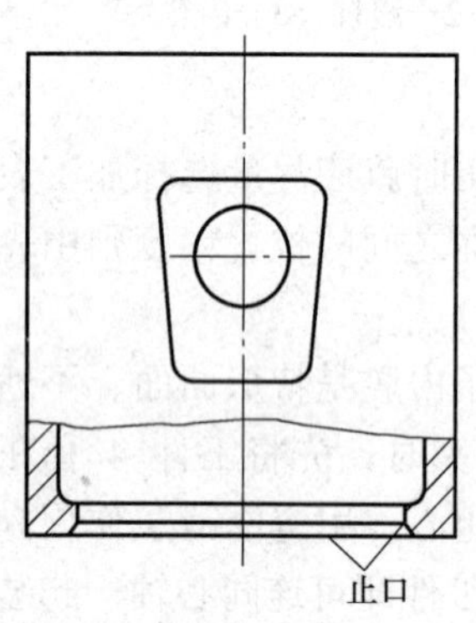


图 1-28　活塞止口

此外，某些零件上的次要表面(非配合表面)，因工艺上宜作为定位基准而提高其加工精度和表面质量，这种表面也称为辅助基准。例如，丝杠的外圆表面，从螺纹副的传动来看，它是非配合的次要表面，但在丝杠螺纹的加工中，外圆表面往往作为定位基准，它的圆度和圆柱度直接影响到螺纹的加工精度，所以加工时要提高外圆的加工精度，并降低其表面粗糙度值。

## 1.5.2　表面加工方法的选择

要求具有一定加工质量的表面，一般需要进行多次加工才能达到精度要求，而达到同样加工质量要求的表面，其加工过程和最终加工方法可以有多个方案。不同的加工方法所达到的加工经济精度和生产率也是不同的。因此，表面加工方法的选择，在保证加工质量的前提下，应同时满足生产率和经济性的要求。一般选择表面加工方法时应注意以下问题。

(1) 加工经济精度及表面粗糙度。加工经济精度是指在正常加工条件下(采用符合质量标准的设备、工艺装备和标准技术等级的工人，不延长加工时间)所能保证的加工精度。大量统计资料表明，同一种加工方法，其加工误差和加工成本是呈反比例关系的。精度越高，加工成本也越高。但精度有一定极限，如图 1-29 所示，当超过 $B$ 点后，即使再增加成本，加工精度也很难再提高；成本也有一定极限，当超过 $A$ 点后，即使加工精度再降低，加工成本也降低极少。曲线中加工精度和加工成本互相适应的

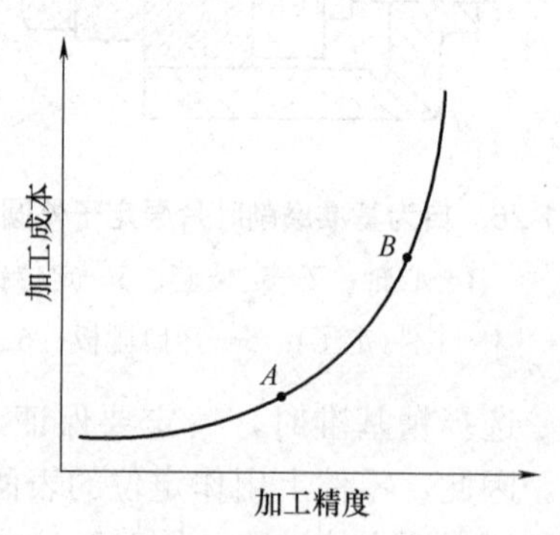


图 1-29　加工成本与加工精度的关系

为 *AB* 段，属于经济精度的范围。每一种加工方法都有一个经济的加工精度范围。例如，在普通车床上加工外圆的经济精度是尺寸精度为 IT8～IT9 级，表面粗糙度为 $R_a$>1.25～2.5 μm；在普通外圆磨床上磨削外圆的经济精度是尺寸精度为 IT5～IT6 级，表面粗糙度为 $R_a$>0.16～0.32 μm。

各种加工方法所能达到的经济精度、表面粗糙度和几何形状与表面相互位置的经济精度，可查阅《金属机械加工工艺人员手册》。为了实现生产的优质、高产、低消耗，表面加工方法的选择应与它们相适应，当然各种加工方法的经济精度不是不变的，而是随着工艺水平的提高，同一种加工方法所能达到的经济精度会提高，表面粗糙度值会减小。

(2) 加工表面的技术要求是决定表面加工方法的首要因素，此外还应包括由于基准不重合而提高对某些表面的加工要求，以及由于被作为精基准而可能对其提出的更高的加工要求。

(3) 加工方法选择的步骤总是首先确定被加工零件主要表面的最终加工方法，然后再选择前面一系列预备工序的加工方法和顺序。可提出几种方案进行比较，选择其中一种比较合理的方案。例如，加工一个直径为 $\phi$25H7 和表面粗糙度为 $R_a$0.8 μm 的孔，可有 4 种加工方案：①钻孔—扩孔—粗铰—精铰；②钻孔—粗镗—半精镗—磨削；③钻孔—粗镗—半精镗—精镗—精细镗；④钻—拉。应根据零件加工表面的结构特点和产量等条件，确定采用其中哪一种加工方案。主要表面的加工方法选定以后，再选定各次要表面的加工方法。

(4) 在被加工零件各表面加工方法分别初步选定以后，还应综合考虑为保证各加工表面位置精度要求而采取的工艺措施。例如，几个同轴度要求较高的外圆或孔，应安排在同一工序的一次装夹中加工，这时就可能要对已选定的加工方法作适当的调整。

(5) 选择加工方法要考虑到生产类型，即考虑生产率和经济性问题。在大批量生产时要利用高效率的专用机床、组合机床及先进的加工方法。例如，加工内孔可采用拉床和拉刀；轴类零件可采用半自动液压仿形车床。在单件小批生产中，一般采用通用机床和工艺装备进行加工。

(6) 选择加工方法应考虑零件结构、加工表面的特点和材料性质等因素。零件结构和表面特点不同，所选择的加工方法也不同，例如，对于位置精度要求高的或大直径的孔，最好的加工方法是镗孔。考虑工件材料的选择，对淬硬工件应采用磨削加工，但对有色金属件的加工则不宜用磨削，一般采用金刚镗或高速精细车削加工。

(7) 选择加工方法还要考虑本厂的现有设备等生产条件。应充分利用现有的设备，也应注意不断地对原有设备和工艺技术进行改造，逐步采用新技术以及提高工艺水平。

(8) 一个零件通常是由许多表面组成，但各个表面的几何性质不外乎是外圆、孔、平面及各种成形表面等，因此，熟悉和掌握这些典型表面的各种加工方案对制定零件加工工艺是十分必要的。工件上各种典型表面所采用的典型工艺路线如表 1-8 和表 1-9 所示，可供选择表面加工方法时参考。

表 1-8　外圆及内孔表面的机械加工工艺路线

| 加工表面 | 加工要求 | 加工方案 | 说　明 |
|---|---|---|---|
| 外圆 | IT7～IT8<br>表面粗糙度<br>$R_a$1.6～0.8 μm | 粗车—半精车—精车 | (1)适于加工除淬火钢以外的各种金属；<br>(2)若在精车后再加一道抛光工序，表面粗糙度可达到 $R_a$0.2～0.05 μm |
|  | IT6<br>表面粗糙度<br>$R_a$0.4～0.2 μm | 粗车—半精车—粗磨—精磨 | (1)适于加工淬火钢件，但也可用于加工未淬火钢件或铸件；<br>(2)不宜用于加工有色金属(因切屑易于堵塞砂轮) |
|  | IT5<br>表面粗糙度<br>$R_a$0.1～0.01 μm | 粗车—半精车—粗磨—精磨—研磨 | (1)适于加工淬火钢，不适于加工有色金属；<br>(2)可用镜面磨削代替研磨作为终工序；<br>(3)常用于加工精密机床的主轴颈外圆 |
| 内孔 | IT7<br>表面粗糙度<br>$R_a$1.6～0.8 μm | 钻—扩—粗铰—精铰 | (1)适于成批和大批量生产；<br>(2)常用于加工未淬火钢和铸件上的孔(小于 $\phi$50 mm)，也可用于有色金属(但表面粗糙度不易保证)；<br>(3)在单件小批生产时用手铰(精度可更高，表面粗糙度更小) |
|  | IT7～IT8<br>表面粗糙度<br>$R_a$1.6～0.8 μm | 粗镗—半精镗—精镗 | (1)多用于毛坯上已铸出或锻出的孔；<br>(2)一般大量生产中用浮动镗杆加镗模或用刚性主轴的镗床来加工 |
|  | IT6～IT7<br>表面粗糙度<br>$R_a$0.4～0.1 μm | 粗镗(或扩孔)—半精镗—粗磨—精磨 | (1)主要适用于加工精度和表面粗糙度要求较高的淬火钢件，对铸铁或未淬火钢则磨孔生产率不高；<br>(2)当孔的要求更高时，可在精磨之后再进行珩磨或研磨 |
|  | IT7<br>表面粗糙度<br>$R_a$1.6～0.8 μm | 钻(或扩孔)—拉(或推孔) | (1)主要用于大批量生产(如能利用现成拉刀)，也可用于小批生产；<br>(2)只适用于中、小零件的中、小尺寸的通孔，且孔的长度一般不宜超过孔径的 3～4 倍 |
|  | IT6～IT7<br>表面粗糙度<br>$R_a$0.2～0.1 μm | 钻(或粗镗—扩(或半精镗)—精镗—金刚镗—脉冲滚挤 | (1)特别适于成批、大批、大量生产有色金属零件上的中、小尺寸孔；<br>(2)也可用于铸铁箱体孔的加工，但滚挤效果通常不如有色金属显著 |

表 1-9　平面的机械加工工艺路线

| 加工表面 | 加工要求 | 加工方案 | 说　明 |
|---|---|---|---|
| 平面 | IT7～IT8<br>表面粗糙度<br>$R_a$2.5～1.6 μm | 粗刨—半精刨—精刨 | (1)因刨削生产率较低，故常只用于单件和中、小批生产；<br>(2)加工一般精度的未淬硬表面；<br>(3)因调整方便，故适应性较强，可在工件的一次装夹中完成若干平面、斜面、倒角、槽等加工 |
| | IT7<br>表面粗糙度<br>$R_a$2.5～1.6 μm | 粗铣—半精铣—精铣 | (1)大批量生产中一般平面加工的典型方案；<br>(2)若采用高速密齿精铣，质量和生产率更加有所提高 |
| | IT5～IT6<br>表面粗糙度<br>$R_a$0.8～0.2 μm | 粗刨(铣)—半精刨(铣)—精刨(铣)—刮研 | (1)刮研可达很高精度(平面度、表面接触斑点数、配合精度)；<br>(2)因劳动量大、效率低，故只适用于单件生产、小批生产 |
| | IT5<br>表面粗糙度<br>$R_a$0.8～0.2 μm | 粗刨(铣)—半精刨(铣)—精刨(铣)—宽刀低速精刨 | (1)宽刀低速精刨可大致取代刮研；<br>(2)适用于加工批量较大、要求较高的不淬硬平面 |
| | IT5～IT6<br>表面粗糙度<br>$R_a$0.8～0.2 μm | 粗铣—半精铣—粗磨—精磨 | (1)适用于加工精度要求较高的淬硬和不淬硬平面；<br>(2)对要求更高的平面，可后续滚压或研磨工序 |
| | IT8<br>表面粗糙度<br>$R_a$0.8～0.2 μm | (1) 粗铣—拉削<br>(2) 拉削 | (1)适用于加工中、小平面；<br>(2)生产率很高，用于大量生产；<br>(3)刀具价格昂贵 |
| | IT7～IT8<br>表面粗糙度<br>$R_a$2.5～1.6 μm | 对大型圆盘、圆环等回转体零件的端平面，一般常在车床(立式车床)上与外圆(或孔)一同加工(粗车—半精车—精车)，这还可保证它们之间的相互位置精度 | |

在各表面的加工方法选定以后，需要进一步确定这些加工方法在零件加工工艺路线中的顺序及位置，这与加工阶段的划分有关。

## 1.5.3　加工阶段的划分

制定工艺路线时，往往要把加工质量要求较高的主要表面的工艺过程，按粗、精分开的原则划分为几个阶段，其他加工表面的工艺过程根据同一原则作相应的划分，并分别安排到由主要表面所确定的各个加工阶段中去，这样就可得到由各个加工阶段所组成的、包含零件全部加工内容的整个零件的加工工艺过程。一个零件的加工工艺过程通常可划分为以下几个阶段。

(1) 粗加工阶段。此阶段的主要任务是切除各加工表面上的大部分余量，并加工出精基准。粗加工所能达到的精度较低(一般在 IT12 级以下)、表面粗糙度值较大($R_a$50～12.5 μm)。其主要任务是设法获得较高的生产率。

(2) 半精加工阶段。此阶段的主要目的是使主要表面消除粗加工后留下的误差，使其达到一定的精度，为精加工做好准备，并完成一些次要表面的加工(如钻孔、攻螺丝、铣键槽等)。表面经半精加工后，精度可达 IT10～IT12 级，表面粗糙度 $R_a$ 6.3～3.2 μm。

(3) 精加工阶段。此阶段的任务是保证各主要加工表面达到图纸所规定的质量要求。精加工切除的余量很少。表面经精加工后可以达到较高的尺寸精度和较小的表面粗糙度值(IT6～IT9 级、$R_a$1.6～0.4 μm)。

(4) 光整加工阶段。对于精度要求很高(IT5 级以上)、表面粗糙度值要求很小($R_a$0.2 μm 以下)的零件，必须有光整加工阶段。光整加工的典型方法有珩磨、研磨、超精加工及镜面磨削等。这些加工方法不但能降低表面粗糙度值，而且能提高尺寸精度和形状精度，但多数都不能提高位置精度。

应当指出，加工阶段的划分是就零件加工的整个过程而言，不能以某个表面的加工或某个工序的性质来判断，同时在具体应用时，也不可以绝对化。对有些重型零件或余量小、精度不高的零件，则可以在一次装夹后完成表面的粗、精加工。

划分加工阶段的必要性在于以下几点。

(1) 有利于保证加工质量。由于粗加工阶段切除的金属较多，产生的切削力和切削热也较大，同时也需要较大的夹紧力，而且粗加工后，应力会重新分布，在这些力的作用下，工件会产生较大的变形。如果对要求较高的加工表面一开始就精加工到所要求的精度，那么，其他表面粗加工所产生的变形就有可能破坏已获得的加工精度。因此，划分加工阶段，通过半精加工和精加工可使粗加工引起的误差得到纠正。

(2) 合理地使用设备。粗、精加工分开，粗加工使用大功率机床，可充分发挥机床的效能；精加工使用精密机床，可以保证零件的精度要求，又有利于长期保持机床的精度，达到合理使用机床设备的目的。

(3) 粗、精加工分开，便于及时发现毛坯的缺陷(如气孔、砂眼等)，及时修补或报废，避免加工时浪费。

(4) 表面精加工工序放在最后，可以避免或减少在夹紧和运输过程中损伤已精加工的表面。

应当指出，将工艺过程划分成几个阶段是对整个加工过程而言的，不能简单地以某一工序的性质或某一表面的加工特点来决定。例如，工件的定位基准，在半精加工阶段(甚至在粗加工阶段)中就需要加工得很准确，而某些钻小孔、攻螺纹之类的粗加工工序，也可安排在精加工阶段进行。同时，加工阶段的划分不是绝对的，对于毛坯精度较高、余量较小或刚性较好、加工精度要求不高的工件就不必划分加工阶段；对于重型零件，由于运输、装卸不便，常在一次装夹中完成某些表面的粗、精加工，但在粗加工后要松开工件，用较小的夹紧力夹紧工件，然后再精加工。在组合机床和自动机床上加工零件时也常常不划分加工阶段。

## 1.5.4　工序的集中与分散

选定加工方法和划分加工阶段之后，就要确定工序的数目，即工序的集中与分散问题。如果在每道工序中所安排的加工内容多，则一个零件的加工将集中在少数几道工序里完成，这时工艺路线短、工序少，故称为工序集中。若在每道工序中所安排的加工内容少，则一个零件的加工就分散在很多工序里完成，这时工艺路线长、工序多，故称为工序分散。

### 1. 工序集中的特点

(1) 采用高效率专用设备和工艺装备，可提高生产率、减少机床数量和工件在机床之间的搬运工作量及生产面积。

(2) 减少工件的装夹次数。工件在一次装夹中可加工多个表面，有利于保证这些表面之间的相互位置精度。减少装夹次数，也可减少装夹所造成的工时消耗。

(3) 减少工序数目，缩短了工艺路线，也简化了生产计划和组织工作。

(4) 专用设备和工艺装备较复杂，生产准备周期长，更换产品较困难。

### 2. 工序分散的特点

(1) 设备和工艺装备比较简单，调整比较容易。

(2) 工艺路线长，设备和工人数量多，生产占地面积大。

(3) 可采用最合理的切削用量，减少基本时间。

(4) 容易变换产品。

在拟定工艺路线时，工序集中或分散的程度主要取决于生产类型、零件的结构特点及技术要求。生产批量小时，多采用工序集中。生产批量大时，既可采用工序集中，也可采用工序分散。由于工序集中的优点较多以及数控机床、柔性制造单元和柔性制造系统等的发展，现代生产多趋于工序集中。

## 1.5.5　加工顺序的安排

### 1. 机械加工顺序的安排

一个零件有许多表面需要加工，各表面机械加工顺序的安排应遵循以下原则。

(1) 先基准后其他。用作精基准的表面要首先加工出来。所以第一道工序一般进行定位基面的粗加工或半精加工(有时包括精加工)，然后以精基面定位加工其他表面。这是确定加工顺序的重要原则。

(2) 先主后次。先考虑主要表面的加工，后考虑次要表面的加工。主要表面加工容易出废品，应放在前阶段进行，以减少工时的浪费。应当指出，先主后次的原则应正确理解和应用。次要表面一般加工量较小，加工比较方便，因此把次要表面加工穿插在各加工阶段中进行，这样既能使加工阶段更明显且能顺利进行，又能增加加工阶段的时间间隔，可以有足够的时间让残余应力重新分布并使其引起的变形充分表现，以便在后续工序中修正。

(3) 先面后孔。先加工平面，后加工孔。因为平面一般面积较大，轮廓平整；先加工好平面便于加工孔时的定位装夹，利于保证孔与平面的位置精度，同时也给孔的加工带来方便。另外，由于平面已加工好，对于平面上的孔加工时，使刀具的初始工作条件得到改善。

(4) 先粗后精。零件的加工一般应划分加工阶段，先进行粗加工，然后进行半精加工，最后是精加工和光整加工，应将粗、精加工分开进行。

### 2. 热处理工序的安排

热处理的目的是提高材料的力学性能、消除残余应力和改善金属的切削加工性。热处理的目的不同，热处理工序的内容及其在工艺过程中所安排的位置也不一样。

1) 预备热处理

预备热处理的目的是改善加工性能、消除内应力，以及为最终热处理准备良好的金相组织。其热处理工艺有退火、正火、时效、调质等。

(1) 退火和正火。退火和正火用于经过热加工的毛坯。含碳量高于 0.5%的碳钢和合金钢，为降低其硬度使其易于切削，常采用退火处理；含碳量低于 0.5%的碳钢和合金钢，为避免其硬度过低切削时黏刀，一般采用正火处理。退火和正火还能细化晶粒、均匀组织，为以后的热处理作准备。退火和正火常安排在毛坯制造之后、粗加工之前进行。

(2) 时效处理。时效处理主要用于消除毛坯制造和机械加工中产生的内应力。为减少运输工作量，对于一般精度的零件，在切削加工前安排一次时效处理即可。但对于精度要求较高的零件(如坐标镗床的箱体等)，应安排两次或数次时效处理工序。简单零件一般可不进行时效处理。对于一些刚性较差的精密零件(铸体除外)，如精密丝杠，为消除加工中产生的内应力，稳定零件加工精度，常在粗加工、半精加工之间安排多次时效处理。有些轴类零件加工，在校直工序后也要安排时效处理。

(3) 调质。调质即是在淬火后进行高温回火处理，它能获得均匀细致的回火索氏体组织，为以后的表面淬火和渗氮处理时减少变形作准备，因此调质也可作为预备热处理。由于调质后零件的综合力学性能较好，对某些硬度和耐磨性要求不高的零件，也可作为最终热处理工序。

2) 最终热处理

最终热处理的目的是提高硬度、耐磨性和强度等力学性能。

(1) 淬火。淬火有表面淬火和整体淬火。其中，表面淬火因为其变形小、氧化及脱碳较少而应用较广，而且表面淬火还具有外部强度高、耐磨性好，而内部保持良好的韧性、抗冲击力强的优点。为提高表面淬火零件的力学性能，常需进行调质或正火等热处理作为预备热处理。其一般工艺路线为：下料—锻造—正火(退火)—粗加工—调质—半精加工—表面淬火—精加工。

(2) 渗碳淬火。渗碳淬火适用于低碳钢和低合金钢，先提高零件表层的含碳量，经淬火后使表层获得高的硬度，而心部仍保持一定的强度及较高的韧性和塑性。渗碳分整体渗碳和局部渗碳。局部渗碳时对不渗碳部分要采取防渗措施(镀铜或镀防渗材料)。由于渗碳淬火变形大，且渗碳深度一般在 0.5～2 mm 之间，所以渗碳工序一般安排在半精加工和精加工之间。其工艺路线一般为：下料—锻造—正火—粗、半精加工—渗碳淬火—精加工。

当局部渗碳零件的不渗碳部分，采用加大余量后切除多余的渗碳层的工艺方案时，切除多余渗碳层的工序应安排在渗碳后、淬火前进行。

(3) 渗氮处理。渗氮是使氮原子渗入金属表面获得一层含氮化合物的处理方法。渗氮层可以提高零件表面的硬度、耐磨性、疲劳强度和抗蚀性。由于渗氮处理温度较低、变形小，且渗氮层较薄(一般不超过 0.6～0.7 mm)，渗氮工序应尽量靠后安排。为减小渗氮时的变形，在切削后一般需进行消除应力的高温回火。

3) 表面处理

某些零件为了进一步提高表面的抗蚀能力、增加耐磨性以及使表面美观光泽，常采用表面处理工序，使零件表面覆盖一层金属镀层、非金属涂层和氧化膜等。金属镀层有镀铬、镀锌、镀镍、镀铜及镀金、银等；非金属涂层有涂油漆、磷化物等；氧化膜层有钢的发蓝、发黑、钝化，铝合金的阳极氧化处理等。零件的表面处理工序一般都安排在工艺过程的最后进行。表面处理对工件表面本身尺寸的改变一般可以不考虑，但精度要求很高的表面应考虑尺寸的增大量。当零件的某些配合表面不要求进行表面处理时，则应进行局部保护或采用机械加工的方法予以切除。

#### 3. 辅助工序的安排

辅助工序一般包括去毛刺、倒棱、清洗、防锈、退磁、检验等。其中，检验工序是主要的辅助工序，检验工序分加工质量检验和特种检验，它们是保证产品质量的有效措施之一，是工艺过程中不可缺少的内容。除了各工序操作者自检外，下列场合还应考虑单独安排检验工序。

(1) 零件从一个车间送往另一个车间的前后，特别是进行热处理工艺前后。

(2) 关键工序或工序较长的工序前后。

(3) 零件粗加工阶段结束之后。

(4) 零件全部加工结束之后。

特种检验的种类很多，如用于检查工件内部质量的 X 射线检查、超声波探伤检查等，一般安排在工艺过程开始的时候进行。荧光检查和磁力探伤主要用来检查工件表面质量，通常安排在工艺过程的精加工阶段进行。密封性检验、工件的平衡及重要检验一般都安排在工艺过程的最后进行。

## 1.6　机械加工工序的设计

**【学习目标】**掌握加工余量的确定方法；掌握工序尺寸和公差的确定方法；掌握机床、工艺装备、切削用量的选择；掌握工时定额的计算方法。

拟定了零件的工艺路线后，对其中用机床加工的工序来说还有以下工作：加工余量及工序尺寸的确定、机床及工艺装备的选择和设计、切削用量的选择，以及工时定额的制定等。

### 1.6.1　加工余量

#### 1. 加工余量的概念

工艺路线拟订以后，在进一步安排各个工序的具体内容时，应正确地确定工序尺寸。

工序尺寸的确定与工序的加工余量有着密切关系。

所谓加工余量，是指使加工表面达到所需的精度和表面质量而应切除的金属表层。加工余量分为工序余量和加工总余量两种。

工序余量是指相邻两工序的工序尺寸之差，也就是在一道工序中所切除的金属层厚度。按加工表面形状的不同，工序余量又可分为单边余量和双边余量。平面加工属于单边余量；外圆、内孔等回转体表面加工属于双边余量。

加工总余量(亦称毛坯余量)是指零件从毛坯变为成品的整个加工过程中某一表面切除的金属总厚度，即毛坯尺寸与零件图设计尺寸之差。显然，某个表面加工总余量为该表面各个工序的工序余量之和，即

$$Z_{\Sigma} = \sum_{i=1}^{n} Z_i$$

式中：$Z_{\Sigma}$——加工总余量；

$Z_i$——第 $i$ 道工序的工序余量；

$n$——该表面的加工工序数。

由于工序尺寸有公差，故实际切除的余量是变化的，因此，加工余量又有基本余量、最大余量与最小余量之分。

如果相邻两工序的工序尺寸都是基本尺寸，则得到的加工余量就是工序的公称余量。

最大余量和最小余量与工序尺寸公差有关。在加工外表面时(见图 1-30(a))，有

$$Z_{\mathrm{b\,min}} = a_{\min} - b_{\max}$$

$$Z_{\mathrm{b\,max}} = a_{\max} - b_{\min}$$

$$T_{\mathrm{zb}} = z_{\mathrm{b\,max}} - Z_{\mathrm{b\,min}} = a_{\max} - a_{\min} + b_{\max} - b_{\min} = T_{\mathrm{a}} + T_{\mathrm{b}}$$

式中：$Z_{\mathrm{b\,min}}$、$Z_{\mathrm{b\,max}}$——分别为最小、最大工序余量；

$a_{\min}$、$a_{\max}$——分别为上工序的最小、最大工序尺寸；

$b_{\min}$、$b_{\max}$——分别为本工序的最小、最大工序尺寸；

$T_{\mathrm{zb}}$——余量公差(工序余量的变化范围)；

$T_{\mathrm{a}}$、$T_{\mathrm{b}}$——分别为上工序与本工序的工序尺寸的公差。

在加工内表面时(见图 1-30(b))，有

$$Z_{\mathrm{b\,min}} = b_{\min} - a_{\max}$$

$$Z_{\mathrm{b\,max}} = b_{\max} - a_{\min}$$

$$T_{\mathrm{zb}} = Z_{\mathrm{b\,max}} - Z_{\mathrm{b\,min}} = T_{\mathrm{a}} + T_{\mathrm{b}}$$

计算结果表明，无论是加工外表面还是加工内表面，本工序余量公差总是等于上一道工序和本工序两工序尺寸公差之和。

工序尺寸的公差，一般按“入体原则”标注。在计算总余量时，第一道工序的公称余量不考虑毛坯尺寸的全部公差(毛坯的基本尺寸一般都注以双向偏差)，而只用“入体”方向的偏差，如图 1-31 所示。

### 2. 影响加工余量的因素

切削加工时，如果加工余量过大，不仅浪费金属、增加切削工时、增加机床和刀具的负荷，有时还会将加工表面所需保存的最耐磨的表面层切掉；如果加工余量过小，则不能

去掉表面在加工前所存在的误差和缺陷层，以致产生废品，有时还会使刀具处于恶劣的工作条件下，例如，刀尖要直接切削夹砂外皮和冷硬层，加剧了刀具的磨损。

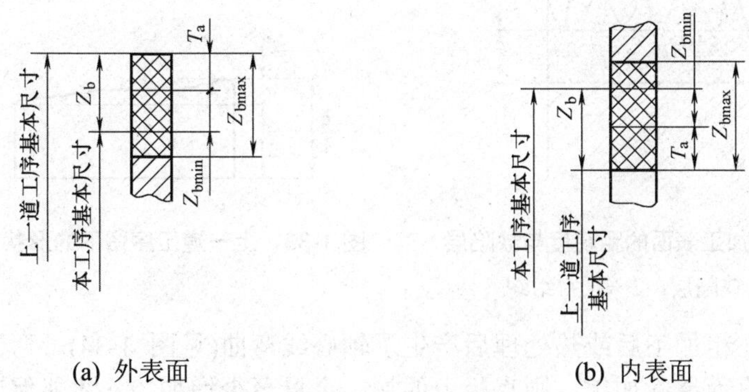


(a) 外表面　　(b) 内表面

**图 1-30　加工余量及公差**

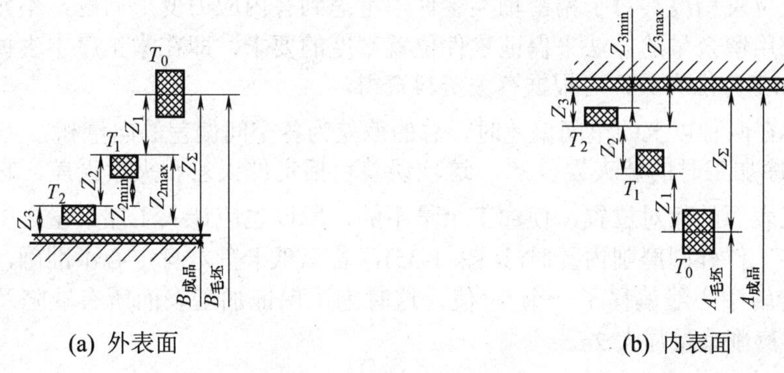


(a) 外表面　　(b) 内表面

**图 1-31　加工余量示意图**

为了合理确定加工余量，必须了解影响加工余量的各项因素。影响工序余量的因素有以下几个方面。

(1) 加工表面上的表面粗糙度 $R_a$ 和表面缺陷层的深度 $D_a$，如图 1-32 所示，为使加工后的表面不留下前一道工序的痕迹，加工前表面上的 $R_a$ 和 $D_a$ 应在本工序加工时切除掉。表面缺陷层是指铸件的冷硬层、气孔夹渣层、锻件和热处理件的氧化皮或其他破坏层以及切削加工后在加工表面上造成的塑性变形层等。

$R_a$ 和 $D_a$ 的大小与采用的加工方法有关，其数据可从《金属机械加工工艺人员手册》中查得。

(2) 加工前一道或上一道工序的尺寸公差 $T_a$。在加工表面上存在着各种几何形状误差，如平面度、圆度、圆柱度等(见图 1-33)，这些误差的总和一般不超过上一道工序的尺寸公差 $T_a$。所以当考虑加工一批零件时，为了纠正这些误差，应将 $T_a$ 计入本工序的加工余量之中。$T_a$ 的数值可以从《金属机械加工工艺人员手册》中按加工经济精度查得。

(3) 加工前一道或上一道工序各表面间相互位置的空间偏差 $\rho_a$。工件上有一些形状和位置误差不包括在尺寸公差的范围内，但这些误差又必须在加工中加以纠正，因此，需要单独考虑它们对加工余量的影响。属于这一类的误差有轴心线的弯曲、偏移、偏斜以及平行度、垂直度等误差，阶梯轴轴颈中心线的同轴度，外圆与孔的同轴度，平面的弯曲、偏斜、平面度、垂直度等。

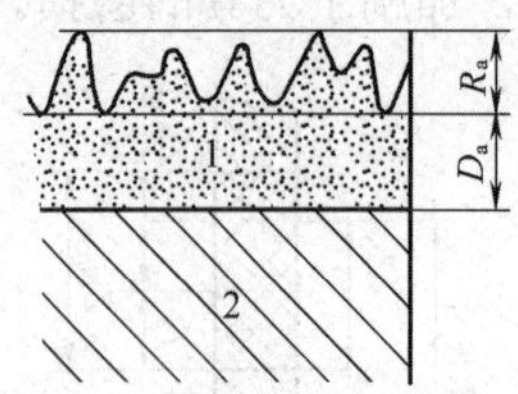


图 1-32　加工表面的粗糙度与缺陷层

1—缺陷层；2—正常组织

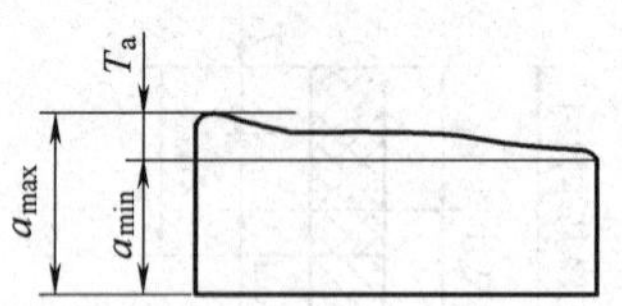


图 1-33　上一道工序留下的形状误差

如一根长轴在粗加工后或热处理后产生了轴心线弯曲(见图 1-34)，弯曲量为$\delta$。如果这根轴不进行校直而继续加工，则直径上的加工余量至少增加 $2\delta$才能保证该轴在加工后消除弯曲的影响。换句话说，上一道工序加工时，至少要在直径上留有 $2\delta$值的加工余量，才能保证位置精度。对于精密轴类零件，考虑到有内应力变形问题，不允许采用校直工序，一般都用留余量的方法来保证零件位置精度的要求，即在本工序中去掉这些余量。$\rho_a$的数值与加工方法有关，可根据有关资料查得。

当同时存在两种以上的空间偏差时，总的偏差为各空间偏差的向量和。

(4) 本工序加工时的装夹误差$\varepsilon_b$。这项误差包括定位误差和夹紧误差，它会影响切削刀具与被加工表面的相对位置，使加工余量不够，所以也应计入工序余量之中。例如，用三爪卡盘夹持工件外圆磨削内孔时(见图 1-35)，若三爪卡盘本身定心不准确，致使工件轴心线与机床旋转中心线偏移了一个 $e$ 值，这时为了保证加工表面所有缺陷及误差都能切除，就需要将磨削余量加大 $2e$。

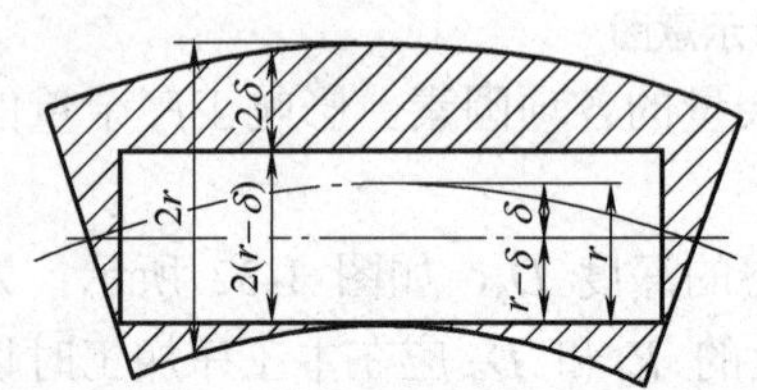


图 1-34　轴的弯曲对加工余量的影响

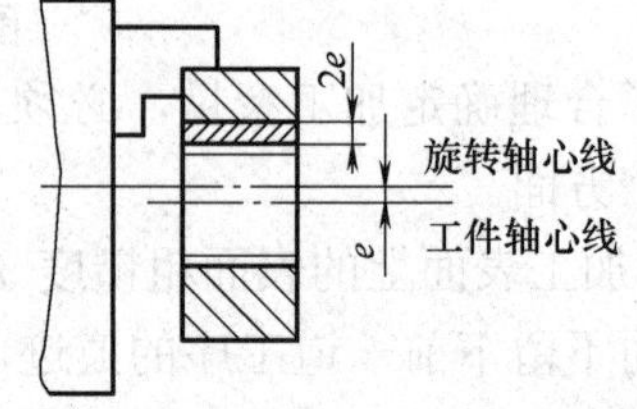


图 1-35　三爪卡盘上的装夹误差

夹紧误差一般可由有关资料查得，而定位误差则按定位方法进行计算。由于这两项误差都是向量，故装夹误差是它们的向量和。

由于上一道工序各表面间相互位置的空间偏差$\rho_a$与本工序的装夹误差$\varepsilon_b$如在空间可能有不同的方向，因此两者也为向量和。

### 3. 加工余量的确定

(1) 分析计算法。综上所述，可以建立以下的工序余量计算关系式：加工外圆和孔时，有

$$2Z_b = T_a + 2(R_a + D_a) + 2\ |\ \rho_a + \varepsilon_b\ |$$

加工平面时

$$Z_b = T_a + (R_a + D_a) +\ |\ \rho_a + \varepsilon_b\ |$$

以上两式在实际应用时，根据具体条件可以简化。

用分析计算法确定加工余量是最经济合理的，但需要有比较全面充分的资料，且计算过程较复杂，所以在实际生产中应用并不广泛。

(2) 经验估计法。此法是根据工艺人员的经验确定加工余量的方法。为了防止余量不够而产生废品，所估余量一般偏大。此法常用于单件小批量生产。

(3) 查表修正法。此法是以生产实践和实验研究所积累的关于加工余量的资料数据为基础，并结合实际加工情况进行修订来确定加工余量的，生产中应用较为广泛。

## 1.6.2　工序尺寸与公差的确定

由于工序尺寸是零件在加工过程中各工序应保证的加工尺寸，因此，正确地确定工序尺寸及其公差，是制订工艺规程的一项重要工作。

工序尺寸的计算要根据零件图上的设计尺寸、已确定的各工序的加工余量及定位基准的转换关系来进行。工序尺寸公差则按各工序加工方法的经济精度选定。工序尺寸及偏差标注在各工序的工序简图上，作为加工和检验的依据。

基准不重合或零件在加工过程中需要多次转换工序基准，或工序尺寸尚需从继续加工的表面标注时，工序尺寸的计算见 1.7 节工艺尺寸链。

对各工序的定位基准与设计基准重合时的表面的多次加工，主要有内外圆柱面和某些平面，其工序尺寸的计算比较简单，此时只要根据零件图上的设计尺寸、各工序的加工余量、各工序所能达到的精度，由最后一道工序开始依次向前推算，直至毛坯为止，就可将各个工序的工序尺寸及其公差确定出来。具体步骤是：首先拟订该加工表面的工艺路线，确定工序及工步；然后按工序用分析计算法或查表法求出每道工序的加工余量；再按工序确定其加工经济精度和表面粗糙度；最后就可确定各工序的工序尺寸及公差，其中最后一道工序按照零件图样的设计尺寸及公差确定，其余工序尺寸及公差按“单向入体”原则确定。即：“毛坯尺寸按双向对称偏差标注；对于孔，其基本尺寸值为公差带的下偏差，即下偏差为零，上偏差取正值；对于轴，其基本尺寸值为公差带的上偏差，即上偏差为零，下偏差取负值。”

**【例 1-1】** 某法兰盘零件上有一个孔，孔径为 $\phi60_{0}^{+0.03}$ mm，表面粗糙度 $R_a$ 为 0.8 μm(见图 1-36)，毛坯为铸钢件，需淬火处理。加工顺序为前槽—半精镗—磨，试确定各工序尺寸及公差。

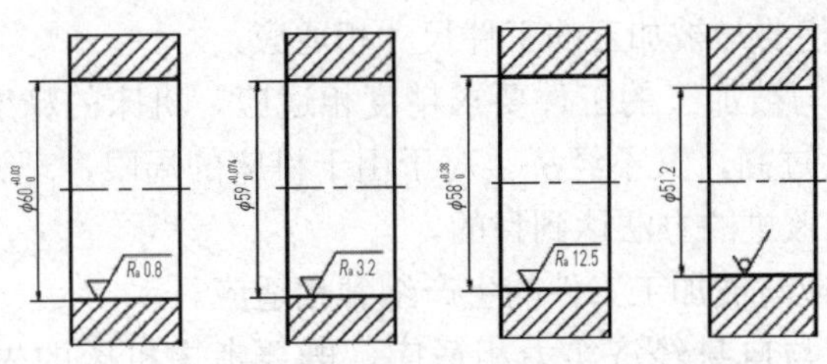


图 1-36　内孔工序尺寸

解题步骤如下。

① 根据各工序的加工性质，查《金属机械加工工艺人员手册》内孔加工余量得它们的工序余量，如表 1-10 中的第 2 列所示。

② 确定各工序的尺寸公差及表面粗糙度。根据各工序的加工性质查有关经济加工精度和表面粗糙度，如表 1-10 中的第 3 列所示。

③ 根据查得的余量计算各工序尺寸，如表 1-10 中的第 4 列所示。

④ 确定各工序尺寸的上、下偏差。按“单向入体”原则确定，如表 1-10 中的第 5 列所示。

表 1-10 工序尺寸及其公差的计算

| 工序名称 | 工序间余量/mm | 工序间 | | 工序尺寸/mm | 工序间 | |
|---|---|---|---|---|---|---|
| | | 经济加工精度/mm | 表面粗糙度/ μm | | 尺寸公差/mm | 表面粗糙度/ μm |
| 磨孔 | 0.4 | H7 | $R_a0.8$ | $\phi60$ | $\phi60_{0}^{+0.03}$ | $R_a0.8$ |
| 半精镗孔 | 1.6 | H9 | $R_a3.2$ | $\phi59.6$ | $\phi59.6_{0}^{+0.074}$ | $R_a3.2$ |
| 粗镗孔 | 7 | H12 | $R_a12.5$ | $\phi58$ | $\phi58_{0}^{+0.300}$ | $R_a12.5$ |
| 毛坯孔 | — | — | — | $\phi51$ | $\phi51(\pm2)$ | — |

## 1.6.3 机床及工艺装备的选择

机床与工艺装备是机械零件加工的物质基础，是加工质量和生产率的重要保障。机床与工艺装备包括机械加工过程中所需的机床、夹具、量具、刀具等。机床和工艺装备的选择是制定工艺规程的一个重要环节，对零件加工的经济性也有重要影响。为了合理地选择机床和工艺装备，必须对各种机床的规格、性能和工艺装备的种类、规格等进行详细的了解。

### 1. 机床的选择

在工件的加工方法确定以后，加工工件所需的机床就已基本确定。由于同一类型的机床中有多种规格，其性能也并不完全相同，所以加工范围和质量各不相同，只有合理地选择机床，才能加工出理想的产品。在对机床进行选择时，除对机床的基本性能有充分了解外，还要综合考虑以下几点。

(1) 机床的技术规格要与被加工的工件尺寸相适应。

(2) 机床的精度要与被加工的工件要求精度相适应。机床的精度过低，不能加工出设计的质量；机床的精度过高，又不经济。对于由于机床的局限，理论上达不到应有加工精度的情况，可通过工艺改进的办法达到目的。

(3) 机床的生产率应与被加工工件的生产纲领相适应。

(4) 机床的选用应与自身经济实力相适应。既要考虑机床的先进性和生产发展的需要，又要实事求是，减少投资，所以要立足于国内，就近取材。

(5) 机床的使用应与现有生产条件相适应。应充分利用现有机床，如果需要改造机床或设计专用机床，则应提出与加工参数和生产率有关的技术资料，确保零件加工质量的技术要求等。

2. 工艺装备的选择

1) 夹具的选择

单件小批量生产应尽量选用通用夹具，如卡盘、台虎钳和转台等。大批量生产时，应采用高生产率的专用机床夹具；在推行计算机辅助制造、成组技术等新工艺或为提高生产效率时，应采用成组夹具、组合夹具。夹具的精度应与零件的加工精度相适应。

2) 刀具的选择

一般选用标准刀具，刀具选择时主要考虑加工方法、加工表面的尺寸、工件材料、加工精度、表面粗糙度、生产率和经济性等因素。在组合机床上加工时，由于机床按工序集中原则组织生产，考虑到加工质量和生产率的要求，可采用专用的复合刀具，这样可提高加工精度、生产率和经济效益。自动线和数控机床所使用的刀具应着重考虑其寿命期内的可靠性，加工中心所使用的刀具还应注意选择与其配套的工具系统。刀具材料方面，除了最常用的高速钢和硬质合金外，还常考虑以下几种先进的新型材料。

(1) 涂层刀具。采用化学气相沉积(CVD)和物理气相沉积(PVD)的方法将耐磨、难熔的TiN、TiC、$A1_2O_3$ 等涂层材料涂覆到硬质合金、高速钢等刀具机体材料上，形成较强的涂层附着能力。选用涂层刀具可以提高切削速度，适于现代的高速加工。

(2) 陶瓷刀具。常用的陶瓷基体材料为 $A1_2O_3$、$Si_3N_4$，经高温烧结而成，其硬度可达90～95 HRA，耐磨性高出硬质合金 10 多倍，红硬性好，抗黏性好，亲和力小，化学稳定性高，抗氧化能力强。它主要用于加工冷硬铸铁、淬火钢等。其缺点是脆性大，强度差，导热性差。

(3) 超硬刀具材料。超硬材料有金刚石和立方氮化硼(CBN)两类。金刚石硬度最高，是 $A1_2O_3$ 的 3 倍左右，主要用于制造磨具和部分切削工具。作为切削刀具，尽管使用的工具成本高，但在诸多场合发挥特殊效果，反而会降低综合加工成本。如对于 HRC60 以上的工件加工，传统刀具都需要工件退火后再加工，然后再淬火恢复硬度，而金刚石刀具可以直接车削 60HRC 以上的工件，减少工序，节约时间和工件周转。

3) 量具、检具和量仪的选择

其选择主要依据生产类型和产品检验的精度。单件小批量生产中，对于尺寸误差，广泛采用游标卡尺、千分尺等；对于形位误差，一般采用百分表和千分表等通用量具。大批量生产应尽量选用效率高的量具、检具和量仪，如各种极限量规、专用检验器具和测量仪器等。

## 1.6.4　切削用量的选择

选择合理的切削用量是切削加工中十分重要的环节，所谓合理的切削用量，是指充分利用刀具的切削性能和机床的动力性能，在保证加工质量的前提下，获得高生产率和低加工成本的切削用量。选择合理的切削用量必须结合理的刀具耐用度。

在单件小批量生产中，为了简化工艺文件，一般不规定切削用量，而是由操作工人根据具体情况自行确定。在大批量生产中，应严格选择切削用量，并填入工艺文件中切实执行，以便充分发挥高生产率设备的能力和保护高精度机床的精度。

1. 切削用量同加工生产率的关系

外圆纵车时，按切削工时 $t_m$ 计算的生产率 $P$ 为

$$P=1/t_m \tag{1-2}$$

而

$$t_m=\frac{L_W\Delta}{n_W a_p f}=\frac{\pi d_w L_W\Delta}{10^3 v a_p f} \tag{1-3}$$

式中：$d_W$——车削前的毛坯直径，mm；

$L_W$——工件切削部分长度，mm；

$\Delta$——加工余量，mm；

$n_W$——工件转速，r/min。

由于 $d_W$、$L_W$、$\Delta$ 均为常数，令 $1000/(\pi d_W L_W \Delta)=A_0$，则

$$p=A_0 v f a_p \tag{1-4}$$

由式(1-4)可知，切削用量三要素同生产率均保持线性关系，即提高切削速度、增大进给量和背吃刀量，都能“同样地”提高劳动生产率。

2. 切削用量与刀具耐用度的关系

$$T=\frac{C_v}{v^{\frac{1}{m}} f^{\frac{1}{n}} a_p^{\frac{1}{p}}} \tag{1-5}$$

式中：$C_v$——与工件材料、刀具材料和其他切削条件有关的常数；

$m$——切削速度对刀具耐用度的影响程度，如高速钢刀具 $m$ =0.1～0.125，硬质合金刀具 $m$ =0.2～0.3；

$n$——进给量对刀具耐用度的影响程度；

$p$——背吃刀量对刀具耐用度的影响程度。

用 YT5 硬质合金车刀切削 $\sigma_b$=0.63GPa(65kgf/mm²)的碳钢时，切削用量与刀具耐用度的关系为

$$T=C_v/v^5 f^{2.25} a_p^{0.75} \tag{1-6}$$

由式(1-6)可知，切削用量三要素 $v$、$f$、$a_p$ 对刀具耐用度的影响程度不同，影响最大的是 $v$，其次是 $f$，影响最小的是 $a_p$。此外，由于要保持已确定的刀具耐用度，因此提高其中某一要素时，必须相应地降低另外两个要素。可见，切削用量三要素对生产率的影响程度是不同的。

利用式(1-5)，选用一定的切削条件进行计算，可以得到以下结果。

(1) $f$ 保持不变，$a_p$ 增至 3 $a_p$，如仍保持刀具合理的耐用度，则 $v$ 必须降低 15%，此时生产率 $p_{3a_p}\approx 2.6p$，即生产率提高至 2.6 倍。

(2) $a_p$ 保持不变，$f$ 增至 $3f$，如仍保持刀具合理的耐用度，则 $v$ 必须降低 32%，此时生产率 $p_{3f}\approx 2p$，即生产率提高至 2 倍。

由此可见，增大 $a_p$ 比增大 $f$ 更有利于提高生产率。

(3) 切削速度高过一定的临界值时，生产率反而会降低。$a_p$ 增大至某一数值后，因受

加工余量的限制而成为常值时，进给量 $f$ 不变，把切削速度 $v$ 增至 $3v$ 时，$p_{3v} \approx 0.13$，生产率大大降低。

### 3. 切削用量的选择原则

由以上分析可见，选择切削用量是要将切削用量三要素达到最佳组合，在保持刀具合理耐用度的前提下，使 $v$、$f$、$a_p$ 三者的乘积值最大，以获得最高的生产率。因此，选择切削用量的基本原则是：首先，选取尽可能大的背吃刀量；其次，根据机床动力和刚性限制条件或已加工表面粗糙度的要求，选取尽可能大的进给量；最后，利用《切削用量手册》选取或者用公式计算确定切削速度。

1) 背吃刀量的选定

切削加工一般分为粗加工、半精加工和精加工。粗加工(表面粗糙度 $R_a$80～20 μm)时，一次走刀应尽可能切除全部粗加工余量，在中等功率机床上，背吃刀量可达 8～10 mm。半精加工(表面粗糙度 $R_a$10～5 μm)时，背吃刀量取 0.5～2 mm。精加工(表面粗糙度 $R_a$2.5～1.25 μm)时，背吃刀量取 0.1～0.4 mm。

切削表层有硬皮的铸锻件或切削不锈钢等加工硬化严重的材料时，应尽量使背吃刀量超过硬皮或冷硬层厚度，以预防刀尖过早磨损。

2) 进给量的选定

粗加工时，工件表面质量要求不高，但切削力往往很大，合理进给量的大小主要受机床进给机构强度、刀具的强度与刚性、工件的装夹刚度等因素的限制。精加工时，合理进给量的大小则主要受加工精度和表面粗糙度的限制。

生产实际中多采用查表法确定合理的进给量。粗加工时，根据工件材料、车刀刀杆的尺寸、工件直径及已确定的背吃刀量来选择进给量；在半精加工和精加工时，则按加工表面粗糙度的要求，根据工件材料、刀尖圆弧半径、切削速度来选择进给量。具体数值可查阅《金属机械加工工艺人员手册》。

3) 切削速度的选定

在 $f$、$a_p$ 选定后，根据合理的刀具耐用度计算或查表来选定车削速度。

车削速度的计算公式为

$$v=\frac{C_v}{T^m a_p^{x_v} f^{y_v}} k_v \tag{1-7}$$

式中：$k_v$ 为切削速度修正系数，且

$$k_v = k_{Mv} \bullet k_{sv} \bullet k_{tv} \bullet k_{krv} \bullet k_{kr'v} \bullet k_{r\varepsilon v} \bullet k_{Bv}$$

其中，$k_{Mv}$、$k_{sv}$、$k_{tv}$、$k_{krv}$、$k_{kr'v}$、$k_{r\varepsilon v}$、$k_{Bv}$ 分别表示工件材料、毛坯表面状态、刀具材料、车刀主偏角 $\kappa_r$，副偏角 $\kappa_r'$，刀尖圆弧半径及刀杆尺寸对切削速度的修正系数。

上述各修正系数 $C_v$、$x_v$、$y_v$ 及 $m$ 值，可查阅《金属机械工艺人员手册》。

在生产中选择切削速度的一般原则如下。

① 粗车时，$a_p$ 和 $f$ 较大，故选择较低的 $v$；精车时，$a_p$ 和 $f$ 均较小，则选择较高的 $v$。

② 工件材料强度、硬度高时，应选较低的 $v$；加工奥氏体不锈钢、钛合金和高温合金等难加工材料时，只能选取较低的 $v$。

③ 切削合金钢比切削中碳钢切削速度应降低 20%～30%；切削调质钢比切削正、退火

状态钢要降低切削速度 20%～30%；切削有色金属比切削中碳钢的切削速度可提高 100%～300%。

④ 刀具材料的切削性能越好，切削速度也选得越高。如硬质合金的切削速度比高速钢刀高几倍，涂层刀具的切削速度比未涂层刀具要高，陶瓷、金刚石和 CBN 刀具可采用更高的切削速度。

⑤ 精加工时，应尽量避开积屑瘤和鳞刺产生的区域。

⑥ 断续切削时，为减少冲击和热应力，宜适当降低切削速度。

⑦ 在易发生振动的情况下，切削速度应避开自激振动的临界速度。

⑧ 加工大件、细长件和薄壁工件或加工带外皮的工件时，应适当降低切削速度。

## 1.6.5 工时定额的确定

工时定额是指在一定生产条件下，规定生产一件产品或完成一道工序所需消耗的时间。它是安排生产计划、进行成本核算、考核工人完成任务情况、新建和扩建工厂或车间时确定所需设备和工人数量的主要依据。

制定合理的工时定额是调动工人积极性的重要手段，可以促进工人技术水平的提高，从而不断提高生产率。一般是技术人员通过计算或类比的方法，或者通过对实际操作时间的测定和分析进行确定。在使用中，工时定额应定期修订，以使其保持平均先进水平。

在机械加工中，为了便于合理地确定工时定额，把完成一个工件的一道工序的时间称为单件工序时间 $T_c$，它包括以下几部分。

### 1. 基本时间

基本时间 $T_b$ 是直接改变生产对象的尺寸、形状、相对位置、表面状态或材料性质等工艺过程所消耗的时间。对机械加工而言，是指从工件上切除材料层所耗费的时间(包括刀具的切入或切出时间)，基本时间可按公式求得。例如，车削基本时间 $T_b$ 为

$$T_b = \frac{L_j Z}{n f a_p} \tag{1-8}$$

式中：$T_b$ ——基本时间，min；

$L_j$ ——工作行程的计算长度，mm，包括加工表面的长度、刀具的切入或切出长度(切入、切出长度可查阅有关手册确定)；

$Z$——工序余量，mm；

$n$——工件的旋转速度，r/min；

$f$——刀具的进给量，mm/r；

$a_p$ ——背吃刀量，mm。

### 2. 辅助时间

辅助时间 $T_a$ 是为实现工艺过程所必须进行的各种辅助动作所消耗的时间。这些辅助动作包括：装卸工件，开动和停止机床，改变切削用量，进、退刀具，测量工件尺寸等。

辅助时间的确定方法随生产类型而异。大批量生产时，为使辅助时间规定合理，需将辅助动作分解，再分别确定各分解动作的时间，最后予以综合。中批量生产可根据以往的

统计资料来确定。单件小批量生产常用基本时间的百分比估算。

基本时间和辅助时间的总和称为工序作业时间 $T_B$，即直接用于制造产品或零、部件所消耗的时间。

### 3. 布置工作地时间

布置工作地时间 $T_s$ 是为使加工正常进行，工人照管工作地(如更换刀具、润滑机床、清理切屑、收拾工具等)所消耗的时间。布置工作地时间可按照工序作业时间的 $\alpha$ 倍(一般 $\alpha$=2%～7%)来估算。

### 4. 休息和生理需要时间

休息和生理需要时间 $T_r$，是工人在工作班内为恢复体力和满足生理上的需要所消耗的时间。它可按工序作业时间的 $\beta$ 倍(一般 $\beta$=2%～4%)来估算。

上述 4 部分的时间之和称为单件工序时间，因此，单件工时为

$$T_p = T_b + T_a + T_s + T_r = T_B + T_s + T_r = (1+\alpha+\beta)T_B$$

### 5. 准备和终结时间

对于成批生产还要考虑准备和终结时间，准备和终结时间 $T_e$ 是工人为了生产一批产品或零、部件，进行准备和结束工作所消耗的时间。这些工作包括熟悉工艺文件、装夹工艺装备、调整机床、归还工艺装备和送交成品等。

准备和终结时间对一批工件只消耗一次，工件批量 $n$ 越大工序 $m$ 越多，则分摊到每一个工件上的这部分时间越少。

所以，成批生产时的单件工序计算时间 $T_c$ 应为

$$T_c = T_p + \frac{T_e}{n} = T_b + T_a + T_s + T_r + \frac{T_e}{n}$$

在大量生产时，每个工作地点完成固定的一道工序时，一般不需考虑准备和终结时间。

# 1.7 工艺尺寸链

【学习目标】掌握工艺尺寸链的定义；了解工艺尺寸的组成、分类及计算方法；掌握极值法解尺寸链的基本计算公式；掌握基准不重合、标注工序尺寸的基准是尚待加工的设计基准时、多尺寸保证时以及余量校核、零件进行表面热处理时的工序尺寸换算方法。

零件从毛坯逐步加工至成品的过程中，无论是在一个工序内，还是在各个工序间，无论是加工表面本身，还是各表面之间，它们的尺寸都在变化，并存在相应的内在联系。运用尺寸链的知识去分析这些关系，是合理确定工序尺寸及其公差的基础。

## 1.7.1 工艺尺寸链的概念及计算

### 1. 工艺尺寸链的定义、组成及分类

在机器装配或零件加工过程中，由相互连接的尺寸形成的封闭尺寸组，称为尺寸链。在机械加工过程中，同一工件的各有关尺寸组成的尺寸链称为工艺尺寸链。在机器设计及

装配过程中，由有关零件设计尺寸所组成的尺寸链，称为装配尺寸链。如图 1-37 所示，工件上尺寸 $A_1$ 已加工好，现以底面 $M$ 定位，用调整法加工台阶面 $P$，直接得到尺寸 $A_2$，显然尺寸 $A_1$、$A_2$ 确定后，在加工中未予直接保证的尺寸 $A_0$ 也就随之确定(间接得到)。此时，$A_1$、$A_2$ 和 $A_0$ 这 3 个尺寸就形成了一个封闭的尺寸组合，即形成了尺寸链，如图 1-37(b)所示。

组成尺寸链的每一个尺寸都称为尺寸链的环。根据环的特征，环可分为封闭环和组成环。封闭环是在零件加工或装配过程中，间接得到或最后形成的环，如图 1-37(b)中的 $A_0$；尺寸链中除封闭环以外的各环都称为组成环，如图 1-37(b)中的 $A_1$、$A_2$。通常，组成环是在加工中直接得到的尺寸。组成环按对封闭环的影响性质又可分为增环和减环。在尺寸链中，其余各环不变，当该环增大，使封闭环也相应增大的组成环，称为增环，如尺寸 $A_1$，一般记为 $\vec{A}_1$；反之，其余各环不变，当该环增大，而使封闭环相应减小的组成环，称为减环，如尺寸 $A_2$，一般记为 $\overleftarrow{A}_2$。

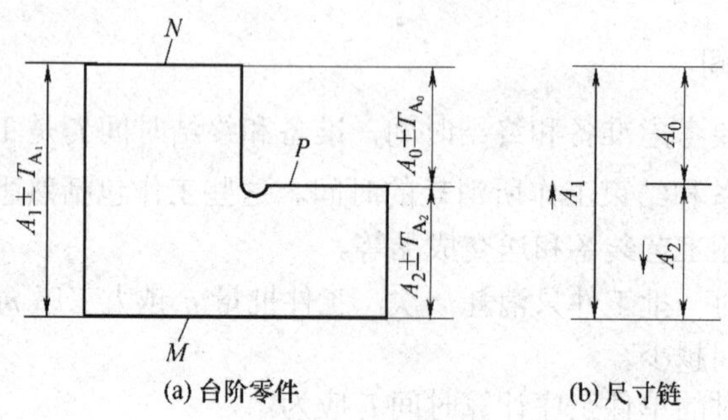


图 1-37　工艺尺寸链

建立尺寸链时，首先应确定哪一个尺寸是间接获得的尺寸，并把它定为封闭环。再从封闭环一端起，依次画出有关直接得到的尺寸作为组成环，直到尺寸的终端回到封闭环的另一端，形成一个封闭的尺寸链图。

在直线尺寸链中，封闭环只有一个，其余都是组成环。封闭环是尺寸链中最后形成的一个环，所以在加工或装配未完成之前，它是不存在的。在工艺尺寸链中，封闭环必须在加工顺序确定后才能判断，当加工顺序改变时，封闭环也随之改变。在装配尺寸链中，封闭环就是装配的技术要求，比较容易确定。

在分析、计算尺寸链时，正确地判断封闭环以及增环、减环是十分重要的。通常先给封闭环任意一个方向画上箭头，然后沿此方向环绕尺寸链依次给每一组成环画出箭头，凡是组成环尺寸箭头方向与封闭环箭头方向相反的，均为增环；相同的则为减环。

尺寸链分类的方法较多，主要有以下几种。

(1) 按尺寸链的形成与应用范围分类，可分为工艺尺寸链及装配尺寸链。

(2) 按尺寸链中各组成尺寸所处的空间位置和几何特征分类，可分为以下几种。

① 直线尺寸链。尺寸链全部尺寸位于同一平面内，且彼此平行，如图 1-37 所示。

② 平面尺寸链。尺寸链全部尺寸位于同一平面内，但其中有一个或几个尺寸不平行。

③ 空间尺寸链。尺寸链的全部尺寸不在同一平面内，并且相互不平行。

④ 角度尺寸链。尺寸链各环均为角度量。图 1-38 所示为简单的角度尺寸链示例。其封闭环与组成环之间分别具有以下函数关系：

$$\beta_0 = \beta_1 + \beta_2\text{，}\alpha_0 = 360^\circ - (\alpha_1 + \alpha_2 + \alpha_3)$$

尺寸链中最基本的形式是简单的直线尺寸链。而平面尺寸链和空间尺寸链可以用投影的方法分解为直线尺寸链来进行计算。角度尺寸链与直线尺寸链的计算方法及其公式是相同的。图 1-39 所示的齿轮箱上的 3 个轴承座孔，各孔轴线间距离尺寸 $L_1$、$L_2$、$L_3$，因相互不平行而构成平面尺寸链。加工时，孔中心位置常转换为直角坐标来表示，形成两个相互垂直的 $A_1$、$A_2$、$A_3$、$A_4$ 和 $B_1$、$B_2$、$B_3$、$B_4$，直线尺寸链。

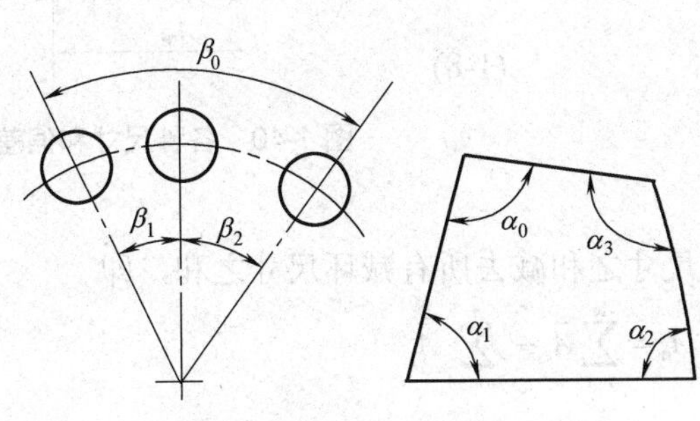


图 1-38　角度尺寸链示例

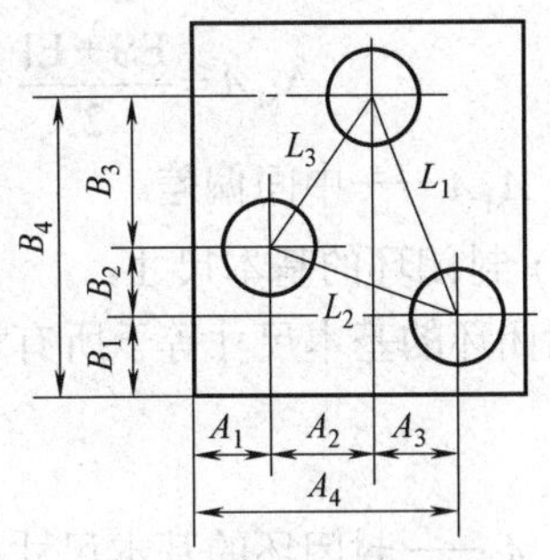


图 1-39　平面尺寸链

### 2. 尺寸链的计算

1) 尺寸链的计算方法

计算尺寸链有下述两种方法。

(1) 极值法。它是按综合误差最不利的情况，即各增环均为最大(或最小)极限尺寸，而减环均为最小(或最大)极限尺寸，来计算封闭环极限尺寸的。该方法的优点是简便、可靠；其缺点是当封闭环公差较小、组成环数目较多时，会使组成环的公差过于严格。

(2) 概率法。它是用概率论原理来进行尺寸链计算的。该方法能克服极值法的缺点，主要用于环数较多以及大批量自动化生产中。

本节仅介绍目前计算工艺尺寸链常用的方法——极值法。

尺寸链的计算有以下 3 种情况。

(1) 已知组成环，求封闭环。即根据各组成环的基本尺寸和公差(或偏差)，来计算封闭环尺寸，以及验证工序图上所标注的工艺尺寸及公差是否能满足设计图上相应的设计尺寸及公差的要求，称为尺寸链的正计算。正计算的结果是唯一的。

(2) 已知封闭环，求组成环。即根据设计要求的封闭环基本尺寸、公差(或偏差)以及各组成环的基本尺寸，反过来计算各组成环的公差(或偏差)，称为尺寸链的反计算。它常用于产品设计、加工和装配工艺计算等方面。反计算的解不是唯一的，它有一个优化问题，即如何把封闭环的公差合理地分配给各个组成环中。

(3) 已知封闭环及部分组成环，求其余组成环。即根据封闭环及部分组成环的基本尺寸及公差(或偏差)，计算尺寸链中余下的一个或几个组成环的基本尺寸及公差(或偏差)，称为尺寸链的中间计算。它在工艺设计中应用较多，如基准的换算、工序尺寸的确定等。其解可能是唯一的，也可能不唯一。

2) 极值法解尺寸链的基本计算公式

机械制造中的尺寸及公差要求，通常是用基本尺寸($A$)及上、下偏差($ES_A$、$EI_A$)来表示的。在尺寸链计算中，各环的尺寸及公差要求还可以用最大极限尺寸($A_{max}$)和最小极限尺寸($A_{min}$)或用平均尺寸($A_M$)和公差($T_A$)来表示。这些尺寸、偏差和公差之间的关系如图 1-40 所示。

由基本尺寸求平均尺寸可按式(1-9)进行，即

$$A_M = \frac{A_{max} + A_{min}}{2} = A + \Delta_M A$$

$$\Delta_M A = \frac{ES + EI}{2} \tag{1-8}$$

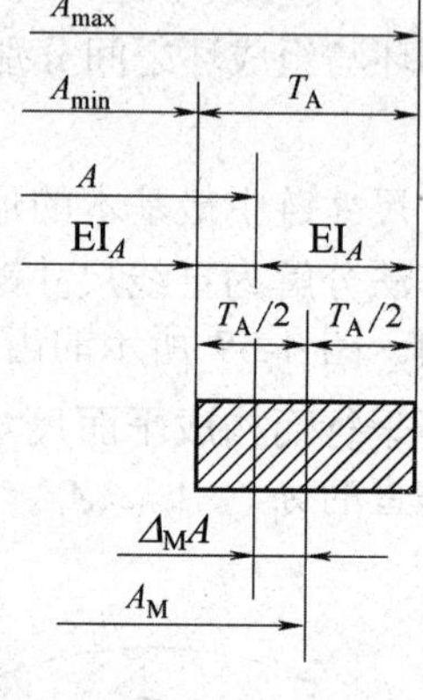


图 1-40　各种尺寸和偏差的关系

式中：$\Delta_M A$——中间偏差。

(1) 封闭环的基本尺寸。

封闭环的基本尺寸等于所有增环基本尺寸之和减去所有减环尺寸之和，即

$$A_0 = \sum_{i=1}^{m} \vec{A}_i - \sum_{j=m+1}^{n} \overleftarrow{A}_j \tag{1-9}$$

式中：$A_0$——封闭环的基本尺寸；

$\vec{A}_i$——增环的基本尺寸；

$\overleftarrow{A}_j$——减环的基本尺寸；

$m$——增环的环数；

$n$——组成环的总环数(不包括封闭环)。

(2) 封闭环的极限尺寸。

封闭环的最大极限尺寸等于增环的最大极限尺寸之和减去减环的最小极限尺寸之和，即

$$A_{0max} = \sum_{i=1}^{m} \vec{A}_{i\,max} - \sum_{j=m+1}^{n} \overleftarrow{A}_{j\,min} \tag{1-10}$$

同理，封闭的最小极限尺寸等于各增环的最小极限尺寸之和减去各减环的最大极限尺寸之和，即

$$A_{0min} = \sum_{i=1}^{m} \vec{A}_{i\,min} - \sum_{j=m+1}^{n} \overleftarrow{A}_{j\,max} \tag{1-11}$$

(3) 封闭环的上、下偏差。

用封闭环的最大极限尺寸和最小极限尺寸分别减去封闭环的基本尺寸，即可得到封闭环的上偏差 $ES_0$ 和下偏差 $EI_0$：

$$ES_0 = A_{0max} - A_0 = \sum_{i=1}^{m} ES_i - \sum_{j=m+1}^{n} EI_j \tag{1-12}$$

$$EI_0 = A_{0min} - A_0 = \sum_{i=1}^{m} EI_i - \sum_{j=m+1}^{n} ES_j \tag{1-13}$$

式中：$ES_i$、$ES_j$——分别为增环和减环的上偏差；

$EI_i$、$EI_j$——分别为增环和减环的下偏差。

式(1-13)和式(1-14)表明，封闭环的上偏差等于所有增环上偏差之和减去所有减环下偏差之和，封闭环的下偏差等于所有增环下偏差之和减去所有减环上偏差之和。

(4) 封闭环的公差。

封闭环的上偏差减去封闭环的下偏差，即可求出封闭环的公差，即

$$T_0 = \mathrm{ES}_0 - \mathrm{EI}_0 = \sum_{i=1}^{m} T_i + \sum_{j=m+1}^{n} T_j \tag{1-14}$$

式中：$T_i$、$T_j$ ——分别为增环和减环的公差。

式(1-15)表明，尺寸链封闭环的公差等于各组成环公差之和。由于封闭环公差比任何组成环的公差都大，因此，在零件设计时，应尽量选择最不重要的尺寸作封闭环。由于封闭环是加工中最后自然得到的，或者是装配的最终要求，不能任意选择，因此，为了减小封闭环的公差，就应当尽量减少尺寸链中组成环的环数。对于工艺尺寸链，则可通过改变加工工艺方案来改变工艺尺寸链，从而达到减少尺寸链环数的目的。

(5) 封闭环的平均尺寸。

$$A_{0\mathrm{M}} = \frac{A_{0\max} + A_{0\min}}{2} = A_0 + \frac{\mathrm{ES}_0 + \mathrm{EI}_0}{2} = \sum_{i=1}^{m} \bar{A}_{i\mathrm{M}} - \sum_{j=m+1}^{n} A_{j\mathrm{M}} \tag{1-15}$$

式中：$A_{i\mathrm{M}}$、$A_{j\mathrm{M}}$ ——分别为增环和减环的平均尺寸。

式(1-16)表明，封闭环的平均尺寸等于所有增环平均尺寸之和减去所有减环平均尺寸之和。

在计算复杂尺寸链时，当计算出有关环的平均尺寸后，先将其公差对平均尺寸作双向对称分布，写成 $A_{0\mathrm{M}} \pm T_0$ 的形式，全部计算完成后，再根据加工、测量等方面的需要，改注成具有整数基本尺寸和上、下偏差的形式。这样往往可使计算过程简化。

## 1.7.2　工艺尺寸链的计算

如前所述，在零件加工过程中，由有关工序尺寸所形成的尺寸链，称为工艺尺寸链。工序尺寸是指某工序加工所要达到的尺寸，即在加工中用来调整刀具的尺寸或测量的尺寸。它们一般是直接得到的，故在工艺尺寸链中常常是组成环。工艺尺寸链中的设计要求或加工余量，常是间接保证的，故一般以封闭环的形式出现。确定各加工工序的工序尺寸及其公差，目的是使加工表面能达到设计的要求(如尺寸、形状、位置精度要求，以及渗层、镀层厚度要求等)，并有一个合理的加工余量。当零件在加工过程中存在基准转换时，就需要通过尺寸链的计算来确定工序尺寸及其公差。

### 1. 基准不重合时的尺寸换算

拟定零件加工工艺规程时，一般尽可能使工序基准(定位基准或测量基准)与设计基准重合，以避免产生基准不重合误差。如因故不能实现基准重合，就需要进行工序尺寸换算。

1) 定位基准与设计基准不重合时的尺寸换算

**【例 1-2】** 如图 1-41 所示零件，表面 *A*、*C* 均已加工，现加工表面 *B*，要求保证尺寸 $A_0 =_{0}^{+0.25}$ mm 及平行度为 0.1mm，表面 *C* 是表面 *B* 的设计基准，但不宜作为定位基准，故选表面 *A* 为定位基准，出现定位基准与设计基准不重合的情况，为达到零件的设计精度，需要进行尺寸换算。

**解:**

在采用调整法加工时，为了调整刀具位置，常将表面 $B$ 的工序尺寸及平行度要求从定位表面 $A$ 注出，即以 $A$ 面为工序基准标注工序尺寸 $A_2$ 及平行度公差 $T_{\alpha_2}$，因此，需要确定 $A_2$ 和 $T_{\alpha_2}$ 的值。在加工表面 $B$ 时，$A_2$ 和平行度 $\alpha_2$ 是直接得到的，而 $A_0$ 及平行度公差 $T_0$ ($T_0$=0.1mm)是通过尺寸 $A_1$、$A_2$ 以及平行度公差 $T_{\alpha1}$、$T_{\alpha2}$ 间接保证的。因此，在尺寸链中，$A_0$ 为封闭环，$A_1$ 为增环，$A_2$ 为减环，$\alpha_0$ 为封闭环，$\alpha_1$ 为增环，$\alpha_2$ 为减环(如图 1-41(b)、(c))。根据已知条件:

$$A_1 = 60^{0}_{-0.10}$$

$$A_0 = 25^{+0.05}_{0}$$

$$A_2 = A_1 - A_0 = (60 - 25) = 35(\text{mm})$$

$$\text{ES}_2 = \text{ES}_1 - \text{ES}_0 = (-0.1-0)\text{mm} = -0.1(\text{mm})$$

$$\text{EI}_2 = \text{EI}_1 - \text{EI}_0 = (0-0.25)\text{mm} = -0.25(\text{mm})$$

所以工序尺寸 $A_2 = 35^{-0.10}_{-0.25}$ mm。

根据已知条件：$T_{\alpha_1}$ =0.05 mm、$T_{\alpha0}$ =0.1 mm，所以平行度 $\alpha_2$ 的公差为

$$T_{\alpha_2} = T_{\alpha_0} - T_{\alpha_1} = (0.1-0.05) = 0.05(\text{mm})$$

必须指出，从零件的设计要求来看，在图 1-41(a)中 $A_2$ 是设计尺寸链的封闭环，它的上、下偏差要求应为

$$\text{ES}_2 = \text{EI}_1 - \text{ES}_0 = (0-0) = 0(\text{mm})$$

$$\text{EI}_2 = \text{ES}_1 - \text{ES}_0 = (-0.10-0.25) = -0.35(\text{mm})$$

即设计要求 $A_2 = 35^{0}_{-0.35}$ mm。

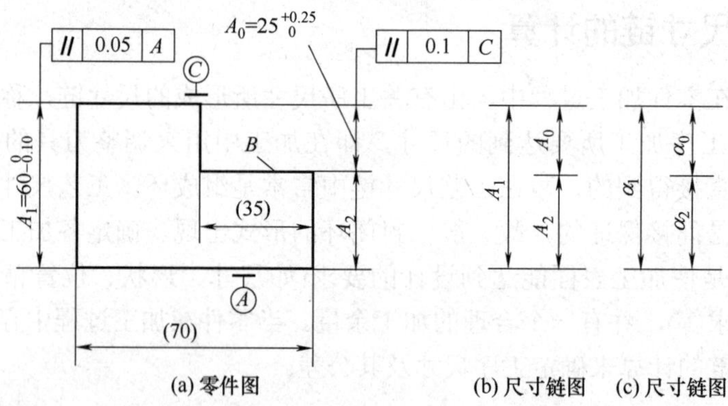

(a) 零件图 (b) 尺寸链图 (c) 尺寸链图

图 1-41 工艺尺寸链计算

对比上述 $A_2$ 的计算结果($A_2 = 35^{-0.10}_{-0.25}$ mm)可见，设计要求的 $A_2$ 尺寸精度较低，而转换基准后使零件的制造精度要求提高。因此，设计人员应当熟悉加工工艺，尽量避免或减少定位基准与设计基准的不重合。

此外，利用工艺尺寸链原理对工序尺寸进行换算时，还需要注意可能出现假废品的问题。

如工序尺寸不满足 $A_2 = 35^{-0.10}_{-0.25}$ mm，但仍满足其设计要求 $A_2 = 35^{0}_{-0.35}$ mm，则不能肯定该零件一定是废品。因为，尺寸 $A_0$ 的最大极限尺寸 $A_{0\max}$ =25.25 mm，最小极限尺寸

$A_{0\min}$=25 mm。如果 $A_2$ 的实际尺寸为 34.65 mm，小于 $A_2$ 的最小极限尺寸 34.75 mm，应视为废品，但测量尺寸 $A_1$ 时如也做成最小尺寸，即 59.9 mm，则此时 $A_0$ 的实际尺寸为

$$A_0=59.9-34.65=25.25(\text{mm})$$

可见 $A_0$ 尺寸仍合格。同理，当尺寸 $A_1$ 做成 $A_{1\max}$ =60 mm，$A_2$ 做成 35 mm(比 $A_{2\max}$ =34.9 mm 大 0.1 mm)，则 $A_0$ 的实际尺寸为

$$A_0=60-35=25(\text{mm})$$

仍然是合格品。

假废品的出现，给生产、质量管理带来很多麻烦。因此，除非不得已，一定不要使定位基准与设计基准不重合。

2) 测量基准与设计基准不重合

【例 1-3】 如图 1-42 所示为轴承衬套零件，图中下部所注尺寸为设计要求。在加工端面 C 时应保证设计尺寸 $50^{0}_{-0.10}$ mm，因不好测量而改为测量尺寸 X，由于测量基准(A)与设计基准(B)不重合，故需进行工序尺寸换算。

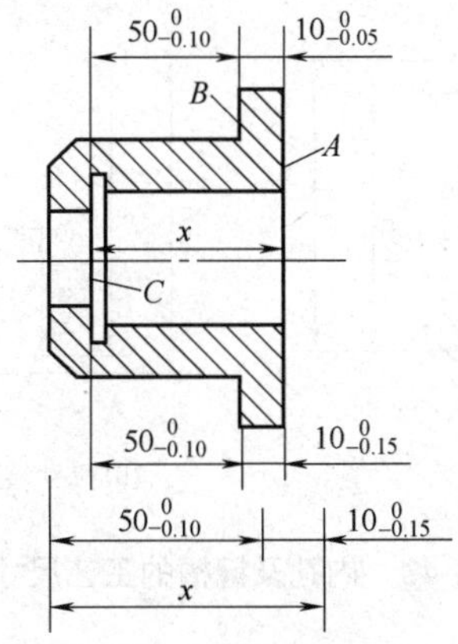


图 1-42　轴承衬套

**解：**

在如图 1-42 中，尺寸 $10^{0}_{-0.15}$ mm 和 $x$ 是直接测量得到的，因而是尺寸链的组成环，尺寸 $50^{0}_{-0.10}$ mm 是测量过程中间接得到的，因而是封闭环。由式(1-15)有

$$T_{50}=T_{10}+T_x$$

因为 $T_{10}$=0.15 mm，$T_{50}$=0.1 mm，即 $T_{10}>T_{50}$，所以 $T_x$ 无解。

为保证 $T_{50}$，必须重新分配组成环公差。根据工艺可能性，取 $T_{10}$=0.05 mm，并标注成 $10^{0}_{-0.05}$ mm(如图 1-42 上部所标注尺寸)，再进行计算：

$$x=50+10=60(\text{mm})$$

$$\text{ES}_x=\text{ES}_{50}+\text{EI}_{10}=0-0.05=-0.05(\text{mm})$$

$$\text{EI}_x=\text{EI}_{50}+\text{ES}_{10}=(-0.10+0)=-0.10(\text{mm})$$

所以 $x=60^{-0.05}_{-0.10}$ mm。

本例表明，当组成环公差之和大于封闭环的公差，即在求某一组成环公差时得到的是

零值或负值时，则必须重新决定其余组成环的公差，即减小其制造公差。假废品的问题在本例中也同样存在，对可能是假废品的零件也需进行复检。

### 2. 标注工序尺寸的基准是尚待加工的设计基准时的尺寸计算

**【例 1-4】** 如图 1-43(a)所示为一带键槽的齿轮孔，孔淬火后需磨削，故键槽深度的最终尺寸 $43.6_{0}^{+0.34}$ mm 不能直接获得，这样插键槽的深度只能作为加工中的工序尺寸。因此，必须计算出插键槽的工序尺寸及其公差。有关内孔及键槽的加工顺序是：①镗内孔至 $\phi39.6_{0}^{+0.10}$ mm；②插键槽至尺寸 $A$；③热处理；④磨内孔至 $\phi40_{0}^{+0.05}$ mm，同时间接获得键槽深度尺寸 $43.6_{0}^{+0.34}$ mm。

试确定工序尺寸 $A$ 及其公差(为简化，故不考虑热处理后内孔的变形误差)。

**解：**

在图 1-43(b)所示的四环尺寸链中，设计尺寸 $43.6_{0}^{+0.34}$ mm 是间接保证的，是封闭环，$A$ 和 $20_{0}^{+0.025}$ mm(内孔半径)为增环，$19.8_{0}^{+0.05}$ mm(镗孔半径)为减环。则

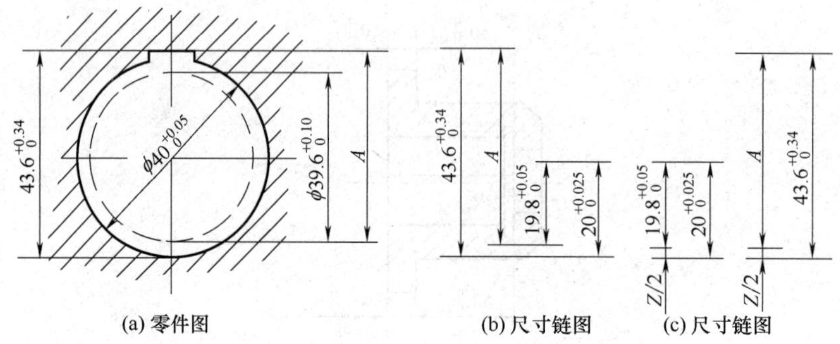


图 1-43　内孔及键槽的工艺尺寸链

$$A = 43.6-20+19.8 =43.4(\text{mm})$$
$$ES_A = 0.34-0.025=0.315(\text{mm})$$
$$EI_A =0+0.05=0.05(\text{mm})$$

所以，$A = 43.4_{+0.050}^{+0.315} = 43.45_{0}^{+0.265}$ mm。

由于工序尺寸 $A$ 是从还需加工的设计基准内孔注出的，所以与设计尺寸 $43.6_{0}^{+0.34}$ mm 间有一个半径磨削余量 $Z/2$ 的差别，利用这个余量，可将图 1-43(b)所示的尺寸链分解为图 1-43(c)所示的两个并联的三环尺寸链，其中 $Z/2$ 为公共环。

在 $20_{0}^{+0.025}$ mm、$19.8_{0}^{+0.05}$ mm 和 $Z/2$ 组成的尺寸链中，半径余量 $Z/2$ 的大小是间接形成的，是封闭环。解此尺寸链可得

$$Z/2 = 0.2_{-0.050}^{+0.025}\text{mm}$$

在 $Z/2$、$A$ 和 $43.6_{0}^{+0.34}$ mm 组成的尺寸链中，由于 $Z/2$ 已由上述计算确定，而设计尺寸 $43.6_{0}^{+0.34}$ mm 取决于工序尺寸 $A$ 及余量 $Z/2$，因而 $43.6_{0}^{+0.34}$ mm 是封闭环。解此尺寸链可得

$$A = 43.45_{0}^{+0.265}\text{ mm}$$

两个计算结果完全相同，其中工序尺寸 $A$ 的公差比设计尺寸 $43.6_{0}^{+0.34}$ mm 的公差恰好少了一个余量公差的数值。这正是从尚待加工的设计基准标注工序尺寸时工序尺寸公差的

特点。

### 3. 多尺寸保证时工艺尺寸链的计算

**【例 1-5】** 在如图 1-44(a)所示的零件中，$A$ 面为主要轴向设计基准，直接从它标注的设计尺寸有 4 个，(52±0.4) mm、$9.5_{0}^{+1}$ mm、$5_{-0.16}^{0}$ mm 和(2±0.20) mm。由于 $A$ 面要求高，安排在最后加工，但在磨削加工工序中(见图 1-44(b))，只能直接控制(即图中标注的)一个尺寸。这个尺寸通常是同一设计基准标注的设计尺寸中精度最高的，本例中即为 $5_{-0.16}^{0}$ mm，而其他 3 个尺寸则需通过换算来间接保证。即要求计算表面 $A$ 磨削前的车削工序中，上述各设计尺寸的控制尺寸及公差。

**解：**

在图 1-45 所示的尺寸链图中，假定尺寸 $5_{-0.16}^{0}$ mm 磨削前的车削尺寸控制为 $A \pm T_{\mathrm{A}}$ =(5.3 ±0.05) mm，此时磨削余量 $Z$ 为封闭环。则

$$\mathrm{ES}_Z = +0.05-(-0.16)=0.21(\mathrm{mm})$$

$$\mathrm{EI}_Z = -0.05-0=-0.05(\mathrm{mm})$$

因此，余量尺寸 $Z = 0.3_{-0.05}^{+0.21}$ mm。

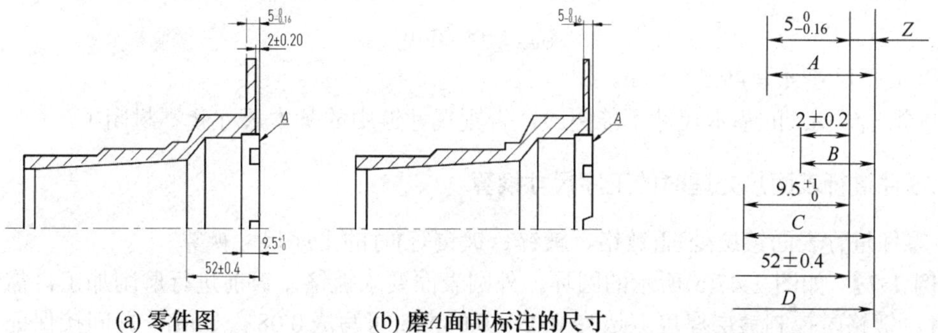


(a) 零件图　　(b) 磨A面时标注的尺寸

图 1-44　多尺寸保证　　图 1-45　多尺寸保证时的尺寸链

为了在 $A$ 面磨削后，其余的 3 个设计尺寸达到要求，则磨削前的车削尺寸 $B$、$C$、$D$ 也应控制。此时磨后的各尺寸为封闭环，磨削余量 $Z$ 为组成环之一，按尺寸链图分别求出磨前各尺寸为 $B = 2.3_{-0.01}^{+0.15}$ mm，$C = 9.8_{+0.21}^{+0.95}$ mm，$D = 52.3_{-0.19}^{+0.35}$ mm。

### 4. 余量校核

工序余量的变化量取决于本工序以及前面有关工序加工误差的大小，在已知工序尺寸及其公差的条件下，用工艺尺寸链可以计算余量的变化，校核其大小是否合适，通常只需要校核精加工余量。

**【例 1-6】** 如图 1-46(a)所示小轴的轴向尺寸需作以下加工：①车端面 1；②车端面 2，保证端面 1 和端面 2 之间距离尺寸 $A_2 = 49.5_{0}^{+0.3}$ mm；③车端面 3，保证总长 $A_3 = 80_{-0.2}^{0}$ mm；④磨端面 2，保证端面 2 与端面 3 之间距离尺寸 $A_1 = 30_{-0.14}^{0}$ mm。试校核磨端面 2 的余量。

**解：**

由图 1-46(b)所示的轴向尺寸工艺尺寸链，因余量 $Z$ 是在加工中间接获得的，故是尺寸链的封闭环。按尺寸链的计算公式，则

$$Z = A_3 - (A_1 + A_2) = 80-(30+49.5)=0.5(\text{mm})$$

$$Z_{\max} = A_{3\max} - (A_{1\min} + A_{2\min}) = 80-(30-0.14)-(49.5-0)=0.64(\text{mm})$$

$$Z_{\min} = A_{3\min} - (A_{1\max} + A_{2\max}) = (80-0.2)-(30-0)-(49.5+0.3)=0(\text{mm})$$

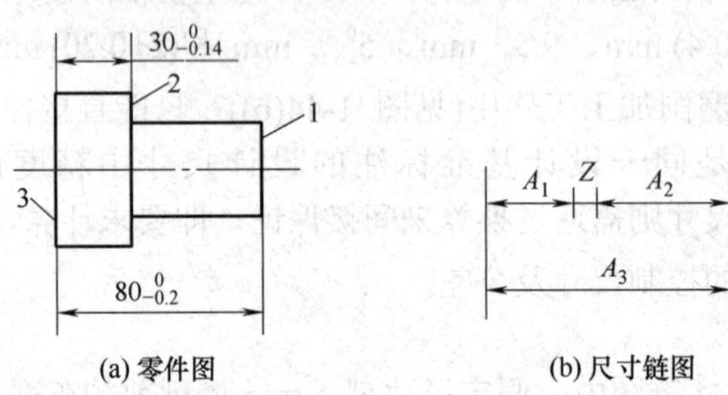


1，2，3—端角

图 1-46　用工艺尺寸链校核余量

由于 $Z_{\min}$ =0，因此，对有些零件，磨端面 2 时就可能没有余量，故必须加大 $Z_{\min}$，因 $A_{3\min}$ 和 $A_{1\max}$ 是设计尺寸，不能更改，所以只有让 $A_{2\max}$ 减小。令 $Z_{\min}$ =0.1 mm，代入上式可得

$$A_{2\max} = 49.7\text{mm}$$

所以工序尺寸 $A_2 = 49.5_{0}^{+0.2}$ mm。

必须指出，$A_2$ 的基本尺寸不能更改，否则尺寸链中的基本尺寸就不封闭了。

### 5. 零件进行表面热处理时的工序尺寸换算

1) 零件进行表面镀层处理(镀铬、镀锌、镀铜等)时的工序尺寸换算

**【例 1-7】** 如图 1-47(a)所示的圆环，外圆表面要求镀铬，镀前进行磨削加工，需保证尺寸 $\phi A$。镀铬时控制镀层厚度双边为 0.05～0.08mm(可写成 $0.08_{-0.03}^{0}$ mm)，并间接保证设计尺寸 $\phi 28_{-0.045}^{0}$ mm。试确定磨削时的工序尺寸 $\phi A$ 及其上、下偏差。

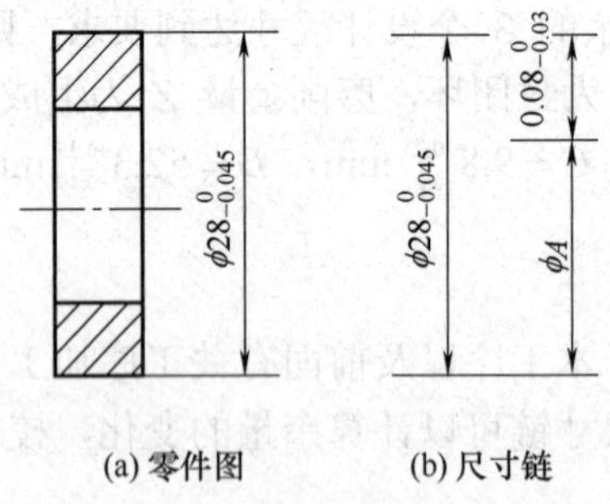


图 1-47　镀层零件工序尺寸换算

**解：**

由于零件尺寸 $\phi 28_{-0.045}^{0}$ mm 是镀后间接保证的，所以它是封闭环。列出工艺尺寸链(见图 1-47(b)所示)，解之可得

$$A = 28-0.08 = 27.92(\text{mm})$$
$$ES_A = 0-0\text{mm} = 0(\text{mm})$$
$$EI_A = -0.45-(-0.03) = -0.42(\text{mm})$$

所以，镀前磨削工序尺寸 $\phi A = \phi 27.92^{0}_{-0.42}$ mm。

应当指出，某些进行镀层处理的零件(如手柄、罩壳等)，只是为了美观和防锈，镀层表面没有精度要求，就不存在工序尺寸换算问题。

2) 零件表面渗碳、渗氮处理时的工序尺寸换算

**【例 1-8】** 如图 1-48(a)所示的轴承衬套，内孔要求渗氮处理，渗氮层深度 $t_0$ 单边为 $0.3^{+0.2}_{0}$ mm，有关加工工序是：磨内孔保证尺寸 $\phi 144.76^{+0.04}_{0}$ mm；渗氮并控制渗层深度为 $t_1$ (单边)；最后精磨内孔，保证尺寸 $\phi 145^{+0.04}_{0}$ mm，同时保证渗层深度达到图纸规定的要求。试确定 $t_1$。

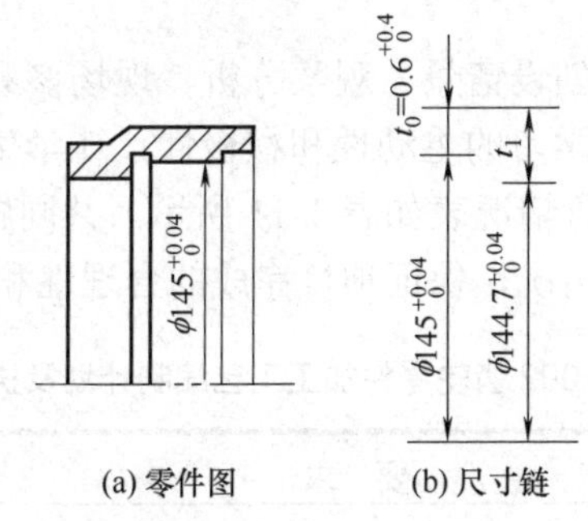


图 1-48　渗氮层工序尺寸换算

**解：**

由于图纸规定的渗层深度是精磨内孔后间接保证的尺寸($t_0$)，因而是尺寸链的封闭环(见图 1-48(b))。

解该尺寸链得

$$t_1 = (145/2+0.3-144.76/2) = 0.42(\text{mm})$$
$$ES_{t1} = 0.2-0.02+0 = 0.18(\text{mm})$$
$$EI_{t1} = 0-0+0.02 = 0.02(\text{mm})$$

即精磨前渗氮层深度 $t_1 = 42^{+0.18}_{+0.02}$ mm。

# 1.8　回到工作场景

通过学习 1.2 节至 1.7 节，应该掌握了零件加工工艺编制的基本知识：零件的工艺性分析方法、毛坯的选择方法、机械加工路线的拟订、机械加工工序内容的确定和工艺尺寸链的计算等。下面将回到 1.1 节介绍的工作场景中，完成工作任务。

## 1.8.1 项目分析

项目任务完成需要学生掌握机械制图、公差与配合、机械设计基础、金属工艺学、金属加工方法与设备选用等相关专业基础课程知识，需要学生具有识图能力、利用手动工具加工零件以及利用普通机床加工零件的基本技能。在此基础上还需要掌握以下知识。

(1) 零件的工艺性分析。

(2) 毛坯的选择。

(3) 机械加工路线的拟订。

(4) 机械加工工序内容的确定。

(5) 工艺尺寸链的计算。

## 1.8.2 项目工作计划

在项目实训过程中，结合创设情景、观察分析、现场参观、讨论比较、案例对照、评估总结等活动，充分调动学生学习的主动性和积极性，让学生自主地学习，主动地学习。各小组协同制订实施计划及执行情况表如表 1-11 所示，共同解决实施过程中遇到的困难；要相互监督计划执行与完成的情况，保证项目完成的合理性和正确性。

表 1-11　84002 齿轮零件加工工艺编制计划及执行情况表

| 序　号 | 内　容 | 要　求 | 教学组织与方法 |
|---|---|---|---|
| 1 | 研讨任务 | 根据给定的零件图样、任务要求，分析任务完成需要掌握的相关知识 | 分组讨论，采用任务引导法教学 |
| 2 | 计划与决策 | 企业参观实习、项目实施准备、制订项目实施详细计划、学习与项目相关的基础知识 | 分组讨论、集中授课，采用案例法和示范法教学 |
| 3 | 实施与检查 | 根据计划，分组讨论并审查 84002 齿轮零件图样的工艺性；分组讨论并确定齿轮毛坯类型、机械加工顺序；选择 2～3 个重要工序，分析讨论并确定工序内容 | 分组讨论、教师点评 |
| 4 | 项目评价与讨论 | (1) 评价 84002 齿轮零件加工工艺分析的充分性、正确性<br>(2) 评价零件毛坯选择的正确性<br>(3) 评价零件加工顺序制订的合理性与可行性<br>(4) 评价重要工序内容确定的正确性与合理性<br>(5) 评价学生的职业素养和团队精神 | 项目评价法实施评价 |

## 1.8.3 项目实施准备

(1) 产品年产量：2000 台，设备备品率为 10%，机械加工废品率为 1%。

(2) 准备机械加工工艺常用手册。

(3) 准备机械加工工艺过程卡、机械加工工序卡(空白)。

(4) 准备相似零件，生产现场参观。

## 1.8.4　项目实施与检查

### 1. 分组进行 84002 齿轮零件图样的工艺性分析

根据给定的 84002 齿轮零件图，了解到本零件的加工面有外圆、内孔、端面、齿面、槽和小孔,分析结果如下。

齿轮零件图样的视图正确、完整，尺寸、公差及技术要求齐全。但基准孔 $\phi$68K7mm 要求 $R_a$0.8 μm 有些偏高。一般 8 级精度的齿轮，其基准孔要求 $R_a$1.6 μm 即可。本零件各表面的加工并不困难。关于 4 个 $\phi$5mm 的小孔，其位置是在外圆柱面上 6 mm×1.5 mm 的沟槽内，孔中心线距沟槽一侧面的距离为 3mm。由于加工时，不能选用沟槽的侧面为定位基准，故要较精确地保证上述要求则比较困难。分析该小孔是做油孔之用，位置精度不需要有太高的要求，只要钻到沟槽之内，即能使油路通畅，因此 4 个 $\phi$5 mm 孔的加工也不成问题。

### 2. 分组讨论并确定齿轮毛坯类型、画毛坯图

1) 选择毛坯

(1) 计算生产纲领，确定生产类型。

如图 1-1 所示为某产品上的一个齿轮零件。该产品年产量为 2000 台，其设备备品率为 10%，机械加工废品率为 1%，根据生产纲领计算公式：

$$N = Qn(1 + \alpha\% + \beta\%)$$

$$N = 2000\times1(1+10\%+1\%)=2220(\text{件/年})$$

齿轮零件的年产量为 2220 件，现已知该产品属于轻型机械，根据表 1-3 所示的各种生产类型的生产纲领及工艺特点，可确定其生产类型为中批生产。

(2) 选择毛坯。

齿轮是最常用的传动件，要求具有一定的强度。该零件的材料为 45 钢，轮廓尺寸不大，形状亦不复杂，又属成批生产，故毛坯可采用模锻成形。

零件形状并不复杂，因此毛坯形状可以与零件的形状尽量接近，即外形做成台阶形，内部孔锻出。

2) 确定机械加工余量及毛坯尺寸，设计毛坯图

(1) 确定机械加工余量。

钢质模锻件的机械加工余量按 JB3835 确定。确定时，根据估算的锻件质量、加工精度及锻件形状复杂系数，由表 A-1 可查得除孔以外各内外表面的加工余量。孔的加工余量由表 A-2 查得。表中余量值为单面余量。

① 锻件质量。根据零件成品质量 1.36 kg 估算为 2.2 kg。

② 加工精度。零件除孔以外的各表面为一般加工精度 F1。

③ 锻件形状复杂系数 $S$：

$$S = \frac{m_{\text{锻件}}}{m_{\text{外廓包容体}}}$$

假设锻件的最大直径为 $\phi$121 mm，长 68 mm，则

$$m_{外廓包容体}=\pi\left(\frac{12.1}{2}\right)^2\times 6.8\times 7.85=6135(\text{g})=6.135(\text{kg})$$

$$m_{锻件}=2.2\ \text{kg}$$

$$S=\frac{2.2}{6.135}=0.359$$

按表 A-2，可确定形状复杂系数为 $S_2$，属一般级别。

④ 机械加工余量。根据锻件重量、$F_1$、$S_2$ 查表 A-1。由于表 A-1 中形状复杂系数只列有 $S_1$ 和 $S_3$，则 $S_2$ 参考 $S_1$ 定，$S_4$ 参考 $S_3$ 定。由此查得直径方向为 1.7～2.2 mm，水平方向亦为 1.7～2.2 mm。即锻件各外径的单面余量为 1.7～2.2 mm，各轴向尺寸的单面余量亦为 1.7～2.2 mm。锻件中心两孔的单面余量为 2.5 mm。

(2) 确定毛坯尺寸。

上面查得的加工余量适用于机械加工表面粗糙度 $R_a$≥1.6 μm。$R_a$ ≤1.6 μm 的表面，余量要适当增大。

分析本零件，除 $\phi$68K7 孔为 $R_a$0.8 μm 以外，其余各表面 $R_a$≥1.6 μm，因此这些表面的毛坯尺寸只需将零件的尺寸加上所查得的余量值即可(由于有的表面只需粗加工，这时可取所查数据中的较小值。当表面只需粗加工和半精加工时，可取其较大值)。$\phi$68K7 mm 孔采用精镗达到 $R_a$0.8 μm，故需增加精镗的加工余量。参考磨孔余量确定精镗孔单面余量为 0.5 mm，则毛坯尺寸如表 1-12 所示。

**表 1-12 齿轮毛坯(锻件)尺寸**

单位：mm

| 零件尺寸 | 单面加工余量 | 锻件尺寸 |
|---|---|---|
| $\phi$117h11 | 2 | $\phi$121 |
| $\phi 106.5^{0}_{-0.4}$ | 1.75 | $\phi$110 |
| $\phi$90 | 2 | $\phi$94 |
| $\phi$68K7 | 3 | $\phi$62 |
| $64^{+0.5}_{0}$ | 2 及 1.7 | 67.7 |
| 20 | 2 及 2 | 20 |
| 12 | 2 及 1.7 | 15.7 |
| $\phi$94 孔深 31 | 1.7 及 1.7 | 31 |

(3) 设计毛坯图。

① 确定毛坯尺寸公差。毛坯尺寸公差根据锻件重量、形状复杂系数、分模线形状种类及锻件精度等级从表 A-5 和表 A-6 中查得。

本零件锻件质量 2.2kg，形状复杂系数为 $S_2$，45 钢含碳量为 0.42%～0.50%，其最高含碳量为 0.5%，由表 A-4 查得，锻件材质系数为 $M_1$，采取平直分模线，锻件为普通精度等级，则毛坯公差可从表 A-5 和表 A-6 查得。

本零件毛坯尺寸允许偏差如表 1-13 所列。毛坯同轴度偏差允许值为 0.8 mm，残留边为 0.8 mm。

表 1-13　齿轮毛坯(锻件)尺寸允许精度

单位：mm

| 锻件尺寸 | 偏　差 | 根　据 |
|---|---|---|
| $\phi$121 | +1.7<br>−0.8 | 表 A-5 |
| $\phi$110 | +1.5<br>−0.7 | |
| $\phi$94 | +1.5<br>−0.7 | |
| $\phi$89 | −0.7<br>−1.5 | |
| $\phi$62($\phi$54) | +0.6<br>−1.4 | |
| 20 | ±0.9 | |
| 31 | ±1.0 | |
| 15.7 | +1.2<br>−0.4 | 表 A-6 |
| 67.7 | +1.7<br>−0.5 | |

② 确定圆角半径。锻件的圆角半径按表 A-7 确定。本锻件各部分的 $H/B$ 皆小于 2，故锻件的圆角半径可用下式计算：

外圆角半径　　$r = 0.05H + 0.5$

内圆角半径　　$R = 2.5r + 0.5$

为简化起见，本锻件的内外圆角半径分别取相同数值。以最大的 $H$ 进行计算

$$r = 0.05\times32+0.5 = 2.1(\text{mm})$$

$r$ 确定为 2.5 mm。

$$R = 2.5\times2.5+0.5= 6.75(\text{mm})$$

$R$ 确定为 7 mm。

以上所取的圆角半径数值能保证各表面的加工余量。

③ 确定拔模角。本锻件由于上、下模模膛深度不相等，起模角应以模膛较深的一侧计算。

$$\frac{L}{B}=\frac{110}{110}=1，\frac{H}{B}=\frac{32}{110}=0.291$$

按表 A-8，外起模角$\alpha$=5°，内起模角$\beta$=7°。

④ 确定分模位置。由于毛坯是 $H<D$ 的圆盘类锻件，应采取轴向分模，这样可冲内孔，使材料利用率得到提高。为了便于起模及便于发现上、下模在模锻过程中错移，分模线位置选在最大外径的中部，且分模线为直线。

⑤ 确定毛坯的热处理方式。钢质齿轮毛坯经锻造后应安排正火，以消除残留的锻造应

力，并使不均匀的金相组织通过重新结晶而得到细化、均匀的组织，从而改善了加工性。

⑥ 参考毛坯图。毛坯设计图参考图 1-49。

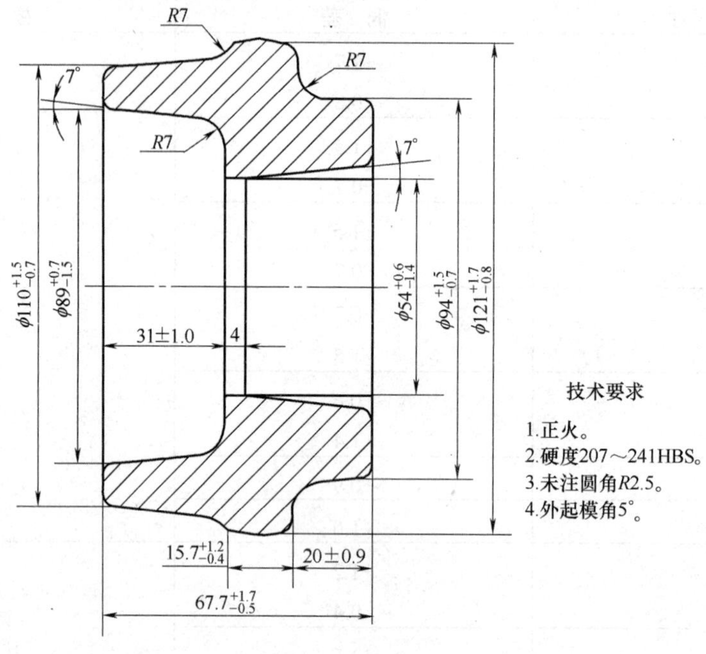


图 1-49 齿轮毛坯图

### 3. 分组讨论并确定齿轮零件的加工顺序

1) 定位基准的选择方案参考

(1) 精基准选择。本零件是带孔的盘状齿轮，孔是其设计基准(亦是装配基准和测量基准)，为避免由于基准不重合而产生的误差，应选孔为定位基准，即遵循“基准重合”的原则。具体而言，即选 $\phi$68K7 mm 孔及一端面作为精基准。

(2) 粗基准选择。由于本齿轮全部表面都需加工，而孔作为精基准应先进行加工，因此应选外圆及一端面为粗基准。外圆 $\phi$117 mm 外为分模面，表面不平整，有飞边等缺陷，定位不可靠，故不能选为粗基准，可选择 $\phi$106.5mm 外圆及端面作为粗基准。

2) 零件表面加工方法的选择方案参考

本零件的加工面有外圆、内孔、端面、齿面、槽及小孔等，材料为 45 钢。参考表 1-8 和表 1-9，其加工方法选择方案参考如下。

(1) $\phi$90 mm 外圆面。为未注公差尺寸，根据 GB 1800 的规定，其公差等级按 IT14，表面粗糙度 $R_a$3.2 μm，需进行粗车及半精车。

(2) 齿圈外圆面。公差等级为 IT11，表面粗糙度 $R_a$ 3.2 μm，需粗车、半精车。

(3) $\phi106.5^{0}_{-0.4}$ mm 外圆面。公差等级为 IT12，表面粗糙度 $R_a$6.3 μm，粗车即可。

(4) $\phi$68K7 mm 内孔。公差等级为 IT7，表面粗糙度 $R_a$0.8 μm，毛坯孔已锻出，为未淬火钢，加工方法可采取粗镗、半精镗之后用精镗、拉孔或磨孔等都能满足加工要求。由于拉孔适用于大批量生产，磨孔适用于单件小批量生产，故本零件宜采用粗镗、半精镗、精镗。

(5) $\phi$94 mm 内孔。为未注公差尺寸，公差等级按 IT14，表面粗糙度 $R_a$6.3 μm，毛坯孔已锻出，只需粗镗即可。

(6) 端面。本零件的端面为回转体端面，尺寸精度都要求不高，表面粗糙度有 $R_a$3.2 μm 或 6.3 μm 两种要求。要求 $R_a$3.2 μm 的端面经粗车和半精车，要求 $R_a$6.3 μm 的端面经粗车即可。

(7) 齿面。齿轮模数为 2.25，齿数为 50，精度为 8FL，表面粗糙度为 $R_a$1.6 μm，采用 A 级单头滚刀滚齿即能达要求。

(8) 槽。槽宽和槽深的公差等级分别为 IT13 和 IT14，表面粗糙度分别为 $R_a$3.2 μm 和 $R_a$6.3 μm，需采用三面刃铣刀，粗铣、半精铣。

(9) $\phi$5 mm 小孔。采用复合钻头一次钻出即成。

3) 机械加工工艺路线拟订方案参考

齿轮的加工工艺路线一般是先进行齿坯的加工，再进行齿面加工。齿坯加工包括各圆柱表面及端面的加工。按照先加工基准面及先粗后精的原则，齿坯加工可按下述工艺路线进行。

工序Ⅰ：以 $\phi$106.5mm 处外圆及端面定位，粗车另一端面，粗车外圆 $\phi$90 mm 及台阶面，粗车外圆 $\phi$117mm，粗镗孔 $\phi$68mm。

工序Ⅱ：以粗车后的 $\phi$90mm 外圆及端面定位，粗车另一端面，粗车外圆 $\phi106.5^{0}_{-0.4}$ mm 及台阶面，车 6mm×1.5mm 沟槽，粗镗 $\phi$94mm 孔，倒角。

工序Ⅲ：以粗车后的 $\phi106.5^{0}_{-0.4}$ mm 外圆及端面定位，半精车另一端面，半精车外圆 $\phi$90mm 及台阶面，半精车外圆 $\phi$117mm，半精镗 $\phi$68mm 孔，倒角。

加工齿面是以孔 $\phi$68K7mm 为定位基准，为了更好地保证它们之间的位置精度，齿面加工之前先精镗孔。

工序Ⅳ：以 $\phi$90mm 外圆及端面定位，精镗 $\phi$68K7 孔，镗孔内的沟槽，倒角。

工序 V：以 $\phi$68K7mm 孔及端面定位，滚齿。

4 个槽与 4 个小孔的加工安排在最后，考虑定位方便，应先铣槽后钻孔。

工序Ⅵ：以 $\phi$68K7mm 孔及端面定位，粗铣 4 个槽。

工序Ⅶ：以 $\phi$68K7mm 孔、端面及粗铣后的一个槽定位，半精铣 4 个槽。

工序Ⅷ：以 $\phi$68K7mm 孔、端面及一个槽定位，钻 4 个小孔。

工序Ⅸ：钳工去毛刺。

工序Ⅹ：终检。

## 4. 分组讨论并确定齿轮零件加工过程中重要加工工序的内容

根据机械加工工艺路线的拟订方案，选择其中Ⅰ、Ⅱ、Ⅲ、Ⅳ道工序，分析并确定加工机床、加工刀具、测量量具，确定Ⅰ～Ⅳ各道工序的工序尺寸、切削用量及基本时间。

1) 机床、刀具、测量量具选择方案参考

(1) 机床选择。

工序 Ⅰ、Ⅱ、Ⅲ是粗车和半精车。各工序的工步数不多，成批生产不要求很高的生产率，故选用卧式车床就能满足要求。本零件外廓尺寸不大，精度要求不是很高，选用最常用的 C620-1 型卧式车床即可。

工序Ⅳ为精镗孔，由于加工的零件外廓尺寸不大，又是回转体，故宜在车床上镗孔。

由于要求的精度较高，表面粗糙度参数值较小，故需选用较精密的车床才能满足要求，选C616A型车床。

(2) 刀具选择。

在车床上加工的工序，一般都选用硬质合金车刀和镗刀。加工钢质零件采用YT类硬质合金，粗加工用YT5，半精加工用YT15，精加工用YT30。为提高生产率及经济性，可选用可转位车刀(GB 5343.1、GB 5343.2)。切槽刀宜选用高速钢。

(3) 量具选择。

本零件属成批生产，一般均采用通用量具。选择量具的方法有两种：一是按计量器具的不确定度选择，二是按计量器具的测量方法极限误差选择。选择时，采用其中的一种方法即可。

① 选择各外圆加工面的量具。工序Ⅲ中半精车外圆 $\phi$117h11mm 达到图纸要求，现按计量器具的不确定度选择该表面加工时所用量具：该尺寸公差 $T = 0.22$mm。查相关手册，计量器具不确定度允许值 $U_1 = 0.016$mm。根据相关手册，分度值为0.02mm的游标卡尺的不确定度数值 $U = 0.02$mm，$U > U_1$，不能选用，必须使 $U \leqslant U_1$，故应选分度值0.01 mm外径百分尺($U = 0.006$mm)。从相关手册中查得选择测量范围为100～125 mm、分度值为0.01mm的外径百分尺(GB 1216)即可满足要求。

按照上述方法选择本零件各外圆加工面的量具，如表1-14所列。

**表1-14　外圆加工面所用量具**

单位：mm

| 工　序 | 加工面尺寸 | 尺寸公差 | 量　具 |
|---|---|---|---|
| I | $\phi$118.5 | 0.54 | 分度值为 0.02、测量范围为 0～150 的游标卡尺(GB 1214—1985) |
|  | $\phi$91.5 | 0.87 |  |
| II | $\phi$106.5 | 0.4 |  |
| III | $\phi$90 | 0.87 | 分度值为 0.05、测量范围为 0～150 的游标卡尺(GB 1214—1985) |
|  | $\phi$117 | 0.22 | 分度值为 0.01mm、测量范围为 100～125mm 的外径百分尺 |

加工 $\phi$91.5mm 外圆面可用分度值为0.05mm的游标卡尺进行测量，但由于与加工 $\phi$118.5mm 外圆面是在同一工序中进行，故用表1-14中所列的一种量具即可。

② 选择加工孔用量具。$\phi$68K7mm 孔经粗镗、半精镗、精镗3次加工。粗镗至 $\phi 65_0^{+0.19}$ mm，半精镗至 $\phi 67_0^{+0.09}$ mm。现按计量器的测量方法极限误差选择其量具。

第一，粗镗孔 $\phi 65_0^{+0.19}$ mm。公差等级为IT11，查表A-9确定精度系数，可查得精度系数 $K = 10\%$，计量器具测量方法的极限误差 $\Delta_{lim} = KT = 0.1 \times 0.19$ mm=0.019mm。查表A-10常用测量工具和测量方法的极限误差 $\Delta_{lim}$，可选内径百分尺，查《机械制造工艺设计简明手册》中内径百分尺基本参数可选分度值为0.01mm、测量范围为50～125mm的内径百分尺(GB 8177)即可。

第二，半精镗孔 $\phi 67_{0}^{+0.09}$ mm。公差等级约为 IT9，查《机械制造工艺设计简明手册》中的精度系数确定，可查得精度系数，则 $K$ =20%，$\Delta_{\text{lim}}=KT$ = 0.2×0.09mm = 0.018mm。查《机械制造工艺设计简明手册》中常用测量工具和测量方法的极限误差 $\Delta_{\text{lim}}$，可选 I 型的一级内径百分尺。查《机械制造工艺设计简明手册》中一级内径百分尺基本参数，可选测量范围为 50～100mm、测孔深度为 I 型的一级内径百分表(JB 1081)。

第三，精镗 $\phi$68K7mm 孔。由于精度要求高，加工时每个工件都需进行测量，故宜选用极限量规。查《机械制造工艺设计简明手册》中轴用极限量规形式和尺寸，根据孔径可选三牙锁紧式圆柱塞规(GB 6322)。

③ 选择加工轴向尺寸所用量具。加工轴向尺寸所用量具如表 1-15 所示。

**表 1-15　加工轴向尺寸所用量具**

单位：mm

<table>
<tr><th>工　序</th><th>尺寸与公差</th><th>量　具</th></tr>
<tr><td rowspan="2">I</td><td>$66.4_{-0.34}^{0}$</td><td rowspan="5">分度值为 0.02mm、测量范围为 0～150mm 的游标卡尺(GB 1214—1985)</td></tr>
<tr><td>$20_{0}^{+0.21}$</td></tr>
<tr><td rowspan="3">II</td><td>$64.7_{-0.34}^{0}$</td></tr>
<tr><td>$32_{0}^{+0.25}$</td></tr>
<tr><td>$31_{0}^{+0.52}$</td></tr>
<tr><td rowspan="2">III</td><td>$20_{0}^{+0.08}$</td><td>分度值为 0.01mm、测量范围为 0～25mm 的深度百分尺(GB 148)</td></tr>
<tr><td>$64_{-0.1}^{0}$</td><td>分度值为 0.01mm、测量范围为 50～75mm 的外径百分尺(GB 1216)</td></tr>
</table>

2) 工序尺寸确定方案

确定工序尺寸一般的方法是，由加工表面的最后工序往前推算，最后工序的工序尺寸按零件图样的要求标注。当无基准转换时，同一表面多次加工的工序尺寸只与工序(或工步)的加工余量有关。当基准不重合时，工序尺寸应用工艺尺寸链解算。

(1) 圆柱面的工序尺寸确定方案。

圆柱表面多次加工的工序尺寸只与加工余量有关。前面根据有关资料已查出本零件各圆柱面的总加工余量(毛坯余量)，应将总加工余量分为各工序加工余量，然后由后往前计算工序尺寸。中间工序尺寸的公差按加工方法的经济精度确定。

本零件各圆柱表面的工序加工余量、工序尺寸及公差、表面粗糙度如表 1-16 所示。

**表 1-16　圆柱表面的工序加工余量、工序尺寸及公差、表面粗糙度**

<table>
<tr><th rowspan="2">加工表面/mm</th><th colspan="3">工序双边余量/mm</th><th colspan="3">工序尺寸及公差/mm</th><th colspan="3">表面粗糙度/μm</th></tr>
<tr><th>粗</th><th>半精</th><th>精</th><th>粗</th><th>半精</th><th>精</th><th>粗</th><th>半精</th><th>精</th></tr>
<tr><td>$\phi$117h11 外圆</td><td>2.5</td><td>1.5</td><td>—</td><td>$\phi 118.5_{-0.54}^{0}$</td><td>$\phi 117_{-0.22}^{0}$</td><td>—</td><td>$R_a 6.3$</td><td>$R_a 3.2$</td><td>—</td></tr>
<tr><td>$\phi 106.5_{-0.4}^{0}$ 外圆</td><td>3.5</td><td>—</td><td>—</td><td>$\phi 106.5_{-0.4}^{0}$</td><td>—</td><td>—</td><td>$R_a 6.3$</td><td>—</td><td>—</td></tr>
<tr><td>$\phi$90 外圆</td><td>2.5</td><td>1.5</td><td>—</td><td>$\phi$91.5</td><td>$\phi$90</td><td>—</td><td>$R_a 6.3$</td><td>$R_a 3.2$</td><td>—</td></tr>
</table>

续表

| 加工表面/mm | 工序双边余量/mm | | | 工序尺寸及公差/mm | | | 表面粗糙度/μm | | |
|---|---|---|---|---|---|---|---|---|---|
| | 粗 | 半精 | 精 | 粗 | 半精 | 精 | 粗 | 半精 | 精 |
| $\phi$94 孔 | 5 | — | — | $\phi94$ | — | — | $R_a6.3$ | — | — |
| $\phi$68K7 孔 | 3 | 2 | 1 | $\phi65_{0}^{+0.19}$ | $\phi67_{0}^{+0.074}$ | $\phi68_{0.021}^{+0.009}$ | $R_a6.3$ | $R_a1.6$ | $R_a0.8$ |

(2) 轴向工序尺寸确定方案。

本零件各工序的轴向尺寸如图1-50所示。

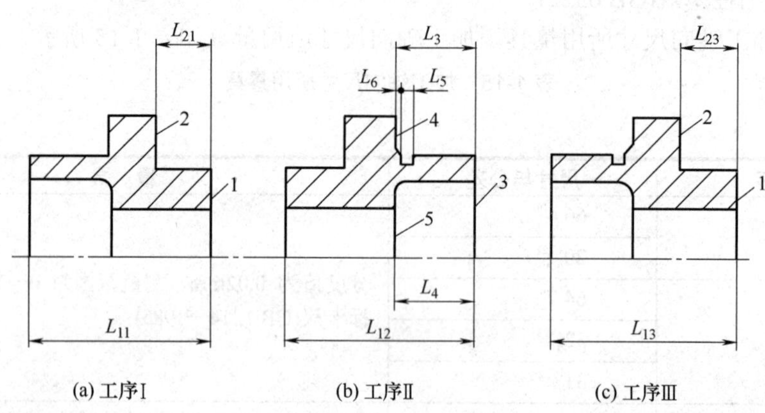


图1-50　工序轴向尺寸

1～5—端面

① 确定各加工表面的工序加工余量。本零件各端面的工序加工余量如表1-17所示。

表1-17　各端面的工序加工余量

单位：mm

| 工　序 | 加工表面 | 总加工余量 | 工序加工余量 |
|---|---|---|---|
| I | 1 | 2 | $Z_{11}$=1.3 |
| | 2 | 2 | $Z_{21}$=1.3 |
| II | 3 | 1.7 | $Z_{32}$=1.7 |
| | 4 | 1.7 | $Z_{42}$=1.7 |
| | 5 | 1.7 | $Z_{52}$=1.7 |
| III | 1 | 2 | $Z_{13}$=0.7 |
| | 2 | 2 | $Z_{23}$=0.7 |

② 确定工序尺寸 $L_{13}$、$L_{23}$、$L_5$ 和 $L_6$。该尺寸在工序II、III中应达到零件图样的要求，则：

$$L_{13}=64_{0}^{+0.5}\ \text{mm(尺寸公差暂定)}$$

$$L_{23}=20\text{mm},\ L_5=6\text{mm},\ L_6=2.5\text{mm}$$

③ 确定工序尺寸 $L_{12}$、$L_{11}$ 和 $L_{21}$。该尺寸只与加工余量有关，则

$$L_{12}=L_{13}+Z_{13}=64+0.7=64.7(\text{mm})$$

$$L_{11}=L_{12}+Z_{32}=64.7+1.7=66.4(\text{mm})$$
$$L_{21}=L_{23}+Z_{13}-Z_{23}=20+0.7-0.7=20(\text{mm})$$

④ 确定工序尺寸 $L_3$。尺寸 $L_3$ 需解工艺尺寸链才能确定。工艺尺寸链如图 1-51(a)所示，图中 $L_7$ 为零件图样上要求保证的尺寸 12mm。$L_7$ 为未注公差尺寸，其公差等级按 ITl4，查公差表得公差值为 0.43mm，则 $L_7=12_{-0.43}^{0}$ mm。

根据尺寸链计算公式：

$$L_7=L_{13}-L_{23}-L_3$$
$$L_3=L_{13}-L_{23}-L_7=64-20-12=32(\text{mm})$$
$$T_7=T_{13}+T_{23}+T_3$$

按前面所定的公差 $T_{13}$=0.5mm，而 $T_7$=0.43mm，不能满足尺寸公差的关系式，必须缩小 $T_{13}$ 的数值。现按加工方法的经济精度确定：

$$T_{13}=0.1\text{mm}，T_{23}=0.08\text{mm}，T_3=0.25\text{mm}$$

则

$$T_{13}+T_{23}+T_3=0.1+0.08+0.25=0.43\text{mm}=T_7$$

决定组成环的极限偏差时，留 $L_3$ 作为调整尺寸，$L_{13}$ 按外表面、$L_{23}$ 按内表面决定其极限偏差，则

$$L_{13}=64_{-0.1}^{0}\text{mm}\quad L_{23}=20_{0}^{+0.08}\text{mm}$$

$L_7$、$L_{13}$ 和 $L_{23}$ 的中间偏差为：$\Delta_7$=−0.125mm、$\Delta_{13}$=−0.05mm；$\Delta_{23}$=+0.04mm。

$L_3$ 的中间偏差为：$\Delta_3=\Delta_{13}-\Delta_{23}-\Delta_7=-0.05-0.04-(-0.215)=0.125(\text{mm})$

$$\text{ES}_{L_3}=\Delta_3+\frac{T_3}{2}=0.125+\frac{0.25}{2}=0.25(\text{mm})$$
$$\text{EI}_{L_3}=\Delta_3-\frac{T_3}{2}=0.125-\frac{0.25}{2}=0$$
$$L_3=32_{0}^{+0.25}\text{mm}$$

⑤ 确定工序尺寸 $L_4$。工序尺寸 $L_4$ 也需解工艺尺寸链才能确定。工艺尺寸链如图 1-51(b)所示，图中 $L_8$ 为零件图样上要求保证的尺寸 33mm，其公差值按公差等级 IT14 查表为 0.62mm，则 $L_8=33_{-0.62}^{0}$ mm。解工艺尺寸链得 $L_4=31_{0}^{+0.52}$ mm。

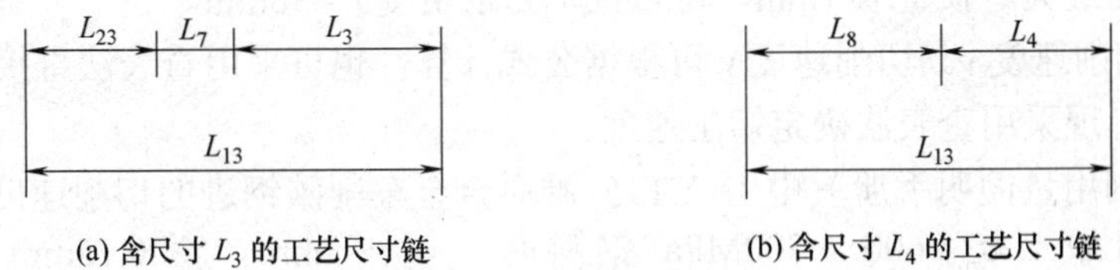


(a) 含尺寸 $L_3$ 的工艺尺寸链　　(b) 含尺寸 $L_4$ 的工艺尺寸链

图 1-51　工艺尺寸链图

⑥ 确定工序尺寸 $L_{11}$、$L_{12}$、$L_{21}$。按加工方法的经济精度及偏差入体原则，得 $L_{11}=66.4_{-0.34}^{0}$ mm，$L_{12}=64.7_{-0.34}^{0}$ mm, $L_{21}=20_{0}^{+0.21}$ mm。

3) 切削用量及基本时间的确定

切削用量一般包括切削深度、进给量及切削速度 3 项。确定方法是先确定切削深度、进给量，再确定切削速度。

(1) 工序Ⅰ切削用量及基本时间的确定。

① 切削用量。本工序为粗车(车端面、外圆及镗孔)。已知加工材料为 45 钢，$\sigma_b$=670 MPa，锻件，有外皮；机床为C620-1 型卧式车床，工件装卡在三爪自定心卡盘中。

第一，确定粗车外圆 $\phi 118.5^{0}_{-0.54}$ mm 的切削用量。所选刀具为 YT5 硬质合金可转位车刀。根据《切削用量简明手册》中车刀刀杆及刀片尺寸的选择，由于 C620-1 机床的中心高为 200mm，故选刀杆尺寸 $B \times H$=16mm×25mm，刀片厚度为 4.5mm。根据《切削用量简明手册》中车刀切削部分的几何形状，选择车刀几何形状为卷屑槽带倒棱型前刀面，前角 $\gamma_0$=12°，后角 $\alpha_0$=6°，主偏角 $\kappa_r$=90°，副偏角 $\kappa_r'=10°$，刃倾角 $\lambda_s$=0°，刀尖圆弧半径 $\gamma_\varepsilon$=0.8mm。

Ⅰ. 确定 $a_p$。由于单边余量仅为 1.25mm，若要考虑模锻斜度及公差，其最大单边余量为 2.8mm，可在一次走刀内切完，故

$$a_p = \frac{121-118.5}{2} = 1.25(\text{mm})$$

Ⅱ. 确定进给量 $f$。根据《切削用量简明手册》中硬质合金及高速钢车刀粗车外圆和端面的进给量，在粗车钢料、刀杆尺寸为 16mm×25mm、$a_p$≤3mm、工件直径为 100～400mm 时

$$f=0.6 \sim 1.2\ \text{mm/r}。$$

按 C620-1 型机床的进给量(《机械制造工艺简明手册》中卧式车床刀架进给量)，选择 $f$ = 0.65mm/r。

确定的进给量尚需满足机床进给机构强度的要求，故需进行校验。

根据《切削用量简明手册》中 C620-1 卧式车床技术资料，C620-1 型机床进给机构允许的进给力 $F_{max}$ =3530 N。

根据《切削用量简明手册》中硬质合金车刀车削钢料时的进给力，当钢料 $\sigma_b$ =570～670MPa、$a_p$ ≤2mm、$f$≤0.75mm/r、$\kappa_r$ = 45°、$v$ =65m/min(预计)时，进给力 $F_f$ =760×1.17=889.2(N)。

由于切削时的进给力小于机床进给机构允许的进给力，故所选的 $f$ =0.65mm/r 可用。

Ⅲ. 选择车刀磨钝标准及耐用度。根据《切削用量简明手册》中车刀的磨练标准及寿命，车刀后刀面最大磨损量取 1mm，可转位车刀耐用度 $T$ =30min。

Ⅳ. 确定切削速度 $v$。切削速度 $v$ 可根据公式计算，也可采用查表法直接由表中查出并确定切削速度。现采用查表法确定切削速度。

根据《切削用量简明手册》中用 YT15 硬质合金车削碳钢进的切削速度，当用 YT15 硬质合金车刀加工 $\sigma_b$ =600～700MPa 钢料时，$a_p$ ≤3mm，$f$≤0.75mm/r，切削速度 $v$ =109m/min。

切削速度的修正系数为 $k_{sv}=0.8$，$k_{tv}=0.65$，$k_{k_{rv}}=0.81$，$k_{Tv}=1.15$，$k_{Mv}=k_{kv}=1.0$ (均见《切削用量简明手册》中车削过程使用条件改变时的修正系数表)，故

$$v=109 \times 0.8 \times 0.65 \times 0.81 \times 1.15 =52.8(\text{m/min})$$

$$n=1000v/\pi d=1000 \times 52.5/(3.14 \times 121)=138.2(\text{r/min})$$

按 C620-1 型机床的转速(《机械制造工艺设计简明手册》中卧式车床主轴转速度)，

选择

$$n=120\text{r/min}=2.0\text{r/s}$$

则实际切削速度 $v$=45.6m/min。

V. 校验机床功率。由《切削用量简明手册》中硬质合金车刀车削钢料时消耗的功率可知，当 $\sigma_b$=580～970MPa、HBS=166～277、$a_p$≤2.0mm，$f$≤0.75mm/r、$v$≤46m/min 时，$p_c$=1.7kW。

切削功率的修正系数 $k_{k_r p_c}=1.17$，$k_{r_0 p_c}=k_{Mp_c}=k_{Kp_c}=1.0$，$k_{Tp_c}=1.13$，$k_{Sp_c}=0.8$，$k_{tp_c}$= 0.65《切削用量简明手册》中车削过程使用条件改变时的修正系数，故实际切削时的功率为 $p_c$=0.72kW。

根据 C620-1 型卧式车床技术参数，当 $n$=120r/min 时，机床主轴允许功率 $p_E$=5.9kW。$p_c<p_E$，故所选的切削用量可在 C620-1 型机床上进行。

最后决定的切削用量为

$$a_p=1.25\text{mm},\ f=0.65\text{mm/r},\ n=2.0\text{r/s}=120\text{r/min},\ v=0.76\text{m/s}=45.6\text{m/min}$$

第二，确定粗车外圆 $\phi$91.5mm、端面及台阶面的切削用量。采用车外圆 $\phi$118.5mm 的刀具加工这些表面。加工余量皆可一次走刀切除，车外圆刀 $\phi$91.5mm 的 $a_p$=1.25mm，端面及台阶面的 $a_p$=1.3mm。车外圆 $\phi$91.5mm 的 $f$=0.65mm/r，车端面及台阶面的 $f$=0.52mm/r。主轴转速与车外圆 $\phi$118.5mm 相同。

第三，确定粗镗孔 $\phi65_{0}^{+0.19}$mm 的切削用量。所选刀具为 YT5 硬质合金，直径为 20mm 的圆形镗刀。

Ⅰ. 确定切削深度 $a_p$

$$a_p=(65-62)/2=1.5\text{mm}$$

Ⅱ. 确定进给量 $f$。根据《切削用量简明手册》中硬质合金镗粗镗孔的进给量，当粗镗钢料、镗刀直径为 20mm、$a_p$≤2mm 时，镗刀伸出长度为 100mm 时，

$$f=0.15\sim0.30\text{mm/r}$$

按 C620-1 型机床的进给量(《机械制造工艺设计简明手册》中卧式车床刀架进给量)，选择 $f$ = 0.20mm/r。

Ⅲ. 确定切削速度 $v$。按照式(1-6)的计算公式确定：

$$v=\frac{C_v}{T^m a_p^x v f^{y_v}}k_v$$

式中：$C_v$ = 291，$m$ = 0.2，$x_v$= 0.15，$y_v$= 0.2，$T$ = 60min，$k_v$=0.9×0.8×0.65=0.468，则 $v = 291\times0.468/60^{0.2}\times1.5^{0.15}\times0.2^{0.2}$ = 78m/min

$$n=1000v/3.14D=1000\times78/(3.14\times65)=382(\text{r/min})$$

按 C620-1 型机床的转速，选择 $n$ = 370r/mm。

② 基本时间。

第一，确定粗车外圆 $\phi$91.5mm 的基本时间。根据《机械制造工艺简明手册》中车削机动时间计算公式，车外圆基本时间为

$$T_{j1}=\frac{L}{fn}i=\frac{l+l_1+l_2+l_3}{fn}i$$

式中：$l$=20mm，$l_1=\dfrac{a_p}{\tan\kappa_r}$+(2～3)($\kappa_r$=90°，$a_p$=1)，$l_2$=0，$l_3$=0，$f$= 0.65mm/r，$n$=2.0r/s，$i$= 1。

则
$$T_{j1}=\frac{20+2}{0.65\times 2}=17(\text{s})$$

第二，确定粗车外圆 $\phi118.5_{-0.54}^{0}$ mm 的基本时间。

$$T_{j2}=\frac{l+l_1+l_2+l_3}{fn}i$$

式中：$l$= 14.4mm，$l_1$=0，$l_2$=4mm，$l_3$=0，$f$= 0.65mm/r，$n$=2.0r/s，$i$= 1。

则
$$T_{j2}=\frac{14.4+4}{0.65\times 2}=14(\text{s})$$

第三，确定粗车端面的基本时间。

$$T_{j3}=\frac{L}{fn}i\text{，}L=\frac{d-d_1}{2}+l_1+l_2+l_3$$

式中：$d$ = 94mm，$d_1$ =62mm，$l_1$ =2mm，$l_2$ =4mm，$l_3$ =0，$f$ = 0.52mm/r，$n$=2.0r/s，$i$ = 1。

则
$$T_{j3}=\frac{16+2+4}{0.52\times 2}=21(\text{s})$$

第四，确定粗车台阶面的基本时间。

$$T_{j4}=\frac{L}{fn}i\text{，}L=\frac{d-d_1}{2}+l_1+l_2+l_3$$

式中：$d$=121mm，$d_1$=91.5mm，$l_1$=0，$l_2$=4mm，$l_3$=0，$f$=0.52mm/r，$n$=2.0r/s，$i$=1。

则
$$T_{j4}=\frac{14.7+4}{0.52\times 2}=18\text{s}$$

第五，确定粗镗 $\phi65_{0}^{+0.19}$ mm 孔的基本时间。选镗刀的主偏角 $\kappa_r$=45°，则 $l_1$=3.5mm，$l$=35.4mm，$l_2$=4mm，$l_3$=0，$f$= 0.2mm/r，$n$=6.17r/s，$i$= 1，则

$$T_{j5}=\frac{35.4+3.5+4}{0.2\times 6.17}=35(\text{s})$$

第六，确定工序的基本时间。

$$T_j=\sum_{i=1}^{5}T_{ji}=17+14+21+18+35=105(\text{s})$$

(2) 工序Ⅱ切削用量及基本时间的确定。

本工序仍为粗车(车端面、外圆、台阶面，镗孔，车沟槽及倒角)。已知条件与工序Ⅰ相同。车端面、外圆及台阶面可采用与工序Ⅰ相同的可转位车刀。镗刀选 YT5 硬质合金、主偏角 $\kappa_r$=90°、直径为 20mm 的圆形镗刀。车沟槽采用高速钢成形切槽刀。

采用工序Ⅰ确定切削用量的方法，得出本工序的切削用量及基本时间如表 1-18 所示。

表 1-18 工序 II 的切削用量及基本时间

| 工 步 | $a_p$ /mm | $f$ /(mm/r) | $v$ /(m/s) | $n$ /(r/s) | $T_j$ /s |
|---|---|---|---|---|---|
| 粗车端面 | 1.7 | 0.52 | 0.69 | 2 | 16 |
| 粗车外圆 $\phi$106.5mm | 1.75 | 0.65 | 0.69 | 2 | 25 |
| 粗车台阶面 | 1.7 | 0.52 | 0.74 | 2 | 8 |
| 镗孔及台阶面 | 2.5 及 1.7 | 0.2 | 1.13 | 3.83 | 69 |
| 车沟槽 | — | 手动 | 0.17 | 0.5 | |
| 倒 角 | — | 手动 | 0.69 | 2 | — |

(3) 工序III切削用量及基本时间的确定。

① 切削用量。

本工序为半精加工(车端面、外圆、镗孔及倒角)。已知条件与粗加工工序相同。

第一，确定半精车外圆 $\phi 117^{0}_{-0.22}$ mm 的切削用量。所选刀具为 YTl5 硬质合金可转位车刀。车刀形状、刀杆尺寸及刀片厚度均与粗车相同。根据《切削用量简明手册》中车削部分的几何形状，选择车刀几何形状为 $\gamma_0$ =12°，后角 $\alpha_0$ =8°，主偏角 $\kappa_r$ =90°，副偏角 $\kappa_r'$ =5°，刃倾角 $\lambda_s$ =0°，刀尖圆弧半径 $r_\varepsilon$ =0.5mm。

Ⅰ. 确定切削深度 $a_p$

$$a_p = \frac{118.5-117}{2} = 0.75(\text{mm})$$

Ⅱ. 确定进给量 $f$ 。

根据《切削用量简明手册》中硬质合金外圆车刀半精车的进给量及 C620-1 型机床进给量，选择 $f$ = 0.30mm/r。

由于是半精加工，切削力较小，故不需校核机床进给机构强度。

Ⅲ. 选择车刀磨钝标准及耐用度。根据《切削用量简明手册》中车刀的磨练标准及寿命，选择车刀后刀面最大磨损量为 0.4mm，耐用度 $T$ =30min。

Ⅳ. 确定切削速度 $v$ 。根据《切削用量简明手册》中用 YT15 硬质合金车刀车削碳钢时的切削速度，当用 YT15 硬质合金车刀加工 $\sigma_b$ =630～700MPa 钢料、$a_p \leqslant$1.4mm、$f \leqslant$0.38mm/r，$v \leqslant$156m/min 时，切削速度的修正系数为 $k_{k_{r_v}}$ =0.81，$k_{Tv}$ =1.15，其余的修正系数均为 1，故

$$v = 156\times0.81\times1.15 = 145.3(\text{m/min})$$

$$n = \frac{1000\times145.3}{3.14\times118.5} = 390(\text{r/min})$$

按 C620-1 型机床的转速，选择 $n$ =380r/min=6.33r/s，则实际切削速度 $v$ =2.33m/s。

半精加工时，机床功率也可不校验。

最后决定的切削用量为 $a_p$ =0.75mm，$f$ =0.3mm/r，$n$ =6.33r/s=380r/min，$v$ =2.33m/s=141.6m/min。

第二，确定半精车外圆 $\phi$90mm、端面、台阶面的切削用量。采用半精车外圆 $\phi$117mm 的刀具加工这些表面。车外圆 $\phi$90mm 的 $a_p$ =0.75mm，端面及台阶面的 $a_p$ =0.7mm。车外圆

$\phi$90mm、端面及台阶面的 $f$=0.3mm/r，$n$=6.33r/s=380r/min。

第三，确定半精镗孔 $\phi 67_{0}^{+0.074}$ mm 的切削用量。所选刀具为 YT15 硬质合金、主偏角 $\kappa_r$=45°、直径为20mm的圆形镗刀，其耐用度 $T$=60min。

Ⅰ. $a_p=\dfrac{67-65}{2}=1(\text{mm})$

Ⅱ. $f=0.1(\text{mm/r})$

Ⅲ. $v=\dfrac{291\times 0.9}{60^{0.2}\times 1^{0.15}\times 0.1^{0.2}}=183(\text{m/min})$

$$n=\frac{1000\times 183}{3.14\times 67}=869.9(\text{r/min})$$

选择 C620-1 型机床的转速，$n$=760r/min=12.7r/s，实际切削速度 $v$=2.67m/s。

② 基本时间。

第一，确定半精车外圆 $\phi$117mm 的基本时间。

$$T_{j1}=\frac{12+4}{0.3\times 6.33}=8.4(\text{s})$$

第二，确定半精车外圆 $\phi$90mm 的基本时间。

$$T_{j1}=\frac{20+2}{0.3\times 6.33}=11.5(\text{s})$$

第三，确定半精车端面的基本时间。

$$T_{j3}=\frac{13.25+2+4}{0.3\times 6.33}=10(s)$$

第四，确定半精车台阶面的基本时间。

$$T_{j1}=\frac{13.25+2+4}{0.3\times 6.33}=10s$$

第五，确定半精镗声 $\phi$67mm 的基本时间。

$$T_{j5}=\frac{33+3.5+4}{0.1\times 12.7}=31.9(s)$$

(4) 工序Ⅳ切削用量及基本时间的确定。

① 切削用量。本工序为精镗 $\phi 68_{-0.021}^{+0.009}$ mm 孔，镗沟槽及倒角。

第一，确定精镗 $\phi$68mm 孔的切削用量。所选刀具为 YT30 硬质合金、主偏角 $\kappa_r$=45°、直径为20mm的圆形镗刀，其耐用度 $T$=60min。

Ⅰ. $a_p=\dfrac{68-67}{2}=0.5(\text{mm})$

Ⅱ. $f=0.04(\text{mm/r})$

Ⅲ. $v=\dfrac{291\times 0.9\times 1.4}{60^{0.2}\times 0.5^{0.15}\times 0.04^{0.2}}=341.49(\text{m/min})$

则
$$n=\frac{1000\times 341.49}{3.14\times 68}=1599.33(\text{r/min})$$

选择 C616A 型机床的转速，查《机械制造工艺设计简明手册》卧式车床主轴转速表，选择 $n$=1400r/min=23.3r/s，实际切削速度 $v$=4.98m/s。

第二，确定镗沟槽的切削用量。选用高速钢切槽刀，采用手动进给，主轴转速

$n$=40r/min=0.67r/s，切削速度 $v$=0.14m/s。

② 基本时间。精镗 $\phi$68mm 孔的基本时间为 $T_{\text{j}}=\dfrac{33+3.5+4}{0.04\times 23.3}=43(\text{s})$ 。

### 1.8.5　项目评价与讨论

任务实施检查与评价表如表 1-19 所示。

表 1-19　任务实施检查与评价表

| 序　号 | 检查内容 | | 检查记录 | 评　价 | 分　值 |
|---|---|---|---|---|---|
| 1 | 零件图样识别是否充分，结构工艺分析是否正确，是否形成记录 | | | | 5% |
| 2 | 零件毛坯选择的可行性与正确性(毛坯图) | | | | 10% |
| 3 | 零件加工顺序制订的合理性与可行性(机械加工工艺过程卡) | | | | 20% |
| 4 | 重要工序内容确定的正确性与合理性(机械加工工序卡) | | | | 35% |
| 5 | 职业素养 | 遵守时间：是否不迟到，不早退，中途不离开现场 | | | 10% |
| | | 5S：理实一体现场是否符合 5S 管理要求，桌椅、参考资料是否按规定摆放，地面、门窗是否干净 | | | 10% |
| | | 团结协作：组内是否配合良好；是否积极投入到本项目中积极完成本任务 | | | 5% |
| | | 语言能力：是否积极回答问题；声音是否洪亮；条理是否清晰 | | | 5% |
| 总评 | | | 评价人 | | |

## 1.9　拓 展 实 训

#### 1. 实训任务

如图 1-52 所示为某一测角仪上的支架套零件，零件材料为 GCr15，生产纲领为小批生产，试拟定该零件的机械加工工艺路线。

#### 2. 实训目的

通过支架套零件工艺路线的拟定，使学生进一步对机械加工工艺基础知识等有所理解和体会，增强学生的学习兴趣，提高学生自信心，体验成功的喜悦；通过项目任务教学，培养学生互助合作的团队精神。

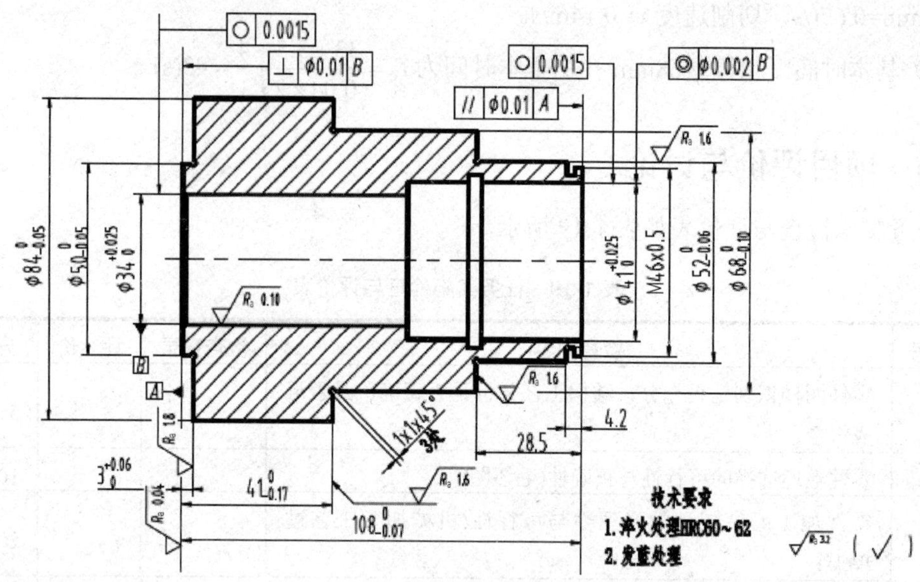


图 1-52　支架套零件

3. 实训过程

1) 分组进行零件图样的工艺性分析

根据给定的支架套零件图，了解到本零件的加工面有外圆、内孔、端面、槽和小孔、螺纹孔。分析结果如下。

结构特点和技术要求：内孔 $\phi 34_{0}^{+0.025}$ mm，内安放滚针轴承的滚针及仪器主轴颈，端面 *A* 是止推面，其表面粗糙度值小，分别为 $R_a$0.10 μm 和 $R_a$0.4 μm。因转动要求精确度高，所以对 $\phi 34_{0}^{+0.025}$ mm 和 $\phi 41_{0}^{+0.025}$ mm 圆度要求很高，为 0.00l5 mm，两孔的同轴度要求更高，为 0.002mm。该套的外圆和内孔均有阶台，并有径向孔需要加工。由此可以看出，该套的主要加工表面是内孔 $\phi 34_{0}^{+0.025}$ mm 和 $\phi 41_{0}^{+0.025}$ mm 及端面 *A*，次要加工表面是各外圆及径向孔的加工。

该零件图的重要加工表面尺寸、公差齐全；次要表面的尺寸不全，需补全；技术要求合理、可行。

2) 分组讨论并确定齿轮毛坯类型

由于支架套所用材料为 GCr15，各台阶外圆直径相差较大，因而选用锻件毛坯。

3) 分组讨论并拟订零件机械加工工艺路线

(1) 基准选择。

① 精基准选择。在选择精基准时，主要考虑基准重合与基准统一等问题，本例为保证主要加工表面的精度，尤其是内孔 $\phi 34_{0}^{+0.025}$ mm 和 $\phi 41_{0}^{+0.025}$ mm 两孔同轴度，以端面 *A* 为精基准，符合基准统一原则。

② 粗基准选择。为保证后续工序有可靠的精基准端面 *A*，选择外圆作粗基准。

(2) 加工方案的选择。

该零件主要是孔的加工，由于孔的精度高，表面粗糙度又细，因此，最终工序应采用精磨，该孔的加工工序为：钻孔—半精车—粗磨—精磨。由于两孔的圆度(0.0015mm)和同轴度(0.002 mm)要求高，故需在一次安装中完成精加工。

(3) 加工阶段的划分。

加工阶段以淬火工序前后来划分，淬火前为粗加工阶段和半精加工阶段；淬火后为精加工阶段(磨削加工)和超精加工阶段(精磨和研磨)。

为减少热处理的影响，淬火工序应安排在精加工阶段之前，以便使淬火时引起的变形在精加工中予以纠正。为防止淬火时零件产生较大变形，精加工工序的加工余量应适当放大。

(4) 工艺路线的拟订方案。

① 粗车端面；外圆 $\phi84.5\text{mm}$ 为 $\phi87\text{mm}\times45\text{mm}$；钻 $\phi30\times60\text{mm}$ (三爪夹一端)；再调头车外圆 $\phi68\text{mm}$ 为 $\phi70\times67\text{mm}$；车 $\phi52\text{mm}$ 为 $\phi54\times28\text{mm}$；钻孔为 $\phi38\times44.5\text{mm}$ (三爪夹大端)。

② 半精车左端面及 $\phi84.5\text{mm}$；$\phi34_{0}^{+0.025}\text{mm}$ 及 $\phi50_{-0.05}^{0}\text{mm}$，留余量 0.5 mm，倒角及车槽(夹小头)；再掉头车右端面，车 $\phi68_{-0.10}^{0}\text{mm}$ 到尺寸；$\phi52_{-0.06}^{0}\text{mm}$ 留磨量，车 M46×0.5 螺纹长 4.2 mm 为 4.4 mm，车孔 $\phi41_{0}^{+0.025}\text{mm}$ 留磨量；车槽，车外圆斜槽两处并倒角(夹大端)。

③ 钻各端面轴向孔；钻径向孔；攻螺纹(夹外圆)。

④ 淬火 60～62HRC。

⑤ 磨外圆至尺寸；磨 $\phi50_{-0.05}^{0}\text{mm}$ 及 $3_{0}^{+0.06}\text{mm}$ 端面；再掉头磨外圆 $\phi52_{-0.06}^{0}\text{mm}$ 及 28.5 mm 端面并保证该 3 段外圆同轴度为 0.002 mm ($\phi34$ 孔定位，采用可涨心轴)。

⑥ 校正 $\phi52_{-0.06}^{0}\text{mm}$ 外圆，粗磨孔 $\phi34_{0}^{+0.025}\text{mm}$ 及 $\phi41_{0}^{+0.025}\text{mm}$，留余量 0.2 mm (端面及外圆定位)。

⑦ 检验。

⑧ 发蓝。

⑨ 磨左端面，留研磨量，保证平行度为 0.05mm(右端面定位)。

⑩ 粗研左端面，保证表面粗糙度为 $R_a$ 0.16 μm，平行度为 0.05mm(左端面定位)。

⑪ 精磨孔 $\phi41_{0}^{+0.025}\text{mm}$ 及 $\phi34_{0}^{+0.025}\text{mm}$ 至要求尺寸(左端面定位，一次安装下磨削)。

⑫ 精研左端面达到表面粗糙度为 $R_a$ 0.04 μm(左端面定位)，并检验。

(5) 填写工艺文件报告。

## 本 章 小 结

本章主要按照机械制造企业工艺员的工作过程，介绍了机械制造工艺编制基础知识，主要内容有：机械制造工艺编制过程中涉及的基本概念；零件的工艺性分析；毛坯的选择；机械加工路线的拟定方法；机械加工工序内容的确定方法，包括工艺尺寸链的计算等。学生通过完成 84002 齿轮零件的结构分析、毛坯确定、机械加工工艺路线的拟定、重要工序设计等工作任务，应达到掌握机械制造工艺编制的基础知识的目的。同时增强学生的学习兴趣，提高学生解决工程技术问题的自信心，体验成功的喜悦；通过项目任务教学，培养学生互助合作的团队精神。在项目实施过程中，注重培养学生分析问题和解决问题的能力，培养学生查阅设计手册和资料的能力，逐步提高学生处理实际工程技术问题的能力。

## 思考与练习

1. 什么是生产过程、工艺过程和工艺规程？工艺规程在生产中起何作用？

2. 什么是工序、安装、装夹、工位、工步？工序和工步、安装和装夹的主要区别是什么？

3. 生产类型是根据什么划分的？目前有哪几种生产类型？它们各有哪些主要工艺特征？在多品种生产的要求下各种生产类型又有哪些不足？如何解决？

4. 机械加工工艺过程卡和工序卡的区别是什么？简述它们的应用场合。

5. 在编制机械加工工艺规程时，为什么要对零件图样进行工艺性分析？

6. 在编制机械加工工艺规程时，为什么说正确选择毛坯具有重大的技术经济意义？机械加工中常用的毛坯种类有哪些？

7. 何谓基准？基准分哪几种？精、粗定位基准的选择原则各有哪些？如何分析这些原则之间出现的矛盾？

8. 机械加工工艺过程划分加工阶段的原因是什么？

9. 何谓毛坯余量？何谓工序余量和总余量？影响加工余量的因素有哪些？

10. 有一小轴，毛坯为热轧棒料，大量生产的工艺路线为粗车—半精车—淬火—粗磨—精磨，外圆设计尺寸 $\phi30^{0}_{-0.013}$ mm。已知各工序的加工余量和经济精度，试确定各工序尺寸及其偏差、毛坯尺寸及粗车余量，并填入表 1-20 中(余量为双边余量)。

表 1-20　数据记录表

| 工序名称 | 工序余量 | 经济精度 | 工序尺寸及偏差 | 工序名称 | 工序余量 | 经济精度 | 工序尺寸及偏差 |
|---|---|---|---|---|---|---|---|
| 精磨 | 0.1 | 0.013(IT6) | | 粗车 | | | |
| 粗磨 | 0.4 | 0.033(IT8) | | 毛坯尺寸 | 4(总余量) | | |
| 半精车 | 1.1 | 0.084(IT10) | | | | | |

11. 试分别拟定图 1-53 所示小连杆零件的机械加工工艺路线，内容有工序名称、工序简图(内含定位符号、夹紧符号、工序尺寸及其公差、技术要求)、工序内容等。生产类型为成批生产。

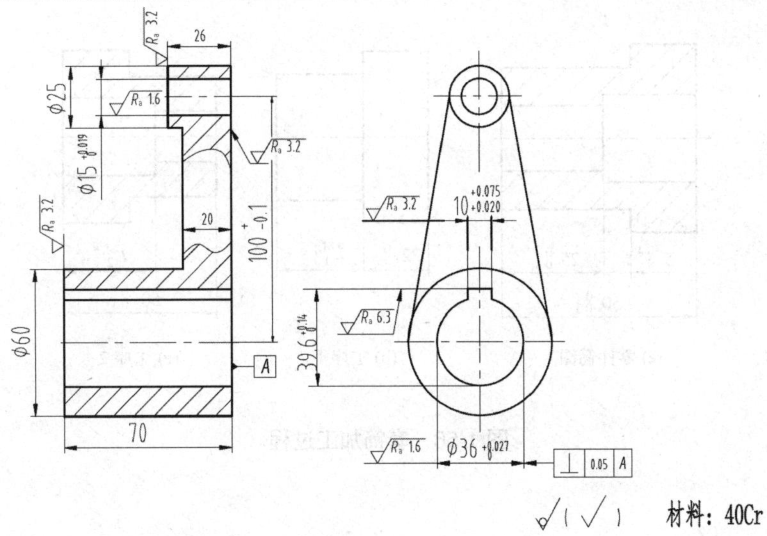


图 1-53　小连杆零件图

12. 加工如图 1-54 所示的零件，要求保证尺寸(6±0.1)mm。由于该尺寸不便测量，只好通过测量尺寸 $L$ 来间接保证。试求测量尺寸 $L$ 及其上、下偏差，并分析有无假废品现象存在。有什么办法解决假废品的存在？

13. 加工如图 1-55 所示的轴颈时，设计要求尺寸分别为 $\phi 28^{+0.024}_{+0.008}$ mm、$\tau = 4^{+0.16}_{0}$ mm，有关工艺过程如下。

(1) 车外圆至 $\phi 28.5^{0}_{-0.10}$ mm。

(2) 在铣床上铣键槽，键深尺寸为 $H$。

(3) 淬火热处理。

(4) 磨外圆至尺寸 $\phi 28^{+0.024}_{+0.008}$ mm。

若磨后外圆和车后外圆的同轴度误差为 $\phi 0.04$ mm，试计算铣键槽的工序尺寸 $H$ 及其极限偏差。

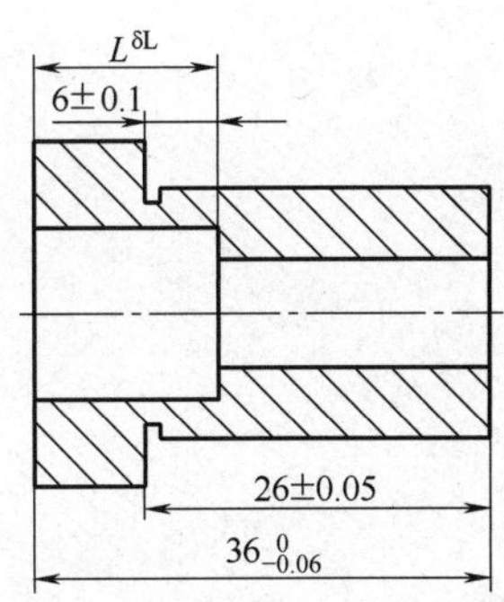

图 1-54　不便测量的尺寸换算

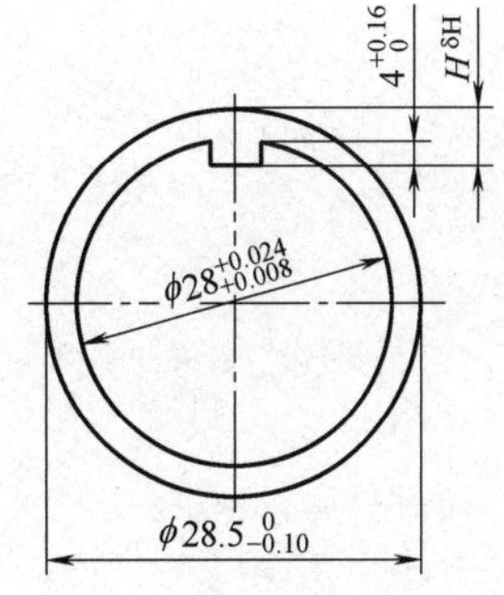

图 1-55　轴颈键槽加工

14. 加工套筒类零件，其轴向尺寸及有关工序简图如图 1-56 所示，试求工序尺寸上 $L_1$ 和 $L_2$ 及其极限偏差。

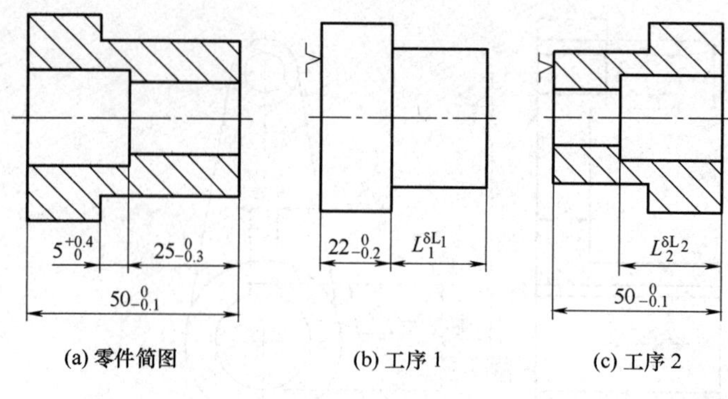


(a) 零件简图　(b) 工序 1　(c) 工序 2

图 1-56　套筒加工过程

# 第 2 章　轴类零件加工工艺编制及实施

**本章要点**

- 轴类零件概述。
- 轴类零件外圆表面的粗、精加工方法。
- 轴类零件外圆表面加工常用设备。
- 轴类零件外圆表面加工常用刀具。
- 轴类零件加工常用装夹方式。
- 轴类零件的测量。
- 简单轴类零件的加工工艺分析。

**技能目标**

- 具有轴类零件工艺性分析能力。
- 掌握轴类零件毛坯的选择方法。
- 具有编制简单轴类零件机械加工工艺过程卡的能力。
- 具有编制简单轴类零件机械加工工序卡的能力。
- 初步具备较复杂轴类零件的工艺路线编写能力。

## 2.1　工作场景导入

**【工作场景】**

工作对象：8E160C-J 型机油泵传动轴零件图、机油泵部件装配图分别如图 2-1、图 2-2 所示，现为中小批量生产。

任务要求：编制传动轴零件的机械加工工艺过程卡、机械加工工序卡；在条件允许的情况下操作机床加工零件、验证工艺的合理性。

**【引导问题】**

(1) 仔细阅读传动轴零件图，回顾 1.3 节知识点——零件的工艺性分析，检查零件图的完整性和正确性；根据各校实际制造能力分析审查零件的结构、尺寸精度、形位精度、表面粗糙度、材料及热处理等技术要求是否合理，是否便于加工和加工的经济性。根据零件结构工艺性的一般原则，判断该零件的结构工艺性是否良好？如果结构工艺性不好，如何改进？

(2) 回顾 1.4 节知识点——毛坯的选择，如何选择传动轴零件毛坯？如何确定传动轴零件毛坯尺寸？

(3) 一般轴类零件的功用、结构特点、技术要求、材料、毛坯及热处理有哪些内容？

(4) 一般轴类零件外圆表面加工方法有哪些？如何选择？

(5) 轴类零件常用外圆表面加工设备有哪些？如何选择？

(6) 轴类零件的外圆表面常用加工刀具有哪些？如何选择？

(7) 如何测量轴类零件的外径？

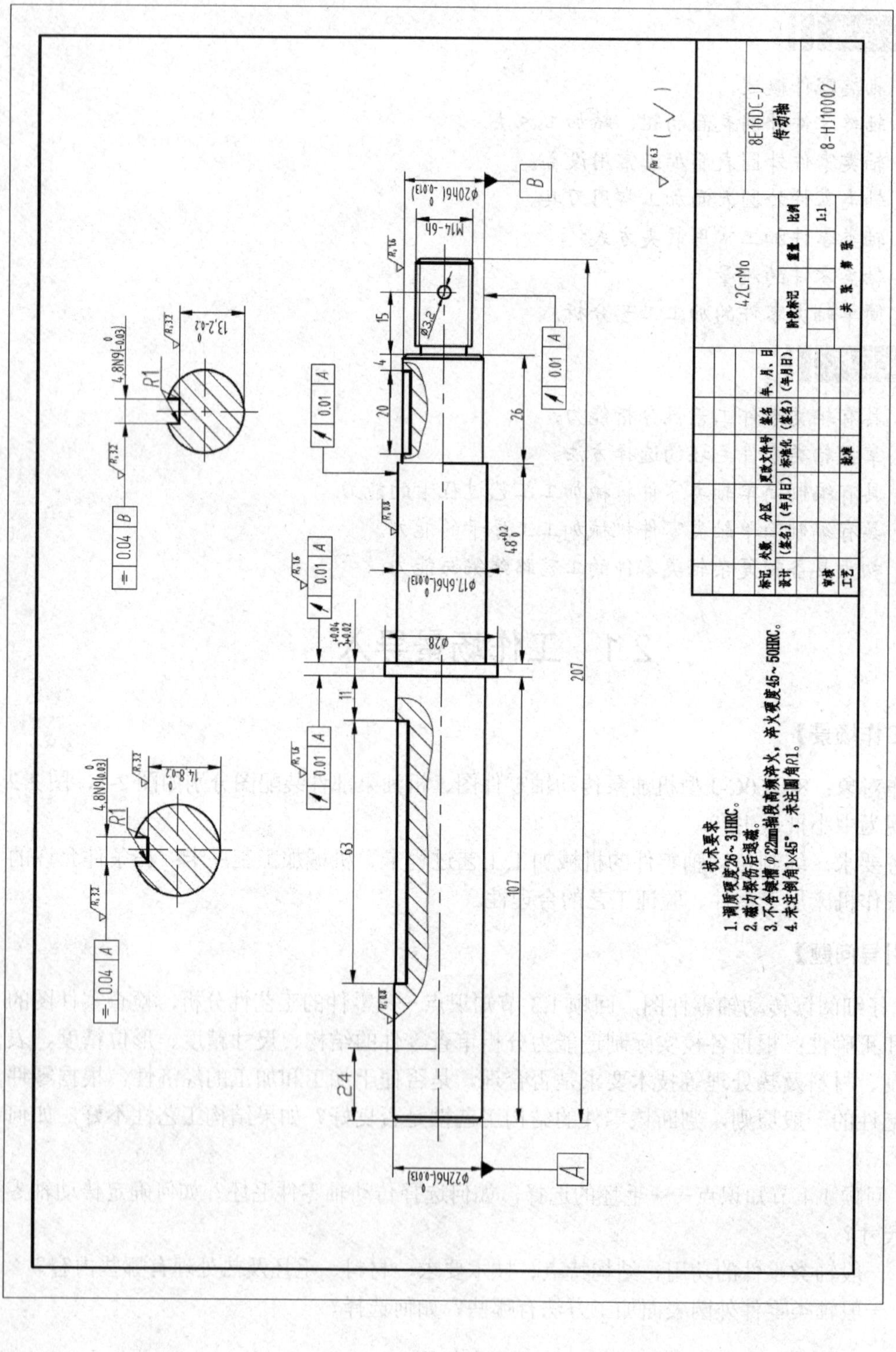

技术要求

1. 调质硬度26～31HRC。
2. 磁力探伤后退磁。
3. 不含键槽φ22mm轴段高频淬火，淬火硬度45～50HRC。
4. 未注倒角1×45°，未注圆角R1。

图 2-1　8E160C-J 型机油泵传动轴零件图

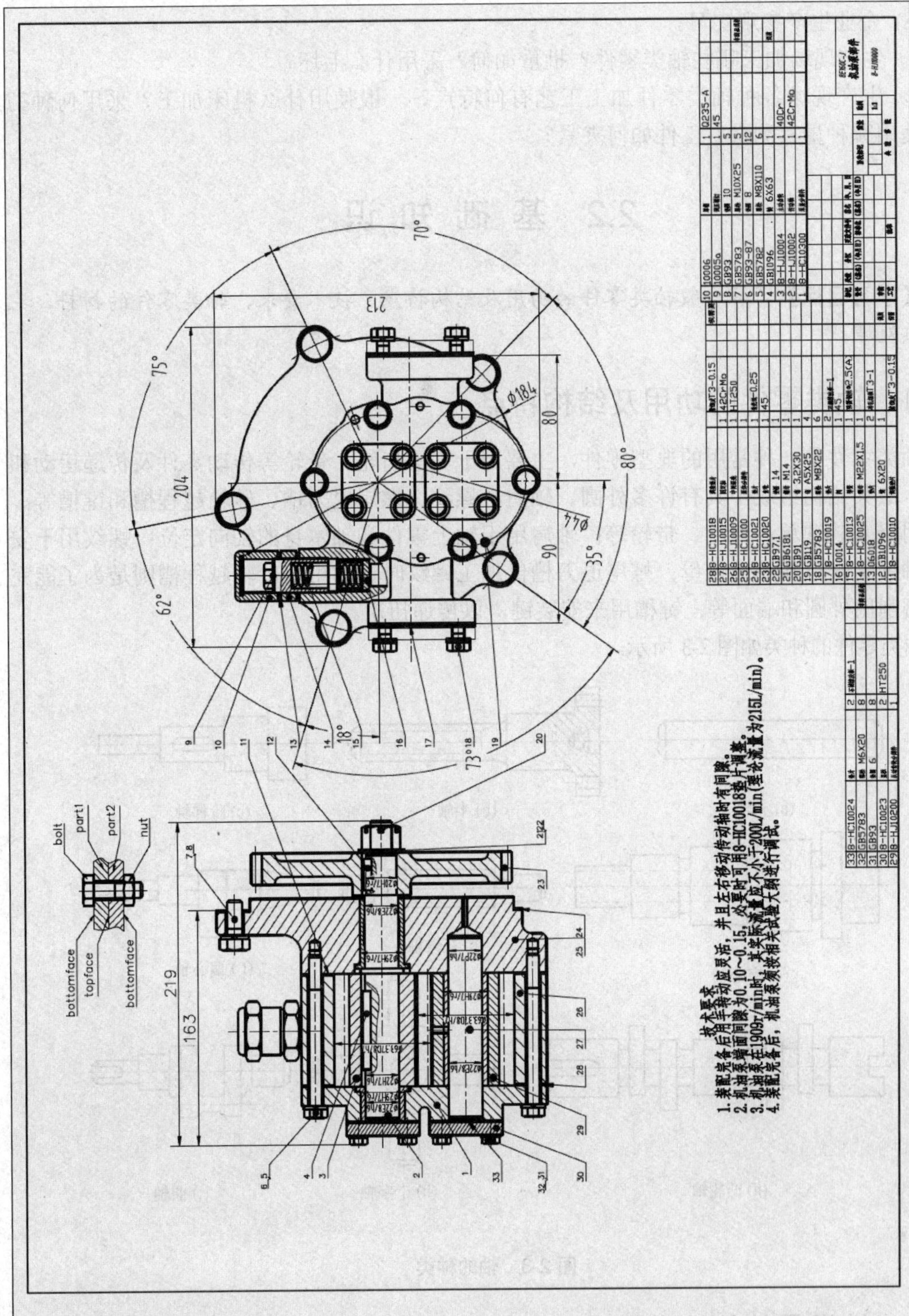


图 2-2　8E160C-J 机油泵部件装配图

(8) 企业生产参观实习。

① 生产现场加工哪些轴类零件？批量如何？采用什么毛坯？

② 生产现场各种轴类零件加工工艺有何特点？一般使用什么机床加工？采用何种刀具？使用哪种量具测量？工件如何夹紧？

# 2.2 基 础 知 识

【学习目标】了解一般轴类零件的功用及结构特点、技术要求，轴类零件的材料、毛坯及热处理。

## 2.2.1 轴类零件的功用及结构特点

轴类零件是一种常用的典型零件，主要用于支承齿轮、带轮等传动零件及传递运动和扭矩，故其结构组成中具有许多外圆、轴肩、螺纹、螺尾退刀槽、砂轮越程槽和键槽等。外圆用于安装轴承、齿轮、带轮等；轴肩用于轴上零件和轴本身的轴向定位；螺纹用于安装各种锁紧螺母和高速螺母；螺尾退刀槽供加工螺纹时退刀用；砂轮越程槽则是为了能完整地磨削出外圆和端面等；键槽用来安装键，以传递扭矩。

轴类零件的种类如图 2-3 所示。

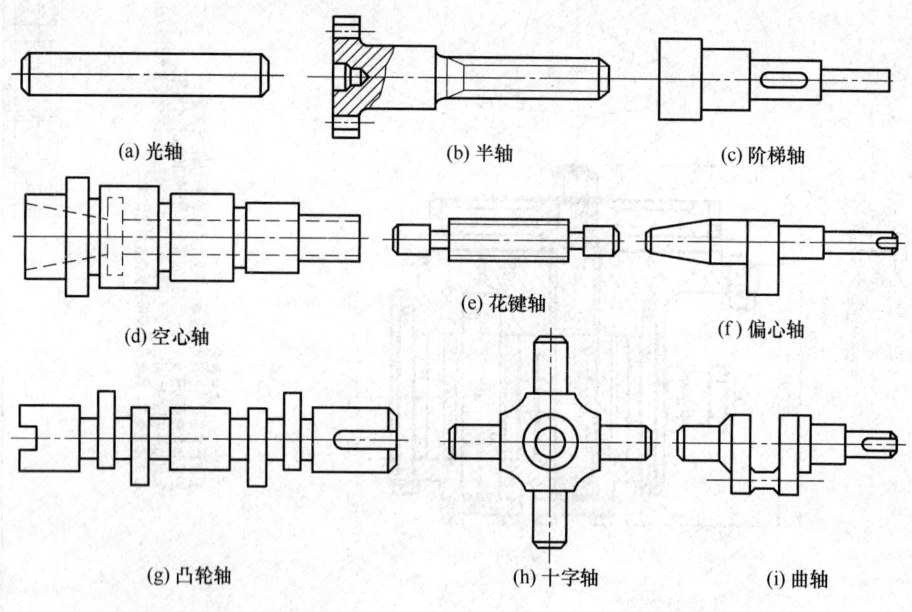


图 2-3　轴的种类

## 2.2.2 轴类零件的技术要求

轴通常是由其轴颈支承在机器的机架或箱体上，实现运动和动力的传递。根据其功用及工作条件，轴类零件的技术要求通常包括以下几个方面。

(1) 尺寸精度和形状精度。轴类零件的尺寸精度主要是指轴的直径尺寸精度。轴上支承轴颈和配合轴颈(装配传动件的轴颈)的尺寸精度和形状精度是轴的主要技术要求之一，它将影响轴的回转精度和配合精度。

(2) 位置精度。为保证轴上传动件的传动精度，必须规定支承轴颈与配合轴颈的位置精度。通常以配合轴颈相对于支承轴颈的径向圆跳动或同轴度来保证。

(3) 表面粗糙度。轴上的表面以支承轴颈的表面质量要求最高，其次是配合轴颈或工作表面。这是保证轴与轴承以及轴与轴上传动件正确可靠配合的重要因素。

在生产实际中，轴颈的尺寸精度通常为 IT6～IT9，精密的轴颈可达 IT5；一般轴的形状精度应控制在直径公差范围之内；精密轴颈的形状精度应控制在直径公差的 1/5～1/2 之内。表面粗糙度 $R_a$ 值，支承轴颈一般为 0.63～0.16μm，配合轴颈一般为 2.5～0.63μm；配合轴颈对支承轴颈的径向圆跳动一般为 0.01～0.03 mm，高精度轴为 0.001～0.005 mm。

## 2.2.3　轴类零件的材料、毛坯及热处理

### 1. 材料

一般轴类零件的材料常用综合力学性能优异且价格较便宜的 45 钢，这种材料经调质或正火后，能得到较好的切削性能及较高的强度和一定的韧性，具有较好的综合力学性能。对于中等精度且转速较高的轴类零件，可选用 40Cr 等合金结构钢，经调质和表面淬火处理后具有较好的综合力学性能。对于较高精度的轴，可选用轴承钢 GCr15 和弹簧钢 65Mn 等材料，经调质和表面高频感应加热淬火后再回火，表面硬度可达 50～58HRC，并具有较高的耐疲劳性能和较好的耐磨性。对于高转速和重载荷轴，可选用 20CrMnTi、20Cr 等渗碳钢或 38CrMoAl 渗氮钢，经过淬火或氮化处理后获得更高的表面硬度、耐磨性和心部强度。

### 2. 热处理

轴的质量除与所选的钢材种类有关，还与热处理有关。轴的锻造毛坯在机械加工之前，均需进行正火或退火(高碳钢)处理，使钢材的晶粒细化，以消除残余应力，降低毛坯硬度，改善切削加工性能。

凡要求局部表面淬火以提高耐磨性的轴，须在淬火前安排调质处理(有的采用正火)。当毛坯加工余量较大时，调质放在粗车之后、半精车之前，使粗加工产生的残余应力能在调质时消除；当毛坯加工余量较小时，调质可安排在粗车之前进行。表面淬火一般放在精加工之前，可以保证淬火引起的局部变形在精加工中得到纠正。

对于精度要求较高的轴，在局部淬火和粗磨之后，还需安排低温时效处理，以消除淬火和磨削中产生的残余应力和残余奥氏体，控制尺寸稳定；对于整体淬火的精密主轴，在淬火后，还要进行定性处理，定性处理一般采用冰冷处理方法，以进一步消除加工应力，保持主轴精度。

### 3. 轴类零件的毛坯

毛坯制造方法主要与零件的使用要求和生产类型有关。光轴或直径相差不大的阶梯轴，一般常用热轧圆棒料毛坯。当成品零件尺寸精度与冷拉圆棒料相符合时，其外圆可不进行车削，这时可采用冷拉圆棒料毛坯。比较重要的轴多采用锻件毛坯。由于毛坯加热锻

打后，能使金属内部晶格组织沿表面均匀分布，从而能得到较高的机械强度。对于某些大型、结构复杂的轴(如曲轴等)，可采用铸件毛坯。

# 2.3 轴类零件表面加工方法

【学习目标】掌握轴类零件外圆车削、外圆磨削、外圆表面的光整加工方法，并掌握外圆加工方法的选择。

轴类零件的主要加工表面是外圆，常用的加工方法有车削、磨削和光整加工 3 种。

## 2.3.1 外圆车削

车外圆是车削加工中最常见、最基本和最有代表性的加工方法，是加工外圆表面的主要方法，既适用于单件、小批量生产，也适用于成批、大量生产。单件、小批量、中批量生产中常采用卧式车床加工；成批、大量生产中常采用转塔车床和自动、半自动车床加工；对于大尺寸工件常采用大型立式车床加工；对于高精度的复杂零件，宜采用数控车床加工。

车削外圆一般分为粗车、半精车、精车和精细车。

### 1. 粗车

粗车的主要任务是迅速切除毛坯上多余的金属层，通常采用较大的背吃刀量、较大的进给量和中速车削，以尽可能提高生产率。车刀应选取较小的前角、后角和负值的刃倾角，以增强切削部分的强度。粗车尺寸精度等级为 ITl3～IT11，表面粗糙度 $R_a$ 为 50～12.5μm，故可作为低精度表面的最终加工和半精车、精车的预加工。

### 2. 半精车

半精车是在粗车之后进行的，可进一步提高工件的精度和降低表面粗糙度。它可作为中等精度表面的终加工，也可作为磨削或精车前的预加工。半精车尺寸精度等级为 IT10～IT9，表面粗糙度 $R_a$为 6.3～3.2μm。

### 3. 精车

精车一般是在半精车之后进行的作为较高精度外圆的终加工或作为光整加工的预加工，通常在高精度车床上加工，以确保零件的加工精度和表面粗糙度符合图样要求。一般采用很小的切削深度和进给量进行低速或高速车削。低速精车一般采用高速钢车刀，高速精车常用硬质合金车刀。车刀应选用较大的前角、后角和正值的刃倾角，以提高表面质量。精车尺寸精度等级为 IT8～IT6，表面粗糙度 $R_a$为 1.6～0.2μm。

### 4. 精细车

精细车所用车床应具有很高的精度和刚度。刀具采用金刚石或细晶粒的硬质合金，经仔细刃磨和研磨后可获得很锋利的刀刃。切削时，采用高的切削速度、小的背吃刀量和小的进给量。其加工精度可达 IT6 以上，表面粗糙度 $R_a$在 0.4μm 以下。精细车常用于高精度中、小型有色金属零件的精加工或镜面加工，因有色金属零件在磨削时产生的微细切屑极易堵塞砂轮气孔，使砂轮磨削性能迅速变坏；也可用于加工大型精密外圆表面，以代替磨削，提高生产率。

值得注意的是，随着刀具材料的发展和进步，过去淬火后的工件只能用磨削加工方法的局面有所改变，特别是在维修等单件加工中，可以采用金刚石车刀、CBN 车刀或涂层刀具直接车削硬度达 62HRC 的淬火钢。

## 2.3.2 外圆磨削

磨削是外圆表面精加工的主要方法。它既能加工淬火的黑色金属零件，也可以加工不淬火的黑色金属和有色金属零件。外圆磨削根据加工质量等级分为粗磨、精磨、精密磨削、超精密磨削和镜面磨削。一般磨削加工后工件的精度可达到 IT8～IT7，表面粗糙度 $R_a$ 为 1.6～0.8μm；精磨后工件的精度可达 IT7～IT6，表面粗糙度 $R_a$ 为 0.8～0.2μm。常见的外圆磨削应用如图 2-4 所示。

### 1. 普通外圆磨削

根据工件的装夹状况，普通外圆磨削分为中心磨削法和无心磨削法两类。

(1) 中心磨削法。工件以中心孔或外圆定位，根据进给方式的不同，中心磨削又可分为以下几种磨削方法。

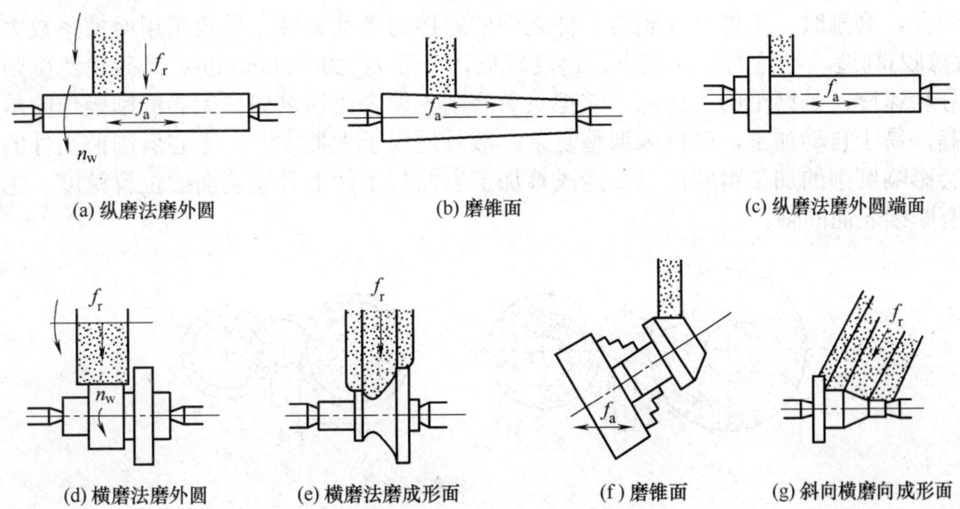


图 2-4 外圆磨削加工的应用

① 纵磨法。如图 2-5(a)所示，磨削时工件随工作台做直线往复纵向进给运动，工件每往复一次(或单行程)，砂轮横向进给一次。由于走刀次数多，故生产率较低，但能获得较高的精度和较小的表面粗糙度，因而应用较广泛，适于磨削长度与砂轮宽度之比大于 3 的工件。

② 横磨法。如图 2-5(b)所示，工件不做纵向进给运动，砂轮以缓慢的速度连续或断续地向工件做径向进给运动，直至磨去全部余量为止。横磨法生产效率高，但磨削时发热量大，散热条件差，且径向力大，故一般只用于大批量生产中磨削刚性较好、长度较短的外圆及两端都有台阶的轴颈。

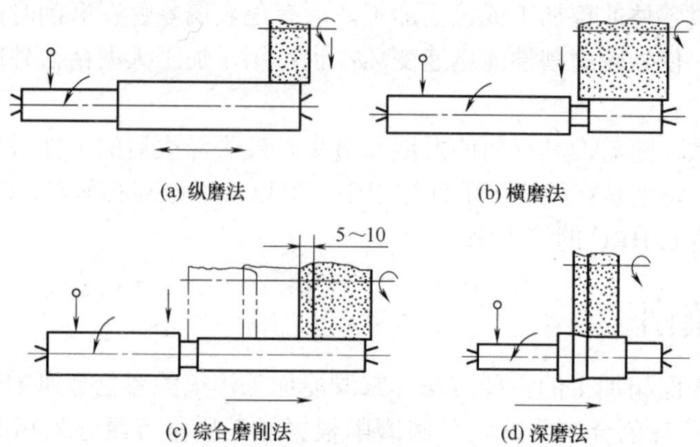


图 2-5　外圆磨削方式/类型

③ 综合磨削法。如图 2-5(c)所示，先用横磨法分段粗磨被加工表面的全长，相邻段搭接处过磨 5～15mm，留下 0.01～0.03mm 的余量，然后用纵磨法进行精磨。此法兼有横磨法的高效率和纵磨法的高质量，适用于成批生产中刚性好、长度大、余量多的外圆面。

④ 深磨法。如图 2-5(d)所示是一种生产率高的先进方法，磨削余量一般为 0.1～0.35mm，纵向进给长度较小(1～2mm)，适用于在大批、大量生产中磨削刚性较好的短轴。

(2) 无心磨削法。如图 2-6 所示，无心磨削直接以磨削表面定位，用托板支承着放在砂轮与导轮之间进行磨削，工件的轴心线稍高于砂轮与导轮连线的中心，无须在工件上钻出顶尖孔。磨削时，工件靠导轮与工件之间的摩擦力带动旋转，导轮采用摩擦系数大的结合剂(橡胶)制造。导轮的直径较小、速度较低，一般为 20～80m/min；而砂轮速度则大大高于导轮速度，是磨削的主运动，它担负着磨削工件表面的重任。无心磨削操作简单、效率较高，易于自动加工，但机床调整复杂，故只适用于大批生产。无心磨削前工件的形状误差会影响磨削的加工精度，且不能改善加工表面与工件上其他表面的位置精度，也不能磨削有断续表面的轴。

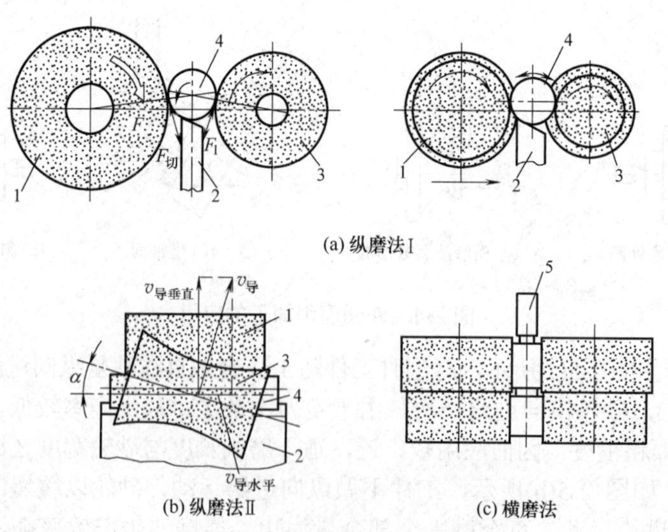


图 2-6　无心外圆磨削

1—砂轮；2—托盘；3—导轮：4—工件；5—挡杆

根据工件是否需要轴向运动，无心磨削方法分为以下两种。

① 通磨(贯穿纵磨)法，适用于不带台阶的圆柱形工件，如图 2-6(b)所示。

② 切入磨(横磨)法，适用于阶梯轴和有成形回转表面的工件，如图 2-6(c)所示。

与中心磨削法相比，无心磨削法具有以下工艺特征。

① 无须打中心孔且装夹工件省时省力，可连续磨削，故生产效率高。

② 尺寸精度较好，但不能改变工件原有的位置误差。

③ 支承刚度好，刚度差的工件也可采用较大的切削用量进行磨削。

④ 容易实现工艺过程的自动化。

⑤ 有一定的圆度误差产生，圆度误差一般不小于 0.002mm。

⑥ 所能加工的工件有一定局限，不能磨带槽工件(如有键槽、花键和横孔的工件)，也不能磨内外圆同轴度要求较高的工件。

### 2. 高效磨削

以提高效率为主要目的的磨削均属高效磨削，其中以高速磨削、宽砂轮、强力磨削与多砂轮磨削和砂带磨削在外圆加工中较为常用。

(1) 高速磨削。它是指砂轮速度大于 50m/s 的磨削(砂轮速度低于 35m/s 的磨削为普通磨削)。砂轮速度提高，增加了单位时间内参与磨削的磨粒数。如果保持每颗磨粒切去的厚度与普通磨削时一样，即进给量呈比例增加，磨去同样余量的时间则按比例缩短；如果进给量仍与普通磨削相同，则每颗磨粒切去的切削厚度减少，提高了砂轮的耐用度，减少了修整次数。

(2) 强力磨削。它是指采用较高的砂轮速度、较大的背吃刀量(背吃刀量一次可达 6mm，甚至更大)和较小的轴向进给，直接从毛坯上磨出加工表面的方法。它可以代替车削和铣削进行粗加工，生产率很高，但要求磨床、砂轮及切削液供应均应与之相匹配。

(3) 宽砂轮与多砂轮磨削。宽砂轮与多砂轮磨削，实质上就是用增加砂轮的宽度来提高磨削生产率。一般外圆砂轮宽度仅有 50mm 左右，宽砂轮外圆磨削时砂轮宽度可达 300mm。

(4) 砂带磨削。砂带磨削是根据被加工零件的形状选择相应的接触方式，在一定压力下，使高速运动着的砂带与工件接触产生摩擦，从而使工件加工表面余量逐步磨除或抛磨光滑的磨削方法，如图 2-7 所示。砂带是一种单层磨料的涂覆磨具，静电植砂砂带不但具有磨粒锋利、定向排布、容屑排屑空间大和一定的弹性的特点，还具有生产效率高、加工质量好、发热少、设备简单、应用范围广等特点(可用来磨削曲面)，拥有“冷态磨削”和“万能磨削”的美誉，即使磨削铜、铝等有色金属也不覆塞磨粒，而且干磨也不烧伤工件。砂带磨削类型可有外圆、内孔、平面、曲面等。砂带可以是开式，也可以是环形闭式。外圆砂带磨削变通灵活，实施方便(结构布局见表 2-1)，近年来获得了极大的发展，发达国家砂带磨削与砂轮磨削的材料磨除量已达到 1∶1。

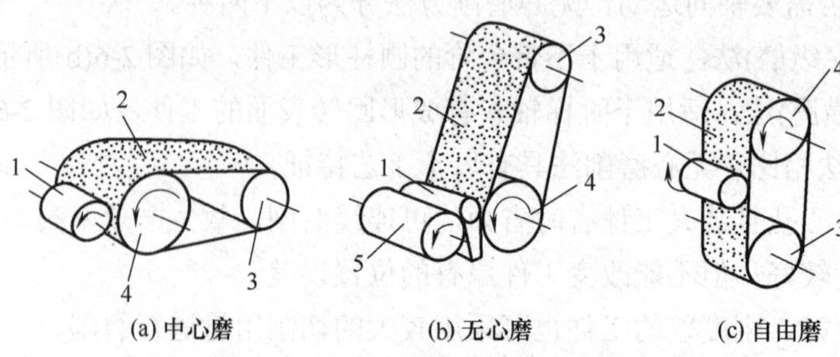

(a) 中心磨　(b) 无心磨　(c) 自由磨

图 2-7　砂带磨削

1—工件；2—砂带；3—张紧轮；4—接触轮；5—导轮

表 2-1　外圆砂带磨削实施原理与结构方案布局

| | | |
|---|---|---|
| 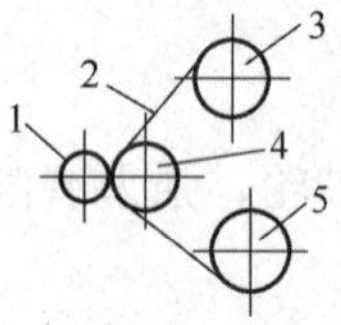 1—工件；<br>2—砂带；<br>3—砂带轮；<br>4—接触轮；<br>5—卷带轮 | 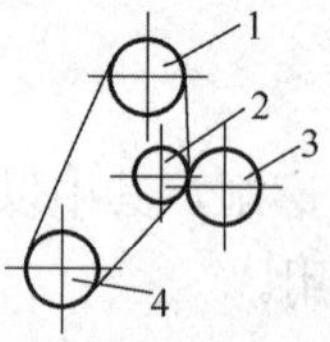 1—驱动轮；<br>2—接触轮；<br>3—工件；<br>4—张紧轮 | 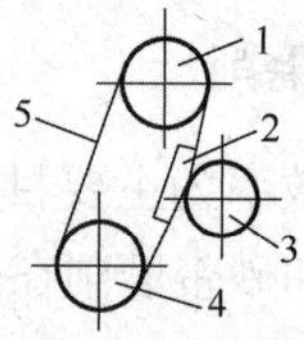 1—张紧轮；<br>2—压磨板；<br>3—工件；<br>4—驱动轮；<br>5—砂带 |
| 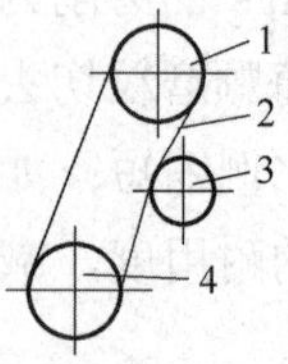 1—张紧轮；<br>2—砂带；<br>3—工件；<br>4—驱动轮 | 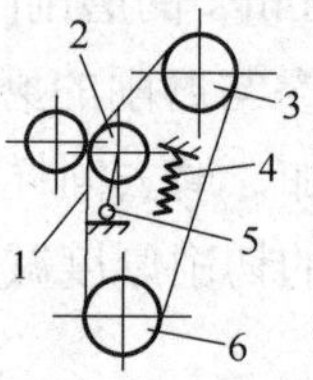 1—砂带；<br>2—接触轮；<br>3—驱动轮；<br>4—弹簧；<br>5—浮动机构；<br>6—张紧轮 | 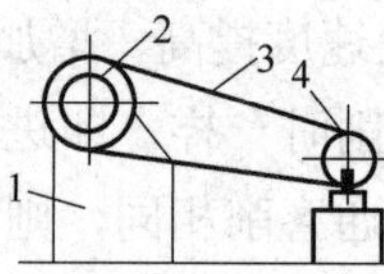 1—立柱；<br>2—接触轮；<br>3—砂带；<br>4—张紧轮 |
| 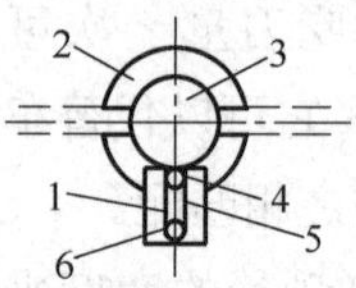 1—进给拖板；<br>2—工作台；<br>3—工件；<br>4—接触轮；<br>5—砂带；<br>6—张紧轮 | 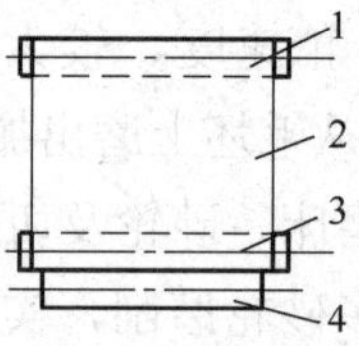 1—张紧轮；<br>2—宽砂带；<br>3—接触轮；<br>4—工件 | 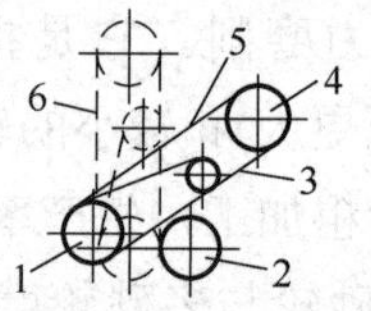 1—接触轮；<br>2—工件；<br>3—砂带；<br>4—张紧轮；<br>5—抛光位置；<br>6—磨削位置 |
| 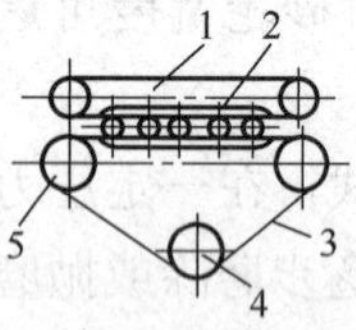 1—工件传送系统；<br>2—工件；<br>3—砂带；<br>4—张紧轮；<br>5—驱动轮 | 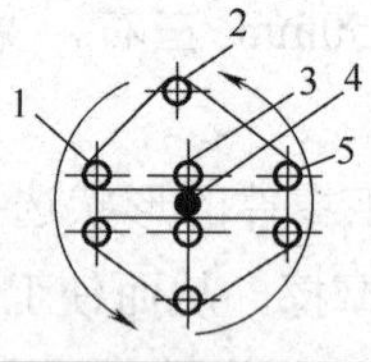 1—惰轮；<br>2—张紧轮；<br>3—压力辊；<br>4—工件；<br>5—驱动轮 | 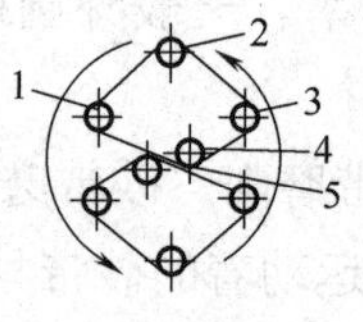 1—惰轮；<br>2—张紧轮；<br>3—驱动轮；<br>4—压力辊；<br>5—工件 |
| 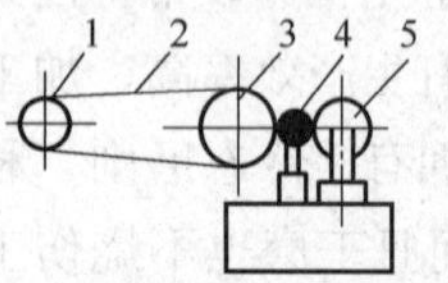 1—张紧轮；<br>2—砂带；<br>3—接触轮；<br>4—工件；<br>5—调节轮 | 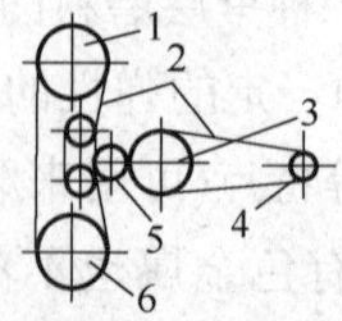 1—驱动轮；<br>2—砂带；<br>3—接触轮；<br>4、6—张紧轮；<br>5—工件 | 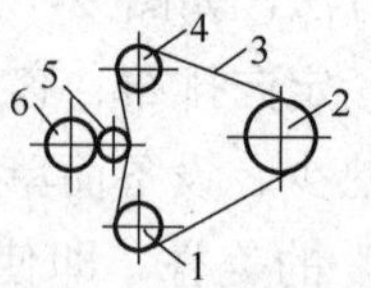 1—驱动轮；<br>2—张紧轮；<br>3—砂带；<br>4—支承惰轮；<br>5—工件；<br>6—橡胶轮 |

### 3. 外圆表面的光整加工

外圆表面的光整加工有高精度磨削、研磨、砂带镜面磨削抛光外圆、超精加工、珩磨和滚压等，这里简单介绍一下前面 4 种外圆表面加工方法。

(1) 高精度磨削。使工件表面粗糙度 $R_a$ 小于 0.1μm 的磨削加工工艺，通常称为高精度磨削。高精度磨削的余量一般为 0.02～0.05mm，磨削时背吃刀量一般为 0.0025～0.005mm。为了减小磨床振动，磨削速度应较低，一般取 15～30m/s，$R_a$值较小时速度取低值，反之取高值。高精度磨削包括以下 3 种类型。

① 精密磨削。精密磨削采用粒度为 60#～80#的砂轮，并对其进行精细修整，磨削时微刃的切削作用是主要的，光磨 2～3 次时半钝微刃发挥抛光作用，表面粗糙度 $R_a$可达 0.1～0.05μm。磨削前 $R_a$应小于 0.4μm。

② 超精密磨削。超精密磨削采用粒度为 80#～240#的砂轮进行更精细的修整，选用更小的磨削用量，半钝微刃的抛光作用增加，光磨次数取 4～6 次，可使表面粗糙度 $R_a$达 0.025～0.012μm。磨削前 $R_a$应小于 0.2μm。

③ 砂轮镜面磨削。镜面磨削采用微粉 W14～W5 树脂结合剂砂轮。精细修整后半钝微刃的抛光作用是主要的，将光磨次数增至 20～30 次，可使表面粗糙度 $R_a$小于 0.012μm。磨削前 $R_a$应小于 0.025μm。

(2) 研磨。研磨是在研具与工件之间置以半固态状研磨剂(膏)，对工件表面进行光整加工的方法。研磨时，研具在一定压力下与工件做复杂的相对运动，通过研磨剂的机械和化学作用，从工件表面切除一层极微薄的材料，同时工件表面形成复杂网纹，从而达到很高的精度和很小的粗糙度值的一种光整加工方法。

研磨剂(膏)由磨料、研磨液和辅助填料等混合而成，有液态、膏状和固态 3 种，以适应不同的加工需要，其中以研磨膏应用最为广泛。

磨料主要起切削作用，常用的有刚玉、碳化硅、金刚石等，其粒度在粗研时选 80#～120#，精研时选 150#～240#，镜面研磨时选用微粉级 W28～W0.5。

研磨液有煤油、全损耗系统用油、工业用甘油等，主要起冷却、润滑和充当磨料载体的作用，并能使磨粒较均匀地分布在研具表面。

辅助填料可使金属表面生成极薄的软化膜，易于切除，常用的有硬脂酸、油酸等化学活性物质。

研磨可分为手工研磨和机械研磨两类，具体介绍如下。

① 手工研磨。如图 2-8 所示，外圆手工研磨采用手持研具或工件进行。例如，在车床上研磨外圆时，工件装在卡盘或顶尖上，由主轴带动做低速旋转(20～30r/min)，研套套在工件上，用手推动研套做往复直线运动。手工研磨劳动强度大，生产率低，多用于单件小批量生产。

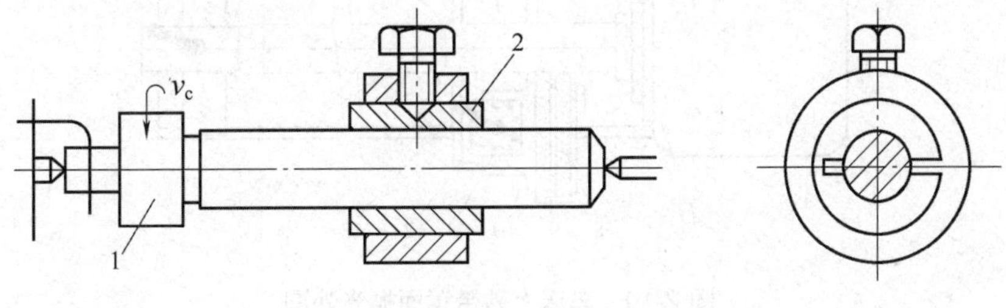


图 2-8　外圆的手工研磨

1—工件；2—研磨套

② 机械研磨。如图 2-9 所示为研磨机研磨滚柱的外圆。机械研磨在研磨机上进行，一般用于大批量生产中，但研磨工件的形状受到一定的限制。

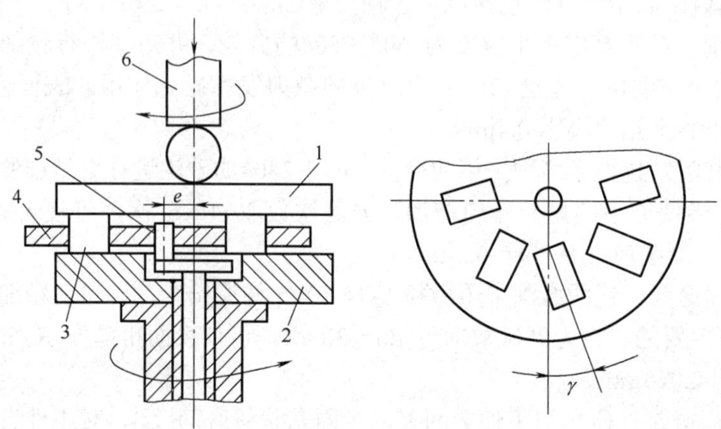


**图 2-9　机械研磨**

1—上研磨盘；2—下研磨盘；3—工件；4—隔离盘；5—偏心轴；6—悬臂轴

研磨的工艺特点：设备和研具简单，成本低，加工方法简便可靠，质量容易得到保证；研磨不能提高表面的相对位置精度，生产率较低，需要控制研磨的加工余量(一般为 0.01～0.03mm)；研磨后工件的形状精度高，表面粗糙度小，$R_a$ 可达 0.1～0.008μm，尺寸精度等级可达 IT6～IT3；研磨还可以提高零件的耐磨性、抗蚀性、疲劳强度和使用寿命，常用作精密零件的最终加工。研磨应用比较广泛，可加工钢、铸铁、铜、铝、硬质合金、陶瓷、半导体和塑料等材料的内外圆柱面、圆锥面、平面、螺纹和齿形等表面。

(3) 砂带镜面磨削抛光外圆。它又分为闭式和开式两种方法。如图 2-10 所示，在车床上采用闭式砂带直接用于 $R_a$ 0.2 μm 以下的表面干式镜面磨削。砂带磨头像车刀一样安装在刀台上，更换不同粒度的砂带可以达到不同的加工要求。对于较长工件，还可采用双磨头方式，实现“粗精”同步进行。目前，市面上可供应的有刚玉类和碳化硅磨料的砂带，具有成本低廉、工序少、设备简单、效率高及镜面效果好(可达 $R_a$ 0.01～0.05μm)等特点。

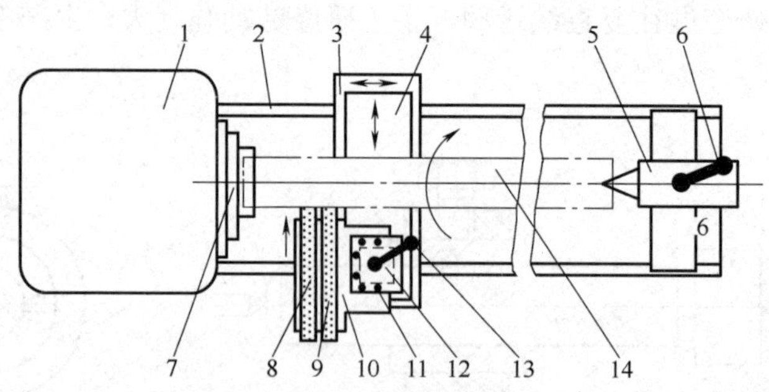


**图 2-10　车床上砂带镜面抛光外圆**

1—主轴箱；2—导轨；3—大托板；4—中托板；5—尾座；6、13—手柄；7—卡盘；8—粗砂带；9—精砂带；10—支架；11—螺栓；12—刀台；14—工件另一类则采用开式金刚石砂带附加超声振动对外圆进行镜面抛光，如图 2-11 所示，附加的振动可以使磨粒在工件表面形成复杂的交叉网纹，达到极低的表面粗糙度 $R_a$ 0.01μm，但效率比闭式低得多。

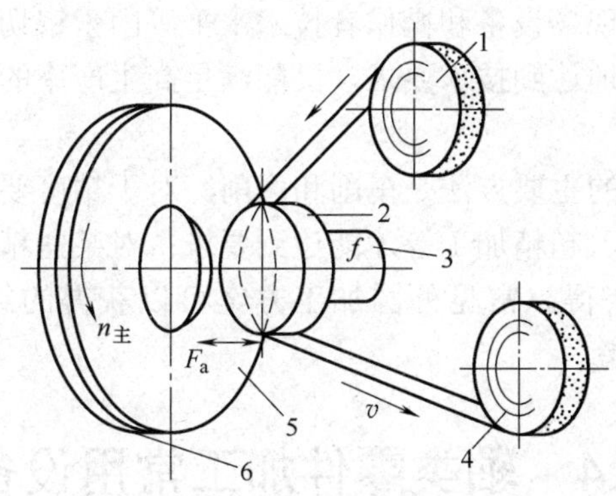


图 2-11　开式砂带镜面抛光

1—砂带轮；2—接触轮；3—振荡器；4—卷带轮：5—工件；6—真空吸盘

(4) 超精加工。如图 2-12 所示，超精加工是用极细磨粒 W60～W2 的低硬度油石，在一定的压力下对工件表面进行加工的一种光整加工方法。加工时，装有油石条的磨头以恒定的压力 $p$(10～30N/Cm$^2$)轻压于工件表面。工件做低速旋转($v$=15～150 m/min)运动，磨头做轴向进给运动(0.1～0.15mm/r)，油石做轴向低频振动(频率为 8～35Hz，振幅为 2～6mm)，且在油石与工件之间注入润滑油，以清除屑末及形成油膜。

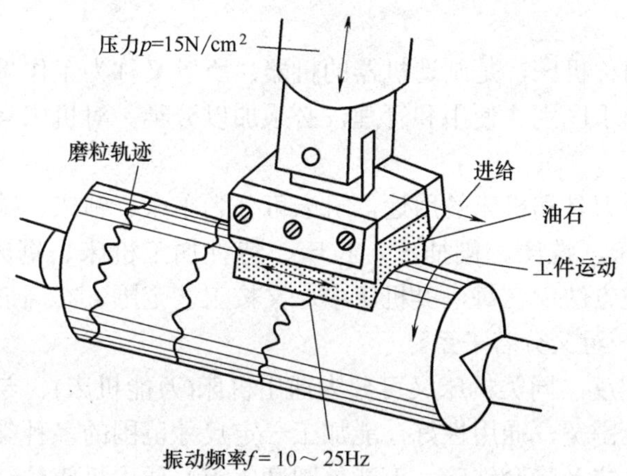


图 2-12　超精加工

超精加工的工艺特点如下。

① 设备简单，自动化程度较高，操作简便，对工人技术水平要求不高。

② 切削余量极小(3～10μm)，加工时间短(30～60s)，生产率高。

③ 因磨条运动轨迹复杂，加工后表面具有交叉网纹，利于储存润滑油，耐磨性好。

④ 只能提高加工表面质量($R_a$ 0.1～0.008μm)，不能提高尺寸精度和形位精度。

超精加工主要用于轴类零件的外圆柱面、圆锥面和球面等的光整加工。

### 2.3.3 外圆加工方法的选择

外圆加工方法的选择，除应满足图样技术要求之外，还与零件的材料、热处理要求、零件的结构、生产纲领及现场设备和操作者技术水平等因素密切相关。总的来说，一个合理的加工方案应既能经济地达到技术要求，又能满足高生产率的要求，因而其工艺路线的制定是十分灵活的。

一般来说，外圆加工的主要方法是车削和磨削。对于精度要求高、表面粗糙度值小的工件外圆，还需经过研磨、超精加工等才能达到要求；对某些精度要求不高但需光亮的表面，可通过滚压或抛光获得。常见外圆加工方案可以获得的经济精度和表面粗糙度如表1-8所示，可供选用参考。

## 2.4 轴类零件加工常用设备

【学习目标】了解金属切削机床的基本知识，如机床的分类及型号、机床的运动、机床的传动等，掌握卧式车床、磨床所能完成的典型加工工序，了解各类常用车床、磨床的结构特点等。

### 2.4.1 金属切削机床的基本知识

1. 机床的分类及型号

1) 机床的分类

金属切削机床，简称机床，是制造机器的机器，所以又称为工作母机或工具机。机床的品种规格繁多，为便于区别、使用和管理，必须加以分类。对机床常用的分类方法有以下几种。

按加工性质、所用刀具和机床的用途，机床可分为车床、钻床、镗床、磨床、齿轮加工机床、螺纹加工机床、铣床、刨插床、拉床、特种加工机床、锯床和其他机床共12类。这是最基本的分类方法。在每一类机床中，又按工艺范围、布局形式和结构性能的不同，分为10个组，每一组又分若干系。

按机床的通用性程度，同类机床又可分为通用机床(万能机床)、专门化机床和专用机床。通用机床的工艺范围宽，通用性好，能加工一定尺寸范围的多种类型零件，完成多种工序，如卧式车床、卧式升降台铣床、万能外圆磨床等。通用机床的结构往往比较复杂，生产率也较低，故适用于单件小批生产。专门化机床只能加工一定尺寸的某些特定工序，如曲轴车床、凸轮轴磨床、花键铣床等。专用机床的工艺范围最窄，通常只能完成某一特定零件的特定工序，如车床主轴箱的专用镗床、车床导轨的专用磨床等，组合机床也属于专用机床。

同类机床按工作精度，又可分为普通机床、精密机床和高精度机床。

按机床的重量和尺寸，机床可分为仪表机床、中型机床、大型机床、重型机床和超重型机床。

按自动化程度，机床可分为手动机床、机动机床、半自动机床和自动机床。

按主要工作器件的数目，机床可分为单轴机床、多轴机床、单刀机床和多刀机床。

2) 机床的技术参数与尺寸系列

机床的技术参数是表示机床的尺寸大小和加工能力的各种技术数据，一般包括主参数、第二参数、主要工作部件的结构尺寸、主要工作部件的移动行程范围、各种运动的速度范围和级数、各电机的功率及机床轮廓尺寸等。这些参数在每台机床的使用说明书中均详细列出，是用户选择、验收和使用机床的重要技术数据。

主参数是反映机床最大工作能力的一个主要参数，它直接影响机床的其他参数和基本结构的大小。主参数一般以机床加工的最大工件尺寸或与此有关的机床部件尺寸表示。例如，普通车床为床身上最大工件回转直径，钻床为最大钻孔直径，外圆磨床为最大磨削直径，卧式镗床为镗轴直径，升降台铣床及龙门铣床为工作台工作面宽度，齿轮加工机床为最大工件直径等。有些机床的主参数不用尺寸表示，如拉床的主参数为最大拉力。

有些机床为了更完整地表示其工作能力和尺寸大小，还规定有第二主参数。例如，普通车床的第二主参数为最大工件长度，外圆磨床的第二主参数为最大磨削长度，齿轮加工机床的第二主参数为最大加工模数。

在《GB/T 15375—1994 金属切削机床型号编制方法》中，对各种机床的主参数、第二主参数及其表示方法都做了明确规定。同一类机床中，机床的尺寸大小是由主参数系列决定的。主参数系列机床的型号是机床产品的代号，用以简明地表示机床的类型、主要技术参数、性能和结构特点等。例如，按照《GB/T 15375—1994 金属切削机床型号编制方法》，CA6140、MGl432A 的含义如下：

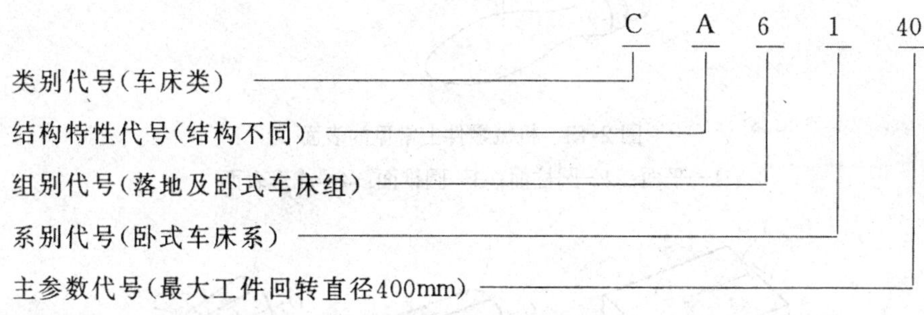


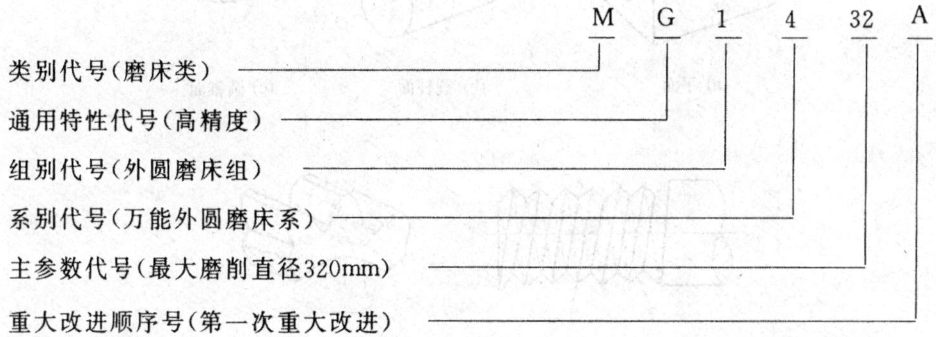


2. 机床的运动

1) 工件表面的形成方法

任何一种经切削加工得到的机械零件，其形状都是由若干便于刀具切削加工获得的表面组成的。这些表面包括平面、圆柱面、圆锥面以及各种成形表面，如图 2-13 所示。从几何观点看，这些表面(除了少数特殊情况，如涡轮叶片的成形面外)都可看成是一条线(母线)沿另一条线(导线)运动而形成的。如图 2-14 所示，平面可以由直母线 1 沿直导线 2 移动而形成；圆柱面及圆锥面可以由直母线 1 沿圆导线 2 旋转而形成；螺纹表面是由代表螺纹牙型的母线 1 沿螺旋导线 2 运动而形成的；使渐开线形的母线 1 沿直导线 2 移动，就得到直齿圆柱齿轮的齿形表面。

母线和导线统称为表面的发生线。在用机床加工零件表面的过程中，工件、刀具之一或两者同时按一定规律运动，形成两条发生线，从而生成所要加工的表面。常用的形成发生线的方法有 4 种，具体介绍如下。

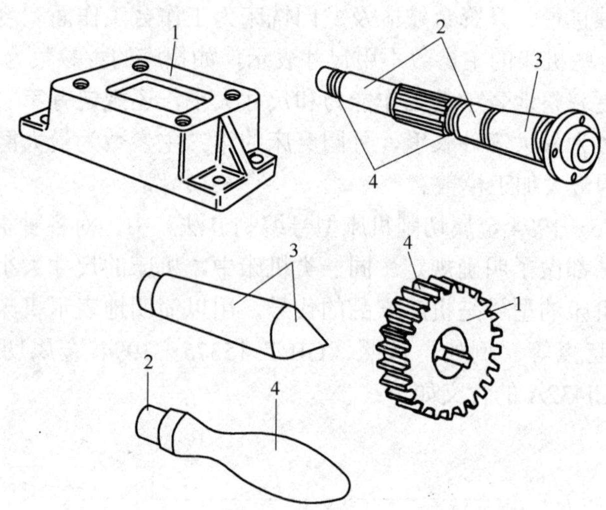


图 2-13 机械零件上常见的表面

1—平面；2—圆柱面；3—圆锥面；4—成形表面

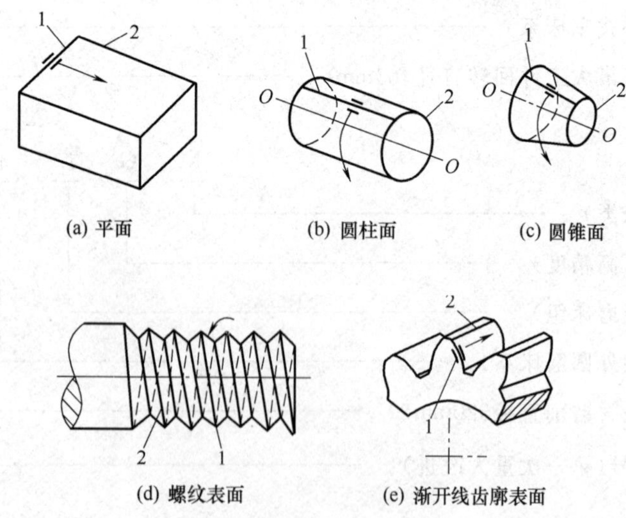


图 2-14 零件表面的形成

1—母线；2—导线

(1) 轨迹法。如图 2-15(a)所示，刀具切削刃与被加工表面为点接触。为了获得所需的发生线，切削刃必须沿发生线运动。当刨刀沿 $A_1$ 方向做直线运动时，就形成直母线；当刨刀沿 $A_2$ 方向做曲线运动时，就形成曲线形导线。因此，采用轨迹法形成所需的发生线需要一个独立的运动。

(2) 成形法。采用成形刀具加工时，如图 2-15(b)所示，切削刃 1 的形状与所需生成的曲线形母线即发生线 2 的形状一致，因此加工时无须任何运动，便可获得所需的发生线。

(3) 相切法。用铣刀、砂轮等旋转刀具加工时，刀具圆周上有多个切削点即切削刃 1 轮流与工件表面相接触，此时除了刀具做旋转运动 $B_1$ 之外，还要使刀具轴线沿着某一定的轨迹 3(即发生线 2 的等距线)运动，而各个切削点运动轨迹的包络线就是所加工表面的一条发生线 2，如图 2-15(c)所示。因此，采用相切法形成发生线，需要刀具旋转和刀具与工件之间的相对移动两个彼此独立的运动。

(4) 展成法。如图 2-15(d)所示为用滚刀或插齿刀加工圆柱齿轮的情形，刀具的切削刃与齿坯之间为点接触。当刀具与齿坯之间按一定的规律做相对运动时，工件的渐开线形母线就是由与之相切的刀具切削刃一系列瞬时位置的包络线形成的。用展成法生成发生线时，工件的旋转与刀具的旋转(或移动)两个运动之间必须保持严格的运动协调关系，即刀具与工件之间犹如一对齿轮之间或齿轮与齿条之间做啮合运动。在这种情况下，两个运动不是彼此独立的，而是相互联系、密不可分的，它们共同组成一种复合运动，即展成运动。

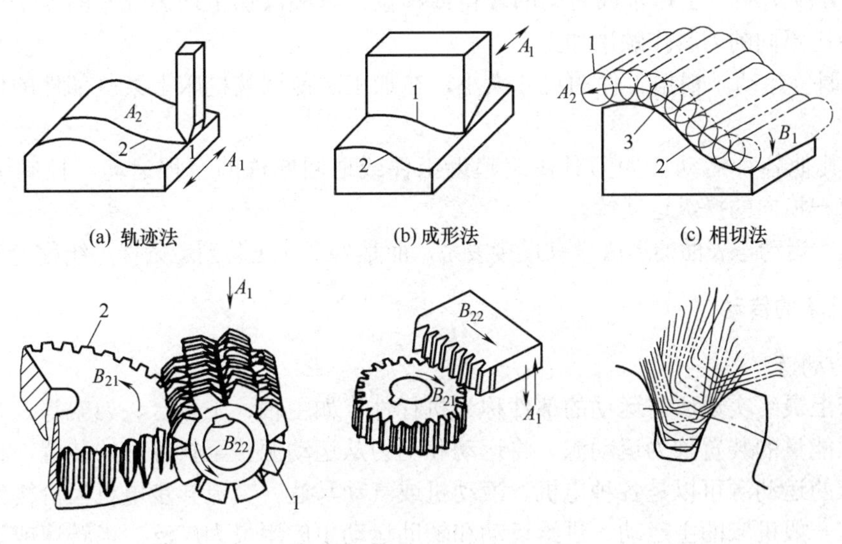


图 2-15　形成发生线所需的运动

1—刀尖或切削刃；2—发生线；3—刀具轴线的运动轨迹

2) 机床的运动

机床加工零件时，为获得所需的表面，工件与刀具之间做相对运动，既要形成母线，又要形成导线，于是形成这两条发生线所需的运动的总和，就是形成该表面所需要的运动。机床上形成被加工表面所必须的运动，称为机床的工作运动，又称为表面成型运动。

例如，在图 2-15(a)中，用轨迹法加工时，刀具与工件的相对运动 $A_1$ 是形成母线所需的运动。刀具沿曲线轨迹的运动 $A_2$ 用来形成导线。$A_1$ 与 $A_2$ 之间不必有严格的运动联系，因此它们是相互独立的。所以，要加工出图 2-15(a)所示的曲面，一共需要两个独立的工作运动：$A_1$ 和 $A_2$。

用展成法加工齿轮时(见图 2-15(d))，如前所述，生成母线需要一个复合的成型运动($B_{21}+B_{22}$)。为了形成齿的全长，即形成导线，如果采用滚刀加工角相切法，需要两个独立的运动：滚刀轴线沿导线方向的移动和滚刀的旋转。前一个运动是用轨迹法实现的，而滚刀的旋转运动由于要与工件的转动保持严格的复合运动关系，只能与 $B_{22}$ 为同一个运动而不可能另外增加一个运动。所以，用滚刀加工圆柱齿轮时，一共需要两个独立的运动：展成运动($B_{21}+B_{22}$) 和滚刀沿工件轴向的移动 $A_1$。

机床的工作运动中，必有一个速度最高、消耗功率最大的运动，它是产生切削作用必不可少的运动，称为主运动。其余的工作运动使切削得以继续进行，直至形成整个表面，这些运动称为进给运动。进给运动速度较低，消耗的功率也较小，一台机床上可能有一个或几个进给运动，也可能不需要专门的进给运动。

工作运动是机床上最基本的运动。每个运动的起点、终点、轨迹、速度、方向等要素的控制和调整方式，对机床的布局和结构都有重大影响。

机床上除了工作运动以外，还可能有下面几种运动。

(1) 切入运动。刀具切入工件表面有一定深度，以使工件获得所需的尺寸。

(2) 分度运动。工作台或刀架的转位或移位，以顺次加工均匀分布的若干个相同的表面，或使用不同的刀具作顺次加工。

(3) 调位运动。根据工件的尺寸大小，在加工之前调整机床上某些部件的位置，以便于加工。

(4) 其他各种运动。如刀具快速趋近工件或退回原位的空程运动，控制运动的开、停、变速、换向的操纵运动等。

这几类运动与表面的形成没有直接关系，而是为工件运动创造条件，统称为辅助运动。

### 3. 机床的传动

1) 传动链

机床上最终实现所需运动的部件称为执行件，如主轴、工作台、刀架等。为执行件的运动提供能量的装置称为运动源。将运动和动力从运动源传至执行件的装置，称为传动装置。机床的运动源可以是各种电机、液动机或气动马达。交流异步电机因价格便宜、工作可靠，在一般机床的主运动、进给运动和辅助运动中应用最为广泛。当转速或调速性能等不能满足要求时，应选用其他运动源。

机床的传动装置有机械、电气、液压、气动等多种类型。机械传动又有带传动、链传动、啮合传动、丝杠螺母传动及其组合等多种方式。从一个元件到另一个元件之间的一系列传动件，称为机床的传动链。传动链两端的元件称为末端件。末端件可以是运动源、某个执行件，也可以是另一条传动链中间的某个环节。每一条传动链并不是都需要单独的运动源，以后可以看到，有的传动链可以与其他传动链共用一个运动源。

传动链的两个末端件的转角或移动量(称为“计算位移”)之间如果有严格的比例关系

要求，这样的传动链称为内联系传动链。若没有这种要求，则为外联系传动链。采用展成法加工齿轮时，单头滚刀转一转，工件也应匀速转过一个齿，才能形成准确的齿形。因此，连接工件与滚刀的传动链，即展成运动传动链，就是一条内联系传动链。同样，在车床上车螺纹时，刀具的移动与工件的转动之间，也应由内联系传动链相连。在内联系传动链中，不能用带传动、摩擦轮传动等传动比不稳定的传动装置。

传动链中通常包括两类传动机构：一类是传动比和传动方向固定不变的传动机构，如定比齿轮副、蜗杆蜗轮副、丝杠螺母副等，称为定比传动机构；另一类是根据加工要求可以变换传动比和传动方向的传动机构，如挂轮变速机构、滑移齿轮变速机构、离合器换向机构等，统称为换置机构。

2) 传动原理图

拟定或分析机床的传动原理时，常用传动原理图。传动原理图只用简单的符号表达各执行件、运动源之间的传动联系，并不表达实际传动机构的种类和数量。如图 2-16 所示为车床的传动原理，其中，电机、工件、刀具、丝杠螺母等均以简单的代号表示，1—4 及 4—7 分别代表电机至主轴、主轴至丝杠的传动链。传动链中传动比不变的定比传动部分以虚线表示，如 1—2、3—4、4—5、6—7 之间均代表定比传动机构。2—3 及 5—6 之间的代号表示传动比可以改变的机构，即换置机构，其传动比分别为 $u_v$ 和 $u_x$。

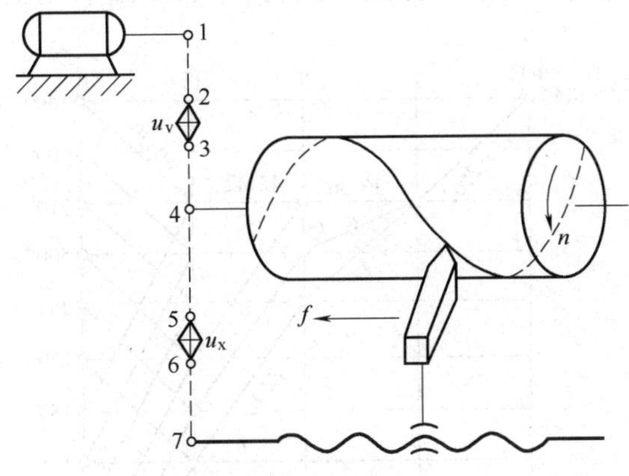


图 2-16　车床的传动原理图

3) 转速图

通用机床的工艺范围很广，因而其主运动的转速范围和进给运动的速度范围较大。例如，中型卧式车床主轴的最低转速 $n_{min}$ 常为每分钟几转至十几转，而最高转速 $n_{max}$ 可达 1500～2000r/min。在最低转速与最高转速之间，根据机床对传动的不同要求，主轴的转速可能有两种变化方式——无级变速和有级变速。

采用无级变速方式时，主轴转速可以选择 $n_{min}$ 与 $n_{max}$ 之间的任何数值。其优点是可以得到最合理的转速，速度损失小，但无级变速机构的成本稍高。常用的无级变速机构有各种电机的无级变速和机械的无级变速机构。

采用有级变速方式时，主轴转速在 $n_{min}$ 与 $n_{max}$ 之间只有有限的若干级中间转速可供选用。

为了让转速分布相对均匀，常使各级转速的数值构成等比数列，其公比$\varphi$的标准值为1.12、1.25、1.41、1.58 和 2。也有的机床主轴转速数列中有两种不同的公比值，即在常用的中间一段转速范围内，$\varphi$取较小的值，主轴转速分布较密，而在两端的低速和高速范围内，$\varphi$取较大的值，主轴转速分布较疏。这种情形称为双公比数列。有级变速的缺点是在大多数情况下，能选用的转速与最合理的转速不能一致而造成转速损失，但由于有级变速可以用滑移齿轮等机械装置来实现，成本较低，结构紧凑，且工作可靠，所以在通用机床上仍得到广泛应用。

为了表示有级变速传动系统中各级转速的传动路线，对各种传动方案进行分析比较，常使用转速图。如图 2-17 所示为某车床主运动传动系统的转速图，图 2-17 中每条竖线代表一根轴并标明轴号，竖线上的圆点表示该轴所能有的转速。为使转速图上表示转速的横线分布均匀，转速值以对数坐标绘出，但在图上仍标以实际转速。两轴(竖线)之间一条相连的线段表示一对传动副，并在线旁标明带轮直径之比或齿轮的齿数比。两竖线之间的一组平行线代表同一对传动副。从左至右往上斜的线表示升速传动，往下斜的线表示降速传动。从转速图上很容易找出各级转速的传动路线和各轴、齿轮的转速范围。例如，主轴的转速范围为 31.5～1400r/min 共 12 级；主轴上 $n$=500r/min 的一级转速，是由电机轴的1440r/min 经 126∶256 一对带轮传动至 I 轴，再经 I—II 轴间一对 36∶36 的齿轮、II—III轴间一对 22∶62 的齿轮传至III轴，最后经一对齿轮 60∶30 传至主轴IV。

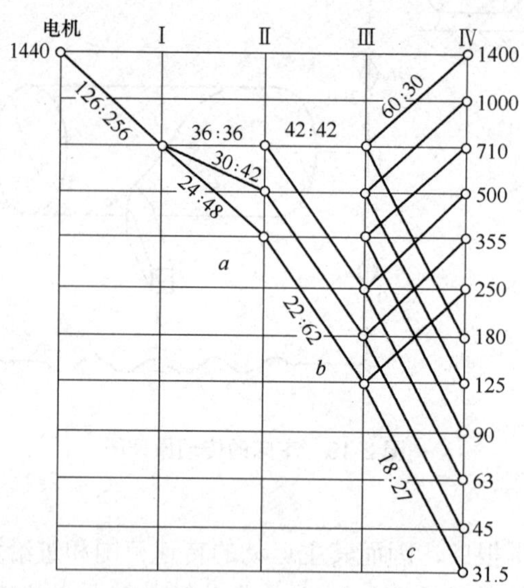


图 2-17　某车床主运动传动系统的转速图

将各种可能的传动路线全部列出来，就得出主运动传动链的传动路线表达式(传动结构式)，即

$$\text{电动机}\underset{\substack{3\text{kW}\\1440\text{r/min}}}{—}\frac{\phi126}{\phi256}—\text{I}—\begin{bmatrix}\frac{36}{36}\\\frac{30}{42}\\\frac{24}{48}\end{bmatrix}—\text{II}—\begin{bmatrix}\frac{42}{42}\\\frac{22}{62}\end{bmatrix}—\text{III}—\begin{bmatrix}\frac{60}{30}\\\frac{18}{72}\end{bmatrix}—\text{IV(主轴)}$$

4) 传动系统图

分析机床的传动系统时经常使用的另一种技术资料是传动系统图。它是表示机床全部运动的传动关系的示意图，用国家标准所规定的符号(见《GB 4460—1984 机械运动简图符号》)代表各种传动元件，按运动传递的顺序画在能反映机床外形和各主要部件相互位置的展开图中。传动系统图上应标明电机的转速和功率、轴的编号、齿轮和蜗轮的齿数、带轮直径、丝杠导程和头数等参数。传动系统图只表示传动关系，而不表示各零件的实际尺寸和位置。有时为了将空间机构展开为平面图形，还必须做一些技术处理，如将一根轴断开绘成两部分，或将实际上啮合的齿轮分开来画(用大括号或虚线连接起来)，看图时应予以注意。如图 2-18 所示为图 2-17 给出的主运动的传动系统图。

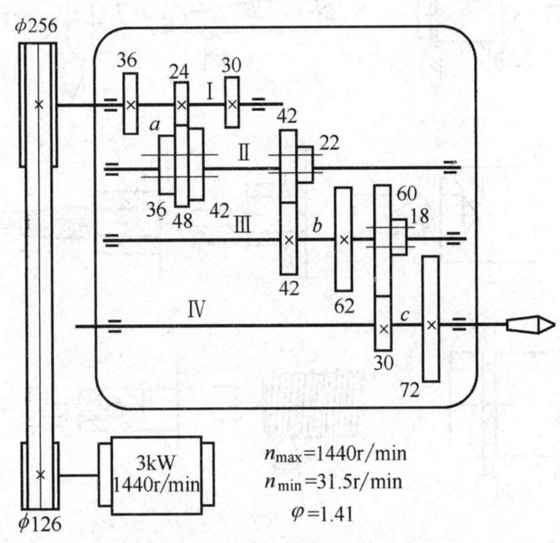


图 2-18 主运动传动系统图

5) 运动平衡式

为了表达传动链两个末端件计算位移之间的数值关系，常将传动链内各传动副的传动比相连乘组成一个等式，称为运动平衡式。图 2-18 所示的主运动传动链在图示的啮合位置时的运动平衡式为

$$1440\times\frac{126}{256}\times\frac{24}{48}\times\frac{42}{42}\times\frac{60}{30}=709(\text{r/min})$$

运动平衡式还可以用来确定传动链中待定的换置机构传动比，这时传动链两末端件的计算位移常作为满足一定要求的已知量。

## 2.4.2 车床

在一般机器制造厂的机械加工车间中，车床应用普遍，占切削机床总数的 20%～35%。

车床类机床的运动特征是：主运动为主轴带动工件做回转运动，进给运动通常是由刀具的直线移动来实现。

车床类机床是既可用车刀对工件进行车削加工，又可用钻头、扩孔钻、铰刀、丝锥、板牙、滚花刀等对工件进行加工的一类机床，可加工的表面有内外圆柱面、圆锥面、成形回转面、端平面和各种内外螺纹面等。车床的种类很多，按用途和结构的不同，可分为卧式车床、六角车床、立式车床、单轴自动车床、多轴自动和半自动车床、仿形车床、专门化车床等，应用极为普遍。在所有车床中，卧式车床的应用最为广泛。它的工艺范围广，加工尺寸范围大(由机床主参数决定)，既可以对工件进行粗加工、半精加工，也可以进行精加工。图 2-19 列出了卧式车床所能完成的典型加工工序。表 2-2 列出了几种卧式车床的技术参数。

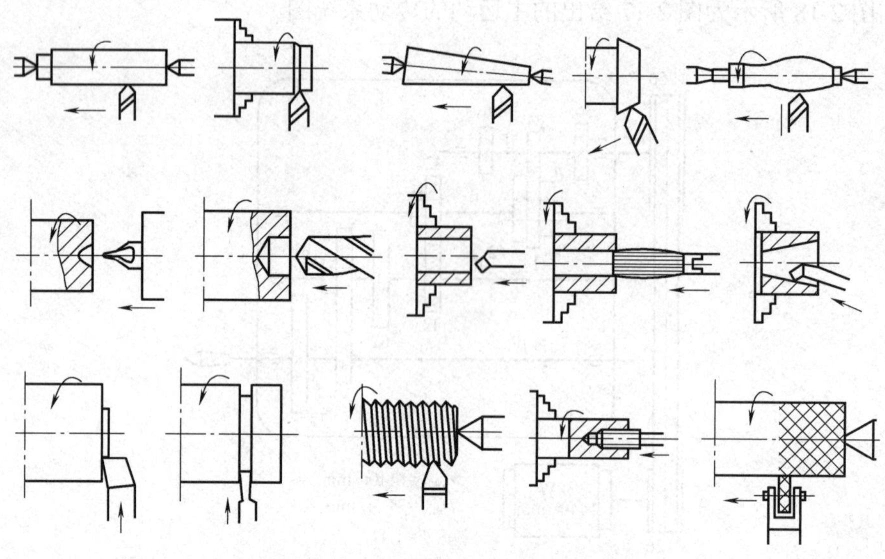

图 2-19 卧式车床的典型加工工序

表 2-2 几种卧式车床的技术参数

| 型号 \ 技术规格 | | CG6125B | CA6140 | C6150 | CW6163 | CW61100 |
|---|---|---|---|---|---|---|
| 最大加工直径/mm | 在床身上 | 250 | 400 | 500 | 630 | 1000 |
| | 在刀架上 | 130 | 210 | 280 | 350 | 630 |
| | 棒料 | 27 | 47 | 51 | 78 | 98 |
| 最大加工长度/mm | | 450 | 650，900，1400，1900 | 950，1400，1900 | 1360，2900 | 1300，2800，4800，7800，9800，13800 |

续表

| 技术规格<br>型　号 | | CG6125B | CA6140 | C6150 | CW6163 | CW61100 |
|---|---|---|---|---|---|---|
| 中心高/mm | | 125 | 205 | 250 | 315 | 500 |
| 顶尖距/mm | | 500 | 750，1000，<br>1500，2000 | 1000，<br>1500，2000 | 1500，3000 | 1500，3000，<br>5000，8000，<br>10 000，14 000 |
| 主轴锥孔 | | 莫氏 4 号 | 莫氏 6 号 | 莫氏 6 号 | 公制 100 号 | 公制 120 号 |
| 主轴转速范围<br>/(r/min$^{1}$) | | 40～200<br>(无级) | 10～1400<br>(24 级) | 20～1250<br>(18 级) | 6～800<br>(18 级) | 3.15～315<br>(21 级) |
| 进给量<br>范围 | 纵向<br>/(mm/r$^{-1}$) | 6～114①<br>(无级) | 0.028～6.33<br>(64 级) | 0.028～6.528 | 0.1～24.3<br>(64 级) | 0.1～12<br>(56 级) |
| | 横向<br>/(mm/r$^{1}$) | 0.5～9.5①<br>(无级) | 0.014～3.16<br>(64 级) | 0.010～2.456 | 0.05～12.15<br>(64 级) | 0.05～6<br>(56 级) |
| 加工螺<br>纹范围 | 公制/mm | 0.5～4<br>(15 种) | 1～192<br>(44 种) | 1～80 | 1～240<br>(39 种) | 1～120<br>(44 种) |
| | 英制<br>/(牙/in$^{1}$) | | 2～24<br>(20 种) | 40～7/16 | 1～14<br>(20 种) | 3/8～28<br>(31 种) |
| | 模数/mm | 0.25～1.5<br>(10 种) | 0.25～48<br>(39 种) | 0.5～40 | 0.5～120<br>(45 种) | 0.5～60<br>(45 种) |
| | 径节<br>/(牙/in$^{1}$) | | 1～96<br>(37 种) | 80～7/8 | 1～28<br>(24 种) | 1～56<br>(25 种) |
| 尾座套筒锥孔尺寸 | | 莫氏 2 号 | 莫氏 5 号 | 莫氏 4 号 | 莫氏 6 号 | 莫氏 6 号 |
| 尾座套筒最大行程/mm | | 100 | 150 | 170 | 250 | 300 |
| 刀架最<br>大行程<br>/mm | 纵向 | 450 | 650，900，<br>1400，1900 | 950，1400，<br>1900 | 1360，2900 | 1450，2950，<br>4950，7950，<br>9950，13950 |
| | 横向 | 125 | 320 | 290 | 420 | 520 |
| | 刀架溜板 | 75 | 140 | 140 | 200 | 300 |
| 主电动机功率/kW | | 1.1/1.5 | 7.5 | 5.5 | 10 | 22 |
| 机床外形<br>尺寸/mm | 长度 | 1600 | 2418，2668，<br>3168，3668 | 2710，<br>3160，3660 | 3665，5165 | 4600，6100，<br>8100，11 100，<br>13 100，17 100 |
| | 宽度 | 740 | 1000 | 930 | 1310，1555 | 2150 |
| | 高度 | 1183 | 1267 | 1295 | 1450 | 1700 |

注：①单位为 mm/min。

### 1. CA6140 型卧式车床

CA6140 型卧式车床不仅能车削外圆，还可以切削成形回转面、各种螺纹、端面和内圆面等。车削外圆面时，需要两个简单成型运动：工件旋转 $B_1$(主运动)和刀具直线进给运动 $A_2$(轨迹与工件旋转轴线平行)。CA6140 型卧式车床车削外圆时的传动原理如图 2-20 所示，两条传动链均为外联系传动链。

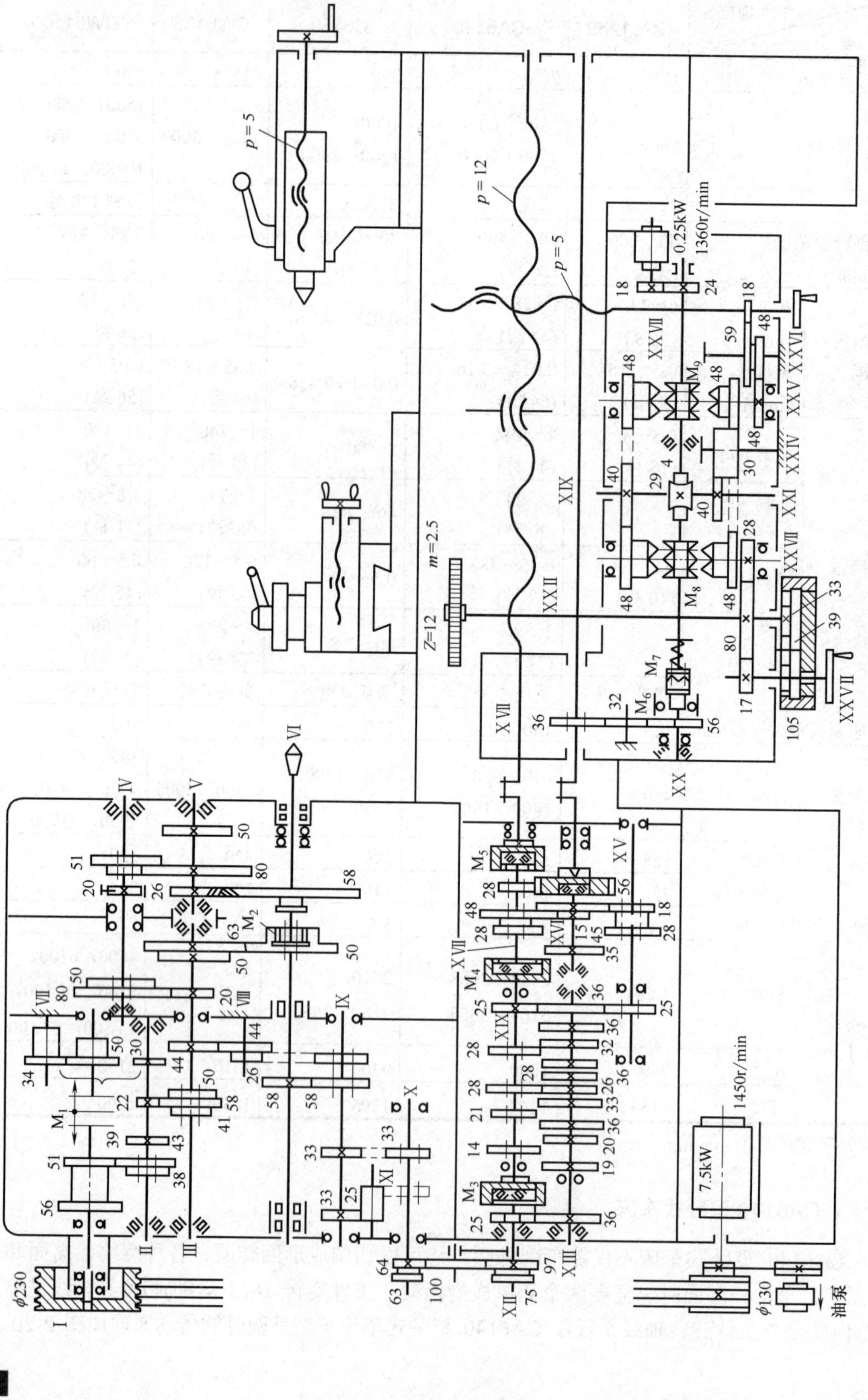

图 2-20　CA6140 型卧式车床的传动系统

1) CA6140 型卧式车床的组成和主要技术参数

CA6140 型卧式车床的外形如图 2-21 所示。床身 4 固定在左、右床脚 9 和 5 上。床身的主要作用是支承机床各部件，使各部件保持准确的相对位置。主轴箱 1 固定在床身的左端，其内装有主轴及主运动变速机构。主轴通过安装于其前端的卡盘装夹工件，并带动工件按需要的转速旋转，以实现主运动。刀架 2 装在床身上的刀架导轨上，由纵溜板、横溜板、上溜板和方刀架组成，由电动机经主轴箱 1、挂轮变速机构 11、进给箱 10、光杠 6 或丝杠 7 和溜板箱 8 带动做纵向和横向进给运动。进给运动的进给量(加工螺纹时为螺纹导程)和进给方向的变换通过操纵进给箱和溜板箱的操纵机构实现。尾座 3 装在床身导轨上，其套筒中的锥孔可安装顶尖，以支承较长工件的一端，也可安装钻头、铰刀等孔加工刀具，利用套筒的轴向移动实现纵向进给运动来加工内孔。尾座的纵向位置可沿床身导轨(尾座导轨)进行调整，以适应加工不同长度工件的需要。尾座的横向位置可相对底座在小范围内进行调整，以车削锥度较小的长外圆锥面。

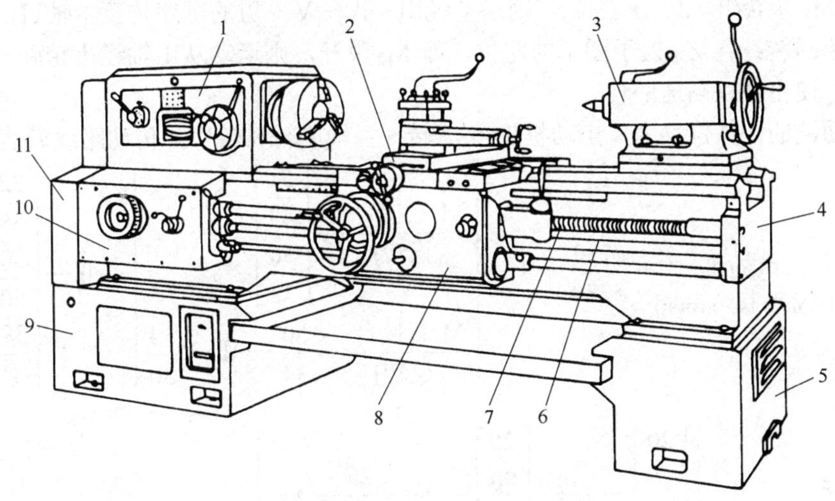


图 2-21　CA6140 型卧式车床外形

1—主轴箱；2—刀架；3—尾座；4—床身；5、9—床脚；
6—光杠；7—丝杠；8—溜板箱；10—进给箱；11—挂轮变速机构

CA6140 型卧式车床的部分主要技术参数如下。

(1) 床身上最大工件回转直径(主参数)：400mm。

(2) 刀架上最大工件回转直径：210mm。

(3) 最大棒料直径：47 mm。

(4) 最大工件长度(第二主参数，mm)：750，1000，1500，2000。

(5) 最大加工长度/mm：650，900，1400，1900。

(6) 主轴转速范围/(r/min)：正转 10～1400(24 级)；反转 14～1580(12 级)。

(7) 进给量范围/(mm/r)：纵向 0.028～6.33(共 64 级)；横向 0.014～3.16(共 64 级)。

(8) 标准螺纹加工范围：公制 $t$ =1～192mm(44 种)。

(9) 英制 $a$ =2～24 牙 / in(20 种)。

(10) 模数制 $m$ =0.25～48mm(39 种)。

(11) 径节制 DP =1～96 牙/in(37 种)。

2) 传动系统

CA6140 型卧式车床的传动系统(见图 2-21)由主运动传动链、螺纹进给传动链和纵向和横向进给传动链等组成。

(1) 主运动传动链。主运动传动链将电动机的旋转运动传至主轴，使主轴获得 24 级正转转速(10～1400r/min)和 12 级反转转速(14～1580r/min)。

主运动的传动路线是：运动由电动机经 V 形带传至主轴箱中的 I 轴，I 轴上装有双向多片摩擦离合器 $M_1$，用来使主轴正转、反转或停止。当 $M_1$ 向左接合时，主轴正转；向右接合时，主轴反转；$M_1$ 处于中间位置时，主轴停转。Ⅰ～Ⅱ轴间有两对齿轮可以啮合(利用Ⅱ轴上的双联滑移齿轮分别滑动到左、右两个不同位置)，可使Ⅱ轴得到两种不同的转速。Ⅱ—Ⅲ轴之间有 3 对齿轮可以分别啮合(利用Ⅲ轴上的三联滑移齿轮滑动到不同的位置)，可使Ⅲ轴得到 2×3=6 种不同的转速。从Ⅲ轴到Ⅵ轴，有两条传动路线：若将Ⅳ轴上的离合器 $M_2$ 接合(即 $Z_{50}$ 在右位)，则运动经Ⅲ—Ⅳ—Ⅴ—Ⅵ的顺序传至主轴Ⅵ，使主轴以中速或低速回转；若 $Z_{50}$ 处于图示的左位，即 $M_2$ 脱开，则运动从Ⅲ轴经齿轮副 63/50 直接传至主轴，使主轴以高速回转。

主传动链的计算位移为“电动机旋转 $n_0$ 转—主轴旋转 $n$ 转”。传动路线表达式为

$$\underset{(7.5\text{kW.}1450\text{r/min})}{\text{电动机}}-\frac{\phi130}{\phi230}-\text{I}-\left[\begin{matrix}\dfrac{M_1\text{左接合}}{(\text{正转})}-\begin{bmatrix}\dfrac{51}{43}\\ \dfrac{56}{38}\end{bmatrix}\\ \dfrac{M_1\text{右接合}}{(\text{反转})}-\dfrac{50}{34}-\text{Ⅶ}-\dfrac{34}{30}\end{matrix}\right]-\text{Ⅱ}-\begin{bmatrix}\dfrac{22}{58}\\ \dfrac{30}{50}\\ \dfrac{39}{41}\end{bmatrix}-\text{Ⅲ}$$

$$-\left[\begin{matrix}\begin{bmatrix}\dfrac{20}{80}\\ \dfrac{50}{50}\end{bmatrix}-\text{Ⅳ}-\begin{bmatrix}\dfrac{20}{80}\\ \dfrac{51}{50}\end{bmatrix}-\text{Ⅴ}-\dfrac{26}{58}-M_2\\ \dfrac{63}{50}\end{matrix}\right]-\text{Ⅶ(主轴)}$$

主轴正转时只能得到 1×2×3×(2×2×1−1+1)=24 级不同的转速。式中轴 I 是由于从轴Ⅲ至轴 V 的 4 种传动比中，$\frac{20}{80}\times\frac{51}{50}$ 与 $\frac{50}{50}\times\frac{20}{80}$ 的值近似相等。

主轴反转时，由于轴 I 经惰轮至轴Ⅱ只有一种传动比，故反转转速为 12 级。当各轴上的齿轮啮合位置完全相同时，反转的转速高于正转的转速。主轴反转主要用于车螺纹时退刀，快速反转能节省辅助时间。

(2)螺纹进给传动链。CA6140 型卧式车床可以车削右旋或左旋的公制、英制、模数制和径节制 4 种标准螺纹，还可以车削加大导程非标准和较精密的螺纹。

车螺纹进给传动链的两末端件为主轴和刀架，计算位移为“主轴转 1 转——刀架移动导程 $L$ mm”，传动路线根据所要加工螺纹的种类分为 6 种情况。

车削公制螺纹时，主轴Ⅳ经轴Ⅸ与轴Ⅹ之间在左、右螺纹换向机构及挂轮 $\frac{63}{100}\times\frac{100}{75}$ 传动进给箱上的轴Ⅻ，进给箱中的离合器 $M_5$ 接合，$M_3$ 及 $M_4$ 均脱开。此时传动路线表达式为：

$$\text{主轴 Ⅵ}-\frac{58}{58}-\text{Ⅸ}-\begin{bmatrix}\frac{33}{33}(\text{右旋螺纹})\\ \frac{33}{25}-\text{Ⅺ}-\frac{25}{33}(\text{左旋螺纹})\end{bmatrix}-\text{Ⅹ}-\frac{63}{100}\times\frac{100}{75}-\text{Ⅻ}-\frac{25}{36}-\text{ⅩⅢ}$$

$$-u_j-\text{ⅩⅣ}-\frac{25}{36}\times\frac{36}{25}-\text{ⅩⅤ}-u_b-\text{ⅩⅦ}-M_5-\text{ⅩⅧ}\ (\text{丝杠})-(\text{刀架})$$

表达式中“$u_j$”代表轴ⅩⅧ至轴ⅩⅣ间的 8 种可供选择的传动比$\left(\frac{26}{28}, \frac{28}{28}, \frac{32}{28}, \frac{36}{28}, \frac{19}{14}, \frac{20}{14}, \frac{33}{21}, \frac{36}{21}\right)$；“$u_b$”代表轴ⅩⅤ至轴ⅩⅦ间 4 种传动比$\left(\frac{28}{35}\times\frac{35}{28}, \frac{18}{45}\times\frac{35}{28}, \frac{28}{35}\times\frac{15}{48}, \frac{18}{45}\times\frac{15}{48}\right)$。

车削公制螺纹时的运动平衡式为：

$$1\times\frac{58}{58}\times\frac{33}{33}\times\frac{63}{100}\times\frac{100}{75}\times\frac{25}{36}\times u_j\times\frac{25}{36}\times\frac{36}{25}\times u_v\times 12=L=KP(\text{mm})$$

化简后得

$$L=u_j u_b(\text{mm})$$

式中：$K$ 为螺纹头数；$P$ 为螺距；12 为车床丝杠(轴ⅩⅦ的导程)。

(3) 纵向、横向进给传动链。刀架带着刀具做纵向或横向机动进给时，传动链的两个末端件仍是主轴和刀具，计算位移关系为主轴每转一转，刀具的纵向或横向移动量。

机动进给的传动路线在主轴至离合器 $M_5$ 的一段与车螺纹进给传动链共用，可以经由公制或英制螺纹路线，但机动进给时离合器 $M_5$ 应脱开，ⅩⅦ不传动丝杠而传动光杠ⅪⅩ，再经溜板箱中的降速和换向机构，传动Ⅹ ⅩⅢ轴上的纵向进给齿轮 $Z_{12}$ 或横溜板内的横向进给丝杠ⅩⅩⅦ。

纵向进给传动链经公制螺纹传动路线的运动平衡式为：

$$f_{纵}=1\times\frac{58}{58}\times\frac{33}{33}\times\frac{63}{100}\times\frac{100}{75}\times\frac{25}{36}\times u_j\times\frac{25}{36}\times\frac{36}{25}\times u_v\times\frac{28}{56}\times\frac{36}{32}\times\frac{32}{56}\times\frac{4}{29}\times\frac{40}{48}\times\frac{28}{80}\times\pi\times 2.5\times 1.2$$

化简后得

$$f_{纵}=0.71u_j u_v(\text{mm/r})$$

横向进给传动链的运动平衡式与此类似，且 $f_{横}=\frac{1}{2}f_{纵}$。

以上所有的纵、横向进给量的数值及各进给量时相应的各个操纵手柄应处于的位置，均可从进给箱上的标牌中查到。

(4) 刀架快速移动。在刀架作机动进给或退刀的过程中，如需要刀架做快速移动时，则用按钮将溜板箱内的快速移动电机(0.25kW，1360r/min)接通，经齿轮 $Z_{18}$、$Z_{24}$ 传动轴ⅩⅩ做快速旋转，再经后续的机动进给路线使刀架在该方向上做快速移动。松开按钮后，快速移动电机停转，刀架仍按原有的速度做机动进给。XX 轴上的超越离合器 $M_7$，用来防止光杠与快速移动电机同时传动 XX 轴时出现运动干涉而损坏传动机构。

### 2. 立式车床

加工径向尺寸大而轴向尺寸相对较小的工件时，如用卧式车床，则机床尺寸庞大而床身长度得不到充分利用，工件装卡找正困难，主轴前支承轴承因负荷过大容易磨损，难以长期保证工作精度。立式车床适合于作这类工件的加工之用。由于立式车床的主轴轴线为垂直布置，工件安装在水平的工作台上，因而找正和装夹比较方便。工件与工作台的重量均匀地作用在环形的工作台导轨或推力轴承上，没有颠覆力矩，能长期保持机床工作精度。

立式车床分单柱式(见图 2-22(a))和双柱式(见图 2-22(b))两种。单柱立式车床只能用于加工直径较小的工件，而最大的双柱立式车床的加工直径可以超过 25m。

单柱立式车床的工作台 2 由主轴带动在底座 1 的环形导轨上做旋转运动。工作台上有多条径向 T 形槽，用来固定工件。横梁 6 能在立柱上做上、下移动以调整位置，便于加工不同高度的工件。立柱 4 上的侧刀架 3 可沿立柱导轨做垂直方向的进给运动，也可沿刀架滑座的导轨做水平的横向进给运动。垂直刀架 5 可沿横梁上的导轨做横向进给及沿刀架滑座的导轨做垂直进给，刀架滑座能向两侧倾斜一定角度以加工锥面。垂直刀架上通常装有五角形的转塔刀架，上面可装几组刀具。

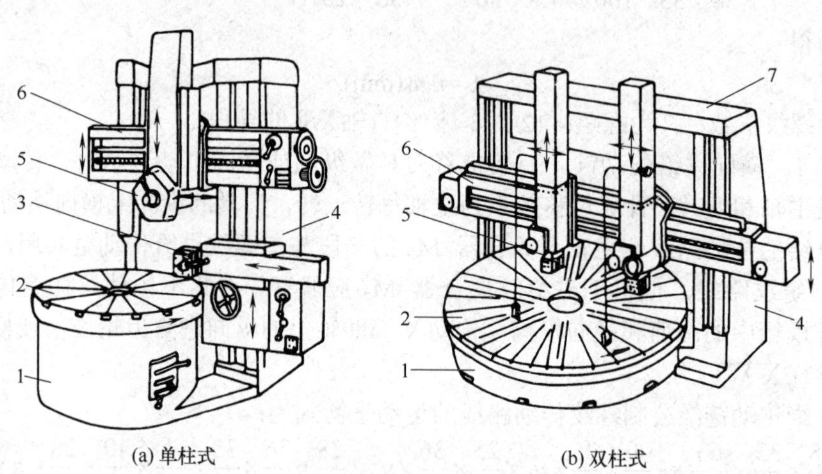


图 2-22 立式车床

1—底座；2—工作台；3—侧刀架；4—立柱；5—垂直刀架；6—横梁；7—顶梁

由于大直径工件上很少有螺纹，因此立式车床上没有车削螺纹传动链，不能加工螺纹。

### 3. 单轴自动车床

单轴自动车床主要用于大批量生产中加工尺寸较小、形状比较复杂、需要用多把刀具顺序加工的零件。在单轴转塔自动车床上可以车削外圆、锥面、成形面、端面、台肩，倒角，打中心孔，钻、扩、铰孔，攻、套内外螺纹，切槽和切断等。通常这种车床只能加工冷拔棒料，其主要参数为最大棒料直径。如图 2-23 所示为单轴自动车床的外形，它是凸轮控制的通用全自动化机床，由底座 1、床身 2、分配轴 3、主轴箱 4、前刀架 5、立刀架 6、后刀架 7、转塔刀架 8 和辅助轴 9 等部分组成。主轴箱中有送料机构、夹料机构。棒料从主轴箱外的料管中送入，由空心主轴前端的夹头夹紧。转塔刀架上有 6 个均布的径向孔，可安装一根挡料杆和 5 组刀具。加工每个工件的过程中，转塔刀架按事先调整好的时间间隔，由分配轴上的时间轮发出动作信号，由辅助轴传动做转位运动，使各组刀具顺次做纵向进给运动，分别完成挡料，钻中心孔，车削内、外圆，钻、扩、铰孔，加工螺纹等工作。5、6、7 三个刀架上的刀具分别由分配轴上的 3 个凸轮控制，做切槽、倒角、成形车削、滚花、切断等工作。加工过程中，主运动传动系统还能按照分配轴发出的指令进行变速和反转。分配轴每转一周，加工完的工件就从棒料上切断，落入接料盘中，然后重新送料—挡料—夹紧，开始下一个工作循环。棒料用完后，机床能自动停车。

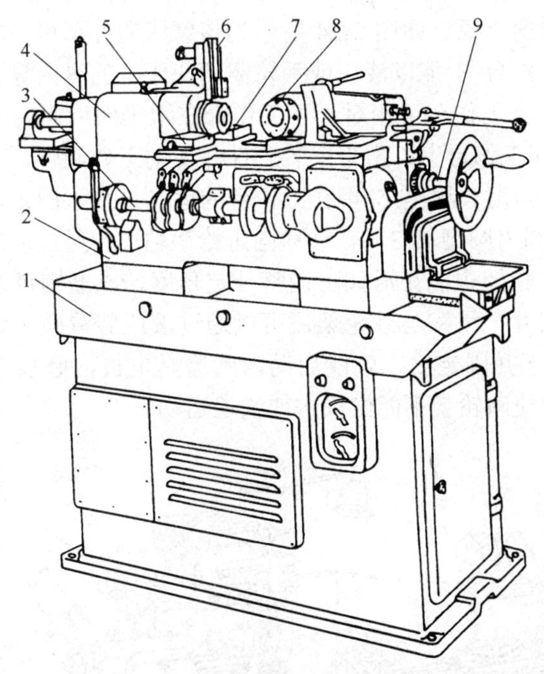


图 2-23　单轴转塔自动车床

1—底座；2—床身；3—分配轴；4—主轴箱；5—前刀架；6—立刀架；7—后刀架；8—转塔刀架；9—辅助轴

## 2.4.3　磨床

用磨料、磨具(砂轮、砂带、油石、研磨料等)为工具对工件进行切削加工的机床，统称为磨床。磨床通常用作精加工，工艺范围非常广泛，平面、内外圆柱面和圆锥面、螺纹表面、齿轮的齿面、各种成形面，都可以用相应的磨床加工。对淬硬的零件和高硬度材料制品，磨床是主要的加工设备。磨床除了用作精加工外，也可用来进行高效率的粗加工或一次完成粗、精加工。磨床在机床总数中所占比例在工业发达的国家已达到 30%～40%。

磨床与其他机床相比，由于其加工方式及加工要求有独特之处，因而在传动和结构方面也有其特点。磨床上主运动的转速高而要求稳定，故多采用带传动或内连式电机等原动机直接驱动主轴；砂轮主轴轴承广泛采用各种精度高、吸振性好的动压或静压滑动轴承；直线进给运动多为液压传动；并且对旋转件的静、动平衡，冷却液的洁净度，进给机构的灵敏度和准确度等都有较高的要求。

磨床的种类很多，主要类型有外圆磨床、内圆磨床、平面磨床、工具磨床，以及加工特定的某类零件，如曲轴、花键轴等的各种专门化磨床。

1. 外圆磨床

外圆磨床又可分为普通外圆磨床、万能外圆磨床、无心外圆磨床、宽砂轮外圆磨床和端面外圆磨床等。

1) M1432A 型万能外圆磨床

M1432A 型万能外圆磨床适于单件小批生产中磨削内外圆柱面、圆锥面、轴肩端面等，其主参数为最大磨削直径。如图 2-24 所示为该磨床的外形机床的基础支承件，其内部有油池和液压系统。工作台 8 能以液压或手轮驱动在床身的纵向导轨上做进给运动。工作台由上、下两层组成，上工作台可相对于下工作台在水平面内回转一个不大的角度以磨削长锥面。头架 2 固定在工作台上，用来安装工件并带动工件旋转，为了磨短的锥孔，头架在水平面内可转动一个角度。尾座 5 可在工作台的适当位置上固定，以顶尖支承工件。滑鞍 6 上装有砂轮架 4 和内圆磨具 3，转动横向进给手轮 7，通过横向进给机构能使滑鞍和砂轮架做横向运动。砂轮架也能在滑鞍上调整一定角度，以磨削锥度较大的短锥面。为了便于装卸工件及测量尺寸，滑鞍与砂轮架还可以通过液压装置做一定距离的快进或快退运动。将内圆磨具 3 放下并固定后，就能启动内圆磨具电机，磨削夹紧在卡盘中的工件内孔，此时电气联锁装置使砂轮架不能做快进或快退运动。

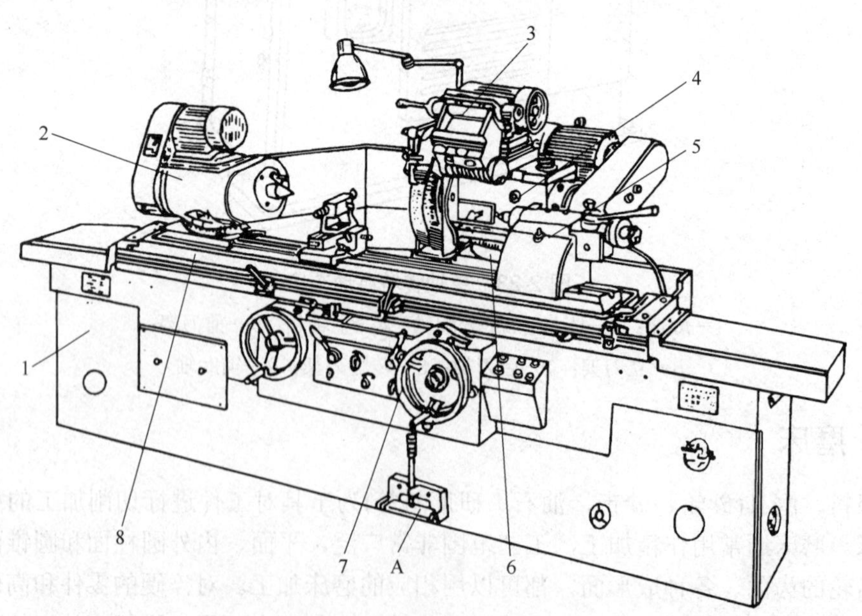


图 2-24 M1432A 型万能外圆磨床

1—床身；2—头架；3—内圆磨具；4—砂轮架；5—尾座；6—滑鞍；7—手轮；8—工作台；A—脚踏操纵板

如图 2-25 所示为万能外圆磨床的几种典型加工方式。图 2-25(a)所示为以顶尖支承工件；图 2-25(b)所示为上工作台调整一个角度磨削长圆锥面；图 2-25(c)所示为砂轮架偏转，以切入法磨削短圆锥面；图 2-25(d)所示为头架偏转磨削锥孔。

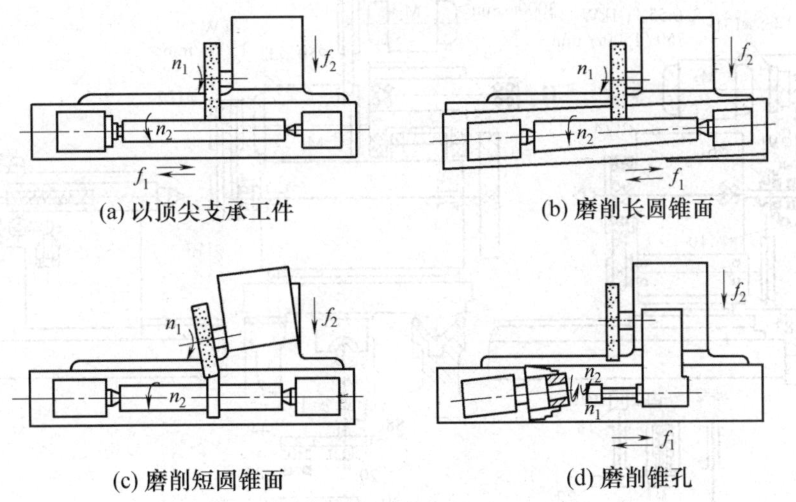


(a) 以顶尖支承工件　(b) 磨削长圆锥面

(c) 磨削短圆锥面　(d) 磨削锥孔

图 2-25　万能外圆磨床加工示意图

从万能外圆磨床的这些典型加工方式可知，机床应有以下几种运动：砂轮旋转主运动 $n_1$ 由电动机经带传动驱动砂轮主轴做高速转动；工件圆周进给运动 $n_2$ 转速较低，可以调整；工件纵向进给运动 $f_1$ 通常由液压传动，以使换向平衡并能无级调速；砂轮架周期或连续横向进给运动 $f_2$ 可由手动或液动实现。机床的辅助运动有砂轮架的横向快进、快退和尾座套筒的缩回，它们也用液压传动。

如图 2-26 所示为 M1432A 型万能外圆磨床机械传动系统。砂轮旋转主运动 $n_1$ 由电动机通过 V 形带直接带动砂轮主轴旋转。其传动路线为

$$\text{主电机}—\frac{\phi127}{\phi113}—\text{砂轮}(n_1)$$

工件圆周进给运动 $n_2$：由双速异步电机经塔轮变速机构传动，其传动路线为

$$\text{头架电机(双速)}—\begin{bmatrix}\dfrac{\phi49}{\phi165}\\[2mm]\dfrac{\phi112}{\phi110}\\[2mm]\dfrac{\phi131}{\phi91}\end{bmatrix}—\frac{\phi61}{\phi183}—\frac{\phi69}{\phi178}—\text{拨盘或卡盘}(n_2)$$

由于电机为双速，因而可使工件获得 6 级转速。

2) 无心外圆磨床

如图 2-27 所示为无心磨削的工作原理。无心外圆磨床磨削外圆时，工件不是用顶尖或卡盘定心，而是直接由托板和导轮支承，用被加工表面本身定位。在图 2-27 中，1 为磨削砂轮，以高速旋转做切削主运动，导轮 3 是用树脂或橡胶为结合剂的砂轮，它与工件之间的摩擦系数较大，当导轮以较低的速度带动工件旋转时，工件的线速度与导轮表面线速度

相近。工件 4 由托板 2 与导轮 3 共同支承，工件的中心一般应高于砂轮与导轮的连心线，以免工件加工后出现棱圆形。

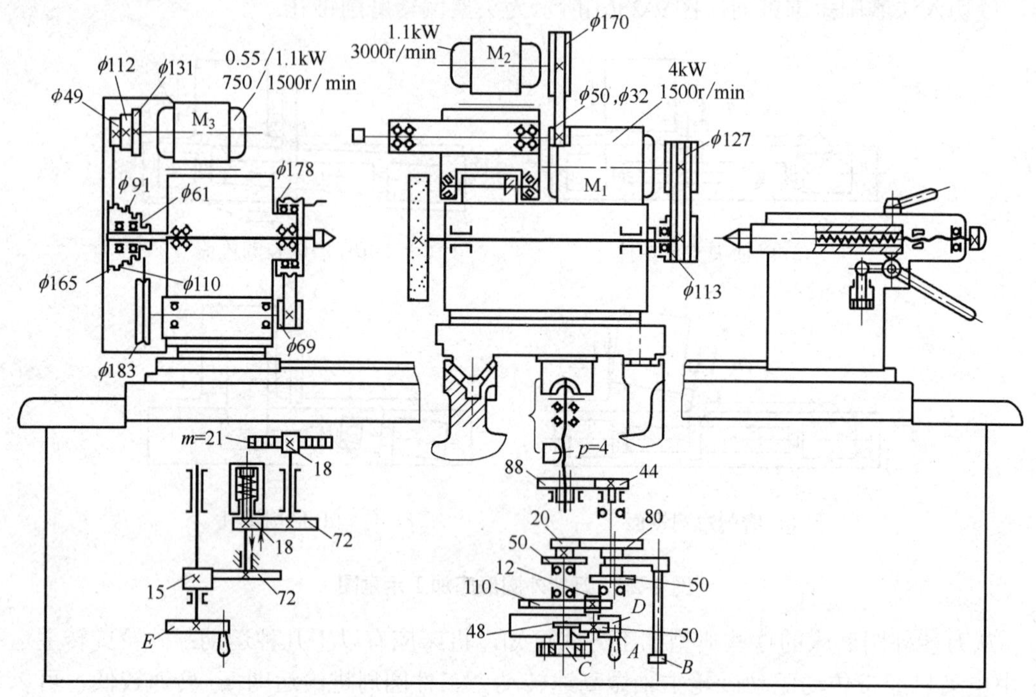


图 2-26　M1432A 型万能外圆磨床机械传动系统图

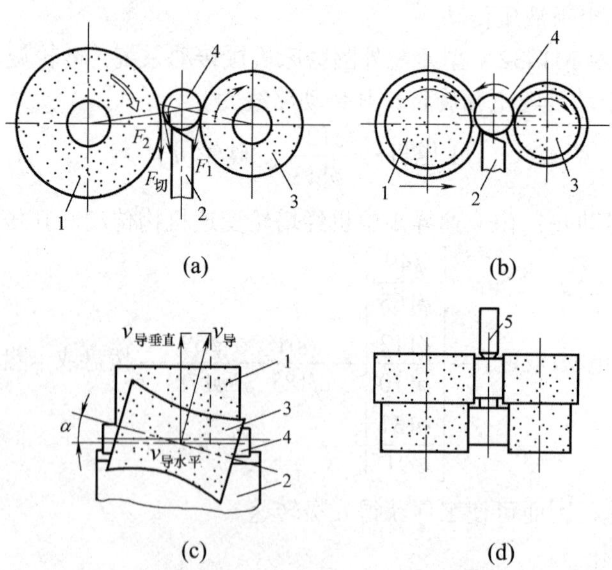


图 2-27　无心外圆磨床的工作原理

1—磨削砂轮；2—托板；3—导轮；4—工件；5—挡块

无心外圆磨削有两种方式：贯穿磨削法(纵磨法)和切入磨削法(横磨法)。用贯穿法磨削时，将工件从机床前面放到托板上并推至磨削区。导轮轴线在垂直平面内倾斜一个口角，导轮表面经修整后为一回转双曲面，其直母线与托板表面平行。工件被导轮带动回转时产生一个水平方向的分速度(见图 2-27(b))，从导轮与磨削砂轮之间穿过。用贯穿法磨削时，工件可以一个接一个地连续进入磨削区，生产率高且易于实现自动化。贯穿法可以磨削圆柱形、圆锥形、球形工件，但不能磨削带台阶的圆柱形工件。用切入法磨削时，导轮轴线的倾斜角度很小，仅用于使工件产生小的轴向推力，顶住挡块 5 而得到可靠的轴向定位(见图 2-27(c))，工件与导轮向磨削轮做横向切入进给，或由磨削轮向工件进给。

### 2. 平面磨床

平面磨床用于磨削工件上的各种平面。磨削时，砂轮的工作表面可以是圆周表面，也可以是端面。以砂轮的圆周表面进行磨削时，砂轮与工件的接触面积小，发热少，磨削力引起的工艺系统变形也小，加工表面的精度和质量较高，但生产率较低。以这种方式工作的平面磨床，砂轮主轴为水平(卧式)布置。用砂轮(或多块扇形的砂瓦)的端面进行磨削时，砂轮与工件的接触面积较大，切削力增加，发热量也大，而冷却、排屑条件较差，加工表面的精度及质量比前一种方式的稍低，但生产率较高。以此方式加工的平面磨床，砂轮主轴为垂直(立式)布置。

根据平面磨床的工作方式和机床布局的不同，平面磨床可分为 4 类，如图 2-28 所示。图 2-28(a)所示为卧轴矩台式。图 2-28(b)所示为立轴矩台式，其运动有砂轮旋转主运动 $n_1$、矩形工作台的纵向往复进给运动 $f_1$、砂轮的周期性横向进给运动 $f_2$，以及砂轮的垂直切入运动 $f_3$。图 2-28(c)所示为卧轴圆台式。图 2-28(d)所示为立轴圆台式，其主运动为砂轮旋转运动 $n_1$，进给运动有圆形工作台的旋转进给运动 $n_s$、砂轮的周期性垂直切入进给运动 $f_3$。卧轴圆台平面磨床还有一个径向进给运动 $f_2$。

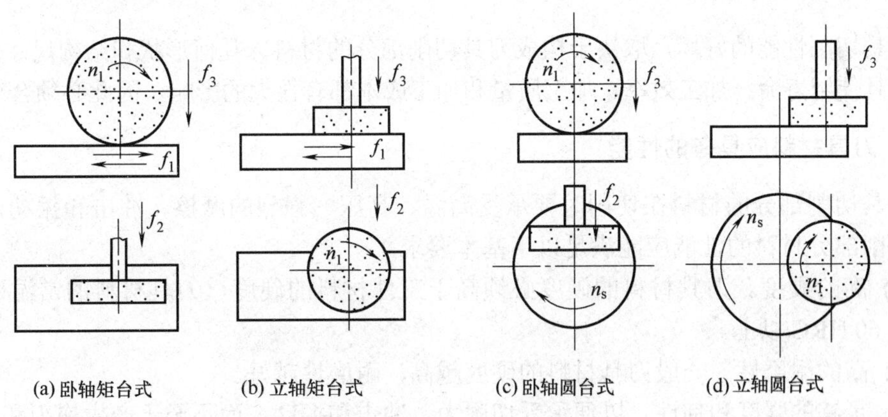


图 2-28　平面磨床的主要类型

矩形工作台与圆形工作台相比较，前者的加工范围较宽，但有工作台换向的时间损失；后者为连续磨削，生产率较高，但不能加工较长的或带台阶的平面。

如图 2-29 所示为常见的卧轴矩台平面磨床的外形。

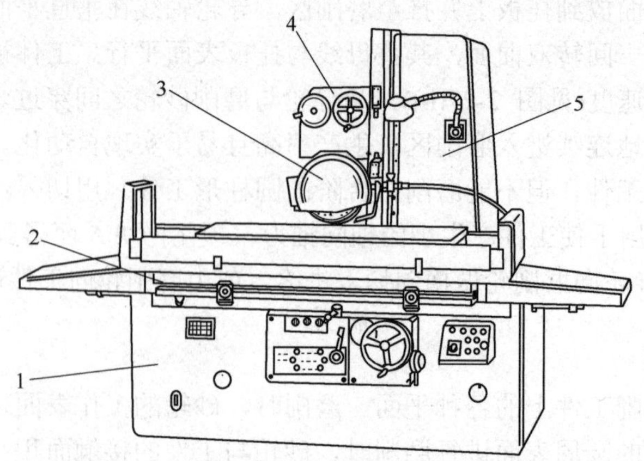


图 2-29　卧轴矩台平面磨床的外形

1—床身；2—工作台；3—砂轮架；4—滑座；5—立柱

## 2.5　轴类零件加工刀具

【学习目标】掌握刀具常用材料、刀具角度的选择；了解常用高速钢的力学性能和适用范围，常用硬质合金的牌号、性能和使用范围；了解车刀刀具的类型，掌握车轴、轴类零件常用刀具的选择；掌握各类砂轮特性、代号和使用范围；了解常用砂轮的形状、代号和主要用途等。

### 2.5.1　刀具材料

刀具切削性能的好坏，取决于构成刀具切削部分的材料、几何形状和结构尺寸。刀具材料对刀具使用寿命、加工效率、加工质量和加工成本都有很大的影响，因此必须合理选择。

#### 1. 刀具材料应具备的性能

刀具切削部分的材料在切削时要承受高温、高压、强烈的摩擦、冲击和振动，因此，刀具切削部分材料的性能应能满足以下基本要求。

(1) 高的硬度。刀具材料的硬度必须高于工件材料的硬度。刀具材料的常温硬度一般要求在 60 HRC 以上。

(2) 高的耐磨性。一般刀具材料的硬度越高，耐磨性越好。

(3) 足够的强度和韧性。以便承受切削力、冲击和振动，而不至于产生崩刃和折断。

(4) 高的耐热性(热稳定性)。耐热性是指刀具材料在高温下保持硬度、耐磨性、强度和韧性的能力。

(5) 良好的热物理性能和耐热冲击性能。即刀具材料的导热性能要好，不会因受到大的热冲击产生刀具内部裂纹而导致刀具断裂。

(6) 良好的工艺性能。即刀具材料应具有良好的锻造性能、热处理性能、焊接性能、磨削加工性能等。

刀具材料有碳素工具钢、合金工具钢、高速钢、硬质合金、陶瓷、金刚石、立方氮化硼等。碳素工具钢(如 TI0A、T12A)及合金工具钢(如 9SiCr、CrWMn)，因耐热性较差，通常只用于手工工具及切削速度较低的刀具；陶瓷、金刚石和立方氮化硼仅用于有限的场合。目前，刀具材料中用得最多的仍是高速钢和硬质合金。

### 2. 高速钢

高速钢是含有较多钨、钼、铬、钒等元素的高合金工具钢。高速钢具有较高的硬度(热处理硬度可达 62～67HRC)和耐热性(切削温度可达 550～600℃)。与碳素工具钢和合金工具钢相比，高速钢能提高切削速度 1～3 倍(因此而得名)，提高刀具耐用度 10～40 倍，甚至更多。它用于加工包括有色金属、高温合金在内的范围广泛的材料。

高速钢具有高的强度(抗弯强度为一般硬质合金的 2～3 倍，为陶瓷的 5～6 倍)和韧性，抗冲击振动的能力较强，适宜制造各类刀具。

高速钢刀具制造工艺简单，能锻造，容易磨出锋利的刀刃，因此在复杂刀具(如钻头、丝锥、成形刀具、拉刀、齿轮刀具等)的制造中，高速钢占有重要的地位。

高速钢按用途不同，可分为通用型高速钢和高性能高速钢；按制造工艺方法不同，可分为熔炼高速钢和粉末冶金高速钢。

通用型高速钢是切削硬度在 250～280HBS 以下的大部分结构钢和铸铁的基本刀具材料，应用最为广泛。切削普通钢料时的切削速度一般不高于 40～60mm/min。通用型高速钢一般可分为钨钢和钨钼钢两类，常用牌号分别是 W18Cr4V 和 W6Mo5Cr4V2。

高性能高速钢(如 9W6Mo5Cr4V2 和 W6Mo5Cr4V3)较通用型高速钢有着更好的切削性能，适合于加工奥氏体不锈钢、高温合金、钛合金和超高强度钢等难加工材料。这类高速钢的不同牌号只有在各自的规定切削条件下使用，才能达到良好的切削性能。

粉末冶金高速钢的优点很多：具有良好的力学性能和可磨削加工性，淬火变形只及熔炼钢的 1/3～1/2，耐磨性提高 20%～30%，适于制造切削难加工材料的刀具、大尺寸刀具(如滚刀、插齿刀)，也适于制造精密、复杂刀具。

表 2-3 列出了几种常用高速钢的牌号、主要性能及用途。

**表 2-3　常用高速钢的力学性能和适用范围**

| 牌　号 | 硬度/HRC | 抗弯强度/GPa | 冲击韧度/MJ·m$^{-2}$ | 600℃时的硬度/HRC | 主要性能和适用范围 |
|---|---|---|---|---|---|
| W18Cr4V (W18) | 63～66 | 3.0～3.4 | 0.18～0.32 | 48.5 | 综合性能好，通用性强，可磨性好，适于制造加工轻合金、碳素钢、合金钢、普通铸铁的精加工刀具和复杂刀具，如螺纹车刀、成形车刀、拉刀等 |
| W6Mo5Cr4V2 (M2) | 63～66 | 3.5～4.0 | 0.30～0.40 | 47～48 | 强度和韧性略高于 W18，热硬性略低于 W18，热塑性好，适于制造加工轻合金、碳钢、合金钢的热成形刀具及承受冲击、结构薄弱的刀具 |

续表

| 牌 号 | 硬度/HRC | 抗弯强度/GPa | 冲击韧度/MJ·m$^{-2}$ | 600℃时的硬度/HRC | 主要性能和适用范围 |
|---|---|---|---|---|---|
| W14Cr4VMnRe | 64～66 | ≈4.0 | 0.31 | 50.5 | 切削性能与W18相当，热塑性好，适于制作热轧刀具 |
| W9Mo3Cr4V (W9) | 65～66.5 | 4.0～4.5 | 0.35～0.40 | | 刀具寿命比W18和M2有一定程度的提高，适用于加工普通轻合金、钢材和铸铁 |
| 9W18Cr4V (9W18) | 66～68 | 3.0～3.4 | 0.17～0.22 | 51 | 属高碳高速钢，常温硬度和高温硬度有所提高，适用于制造加工普通钢材和铸铁、耐磨性要求较高的钻头、铰刀、丝锥、铣刀和车刀等或加工较硬材料(220～250 HBS)的刀具，但不宜承受大的冲击 |
| 9W6Mo5Cr4V2 (cM2) | 67～68 | 3.5 | 0.13～0.25 | 52.1 | |
| W12Cr4V4Mo (EV4) | 66～67 | ≈3.2 | ≈0.10 | 52 | 属高钒高速钢，耐磨性很好，适合切削对刀具磨损极大的材料，如纤维、硬橡胶、塑料等，也适用于加工不锈钢、高强度钢和高温合金等，效果也很好 |
| W6Mo5Cr4V3 (M3) | 65～67 | ≈3.2 | ≈0.25 | 51.7 | |
| W2Mo9Cr4VCo8 (M42) | 67～69 | 2.7～3.8 | 0.23～0.30 | 55 | 属含钴超硬高速钢，有很高的常温和高温硬度，适合加工高强度耐热钢、高温合金、钛合金等难加工材料，M42可磨性好，适用于作精密复杂刀具。但不宜在冲击条件下切削 |
| W10Mo4Cr4V3Co10 | 67～69 | ≈2.35 | ≈0.10 | 55.5 | |
| W12Cr4V5Co5 (T15) | 66～68 | ≈3.0 | ≈0.25 | 54 | 常温硬度和耐磨性都很好，600℃高温硬度接近M42钢；适用于加工耐热不锈钢、高温合金、高强度钢等难加工材料，适合制造钻头、滚刀、拉刀、铣刀等 |
| W6Mo5Cr4V2Co8 (M36) | 66～68 | ≈3.0 | ≈0.30 | 54 | |
| W6Mo5Cr4V2Al (501) | 67～69 | 2.7～3.8 | 0.23～0.30 | 55 | 属含铝超硬高速钢，切削性能相当于M42，宜于制造铣刀、钻头、铰力、齿轮刀具和拉刀等，用于加工合金钢、不锈钢、高强度钢和高温合金等 |
| W10Mo4Cr4V3Al (5F-6) | 67～69 | 3.1～3.5 | 0.20～0.28 | 54 | |

续表

| 牌　号 | 硬度/HRC | 抗弯强度/GPa | 冲击韧度/MJ・$m^{-2}$ | 600℃时的硬度/HRC | 主要性能和适用范围 |
|---|---|---|---|---|---|
| W12Mo3Cr4V3N (V3N) | 67～69 | 2.0～3.5 | 0.15～0.30 | 55 | 含氮超硬高速钢，硬度、强度、韧性与 M42 相当，可作为含钴钢的代用品，用于低速切削难加工材料和低速高精加工 |

### 3. 硬质合金

硬质合金是用高耐热性和高耐磨性的金属碳化物(如碳化钨、碳化钛、碳化钽、碳化铌等)与金属黏结剂(如钴、镍、钼等)在高温下烧结而成的粉末冶金制品。其硬度为 89～93HRA，能耐 850～1000℃的高温，具有良好的耐磨性，允许使用的切削速度可达 100～300m/min，可加工包括淬硬钢在内的多种材料，因此获得广泛应用。但是，硬质合金的抗弯强度低，冲击韧性差，刃口不锋利，较难加工，不易做成形状较复杂的整体刀具，因此目前还不能完全取代高速钢。常用的硬质合金有钨钴类(YG 类)、钨钛钴类(YT 类)和钨钛钽(铌)钴类硬质合金(YW 类)3 类。

(1) 钨钴类硬质合金(YG 类)。YG 类硬质合金主要由碳化钨和钴组成，常用的牌号有 YG3、YG6、YG8 等。YG 类硬质合金的抗弯强度和冲击韧性较好，不易崩刃，很适宜切削切屑呈崩碎状的铸铁等脆性材料。YG 类硬质合金的刃磨性较好，刃口可以磨得较锋利，故切削有色金属及合金的效果也较好。由于 YG 类硬质合金的耐热性和耐磨性较差，因此一般不用于普通钢材的切削加工。但它的韧性好，导热系数较大，可以用来加工不锈钢和高温合金钢等难加工的材料。

(2) 钨钛钴类硬质合金(YT 类)。YT 类硬质合金主要由碳化钨、碳化钛和钴组成，常用的牌号有 YT5、YTl5、YT30 等。它里面加入了碳化钛后，增加了硬质合金的硬度、耐热性、抗黏结性和抗氧化能力。但由于 YT 类硬质合金的抗弯强度和冲击韧性较差，故主要用于切削切屑一般呈带状的普通碳钢及合金钢等塑性材料。

(3) 钨钛钽(铌)钴类硬质合金(YW 类)。它是在普通硬质合金中加入了碳化钽或碳化铌，从而提高了硬质合金的韧性和耐热性，使其具有较好的综合切削性能。YW 类硬质合金主要用于不锈钢、耐热钢、高锰钢的加工，也适用于普通碳钢和铸铁的加工，因此被称为通用型硬质合金，常用的牌号有 YWl、YW2 等。

不同硬质合金牌号的性能和应用范围如表 2-4 所示。

由表 2-4 可以看出，由于碳化物的硬度和熔点比黏结剂高得多，因此在硬质合金中，碳化物所占比例大，则硬质合金的硬度就高，耐磨性也好；反之，若钴、镍等金属黏结剂的含量多，则硬质合金的硬度降低，而抗弯强度和冲击韧性就有所提高。硬质合金的性能还与其晶粒大小有关。当黏结剂的含量一定时，碳化物的晶粒越细，则硬质合金的硬度越高，而抗弯强度和冲击韧性降低；反之，则硬质合金的硬度降低，而抗弯强度和冲击韧性就会有所提高。

表 2-4　常用硬质合金的牌号、性能和使用范围

| 类　型 | 牌　号 | 物理力学性能 | | | 使用性能 | | | 使用范围 | |
|---|---|---|---|---|---|---|---|---|---|
| | | 硬　度 | | 抗弯强度 | 耐磨 | 耐冲击 | 耐热 | 材　料 | 加工性质 |
| | | HRA | HRC | /GPa | | | | | |
| 钨钴类 | YG3 | 91 | 78 | 1.08 | ↑ | ↓ | ↑ | 铸铁，有色金属 | 连续切削时精、半精加工 |
| | YG6X | 91 | 78 | 1.37 | | | | 铸铁，耐热合金 | 精加工、半精加工 |
| | YG6 | 89.5 | 75 | 1.42 | | | | 铸铁，有色金属 | 连续切削粗加工，间断切削半精加工 |
| | YG8 | 89 | 74 | 1.47 | | | | 铸铁，有色金属 | 间断切削粗加工 |
| 钨钴钛类 | YT5 | 89.5 | 75 | 1.37 | ↓ | ↑ | ↓ | 钢 | 粗加工 |
| | YT14 | 90.5 | 77 | 1.25 | | | | 钢 | 间断切削半精加工 |
| | YT15 | 91 | 78 | 1.13 | | | | 钢 | 连续切削粗加工，间断切削半精加工 |
| | YT30 | 92.5 | 81 | 0.88 | | | | 钢 | 间断切削精加工 |
| 添加稀有金属碳化物 | YA6 | 92 | 80 | 1.37 | 较好 | | | 冷硬铸铁，有色金属，合金钢 | 半精加工 |
| | YW1 | 92 | 80 | 1.28 | | 较好 | 较好 | 难加工钢材 | 半精加工、精加工 |
| | YW2 | 91 | 78 | 1.47 | | 好 | | 难加工钢材 | 半精加工、粗加工 |
| 镍、钼、钛类 | YN10 | 92.5 | 81 | 1.08 | 好 | | 好 | 钢 | 连续切削精加工 |

注：表中符号的意义，Y—硬质合金；G—钴，其后数字表示合金中的含钴量；X—细颗粒合金；T—钛，其后数字表示合金中碳化钛的含量；A—含碳化钽(碳化铌)的钨钴类硬质合金；W—通用合金；N—用镍作黏结剂的硬质合金。

### 4. 涂层刀具和其他刀具材料

1) 涂层刀具

涂层刀具是在韧性较好的硬质合金或高速钢刀具基体上，涂覆一薄层耐磨性高的难熔金属化合物而获得的。

常用的涂层材料有碳化钛、氮化钛、氧化铝等。碳化钛的硬度比氮化钛高，抗磨损性

能好，对于会产生剧烈磨损的刀具，碳化钛涂层较好。氮化钛与金属的亲和力小，润湿性能好，在容易产生黏结的条件下，氮化钛涂层较好。在高速切削产生大量热量的场合，以采用氧化铝涂层为好，因为氧化铝在高温下有良好的热稳定性能。

涂层硬质合金刀片的耐用度至少可提高 1～3 倍，涂层高速钢刀具的耐用度则可提高 10 倍。加工材料的硬度越高，涂层刀具的效果越好。

2) 陶瓷材料

陶瓷材料是以氧化铝为主要成分，经压制成形后烧结而成的一种刀具材料。它的硬度可达到 91～95HRA，在 1200℃的切削温度下仍可保持 80HRA 的硬度。另外，它的化学惰性大，摩擦系数小，耐磨性好，加工钢件时的寿命为硬质合金的 10～12 倍。其最大的缺点是脆性大，抗弯强度和冲击韧性低。因此，它主要用于半精加工和精加工高硬度、高强度钢和冷硬铸铁等材料。常用的陶瓷刀具材料有氧化铝陶瓷、复合氧化铝陶瓷以及复合氧化硅陶瓷等。

3) 人造金刚石

人造金刚石是通过合金催化剂的作用，在高温、高压下由石墨转化而成。人造金刚石具有极高的硬度(显微硬度可达 10 000HV)和耐磨性，其摩擦系数小，切削刃可以做得非常锋利。因此，用人造金刚石做刀具可以获得很高的加工表面质量。但人造金刚石的热稳定性较差(不得超过 700～800℃)，特别是它与铁元素的化学亲和力很强，因此它不宜用来加工钢铁件。人造金刚石主要用于制作磨具和磨料，用作刀具材料时，多用于在高速下精细车削或镗削有色金属及非金属材料。尤其是用它切削加工硬质合金、陶瓷、高硅铝合金及耐磨塑料等高硬度、高耐磨性的材料时，具有很大的优越性。

4) 立方氮化硼

立方氮化硼是由六方氮化硼在高温、高压下加入催化剂转变而成的。它是 20 世纪 70 年代才发展起来的一种新型刀具材料，立方氮化硼的硬度很高(可达到 8000～9000HV)，并具有很高的热稳定性(可达 1300～1400℃)，它最大的优点是在高温(1200～1300℃)时也不易与铁族金属起反应。因此，它能胜任淬火钢、冷硬铸铁的粗车和精车，同时还能高速切削高温合金、热喷涂材料、硬质合金及其他难加工材料。

## 2.5.2　刀具角度的选择

### 1. 前角 $\gamma_0$

前角对切削的难易程度有很大影响。增大前角能使刀刃变得锋利，使切削更加轻快，可以减小切屑变形，从而使切削力和切削功率减小。但增大前角会使刀刃和刀尖强度下降，刀具散热体积减小，影响刀具寿命。前角的大小对表面粗糙度、排屑及断屑等也有一定影响。

实践证明，刀具合理前角的大小主要取决于工件材料、刀具材料及工件加工要求。工件材料的强度、硬度较低时，应取较大的前角，反之应取较小的前角；加工塑性材料(如钢)时，应选较大的前角，加工脆性材料(如铸铁)时，应选较小的前角。刀具材料韧性好(如高速钢)，前角可选得大一些，反之(如硬质合金)则前角应选得小一些。粗加工时，特别是断续切削时，应选用较小的前角，精加工时应选用较大的前角。

通常硬质合金车刀的前角 $\gamma_0$ 在−5° ～+20° 范围内选取，高速钢刀具的前角则应比硬质合金刀具大 5° ～10° ，而陶瓷刀具的前角一般取−5° ～−15° 。

### 2. 后角 $\alpha_0$

后角的主要功用是减小后刀面与工件的摩擦和后刀面的磨损，其大小对刀具耐用度和加工表面质量都有很大影响。

合理后角的大小主要取决于切削厚度(或进给量)，也与工件材料、工艺系统的刚性有关。

一般来说，切削厚度越大，刀具后角越小；工件材料越软、塑性越大，后角越大；工艺系统刚性较差时，应适当减小后角；刀具尺寸精度要求较高的刀具，后角宜取小值。

车削一般钢和铸铁时，车刀后角常选用 4° ～6° 。

### 3. 主偏角 $\kappa_r$ 和副偏角 $\kappa'_r$

主偏角和副偏角对刀具耐用度影响很大。减小主偏角和副偏角，可使刀尖角增大，刀尖强度提高，散热条件得到改善，因而刀具耐用度得以提高。减小主偏角和副偏角，可降低残留面积的高度，故可减小加工表面的粗糙度。主偏角和副偏角还会影响各切削分力的大小和比例。例如，车削外圆时，增大主偏角，可使背向力 $F_p$ 明显减小，进给力 $F_f$ 增大，因而有利于减小工艺系统的弹性变形和振动。

在工艺系统刚性较好时，主偏角 $\kappa_r$ 宜取较小值，如 $\kappa_r$=30° ～45° ；当工艺系统刚性较差或强力切削时，一般取 $\kappa_r$=60° ～75° 。车削细长轴时，取 $\kappa_r$=90° ～93° ，以减小背向力 $F_p$。

副偏角 $\kappa'_r$ 的大小主要根据表面粗糙度的要求选取，一般为 5° ～15° ，粗加工时取大值，精加工时取小值。

### 4. 刃倾角 $\lambda_s$

刃倾角$\lambda_s$ 主要影响刀头的强度和切屑流动的方向。在加工一般钢料和铸铁时，无冲击的粗车取$\lambda_s$=−5° ～0° ，精车取$\lambda_s$=0° ～5° ；有冲击负荷时，取$\lambda_s$=−15° ～−5° ；当冲击特别大时，取$\lambda_s$=−45° ～−30° 。切削高强度钢、冷硬钢时，为提高刀头强度，可取$\lambda_s$=−10° ～−30° 。

应当指出，刀具各角度之间是相互联系、相互影响的，孤立地选择某一角度并不能得到所希望的合理值。例如，在加工硬度比较高的工件材料时，为了增加切削刃的强度，一般取较小的后角，但在加工特别硬的材料(如淬硬钢)时，通常采用负前角，这时如适当增大后角，不仅使切削刃易于切入工件，而且还可提高刀具耐用度。

## 2.5.3 车刀

车刀是金属切削加工中应用最广泛的一种刀具。它可以用来加工外圆、内孔、端面、螺纹及各种内、外回转体成形表面，也可用于切断和切槽等，因此车刀类型很多，形状、结构、尺寸也各异，如图 2-30 所示。车刀的结构形式有整体式、焊接式、机夹重磨式和机夹可转位式等。整体式为高速钢车刀，用得较少；后几种为硬质合金车刀，应用很广泛。

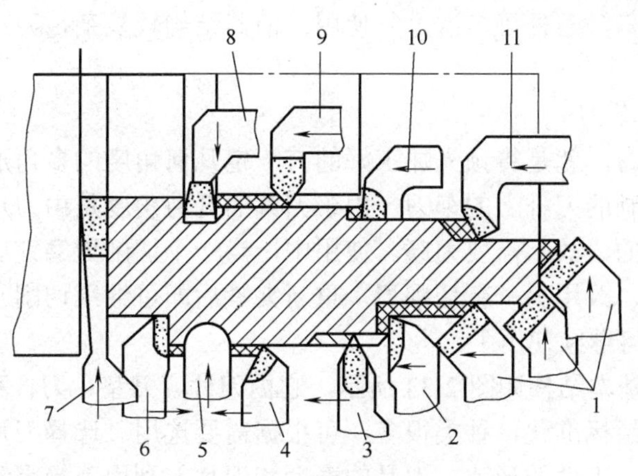


图 2-30　几种常用的车刀

1—45° 弯头车刀；2、6—90° 外圆车刀；3—外螺纹车刀；4—75° 外圆车刀；5—成形车刀；7—切断刀；8—内孔切槽刀；9—内螺纹车刀；10—盲孔镗刀；11—通孔镗刀

一般来说，90° 车刀(偏刀)用来车削工件的外圆、台阶和端面；45° 车刀(弯头车刀)用来车削工件的外圆、端面和倒角；切断刀用来切断工件；切槽刀用来在工件上切槽；镗刀用来车削工件的内孔；成形车刀用来车削工件的圆弧面或成形面；螺纹车刀用来车削螺纹。

### 1. 车刀的结构类型

1) 硬质合金焊接式车刀

焊接式车刀就是在碳钢(一般用 45 钢)刀杆上按刀具几何角度的要求开出刀槽，用焊料将硬质合金刀片焊接在刀槽内，并按所选定的几何角度刃磨后使用的车刀，其结构如图 2-31 所示。

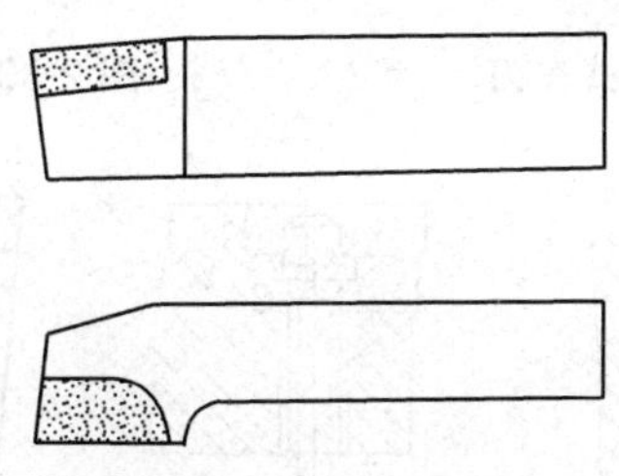

图 2-31　焊接式车刀

焊接式车刀结构简单、刚性好、适应性强，可以根据具体的加工条件和要求刃磨出合理的几何角度。但焊接时易在硬质合金刀片内产生应力或裂纹，使刀片硬度下降，切削性能和耐用度降低。

焊接式车刀的硬质合金刀片型号(表示形状和尺寸)已经标准化，可根据需要选用。刀杆的截面形状有正方形、矩形和圆形，一般是根据机床的中心高和切削力的大小来选择其截面尺寸和长度。

2) 硬质合金机夹重磨式车刀

机夹重磨式车刀，就是用机械的方法将硬质合金刀片夹固在刀杆上的车刀，如图 2-32 所示。刀片磨损后，可卸下重磨，然后再安装使用。与焊接式车刀相比，机夹重磨式车刀可避免焊接引起的缺陷，刀杆可多次重复使用；但其结构较复杂，刀片重磨时仍有可能产生应力和裂纹。

3) 机夹可转位式车刀

机夹可转位式车刀，就是将预先加工好的有一定几何角度的多角形硬质合金刀片，用机械的方法装夹在特制的刀杆上的车刀。由于刀具的几何角度是由刀片形状及其在刀杆槽中的安装位置来确定的，故不需要刃磨。使用中，当一个切削刃磨钝后，只要松开刀片夹紧元件，将刀片转位，改用另一新切削刃，重新夹紧后即可继续切削。待全部刀刃都磨钝后，再装上新刀片又可继续使用了。

可转位式车刀的基本结构如图 2-33 所示，它由刀片、刀垫、刀杆和夹紧元件组成。可转位刀片的型号也已经标准化，种类很多，可根据需要选用。选择刀片的形状时，主要是考虑加工工序的性质、工件的形状、刀具的寿命和刀片的利用率等因素。选择刀片的尺寸时，主要是考虑切削刃工作长度、刀片的强度、加工表面质量及工艺系统刚性等因素。可转位车刀的夹紧机构，应该满足夹紧可靠、装卸方便、定位精确、结构简单等要求。如图 2-34 所示为生产中几种常用的夹紧机构。

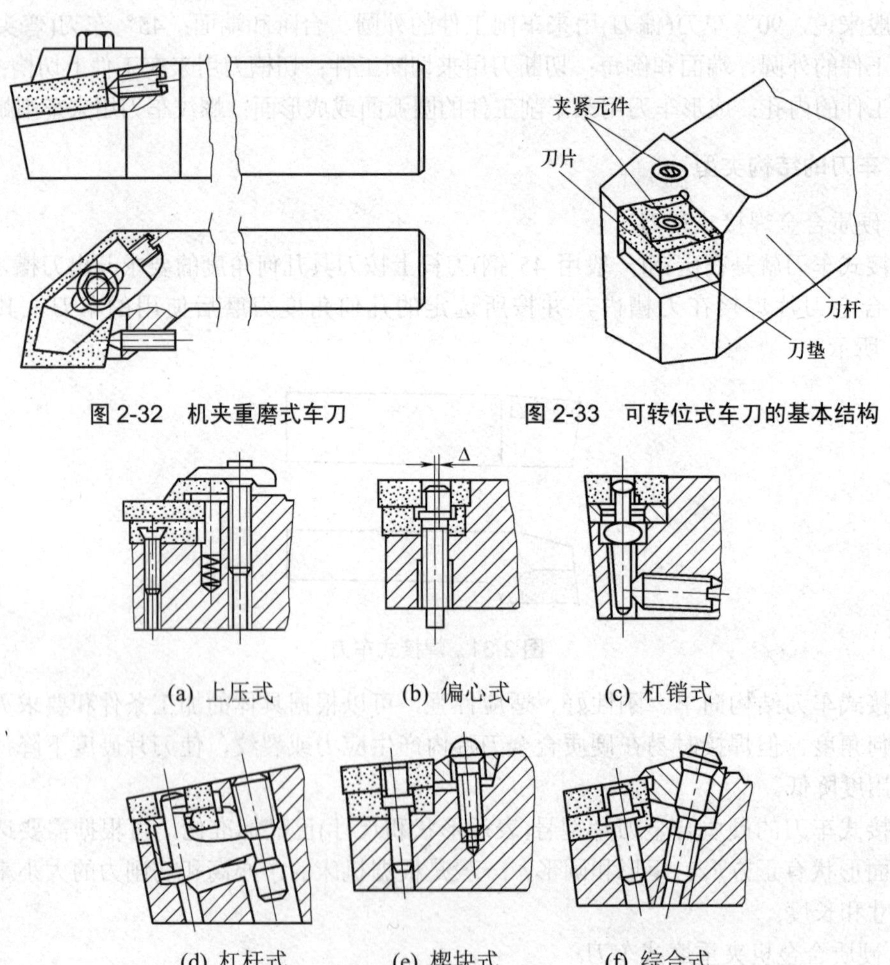


图 2-32　机夹重磨式车刀

图 2-33　可转位式车刀的基本结构

图 2-34　可转位式车刀的夹紧结构

## 2. 车轴、轴类零件用的车刀

1) 车外圆、平面和台阶的车刀

常用的有主偏角为 90°、45°和 75°等几种车刀。

(1) 90°车刀及其使用。

90°车刀又称偏刀，按进给方向不同可分为右偏刀和左偏刀两种，如图 2-35 所示。

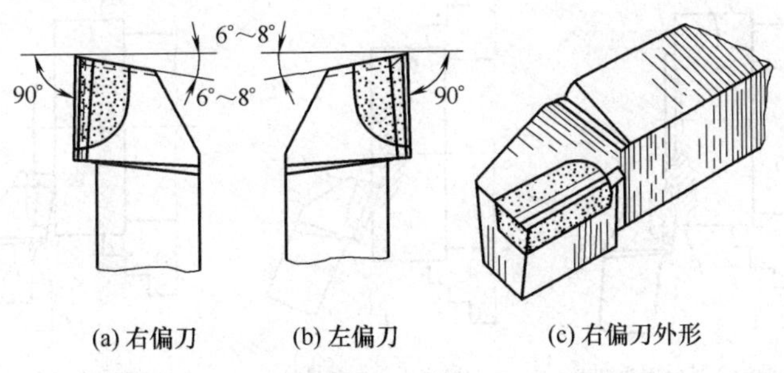


(a) 右偏刀　(b) 左偏刀　(c) 右偏刀外形

图 2-35　偏刀

右偏刀一般用来车削工件的外圆、端面和右向阶台，如图 2-36(a)所示。因为它的主偏角较大，车外圆时作用于工件半径方向的径向切削力较小，不易将工件顶弯。

左偏刀一般用来车削左向阶台和工件的外圆，也适用于车削直径较大和长度较短的工件的端面，如图 2-36(b)和图 2-36(c)所示。

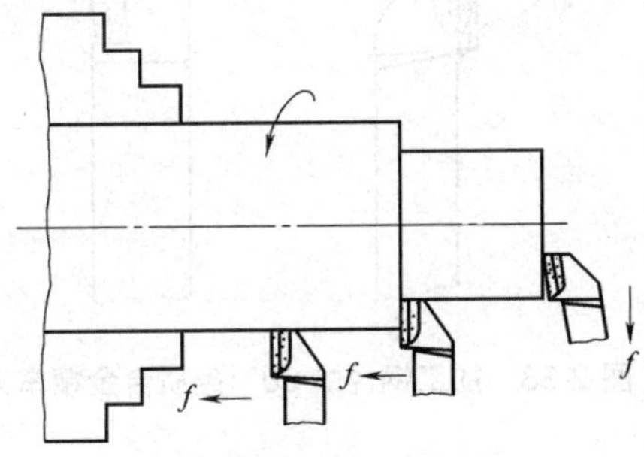


(a) 用右偏刀车外圆、端面和阶台

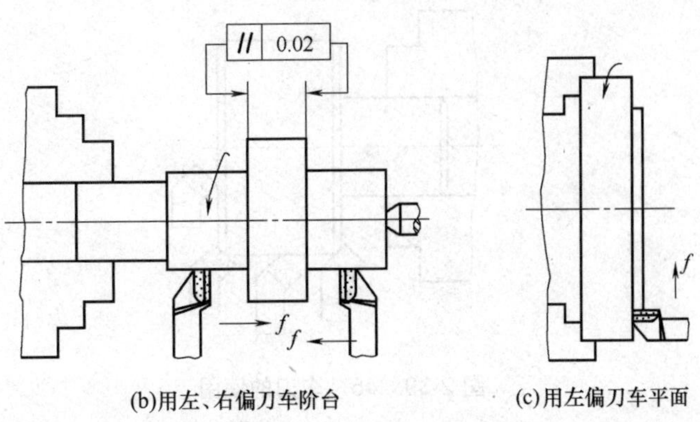


(b)用左、右偏刀车阶台　(c)用左偏刀车平面

图 2-36　偏刀的使用

右偏刀也可用来车削平面，但因车削时用副切削刃切削，如果由工件外缘向中心进给，当切削深度较大时，切削力会使车刀扎入工件，而形成凹面，如图 2-37(a)所示。为防止产生凹面，可改为由中心向外缘进给，用主切削刃切削(见图 2-37(b))，但切削深度较小。切削余量较大时也可用图 2-37(c)所示的端面车刀车削。

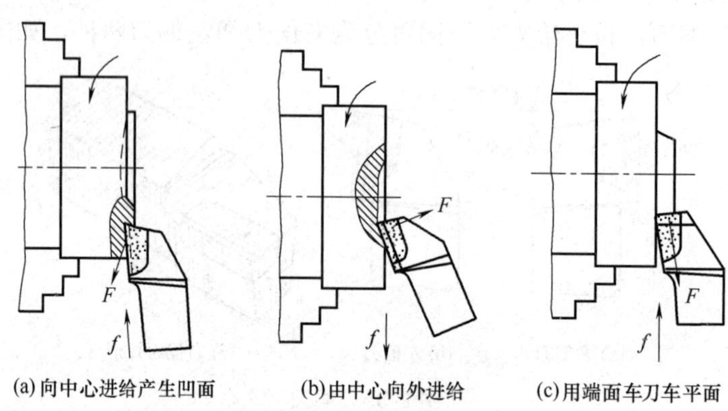


图 2-37　用右偏刀车平面

如图 2-38 所示是较典型的加工钢件用的硬质合金精车刀。

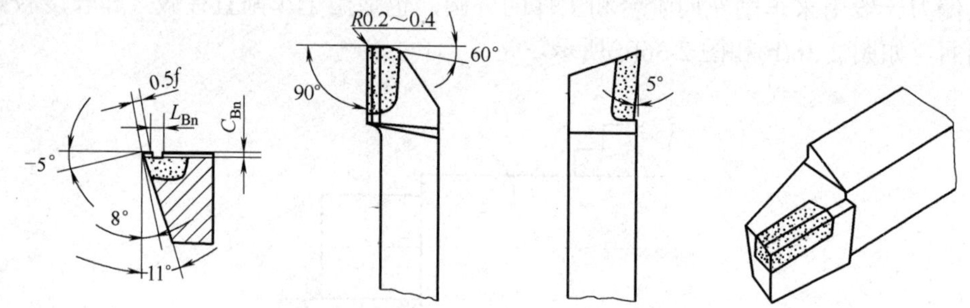


图 2-38　加工钢件的 90° 硬质合金精车刀

(2) 45° 车刀及其使用。

45° 车刀的刀尖角$\varepsilon_r$=90°，所以刀头强度和散热条件都比 90° 车刀好，常用于车削工件的端面和进行 45° 倒角，也可以用来车削长度较短的外圆，如图 2-39 所示。

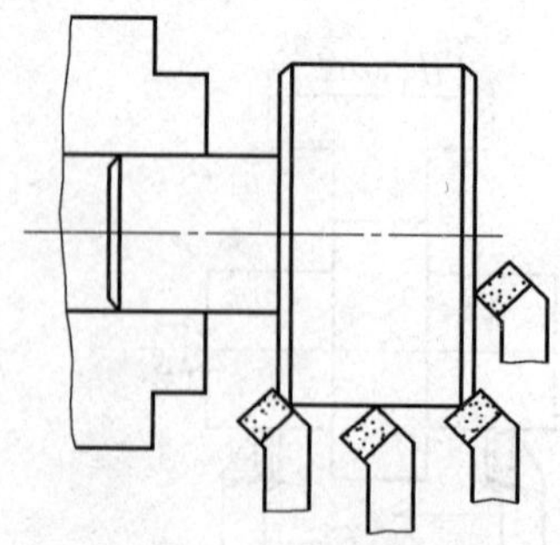

图 2-39　45° 车刀的使用

(3) 75°车刀及其使用。

75°车刀的刀尖角大于 90°，刀头强度好，较耐用，因此适用于粗车轴、轴类工件的外圆以及强力切削铸、锻件等余量较大的工件，如图 2-40(a)所示。75°车刀还可以用来车铸、锻件的大平面，如图 2-40(b)所示。

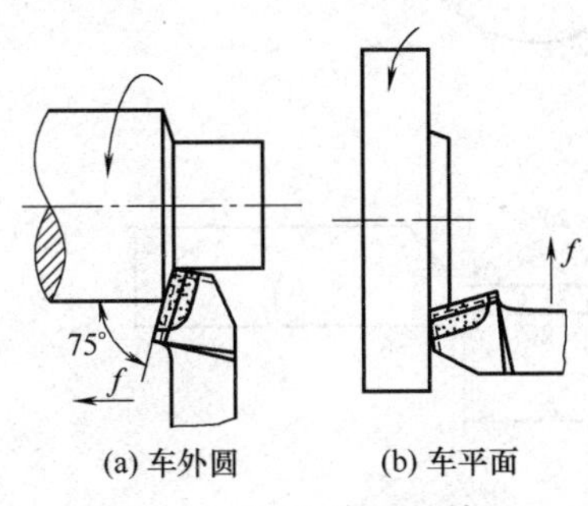


(a) 车外圆　　(b) 车平面

图 2-40　75°车刀的使用

2) 切断和车槽车刀

(1) 切断刀。

切断刀以横向进给为主，前端的切削刃是主切削刃，两侧的切削刃是副切削刃。为了减少工件材料的浪费，使切断时能切到工件的中心，一般切断刀的主切削刃较窄，刀头较长，因此刀头强度比其他车刀差，所以在选择几何参数和切削用量时应特别注意。

① 高速钢切断刀。高速钢切断刀的形状如图 2-41 所示。

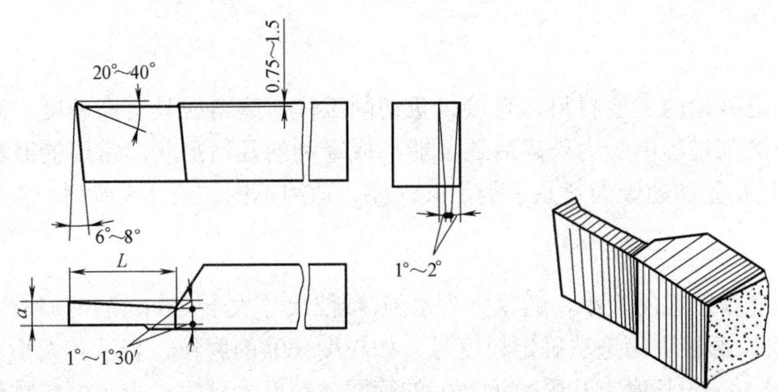


图 2-41　高速钢切断刀

② 硬质合金切断刀。由于高速切削的普遍采用，硬质合金切断刀的应用也越来越广泛。一般切断时，由于切屑和工件槽宽相等，容易使切屑堵塞在槽内，为了排屑顺利，可把主切削刃两边倒角或磨成“人”字形，如图 2-42 所示。

高速切断时，产生的热量很大，为了防止刀片脱焊，必须浇注充分的切削液，发现切削刃磨钝，应及时刃磨。为了增加刀头的支承强度，常将切断刀的刀头做成凸圆弧形，如图 2-42 所示。

(2) 车槽刀。

车一般外槽的车槽刀的角度和形状与切断刀基本相同。车狭窄的外槽时，车槽刀的主切削刃宽度与槽宽相等，但刀头长度要稍大于槽深。

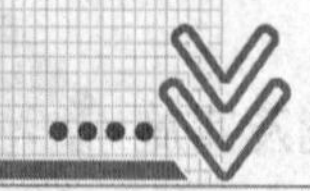


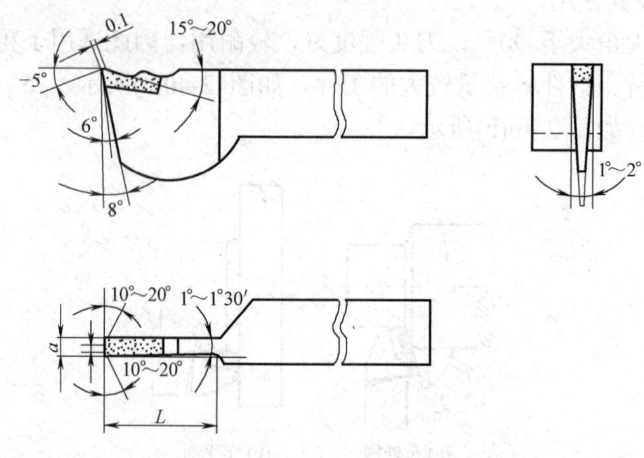


图 2-42 硬质合金切断刀

## 2.5.4 砂轮

砂轮是最重要的磨削工具。它是用结合剂把磨粒黏结起来，经压坯、干燥、焙烧及车整而成的多疏松物体。砂轮的特性主要由磨料、粒度、硬度、结合剂组织及形状尺寸等因素所决定。磨削加工时，应根据具体的加工条件选用合适的砂轮，才能充分发挥砂轮的磨削性能。

### 1. 磨料

磨料是制造砂轮的主要材料，直接担负切削工作。磨料应具有高硬度、高耐热性和一定的韧性，在磨削过程中受力破碎后还要能形成锋利的几何形状。常用的磨料有氧化物系(刚玉类)、碳化物系和超硬磨料系 3 类，其性能、适用范围如表 2-5 所列。

### 2. 粒度

粒度是指磨料颗粒的大小，通常分为磨粒(颗粒尺寸大于 40 μm)和微粉(颗粒尺寸不大于 40 μm)两类。磨粒用筛选法确定粒度号，如粒度 60#的磨粒，表示其大小正好能通过 1 英寸(1 英寸=2.54 cm)长度上孔眼数为 60 的筛网。粒度号越大，表示磨粒颗粒越小。微粉按其颗粒的实际尺寸分级，如 W20 是指用显微镜测得的实际尺寸为 20 μm 的微粉。

粒度对加工表面粗糙度和磨削生产率影响较大。一般来说(参见表 2-5)，粗磨用粗粒度(30#～46#)，精磨用细粒度(60#～120#)。当工件材料硬度低、塑性大和磨削面积较大时，为了避免砂轮堵塞，也可采用粗粒度的砂轮。

### 3. 硬度

砂轮的硬度是指砂轮工作表面的磨粒在磨削力的作用下脱落的难易程度。它反映磨粒与结合剂的黏固强度。磨粒不易脱落，称砂轮硬度高；反之，称砂轮硬度低。因此，砂轮的硬度与磨料的硬度是两个不同的概念。

砂轮的硬度从低到高分为超软、软、中软、中、中硬、硬、超硬 7 个等级，如表 2-5 所示。

表 2-5　砂轮特性、代号和使用范围

砂轮 — 磨粒（磨料、粒度）；结合剂（种类、硬度）；气孔（组织）

**磨粒 — 磨料**

| 系列 | 名称 | 代号 | 性能 | 适用范围 |
|---|---|---|---|---|
| 刚玉 | 棕刚玉 | A | 棕褐色，硬度较低，韧性较好 | 磨削碳素钢、合金钢、可锻铸铁与青铜 |
| | 白刚玉 | WA | 白色，较 A 硬度高，磨粒锋利，韧性差 | 磨削淬硬的高碳钢、合金钢、高速钢，磨削薄壁零件、成形零件 |
| | | PA | 玫瑰红色，韧性比 WY 好 | 磨削高速钢、不锈钢，成形磨削，刀具刃磨，高表面质量磨削 |
| 碳化物 | 黑碳化硅 | C | 黑色带光泽，比刚玉类硬度高、导热性好，但韧性差 | 磨削铸铁、黄铜、耐火材料及其他非金属材料 |
| | 绿碳化硅 | GC | 绿色带光泽，较 C 硬度高、导热性好、韧性较差 | 磨削硬质合金、宝石、光学玻璃 |
| 超硬磨料 | 人造金钢石立 | JR | 白色、淡绿、黑色，硬度最高，耐热性较差 | 磨削硬质合金、光学玻璃、宝石、陶瓷等高硬度材料 |
| | 方氮化硼 | CBN | 棕黑色，硬度仅次于 D，韧性较 D 好 | 磨削高性能高速钢、不锈钢，耐热钢及其他难加工材料 |

**磨粒 — 粒度**

| 类别 | 粒度号 | 适用范围 |
|---|---|---|
| 磨粒 | 8#　10#　12#　14#　16#　20#　22#　24# | 荒磨 |
| | 30#　36#　40#　46# | 一般磨削，加工表面粗糙度可达 $R_a$0.8μ m |
| | 54#　60#　70#　80#　90#　100# | 半精磨、精磨和成形磨削，加工表面粗糙度可达 $R_a$0.8~0.16μm |
| | 120#　150#　180#　220#　240# | 精磨、精密磨、超精磨、成形磨、刀具刃磨、珩磨 |
| 微粉 | W63　W50　W40　W28 | 精磨、精密磨、超精磨、珩磨、螺纹磨 |
| | W20　W14　W10　W7　W5　W3.5　W2.5　W1.5　W1.0　W0.5 | 超精密磨、镜面磨、精研，加工表面粗糙度可达 $R_a$0.05~0.012μm |

**结合剂 — 种类**

| 名称 | 代号 | 特性 | 适用范围 |
|---|---|---|---|
| 陶瓷 | V | 耐热、耐油和耐酸、碱的侵蚀，强度较高，但较脆 | 除薄片砂轮外，能制成各种砂轮 |
| 树脂 | B | 强度高，富有弹性，具有一定抛光作用，耐热性差，不耐酸碱 | 荒磨砂轮，磨窄槽、切断用砂轮，高速砂轮，镜面磨砂轮 |
| 橡胶 | R | 强度高，弹性更好，抛光作用好，耐热性差，不耐油和酸，易堵塞 | 磨削轴承沟道砂轮，无心磨导轮，切割薄片砂轮，抛光砂轮 |

**结合剂 — 硬度**

| 等级 | 超软 | | | 软 | | | 中软 | | 中 | | 中硬 | | | 硬 | | 超硬 |
|---|---|---|---|---|---|---|---|---|---|---|---|---|---|---|---|---|
| 代号 | D | E | F | G | H | J | K | L | M | N | P | O | R | S | T | Y |
| 选择 | 磨未淬硬钢选用 L～N，磨淬火合金钢选用 H～K，高表面质量磨削时选用 K～L，刃磨硬质合金刀具选用 H～J | | | | | | | | | | | | | | | |

**气孔 — 组织**

| 组织号 | 0 | 2 | 2 | 3 | 4 | 5 | 6 | 7 | 8 | 9 | 10 | 11 | 12 | 13 | 14 |
|---|---|---|---|---|---|---|---|---|---|---|---|---|---|---|---|
| 磨粒率/% | 62 | 60 | 58 | 56 | 54 | 52 | 50 | 48 | 46 | 44 | 42 | 40 | 38 | 6 | 31 |
| 用途 | 成形磨削，精密磨削 | | | | 磨削淬火钢，刀具刃磨 | | | 磨削韧性大而硬度不高的材料 | | | | | 磨削热敏性大的材料 | | |

工件材料较硬时，为使砂轮有较好的自砺性，应选用较软的砂轮；工件与砂轮的接触面积大，工件的导热性差时，为减少磨削热，避免工件表面烧伤，应选用较软的砂轮；对于精磨或成形磨削，为了保持砂轮的廓形精度，应选用较硬的砂轮；粗磨时应选用较软的砂轮，以提高磨削效率。

### 4. 结合剂

结合剂是将磨料黏结在一起，使砂轮具有必要的形状和强度的材料。结合剂的性能对砂轮的强度、抗冲击性、耐热性、耐腐蚀性，以及对磨削温度和磨削表面质量都有较大的影响。常用的结合剂的种类有陶瓷、树脂、橡胶及金属等。陶瓷结合剂的性能稳定，耐热、耐酸碱，价格低廉，应用最为广泛。树脂结合剂强度高，韧性好，多用于高速磨削和薄片砂轮。橡胶结合剂适用于无心磨的导轮、抛光轮、薄片砂轮等。金属结合剂主要用于金刚石砂轮。

### 5. 组织

砂轮的组织是指砂轮中磨料、结合剂和气孔三者间的体积比例关系。按磨料在砂轮中所占体积的不同，砂轮的组织分为紧密、中等和疏松 3 大类。

组织号越大，磨粒所占体积越小，表明砂轮越疏松。这样，气孔就越多，砂轮不易被切屑堵塞，同时可把冷却液或空气带入磨削区，使散热条件改善。但过分疏松的砂轮，磨粒含量少，容易磨钝，砂轮廓形也不容易保持长久。生产中最常用的是中等组织(组织号 4～7)的砂轮。

### 6. 砂轮的形状、尺寸及代号

根据不同的用途、磨削方式和磨床类型，砂轮被制成各种形状和尺寸，并已标准化。表 2-6 列出了常用砂轮的形状、代号和主要用途。

表 2-6 常用砂轮的形状、代号和主要用途

| 砂轮名称 | 代　号 | 断面形状 | 主要用途 |
|---|---|---|---|
| 平形砂轮 | P | | 根据不同尺寸，分别用于外圆磨、内圆磨、平面磨、无心磨、工具磨、螺纹磨和砂轮机上 |
| 双斜边一号砂轮 | PSXI | | 主要用于磨齿轮齿面和磨单线螺纹 |
| 双面凹砂轮 | PSA | | 主要用于外圆磨削和刃磨刀具，还用作无心磨的磨轮和导轮 |
| 薄片砂轮 | PB | | 用于切断和开槽等 |
| 筒形砂轮 | N | | 用于立式平面磨床上 |

续表

| 砂轮名称 | 代　号 | 断面形状 | 主要用途 |
|---|---|---|---|
| 杯形砂轮 | B | | 主要用其端面刃磨刀具，也可用其圆周面磨平面及内孔 |
| 碗形砂轮 | BW | | 通常用于刃磨刀具，也可用于导轨磨床上磨机床导轨 |
| 碟形砂轮 | D | | 适用于磨铣刀、铰刀、拉刀等，大尺寸的砂轮一般用于磨齿轮的齿面 |

砂轮的特性用代号标注在砂轮端面上，用以表示砂轮的磨料、粒度、硬度、结合剂、组织、形状、尺寸及最高工作线速度。例如，A60SV6P300×30×75 即表示砂轮的磨料为棕刚玉、粒度为 60#、硬度为硬 1、结合剂为陶瓷、组织号为 6、形状为平型、外径为 300mm、厚度为 30mm、内径为 75mm。

## 2.6　轴类零件的装夹

【学习目标】掌握轴类零件的装夹方式。

切削加工时，必须将工件放在机床夹具中定位和夹紧，使它在整个切削过程中始终保持正确的位置。工件装夹的质量和速度直接影响加工质量和劳动生产率。

根据轴类零件的形状、大小和加工数量不同，常用以下几种装夹方法。

### 1. 用单动卡盘(俗称四爪卡盘)装夹

由于单动卡盘的 4 个卡爪各自独立运动，因此工件装夹时必须将加工部分的旋转中心找正到与车床主轴旋转中心重合后才可车削。

单动卡盘找正比较费时，但夹紧力较大，所以适用于装夹大型或形状不规则的工件。

单动卡盘可装成正爪或反爪两种形式，反爪用来装夹直径较大的工件。

### 2. 用自定心卡盘(俗称三爪卡盘)装夹

自定心卡盘的 3 个卡爪是同步运动的，能自动定心，工件装夹后一般不需找正。但较长的工件离卡盘远端的旋转中心不一定与车床旋转中心重合，这时必须找正。如卡盘使用时间较长而精度下降后，工件加工部位的精度要求较高时，也必须找正。

自定心卡盘装夹工件方便、省时，但夹紧力没有单动卡盘大，所以适用于装夹外形规则的中、小型工件。

### 3. 用两顶尖装夹

对于较长的或必须经过多次装夹才能加工好的工件，如长轴、长丝杆等的车削，或工序较多，在车削后还要铣削或磨削的工件，为了保证每次装夹时的装夹精度(如同轴度要求)，可用两顶尖装夹。两顶尖装夹工件方便，不需找正，装夹精度高。

两顶尖装夹工件必须先在工件端面钻出中心孔。

1) 中心孔加工

中心孔是轴类零件常用的定位基面，中心孔的质量直接影响轴的加工精度，所以对中心孔的加工有以下要求。

(1) 两端中心孔应在同一轴线上而且深度一致。

(2) 保护中心孔的圆度。

(3) 中心孔位置应保证工件加工余量均匀。

(4) 中心孔的尺寸应与工件的直径尺寸相适应。

在车床上钻中心孔前，必须将尾座严格地校正，使其对准主轴中心。直径 6mm 以下的中心孔通常用中心钻直接钻出。

2) 中心孔的修研

零件在加工过程中，由于中心孔的磨损及热处理后的氧化变形，都有必要对中心孔进行修研，以保证定位精度。中心孔修研方法如表 2-7 所示。

表 2-7　中心孔修研方法

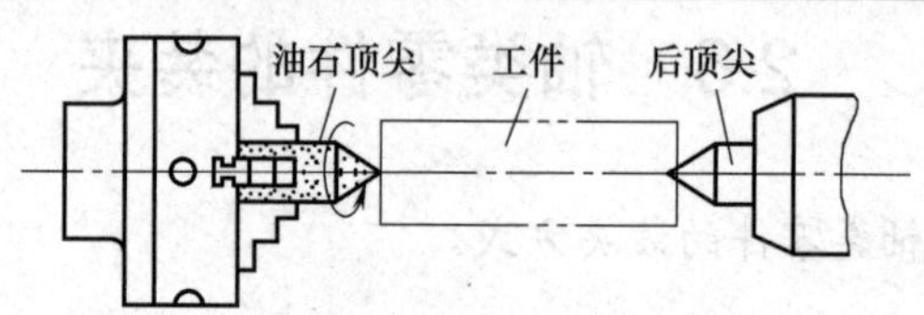


| 方　法 | 修研要点 |
|---|---|
| 用铸铁顶尖修研 | 将铸铁顶尖夹在车床卡盘上，将工件顶在铸铁顶尖和尾架顶尖之间研磨。修研时，加研磨剂 |
| 用油石或橡胶砂轮修研 | 方法同上，油石或橡胶砂轮代替铸铁顶尖。修研时加少量润滑剂(如用低运动黏度的 LAN 油) |
| 用成形内圆砂轮修磨 | 主要用于修研淬火变形和尺寸较大的中心孔。将工件夹在内圆磨床卡盘上，校正外圆后，用成形内圆砂轮修磨 |
| 用硬质合金顶尖刮研 | 在立式中心孔研磨机上，用四棱硬质合金顶尖进行修研。刮研时，加入氧化铬研磨剂 |
| 用中心孔磨床修磨 | 修磨时，砂轮做行星运动，并沿 30°方向进给。适用于修磨淬硬的精密零件中心孔，圆度可达 0.8μm |

3) 用两顶尖装夹工件时的注意事项

(1) 车床主轴轴线应在前后顶尖的连线上，否则车出的工件会产生锥度。

(2) 在不影响车刀切削的前提下，尾座套筒应尽量伸出短一些，以增加刚性，减少振动。

(3) 中心孔形状应正确，表面粗糙度要小。装入顶尖前，应清除中心孔内的切屑或异物。

(4) 由于中心孔与顶尖间产生滑动摩擦，如果后顶尖用固定顶尖，应在中心孔内加入润滑脂(黄油)，以防温度过高而“烧坏”顶尖和中心孔。

(5) 两顶尖与中心孔的配合必须松紧合适。如果顶得太紧，细长工件会弯曲变形。对于固定顶尖，会增加摩擦；对于回转顶尖，容易损坏顶尖内的滚动轴承。如果顶得太松，工件不能准确定中心，车削时易振动，甚至工件会掉下。所以车削中必须随时注意顶尖及靠近顶尖的工件部分摩擦发热情况。当发现温度过高时(一般用手感来掌握)，必须加黄油或机械油进行润滑，并及时调整松紧。

### 4. 用一夹一顶装夹

用两顶尖装夹工件虽然精度高，但刚性较差。因此，车削一般轴类工件，尤其是较重的工件，不能用两顶尖装夹，而用一端夹住，另一端用后顶尖顶住的装夹方法。为了防止工件由于切削力作用而产生轴向位移，必须在卡盘内装一限位支承，或利用工件的阶台作限位。这种装夹方法较安全，能承受较大的轴向切削力，因此应用很广泛。

后顶尖有固定顶尖和回转顶尖两种。固定顶尖刚性好，定心准确，但与中心孔间因产生滑动摩擦而发热过多，容易将中心孔或顶尖“烧坏”，因此只适用于低速加工精度要求较高的工件。

回转顶尖是将顶尖与中心孔间的滑动摩擦改成顶尖内部轴承的滚动摩擦，能在很高的转速下正常工作，克服了固定顶尖的缺点，因此应用很广泛。但回转顶尖存在一定的装配累积误差，以及当滚动轴承磨损后，会使顶尖产生跳动，从而降低加工精度。

## 2.7　轴类零件的测量

**【学习目标】**掌握简单轴类零件的测量方法。

轴类工件的尺寸常用游标卡尺或千分尺测量。

### 1. 游标卡尺

1) 游标卡尺的结构形状

游标卡尺的式样很多，现以常用的两用游标卡尺(见图 2-43)为例来说明它们的结构。

两用游标卡尺的结构形状如图 2-43 所示。它是由主尺 3 和副尺(游标)5 组成。旋松固定副尺用的螺钉 4 即可测量。下量爪 1 用来测量工件的外径或长度，上量爪 2 可以测量孔径或槽宽，深度尺 6 用来测量工件的深度尺寸。测量时移动副尺，使量爪与工件接触，取得尺寸后，最好把螺钉 4 旋紧后再读数，以防尺寸变动。

2) 游标卡尺的读数原理及读法

游标卡尺的读数精度是利用主尺和副尺刻线间的距离之差来确定的。现将具体读数原理介绍如下。

(1) 0.1mm$\left(\frac{1}{10}\right)$精度游标卡尺。主尺每小格为 1mm，副尺刻线总长为 9mm 并等分为 10 格，因此每格为$\frac{9}{10}$=0.9mm，则主尺和副尺相对一格之差为 1−0.9=0.1mm，所以它的测量精度为 0.1mm。根据这个刻线原理，如果副尺第 6 根刻线与主尺刻线对齐(见图 2-44)，

则小数尺寸的读数为

$$ab = ac - bc = 6 - (6\times0.9) = 0.6(\text{mm})$$

读数时，首先读出副尺零线左面主尺上的整毫米数，其次看副尺上哪一条刻线与主尺对齐，得出小数读数毫米，最后把主尺和副尺上的尺寸相加。如图 2-45 所示的尺寸为 37.4mm。

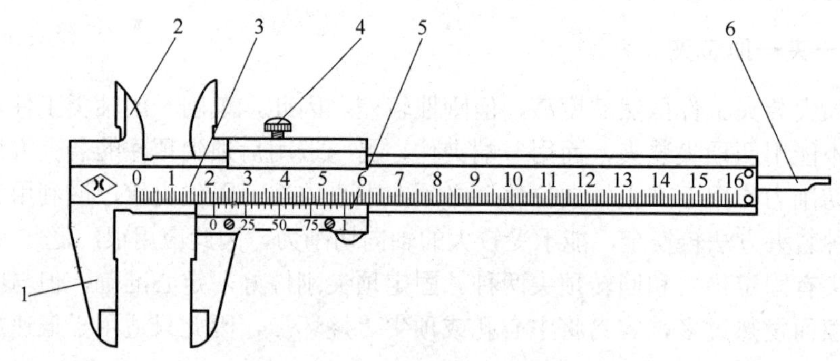


图 2-43　两用游标卡尺

1—下量爪；2—上量爪；3—主尺；4—螺钉；5—副尺；6—深度尺

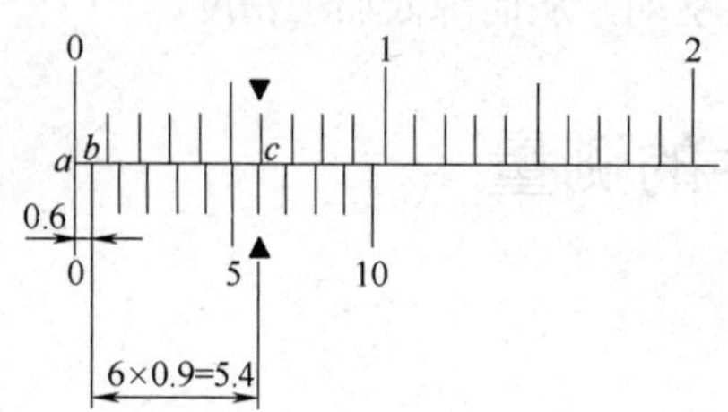


图 2-44　0.1mm 精度游标卡尺读数原理

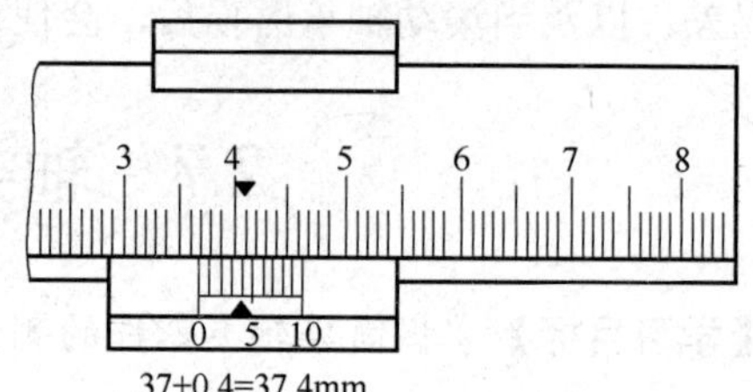


图 2-45　0.1mm 精度游标卡尺读数方法

(2) 0.05mm$\left(\dfrac{1}{20}\right)$精度游标卡尺。主尺每小格为 1mm，副尺刻线总长为 39mm 并等分为 20 格；因此每格为$\left(\dfrac{39}{20}\right)$=1.95mm，则主尺 2 格和副尺相对一格之差为 2−1.95=0.05mm，所以它的测量精度为 0.05mm。根据这个刻线原理，如果副尺第 8 根刻线与主尺刻线对齐(见图 2-46)，则小数尺寸的读数为

$$ab = ac - bc = 16 - (8\times1.95) = 0.4(\text{mm})$$

如图 2-47 所示尺寸的读数为 54.35mm。

(3) 0.02mm$\left(\dfrac{1}{50}\right)$精度游标卡尺。主尺每小格为 1mm，副尺刻线总长为 49mm 并等分为 50 格，因此每格为$\left(\dfrac{49}{50}\right)$=0.98mm，则主尺和副尺相对一格之差为 1−0.98=0.02mm，所以它的测量精度为 0.02mm。根据这个刻线原理，如果副尺第 11 根刻线与主尺刻线对齐(见图 2-48)，则小数尺寸的读数为

$$ab = ac - bc = 11 - (11\times 0.98) = 0.22(\text{mm})$$

如图 2-49 所示尺寸的读数为 60.48mm。

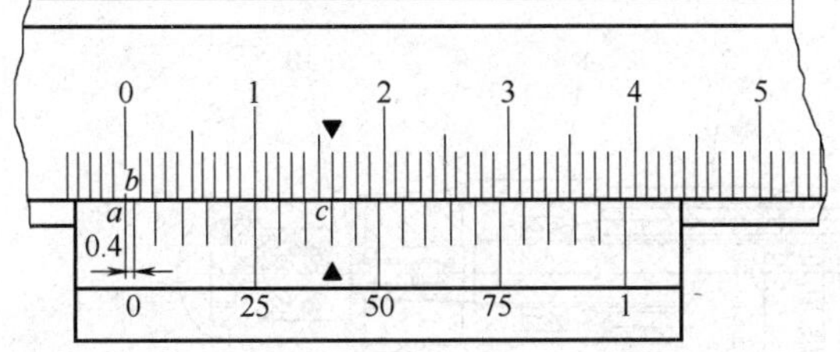


图 2-46　0.05mm 精度游标卡尺读数原理

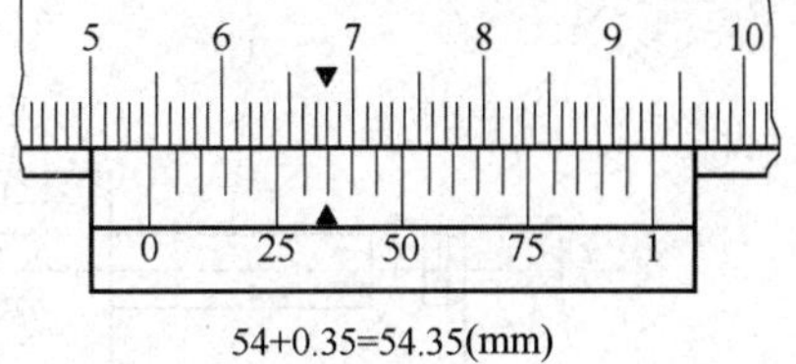


图 2-47　0.05mm 精度游标卡尺读数方法

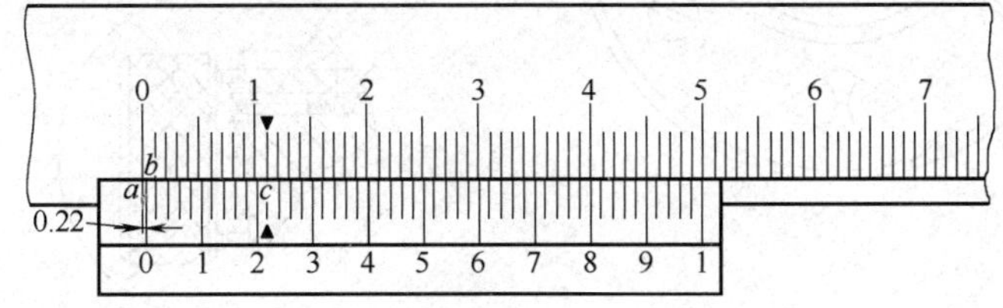


图 2-48　0.02 mm 精度游标卡尺读数原理

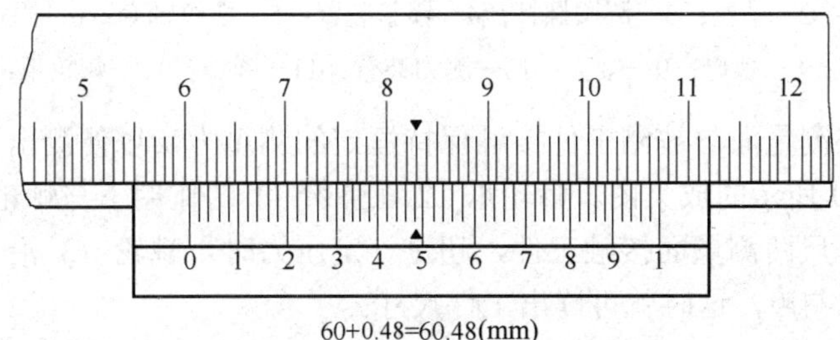


图 2-49　0.02mm 精度游标卡尺读数方法

### 2. 千分尺

千分尺(或称分厘卡)是生产中最常用的精密量具之一。它的测量精度一般为 0.01mm。但由于测微螺杆的精度受到制造上的限制，因此其移动量通常为 25mm，所以常用的千分尺测量范围分别为 0～25mm、25～50mm、50～75mm、75～100mm、……，每隔 25mm 为一挡规格。根据用途不同，千分尺的种类很多，有外径千分尺、内径千分尺、内测千分尺、深度千分尺、螺纹千分尺和壁厚千分尺等。它们虽然种类和用途不同，但都是利用测微螺杆移动的基本原理。本节将介绍外径千分尺。

1) 千分尺的结构形状

外径千分尺由尺架 1、砧座 2、测微螺杆 3、锁紧装置 4、固定套管 6、微分筒 7 和测力装置 10 等组成。它的外形和结构如图 2-50 所示。

尺架右端的固定套管 6(上面有刻线)固定在螺纹轴套 5 上，而螺纹轴套又和尺架 1 紧密配合成一体。测微螺杆 3 中间是精度很高的外螺纹，与螺纹轴套 5 上的内螺纹紧密配合。当配合间隙增大时，可利用螺母 8 依靠锥面调节。测微螺杆另一端的外圆锥与接头 9 的内圆锥相配，并与测力装置 10 连接。由于接头上开有轴向槽，依靠圆锥的胀力使微分筒 7 与测微螺杆 3 和测力装置 10 结合成一体。旋转测力装置时，就带动测微螺杆和微分筒一起旋转，并沿轴向移动，即可测量尺寸。

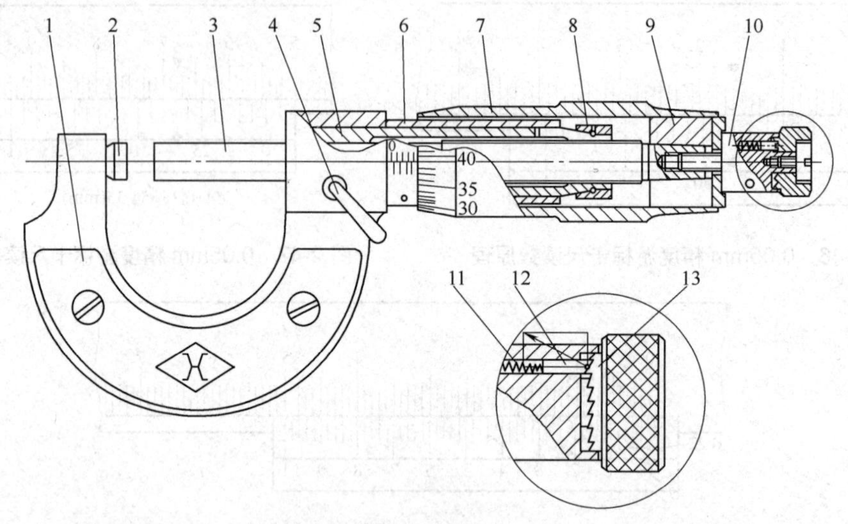


**图 2-50　外径千分尺的结构形状**

1—尺架；2—砧座；3—测微螺杆；4—锁紧装置；5—螺纹轴套；6—固定套管；7—微分筒；8—螺母；9—接头；10—测力装置；11—弹簧；12—棘轮爪；13—棘轮

测力装置是使测量面与被测工件接触保持恒定的测量力，以便测出正确的尺寸。它的结构原理如图 2-50 所示的放大图。棘轮爪 12 在弹簧 11 的作用下与棘轮 13 啮合，当转动测力装置时，千分尺两测量面接触工件，超过一定压力时，棘轮 13 沿着棘轮爪的斜面滑动，发出“嗒嗒”响声，这时就可读出工件尺寸。

测量时，为了防止尺寸变动，可转动锁紧装置 4 通过偏心锁紧测微螺杆。

千分尺在测量前必须校正零位。如果零位不准，可用专用扳手转动固定套管 6。当零线偏离较多时，可松开紧固螺钉，使测微螺杆 3 与微分筒 7 松动，再转动微分筒来对准零位。

2) 千分尺的工作原理及读法

(1) 工作原理。千分尺测微螺杆 3 的螺距为 0.5mm，固定套管 6 上直线距离每格为 0.5mm。当微分筒 7 转一周时，测微螺杆就移动 0.5mm，微分筒的圆周斜面上共刻 50 格，因此当微分筒转一格时$\left(\frac{1}{50}\text{转}\right)$，测微螺杆移动$\frac{0.5}{50}$=0.01mm，所以常用千分尺的测量精度为 0.01mm。

(2) 读数方法。千分尺读数方法分以下 3 步。

① 先读出固定套管上露出刻线的整毫米数和半毫米数。

② 看准微分筒上哪一格与固定套管基准对准，读出小数部分(百分之几毫米)。为精确确定小数部分的数值，读数时应从固定套管中线下侧刻线看起，如微分筒的旋转位置超过半格，读出的小数应加 0.5mm，如图 2-50(b)所示。

③ 将整数和小数部分相加，即为被测工件的尺寸。

如图 2-51 所示是千分尺所表示的尺寸。图 2-51(a)所示为 12.24mm，图 2-51(b) 所示为 32.65mm(图中小数部分大于 0.5mm，所以由微分筒圆周刻线上读得 0.15mm 之外，还应加上 0.5mm)。

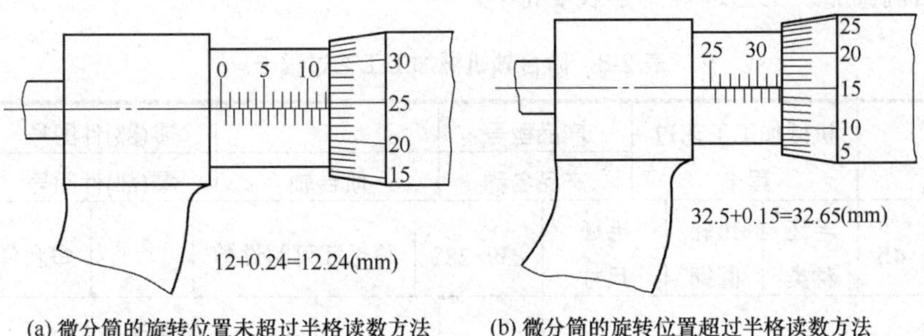


(a) 微分筒的旋转位置未超过半格读数方法　　(b) 微分筒的旋转位置超过半格读数方法

图 2-51　千分尺的读数方法

## 2.8　简单轴类工件的工艺分析

【学习目标】掌握简单轴类零件的工艺分析。

如图 2-52 所示的阶台轴，工件每批为 60 件。

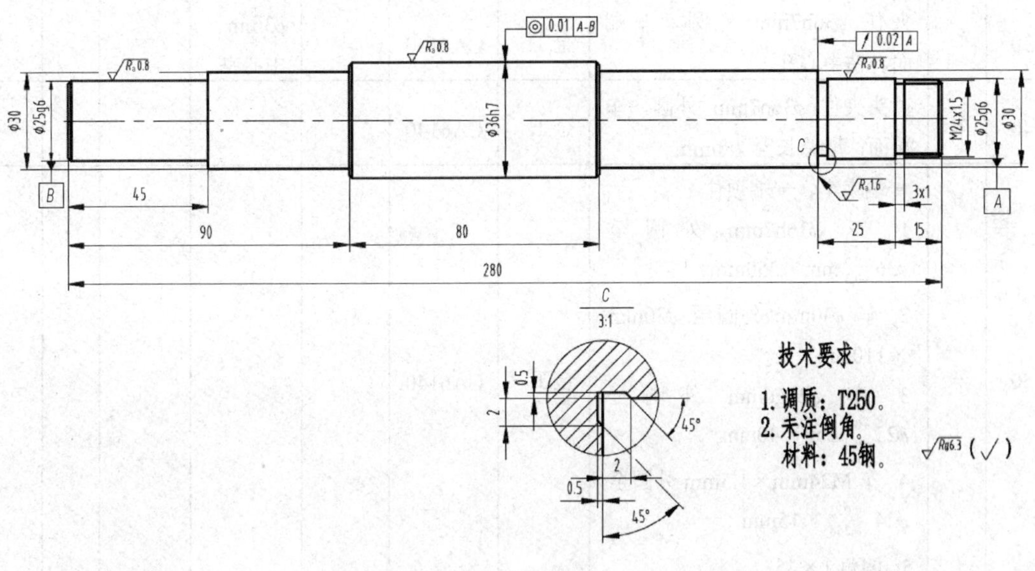


图 2-52　阶台轴

工艺分析如下。

(1) 由于轴各阶台之间的直径相差不大，因此毛坯可选用热轧圆钢。

(2) 为了减少工序周转，毛坯可直接调质处理。如果工件精度要求特别高，调质工序应安排在粗加工之后。

(3) 各主要轴颈须经过磨削，对车削加工要求不高，可采取一夹一顶的装夹方法。但是必须注意毛坯两端不能先钻好中心孔，应该一端车削后，另一端搭中心架，钻中心孔。

(4) $\phi$36h7mm 及两端 $\phi$25g6mm 外圆的表面粗糙度要求较小，同轴度要求较高，须经磨削，车削时必须留磨削余量。

(5) 工件用一夹一顶装夹车削，装夹刚性好，轴向定位较正确，阶台长度容易控制。

阶台轴机械加工工艺过程列于表 2-8 中。

表 2-8 阶台轴机械加工工艺过程卡

| | | 机械加工工艺过程卡 | 产品型号 | | | 零(部)件图号 | | | |
|---|---|---|---|---|---|---|---|---|---|
| | | | 产品名称 | | 阶台轴 | 零(部)件图号 | | | |
| 材料牌号 | 45 | 毛坯种类 \| 热轧圆钢 | 毛坯尺寸 | $\phi$39×282 | 每毛坯可制件数 | | 每台件数 | | |
| 工序号 | 工序名称 | 工序内容 | 车间 | 设备 | 工艺设备 | | | 工时 | |
| | | | | | 夹具 | 刀具 | 量具 | 准终 | 单件 |
| 10 | 热处理 | 调质 T250 | 热处理 | | | | | | |
| 20 | 检 | 检验 | | | | | | | |
| 30 | 车 | 夹住 $\phi$36h7mm 外圆，车端面、钻中心孔 | 金工 | CA6140 | | $\phi$3mm 中心钻 | | | |
| 40 | 车 | 掉头夹住 $\phi$36h7mm 外圆，车端面，取总长至 280mm | 金工 | CA6140 | | | | | |
| 50 | 车 | 一端夹牢、一端顶住<br>1. 车 $\phi$36h7mm 外圆至 $\phi36^{+0.6}_{+0.5}$ mm×250mm<br>2. 车 $\phi$30mm 外圆至 $\phi$30mm ×110mm<br>3. 车 $\phi$25g6mm 外圆至 $\phi25^{+0.5}_{+0.4}$ mm×40mm<br>4. 车 M24mm×1.5mm 外圆至 $\phi24^{-0.032}_{-0.268}$ ×15mm<br>5. 倒角 1×45° | 金工 | CA6140 | | | | | |
| 60 | 车 | 一端夹牢、一端搭中心架<br>钻中心孔 | 金工 | CA6140 | | $\phi$3mm 中心钻 | | | |

续表

| | | 机械加工工艺过程卡 | 产品型号 | | 零(部)件图号 | | | | |
|---|---|---|---|---|---|---|---|---|---|
| | | | 产品名称 | 阶台轴 | 零(部)件图号 | | | | |
| 材料牌号 | 45 | 毛坯种类 热轧圆钢 | 毛坯尺寸 | $\phi$39×282 | 每毛坯可制件数 | | 每台件数 | | |
| 工序号 | 工序名称 | 工序内容 | 车间 | 设备 | 工艺设备 | | | 工时 | |
| | | | | | 夹具 | 刀具 | 量具 | 准终 | 单件 |
| 70 | 车 | 一端夹牢、一端顶住<br>(1) 车 $\phi$30mm×90mm 至尺寸<br>(2) 车 $\phi$25g6mm 外圆至 $\phi25^{+0.5}_{+0.4}$ ×45mm<br>(3) 倒角 1×45° | 金工 | CA6140 | | | | | |
| 80 | 车 | 一端软卡爪夹牢、一端顶住<br>(1) 车轴肩槽 2×0.5×45° 至尺寸<br>(2) 车槽 3×1.1mm 至尺寸<br>(3) 车 M24×1.5 至尺寸 | 金工 | CA6140 | | | | | |
| 90 | 检 | 检验 | | | | | | | |
| 100 | 磨 | 两端顶住<br>(1) 磨削 $\phi$36h7mm 外圆<br>(2) 磨削 $\phi$25g6mm 外圆及台阶面 | 金工 | M1432A | | | | | |
| 110 | 检 | 检验 | 金工 | | | | | | |

## 2.9 回到工作场景

通过学习第 1 章的内容，应该掌握了工艺规程制定的基本知识，包括零件的结构工艺性分析、毛坯确定、工艺路线拟定、工序设计等内容。通过 2.2 节～2.8 节内容的学习，应该掌握了加工轴类零件的加工方法、加工设备、加工刀具、轴类零件的测量、简单轴类零件的工艺分析等要点。下面将回到 2.1 节介绍的工作场景中，完成工作任务。

### 2.9.1 项目分析

项目任务完成需要学生掌握机械制图、公差与配合、机械设计基础、金属工艺学等相关专业基础课程，已经经历了利用手动工具加工零件、利用普通机床加工零件等实践环节。在此基础上还需要掌握以下知识。

(1) 轴类零件的功用与结构特点、技术要求、材料、毛坯及热处理等基础知识。

(2) 轴类零件表面加工方法及选用。

(3) 轴类零件的常用加工设备。

(4) 轴类零件的常用加工刀具。

(5) 轴类零件的装夹。

(6) 轴类零件的测量。

(7) 简单轴类零件的工艺分析。

### 2.9.2 项目工作计划

在项目实训过程中，结合创设情景、观察分析、现场参观、讨论比较、案例对照、评估总结等活动，充分调动学生学习的主动性和积极性，让学生自主地学习、主动地学习。各小组协同制订实施计划及执行情况表，如表 2-9 所示，共同解决实施过程中遇到的困难；要相互监督计划执行与完成的情况，保证项目完成的合理性和正确性。

表 2-9 8E160C-J 传动轴工艺规程编制计划及执行情况表

| 序 号 | 内 容 | 要 求 | 教学组织与方法 |
|---|---|---|---|
| 1 | 研讨任务 | 根据给定的零件图样、任务要求，分析任务完成需要掌握的相关知识 | 分组讨论，采用任务引导法教学 |
| 2 | 计划与决策 | 企业参观实习、项目实施准备、制订项目实施详细计划、学习与项目相关的基础知识 | 分组讨论、集中授课，采用案例法和示范法教学 |
| 3 | 实施与检查 | 根据计划，分组讨论并审查 8E160C-J 机油泵传动轴零件图样的工艺性；分组讨论并确定传动轴毛坯类型、编制机械加工工艺过程卡和工序卡；使用机床加工零件，通过测量判断零件的合格情况，填写项目实施记录表 | 分组讨论、教师点评 |
| 4 | 项目评价与讨论 | (1) 评价传动轴零件加工工艺分析的充分性、正确性。<br>(2) 评价零件毛坯选择的正确性。<br>(3) 评价工艺规程编制的规范性与可操作性。<br>(4) 评价机床操作是否规范，是否遵循工艺规程要求。<br>(5) 评价检测方法是否规范；是否形成检验记录；产品是否符合零件图样要求；若为不合格品，是否找出不合格的原因。<br>(6) 评价学生职业素养和团队精神 | 项目评价法实施评价 |

### 2.9.3 项目实施准备

(1) 毛坯准备：45 钢棒。

(2) 设备设施准备：普通车床、铣床、磨床、各类车刀、键槽铣刀、砂轮、夹具、量具等。

(3) 资料准备：机床操作规程、5S 现场管理制度、机械加工工艺人员手册等。

(4) 准备相似零件，生产现场参观。

## 2.9.4　项目实施与检查

课题实施的 8E160C-J 机油泵传动轴零件图如图 2-1 所示，与其相关的机油泵部件装配图如图 2-2 所示，生产批量为中小批生产。

1) 分组分析零件图样

传动轴零件图样的视图正确、完整，尺寸、公差及技术要求齐全。加工表面有：$\phi$22h6mm 外圆，$R_a$为 0.8μm；$\phi$20h6mm 外圆，$R_a$为 1.6μm；凸肩端面，$R_a$为 1.6μm；两键槽 6N9mm，$R_a$为 3.2μm，$\phi$3.2 孔，$R_a$12.5μm；M14-6h，$R_a$为 12.5μm；两端 1×45° 倒角。根据已有知识分析，本零件各表面的加工并不困难。

讨论问题：

① 8E160C-J 机油泵传动轴零件在机油泵部件中起什么作用？

② 8E160C-J 机油泵传动轴零件有哪些主要加工表面？分别采用何种加工方案？

2) 分组讨论毛坯选择

从传动轴零件图样获知，该零件材料为 42CrMo；生产批量为中、小批量生产，毛坯可选择棒料。零件的长度与公称直径之比为 207/28≈7.4，由《金属机械加工工艺人员手册》中易切削钢轴类外圆的说明，可得到棒料的毛坯直径尺寸为 $\phi$30mm。由于零件长度较短，可考虑 5 个工件合件加工，由《金属机械加工工艺人员手册》中的下料加工余量，并结合实际情况，确定的毛坯长度尺寸为 1065mm。

毛坯尺寸可为 $\phi$30mm×1065mm。

讨论问题：

8E160C-J 传动轴零件可选用哪些毛坯？为什么？

3) 分组讨论工艺路线

(1) 定位基准选择。

① 粗基准选择。因棒料毛坯外圆尺寸公差达 IT12，表面粗糙度 $R_a$为 12.5μm，可选择毛坯外圆为加工粗基准。

② 精基准选择。轴类零件的定位基准，最常用的是两中心孔，它是辅助基准，工作时没有作用。由于 $\phi$20h6 外圆的圆跳动基准为 $\phi$22h6mm 中心线，精车外圆时，应选择 $\phi$22h6mm 中心线为精基准(基准重合原则)，采用一夹一顶方式装夹。为了保证轴肩两端面、$\phi$22h6mm 外圆的圆跳动，在磨削加工时，选择 $\phi$22h6mm 中心线为精基准，采用两顶尖装夹，一次完成轴肩两端面、$\phi$22h6mm 两段外圆的磨削加工。

(2) 零件表面加工方法选择。

本零件的加工面有外圆、端面、键槽、螺纹、小孔等，材料为 42CrMo。由表 1-8 和表 1-9 可知，其加工方法选择如下。

① $\phi$22h6mm 外圆：公差等级为 6 级，表面粗糙度 $R_a$ 为 0.8μm，需进行粗车、半精车、磨削。

② $\phi$20h6mm 外圆：公差等级为 6 级，表面粗糙度 $R_a$为 1.6μm，需进行粗车、精车。

③ $\phi$28mm 凸肩外圆：无尺寸精度要求，表面粗糙度 $R_a$为 12.5μm，只需进行粗车即可。

④ $\phi$28mm 凸肩端面：公差等级为 8 级，表面粗糙度 $R_a$为 1.6μm，需进行粗车、精车。

⑤ 6N9mm 两键槽：公差等级为 9 级，表面粗糙度 $R_a$为 3.2μm，需进行粗铣、半精铣。

⑥ $\phi$3.2mm 孔：无尺寸精度要求，表面粗糙度 $R_a$为 12. 5μm，只需钻即可。

⑦ M14-6h 外螺纹：公差等级为 6 级，表面粗糙度 $R_a$为 12.5μm，需粗车、半精车外圆、精车螺纹。

由于该毛坯为棒料，表面粗糙度 $R_a$ 接近 12.5μm，故加工方法中的粗车工序省略，直接采用半精车工序；为了保证轴肩两端面、$\phi$22h6mm 两段外圆的圆跳动，结合工厂实际经验，可采用两顶尖装夹，一次装夹完成轴肩两端面、$\phi$22h6mm 两段外圆的磨削加工。

(3) 工序顺序的安排。

① 定位基准的安排。工艺过程一开始，以外圆为粗基准车端面、钻中心孔、各外圆，为后续加工提供精基准；以加工过的外圆为精基准，车另一端面、钻中心孔；以加工好的外圆、中心孔为基准(采用一夹一顶方式)精车螺纹、$\phi$20h6mm 外圆；磨削各挡外圆、凸肩两端面，均统一采用两中心孔作为定位基准。

② 加工阶段的划分。由于传动轴是多阶梯的零件，切除大量的金属后会引起残余应力重新分布而变形，因此在安排工序时，应将粗、精加工分开，先完成各表面的粗加工，再完成各表面的半精加工和精加工，主要表面的精加工放在最后进行。

针对毛坯为棒料的传动轴，加工阶段的划分大体如下：预备热处理阶段即调质、磁粉探伤阶段；半精加工阶段即半精车外圆、端面最终热处理阶段，不含键槽 $\phi$22mm 档高频淬火；精加工阶段即主要表面的精加工，包括精车 M14-6h 螺纹、$\phi$20h6mm 外圆，磨削轴肩两端面、$\phi$22h6mm 两段外圆、$\phi$20h6mm 外圆。各阶段的划分大致以热处理为界。整个传动轴加工工艺过程，就是以主要表面的半精加工、精加工为主线，穿插其他表面的加工工序而组成。

③ 次要表面加工的安排。传动轴上的键槽、横向小孔、螺纹等次要表面的加工，通常安排在磨削之后进行。这是因为如果在精车前就铣出键槽，精车时应断续切削而产生振动，既影响加工质量，又容易损坏刀具，另外，也难以控制键槽的深度尺寸。传动轴上的螺纹有较高的要求，应注意安排在最终热处理(局部淬火)之后，以克服淬火后产生的变形。

(4) 填写机械加工工艺过程卡。

学生应按机械工业部指导性技术文件 JB/Z 388.5《工艺管理导则 工艺规程设计》的标准格式填写。

8E160C-J 机油泵传动轴零件机械加工工艺参考方案如表 2-10 所示。

**讨论问题：**

① 8E160C-J 传动轴零件加工时通常采用哪个面为精基准面？

② $\phi$22h6mm 外圆等表面采用何种工艺方案？

③ 8E160C-J 传动轴零件的加工顺序如何安排？

④ 8E160C-J 传动轴零件的加工工艺方案有哪几种？哪种为最佳方案？为什么？

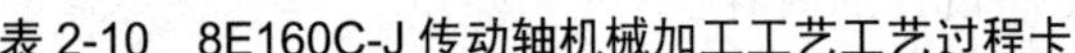

表 2-10　8E160C-J 传动轴机械加工工艺工艺过程卡

| | | 机械加工工艺过程卡 | 产品型号 | 8E160C-J | | 零(部)件图号 | | 8-HJ10000 | |
|---|---|---|---|---|---|---|---|---|---|
| | | | 产品名称 | 传动轴 | | 零(部)件图号 | | 8-HJ10002 | |
| 材料牌号 | 42CrMo | 毛坯种类 | 热轧圆钢 | 毛坯尺寸 | $\phi$30×1065 | 每毛坯可制件数 | 5 | 每台件数 | 1 |
| 工序号 | 工序名称 | 工序内容 | 车间 | 设备 | 工艺设备 | | | 工时 | |
| | | | | | 夹具 | 刀具 | 量具 | 准终 | 单件 |
| 10 | 下料 | $\phi$30mm×1065mm<br>(5 件) | | | | | | | |
| 20 | 热处理 | 调质 26～31HRC | 热处理 | | | | | | |
| 30 | 检 | 磁粉探伤后退磁 | | 磁粉探伤仪 | | | | | |
| 40 | 车 | (1) 车端面、钻中心孔；<br>(2) 半精车外圆 $\phi$28；<br>(3) 半精车外圆 $\phi$22.3、$\phi$21、$\phi$15；<br>(4) 半精车外圆 $\phi$22.3；<br>(5) 半精车台阶 3.3；<br>(6) 割断总长 207.8 | 金工 | CA6140 | 三爪卡盘、尾顶尖 | YT15 端面车刀、中心钻 B3、YT15 90°左右偏刀、高速钢切槽刀 | 外径千分尺 | | |
| 50 | 车 | 调头车端面，倒角 1×45°，钻中心孔 | 金工 | CA6140 | 同上 | YT15 端面车刀、中心钻 B3、YT15 90°右偏刀 | 游标卡尺 | | |
| 60 | 热处理 | 不含键槽 $\phi$22mm 档高频淬火 45 HRC～50 | 热处理 | | | | | | |
| 70 | 车 | 一端三爪卡盘夹住、一端顶住<br>(1) 车螺纹 M14-6h；<br>(2) 精车外圆 $\phi$20h6mm | 金工 | CA6140 | 同上 | YT30 车刀 | 圆柱环规、表面粗糙度样板 | | |
| 80 | 磨削 | 二端用顶尖顶住<br>磨削 $\phi$22h6mm 两挡外圆及台阶面 $3_{+0.02}^{+0.04}$ mm | 金工 | M1432A | 顶尖 | 砂轮 | 圆柱环规、表面粗糙度样板 | | |
| 90 | 铣 | 铣 6N9mm 两键槽 | 金工 | X62W | 铣夹具 | 键槽铣刀 | 游标卡尺 | | |
| 100 | 钻 | 钻 $\phi$3.2mm 孔 | 金工 | Z518 | 钻夹具 | 直柄钻头 | 游标卡尺 | | |
| 110 | 检 | 检验 | 金工 | | | | | | |

4) 学生分组讨论工序设计的内容

(1) 选择加工设备机床与工艺装备。

① 选择机床。

Ⅰ. 该零件为简单轴类零件，由于加工的零件外廓尺寸不大，对于车削工序，可选用卧式车床，针对第 40、50、70 道工序的加工要求，选用常用的 CA6140 即可。

Ⅱ. 第 80 道工序为磨削外圆及凸肩端面，根据磨削工件的直径、磨削工件最大长度等，可选择 M1432A 磨床。

Ⅲ. 第 90 道工序为铣键槽，考虑本零件属中、小批生产，所选机床使用范围较广为宜，故选常用的 X62W 型能满足加工要求。

Ⅳ. 第 100 道工序为钻 $\phi$3.2mm 小孔，可采用专用的钻夹具在立式钻床上加工即可，可选用 Z518 钻床。

② 选择夹具。本零件在加工键槽、油孔时需要专用夹具外，其余工序使用通用夹具——三爪自定心卡盘、顶尖即可。

③ 选择刀具。在车床上加工的外圆、端面，一般均选用硬质合金车刀。根据表 2-4，半精加工采用 YT15、精加工采用 YT30 硬质合金。为提高生产率和经济性，可选用可转位车刀。

在磨床上磨削 $\phi$22h6mm 外圆、凸肩端面，根据表 2-5，可选 WA60KV6P350×40×127 砂轮。

在 X62W 铣床上铣削键槽，可选用 $\phi$6mm 直柄键槽铣刀。

在 Z518 台式钻床上加工 $\phi$3.2mm 内孔，一般选用高速钢，这里可选用 $\phi$3.2mm 直柄麻花钻即可。

④ 选择量具。本零件属中、小批生产，一般均采用通用量具。

第一，加工外圆面所用量具选择。

Ⅰ. $\phi$20h6mm 外圆经半精车、精车二次加工。现按计量器具的不确定度选择。

半精车外圆工序尺寸为 $\phi$21h8mm，该尺寸公差 $T$=0.033，由《机械制造工艺设计简明手册》中安全程度及计量器具不确定度允许值可知，计量器具不确定度为允许值 $U_1$=0.0027mm；由《机械制造工艺设计简明手册》中百分尺、游标卡尺的不确度度数值 $U$ 可知，游标卡尺的不确定度数值 $U$，分度值 0.02mm 的游标卡尺，其不确定度数值 $U$=0.02mm；$U>U_1$，不能选用，必须 $U\leqslant U_1$，故应选分度值 0.01mm 的外径千分尺($U$=0.006mm)。可选择测量范围为 0～25mm、分度值为 0.01 的外径千分尺(GB/T 1216—2004)。

精车外圆 $\phi$20h6mm，由于精度要求高，加工时每个工件都需要进行测量，故宜选用极限量规，根据轴径可选圆柱环规(GB/T 6322—1986)。

Ⅱ. $\phi$22h6mm 外圆经半精车、磨削二次加工。选择方法同上，半精加工可选择测量范围为 0～25mm、分度值为 0.01mm 的外径千分尺(GB/T 1216—2004)；磨削加工可选择圆柱环规(GB/T 6322—1986)。

第二，加工键槽所用量具选择，现按计量器具的不确定度选择。

铣 6N9 键槽，槽宽公差等级为 9，$T$=0.036，计量器具不确定度为允许值 $U_1$=0.0027mm；游标卡尺的不确定度数值 $U$，分度值 0.02mm 的游标卡尺，其不确定度数

值 $U$=0.02mm；$U>U_1$，不能选用。故宜选用极限量规，根据槽宽可选针式塞规(GB/T 6322—1986)。槽深公差等级为14，可选用分度值为0.02mm、测量范围为0～150mm的游标卡尺(GB/T 1214.2—1996)进行测量。

第三，加工 $\phi$3.2mm孔所用量具选择，由于 $\phi$3.2mm孔公差等级为14，可选用分度值为0.02mm、测量范围为0～150mm的游标卡尺(GB/T 1214.2—1996)进行测量。

(2) 确定工序尺寸。

① 确定圆柱面的工序尺寸。圆柱表面的多次加工的工序尺寸只与加工余量有关。本零件圆柱表面的工序加工余量、工序尺寸公差及表面粗糙度如表2-11所示。

**表2-11　圆柱表面的工序加工余量、工序尺寸公差及表面粗糙度**

| 加工表面 | 工序双边余量 | | | 工序尺寸及公差 | | | 表面粗糙度 | | |
|---|---|---|---|---|---|---|---|---|---|
| | 粗 | 半　精 | 精 | 粗 | 半　精 | 精 | 粗 | 半　精 | 精 |
| $\phi$22h6mm外圆 | — | 6.2mm | 0.3mm | — | $\phi$222.3h8mm | $\phi$222h6mm | — | $R_a$6.3μm | $R_a$0.8μm |
| $\phi$20h6mm外圆 | — | 1.3mm | 1mm | — | $\phi$221h8mm | $\phi$220h6mm | — | $R_a$6.3μm | $R_a$1.6μm |

② 确定轴向工序尺寸。本工序各轴向尺寸确定相对简单。因本零件5个工件一起加工，故第40工序第5工步——割端面可达207.5mm即可，第50工序第一工步——调头车另一端面可直接加工得到207；铣键槽可直接得到轴向尺寸。

③ 填写机械加工工序卡。学生应按机械工业部指导性技术文件JB/Z 388.5《工艺管理导则 工艺规程设计》的标准格式填写。

**讨论问题：**

① $\phi$22h6mm外圆半精车、磨削工序尺寸如何确定？

② 如何选择 $\phi$22h6mm外圆半精车车刀、磨削砂轮？

5) 实施

每组派一名学生根据机床操作规程、工艺过程卡、工序卡片加工零件，其余同学对加工后的零件实施测量，判断零件的合格状况。

具体的任务实施检查与评价表如表2-12所示。

**表2-12　任务实施检查与评价表**

任务名称：

学生姓名：　　　学号：　　　班级：　　　组别：

| 序　号 | 检查内容 | 检查记录 | 评　价 | 分　值 |
|---|---|---|---|---|
| 1 | 零件图分析：是否识别零件的材料；是否识别加工表面、加工表面的尺寸、尺寸精度、形位精度、表面粗糙度和技术要求等；是否形成记录 | | | 5% |
| 2 | 毛坯确定：是否确定毛坯的类型、尺寸 | | | 5% |
| 3 | 机械加工工艺过程卡编制：加工工艺路线拟定是否合理；机床、刀具、量具选择是否规范 | | | 20% |
| 4 | 机械加工工序卡编制：工序简图是否包括工序尺寸及公差、形位公差、表面粗糙度、定位和夹紧；切削用量选择是否合理；其他内容是否规范 | | | 20% |

续表

<table>
<tr><th>序 号</th><th colspan="2">检查内容</th><th>检查记录</th><th>评 价</th><th>分 值</th></tr>
<tr><td>5</td><td colspan="2">机床操作：是否规范；是否遵循工艺规程要求</td><td></td><td></td><td>10%</td></tr>
<tr><td>6</td><td colspan="2">零件检测：检测方法是否规范；是否形成检验记录；产品是否符合零件图样要求；若为不合格品，是否找出不合格的原因</td><td></td><td></td><td>10%</td></tr>
<tr><td>7</td><td rowspan="4">职业素养</td><td>遵守时间：是否不迟到，不早退，中途不离开现场</td><td></td><td></td><td>10%</td></tr>
<tr><td>8</td><td>5S：理实一体现场是否符合 5S 管理要求；机床、计算机是否按要求实施日常保养；刀具、量具、桌椅、参考资料是否按规定摆放；地面、门窗是否干净</td><td></td><td></td><td>10%</td></tr>
<tr><td>9</td><td>团结协作：组内是否配合良好；是否积极投入到本项目中，积极完成本任务</td><td></td><td></td><td>5%</td></tr>
<tr><td>10</td><td>语言能力：是否积极回答问题；声音是否洪亮；条理是否清晰</td><td></td><td></td><td>5%</td></tr>
<tr><td colspan="3">总评：</td><td colspan="3">评价人：</td></tr>
</table>

**讨论问题：**

① $\phi$22h7mm 外圆如何测量？

② 6N9 键槽槽宽如何测量？

# 2.10 拓 展 实 训

## 1. 实训任务

如图 2-53 所示为 CA6140 车床主轴简图零件图，零件材料为 45 钢，生产纲领为大批生产。试拟定该零件的机械加工工艺过程。

## 2. 实训目的

通过对 CA6140 车床主轴零件工艺路线的拟定，使学生进一步对轴类零件工艺规程的编制所涉及的相关知识加深理解，增强学生的学习兴趣，提高学生自信心，体验成功的喜悦；通过项目任务教学，培养学生互助合作的团队精神。

## 3. 实训过程

1) 分组进行零件图样的工艺性分析

如图 2-53 所示为 CA6140 车床主轴零件简图。由零件简图可知，该主轴呈阶梯状，其上有装夹支承轴承、传动件的圆柱、圆锥面，装夹滑动齿轮的花键，装夹卡盘及顶尖的内外圆锥面，连接紧固螺母的螺旋面，通过棒料的深孔等。分析主轴各主要部分的加工要求。

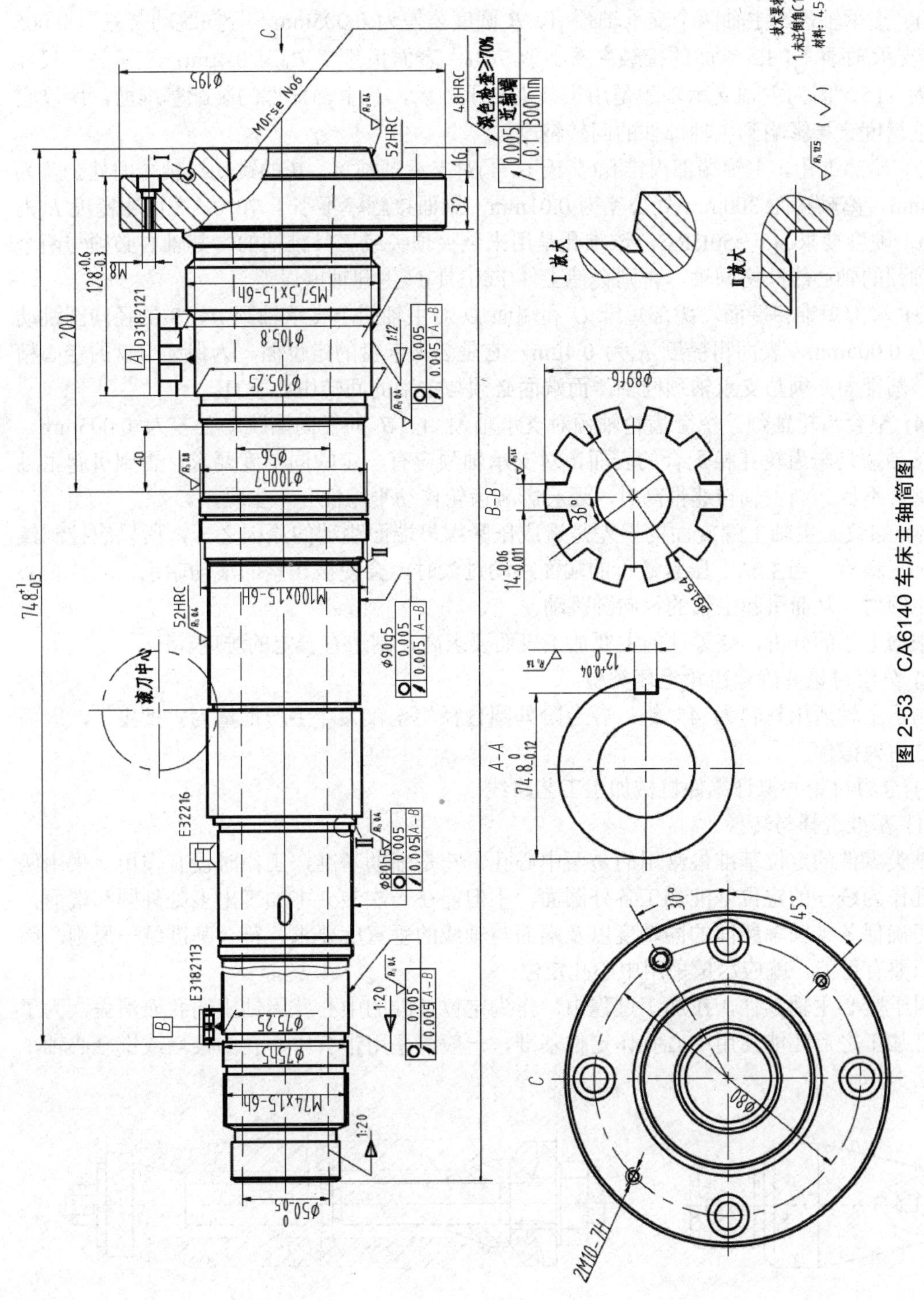


图 2-53　CA6140 车床主轴简图

(1) 支承轴颈。主轴两个支承轴颈 *A*、*B* 圆度公差为 0.005mm，径向跳动公差为 0.005 mm；支承轴颈 1∶12 锥面的接触率不小于 70%；表面粗糙度 $R_a$为 0.4μm；支承轴径尺寸精度为 IT5。因为主轴支承轴颈是用来装夹支承轴承，是主轴部件的装配基准面，所以它的制造精度直接影响到主轴部件的回转精度。

(2) 端部锥孔。主轴端部内锥孔(莫氏 6 号)对支承轴颈 *A*、*B* 的跳动在轴端面处公差为 0.005mm，离轴端面 300mm 处公差为 0.01mm，锥面接触率不小于 70%，表面粗糙度 $R_a$为 0.4μm，硬度要求 45～50HRC。该锥孔是用来装夹顶尖或工具锥柄的，其轴心必须与两个支承轴颈的轴心线严格同轴，否则会使工件(或工具)产生同轴度误差。

(3) 端部短锥和端面。头部短锥 *C* 和端面 *D* 对主轴两个支承轴颈 *A*、*B* 的径向圆跳动公差为 0.005mm，表面粗糙度 $R_a$为 0.4μm。它是装夹卡盘的定位面。为保证卡盘的定心精度，该圆锥面必须与支承轴颈同轴，而端面必须与主轴的回转中心垂直。

(4) 空套齿轮轴颈。空套齿轮轴颈对支承轴颈 *A*、*B* 的径向圆跳动公差为 0.005mm。由于该轴颈是与齿轮孔相配合的表面，对支承轴颈应有一定的同轴度要求，否则引起主轴传动啮合不良。当主轴转速很高时，还会影响齿轮传动平稳性并产生噪声。

(5) 螺纹。主轴上螺旋面的误差是造成压紧螺母端面跳动的原因之一，所以应控制螺纹的加工精度。当主轴上压紧螺母的端面跳动过大时，会使被压紧的滚动轴承内环的轴心线产生倾斜，从而引起主轴的径向圆跳动。

根据上述的分析，该零件的主要加工表面要求高，制造有一定的难度。

2) 分组讨论并确定齿轮毛坯类型

由于主轴所用材料为 45 钢，各台阶外圆直径相差较大，生产批量为大批生产，因而毛坯选用模锻件。

3) 分组讨论并拟订零件机械加工工艺路线

(1) 基准选择与转换。

轴类零件的定位基准最常用的是两中心孔，它是辅助基准，工作时没有作用。采用两中心孔作为统一的定位基准加工各外圆面，不但能在一次装夹中加工出多处外圆和端面，而且可确保各外圆轴线间的同轴度以及端面与轴线的垂直度要求，符合基准统一原则。因此，只要有可能，就应尽量采用中心孔定位。

对于空心主轴零件，在加工过程中，作为定位基准的中心孔因钻出通孔而消失，为了在通孔加工之后还能使用中心孔作定位基准，一般都采用带有中心孔的锥堵或锥套心轴，如图 2-54 所示。

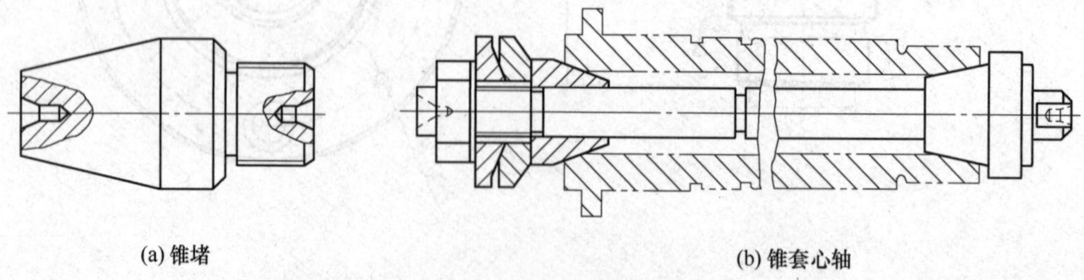

(a) 锥堵　　(b) 锥套心轴

**图 2-54　锥堵与锥套心轴**

采用锥堵应注意以下问题：锥堵应具有较高的精度。锥堵的中心孔既是锥堵本身制造的定位基准，又是磨削主轴的精基准，所以必须保证锥堵上的锥面与中心孔轴线有较高的同轴度；在使用锥堵过程中，应尽量减少锥堵的装拆次数，因为工件锥孔与锥堵上的锥角不可能完全一致，重新拆装会引起安装误差，所以对中、小批生产来说，锥堵安装后一般不中途更换。

但对有些精密主轴，外圆和锥孔要反复多次互为基准进行磨削加工。在这种情况下，重新镶配锥堵时需按外圆进行找正和修磨锥堵上的中心孔。另外，热处理时还会发生中心通孔内气体膨胀而将锥堵推出，因此须注意在锥堵上钻一轴向透气孔，以便气体膨胀时逸出。

为了保证锥孔轴线和支承轴颈(装配基准)轴线的同轴，磨主轴锥孔时，选择主轴的装配基准——前后支承轴颈作为定位基准，这样符合基准重合原则，使锥孔的径向圆跳动易于控制。还有一种情况，在外圆表面粗加工时，为了提高零件的装夹刚度，常采用一夹一顶方式，即主轴的一头外圆用卡盘夹紧，另一头使用尾座顶尖顶住中心孔。

C6140A 主轴定位基准的使用与转换大体如下：工艺过程一开始，以外圆为粗基准铣端面、钻中心孔，为粗车外圆准备好定位基准；车大端各部外圆，采用中心孔作为统一基准，并且又为深孔加工准备好定位基准；车小端各部，则使用已车过的一端外圆和另一端中心孔作为定位基准(一夹一顶方式)；钻深孔采用前后两挡外圆作为定位基准(一夹一托方式)；之后，先加工好前后锥孔，以便安装锥堵，为精加工外圆准备好定位基准；精车和磨削各挡外圆，均统一采用两中心孔作为定位基准；终磨锥孔之前，必须磨好轴颈表面，以便使用支承轴颈作为定位基准，使主轴装配基准与加工基准一致，消除基准不重合引起的定位误差，获得锥孔加工的精度。

(2) 工序顺序的安排。

CA6140 车床主轴主要加工表面是 $\phi$75h5mm、$\phi$80h5mm、$\phi$90g5mm、$\phi$100h7mm 轴颈，两支承轴颈及大头锥孔。它们加工的尺寸精度在 IT5～IT7 之间，表面粗糙度 $R_a$ 为 0.8～0.4μm。

主轴加工工艺过程可划分为 3 个加工阶段，即粗加工阶段，包括铣端面、加工顶尖孔、粗车外圆等；半精加工阶段，包括半精车外圆，钻通孔，车锥面、锥孔，钻大头端面各孔，精车外圆等；精加工阶段，包括精铣键槽，粗、精磨外圆、锥面、锥孔等。外圆表面的加工顺序安排时应先加工大直径外圆，然后加工小直径外圆，以免一开始就降低了工件的刚度。

在机械加工工序中间尚需插入必要的热处理工序，这就决定了主轴加工各主要表面总是循着以下顺序进行的，即粗车—调质(预备热处理)—半精车—精车—淬火—回火(最终热处理)—粗磨—精磨。

综上所述，主轴主要表面的加工顺序安排如下。

外圆表面粗加工(以顶尖孔定位)—外圆表面半精加工(以顶尖孔定位)—钻通孔(以半精加工过的外圆表面定位)—锥孔粗加工(以半精加工过的外圆表面定位，加工后配锥堵)—外圆表面精加工(以锥堵顶尖孔定位)—锥孔精加工(以精加工外圆面定位)。

当主要表面加工顺序确定后，就要合理地插入次要表面加工工序。对主轴来说，主轴上的花键、键槽、螺纹、横向小孔等为次要表面。次要表面的加工，通常安排在外圆精车、粗磨之后或精磨外圆之前进行。这是因为如果在精车前就铣出键槽，精车时因断续切削而产生振动，既影响加工质量，又容易损坏刀具，另外，也难以控制键槽的深度尺寸。但是这些加工也不宜放在主要表面精磨之后，以免破坏主要表面已获得的精度。主轴上的螺纹有较高的要求，应注意安排在最终热处理(局部淬火)之后，以克服淬火后产生的变形，而且车螺纹使用的定位基准与精磨外圆使用的基准应当相同，否则也达不到较高的同轴度要求。在深孔加工工序的安排时应注意两点。第一，钻孔安排在调质之后进行，因为调质处理变形较大，深孔会产生弯曲变形。若深孔先钻后进行调质处理，则孔的弯曲得不到纠正，这样不仅影响使用时棒料通过主轴孔，而且还会带来因主轴高速转动不平衡而引起的振动。第二，深孔应安排在外圆粗车或半精车之后，以便有一个较精确的轴颈作定位基准(搭中心架用)，保证孔与外圆轴线的同轴度，使主轴壁厚均匀。如果仅从定位基准考虑，希望始终用中心孔定位，避免使用锥堵，而将深孔加工安排到最后工序，然而，由于深孔加工毕竟是粗加工，发热量大，会破坏外圆加工表面的精度，故该方案不可取。

主轴加工工艺如表2-13所示。

表2-13　大批生产CA6140车床主轴加工工艺过程

| 序 号 | 工序名称 | 工序内容 | 定位基准 | 设　备 |
|---|---|---|---|---|
| 1 | 备料 | — | — | — |
| 2 | 锻造 | 模锻 | — | 立式精锻机 |
| 3 | 热处理 | 正火 | — | — |
| 4 | 锯头 | — | — | — |
| 5 | 铣端面、钻中心孔 | — | 毛坯外圆 | 中心孔机床 |
| 6 | 粗车外圆 | — | 顶尖孔 | 多刀半自动车床 |
| 7 | 热处理 | 调质 | — | — |
| 8 | 车大端各部 | 车大端外圆、短锥、端面及台阶 | 顶尖孔 | 卧式车床 |
| 9 | 车小端各部 | 仿形车小端各部外圆 | 顶尖孔 | 仿形车床 |
| 10 | 钻深孔 | 钻$\phi$48mm通孔 | 两端支承轴颈 | 深孔钻床 |
| 11 | 车小端锥孔 | 车小端锥孔(配1∶20锥堵，涂色法检查接触率不小于50%) | 两端支承轴颈 | 卧式车床 |
| 12 | 车大端锥孔 | 车大端锥孔(配莫氏6号锥堵，涂色法检查接触率不小于30%)，外短锥及端面 | 两端支承轴颈 | 卧式车床 |
| 13 | 钻孔 | 钻大头端面各孔 | 大端内锥孔 | 摇臂钻床 |
| 14 | 热处理 | 局部高频淬火($\phi$90g5mm、短锥及莫氏6号锥孔) | | 高频淬火设备 |
| 15 | 精车外圆 | 精车各外圆并切槽、倒角 | 锥堵顶尖孔 | 数控车床 |
| 16 | 粗磨外圆 | 粗磨$\phi$75h5mm、$\phi$90g5mm、$\phi$100h7mm外圆 | 锥堵顶尖孔 | 组合外圆磨床 |
| 17 | 粗磨大端锥孔 | 粗磨大端内锥孔(重配莫氏6号锥堵，涂色法检查接触率不小于40%) | 前支承轴颈及$\phi$75h5mm外圆 | 内圆磨床 |

续表

| 序　号 | 工序名称 | 工序内容 | 定位基准 | 设　备 |
|---|---|---|---|---|
| 18 | 铣花键 | 铣 $\phi$89f6mm 花键 | 锥堵顶尖孔 | 花键铣床 |
| 19 | 铣键槽 | 铣 12f 9 键槽 | $\phi$80h5mm 及 M115mm 外圆 | 立式铣床 |
| 20 | 车螺纹 | 车三处螺纹(与螺母配车) | 锥堵顶尖孔 | 卧式车床 |
| 21 | 精磨外圆 | 精磨各外圆及 *E*、*F* 两端面 | 锥堵顶尖孔 | 外圆磨床 |
| 22 | 粗磨外锥面 | 粗磨两处 1∶12 外锥面 | 锥堵顶尖孔 | 专用组合磨床 |
| 23 | 精磨外锥面 | 精磨两处 1∶12 外锥面、D 端面及短锥面 | 锥堵顶尖孔 | 专用组合磨床 |
| 24 | 精磨大端锥孔 | 精磨大端莫氏 6 号内锥孔(卸堵，涂色法检查接触率不小于 70%) | 前支承轴颈及 $\phi$75h5mm 外圆 | 专用主轴锥孔磨床 |
| 25 | 钳工 | 端面孔去锐边倒角，去毛刺 | | — |
| 26 | 检验 | 按图样、检验规程检验 | | 专用检具 |

## 2.11　工作实践中常见问题解析

轴类零件加工中常见的问题、产生的原因及预防方法如表 2-14 所示。

表 2-14　轴类零件加工中常见的问题、产生的原因及预防方法

| 常见问题 | 产生原因 | 预防方法 |
|---|---|---|
| 尺寸精度达不到要求 | (1) 看错图样或刻度盘使用不当；<br>(2) 没有进行试切削；<br>(3) 量具有误差或测量不正确；<br>(4) 由于切削热的影响，使工件尺寸发生变化；<br>(5) 机动进给没及时关闭使车刀进给长度超过阶台长度；<br>(6) 车槽时车槽刀主切削刃太宽或太狭使槽宽不正确；<br>(7) 尺寸计算错误，使槽深度不正确 | (1) 必须看清图样要求，正确使用刻度盘，看清刻度值；<br>(2) 根据加工余量算出切削深度，进行试切，然后修正切削深度；<br>(3) 量具使用前，必须检查和调整零位，正确掌握测量方法；<br>(4) 不能在工件温度较高时测量，如测量，应掌握工件的收缩情况，浇注切削液，降低工件温度；<br>(5) 注意及时关闭机动进给或提前关闭机动进给，用手动进给到长度尺寸；<br>(6) 根据槽宽刃磨车槽刀主切削刃宽度；<br>(7) 对留有磨削余量的工件，车槽时应考虑磨削余量 |

续表

| 常见问题 | 产生原因 | 预防方法 |
| --- | --- | --- |
| 产生锥度 | (1) 用一夹一顶或两顶尖装夹工件时，后顶尖轴线不在主轴轴线上；<br>(2) 用小滑板车外圆时产生锥度是由于小滑板的位置不正，即小滑板刻线跟中滑板的刻线没有对准“0”线；<br>(3) 用卡盘装夹工件纵向进给车削时产生锥度是由于车床床身导轨跟主轴轴线不平行；<br>(4) 工件装夹时悬伸较长，车削时因切削力影响使前端让开，产生锥度；<br>(5) 车刀中途逐渐磨损 | (1) 车削前必须找正锥度；<br>(2) 必须事先检查小滑板的刻线是否与中滑板的刻线“0”线对准；<br>(3) 调整车床主轴与床身导轨的平行度；<br>(4) 尽量减少工件的伸出长度，或另一端用顶尖支顶。增加装夹刚性；<br>(5) 选用合适的刀具材料，或适当降低切削速度 |
| 圆度超差 | (1) 车床主轴间隙太大；<br>(2) 毛坯余量不均匀，切削过程中切削深度发生变化；<br>(3) 用两顶尖装夹时，中心孔接触不良，或尖顶得不紧，或前后顶尖产生径向圆跳动 | (1) 车削前检查主轴间隙，并调整合适。如因主轴轴承磨损太多，则需更换轴承；<br>(2) 分粗、精车；<br>(3) 工件用两顶尖装夹必须松紧适当，若回转顶尖产生径向圆跳动，须及时修理或更换 |
| 表面粗糙度达不到要求 | (1) 车床刚性不足，如滑板塞铁太松，传动零件(如带轮)不平衡或主轴太松引起振动；<br>(2) 车刀刚性不足或伸出太长引起振动；<br>(3) 工件刚性不足引起振动；<br>(4) 车刀几何参数不合理，如选用过小的后角和主偏角；<br>(5) 切削用量选用不当 | (1) 消除或防止由于车床刚性不足而引起的振动，如调整车床各部分的间隙；<br>(2) 增加车刀刚性或正确装夹车刀；<br>(3) 增加工件的装夹刚性；<br>(4) 选择合理的车力角度，如适当增大前角，选择合理的后角和主偏角；<br>(5) 进给量不宜太大，精车余量和切削速度应选择适当 |

# 本章小结

本章介绍了轴类零件的结构特点，围绕轴类零件介绍其加工方法、设备、刀具、工件装夹和测量方法等基本内容。学生通过完成 8E160C-J 机油泵传动零件的结构分析、毛坯确定、工艺规程编制等工作任务，应掌握轴类零件工艺规程编制的相关知识，并具备简单轴类零件工艺规程的编制能力。同时增强学生的学习兴趣，提高学生解决工程技术问题的自信心，体验成功的喜悦；通过项目任务教学，培养学生互助合作的团队精神。在工作实训中要注意培养学生的分析问题和解决问题的能力，培养学生查阅设计手册和资料的能力，逐步提高学生处理实际工程技术问题的能力。

# 思考与练习

1. 一般轴类零件的外圆表面加工方法有哪些？如何选择？

2. 卧式车床的工艺范围有哪些？

3. 普通高速钢有什么特点？常用的牌号有哪些？主要用来制造什么刀具？

4. 什么是硬质合金？常用的牌号有哪几大类？一般如何选用？

5. 刀具的前角、后角、主偏角、副偏角、刃倾角各有何特点？如何选用刀具的切削角度？

6. 常用的车刀有哪几大类？各有何特点？

7. 砂轮的特性主要由哪些因素决定？一般如何选用砂轮？

8. 车削轴类工件时，常用哪几种装夹方法？各有什么特点？分别用在什么场合？

9. 用两顶尖装夹工件，应注意什么问题？

10. 轴类零件常用的测量仪器有哪些？试述 0.02mm 游标卡尺的读数原理。

11. 车削轴类工件时，产生锥度是什么原因？怎样预防？

12. 车削轴类工件时，表面粗糙度达不到要求是什么原因？

13. 编写图 2-55 所示的台阶轴的机械加工工艺过程，生产类型属大批生产，材料为 40Cr，并说明所制定的工艺过程中采用什么方法来保证台阶轴的技术要求。

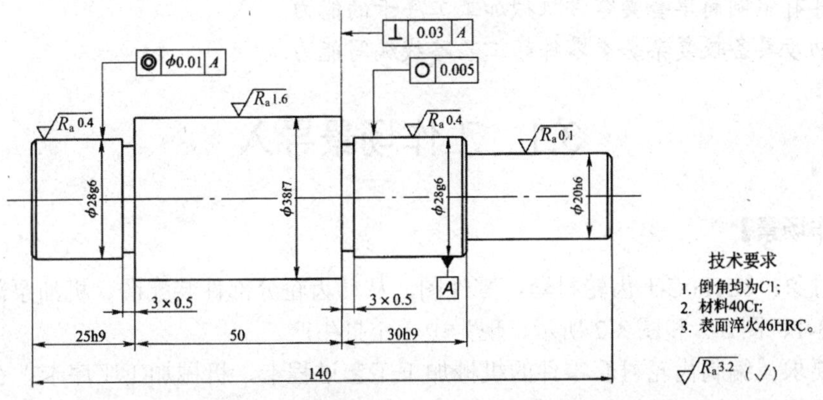


图 2-55 台阶轴

# 第 3 章　套类零件加工工艺编制及实施

**本章要点**

- 套类零件概述。
- 套类零件内孔表面的一般加工方法。
- 套类零件孔加工常用设备。
- 套类零件孔加工常用刀具。
- 套类零件孔加工时的切削用量。
- 保证套类工件技术要求的方法。
- 套类零件的测量。
- 简单套类零件的加工工艺分析。

**技能目标**

- 具有套类零件工艺性分析能力。
- 掌握套类零件毛坯的选择方法。
- 具有编制简单套类零件机械加工工艺过程卡的能力。
- 具有编制简单套类零件机械加工工序卡的能力。
- 初步具备较复杂套类零件的工艺路线编写能力。

## 3.1　工作场景导入

**【工作场景】**

工作对象：8E160C-J 齿轮衬套，零件图、从动齿轮分部件装配图、机油泵部件装配图分别如图 3-1、图 3-2 和图 2-2 所示，现为中、小批生产。

任务要求：编制齿轮衬套零件的机械加工工艺过程卡、机械加工工序卡；在条件允许的情况下操作机床加工零件、验证工艺的合理性。

**【引导问题】**

(1) 仔细阅读齿轮衬套零件图，回顾第 1.3 节知识点——零件的工艺性分析，检查零件图的完整性和正确性；根据实际制造能力分析审查零件的结构、尺寸精度、形位精度、表面粗糙度、材料及热处理等技术要求是否合理，是否便于加工和加工的经济性。根据零件结构工艺性的一般原则，判断该零件的结构工艺性是否良好，如结构工艺性不好，如何改进？

(2) 回顾 1.4 节知识点——毛坯的选择，如何选择齿轮衬套零件毛坯？如何确定毛坯尺寸？

(3) 套类零件的功用、结构特点、技术要求、材料、毛坯及热处理要求有哪些？

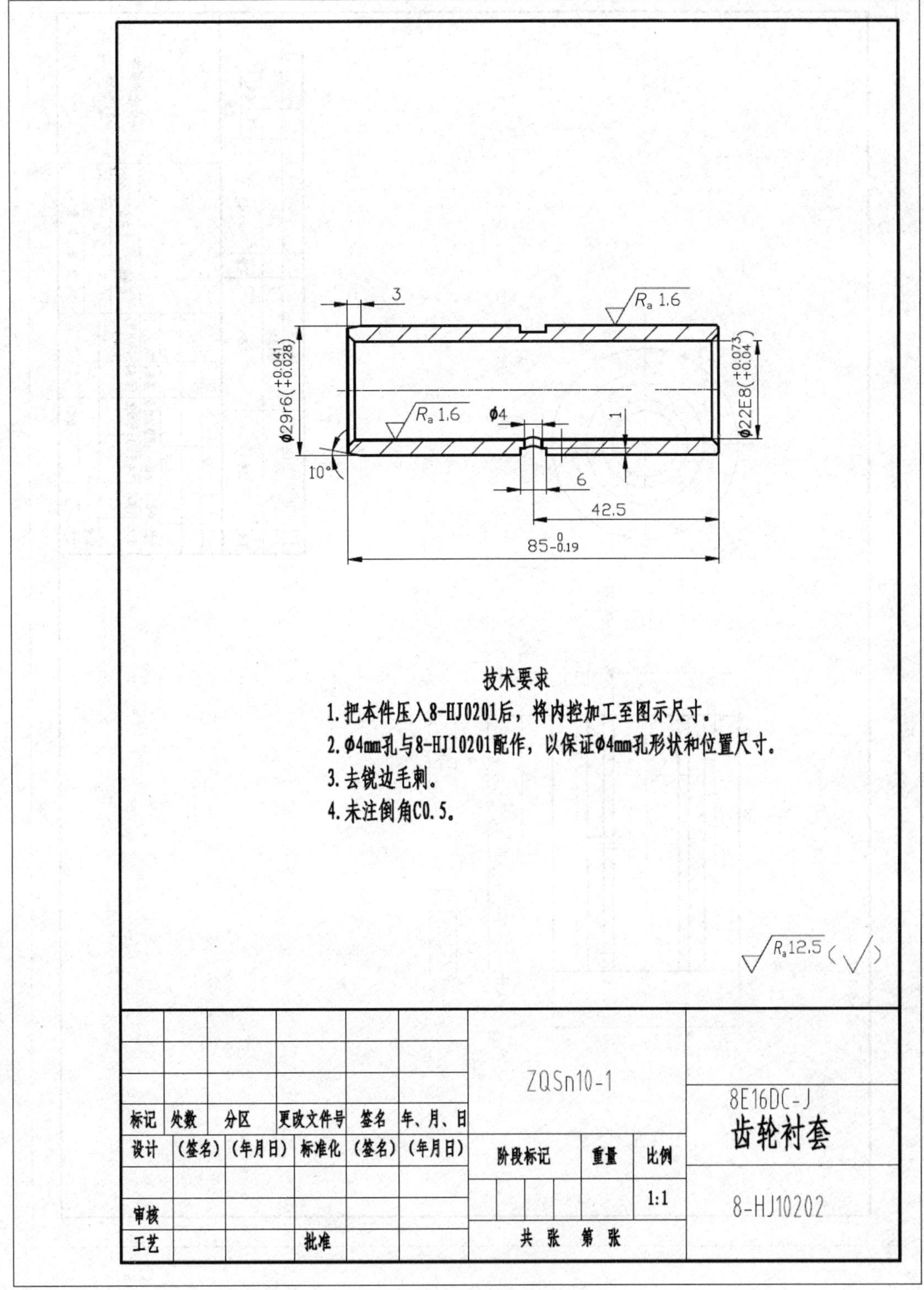


图 3-1　8E160C-J 齿轮衬套

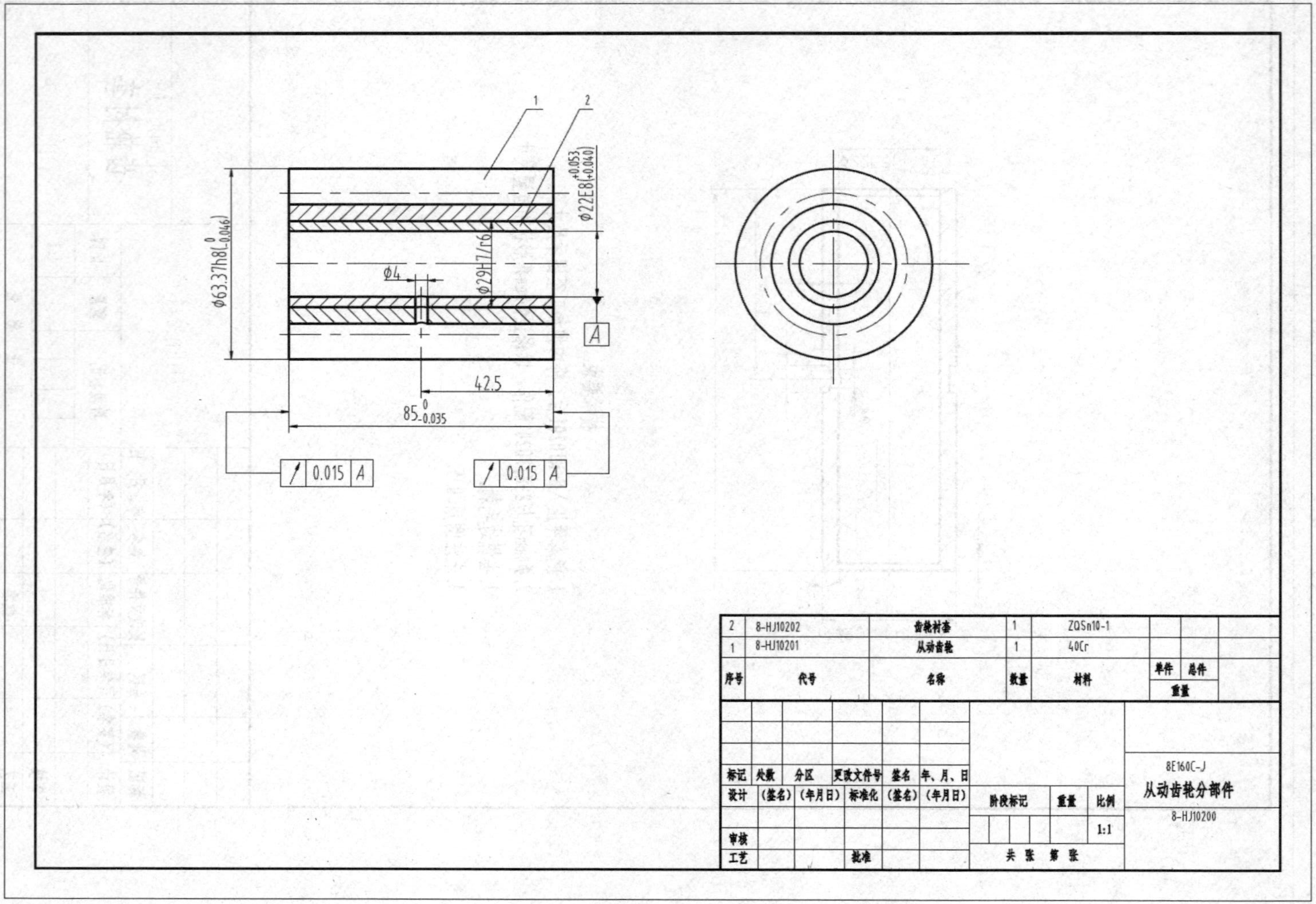

图 3-2　8E160C-J 从动齿轮分部件装配图

(4) 内孔表面的加工方法有哪些？如何选择？

(5) 套类零件内孔加工设备有哪些？如何选择？

(6) 套类零件的内孔加工刀具有哪些？如何选择？

(7) 套类零件的孔径、形状精度和位置精度等的测量方法有哪些？如何测量齿轮衬套零件的孔径？

(8) 企业生产参观实习。

① 生产现场加工哪些套类零件？批量如何？采用什么毛坯？

② 生产现场各种套类零件加工工艺有何特点？一般使用什么机床加工？采用何种刀具？使用哪种量具测量？工件如何装夹？

# 3.2 基 础 知 识

【学习目标】了解一般套类零件的功用及结构特点、技术要求，套类零件的材料、毛坯及热处理。

## 3.2.1　套类零件的功用及结构特点

套类零件是指在回转体零件中的空心薄壁件，是机械加工中常见的一种零件，在各类机器中应用很广泛，主要起支承或导向作用。由于功用不同，其形状结构和尺寸有很大的差异。常见的套类零件有支承回转轴的各种形式的轴承圈、轴套；夹具上的钻套和导向套；内燃机上的气缸套和液压系统中的液压缸、电液伺服阀的阀套等。其大致的结构形式如图 3-3 所示。

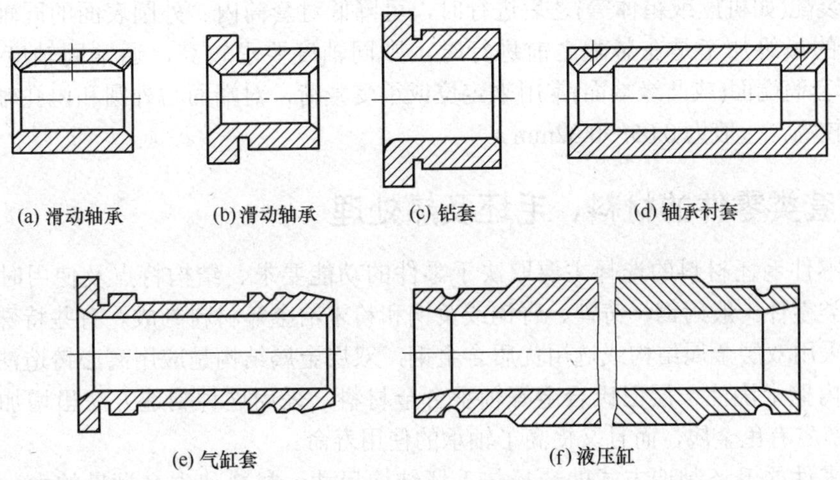


图 3-3　套类零件的结构形式

套类零件的结构与尺寸随其用途不同而异，但其结构一般都具有以下特点：外圆直径 $d$ 一般小于其长度 $L$，通常 $L/d<5$；内孔与外圆直径之差较小，故零件壁的厚度较薄且易变形；内、外圆回转面的同轴度要求较高；结构比较简单。

## 3.2.2 套类零件技术要求

套类零件的外圆表面多以过盈或过渡配合与机架或箱体孔相配合起支承作用。内孔主要起导向作用或支承作用，常与运动轴、主轴、活塞、滑阀相配合。有些套筒的端面或凸缘端面有定位或承受载荷的作用。套筒类零件虽然形状结构不一，但仍有共同特点和技术要求，根据使用情况可对套类零件的外圆与内孔提出以下要求。

### 1. 内孔与外圆的精度要求

外圆直径精度通常为 IT5～IT7，表面粗糙度 $R_a$ 为 5～0.63μm，要求较高的可达 $R_a$0.04μm；内孔作为套类零件支承或导向的主要表面，要求内孔尺寸精度一般为 IT6～IT7，为保证其耐磨性要求，对表面粗糙度要求较高($R_a$2.5～0.16μm)。有的精密套筒及阀套的内孔尺寸精度要求为 IT4～IT5，也有的套筒(如油缸、气缸缸筒)由于与其相配的活塞上有密封圈，故对尺寸精度要求较低，一般为 IT8～IT9，但对表面粗糙度要求较高，$R_a$ 为 2.5～1.6μm。

### 2. 几何形状精度要求

通常将外圆与内孔的几何形状精度控制在直径公差以内即可；对精密轴套有时控制在孔径公差的 1/2～1/3，甚至更严格。对较长套筒除圆度有要求以外，还应有孔的圆柱度要求。为提高耐磨性，有的内孔表面粗糙度要求 $R_a$为 1.6～0.1μm，有的 $R_a$高达 0.025μm。套筒类零件外圆形状精度一般应在外径公差内，表面粗糙度 $R_a$为 3.2～0.4μm。

### 3. 位置精度要求

位置精度要求主要应根据套类零件在机器中的功用和要求而定。如果内孔的最终加工是在套筒装配(如机座或箱体等)之后进行时，可降低对套筒内、外圆表面的同轴度要求；如果内孔的最终加工是在装配之前进行时，则同轴度要求较高，通常同轴度为 0.01～0.06mm。套筒端面(或凸缘端面)常用来定位或承受载荷，对端面与外圆和内孔轴心线的垂直度要求较高，一般为 0.05～0.02mm。

## 3.2.3 套类零件的材料、毛坯及热处理

套类零件毛坯材料的选择主要取决于零件的功能要求、结构特点及使用时的工作条件。套筒类零件一般用钢、铸铁、青铜或黄铜和粉末冶金等材料制成。有些特殊要求的套类零件可采用双层金属结构或选用优质合金钢，双层金属结构是应用离心铸造法在钢或铸铁轴套的内壁上浇注一层巴氏合金等轴承合金材料，采用这种制造方法虽增加了一些工时，但能节省有色金属，而且又提高了轴承的使用寿命。

套类零件的毛坯制造方式的选择与毛坯结构尺寸、材料和生产批量的大小等因素有关。孔径较大(一般直径大于 20mm)时，常采用型材(如无缝钢管)、带孔的锻件或铸件；孔径较小(一般小于 20mm)时，一般多选择热轧或冷拉棒料，也可采用实心铸件；大批量生产时，可采用冷挤压、粉末冶金等先进工艺，不仅节约原材料，而且生产率及毛坯质量精度均可提高。

套类零件的功能要求和结构特点决定了套类零件的热处理方法有渗碳淬火、表面淬火、调质、高温时效及渗氮等。

# 3.3　套类零件内孔表面加工方法

【学习目标】掌握钻、扩、锪、车、铰、拉、镗、磨、珩磨、研磨等孔表面的加工方法。

## 3.3.1　内孔表面加工方法

孔或内圆的表面是盘、套、支架、箱体和大型筒体等零件的重要表面之一，也可能是这些零件的辅助表面。孔的机械加工方法较多。中、小型孔一般靠刀具本身尺寸来获得被加工孔的尺寸，如钻、扩、锪、车、铰、拉孔等；大、较大型孔则需采用其他方法，如立车、镗、磨孔等。本节介绍钻、扩、锪、车、铰、拉等孔表面的一般加工方法，还介绍镗孔、磨孔、珩磨孔、研磨孔等方法。

孔加工方法的选择，需根据孔径大小、深度与孔的精度、表面粗糙度以及零件结构形状、材料与孔在零件上的部位而定。

### 1. 钻孔

用钻头在工件实体部位加工孔的方法称为钻孔。钻孔属于孔的粗加工，多用作扩孔、铰孔前的预加工，或加工螺纹底孔和油孔。精度等级为 IT13～IT11，表面粗糙度 $R_a$ 为 12.5μm。

钻孔主要在钻床和车床上进行，也常在镗床和铣床上进行。在钻床、镗床上钻孔时，由于钻头旋转而工件不动，在钻头刚性不足的情况下，钻头引偏就会使孔的中心线发生歪曲，但孔径无显著变化。如在车床上钻孔，因为是工件旋转而钻头不转动，这时钻头的引偏只会引起孔径的变化并产生锥度、腰鼓等缺陷，但孔的中心线是直的，且与工件回转中心一致。故钻小孔和深孔时，为了避免孔的轴线偏移和不直，应尽可能在车床上进行，如图 3-4 所示。

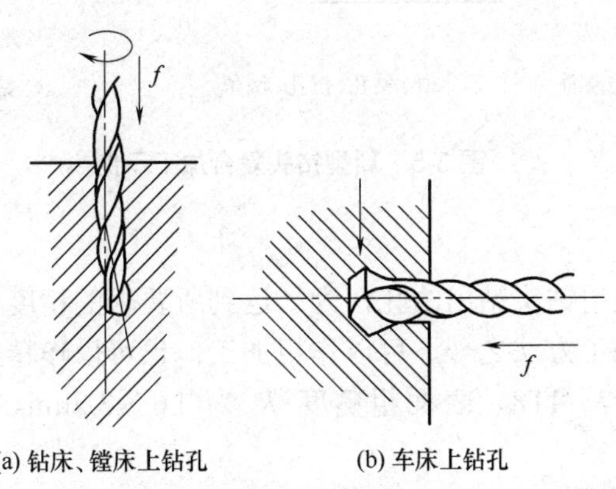


(a) 钻床、镗床上钻孔　　(b) 车床上钻孔

图 3-4　钻头引偏引起的加工误差

2. 扩孔

扩孔是用扩孔钻对已钻出、铸出、锻出或冲出的孔进行再加工，以扩大孔径并提高精度和减小表面粗糙度的方法。扩孔精度可达 IT10，表面粗糙度 $R_a$为 6.3～12.5μm。扩孔属于孔的半精加工，常用作铰孔等精加工前的准备工序，也可作为精度要求不高的孔的最终工序。一般工件的扩孔，可用麻花钻。对于孔的半精加工，可用扩孔钻。扩孔可以在一定程度上校正钻孔的轴线偏斜，其加工质量和生产率比钻孔高。由于扩孔钻的结构刚性好，刀刃数目较多，且无端部横刃，加工余量较小(一般为 2～4mm)，故切削时轴向力小，切削过程平稳，因此可以采用较大的切削速度和进给量。如果采用镶有硬质合金刀片的扩孔钻，切削速度还可提高 2～3 倍，使扩孔的生产率进一步提高。当孔径大于 100mm 时，一般采用镗孔而不用扩孔。扩孔使用的机床与钻孔相同。用于铰孔前的扩孔钻，其直径偏差为负值；用于终加工的扩孔钻，其直径偏差为正值。

3. 锪孔

用锪削方法加工平底或锥形沉孔，叫作锪孔。锪孔一般在钻床上进行，加工的表面粗糙度 $R_a$为 6.3～3.2μm。有些零件钻孔后需要孔口倒角，有些零件要用顶尖顶住孔口加工外圆，这时可用锥形锪钻在孔口锪出内圆锥。

4. 非定尺寸钻扩及复合加工

由于钻头材料和结构的进步，可以用同一把机夹式钻头实现钻孔、扩孔加工，因而用一把钻头可加工通孔沉孔、盲孔沉孔、斜面上钻孔及凹槽，还可以钻孔、倒角(圆)、锪端面等一次进行的非定尺寸钻扩及复合加工，如图 3-5 所示。

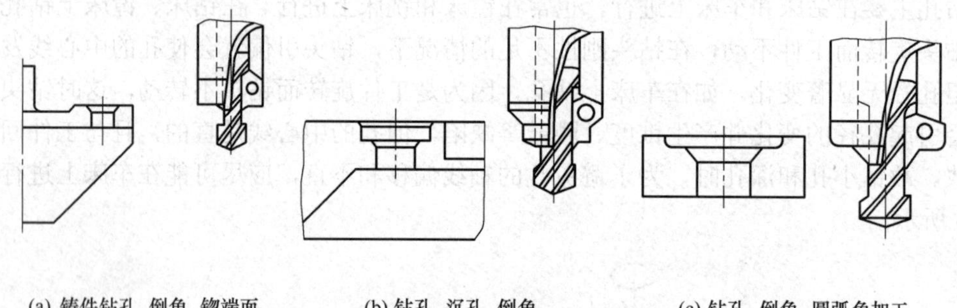

(a) 铸件钻孔、倒角、锪端面　　(b) 钻孔、沉孔、倒角　　(c) 钻孔、倒角、圆弧角加工

图 3-5　新型钻头复合加工示例

5. 车孔

铸造孔、锻造孔或用钻头钻出的孔，为了达到所要求的精度和表面粗糙度，还需要车孔。车孔是常用的孔加工方法之一，可以作粗加工，也可以作精加工，加工范围很广泛。车孔精度一般可达 IT7～IT8，表面粗糙度 $R_a$ 为 1.6～3.2μm，精细车削可以达到更小($R_a$0.8μm)。

车孔的关键技术是解决内孔车刀的刚性和排屑问题。增加内孔车刀的刚性主要采取以下两项措施。

1) 尽量增加刀杆的截面积

一般的内孔车刀有一个缺点，刀杆的截面积小于孔截面积的 1/4，如果让内孔车刀的刀尖位于刀杆的中心线上，这样刀杆的截面积就可达到最大程度。

2) 刀杆的伸出长度尽可能缩短

如果刀杆伸出太长，就会增加刚性，容易引起振动。因此，为了增加刀杆刚性，刀杆伸出长度只要略大于孔深即可。而且，要求刀杆的伸长能根据孔深加以调节。

解决排屑问题主要是控制切屑流出方向。精车孔时，要求切屑流向待加工表面(前排屑)。前排屑主要是采用正刃倾角内孔车刀。

### 6. 铰孔

铰孔是在半精加工(扩孔或半精镗孔)基础上进行的一种孔的精加工方法，其精度可达 IT8～IT6，表面粗糙度 $R_a$为 1.6～0.4μm。铰孔有手铰和机铰两种方式，在机床上进行的铰削称为机铰，用手工进行的铰削称为手铰。

铰孔之前，一般先经过车孔或扩孔后留些铰孔余量。余量的大小直接影响铰孔的质量。余量太小，往往不能把前道工序所留下的加工痕迹铰去。余量太大，切屑挤满在铰刀的齿槽中，使切削液不能进入切削区，严重影响表面粗糙度，或使切削刃负荷过大而迅速磨损，甚至崩刃。铰孔余量一般是：高速钢铰刀为 0.08～0.12mm，硬质合金铰刀为 0.05～0.20mm。为避免产生积屑瘤和引起振动，铰削应采用低切速，一般粗铰钢件为 $v$ =0.07～0.12m/s，精铰为 $v$ =0.03～0.08m/s。机铰进给量为钻孔的 3～5 倍，一般为 0.2～1.2mm/r，以防出现打滑和啃刮现象。铰削应选用合适的切削液，铰削钢件时常采用乳化液，铰削铸件时用煤油。

机铰刀在机床上常采用浮动连接。浮动机铰或手铰时，一般不能修正孔的位置误差，孔的位置误差应由铰孔前的工序来保证。铰孔直径一般不大于 80mm，铰削也不宜用于非标准孔、台阶孔、盲孔、短孔和具有断续表面的孔的加工。

### 7. 拉孔

拉孔是一种高生产率的精加工方法，既可加工内表面也可加工外表面，如图 3-6 所示。拉孔前工件须经钻孔或扩孔。工件以被加工孔自身定位并以工件端面为支承面，在一次行程内便可完成粗加工—精加工—光整加工等阶段的工作。拉孔一般没有粗拉工序和精拉工序之分，除非拉削余量太大或孔太深，用一把拉刀拉，拉刀太长，才分为两个工序加工。

拉孔的拉削速度低，每齿切削厚度很小，拉削过程平稳，不会产生积屑瘤；同时拉刀是定尺寸刀具，又有校准齿来校准孔径和修光孔壁，所以拉削加工精度高，表面粗糙度小。拉孔精度主要取决于刀具，机床对其影响不大。拉孔的精度可达 IT8～IT6，表面粗糙度 $R_a$达 0.8～0.4μm。由于拉孔难以保证孔与其他表面间的位置精度，因此被拉孔的轴线与端面之间在拉削前应保证有一定的垂直度。

如图 3-7 所示，拉刀刀齿尺寸逐个增大而切下金属的过程，可看作是按高低顺序排列成队的多把刨刀进行的刨削。为保证拉刀工作时的平稳性，拉刀同时工作的齿数应在 2 个以上，但也不应大于 8 个，否则拉力过大可能会使拉刀断裂。由于受到拉刀制造工艺及拉床动力的限制，过小与特大尺寸的孔均不适宜于拉削加工。

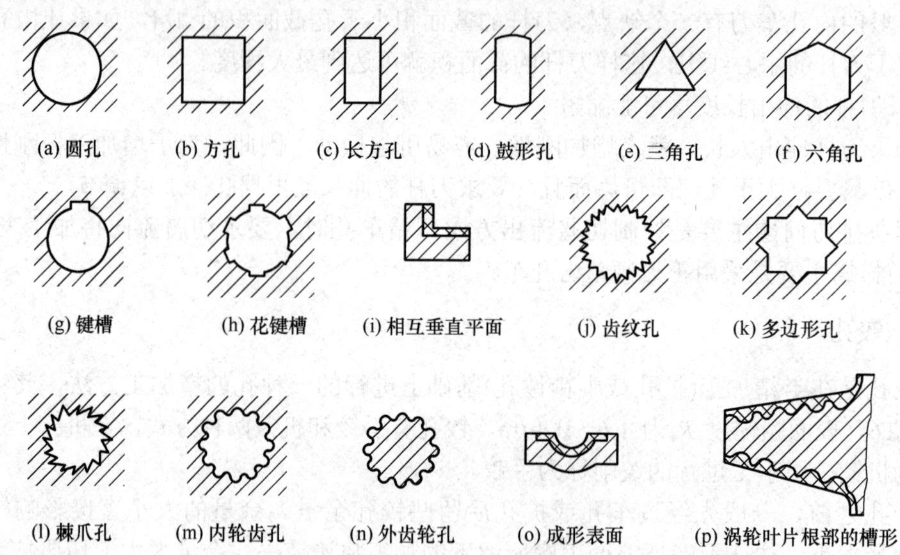


图 3-6　拉削加工的各种截面

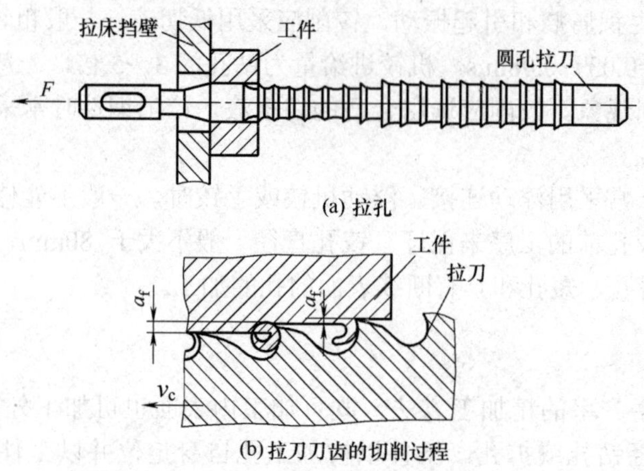


图 3-7　拉孔及拉刀刀齿的切削过程

当工件端面与工件毛坯孔的垂直度不好时，为改善拉刀的受力状态，防止拉刀崩刃或折断，常采用在拉床固定支承板上装有自动定心的球面垫板作为浮动支承装置。

拉刀结构复杂、排屑困难、价格昂贵、设计制造周期长，故一般用于大批量生产中。

拉削不仅能加工圆孔，而且还可以加工成形孔、花键孔。另外，由于拉刀是定尺寸刀具，不适合于加工大孔，而且形状复杂，价格昂贵，在单件小批生产中使用也受限制，故拉孔常用在大批量生产中加工孔径为 8～125 mm、孔深不超过孔径 5 倍的中、小件通孔。

### 8. 镗孔

镗孔是用镗刀对已钻出孔或毛坯孔进一步加工的方法，可用来粗、精加工各种零件上不同尺寸的孔。对于直径很大的孔，几乎全部采用镗孔的方法。镗孔可以在多种机床上进行，其加工方式有以下 3 种，如图 3-8 所示。

1) 工件旋转刀具作进给运动

如图 3-8(a)所示，在车床类机床上加工盘类零件属于这种方式。其特点是加工后孔的轴线和工件的回转轴线一致，孔轴线的直线度好，能保证在一次装夹中加工的外圆和内孔有较高的同轴度，并与端面垂直。刀具进给方向不平行于回转轴线或不呈直线运动，都不会影响轴线的位置和直线度，也不影响孔在任何一个截面内的圆度，仅会使孔径发生变化，产生锥度、鼓形、腰形等缺陷。

2) 工件不动而刀具作旋转和进给运动

如图 3-8(b)所示，这种加工方式是在镗床类机床上进行的。这种方式也能基本保证镗孔的轴线和机床主轴轴线一致，但随着镗杆伸出长度的增加，镗杆变形加大会使孔径逐步减小。此外，镗杆及主轴自重引起的下垂变形也会导致孔轴线弯曲。如果镗削同轴线多孔时，则会加大这些孔的不同轴度，故这种方式适于加工孔深不大而孔径较大的壳体孔。

3) 刀具旋转工件作进给运动

如图 3-8(c)所示，这种加工方式适于镗削箱体两壁相距较远的同轴孔系，易于保证孔与孔、孔与平面间的位置精度。镗孔时进给运动方向发生偏斜或非直线性都不会影响孔径。但镗孔的轴线相对于机床主轴线会产生偏斜或不成直线，使孔的横截面形状呈椭圆形。镗杆与机床主轴间多用浮动连接，以减少主轴误差对加工精度的影响。

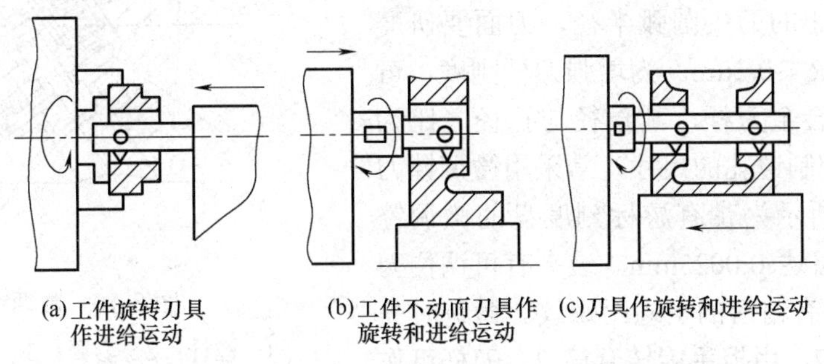

(a) 工件旋转刀具作进给运动
(b) 工件不动而刀具作旋转和进给运动
(c) 刀具作旋转和进给运动


图 3-8　镗孔的方式

镗孔常用的是结构简单的单刀镗刀，刀具受到孔径尺寸的限制，刚性较差，容易发生振动。切削用量比车削外圆小，镗孔的尺寸要依靠调整刀具来保证。因此，镗孔比车外圆以及扩孔、铰孔的生产率低。但在单件小批生产中，镗孔可以避免准备大量不同尺寸的扩孔钻和铰刀，故是一种比较经济的加工方法。粗镗孔的精度为 IT11～IT13，表面粗糙度 $R_a$ 为 6.3～12.5μm；半精镗的精度为 IT9～IT10，$R_a$ 为 1.6～3.2μm；精镗的精度为 IT7～IT8，$R_a$ 为 0.8～1.6μm；精细镗的精度可达 IT6，$R_a$ 为 0.4～0.1μm。

精镗可以采用浮动镗刀加工(见图 3-9(a))，能够获得较高的孔径精度。但由于刀片在镗杆矩形孔中浮动，故不能纠正孔的位置误差，需由上一道工序保证孔的位置精度。图 3-9(b)所示为可调节的浮动镗刀块，刃磨后可通过调整两刀刃的径向位置来保证所需的尺寸。

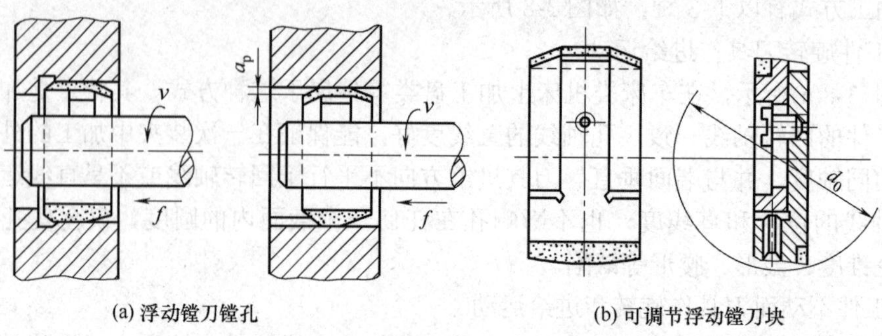

(a) 浮动镗刀镗孔　　(b) 可调节浮动镗刀块

图 3-9　浮动镗孔及其刀具

精密孔的精细镗削常在金刚镗床上进行高速精镗。金刚镗床具有高的精度和刚度，主轴转速高(可达 5000r/min)，并采用带传动，借助多速电动机及更换带轮来变速。进给机构常用液压传动，高速旋转的零件都经过精确的平衡，电动机安装在防振垫片上，因此加工时的振动和变形极小。镗刀目前普遍采用硬质合金或人造金刚石和立方氮化硼刀具，并选用较大的主偏角和较小的刀尖圆弧半径，刀面要研磨到表面粗糙度 $R_a$≤0.2μm。为增强刀杆刚度，可采用整体硬质合金刀杆，其直径与孔径之比为 0.8 左右。为控制镗孔的尺寸，常采用微调镗刀头。图 3-10 所示为带有游标刻度盘的微调镗刀，其刻度值可达 0.0025mm。装夹有可调位刀片的刀杆 4 上有精密的小螺距螺纹。微调时先旋松夹紧螺钉 7，用扳手旋转套筒 2，刀杆可作微量进退，调整好后将夹紧螺钉锁紧。键 9 可保证刀杆只作移动。金刚镗孔时的加工余量：预镗为 0.2～0.6mm，终镗为 0.1mm；进给量为 0.02～0.25mm/r。加工铸铁时切削速度为 100～250m/min，加工钢时切削速度为 150～300m/min，加工有色金属时切削速度为 300～1500m/min。一般不使用切削液。加工精度可达 IT7～IT6，孔径为 $\phi$15～$\phi$100mm 时，尺寸偏差不大于 0.005～0.008mm，圆度不大于 0.003～0.005mm，表面粗糙度 $R_a$为 0.8～0.1μm。

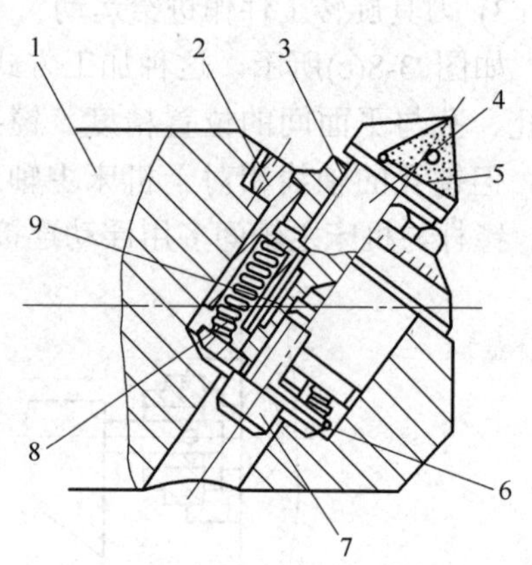

图 3-10　微调镗刀

1—镗杆；2—套筒；3—刻度导套；4—刀杆；5—刀片；6—垫圈；7—夹紧螺钉；8—弹簧；9—键

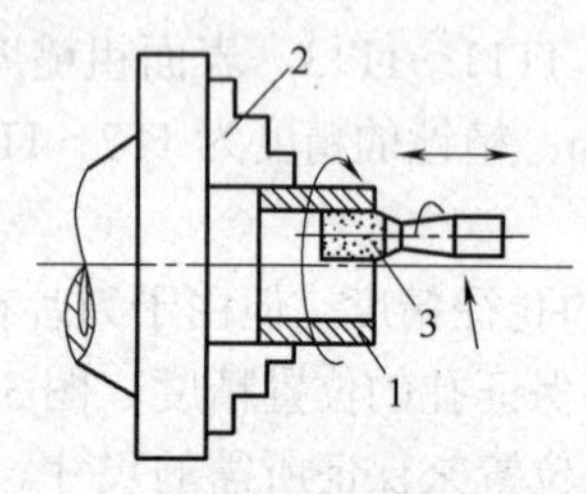

图 3-11　内圆磨削示意图

1—工件；2—卡盘；3—砂轮

### 9. 磨孔

磨孔是孔精加工的方法之一(见图 3-11)，精度可达 IT7，表面粗糙度 $R_a$为 1.6～0.4μm。

磨孔与磨外圆相比较，工作条件较差：砂轮直径受到孔径的限制，磨削速度低；砂轮轴受到工件孔径和长度的限制，刚性差而容易变形；砂轮与工件接触面积大，单位面积压力小，使磨钝的磨料不易脱落；切削液不易进入磨削区，磨屑排除和散热困难，工件易烧伤，砂轮磨损快、易堵塞，需要经常修整和更换。因此，磨孔的质量和生产率都不如磨外圆。但是，磨孔的适应性好，在单件、小批生产中应用很广泛。特别是对淬硬的孔、盲孔、大直径的孔(用行星磨削)、长度短的精密孔以及断续表面的孔(带链槽或花键孔)，内圆磨削是主要的加工方法。增加内圆磨头的转速和采用自动化程度高的内圆磨床，是提高内圆磨削生产率的主要途径。如采用 100 000r/min 风动磨头，可以磨削小直径的孔而获得较好的质量和较高的生产率。

### 10. 珩磨孔

珩磨是孔光整加工的方法之一，常在专用的珩磨机上用珩磨头进行加工。图 3-12 所示为一种利用螺纹加压式珩磨头。本体 2 通过浮动联轴节和机床主轴连接，磨条 5 用机械方法和磨条座 4 结合而装入本体的槽中，磨条座两端由弹簧箍 1 箍住，使磨条经常向内收缩。珩磨头工作尺寸的调节依靠调节锥 6 实现，旋转螺母 7 使其向下时，就推动调节锥向下移动，通过磨条顶块 3 使磨条径向张开而获得工作压力；若旋转螺母 7 使其向上时，压力弹簧 8 便推动调节锥向上，磨条受到弹簧箍的作用而收缩。这种珩磨头结构简单，但操作不便，只用于单件小批生产。大批量生产中常用压力恒定的气动或液压加压的珩磨头。珩磨时，工件固定在机床工作台上，主轴驱动珩磨头作旋转和往复运动(见图 3-13(a))，使珩磨头上磨条在孔的表面上切削去极薄的一层金属，其切削轨迹成交叉而不重复的网纹，如图 3-13(b)所示。

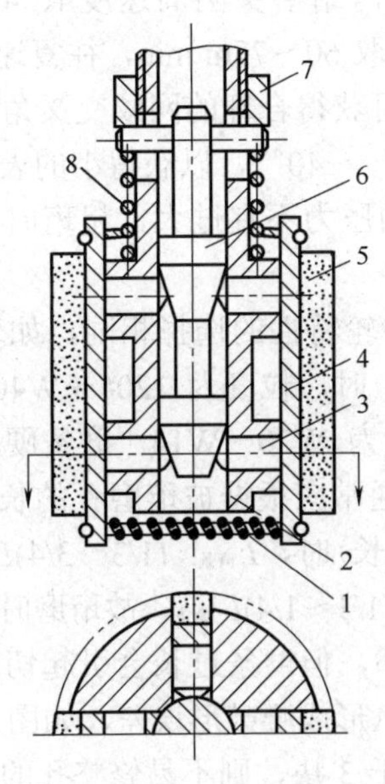


图 3-12　珩磨头

1—弹簧箍；2—本体；3—磨条顶块；4—磨条座；5—磨条；6—调节锥；7—螺母；8—压力弹簧

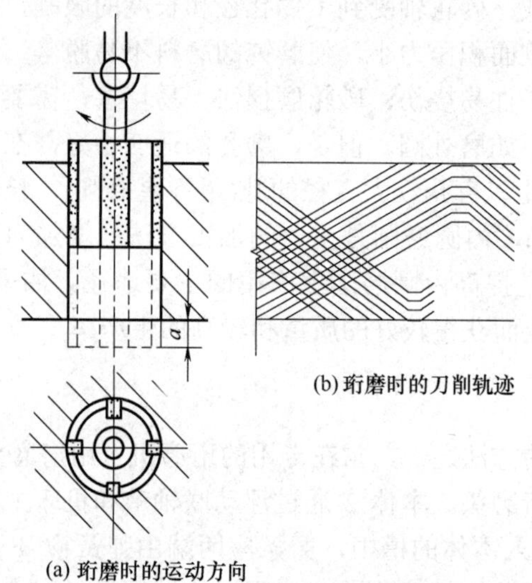


图 3-13 珩磨孔时的运动及切削轨迹

珩磨孔时的主要工艺参数有以下几种。

(1) 珩磨余量直接影响加工质量和生产率，加工钢件时为 0.01～0.06mm，加工铸铁时为 0.02～0.2mm，孔径大时取大值。粗珩切去余量的 2/3～4/5，精珩只是修平粗珩留下的凸峰。

(2) 珩磨的圆周速度和往复速度增加，可以提高生产率，但过高则会使发热量增大并加速磨条的磨损。一般珩磨钢件时珩磨头圆周速度取 40～60m/min，往复速度取 10～12m/min。珩磨铸铁时，圆周速度取 60～75m/min，往复速度取 15～20m/min。适当调整珩磨头往复速度与圆周速度之比，可获得合理的网纹交叉角$\theta$。粗珩时，为提高切削效率，$\theta$取 40°～60°，精珩时$\theta$取 20°～40°，以获得小的表面粗糙度。

(3) 珩磨时磨条与工件表面的压力不宜过大，粗珩时取 0.5～2MPa，精珩时取 0.2～0.8MPa。

(4) 磨条选择的一般原则和砂轮特性的选择相同，如表面粗糙度要求越小，则粒度越细。表面粗糙度 $R_a$ 为 0.8～0.4μm 时，粒度为 120#～W40；$R_a$ 为 0.4～0.2μm 时，粒度为 W40～W20；$R_a$≤0.1μm 时，粒度为 W20～W14。磨条硬度一般为 $R_3$～$ZY_1$。磨条长度对珩磨孔母线的直线度影响较大，通常应根据被珩磨孔的长度来确定。当珩磨长孔时，$L_{磨条}$≈1/2$L_{孔}$；当珩磨短孔(孔径大于孔长)时，$L_{磨条}$≈(1/3～3/4)$L_{孔}$，如图 3-14(a)所示。磨条工作时在孔两端的超程量一般可取 $a$ =(1/3～1/4)$L_{磨条}$，故珩磨时工作行程长度 $L=L_{孔}+2a-L_{磨条}$。磨条增长则行程减短，可提高生产率，但磨条过长会引起切制不均匀，影响孔的形状精度。超程量 $a$ 选择不当，则会导致喇叭形成腰鼓形误差，如图 3-14(b)所示。磨条的数量为 3～12 块，随孔径的增大而增多；少于 3 块，则不易修整孔的几何形状误差。但孔径很小时，可以减至 1～2 块磨条，加上 1～2 根胶木或硬质合金导向块，以保证珩磨时的导向。

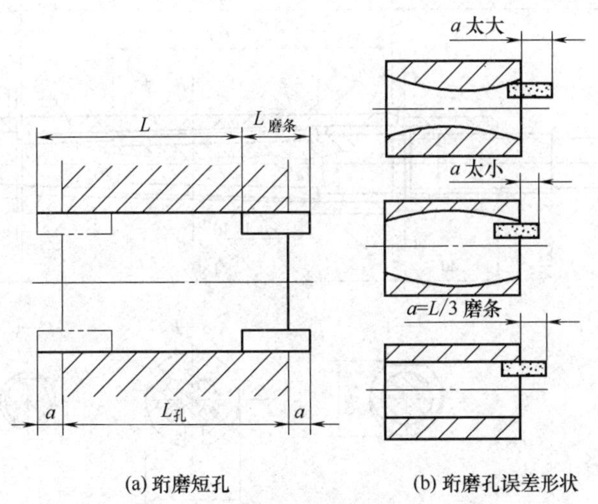


(a) 珩磨短孔　　(b) 珩磨孔误差形状

图 3-14　磨条长度对珩孔的影响

(5) 珩磨钢件和铸铁时，常用 60%～90%的煤油，加入 40%～10%的硫化油作为切削液，以冲洗磨屑和脱落的磨粒，改善加工表面粗糙度。

珩磨不仅可以获得加工质量高的孔，而且也有较高的生产率。因为珩磨前孔径经过准确的预加工，余量小。珩磨头与主轴间浮动连接，余量均匀。珩磨头径向刚度大，加工过程平稳。珩磨时磨条与孔壁接触面积较大，参加切削的磨粒数多，属于小切削力的微量切削，加上珩磨的切削速度较低，发热量少，不易产生表面烧伤，细粒度的磨条和具有不重复的网状轨迹有利于减小表面粗糙度值，故加工的尺寸精度可达 IT7～IT5，表面粗糙度 $R_a$ 为 0.4～0.012μm，圆度和圆柱度可达 0.003～0.005mm。珩磨头的转速虽然较低，但往复速度较高，参加切削的磨粒很多，能很快地切除金属，故生产率比内圆磨、精细镗都高。由于珩磨头与主轴是浮动连接的，珩磨时以孔本身定位，因此不能提高孔的位置精度。珩磨可以加工铸铁和钢件，但不宜加工易堵塞磨条的铜、铝等韧性金属。珩磨加工孔径的范围为 5～500mm，还可以加工长径比 $L/D>10$ 的深孔(如液压缸孔)。因此，珩磨在汽车、拖拉机以及机床、煤矿机械、液压件生产等部门，都得到了广泛的应用。

**11. 孔的研磨**

研磨孔的原理与研磨外圆相同。研具是用铸铁制成的研棒。图 3-15 所示为可调式研磨棒，通过旋转调节螺母 2、5，借心杆 1 锥体的作用，可调节研磨套 3 的径向尺寸。一般研磨棒外径应比工件内孔小 0.01～0.025mm，以保证磨粒能在此间隙内运动。这种研具可以供粗研和精研共用。研磨内孔一般可在车床或钻床上进行。研磨的尺寸精度可达 IT6 级，表面粗糙度 $R_a$ 为 0.16～0.01μm，但生产率低，故研磨前孔必须经过磨削、精镗或精铰等工序，尽量减少加工余量，对于中、小尺寸孔，研磨余量约为 0.025mm。此外，研磨孔的位置精度需由前工序来保证。

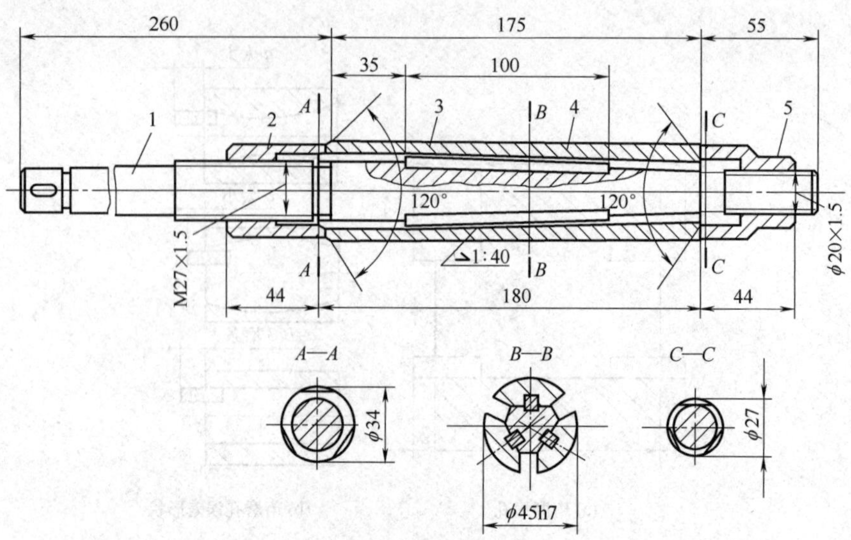


图 3-15　可调式研磨棒

1—心杆；2，5—调节螺母；3—研磨套；4—键

### 3.3.2　套类零件内孔表面加工方法选择

孔加工方法选择与机床选用之间是密切联系的。孔加工常用的方案如表 1-8 所示，拟订孔加工方案时，除一般因素外，还应考虑孔径大小和深径比。

根据套类零件的毛坯、零件的形状和尺寸，套类零件内孔表面加工方法一般常选择钻孔、扩孔、车孔、铰孔及拉孔等方法。

## 3.4　套类零件孔加工设备

【学习目标】掌握套类零件中间部位孔加工设备的选择，了解适于拉削加工的一些典型表面以及拉床的特点。

### 3.4.1　套类零件中间部位孔加工设备的选择

套类零件中间部位的孔一般在车床上加工，这样既便于工件装夹，又便于在一次装夹中精加工孔、端面和外圆，以保证位置精度。若采用拉削方案，可先在卧式车床或多刀半自动车床上粗车外圆、端面和钻孔(或粗镗孔)，然后再转拉床加工。

车床在第 2 章中已作介绍，这里将简单介绍拉床。

### 3.4.2　拉床

拉床是用拉刀进行加工的机床，主要用来加工各种形状的通孔、平面及成形表面等。图 3-16 所示为适于拉削加工的一些典型表面形状。拉床上只有主运动，没有进给运动，拉刀一次走刀即可完成粗、精加工。拉削时，拉刀及拉床上受的力很大，为了使运动平稳、易于操纵，拉床的主运动通常都是由液压驱动的。图 3-17(a)、图 3-17 (b)所示分别为卧式内拉床及立式外拉床的拉削加工示意图。

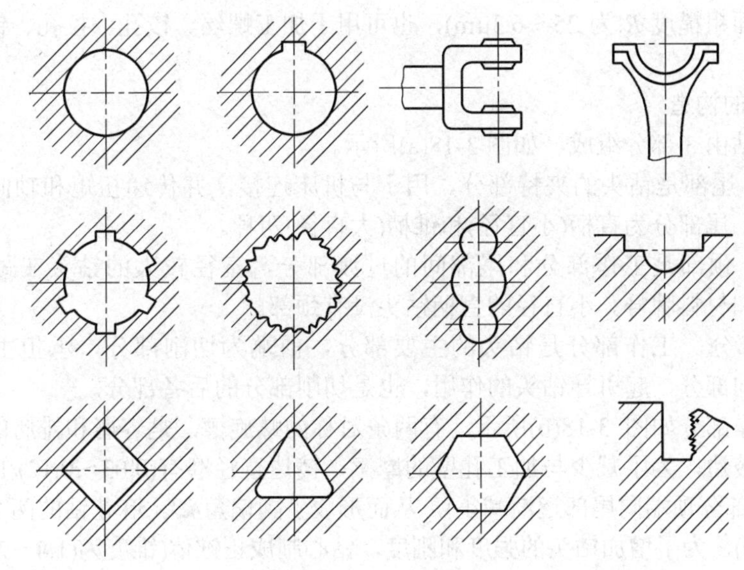

图 3-16　适于拉削的典型表面

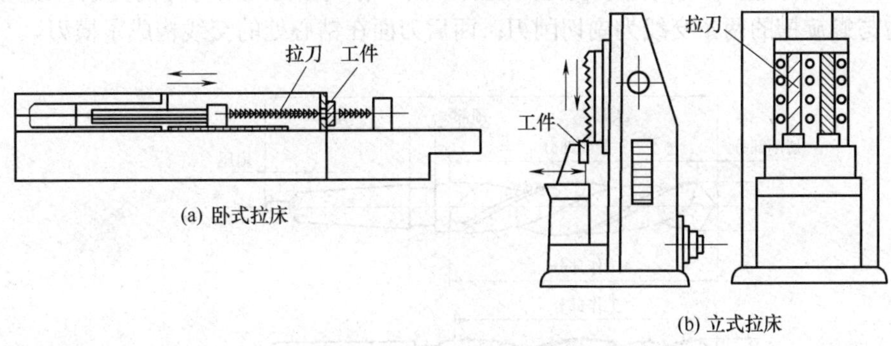


图 3-17　拉床

拉床的生产率很高，且加工精度和表面质量也较好，但刀具结构复杂，设计、制造费用昂贵，所以仅用于大批量生产。

## 3.5　套类零件孔加工刀具

【学习目标】掌握套类零件孔加工常用刀具，如麻花钻、扩孔钻、锪钻、铰刀、内孔车刀等的几何形状、种类等。

孔加工刀具按其用途一般分为两大类：一类是从实体材料上加工出孔的刀具，如麻花钻、中心钻及深孔钻等；另一类是对已有孔进行再加工的刀具，如扩孔钻、铰刀、镗刀、内孔车刀等。此外，内拉刀、内圆磨砂轮、珩磨头等也可以用来加工孔。

套类零件内孔加工常用刀具有麻花钻、扩孔钻、锪钻、铰刀、内孔车刀等。

## 1. 麻花钻

麻花钻是一种形状较复杂的双刃钻孔或扩孔的标准刀具。一般用于孔的粗加工(IT11 以下精度及表面粗糙度 $R_a$ 为 25～6.3μm)，也可用于加工螺丝、铰孔、拉孔、镗孔、磨孔的预制孔。

1) 麻花钻的构造

标准麻花钻由 3 部分组成，如图 3-18(a)所示。

(1) 尾部。尾部是钻头的夹持部分，用于与机床连接，并传递扭矩和轴向力。按麻花钻直径的大小，尾部分为直柄(小直径)和锥柄(大直径)两种。

(2) 颈部。颈部是工作部分和尾部间的过渡部分，直径较大的钻头在颈部标注有商标、钻头直径和材料牌号。小直径的直柄钻头没有颈部。

(3) 工作部分。工作部分是钻头的主要部分，前端为切削部分，承担主要的切削工作；后端为导向部分，起引导钻头的作用，也是切削部分的后备部分。

钻头的工作部分如图 3-18(b)所示，有两条对称的螺旋槽，是容屑和排屑的通道。导向部分磨有两条棱边，为了减少与加工孔壁的摩擦，棱边直径磨有(0.03～0.12)/100 的倒锥量(即直径由切削部分顶端向尾部逐渐减小)，从而形成了副偏角 $\kappa_r'$。麻花钻的两个刃瓣由钻心连接(图 3-18(c))，为了增加钻头的强度和刚度，钻心制成正锥体(锥度为(1.4～2)/100)。螺旋槽的螺旋面形成了钻头的前刀面；与工件过渡表面(孔底)相对的端部两曲面为主后刀面；与工件已加工表面(孔壁)相对的两条棱边为副后刀面。螺旋槽与主后刀面的两条交线为主切削刃；棱边与螺旋槽的两条交线为副切削刃；两后刀面在钻心处的交线构成了横刃。

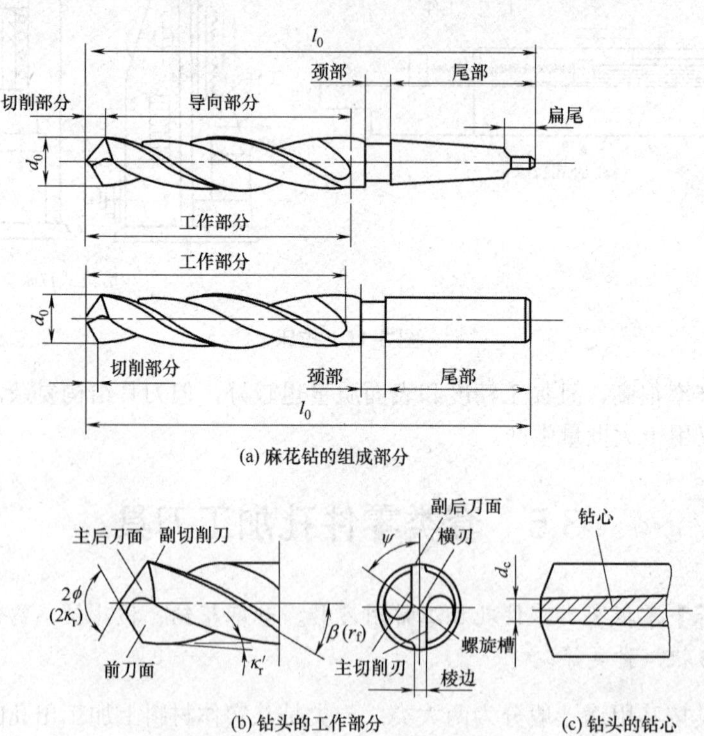


图 3-18　麻花钻的组成和切削部分

2) 麻花钻的主要几何参数

麻花钻的主要几何参数如图 3-19 所示。

(1) 螺旋角$\beta$。钻头螺旋槽最外缘处螺旋线的切线与钻头轴线间的夹角为钻头的螺旋角$\beta$，如图 3-18(b)所示。由于螺旋槽上各点的导程相同，因而麻花钻主切削刃上不同半径处的螺旋角不同，即螺旋角从外缘到钻心逐渐减小。螺旋角实际上就是钻头假定工作平面内的前角 $\gamma_f$。因此，较大的螺旋角使钻头的前角增大，故切削扭矩和轴向力减小，切削轻快，排屑也较容易。但是螺旋角过大，会削弱钻头的强度和散热条件，使钻头的磨损加剧。标准麻花钻的$\beta$=18°～30°，小直径钻头$\beta$值较小。

(2) 顶角 $2\phi$ 和主偏角 $\kappa_r$。钻头的顶角(即锋角)为两主切削刃在与其平行的轴向平面上投影之间的夹角，如图 3-18(b)所示。标准麻花钻的 $2\phi$=118°，此时的主切削刃是直线。

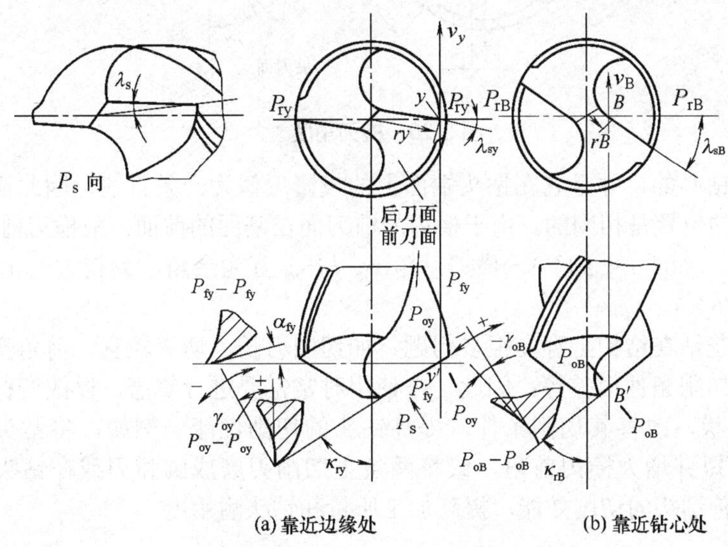


图 3-19　麻花钻的几何角度

钻头的顶角 $2\phi$ 直接决定了主偏角 $\kappa_r$ 的大小，且顶角之半 $\phi$ 在数值上与主偏角 $\kappa_r$ 很接近，因此一般常用顶角代替主偏角来分析问题。顶角减小，切削刃长度增加，单位切削刃长度上负荷降低，刀尖角$\varepsilon_r$ 增大，改善了散热条件，提高了钻头的耐用度，同时轴向力减小。但切屑变薄，切屑平均变形增加，故使扭矩增大。

(3) 前角$\gamma_0$。钻头的前角是在正交平面内测量的前刀面与基面间的夹角。由于钻头的前刀面是螺旋面，且各点处的基面和正交平面位置亦不相同，故主切削刃上各处的前角也是不相同的，由外缘向中心逐渐减小。对于标准麻花钻，前角由 30°逐渐变为-30°，故靠近中心处的切削条件很差。

(4) 后角$\alpha_f$。钻头的后角是在假定工作平面(即以钻头轴线为轴心的圆柱面的切平面)内测量的切削平面与主后刀面之间的夹角。在切削过程中，$\alpha_f$ 在一定程度上反映了主后刀面与工件过渡表面之间的摩擦关系，而且测量也比较容易。

考虑到进给运动对工件后角的影响，同时为了补偿前角的变化，使刀刃各点的楔角较为合理，并改善横刃的切削条件，麻花钻的后角刃磨时应由外缘处向钻心逐渐增大。一般后刀面磨成圆锥面，也有磨成螺旋面或圆弧面的。标准麻花钻的后角(最外缘处)为 8°～20°，大直径钻头取小值，小直径钻头取大值。

(5) 横刃角度(见图 3-20)。横刃是两个后刀面的交线，其长度为 $b_\phi$。横刃角度包括横刃斜角 $\phi$、横刃前角 $\gamma_{0\phi}$ 和横刃后角 $\alpha_{0\phi}$。横刃斜角 $\phi$ 是在钻头端平面内投影的横刃与主切削刃之间的夹角，它是刃磨后刀面时形成的。标准麻花钻的 $\phi$=50°～55°。当后角磨得偏大时，横刃斜角 $\phi$ 减小，横刃长度 $b_\phi$ 增大。

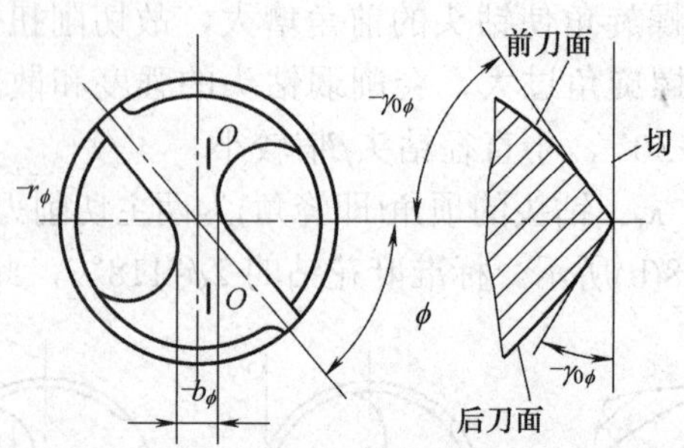


图 3-20　横刃角度

横刃是通过钻心的，并且它在钻头端面上的投影近似为一条直线，因此横刃上各点的基面和切削平面的位置是相同的。由于横刃的前刀面在基面的前面，故横刃前角 $\gamma_{0\phi}$ 为负值(标准麻花钻的 $\gamma_{0\phi}$=−60°～−54°)。横刃后角 $\alpha_{0\phi}$ 与 $\gamma_{0\phi}$ 互为余角，为较大的正值(标准麻花钻的 $\alpha_{0\phi}$=30°～36°)。

由于标准麻花钻在结构上存在很多问题，如切削刃长、切屑较宽、前角变化大、排屑不畅、横刃部分切削条件很差等，因此，在使用时常常要进行修磨，以改变标准麻花钻切削部分的几何形状，改善其切削条件，提高钻头的切削性能。例如，将钻头磨成双重顶角，或将横刃磨短并增大横刃前角，或将两条主切削刃磨成圆弧刃或在钻头上开分屑槽等，都可大大改善钻头的切削效能，提高加工质量和钻头耐用度。

### 2. 扩孔钻

扩孔钻是用于对已钻孔进一步加工，以提高孔的加工质量的刀具。其加工精度为 IT10～IT11，表面粗糙度 $R_a$ 可达 6.3～3.2μm。

扩孔钻的刀齿比较多，一般有 3～4 个，故导向性好，切削平稳。由于扩孔余量较小，容屑槽较浅，刀体强度和刚性较好；扩孔钻没有横刃，改善了切削条件，因此，可大大提高切削效率和加工质量。

扩孔钻的主要类型有两种，即整体式扩孔钻和套式扩孔钻(见图 3-21)，其中套式扩孔钻适用于大直径孔的扩孔加工。

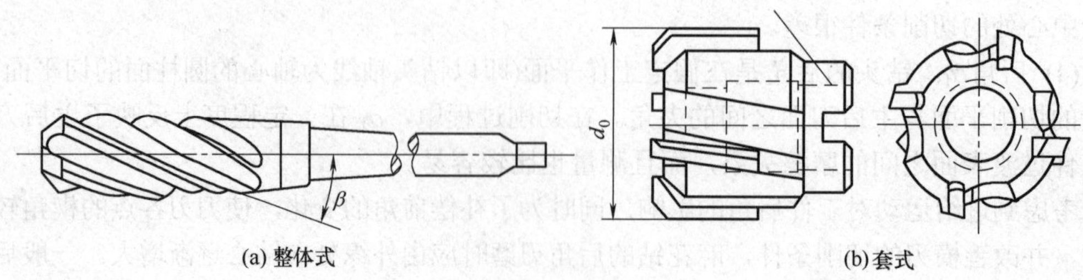


图 3-21　扩孔钻

### 3. 锪钻

锪钻主要有：60°、90°、120°直柄锥面锪钻(GB/T 4258—2004)；60°、90°、120°锥柄锥面锪钻(GB/T 1143—2004)；带导柱直柄平底锪钻(GB/T 4260—2004)；带可换导柱锥柄平底锪钻(GB/T 4261—2004)等。

锪钻类型的选择取决于加工的性质、被加工孔的位置、被加工表面的尺寸和导向孔的尺寸、表面粗糙度及加工精度。例如，欲加工置放圆锥形埋头螺钉用的孔，可采用锥形锪钻；欲加工置放螺栓及螺钉头部用的圆柱孔，可采用圆柱形锪钻。

当锪大尺寸的凸起部时，可采用对称的或不对称的端面刀片。采用可换导向枢轴可改善锪钻的刃磨条件，而采用可回转的枢轴及可回转的导套可避免刀具的咬住及崩坏。当加工远离零件端面的凸起部以及当加工内部的和“反面的”凸起部时，可采用插装在特殊刀杆上的套式端面锪钻，刀杆长度的选择取决于凸起部的位置。

锪钻的尺寸选择取决于被加工孔的尺寸(直径及深度)及被加工凸起部的直径。当加工凸起部时，锪钻切削部分的直径或刀片的宽度应较凸起部的直径稍大，以保证超出被加工的表面。

### 4. 铰刀

铰刀用于中、小尺寸孔的半精加工和精加工，也可用于磨孔或研孔前的预加工。铰刀齿数多(6～12 个)，导向性好，心部直径大，刚性好。铰削余量小，切削速度低，加上切削过程中的挤压作用，所以能获得较高的加工精度(IT6～IT8)和较好的表面质量(表面粗糙度 $R_a$ 为 1.6～0.4μm)。铰刀分为手用铰刀和机用铰刀两类，如图 3-22 所示。手用铰刀又分为整体式和可调整式，机用铰刀分为带柄式和套式。加工锥孔用的铰刀称为锥度铰刀。铰刀的基本结构如图 3-23 所示，它由柄部、颈部和工作部分组成，工作部分包括切削部分和校准部分。切削部分用于切除加工余量；校准部分起导向、校准与修光作用。校准部分又分为圆柱部分和倒锥部分。圆柱部分保证加工孔径的精度和表面粗糙度要求；倒锥部分的作用是减小铰刀与孔壁的摩擦以及避免孔径扩大等现象。

铰刀切削部分呈锥形，其锥角 $2\kappa_r$ 的大小主要影响被加工孔的质量和铰削时轴向力的大小。对于手用铰刀，为了减小轴向力，提高导向性，一般取 $\kappa_r$=30'～1° 30'；对于机用铰刀，为提高切削效率，一般加工钢件时，$\kappa_r$=12°～15°，加工铸铁件时，$\kappa_r$=3°～5°，加工盲孔时，$\kappa_r$=45°。

由于铰削余量很小，切屑很薄，故铰刀的前角作用不大，为了制造和刃磨方便，一般取 $\gamma_0$=0°。铰刀的切削部分为尖齿，后角一般为 $\alpha_0$=6°～10°，而校准部分应留有宽 0.2～0.4mm、后角 $\alpha_{O1}$=0° 的棱边，以保证铰刀具有良好的导向与修光作用。

铰刀的直径是指铰刀圆柱校准部分的刃齿直径，它直接影响到被加工孔的尺寸精度、铰刀的制造成本及使用寿命。铰刀的基本直径等于孔的基本直径，铰刀的直径公差应综合考虑被加工孔的公差、铰削时的扩张量或收缩量(一般为 0.003～0.02mm)、铰刀的制造公差和备磨量等来确定。

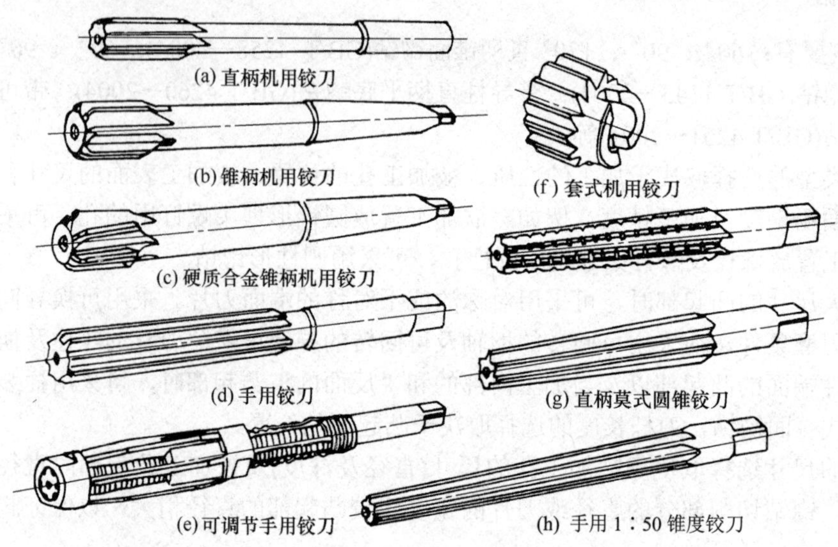


图 3-22　铰刀的类型

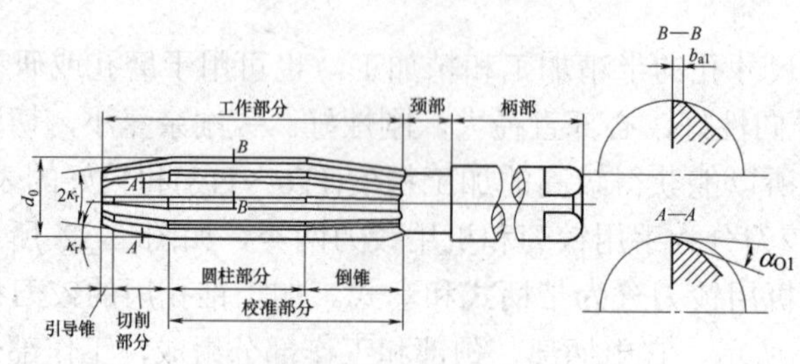


图 3-23　铰刀的结构

### 5. 内孔车刀

为了达到所要求的精度和表面粗糙度，针对铸造孔、锻造孔、型材孔或用钻头钻出的孔，还需要车孔。根据不同的加工情况，内孔车刀可分为通孔车刀(图 3-24(a))和盲孔车刀(见图 3-24(b))两种。

(1) 通孔车刀。通孔车刀形状基本上与外圆车刀相似。为了减小径向切削力 $F_y$，防止振动，主偏角($\kappa_r$)应取得较大，一般在 60°～75°之间，副偏角($\kappa_r'$)为 15°～30°。为了防止内孔车刀和孔壁的摩擦，又不使后角磨得太大，一般磨成两个后角，如图 3-24(c)所示。

(2) 盲孔车刀。盲孔车刀是用来车盲孔或阶台孔的，切削部分的几何形状基本上与偏刀相似。它的主偏角如图 3-24(b)所示。刀尖在刀杆的最前端，刀尖与刀杆外端的距离 $a$ 应小于内孔半径 $R$，否则孔的底平面就无法车平。车内孔阶台时，只要不碰即可。

为了节省刀具材料和增加刀杆强度，可以把高速钢或硬质合金做成很小的刀头，装在碳钢或合金钢制成的刀杆上(见图 3-25)，在顶端或上面用螺钉紧固。内孔车刀杆有车通孔的(图 3-25(a))和车盲孔的(图 3-25(b))两种。车盲孔的刀杆方孔应做成斜的。内孔车刀杆根据孔径大小及孔的深浅可做成几组，以便在加工时选择使用。

图 3-25(a)和图 3-25(b)所示的内孔车刀杆，其刀杆伸出长度固定，不能适应各种不同

孔深的工件。图 3.25(c)所示的方形长刀杆可根据不同的孔深调整刀杆伸出长度，以利于发挥刀杆的最大刚性。

可转位内孔车刀的结构尺寸见 GB/T 14297—1993。

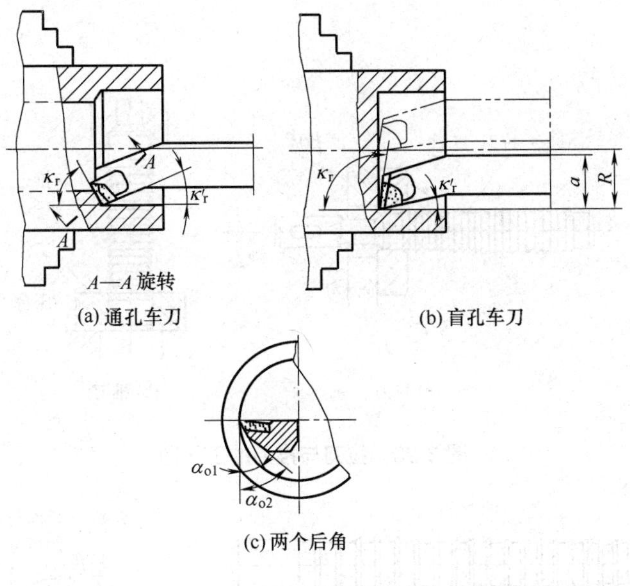


图 3-24　车孔刀

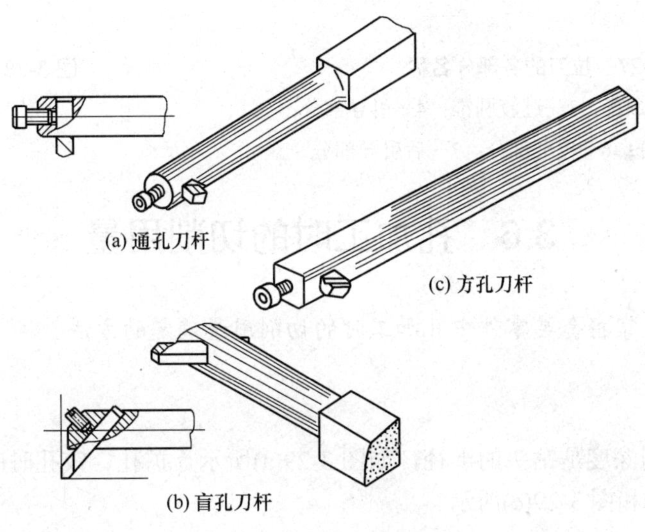


图 3-25　车孔刀杆

### 6. 拉削刀具

拉削刀具是用于加工各种不同形状的孔及外表面的金属切削加工多刃刀具。工件表面通过拉削一次行程即可完成粗、精加工，生产率极高，且由于拉削速度低、拉削过程平稳和切削层厚度小，因此加工精度可达 H7 级，表面粗糙度可达 $R_a$ 0.8μm。

孔的拉削刀具可分为拉刀(图 3-26(a))和推刀(图 3-26(b))两类。拉刀在拉床(卧式及立式)

上使用，推刀则在压床上使用。拉刀的各部分名称如图 3-27 所示。拉刀齿部名称如图 3-28 所示。

拉刀及推刀的基本类型见GB/T 14329—1993、JB/T 5613—1991、JB/T 6357—1992等标准。

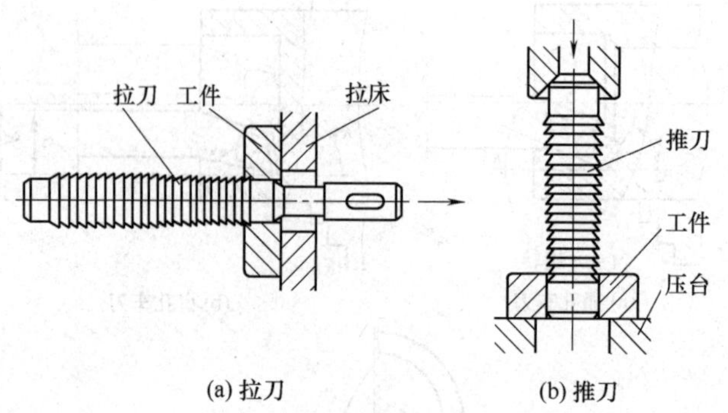


图 3-26　拉刀与推刀的工作图

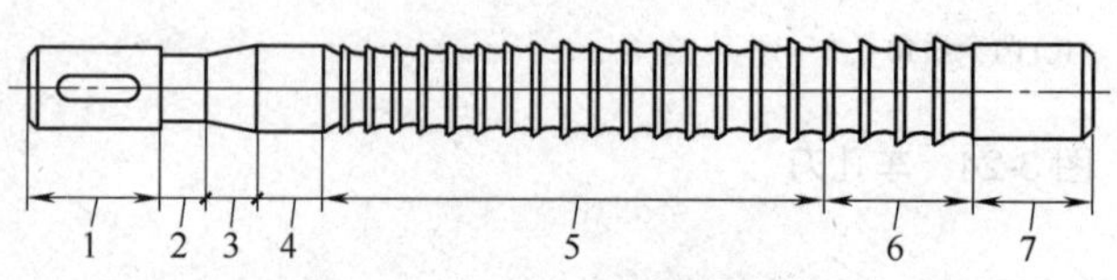


图 3-27　拉刀的各部分名称

1—柄部；2—颈部；3—过渡圆锥；4—引导部分；
5—切削部分；6—校准部分；7—后引导部分

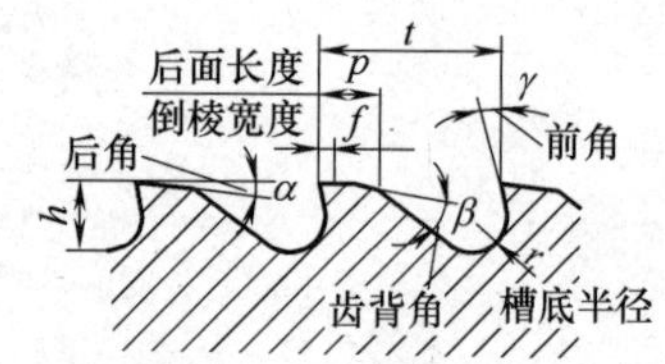


图 3-28　拉刀齿部名称

## 3.6　孔加工时的切削用量

【学习目标】掌握套类零件中孔加工时的切削用量确定的方法。

### 1. 切削深度

钻孔时的切削深度是钻头的半径，如图 3-29(a)所示，扩孔、铰孔时的切削深度 $a_p=(D-d)/2$，如图 3-29(b)和图 3-29(c)所示。

### 2. 切削速度

孔加工的切削速度可按式(3-1)计算，即

$$v=\frac{\pi Dn}{1000} \tag{3-1}$$

式中：$v$——切削速度，m/min；

$D$——钻头、扩孔钻、铰刀的直径，mm；

$n$——车床主轴转速，r/min。

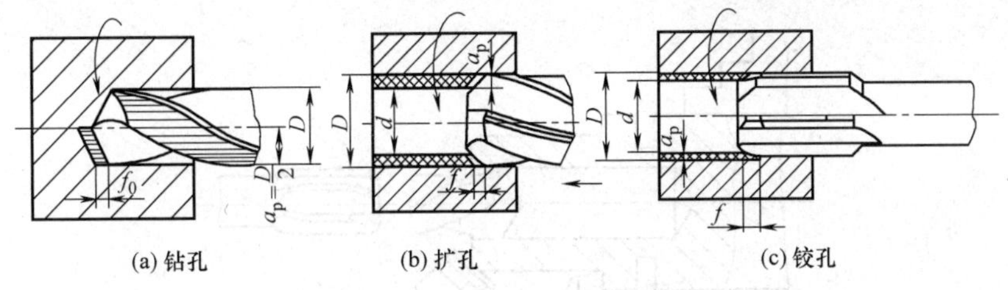

(a) 钻孔　(b) 扩孔　(c) 铰孔

图 3-29　钻孔、扩孔时的切削用量

用高速钢钻头钻钢料时，切削速度一般选择 15～30m/min，扩孔时可略高些。钻铸铁时，$v$ 取 10～25m/min。钻铝合金时，$v$ 取 75～90m/min。

铰孔或锪内圆锥时，为了减小表面粗糙度，切削速度应取 5m/min 以下。

### 3. 进给量

在车床上，钻孔、扩孔、锪孔、铰孔的进给量是用手慢慢转动车床尾座手轮来实现的。使用小直径钻头钻孔时，进给量太大会使钻头折断。用直径为 12～25mm 的钻头钻削钢料时，进给量选 0.15～0.35mm/r，钻铸件时，进给量可略大些。扩孔的进给量可比钻孔时大一些。

铰孔时，由于切屑少，而且铰刀上有修光定位部分，进给量可取大一些。铰钢料时，选用 0.2～0.8mm/r。

锪内圆锥时，孔的表面粗糙度一般要求较小，进给量应控制在 0∶05mm/r 以下。

## 3.7　保证套类零件技术要求的方法

【学习目标】掌握保证套类零件技术要求的方法。

套类工件主要的加工表面是孔、外圆和端面。内孔一般用钻孔、车孔或钻孔、铰孔来达到尺寸精度和表面粗糙度要求。孔达到以上技术要求后，套类加工的关键问题是如何达到图样所规定的各项形位公差要求。

下面将介绍保证同轴度和垂直度的方法。

### 1. 在一次安装中完成

在单件生产时，可以在一次安装中把工件全部或大部分加工完毕。这种方法没有定位误差。如果车床精度较高，可获得较高的形位精度。但是，采用这种方法车削时需要经常转换刀架，如图 3-30 所示的工件轮流使用外圆车刀、45° 车刀、钻头(包括车孔或扩孔)、铰刀和切断刀等刀具加工。如果刀架定位精度较差，尺寸较难掌握，切削用量也要时常改变。

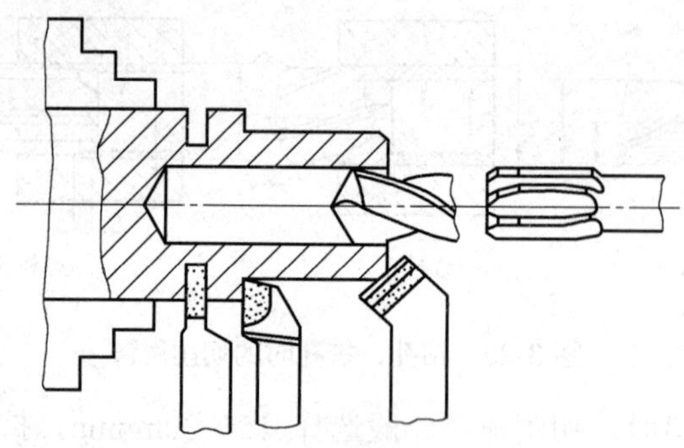

图 3-30 一次安装中加工工件

### 2. 以内孔为基准保证位置精度

中、小型的套、带轮、齿轮等零件一般可用心轴，以内孔作为定位基准来保证工件的同轴度和垂直度。心轴由于制造容易，使用方便，因此在工厂中应用很广泛。常用的心轴有下列几种。

1) 实体心轴

实体心轴有不带阶台的实体心轴和带阶台的实体心轴两种。不带阶台的实体心轴有 1∶1000～1∶5000 的锥度，又称小锥度心轴，如图 3-31(a)所示。这种心轴的优点是制造容易，加工出的零件精度较高；缺点是长度无法定位，承受切削力小，装卸不太方便。图 3-31(b)所示是阶台式心轴，它的圆柱部分与零件孔保持较小的间隙配合，工件靠螺母来压紧。其优点是一次可以装夹多个零件；缺点是精度低。如果装上快换垫圈，装卸工件将非常方便。

2) 胀力心轴

胀力心轴依靠材料弹性变形所产生的胀力来固定工件，由于其装卸方便，精度较高，因而在工厂中使用非常广泛。

可装在机床主轴孔中的胀力心轴如图 3-31(c)所示。根据经验，胀力心轴塞的锥角最好为 30° 左右，最薄部分壁厚 3～6mm。为了使胀力保持均匀，槽可做成三等分，如图 3-31(d)所示。临时使用的胀力心轴可用铸铁做成，长期使用的胀力心轴可用弹簧钢(65Mn)制成。这种心轴使用最方便，因此得到广泛采用。

以上方法是一种以工件内孔为基准来达到相互位置精度的方法，其优点是：设计制造简单，装卸方便，比较容易达到技术要求。但是，当加工外圆很大、内孔很小、定位长度较短的工件时，应该采用外圆为基准来保证技术要求。

### 3. 用外圆为基准保证位置精度

工件以外圆为基准保证位置精度时，车床上一般应用软卡爪装夹工件。

软卡爪是用未经淬火的钢料(45 钢)制成的。首先，这种卡爪在本身车床上车成所需要的形状，因此，可确保装夹精度。其次，当装夹已加工表面或软金属工件时，不易夹伤工件表面。另外，还可根据工件的特殊形状，相应地车制软卡爪，以装夹工件。软卡爪在企业中已得到越来越广泛的应用。

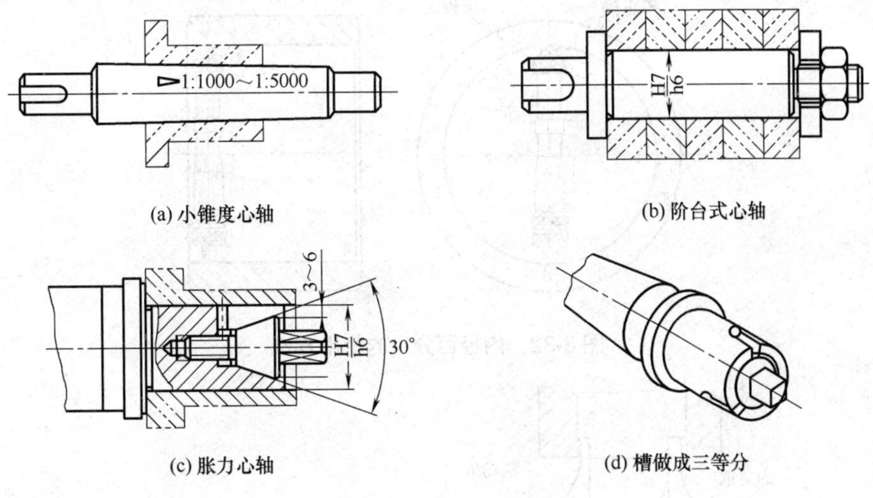


(a) 小锥度心轴　(b) 阶台式心轴

(c) 胀力心轴　(d) 槽做成三等分

图 3-31　各种常用心轴

# 3.8　套类零件的测量

【学习目标】掌握套类零件中孔径、形状精度和位置精度等的测量方法。

## 3.8.1　孔径的测量

孔的尺寸精度要求较低时，可采用内卡钳或游标卡尺；精度高时，可采用以下几种方法。

### 1. 内卡钳

在孔口试切削或位置狭小时，使用内卡钳显得灵活方便。内卡钳与外径千分尺配合使用，也能测量出较高精度(IT7～IT8)的孔径。

### 2. 塞规

用塞规检验孔径时，当过端进入孔内而止端不能进入孔内时，说明工件孔径合格。测量盲孔时，为了排除孔内的空气，在塞规的外圆上(轴向)开有排气槽。

### 3. 内径百分尺

内径百分尺的使用方法如图 3-32 所示。测量时，内径百分尺应在孔内摆动，在直径方向应找出最大尺寸，轴向应找出最小尺寸，这两个重合尺寸就是孔的实际尺寸。

### 4. 内径千分尺

当孔径小于 25mm 时，可用内径千分尺测量。内径千分尺测量及其使用方法如图 3-33 所示。这种千分尺刻线方向与外径千分尺相反，当微分筒顺时针旋转时，活动爪向右移动，量值增大。

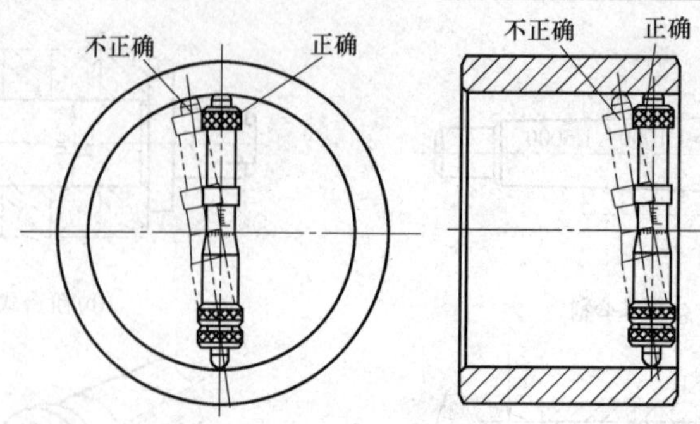


图 3-32　内径百分尺的使用方法

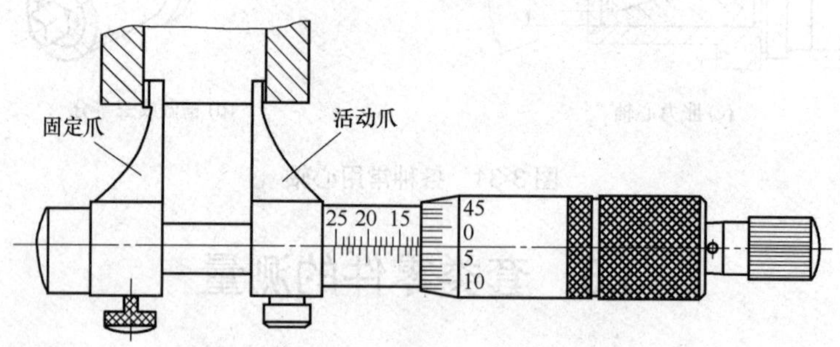


图 3-33　内径千分尺的使用方法

## 3.8.2　形状和位置精度的测量

### 1. 百分表

工件的形状和位置精度一般用百分表(或千分表)来测量。百分表是一种指示式量仪，其刻度值为 0.01mm。刻度值为 0.001mm 或 0.002mm 的为千分表。

常用的百分表有钟表式和杠杆式两种，如图 3-34 所示。

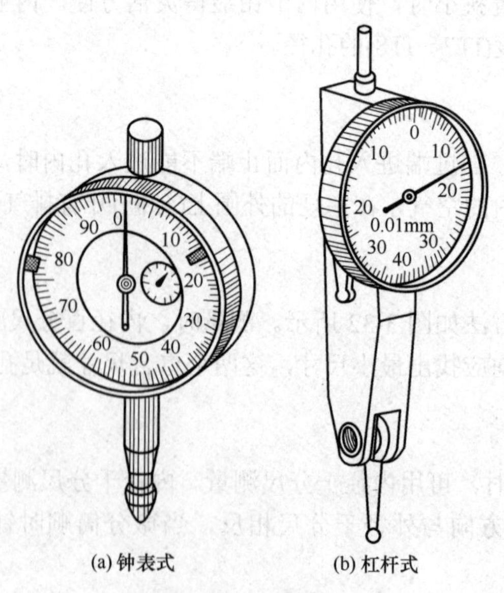


(a) 钟表式　　(b) 杠杆式

图 3-34　百分表

钟表式百分表的工作原理是将测杆的直线移动，经过齿条齿轮传动放大，转变为指针的转动，表面上一格的刻度值为0.01mm。

杠杆式百分表是利用杠杆齿轮放大原理制成的。由于杠杆式百分表的球面测杆可以根据测量需要改变位置，因此使用灵活方便。

2. 内径百分表(或千分表)

内径百分表(见图3-35)是将百分表装夹在测架1上，触头6通过摆动块7、杆3，将测量值1∶1传递给百分表。固定测量头5可根据孔径大小更换。为了便于测量，测量头旁装有定心器4。测量力由弹簧2产生。

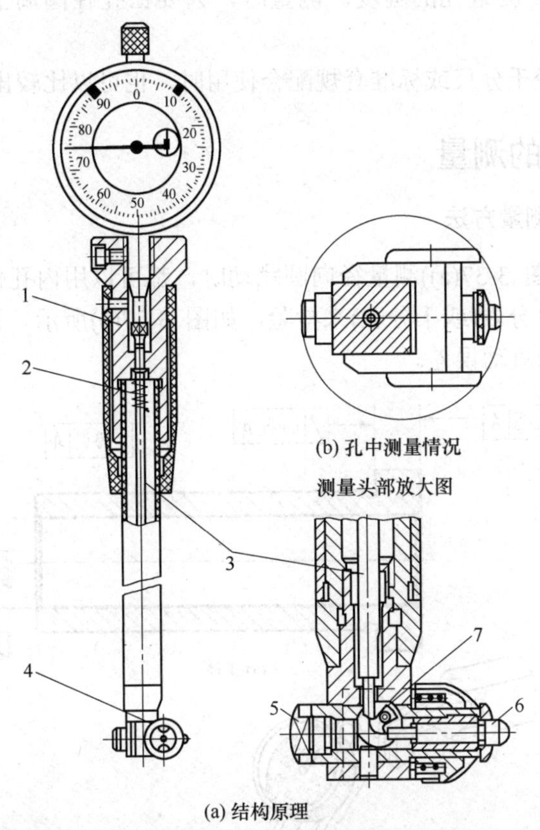


图3-35 内径百分表

1—测架；2—弹簧；3—杆；4—定心器；5—测量头；6—触头；7—摆动块

## 3.8.3 形状精度的测量

在车床上加工的圆柱孔，其形状精度一般仅测量孔的圆度和圆柱度(一般测量孔的锥度)两项形状偏差。当孔的圆度要求不很高时，在生产现场可使用内径百分表(或千分表)在孔的圆周的各个方向上测量，测量结果的最大值与最小值之差的一半即为圆度误差。

使用内径百分表测量属于比较测量法。测量时，必须摆动内径百分表(见图3-36)，所得的最小尺寸就是孔的实际尺寸。在生产现场，测量孔的圆柱度时，只要在孔的全长上取前、后、中几点，比较其测量值，其最大值与最小值之差的一半即为全长上圆柱度误差。

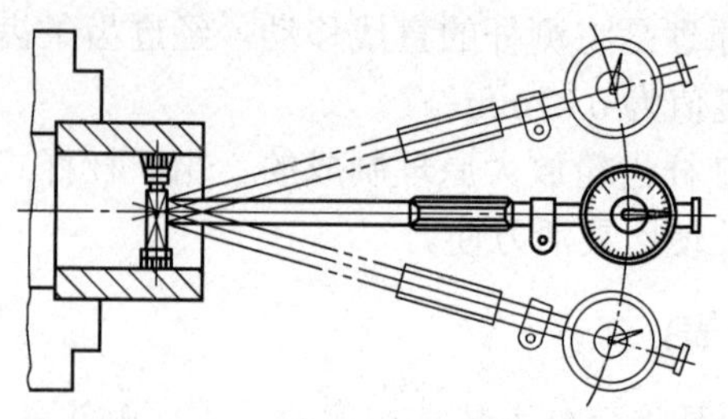

图 3-36　内径百分表的测量方法

内径百分表也可以测量孔的圆度。测量时，只要在孔径圆周上变换方向，比较其测量值即可。

内径百分表与外径千分尺或标准套规配合使用时，也可以比较出孔径的实际尺寸。

## 3.8.4　位置精度的测量

### 1. 径向圆跳动的测量方法

一般套类工件(见图 3-37(a))测量径向圆跳动时，都可以用内孔作基准，把工件套在精度很高的心轴上，用百分表(或千分表)来检验，如图 3-37(b)所示。百分表在工件转一周所得的读数差就是径向圆跳动误差。

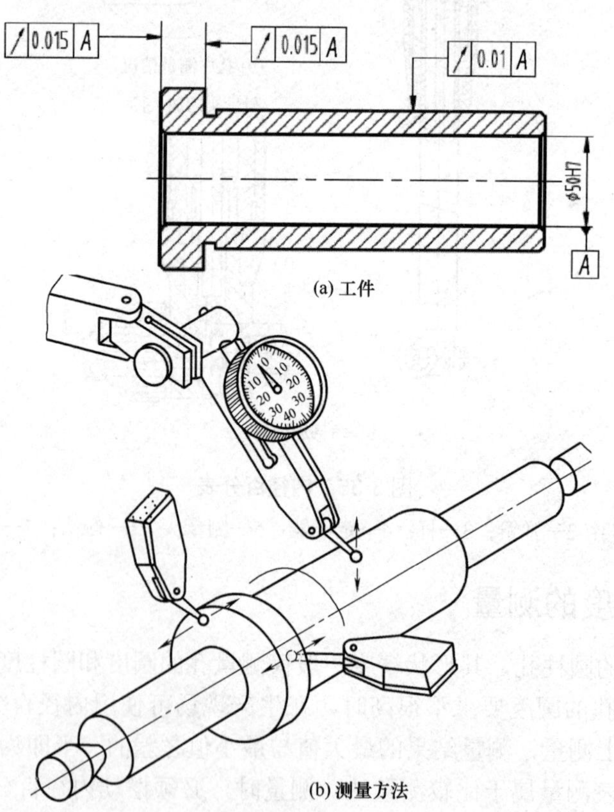


(a) 工件

(b) 测量方法

图 3-37　用百分表测量径向圆跳动的方法

对某些外形比较简单而内部形状比较复杂的套筒(见图 3-38(a))，不能安装在心轴上测量径向圆跳动时，可把工件放在 V 形块上(见图 3-38(b))，径向定位，以外圆为基准来检验。测量时，用杠杆式百分表的测杆插入孔内，使测杆圆头接触内孔表面，转动工件，观察百分表指针跳动情况。百分表在工件转一周所得的读数差就是工件的径向圆跳动误差。

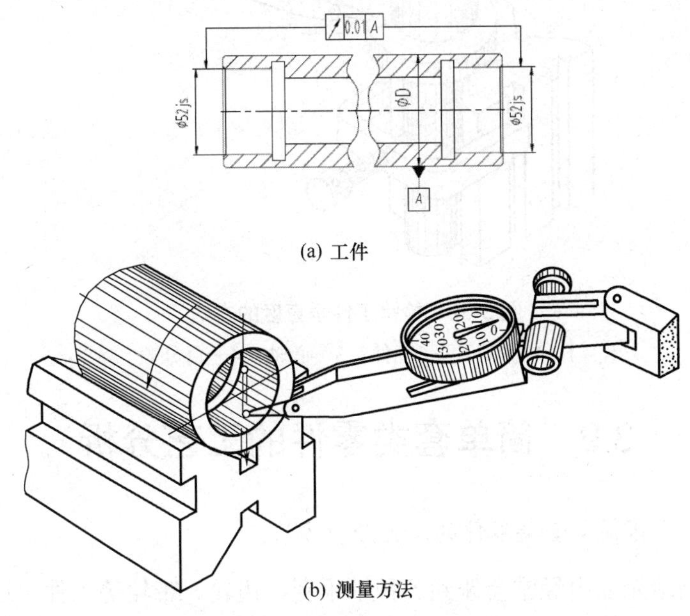


(a) 工件

(b) 测量方法

图 3-38 工件装在 V 形块上检验径向圆跳动

### 2. 端面圆跳动的测量方法

套类工件端面圆跳动的测量方法如图 3-37(b)所示。先把工件装夹在精度很高的心轴上，利用心轴上极小的锥度使工件轴向定位，然后把杠杆式百分表的圆测头靠在所需要测量的端面上，转动心轴，测得百分表的读数差就是端面圆跳动误差。

### 3. 端面对轴线垂直度的测量方法

测量端面垂直度，还需经两个步骤。首先要测量端面圆跳动是否合格，如果符合要求，再测量端面的垂直度。当端面圆跳动检查合格后，再把工件 2 装夹在 V 形块 1 的小锥度心轴上，并放在精度很高的平板上检查端面的垂直度。检查时，先校正心轴的垂直度，然后用百分表 4 从端面的最里一点向外拉出，见图 3-39 所示。百分表指示的读数表，就是端面对内孔的垂直度误差。

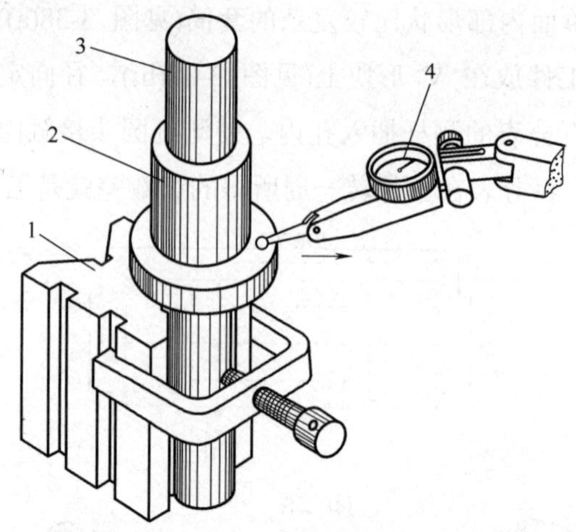


图 3-39 检验工件垂直度的方法

1—V 形块；2—工件；3—心轴；4—百分表

# 3.9 简单套类零件的工艺分析

【学习目标】掌握简单套类零件的工艺分析方法。

在一般机械制造企业中经常会碰到各种轴承套、齿轮、带轮等工件。这些工件的工艺方案较多，但也有一定的规律，现仅列举简单套类零件的工艺分析。

加工如图 3-40 所示的轴承套，每批数量为 180 件，材料为 ZQSn6-6-3。其工艺特点是：尺寸精度和形位公差要求均较高，工件数量较多，因此，在确定加工步骤时应特别注意。

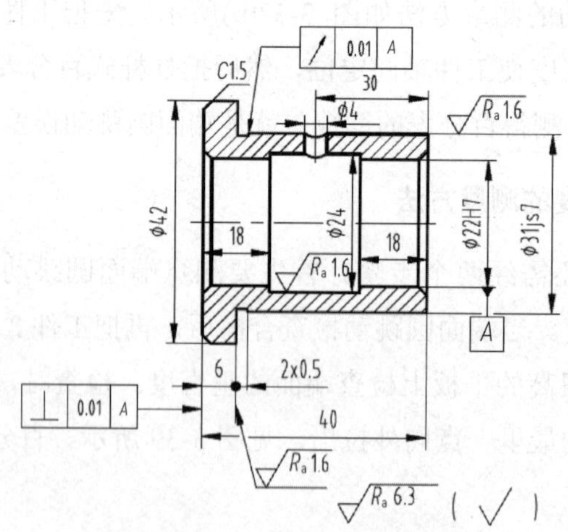


图 3-40 轴承套

轴承套的车削工艺分析如下。

(1) 轴承套的车削工艺方案较多，可以是单件加工，也可以是多件加工。单件加工生产效率较低，原材料浪费较多(每件都要有工件备装夹的长度)。因此，这里仅介绍多件加工的车削工艺。

(2) 轴承套材料为 ZQSn6-6-3，直径不大，毛坯选用棒料，采用 6～8 件同时加工较为合适，其加工方法如表 3-1 所示的工艺草图。

(3) 外圆对内孔轴线的径向跳动为 0.01mm，用软卡爪无法保证，因此，精车外圆时应以内孔为定位基准套在小锥度心轴上，用两顶尖装夹才能保证位置精度。

(4) 在车、铰 $\phi$22H7mm 内孔时，应与 $\phi$42mm 端面在一次装夹中加工出，以保证端面与内孔轴线垂直度公差在 0.01mm 以内。

轴承套加工工艺如表 3-1 所示。

表 3-1　轴承套机械加工工艺过程卡

| | 机械加工工艺过程卡 | 产品型号 | | 零(部)件图号 | |
|---|---|---|---|---|---|
| | | 产品名称 | 轴承套 | 零(部)件图号 | |

| 材料牌号 | ZQSn6-6-3 | 毛坯种类 | 热轧圆钢 | 毛坯尺寸 | $\phi$46×326mm | 每毛坯可制件数 | | 每台件数 | |
|---|---|---|---|---|---|---|---|---|---|

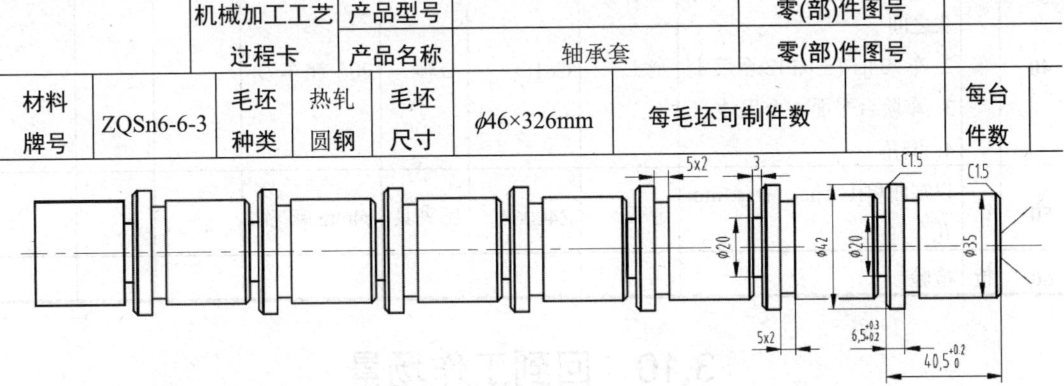


| 工序号 | 工序名称 | 工序内容 | 车间 | 设备 | 工艺设备 夹具 | 工艺设备 刀具 | 工艺设备 量具 | 工时 准终 | 工时 单件 |
|---|---|---|---|---|---|---|---|---|---|
| 10 | 车 | 按工艺草图车至尺寸，7 个零件同加工，尺寸均相同 | 金工 | C616 | | | | | |
| 20 | 车 | 用软卡爪夹住 $\phi$42mm 外圆，找正钻孔 $\phi$20.5mm 成单件 | 金工 | C616 | 软卡爪 | $\phi$20.5mm 麻花钻 | | | |
| 30 | 车 | 1. 用软卡爪夹住 $\phi$35mm 外圆<br>2. 车端面，取总长 40mm 至尺寸<br>3. 车孔 $\phi22^{-0.08}_{-0.12}$ mm<br>4. 车内槽 $\phi$24×16mm 至尺寸<br>5. 铰孔 $\phi$22H7($^{+0.021}_{0}$)至尺寸<br>6. 倒角(两端) | 金工 | C616 | 软卡爪 | 内孔车刀、$\phi$22H7 铰刀 | $\phi$22H7mm 塞规 | | |

续表

| | 机械加工工艺过程卡 | 产品型号 | | 零(部)件图号 | | | | | |
|---|---|---|---|---|---|---|---|---|---|
| | | 产品名称 | 轴承套 | 零(部)件图号 | | | | | |
| 材料牌号 | ZQSn6-6-3 | 毛坯种类 | 热轧圆钢 | 毛坯尺寸 | $\phi$46×326mm | 每毛坯可制件数 | | 每台件数 | |
| 工序号 | 工序名称 | 工序内容 | 车间 | 设备 | 工艺设备 | | | 工时 | |
| | | | | | 夹具 | 刀具 | 量具 | 准终 | 单件 |
| 40 | 车 | 1. 工件套心轴，装夹于两顶尖之间<br>2. 车 $\phi$34js7(±0.012)至尺寸<br>3. 车阶台平面 6 至尺寸<br>4. 倒角 | 金工 | C616 | 心轴 | 90° 精车刀 | | | |
| 50 | 钻 | 以端面和孔定位，钻 $\phi$4mm 孔 | 金工 | Z4006A | 钻夹具 | $\phi$4mm 麻花钻 | | | |
| 60 | 检 | 检验 | | | | | | | |

# 3.10　回到工作场景

通过学习第 1 章，应该掌握了工艺规程制订的基本知识，包括零件的结构工艺性分析、毛坯确定、工艺路线拟订、工序设计等内容。通过学习 3.2～3.9 节，了解了套类零件的功用及结构特点、技术要求以及一般套类零件的材料、毛坯及热处理等相关知识，掌握了套类零件内孔表面的一般加工方法、内孔加工常用设备、内孔加工常用刀具、套类零件加工时的切削用量、保证套类工件技术要求的方法、套类零件的测量、简单套类零件的工艺分析等要点。通过第 2 章知识点的学习，已经掌握了轴类零件外圆表面加工方法、设备、刀具等。下面将回到 3.1 节介绍的工作场景中，完成工作任务。

## 3.10.1　项目分析

项目任务完成需要学生掌握机械制图、公差与配合、机械设计基础、金属工艺学等相关专业基础课程知识；需要学生掌握第 1 章机械制造工艺编制基础知识；需要掌握第 2 章轴类外圆表面加工方法、设备、刀具、工件装夹等知识；经历了利用手动工具加工零件、利用普通机床加工零件等实践环节。在此基础上还需要掌握以下知识。

(1) 套类零件内孔表面的一般加工方法。

(2) 套类零件孔加工常用设备。

(3) 套类零件孔加工常用刀具。

(4) 套类零件孔加工时的切削用量。

(5) 保证套类工件技术要求的方法。

(6) 套类零件的测量。
(7) 简单套类零件的加工工艺分析。

### 3.10.2　项目工作计划

在项目实训过程中，结合创设情景、观察分析、现场参观、讨论比较、案例对照、评估总结等活动，充分调动学生学习的主动性和积极性，让学生自主地学习、主动地学习。各小组协同制订实施计划及执行情况表如表 3-2 所示，共同解决实施过程中遇到的困难；要相互监督计划执行与完成的情况，保证项目完成的合理性和正确性。

### 3.10.3　项目实施准备

(1) 毛坯准备：5 钢棒。
(2) 设备设施准备：普通车床、台钻、各类车刀、钻头、夹具、量具等。
(3) 资料准备：机床操作规程、5S 现场管理制度、机械加工工艺人员手册等。
(4) 准备相似零件，生产现场参观。

**表 3-2　8E160C-J 齿轮衬套工艺规程编制计划及执行情况表**

| 序　号 | 内　容 | 要　求 | 教学组织与方法 |
|---|---|---|---|
| 1 | 研讨任务 | 根据给定的零件图样、任务要求，分析任务完成需要掌握的相关知识 | 分组讨论，采用任务引导法教学 |
| 2 | 计划与决策 | 企业参观实习、项目实施准备、制订项目实施详细计划、学习项目相关的基础知识 | 分组讨论、集中授课，采用案例法和示范法教学 |
| 3 | 实施与检查 | 根据计划，分组讨论并审查 8E160C-J 齿轮衬套零件图样的工艺性；分组讨论并确定齿轮衬套毛坯类型，编制机械加工工艺过程卡和工序卡；使用机床加工零件，通过测量判断零件的合格情况，填写项目实施记录表 | 分组讨论、教师点评 |
| 4 | 项目评价与讨论 | (1) 评价齿轮衬套零件加工工艺分析的充分性、正确性<br>(2) 评价零件毛坯选择的正确性<br>(3) 评价工艺规程编制的规范性与可操作性<br>(4) 评价机床操作是否规范，是否遵循工艺规程要求<br>(5) 评价检测方法是否规范，是否形成检验记录，产品是否符合零件图样要求。若为不合格品，是否找出不合格的原因<br>(6) 评价学生职业素养和团队精神 | 项目评价法实施评价 |

## 3.10.4 项目实施与检查

课题实施的 8E160C-J 齿轮衬套零件图如图 3-1 所示，与其相关的从动齿轮分部件装配图、机油泵部件装配图分别如图 3-2、图 2-2 所示；生产批量为中、小批量生产。

1) 分组分析零件图样

衬套零件图样的视图正确、完整，尺寸、公差及技术要求齐全。加工表面主要有：$\phi$29r6mm 外圆，$R_a$为 1.6μm；$\phi$22E8mm 内孔及 0.5×45° 内孔倒角，$R_a$分别为 1.6μm 和 12.5μm；6mm×1mm 外圆槽，$R_a$为 12.5μm；长为 85mm 的两端面及 3×10° 的端面倒角，$R_a$均为 12.5μm；$\phi$4mm 油孔，$R_a$为 12.5μm。根据分析，本零件各表面的加工并不困难。技术要求：①把本件压入 8-HJ10201 后，将内孔加工到图示要求；②$\phi$4mm 孔与 8-HJ10201 配作，以保证孔形状和位置要求，本零件加工工艺中不考虑 $\phi$22E8mm 内孔的铰孔加工、$\phi$4mm 油孔的加工。

讨论问题：

① 8E160C-J 齿轮衬套零件装在机油泵部件的哪部分？起什么作用？

② 零件图样分析哪些内容？

③ 8E160C-J 齿轮衬套零件有哪些加工表面？分别采用何种加工方案？

④ 技术要求②中，$\phi$4mm 孔与 8-HJ10201 配作，其中配作是什么意思？

2) 分组讨论毛坯选择

从衬套零件图样获知，该零件材料为 ZQSn10-1(青铜)，生产批量为中、小批量生产，毛坯可选择棒料。零件的长度与公称直径之比为 85/29≈2.9，由《金属机械加工工艺人员手册》中易切削钢轴类外圆直径可得到棒料的毛坯直径尺寸为 $\phi$33mm。考虑零件长度较短，可考虑 5 个工件合件加工，由《金属机械加工工艺人员手册》中下料加工余量并结合实际情况，确定的毛坯长度尺寸为 455mm。毛坯尺寸可为 $\phi$33×455mm。

讨论问题：

8E160C-J 齿轮衬套零件可选用哪些毛坯？为什么？

3) 分组讨论工艺路线

(1) 定位基准选择。

① 粗基准选择。因棒料毛坯外圆尺寸公差达 IT12，表面粗糙度 $R_a$为 12.5μm，都可选择毛坯外圆为加工粗基准。

② 精基准选择。以内孔为精基准，用心轴定位，加工外圆、油槽，能有效地保证内孔和外圆的同轴度。

(2) 零件表面加工方法选择。

本零件的加工面有外圆、内孔、端面、槽等，材料为 ZQSn10-1(青铜)。参考相关手册资料，其加工方法选择如下。

① $\phi$29r6mm 外圆。公差等级为 6 级，表面粗糙度 $R_a$为 1.6μm，需进行半精车及精车。

② $\phi$22E8 内孔。公差等级为 8 级，表面粗糙度 $R_a$为 1.6μm，需进行钻、扩、铰。

③ 6mm×1mm 油槽。无尺寸精度要求，表面粗糙度 $R_a$为 12.5μm，只需粗车即可。

④ 外圆两端面。无尺寸精度要求，表面粗糙度 $R_a$为 12.5μm，只需粗车即可。

(3) 工艺路线拟订。

该零件工艺路线简单，机械加工工艺参考方案如表 3-3 所示。

(4) 填写机械加工工艺过程卡。

学生应按机械工业部指导性技术文件 JB/Z 388.5《工艺管理导则 工艺规程设计》标准格式填写。

**讨论问题：**

① 8E160C-J 齿轮衬套零件加工时采用哪个面为精基准？哪个面为粗基准？

② 内孔表面采用钻、扩，还是车削加工？采用何种设备加工？

③ $\phi$29r6mm 外圆采用何种工艺方案？

④ 8E160C-J 齿轮衬套零件的工艺方案有几种？哪种为最佳方案？为什么？

表 3-3　齿轮衬套机械加工工艺过程卡

| | | 机械加工工艺过程卡 | 产品型号 | 8E160C-J | 零(部)件图号 | | 8-HJ10000 | | |
|---|---|---|---|---|---|---|---|---|---|
| | | | 产品名称 | 齿轮衬套 | 零(部)件图号 | | 8-HJ10202 | | |
| 材料牌号 | ZQSn10-1 | 毛坯种类 热轧圆钢 | 毛坯尺寸 | $\phi$33×455 | 每毛坯可制件数 | 5 | 每台件数 | | 1 |
| 工序号 | 工序名称 | 工序内容 | 车间 | 设备 | 工艺设备 | | | 工时 | |
| | | | | | 夹具 | 刀具 | 量具 | 准终 | 单件 |
| 10 | 下料 | | | | | | | | |
| 20 | 车 | 用软卡爪夹住 $\phi$33 外圆<br>(1) 车端面<br>(2) 钻孔 $\phi$20H12mm<br>(3) 半精车外圆至 $\phi$30h8×90mm，$R_a$3.2μm<br>(4) 扩孔 $\phi$21.8H10mm，$R_a$6.3μm<br>(5) 车右端外圆倒角 3×10°；<br>(6) 车右端内孔倒角 0.5×45°<br>(7) 割断长 85.2mm | 金工 | C616 | 软卡爪 | YG6 75°、90°车刀 YG6 45°、10°倒角刀、$\phi$20mm 麻花钻、$\phi$21.8mm 扩孔钻、YG6 切断刀 | | | |
| 30 | 车 | 用软卡爪夹住 $\phi$30mm 外圆<br>(1) 调头车端面至 85 尺寸<br>(2) 车左端内、外圆倒角 0.5×45° | 金工 | C616 | 软卡爪 | YG6 90° 车刀、YG6 45° 倒角刀 | | | |

续表

<table>
<tr><td colspan="3" rowspan="2"></td><td colspan="2">机械加工工</td><td>产品型号</td><td>8E160C-J</td><td colspan="2">零(部)件图号</td><td colspan="3">8-HJ10000</td></tr>
<tr><td colspan="2">艺过程卡</td><td>产品名称</td><td>齿轮衬套</td><td colspan="2">零(部)件图号</td><td colspan="3">8-HJ10202</td></tr>
<tr><td colspan="2">材料牌号</td><td>ZQSn10-1</td><td>毛坯种类</td><td>热轧圆钢</td><td>毛坯尺寸</td><td>$\phi$33×455</td><td>每毛坯可制件数</td><td>5</td><td>每台件数</td><td colspan="2">1</td></tr>
<tr><td rowspan="2">工序号</td><td rowspan="2">工序名称</td><td rowspan="2" colspan="3">工序内容</td><td rowspan="2">车间</td><td rowspan="2">设备</td><td colspan="3">工艺设备</td><td colspan="2">工时</td></tr>
<tr><td>夹具</td><td>刀具</td><td>量具</td><td>准终</td><td>单件</td></tr>
<tr><td>40</td><td>车</td><td colspan="3">工件套心轴，装夹于两顶尖之间<br>(1) 精车外圆 $\phi$29r6mm，$R_a$ 1.6μm<br>(2) 车油槽 6×1<br>(3) 去毛刺</td><td>金工</td><td>C616</td><td>心轴</td><td>YG6 90°精车刀、YG6 车槽刀</td><td></td><td></td><td></td></tr>
<tr><td>50</td><td>检</td><td colspan="3">检验</td><td></td><td></td><td></td><td></td><td></td><td></td><td></td></tr>
</table>

4) 分组讨论工序设计的内容

(1) 选择加工设备机床与夹具。

该零件为回转体简单套类零件，生产批量为中、小批量生产，故加工设备宜以通用卧式车床、软卡爪和心轴。

(2) 选择刀具。

在车床上加工的外圆、端面，一般均选用硬质合金车刀。加工有色金属零件采用 YG 类硬质合金，查阅相关手册资料，半精车、精车均可用 YG6。为提高生产率和经济性，可选用可转位车刀。

在车床上加工的内孔，一般均选用高速钢。麻花钻、扩孔钻、铰刀均选用标准刀具即可。

(3) 选择量具。

本零件属中、小批生产，一般采用通用量具，具体如表 3-4 所示。

表 3-4　齿轮衬套加工面所用量具

| 工　序 | 加工面尺寸 | 尺寸公差 | 量　具 |
|---|---|---|---|
| 10 | $\phi$30h8mm 外圆 | 0.084mm | 分度值为 0.001mm、测量范围为 25～50mm 的外径千分尺 (GB/T 1216—2004) |
| | $\phi$20H12mm 内孔 | 0.21mm | 分度值为 0.01mm、测量范围为 18～35mm 的内径百分表 (GB/T 8122—2004) |
| | $\phi$21.8H10 | 0.084mm | 分度值为 0.001mm、测量范围为 18～35mm 的内径百分表 (GB/T 8122—2004) |
| 40 | $\phi$29r6mm | 0.013mm | 分度值为 0.001mm、测量范围为 25～50mm 的外径千分尺 (GB/T 1216—2004) |
| | 油槽 | | 分度值为 0.02mm、测量范围为 0～125mm 的游标卡尺 (GB/T 1214.2—1996) |

(4) 确定工序尺寸。

① 确定圆柱面的工序尺寸。圆柱表面多次加工的工序尺寸只与加工余量有关。本零件圆柱表面的工序加工余量、工序尺寸公差及表面粗糙度如表 3-5 所示。

表 3-5　圆柱表面的工序加工余量、工序尺寸公差及表面粗糙度

| 加工表面 /mm | 工序双边余量/mm | | | 工序尺寸及公差/mm | | | 表面粗糙度/μm | | |
|---|---|---|---|---|---|---|---|---|---|
| | 粗 | 半　精 | 精 | 粗 | 半　精 | 精 | 粗 | 半　精 | 精 |
| $\phi$29r6 外圆 | — | 1.5 | 0.5 | — | $\phi$30h8 | $\phi$29r6 | — | $R_a$3.2 | $R_a$1.6 |
| $\phi$22E8 内孔 | 10 | 0.9 | 0.1 | $\phi$20H12 | $\phi$21.8H10 | $\phi$22E8 | $R_a$12.5 | $R_a$6.3 | $R_a$1.6 |

② 确定轴向工序尺寸。

本工序各轴向尺寸确定相对简单。因本零件 5 个工件一起加工，故第 20 道工序第 7 工步——割断达 $85.2^{+0.20}_{+0.10}$ mm 即可；第 30 道工序第 1 工步——粗车另一端面，可直接加工得到 $85^{0}_{-0.19}$ mm；第 30 道工序第 2 工步——车油槽轴向工序尺寸，可直接加工得到 42.5mm。

③ 填写机械加工工序卡。学生应按机械工业部指导性技术文件 JB/Z 388.5《工艺管理导则　工艺规程设计》的标准格式填写。

**讨论问题：**

① 如何确定 $\phi$22E8mm 内孔加工的各工序的尺寸、刀具？

② 如何确定 $\phi$29r6mm 外圆加工的各工序的尺寸、刀具？

(5) 实施

每组派一名学生，根据机床操作规程、工艺过程卡、工序卡片加工零件，其余同学对加工后的零件实施测量，判断零件的合格状况。

具体的任务实施检查与评价表如表 3-6 所示。

表 3-6　任务实施检查与评价表

任务名称：

学生姓名：　　　学号：　　　　　班级：　　　　　　　　　组别：

| 序　号 | 检查内容 | 检查记录 | 评　价 | 分　值 |
|---|---|---|---|---|
| 1 | 零件图分析：是否识别零件的材料；是否识别加工表面、加工表面的尺寸、尺寸精度、形位精度、表面粗糙度和技术要求等；是否形成记录 | | | 5% |
| 2 | 毛坯确定：是否确定毛坯的类型、尺寸 | | | 5% |
| 3 | 机械加工工艺过程卡编制：加工工艺路线拟订是否合理；机床、刀具、量具选择是否规范 | | | 20% |
| 4 | 机械加工工序卡编制：工序简图是否包括工序尺寸及公差、形位公差、表面粗糙度、定位和夹紧；切削用量选择是否合理；其他内容是否规范 | | | 20% |
| 5 | 机床操作：是否规范；是否遵循工艺规程要求 | | | 10% |
| 6 | 零件检测：检测方法是否规范；是否形成检验记录；产品是否符合零件图样要求；若为不合格品，是否找出不合格的原因 | | | 10% |

续表

| 号 | | 检查内容 | 检查记录 | 评　价 | 分　值 |
|---|---|---|---|---|---|
| 7 | 职业素养 | 遵守时间：是否不迟到，不早退，中途不离开现场 | | | 10% |
| 8 | | 5S：理实一体现场是否符合 5S 管理要求；机床、计算机是否按要求实施日常保养；刀具、量具、桌椅、参考资料是否按规定摆放；地面、门窗是否干净 | | | 10% |
| 9 | | 团结协作：组内是否配合良好；是否积极投入到本项目中，积极完成本任务 | | | 5% |
| 10 | | 语言能力：是否积极回答问题；声音是否洪亮；条理是否清晰 | | | 5% |
| 总评： | | | 评价人： | | |

讨论问题：

① $\phi$22E8mm 内孔如何测量？

② $\phi$29r6mm 外圆如何测量？

## 3.11 拓展实训

### 1. 实训任务

图 3-41 所示为某一车床尾座套筒零件，生产纲领为单件小批生产，材料为 45 钢。试拟订该零件的机械加工工艺过程。

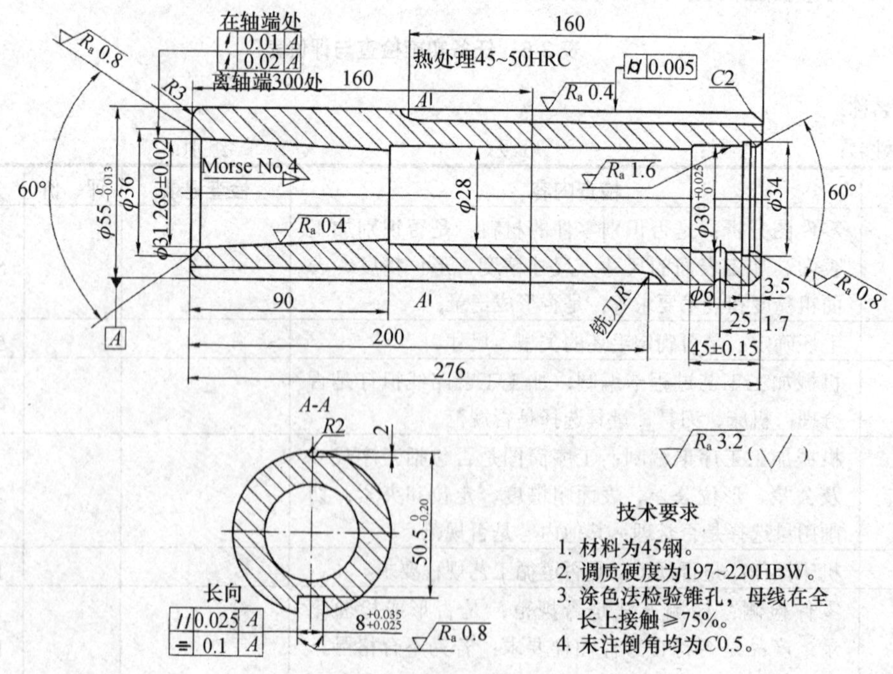


图 3-41　车床尾座套筒

### 2. 实训目的

通过车床尾座套筒零件工艺路线的拟订，使学生进一步对套类零件工艺规程的编制等有所理解和体会，增强学生的学习兴趣，提高学生解决工程技术问题的自信心，体验成功的喜悦；通过项目任务教学，培养学生互助合作的团队精神。

### 3. 实训过程

1) 分组进行零件图样的工艺性分析

车床尾座套筒(见图 3-41)的主要技术要求如下。

(1) 莫氏 4 号(Morse N0.4)锥孔轴线对 $\phi55_{-0.013}^{0}$ mm 外圆轴线的同轴度公差为 $\phi0.01$mm。

(2) 莫氏 4 号锥孔轴线对 $\phi55_{-0.013}^{0}$ mm 外圆轴线的径向圆跳动公差为 0.01mm。

(3) $\phi55_{-0.013}^{0}$ mm 外圆的圆柱度公差为 0.005mm。

(4) 键槽 $8_{+0.035}^{+0.085}$ mm 对 $\phi55_{-0.013}^{0}$ mm 外圆轴线的平行度公差为 0.025mm，对称度公差为 0.1mm。

(5) 锥孔涂色检查其接触面积应大于 75%。

(6) 热处理。调质处理 250HBW，局部外圆及锥孔淬火 45～50HRC。

2) 分组讨论并确定齿轮毛坯类型

由于主轴所用材料为 45 钢，零件的综合力学性能要求较高，因而毛坯选用锻件。

3) 分组讨论并拟订零件机械加工工艺路线

(1) 加工工艺安排。

① 在调质处理前进行粗加工，调质处理后进行半精加工和精加工。

② 应将粗、精加工分开，以减少切削应力对加工精度的影响。

③ 莫氏 4 号锥孔与右端 $\phi28$mm、$\phi30$mm 孔应在进行调质处理前钻通，这样有利于加热和内部组织的转变，使工件内孔得到较好的处理。

(2) 工件的定位与夹紧。

① 精磨 $\phi55_{-0.013}^{0}$ mm 外圆时，以两端 60° 锥面定位装夹，这样有利于消除磨削应力引起工件变形，也可采用专用锥度心轴定位装夹工件，精磨 $\phi55_{-0.013}^{0}$ mm 外圆。

② 键槽 $8_{+0.035}^{+0.085}$ mm 加工后，再采用中心架托夹工件外圆时，由于键槽的影响，这时应配做一过渡套筒配合中心架的装夹(见图 3-42)，以保证工件旋转平稳，不发生振动。

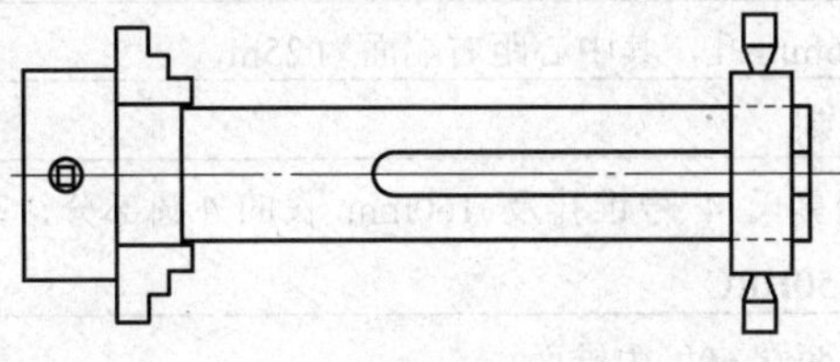

图 3-42　用过渡套筒配合中心架装夹

③ $\phi55_{-0.013}^{0}$ mm 外圆的轴心线是工件的测量基准，所以磨削莫氏 4 号锥孔时，定位基准必须采用 $\phi55_{-0.013}^{0}$ mm 外圆。加工时还应找正其上母线与侧母线之后再进行。

(3) 选择设备。

粗车、半精车外圆和内孔时，选择 CA6140 型车床。

车床尾座套筒工艺过程参考方案如表 3-7 所示。

表 3-7　车床尾座套筒工艺过程

| 工序号 | 工序名称 | 工序内容 | 备　注 |
|---|---|---|---|
| 1 | 锻造 | 锻造尺寸 $\phi$60mm×285mm | |
| 2 | 热处理 | 正火 | |
| 3 | 粗车 | 夹一端，粗车外圆至尺寸 $\phi$58mm，长 200mm，端面车平即可。钻孔 $\phi$20mm×188mm，扩孔 $\phi$26mm×188mm | |
| 4 | 粗车 | 调头，夹 $\phi$58mm 外圆并找正，车另一端外圆 $\phi$58mm，与上工序 $\phi$58mm 外圆光滑接刀，车端面保证总长 280mm。钻孔 $\phi$23.5mm 钻通 | |
| 5 | 热处理 | 调质 250HBW | |
| 6 | 车 | 夹左端外圆，中心架托右端外圆，车右端面保证总长 278mm，扩 $\phi$26mm 孔至 $\phi$28mm，深 186mm。车右端头 $\phi$32mm×60° 内锥面 | |
| 7 | 半精车 | 采用两顶尖装夹工件，装上鸡心夹头，车外圆至 $\phi$55.5mm±0.05mm 调头，车另一端外圆，光滑接刀。右端倒角 $C1$，左端倒 $R$3mm 圆角，保证总长 276mm | |
| 8 | 精车 | 夹左端外圆，中心架托右端外圆，找正外圆，车孔 $\phi30_{0}^{+0.025}$ mm 至 $\phi29_{0}^{+0.025}$ mm，深 44.5mm，车 $\phi$34mm×1.7mm 槽，保证 3.5mm 和 1.7mm | |
| 9 | 精车 | 调头，夹右端外圆，中心架托左端外圆，找正外圆，车莫氏 4 号内锥孔，至大端尺寸为 $\phi$30.5±0.05mm，车左端头 $\phi$36mm×60° | |
| 10 | 划线 | 划 $R$2×160mm 槽线，$8_{+0.035}^{+0.085}$ mm×200mm 键槽线，$\phi$6mm 孔线 | |
| 11 | 铣 | 以 $\phi$55.5±0.05mm 外圆定位装夹铣 $R_2$ 深 2mm，长 160mm 的圆弧槽 | |
| 12 | 铣 | 以 $\phi$55.5±0.05mm 外圆定位装夹铣键槽 $8_{+0.035}^{+0.085}$ mm×200mm，并保证 $50.5_{-0.2}^{0}$ mm(注意外圆加工余量)，保证键槽与 $\phi55_{-0.013}^{0}$ mm 外圆轴心线的平行度和对称度 | |
| 13 | 钻 | 钻 $\phi$6mm 孔，其中心距右端面为 25m | |
| 14 | 钳 | 修毛刺 | |
| 15 | 热处理 | 左端莫氏 4 号锥孔及 160mm 长的外圆部分，高频感应加热淬火 45～50HRC | |
| 16 | 研磨 | 研磨两端 60° 内锥面 | |
| 17 | 粗磨 | 夹右端外圆，中心架托左端处圆，找正外圆，粗磨莫氏 4 号锥孔，留磨余量 0.2mm | |

续表

| 工 序 号 | 工序名称 | 工序内容 | 备　注 |
| --- | --- | --- | --- |
| 18 | 粗磨 | 采用两顶尖定位装夹工件，粗磨 $\phi55^{\ 0}_{-0.013}$ mm 外圆，留磨余量 0.2mm | |
| 19 | 精磨 | 夹右端外圆，中心架托左端外圆，找正外圆，精磨莫氏 4 号锥孔至图样尺寸，大端为 $\phi31.269\pm0.05$mm，涂色检查，接触面积应大于 75%。修研 60° 锥面 | |
| 20 | 精车 | 夹左端外圆，中心架托右端外圆，找正外圆，精车内孔 $\phi30^{+0.035}_{\ 0}$ mm、深 45±0.15mm 至图样尺寸，修研 60° 锥面 | |
| 21 | 精磨 | 采用两顶尖定位装夹工件，精磨外圆至图样尺寸 $\phi55^{\ 0}_{-0.013}$ mm | |
| 22 | 检验 | 按图样检查各部尺寸及精度 | |
| 23 | 入库 | 涂油入库 | |

## 3.12　工作实践中常见问题解析

套类零件加工中常见的问题、产生的原因及预防方法如表 3-8 所示。

表 3-8　套类零件加工中常见的问题、产生的原因及预防方法

| 常见问题 | 产生原因 | 预防方法 |
| --- | --- | --- |
| 孔的尺寸大 | (1) 车孔时，没有仔细测量<br>(2) 铰孔时，铰刀尺寸大于要求，尾座偏位 | (1) 仔细测量和进行试切削<br>(2) 检查铰刀尺寸，校正尾座。采用浮动套筒 |
| 孔有锥度 | (1) 车孔时，内孔车刀磨损。车床主轴轴线歪斜，床身导轨严重磨损<br>(2) 铰孔时，孔口扩大，主要原因是尾座偏位 | (1) 修磨内孔车刀，校正车床，大修车床<br>(2) 校正尾座。采用浮动套筒 |
| 孔表面粗糙度值大 | (1) 车孔时，内孔车刀磨损，刀杆产生振动<br>(2) 铰孔时，铰刀磨损或切削刃上有崩口、毛刺<br>(3) 切削速度选择不当，产生积屑瘤 | (1) 修磨内孔车刀，采用刚性较大的刀杆<br>(2) 修磨铰刀，刃磨后保管好，不许碰毛<br>(3) 铰孔时，采用 5m/min 以下的切削速度，加注切削液 |
| 同轴度、垂直度超差 | (1) 用一次安装方法车削时，工件移位或机床精度不高<br>(2) 用心轴装夹时，心轴中心孔毛，或心轴本身同轴度超差<br>(3) 用软卡爪装夹时，软卡爪没有车好 | (1) 装夹牢固，减小切削用量，调整机床精度<br>(2) 心轴中心孔应保护好，如碰毛，可研修中心孔，如心轴弯曲可校直或重制<br>(3) 软卡爪应在本机床上车出，直径与工件装夹尺寸基本相同(+0.1mm) |
| 零件加工变形 | 夹紧力、切削力、内应力和切削热等因素的影响而产生变形 | (1) 粗、精加工应分开进行，粗加工产生的变形在精加工中可以得到纠正<br>(2) 改变夹紧力的方法即将径向夹紧改为轴向夹紧 |

# 本 章 小 结

本章介绍了套类零件的结构特点，围绕套类零件介绍其加工方法、设备、刀具、切削用量、保证套类工件技术要求的方法、零件测量、简单套类零件的加工工艺分析等基本内容。学生通过完成 8E160C-J 齿轮衬套零件的结构分析、毛坯确定、工艺规程编制等工作任务，应掌握套类零件工艺规程编制的相关知识，并具备中等复杂套类零件工艺规程的编制能力。同时增强学生的学习兴趣，提高学生解决工程技术问题的自信心，体验成功的喜悦；通过项目任务教学，培养学生互助合作的团队精神。在工作实训中要注意培养学生的分析问题和解决问题的能力，培养学生查阅设计手册和资料的能力，逐步提高学生处理实际工程技术问题的能力。

# 思考与练习

1. 一般套类零件的内孔表面加工方法有哪些？如何选择？
2. 孔的精加工方法有哪些？比较其应用场合和特点。
3. 麻花钻的顶角一般为多少度？如果顶角不对，麻花钻的切削刃会产生什么变化？
4. 车孔的关键技术问题是什么？
5. 怎样提高内孔车刀的刚性？
6. 怎样选择铰刀的尺寸？
7. 保证套类工件的同轴度、垂直度有哪些方法？
8. 常用的心轴有哪几种？各适用于什么场合？
9. 怎样检验工件的径向和端面的圆跳动？
10. 铰孔时，孔口产生喇叭形是什么原因？
11. 铰孔时，孔的表面粗糙度大是什么原因？
12. 编写如图 3-43 所示的某液压缸的机械加工工艺过程。生产类型为小批量，材料为 HT200。

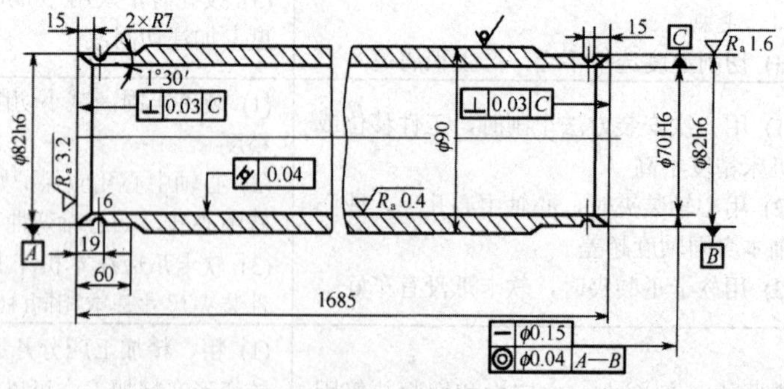


图 3-43　某液压缸

# 第 4 章　箱体类零件加工工艺编制及实施

**本章要点**

- 箱体类零件基础知识。
- 箱体类零件加工方法。
- 箱体类零件常用加工设备。
- 箱体类零件常用加工刀具。
- 保证箱体类零件孔系精度的方法。
- 箱体类零件的检验。
- 箱体类零件的加工工艺分析。

**技能目标**

- 具有箱体类零件工艺性分析能力。
- 掌握箱体类零件毛坯的选择方法。
- 具有编制简单箱体类零件机械加工工艺过程卡的能力。
- 具有编制简单箱体类零件机械加工工序卡的能力。
- 初步具备较复杂箱体类零件的工艺路线编写能力。

## 4.1　工作场景导入

**【工作场景】**

工作对象：8E160C-J 中间泵壳，零件图、机油泵部件装配图分别如图 4-1 和图 2-2 所示，现为中小批量生产。

任务要求：编制中间泵壳零件的机械加工工艺过程卡、机械加工工序卡；在条件允许的情况下，由企业操作工人按照学生编制的工艺规程操作机床加工零件，由生产车间工艺员验证工艺的合理性。

**【引导问题】**

(1) 仔细阅读中间泵壳零件图，回顾 1.3 节知识点——零件的工艺性分析，检查零件图的完整性和正确性；根据实际制造能力分析审查零件的结构、尺寸精度、形位精度、表面粗糙度、材料及热处理等技术要求是否合理，是否便于加工以及加工的经济性。根据零件结构工艺性的一般原则，判断该零件的结构工艺性是否良好，如果结构工艺性不好，如何改进？

(2) 回顾 1.4 节知识点——毛坯的选择，思考如何选择中间泵壳零件毛坯？如何确定毛坯尺寸？

(3) 箱体类零件的功用、结构特点、技术要求、材料、毛坯及热处理要求有哪些？

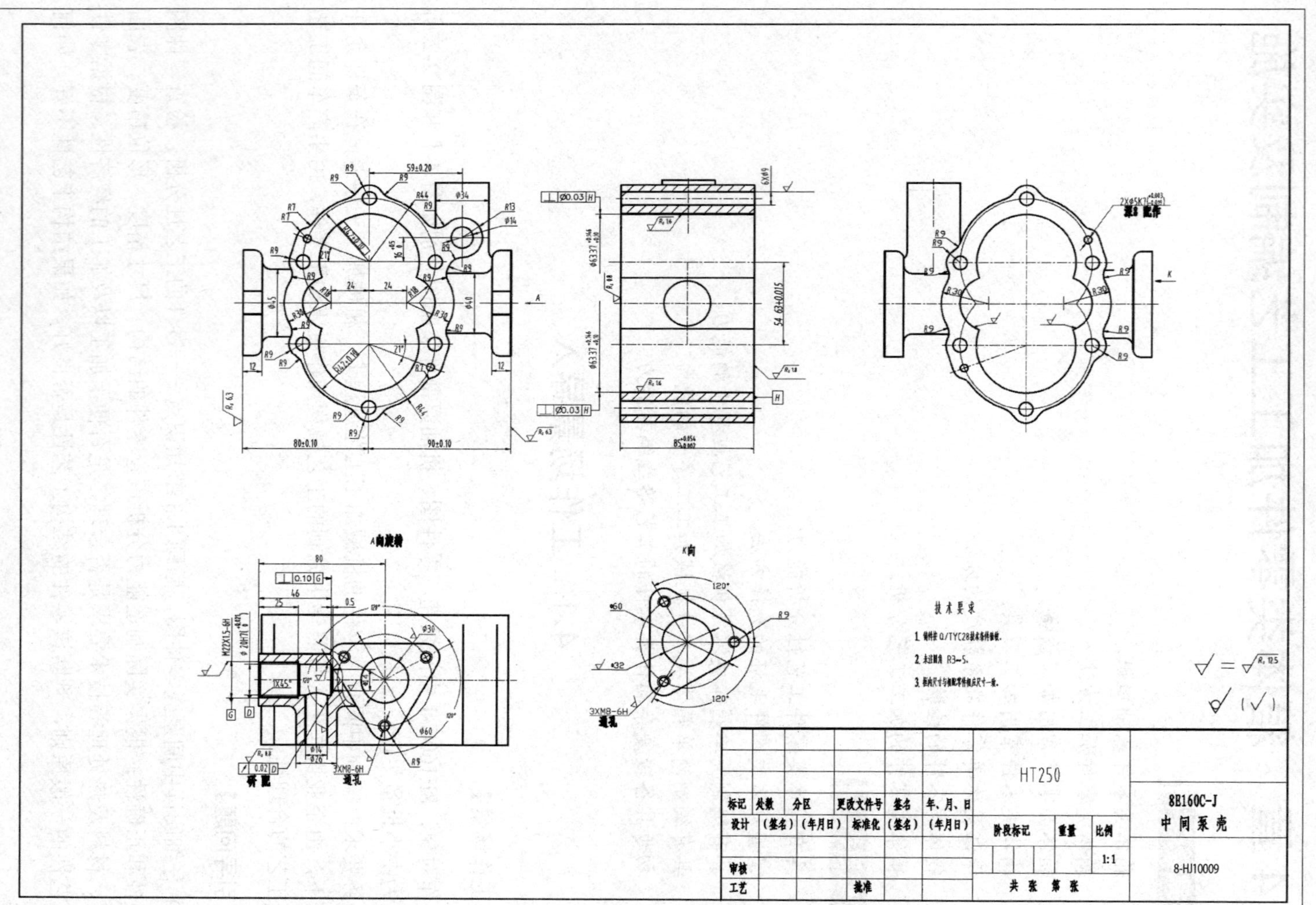


图 4-1　8E160C-J 中间泵壳零件图

(4) 箱体类零件平面的加工方法有哪些？如何选择？

(5) 箱体类零件平面的加工设备有哪些？如何选择？

(6) 箱体类零件平面的加工刀具有哪些？如何选择？

(7) 如何保证箱体类零件孔系精度？

(8) 箱体类零件的主要检验项目有哪些？

(9) 如何检验箱体类零件孔系位置精度及孔距精度？

(10) 企业生产参观实习。

① 生产现场加工哪些箱体类零件？批量如何？采用什么毛坯？

② 生产现场各种箱体类零件加工工艺有何特点？一般使用什么机床加工？采用何种刀具？使用哪种量具测量？工件如何装夹？

## 4.2 基 础 知 识

【学习目标】了解一般箱体类零件的功用及结构特点、技术要求，了解套类零件的材料、毛坯及热处理要求。

### 4.2.1 箱体类零件的功用和结构特点

箱体类零件是机器或箱体部件的基础件。它将机器或箱体部件中的轴、轴承、套和齿轮等零件按一定的相互位置关系装连在一起，按一定的传动关系协调地运动。因此，箱体类零件的加工质量不但直接影响箱体的装配精度和运动精度，而且还会影响机器的工作精度、使用性能和寿命。

图 4-2 所示是几种常见箱体零件的简图。各种箱体零件尽管形状各异、尺寸不一，但其结构均有以下主要特点。

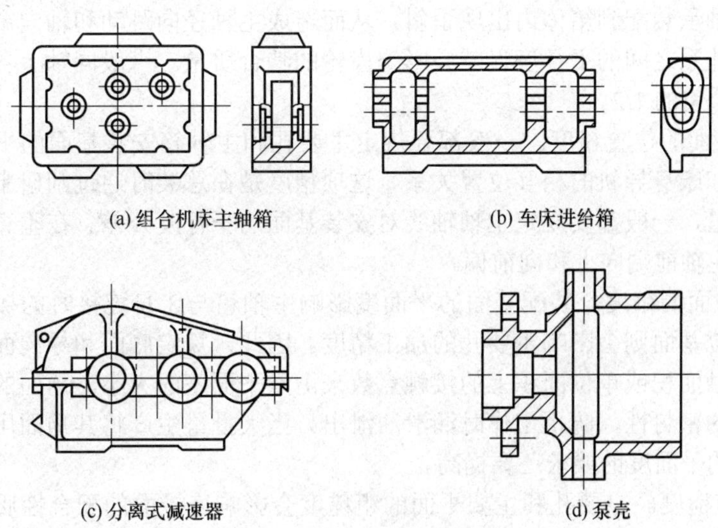

(a) 组合机床主轴箱　(b) 车床进给箱　(c) 分离式减速器　(d) 泵壳

图 4-2　几种常见的箱体零件简图

(1) 形状复杂。箱体通常作为装配的基础件，在它上面安装的零件或部件越多，箱体的形状越复杂，由于安装时要有定位面、定位孔，还要有固定用的螺钉孔等，因此，为了支承零部件，需要有足够的刚度，采用较复杂的截面形状和加强筋等；为了储存润滑油，需要具有一定形状的空腔，还要有观察孔、放油孔等；考虑到吊装搬运，还必须有吊钩、凸耳等。

(2) 体积较大。箱体内要安装和容纳有关的零、部件，因此，必然要求箱体有足够大的体积。例如，大型减速器箱体长达 4～6m，宽为 3～4m。

(3) 壁薄容易变形。箱体体积大，形状复杂，又要求减少质量，所以，一般设计成腔形薄壁结构。但是，在铸造、焊接和切削加工过程中往往会产生较大的内应力，引起箱体变形。即使在搬运过程中，由于方法不当也容易引起箱体变形。

(4) 有精度要求较高的孔和平面。这些孔大都是轴承的支承孔，平面大都是装配的基准面，它们在尺寸精度、表面粗糙度、形状和位置精度等方面都有较高要求，其加工精度将直接影响箱体的装配精度及使用性能。

因此，一般箱体不仅需要加工的部位较多，而且加工难度较大。统计资料表明，中型床厂用于箱体类零件的机械加工工时占整个产品的 15%～20%。

## 4.2.2 箱体类零件的技术要求

图 4-3 所示为某车床主轴箱简图，现以它为例，可归纳为以下 5 项精度要求。

(1) 孔径精度。孔径的尺寸误差和几何形状误差会造成轴承与孔的配合不良。孔径过大，配合过松，使主轴回转轴线不稳定，并降低了支承刚度，易产生振动和噪声；孔径过小，会使配合过紧，轴承将因外圈变形而不能正常运转，缩短寿命。装轴承的孔不圆，也使轴承外圈变形而引起主轴径向跳动。因此，对孔的精度要求是很高的。主轴孔的尺寸公差等级为 IT6，其余孔为 IT6～IT7。孔的几何形状精度未作规定，一般控制在尺寸公差范围内。

(2) 孔与孔的位置精度。同一轴线上各孔的同轴度误差和孔端面对轴线的垂直度误差，会使轴和轴承装配到箱体内出现歪斜，从而造成主轴径向跳动和轴向窜动，从而加剧了轴承磨损。孔系之间的平行度误差会影响齿轮的啮合质量。一般同轴上各孔的同轴度约为最小孔尺寸公差的 1/2。

(3) 孔和平面的位置精度。一般都要规定主要孔和主轴箱安装基面的平行度要求，它们决定了主轴和床身导轨的相互位置关系。这项精度是在总装时通过刮研来达到的。为了减少刮研工作量，一般都要规定主轴轴线对安装基面的平行度公差。在垂直和水平两个方向上，只允许主轴前端向上和向前偏。

(4) 主要平面的精度。装配基面的平面度影响主轴箱与床身连接时的接触刚度，加工过程中作为定位基面则会影响主要孔的加工精度。因此，规定底面和导向面必须平直，用涂色法检查接触面积或单位面积上的接触点数来衡量平面度的大小。顶面的平面度要求是为了保证箱盖的密封性，防止工作时润滑油泄出。当大批量生产将其顶面用作定位基面加工孔时，对它的平面度的要求还要提高。

(5) 表面粗糙度。重要孔和主要平面的粗糙度会影响连接面的配合性质或接触刚度，其具体要求一般用 $R_a$ 来评价。一般主轴孔 $R_a$ 为 0.4μm，其他各纵向孔 $R_a$ 为 1.6μm，孔的内端面 $R_a$ 为 3.2μm，装配基准面和定位基准面 $R_a$ 为 0.63～2.5μm，其他平面的 $R_a$ 为 2.5～10μm。

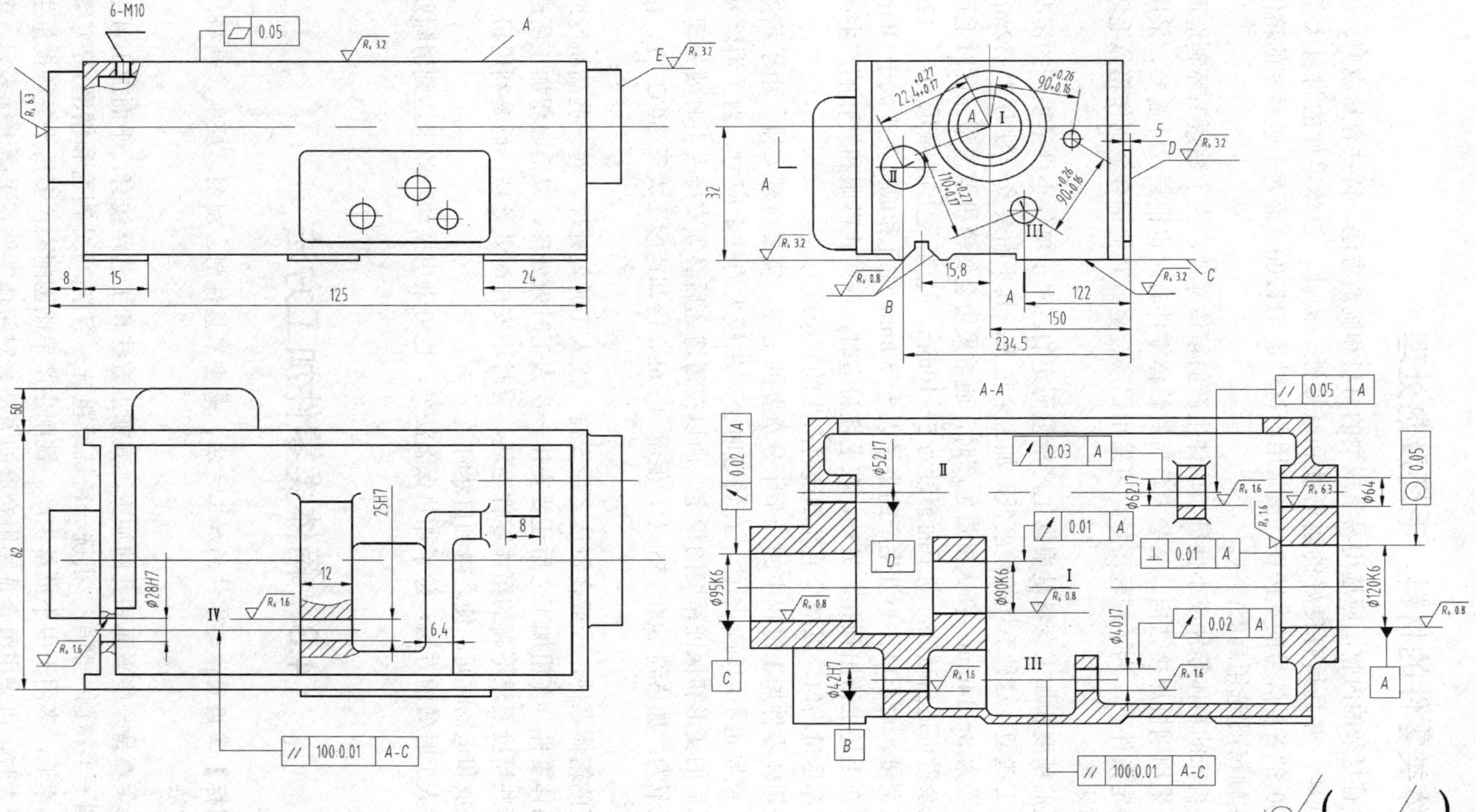


图 4-3　某车床主轴箱简图

### 4.2.3 箱体类零件的材料、毛坯及热处理

箱体零件有复杂的内腔，应选用易于成型的材料和制造方法。铸铁容易成型、切削性能好、价格低廉，并且具有良好的耐磨性和减振性。因此，箱体零件的材料大都选用 HT200～HT400 的各种牌号的灰铸铁。最常用的材料是 HT200，而对于较精密的箱体零件(如坐标镗床主轴箱)则选用耐磨铸铁。

某些简易机床的箱体零件或小批量、单件生产的箱体零件，为了缩短毛坯制造周期和降低成本，可采用钢板焊接结构。某些大负荷的箱体零件有时也根据设计需要，采用铸钢件毛坯。在特定条件下，为了减轻质量，可采用铝镁合金或其他铝合金制作箱体毛坯，如航空发动机箱体等。

铸件毛坯的精度和加工余量是根据生产批量而定的。对于单件小批量生产的情况，一般采用木模手工造型。这种毛坯的精度低，加工余量大，其平面余量一般为 7～12mm，孔在半径上的余量为 8～14mm。在大批量生产时，通常采用金属模机器造型。此时毛坯的精度较高，加工余量可适当减低，则平面余量为 5～10mm，孔(半径上)的余量为 7～12mm。为了减少加工余量，对于单件小批生产的直径大于 50mm 的孔和成批生产大于 30mm 的孔，一般都要在毛坯上铸出预孔。另外，在毛坯铸造时，应防止砂眼和气孔的产生；应使箱体零件的壁厚尽量均匀，以减少毛坯制造时产生的残余应力。

热处理是箱体零件加工过程中的一个十分重要的工序，需要合理安排。由于箱体零件的结构复杂，壁厚也不均匀，因此，在铸造时会产生较大的残余应力。为了消除残余应力，减少加工后的变形和保证精度的稳定，所以在铸造之后必须安排人工时效处理。人工时效的工艺规范为：加热到 500～550℃，保温 4～6h，冷却速度不大于 30℃ / h，出炉温度不大于 200℃。

普通精度的箱体零件，一般在铸造之后安排一次人工时效处理。对一些高精度或形状特别复杂的箱体零件，在粗加工之后还要安排一次人工时效处理，以消除粗加工所造成的残余应力。有些精度要求不高的箱体零件毛坯，有时不安排时效处理，而是利用粗、精加工工序间的停放和运输时间，使之得到自然时效。

箱体零件人工时效的方法，除了加热保温法外，也可采用振动时效来达到消除残余应力的目的。

## 4.3 箱体类零件加工方法

**【学习目标】**掌握箱体类零件的加工方法，着重掌握铣削、刨削、磨削、刮研、研磨等平面加工方法。

箱体零件主要是一些平面和孔的加工，其加工方法和工艺路线有：平面加工可用粗刨—精刨、粗刨—半精刨—磨削、粗铣—精铣或粗铣—磨削(可分粗磨和精磨)等方案。其中，刨削生产率低，多用于中小批量生产。铣削生产率比刨削高，多用于各种批量生产。当生产批量较大时，可采用组合铣和组合磨的方法来对箱体零件各平面进行多刃、多面同时铣削或磨削。箱体零件上轴孔加工可用粗镗(扩)—精镗(铰)或粗镗(钻、扩)—半精镗(粗铰)—精镗(精铰)方案。对于精度在 IT6、表面粗糙度 $R_a$<1.25 μm 的高精度轴孔(如主轴孔)则还

须进行精细镗或珩磨、研磨等光整加工。对于箱体零件上的孔系加工，当生产批量较大时，可在组合机床上采用多轴、多面、多工位和复合刀具等方法来提高生产率。孔加工方法在第 3 章中已作介绍，这里重点介绍平面加工的各种方法。

### 4.3.1　平面加工

零件上有多种形式的加工平面，如箱体零件的结合面，轴、盘类零件的端平面，平板类零件的平面，机床导轨的组合平面等。平面的加工方法有很多，如车削、铣削、刨削、拉削、磨削、刮研、研磨、抛光、超精加工等。

#### 1. 平面车削

平面车削一般用于加工轴、轮、盘、套等回转体零件的端面、台阶面等，也用于其他需要加工的孔和外圆零件的端面。通常这些面要求与内、外圆柱面的轴线垂直，一般在车床上与相关的外圆和内孔在一次装夹中加工完成。中、小型零件的平面车削在卧式车床上进行，重型零件的加工可在立式车床上进行。平面车削的精度可达 IT7～IT6，表面粗糙度 $R_a$<12.5～1.6μm。

#### 2. 平面铣削

铣削是平面加工的主要方法。铣削中、小型零件的平面一般用卧式或立式铣床，铣削大型零件的平面则用龙门铣床。

铣削工艺具有工艺范围广、生产效率高、容易产生振动、刀齿散热条件较好等特点。

平面铣削按加工质量可分为粗铣和精铣。粗铣的表面粗糙度 $R_a$ 为 50～12.5μm，精度为 IT14～IT12；精铣的表面粗糙度 $R_a$ 可达 3.2～1.6μm，精度可达 IT9～IT7。按铣刀的切削方式不同铣削可分为周铣与端铣，如图 4-4 所示。周铣和端铣还可同时进行。周铣常用的刀具是圆柱铣刀，端铣常用的刀具是端铣刀，同时进行端铣和周铣的铣刀有立铣刀和三面刃铣刀等。

1) 周铣

周铣是用铣刀圆周上的切削刃来铣削工件，铣刀的回转轴线与被加工表面平行，如图 4-4(a)所示。周铣适于在中、小批生产中铣削狭长的平面、键槽及某些曲面。周铣有顺铣和逆铣两种方式。

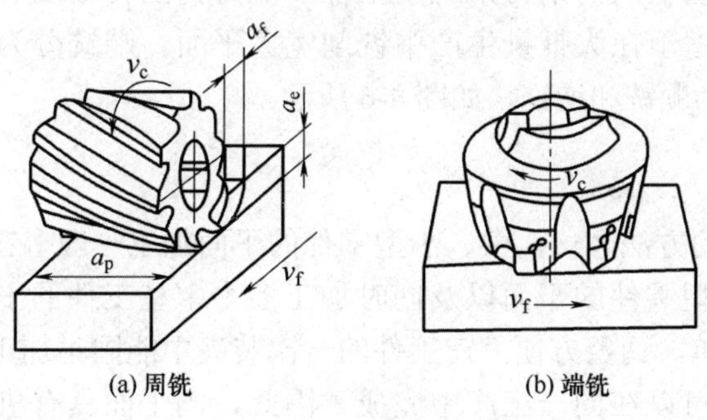

(a) 周铣　　(b) 端铣

图 4-4　铣削的两种方式

(1) 顺铣。铣削时，在铣刀和工件接触处，铣刀的旋转方向与工件进给方向相同时称为顺铣，如图 4-5(a)所示。顺铣过程中，刀齿切入时没有滑移现象，但切入时冲击较大。

切削时垂直切削分力有助于夹紧工件，而水平切削分力与工件台移动方向一致，当这一切削分力足够大时，即 $F_H$ 大于工作台/导轨间摩擦力时，就会在螺纹传动副侧隙范围内使工作台向前窜动并短暂停留，严重时甚至引起“啃刀”和“打刀”现象。

(2) 逆铣。铣削时，在铣刀和工件接触处，铣刀的旋转方向与工件的进给方向相反，称为逆铣，如图 4-5(b)所示。铣削过程中，在刀齿切入工件前，刀齿要在加工面上滑移一小段距离，从而加剧了刀齿的磨损，增加工件表层硬化程度，并增大加工表面的粗糙度。逆铣时有把工件向上挑起的切削垂直分力，影响工件夹紧，需加大夹紧力。但铣削时，水平切削分力有助于丝杠与螺母贴紧，消除丝杠与螺母之间的间隙，使工作台进给运动比较平稳。

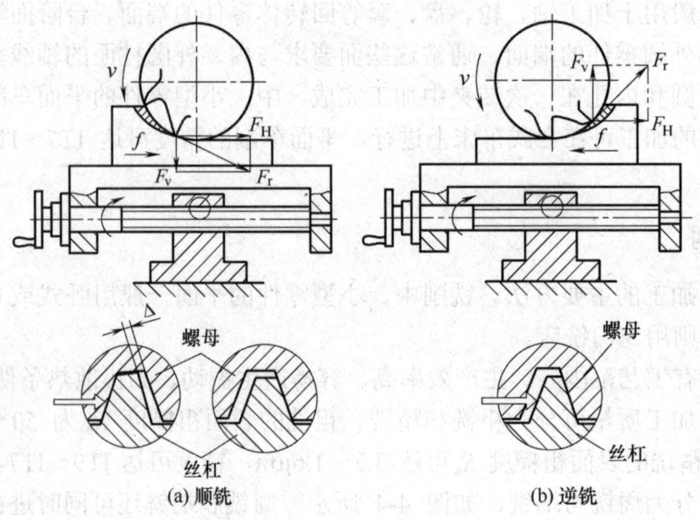


图 4-5 逆铣和顺铣

综上所述，顺铣和逆铣各有利弊。在切削用量较小(如精铣)、工作表面质量较好，或机床有消除螺纹传动副侧隙装置时，则采用顺铣为宜。另外，对不易夹牢以及薄而长的工件，也常用顺铣。一般情况下，特别是加工硬度较高的工件时，则最好采用逆铣。

2) 端铣

端铣是用铣刀端面上的切削刃来铣削工件，铣刀的回转轴线与被加工表面垂直，如图 4-4(b)所示。端铣适于在大批量生产中铣削宽大平面。端铣分为对称铣削和不对称铣削，不对称铣削还分为顺铣和逆铣，如图 4-6 所示。

### 3. 平面刨削

刨削是平面加工的方法之一，中、小型零件的平面加工一般多在牛头刨床上进行，龙门刨床则用来加工大型零件的平面以及同时加工多个中型工件的平面。刨平面所用的机床、工件夹具结构简单，调整方便，在工件的一次装夹中能同时加工处于不同位置上的平面，且有时刨削加工可以在同一工序中完成。因此，刨平面具有机动灵活、适应性好的优点。

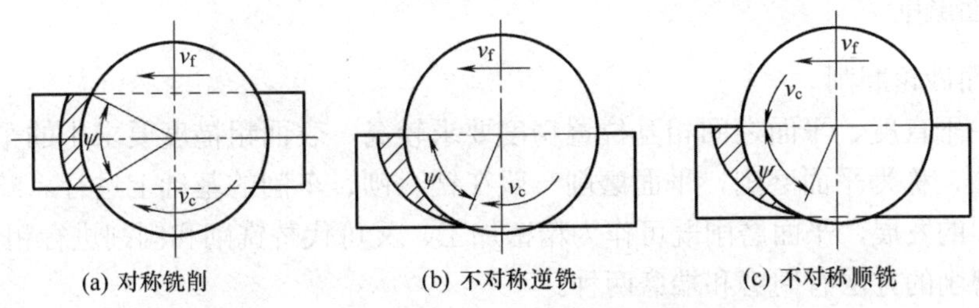


图 4-6　端铣的对称与不对称铣削(俯视图)

刨削可分为粗刨和精刨。粗刨的表面粗糙度 $R_a$ 为 50～12.5μm，尺寸公差等级为 IT14～IT12；精刨的表面粗糙度 $R_a$ 可达 3.2～1.6μm，尺寸公差等级为 IT9～IT7。

宽刃精刨是在普通精刨基础上，使用高精度龙门刨床和宽刃精刨刀，如图 4-7 所示，以低切速和大进给量在工件表面切去一层极薄的金属。对于接触面积较大的定位平面与支承平面，如导轨、机架、壳体零件上的平面的刮研工作，劳动强度大，生产效率低，对工人的技术水平要求高，宽刃精刨工艺可以减少甚至完全取代磨削、刮研工作，在机床制造行业中获得了广泛的应用，能有效地提高生产率。宽刃精刨加工的直线度可达到 0.02mm/m，表面粗糙度 $R_a$ 可达 0.8～0.4μm。

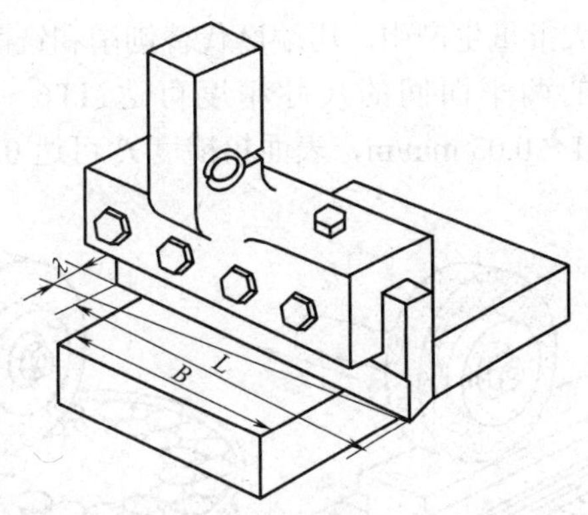


图 4-7　宽刃精刨刀

宽刃精刨的工艺有以下几个特点。

(1) 用宽刃刨刀，刨刃的宽度一般为 10～60 mm，有时可达 500 mm。

(2) 切削速度极低(5～12 m/min)，切削过程发热量小。

(3) 切深极微，宽刃精刨可以获得表面粗糙度很小的光整表面。生产效率比刮研高 20～40 倍。

(4) 宽刃精刨对机床、刀具、工件、加工余量、切削用量和切削液均有严格要求，应特别注意，具体采用时可参考有关技术手册。

### 4. 平面拉削

平面拉削是一种高效率、高质量的加工方法，主要用于大批量生产中，其工作原理和拉孔相同，平面拉削的精度可达 IT7～IT6，表面粗糙度 $R_a$ 可达 50～12.5μm。

5. 平面磨削

1) 平面砂轮磨削

对一些平直度、平面之间相互位置精度要求较高、表面粗糙度要求小的平面进行磨削加工的方法，称为平面磨削，平面磨削一般在铣、刨、车削的基础上进行。随着高精度和高效率磨削的发展，平面磨削既可作为精密加工，又可代替铣削和刨削进行粗加工。

平面磨削的方法有周磨和端磨两种。

(1) 周磨。周磨平面(如图 4-8(a)所示)是指用砂轮的圆周面来磨削平面。砂轮和工件的接触面小，发热量小，磨削区的散热、排屑条件好，砂轮磨损较为均匀，可以获得较高的精度和表面质量。但在圆周磨中，磨削力易使砂轮主轴受弯变形，故要求砂轮主轴应有较高的刚度，否则容易产生振纹。此法适于在成批生产条件下加工精度要求较高的平面，能获得高的精度和较小的表面粗糙度，常用于各种批量生产中对中、小型工件进行精加工。小型零件的加工可同时磨削多件，以提高生产率。

(2) 端磨。如图 4-8(b)所示，端磨是用砂轮的端面来磨削平面，但砂轮圆周直径不能过大，而且必须是专用端面磨削砂轮。普通的周磨砂轮是不能用于端磨的，否则容易爆裂。端磨时，磨头伸出短，刚性好，可采用较大的磨削用量，生产效率高。但砂轮与工件接触面积大，发热多，散热和冷却较困难，加上砂轮端面各点的圆周线速度不同，磨损不均匀，故精度较低。一般在大批量生产中，用端磨代替刨削和铣削进行粗加工。

通常，经磨削加工的两平面间的尺寸精度可达 IT6～IT5，平行度可达 0.01～0.03 mm，直线度可达 0.01～0.03 mm/m，表面粗糙度 $R_a$ 可达 0.8～0.2μm。

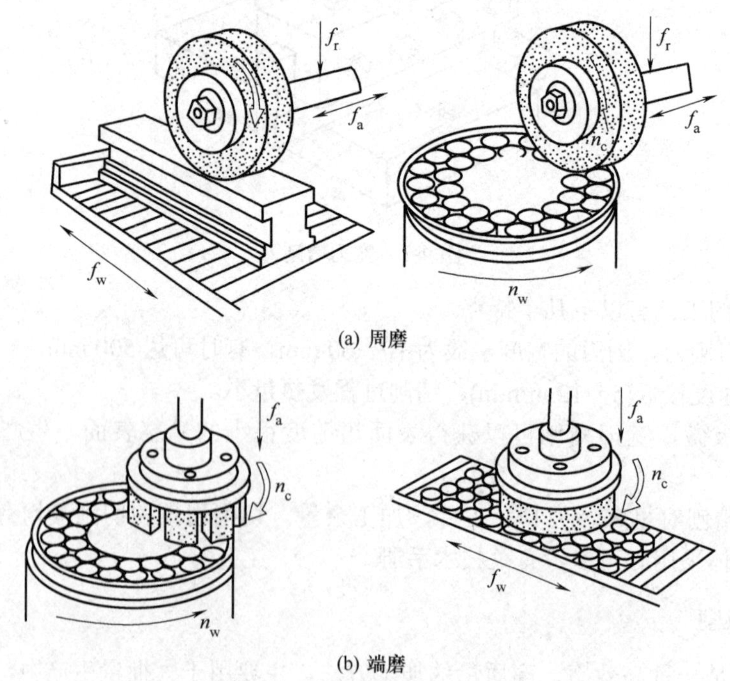


图 4-8 平面磨削的两种方式

2) 平面砂带磨削

对于有色金属、不锈钢、各种非金属(如石棉)大型平面、卷带材、板材，采用砂带磨削不仅不堵塞磨料，能获得极高的生产率，而且一般采用干式磨削，实施极为方便。目前最大的砂带宽度可以做到 5m，在一次贯穿式的磨削中，可以磨出极大的加工表面(如电梯内装饰板)。砂带磨削平面的磨削布局如表 4-1 所示。

表 4-1　砂带磨削平面的磨削布局

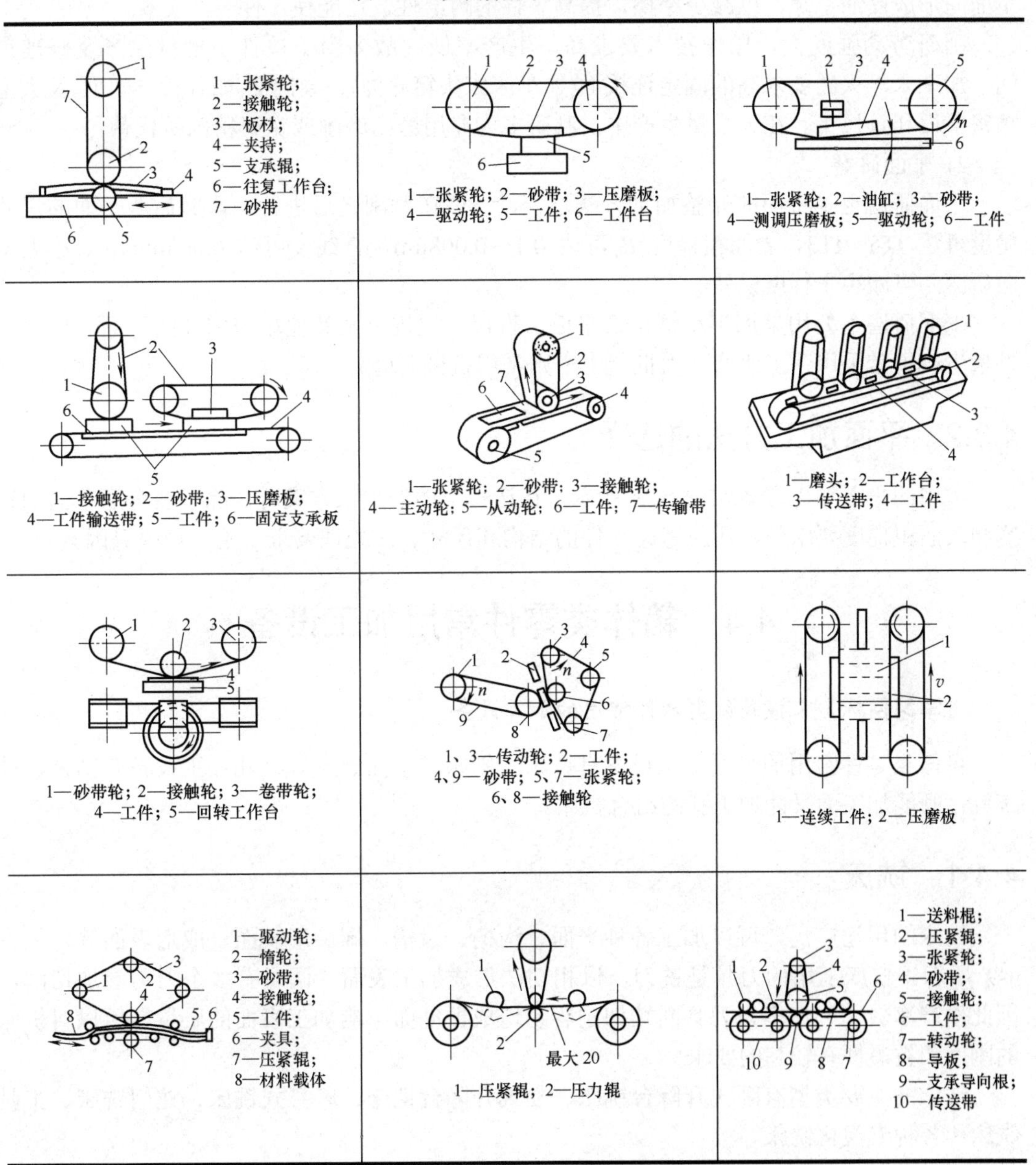

6. 平面的光整加工

1) 平面刮研

平面刮研是利用刮刀在工件上刮去很薄一层金属的光整加工方法，常在精刨的基础上进行。刮研可以获得很高的表面质量。表面粗糙度 $R_a$ 可达 1.6～0.4μm，平面的直线度可达 0.01mm/m，甚至可以达到 0.005～0.0025mm/m。刮研既可提高表面的配合精度，又能在两平面间形成储油空隙，以减少摩擦，提高工件的耐磨性，还能使工件表面美观。

刮研劳动强度大，操作技术要求高，生产率低，故多用于单件小批量生产及修理车间，加工未淬火的要求高的固定连接面(如车床床头箱底面)、导向面(如各种导轨面)及大型精密平板和直尺等。在大批量生产中，刮研多为专用磨床磨削或宽刃精刨所代替。

2) 平面研磨

平面研磨也是平面的光整加工方法之一，一般在磨削之后进行。研磨后两平面的尺寸精度可达 IT5～IT3，表面粗糙度 $R_a$ 可达 0.1～0.008μm，直线度可达 0.005mm/m。小型平面研磨还可减小平行度误差。

平面研磨主要用来加工小型精密平板、直尺、块规以及其他精密零件的平面。单件小批量生产中常采用手工研磨，大批量生产则常用机械研磨。

### 4.3.2 平面加工方法的选择

常用的平面加工方案如表 1-9 所示。在选择平面的加工方案时，除了要考虑平面的精度和表面粗糙度要求外，还应考虑零件的结构和尺寸、热处理要求及生产规模等因素。

## 4.4 箱体类零件常用加工设备

【学习目标】掌握箱体类零件常用的加工设备。

箱体类零件常用的平面加工设备有铣床、刨床、平面磨床等；孔加工设备有钻床、镗床等；既能加工面又能加工孔的组合机床。

### 4.4.1 铣床

铣床的用途广泛，可以加工各种平面、沟槽、齿槽、螺旋形表面、成形表面等，如图 4-9 所示。铣床上用的刀具是铣刀，以相切法形成加工表面，同时有多个刀刃参加切削，因此生产率较高。但多刃刀具断续切削容易造成振动而影响加工表面的质量，所以对机床的刚度和抗震性有较高的要求。

铣床的主要类型有卧式升降台铣床、立式升降台铣床、床身式铣床、龙门铣床、工具铣床和各种专门化铣床。

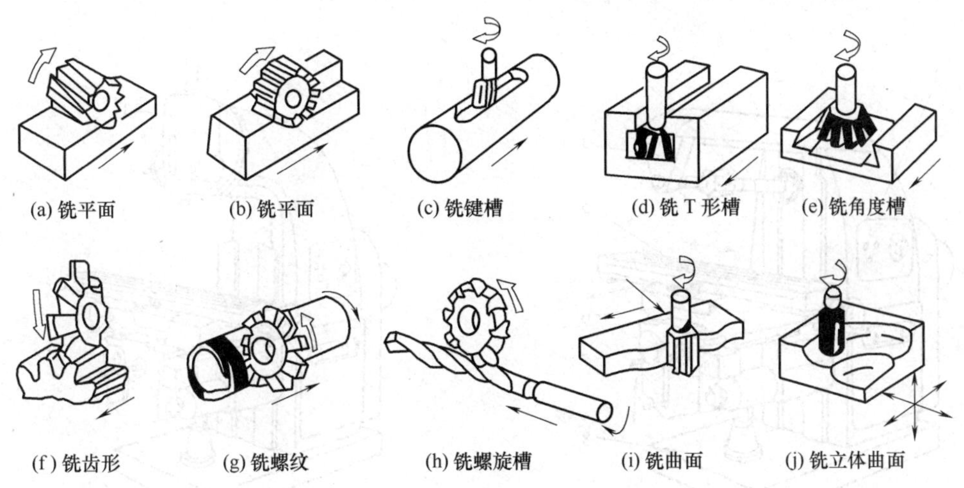


图 4-9　铣床的典型工艺范围

### 1. 升降台铣床

加工的工件尺寸、重量都不大时，多使用工作台能垂直移动的升降台铣床。图 4-10 所示为卧式升降台铣床的外形，它由底座 8、床柱 1、悬梁支架 4、升降台 7、床鞍 6、工作台 5 及装在主轴上的刀杆 3 等主要部件组成。床柱内部装有主传动系统，经主轴、刀杆传动刀具作旋转主运动。工件用夹具或分度头等附件安装在工作台上，也可以用压板直接固定在工作台上。升降台连同床鞍、工作台可沿床柱上的导轨上、下移动，以手动或机动作垂直进给运动。床鞍及工作台可在升降台的导轨上作横向的进给运动，工作台又可沿床鞍上的导轨作纵向进给运动。悬梁 2 及悬梁支架 4 的位置可根据刀杆的长度而调整，以支承刀杆，增大其刚度。对于万能卧式升降台铣床，其工作台可以绕垂直轴在水平面内转动一个角度(±45° 以内)，以铣削螺旋槽。

立式升降台铣床的外形如图 4-11 所示，它与卧式升降台铣床的区别在于，其主轴 2 为垂直布置，立铣头 1 可以在垂直面内倾斜调整成某一角度，并且主轴套筒可沿轴向调整其伸出的长度。

### 2. 床身式铣床

床身式铣床的工作台不作升降运动，机床垂直方向的进给运动由主轴箱沿立柱导轨运动来实现。这类机床常用于加工中等尺寸的零件。

床身式铣床的工作台有圆形和矩形两类。一种双轴圆形工作台的铣床如图 4-12 所示，其工作台 3 与滑座 2 可做横向移动，以调整工作台与主轴间的相对位置。主轴套筒能在垂直方向调整位置，以保证规定的铣削深度。工作台上可装多套夹具，在机床正面装卸工件，加工时工作台缓慢旋转作圆周方向进给，两主轴上的端铣刀分别完成粗铣和半精铣加工。由于加工是连续进行的，在成批或大量生产中加工中、小型工件，其生产率较高。

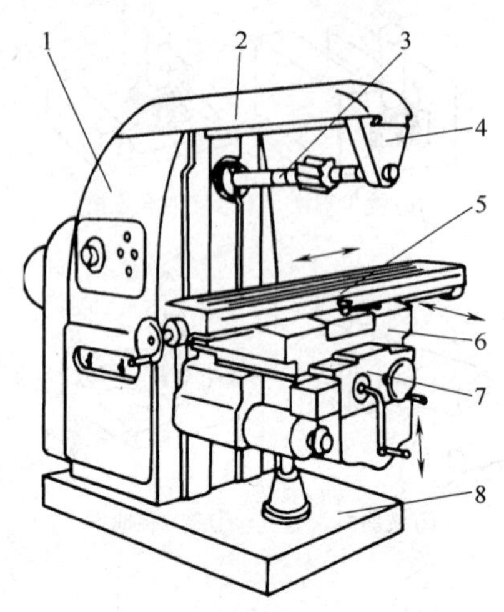


图 4-10　卧式升降台铣床

1—床柱；2—悬梁；3—刀杆；4—悬梁支架；
5—工作台；6—床鞍；7—升降台；8—底座

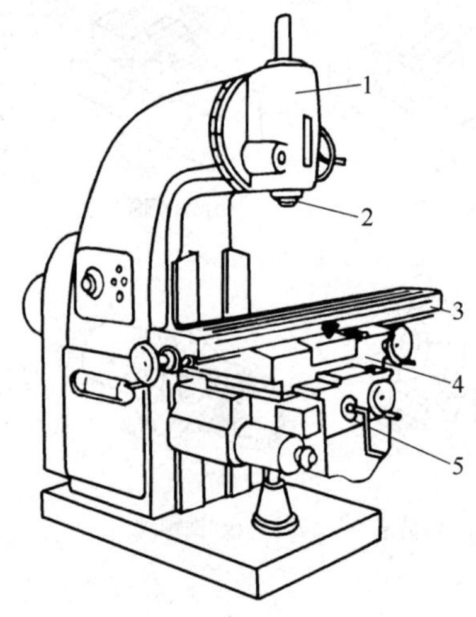


图 4-11　立式升降台铣床

1—立铣头；2—主轴；3—工作台；
4—床鞍；5—升降台

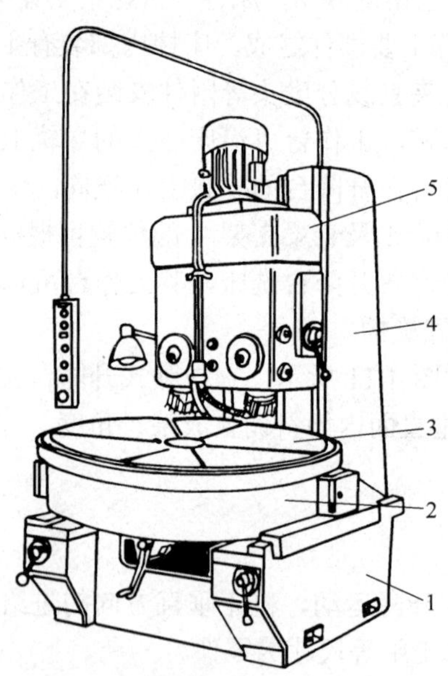


图 4-12　双轴圆形工作台铣床

1—床身；2—滑座；3—工作台；4—立柱；5—主轴箱

### 3. 龙门铣床

龙门铣床是大型、高效通用机床，主要用于各种大型工件上的平面、沟槽等的粗铣、半精铣或精铣加工，也可借助于附件加工斜面和内孔。

图 4-13 所示为龙门铣床的外形。其立柱 5 和 7、床身 10 与顶梁 6 组成一个门式框

架，其刚性较好。横梁 3 可沿立柱上的导轨垂直移动，以调整位置。两个铣头 4 和 8 可沿横梁上的导轨作横向移动，两立柱上也各有一个铣头 2 和 9，可沿立柱导轨垂直移动。4 个铣头都有单独的主运动电机和传动系统，其主轴转速和箱体位置都是独立调整的，每个铣头的主轴套筒连同主轴可在其轴线方向调整位置并锁紧。加工时，工件固定在工作台 1 上，工作台沿床身上的导轨作纵向进给运动。由于龙门铣床能用多把铣刀同时加工几个平面，所以生产率高，适于成批或大量生产。

### 4.4.2　刨床

刨床类机床主要用于加工各种平面和沟槽。加工时，工件或刨刀作往复直线主运动。往复运动中进行切削的行程称为工作行程，返回的行程称为空行程。为了缩短空行程时间，返回时的速度应高于工作行程的速度。由于刨床是单程切削，生产率较低，所以在大批量生产中常被铣床或拉床所取代。刨床上可以在两个方向作进给运动，这两个运动的方向都与主运动方向垂直，并且都是在前一空行程结束、下一工作行程之前进行的，进给运动的执行件为刀具或工作台。

刨削较小的工件时，常使用牛头刨床。图 4-14 所示为牛头刨床的外形。床身 1 的顶部有水平导轨，滑枕 2 由曲柄摇杆机构或液压传动，带着刀架 3 沿导轨作往复主运动。横梁 5 可连同工作台 4 沿床身上的导轨上、下移动调整位置。刀架可在左、右两个方向调整角度以刨削斜面，并能在刀架座的导轨上作进给运动或切入运动。刨削时，工作台及其上面安装的工件沿横梁上的导轨作间歇性的横向进给运动。

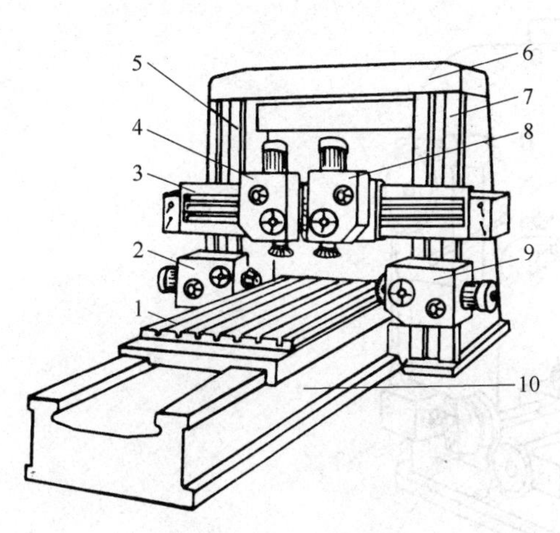


图 4-13　龙门铣床

1—工作台；2，4，8，9—铣头；3—横梁；
5，7—立柱；6—顶梁；10—床身

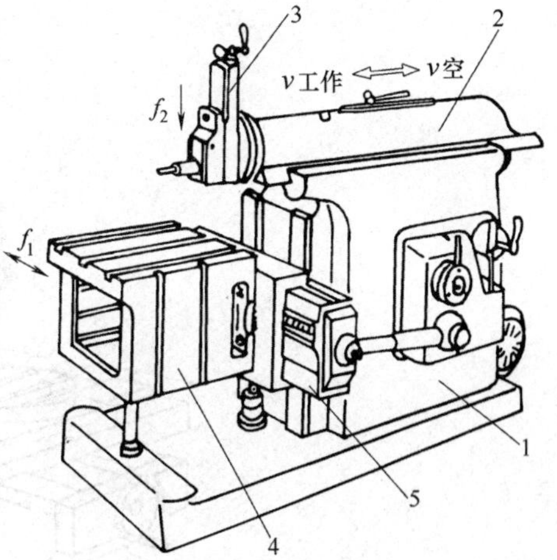

图 4-14　牛头刨床

1—床身；2—滑枕；3—刀架；
4—工作台；5—横梁

加工大型、重型工件上的各种平面和沟槽时，需使用龙门刨床。龙门刨床也可以用来同时加工多个中、小型工件。图 4-15 所示为龙门刨床的外形，其布局与龙门铣床相似，但工作台带着工件做主运动，速度远比龙门铣床工作台的速度高；横梁上及左、右立柱上的 4 个刀架内没有类似于龙门铣床铣头箱中的主运动传动机构，并且每个刀架在空行程结束后沿导轨作水平或垂直方向的进给，而龙门铣床的铣头在加工过程中是不移动的。

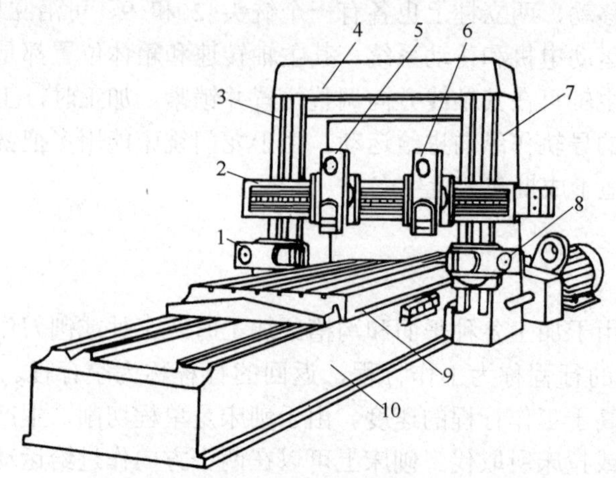


图 4-15　龙门刨床

1，5，6，8—刀架；2—横梁；3，7—立柱；4—顶梁；9—工作台；10—床身

如图 4-16 所示，插床实质上是立式刨床，它的滑枕 4 带着刀具作垂直方向的主运动。床鞍 1 和溜板 2 可分别作横向及纵向的进给运动。圆工作台 3 可由分度装置 5 传动，在圆周方向作分度运动或进给运动。插床主要用来在单件小批生产中加工键槽、孔内的平面或成形表面。

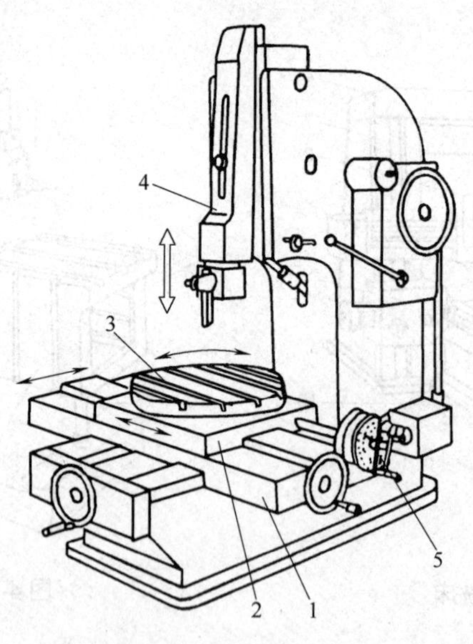


图 4-16　插床

1—床鞍；2—溜板；3—圆工作台；4—滑枕；5—分度装置

## 4.4.3　平面磨床

平面磨削主要是在平面磨床上完成的，根据其结构及工作台运动方式的不同，平面磨

床可以分为以下几种。

1. 卧轴矩台平面磨床

机床的砂轮主轴是卧式的(即砂轮主轴平行于水平面)，工作台是矩形的电磁吸盘，用砂轮的圆周面磨削平面，如图 4-17(a)所示。磨削时，矩台电磁吸盘吸住工件作往复直线运动，砂轮主轴除高速旋转外，每当工作台往复一次或换向以后瞬间，都要横向移动一小段距离，经过多次横向进给，使工件表面磨去一层。

2. 卧轴圆台平面磨床

机床的砂轮主轴是卧式的，工作台是圆形电磁吸盘，用砂轮的圆周面磨削平面，如图 4-17(b)所示。磨削时，圆台电磁吸盘将工件吸住一起作单向匀速旋转，砂轮主轴除高速旋转外，还在圆台外缘和中心之间作往复进给，每往复一次或每次换向后，砂轮向工件作垂直进给，直至使工件达到所需要的尺寸。

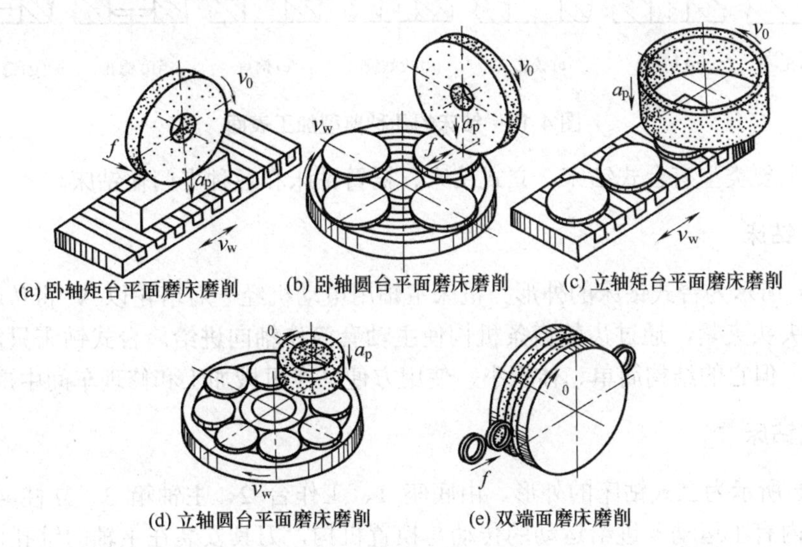


图 4-17　平面磨床的类型

3. 立轴矩台平面磨床

机床的砂轮主轴是立式的(即与水平面垂直)，工作台是矩形电磁吸盘，用砂轮的端面磨削平面，如图 4-17(c)所示。

4. 立轴圆台平面磨床

机床的砂轮主轴是立式的，工作台是圆形电磁吸盘，用砂轮的端面磨削平面，如图 4-17(d)所示。

5. 双端面磨床

双端面磨床能同时磨削工件两个平行面，磨削时工件可连续送料，常用于自动生产线等场合。图 4-17(e)所示为直线贯穿式的双端面磨床，适用于磨削轴承环、垫圈和活塞环等零件的平面，生产效率极高。

### 4.4.4 钻床

钻床是孔加工机床，主要用于加工外形复杂、没有对称回转轴线的工件，如各种杆件支架件、板件和箱体等零件上的孔。

钻床一般用于加工直径不大且精度要求不高的孔。加工时工件固定，刀具作旋转的主运动并作轴向的进给运动。图4-18所示为钻床的几种典型加工表面。钻床的主参数为最大钻孔直径。

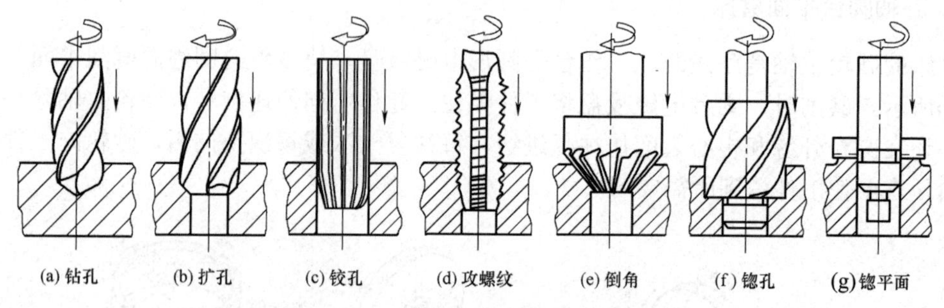


图4-18 钻床的几种典型加工表面

钻床的主要类型有台式钻床、立式钻床、摇臂钻床和各种专门化钻床。

#### 1. 台式钻床

图4-19所示为台式钻床的外形。机床主轴用电动机经一对塔轮以V带传动，刀具用主轴前端的夹头夹紧，通过齿轮齿条机构使主轴套筒作轴向进给。台式钻床只能加工较小工件上的孔，但它的结构简单、体积小、使用方便，在机械加工和修理车间中广泛使用。

#### 2. 立式钻床

图4-20所示为立式钻床的外形，由底座1、工作台2、主轴箱3、立柱4等部件组成。主轴箱内有主运动及进给运动的传动与换置机构，刀具安装在主轴的锥孔内，由主轴带动作旋转主运动，主轴套筒可以手动或机动作轴向进给。工作台可沿立柱上的导轨作调位运动。工件用工作台上的虎钳夹紧，或用压板直接固定在工作台上加工。立式钻床的主轴中心线是固定的，必须移动工件使被加工的中心线与主轴中心线对准。所以，立式钻床只适用于在单件小批量生产中加工中、小型工件。

#### 3. 摇臂钻床

摇臂钻床适用于在单件和成批生产中加工较大的工件。图4-21所示为摇臂钻床的外形，由底座1、立柱2、摇臂3、主轴箱4和工作台5等部件组成。加工时，工件安装在工作台或底座上。立柱分为内、外两层，内立柱固定在底座上，外立柱连同摇臂和主轴箱可绕内立柱旋转摆动，摇臂可在外立柱上作垂直方向的调整，主轴箱能在摇臂的导轨上作径向移动，使主轴与工件孔中心找正，然后用夹紧装置将内外立柱、摇臂与外立柱、主轴箱与摇臂间的位置分别固定。主轴的旋转运动及主轴套筒的轴向进给运动的开停、变速、换向、制动机构，都布置在主轴箱内。

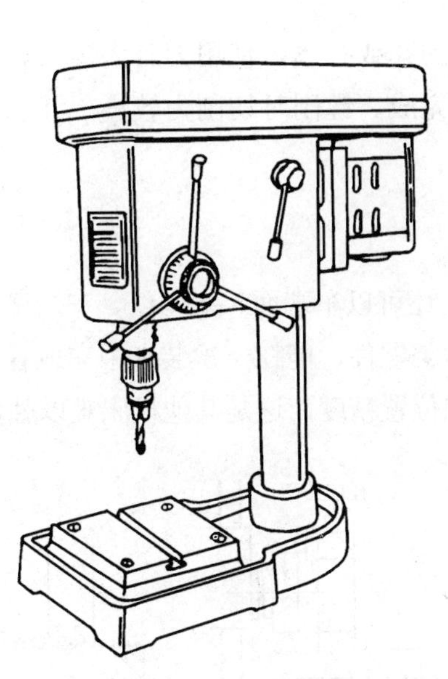

图 4-19　台式钻床

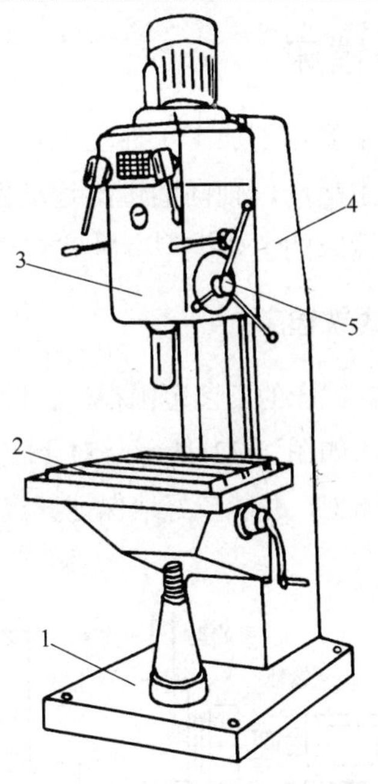


图 4-20　立式钻床

1—底座；2—工作台；3—主轴箱；4—立柱；5—方柄

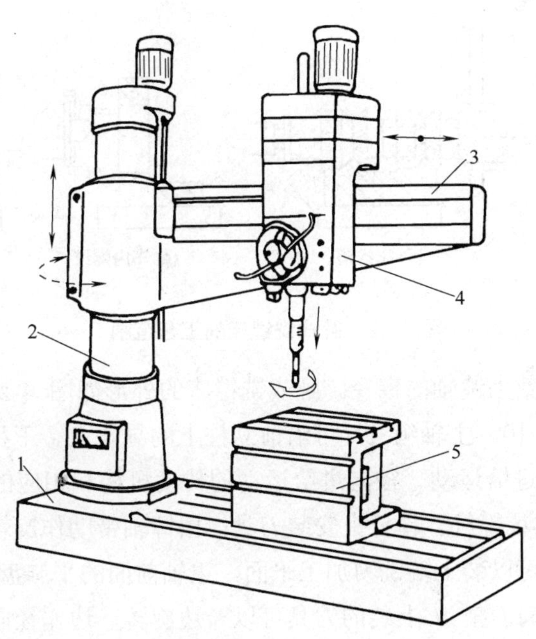


图 4-21　摇臂钻床

1—底座；2—立柱；3—摇臂；4—主轴箱；5—工作台

## 4.4.5 镗床

镗床主要用于加工工件上已铸出或粗加工过的孔或孔系，使用刀具为镗刀。加工时刀具作旋转主运动，轴向的进给运动由工件或刀具完成。镗削时切削力较小，其加工精度高于钻床。镗床的主要类型有卧式铣镗床等。

### 1. 卧式铣镗床

卧式铣镗床的工艺范围很广，除了镗孔以外，还可以车端面、车螺纹、车沟槽、钻孔、铣平面等，如图 4-22 所示。对于较大的复杂箱体类零件，能在一次装夹中完成各种孔和箱体表面的加工，并能较好地保证其尺寸精度和形状位置精度，这是其他机床难以胜任的。

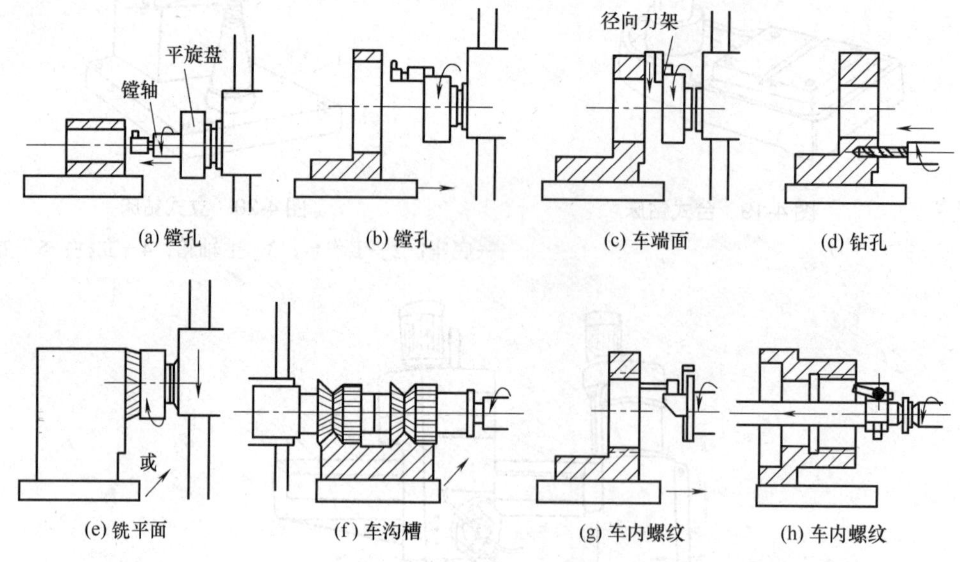


图 4-22 卧式铣镗床的工艺范围

卧式铣镗床的主参数为镗轴的直径。卧式铣镗床的外形如图 4-23 所示，图中 1 为床身，其上固定有前立柱 10。主轴箱 11 可沿前立柱上的导轨上、下移动，主轴箱内有主轴部件以及主运动、轴向进给运动、径向进给运动的传动机构和相应的操纵机构。主轴前端的镗轴 7 上可以装刀具或镗杆。镗杆上安装刀具，由镗轴带动作旋转主运动，并可作轴向的进给运动。镗轴上也可以装上端铣刀加工平面。主轴前面的平旋盘 8 上也可以装端铣刀铣削平面，平旋盘的径向刀架 9 上装的刀具可以一边旋转一边作径向进给运动，车削孔端面。后立柱 5 可沿床身导轨移动，后支架 4 能在后立柱的导轨上与主轴箱作同步的升降运动，以支承镗杆的后端，增大其刚度。工作台 6 用于安装工件，它可以随上滑座 3 在下滑座 2 的导轨上作横向进给，或随下滑座在床身的导轨上作纵向进给，还能绕上滑座的圆导轨在水平面内旋转一定角度，以加工斜孔及斜面。

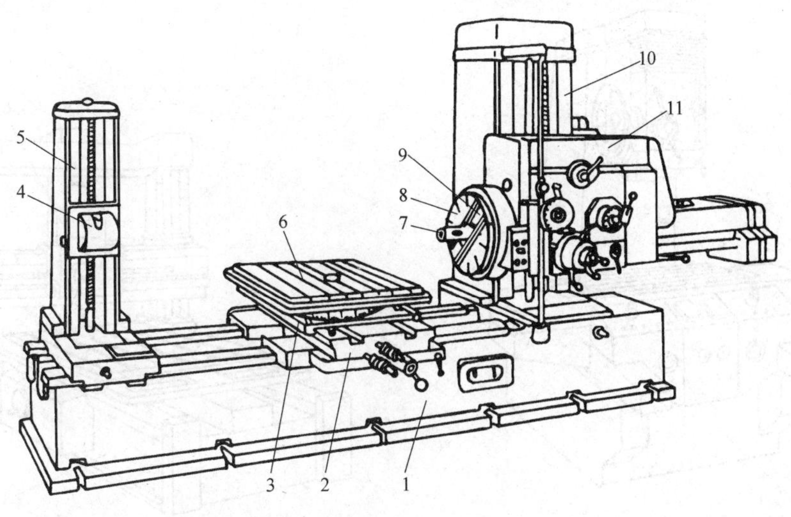


图 4-23　卧式铣镗床

1—床身；2—下滑座；3—上滑座；4—后支架；5—后立柱；6—工作台；7—镗轴；8—平旋盘；9—径向刀架；10—前立柱；11—主轴箱

### 2. 坐标镗床

坐标镗床是高精度机床，主要用于加工尺寸精度和位置精度要求都很高的孔或孔系。坐标镗床除了按坐标尺寸镗孔以外，还可以钻孔、扩孔、铰孔、锪端面；铣平面和沟槽，用坐标测量装置作精密刻线和划线，进行孔距和直线尺寸的测量等。坐标镗床的特点是：有精密的坐标测量装置，实现工件孔和刀具轴线的精确定位(定位精度可达 2μm)；机床主要零、部件的制造和装配精度很高；机床结构有良好的刚性和抗震性，并采取了抗热变形措施；机床对使用环境和条件有严格要求。坐标镗床主要用于工具车间工模具的单件小批量生产。

坐标镗床的坐标测量装置是保证机床加工精度的关键。常用的坐标测量装置有带校正尺的精密丝杠坐标测量装置、精密刻线尺-光屏读数器坐标测量装置和光栅坐标测量装置，还有感应同步器测量装置、激光干涉测量装置等。

坐标镗床有立式单柱、立式双柱和卧式等主要类型。图 4-24 所示为立式单柱坐标镗床，工作台 2 可在床鞍 5 的导轨上作纵向移动，也可随床鞍在床身 1 的导轨上作横向移动，这两个方向均有坐标测量装置。主轴箱 3 固定在立柱 4 上，主轴套筒可作轴向进给。这种机床的尺寸较小，其主要参数(工作台面宽度)小于 630mm。图 4-25 所示为立式双柱坐标镗床，其工作台 2 只沿床身 1 的导轨作纵向移动，主轴在横坐标方向的移动由主轴箱 6 沿横梁 3 上的导轨的移动来完成。横梁 3 可沿立柱 4 与 7 的导轨作上、下位置调整。这种机床的两根立柱与顶梁 5 和床身 1 组成框架结构，并且工作台的层次少，结合面少，所以刚度高。大、中型坐标镗床常采用这种双柱式布局。

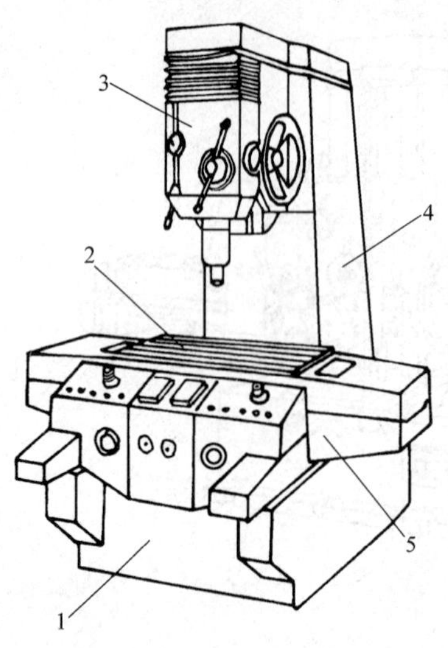


图 4-24　立式单柱坐标镗床

1—床身；2—工作台；3—主轴箱；
4—立柱；5—床鞍

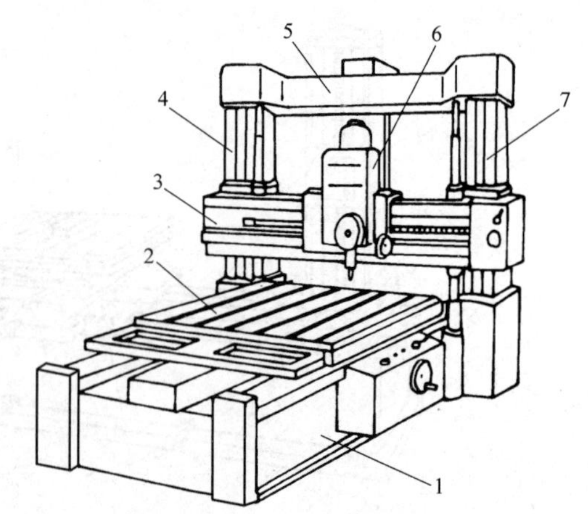


图 4-25　立式双柱坐标镗床

1—床身；2—工作台；3—横梁
4，7—立柱；5—顶梁；6—主轴箱

## 4.4.6　组合机床

组合机床是根据特定工件的加工要求，以系列化、标准化的通用部件为基础，配以少量的专用部件所组成的专用机床。

组合机床的工艺范围主要属于平面加工和孔加工，如铣平面、车端面、锪平面、钻孔、扩孔、铰孔、镗孔、倒角、切槽、攻螺纹、锪沉头孔、滚压孔等。

组合机床最适于加工箱体类零件，如气缸体、气缸盖、变速箱体、阀门与仪表的壳体等。这些零件的加工表面主要是孔和平面，几乎都可以在组合机床上完成。另外，轴类、盘类、套类及叉架类零件，如曲轴、气缸套、连杆、飞轮、法兰盘、拨叉等，也能在组合机床上完成部分或全部加工工序。

图 4-26 所示为一种典型的双面复合式单工位组合机床。被加工工件装夹在夹具 5 中，加工时工件固定不动，镗削头 6 上的镗刀和多轴箱 4 中各主轴上的刀具分别由电动机通过动力箱 3 驱动作旋转主运动，并由各自的滑台 7 带动作直线进给运动，在机床电气控制系统控制下，完成一定形式的运动循环。整台机床的组成部件中，除多轴箱和夹具是专用部件外，其余均为通用部件。即使是专用部件，其中也有不少零件是通用件和标准件。通常一台组合机床中，通用部件和零件的数量约占机床零、部件总数的 70%～90%。

组合机床与一般专用机床相比，具有以下特点。

(1) 设计、制造周期短。这主要是由于组合机床的专用部件少，通用部件由专门工厂生产，可根据需要直接选购。

(2) 加工效率高。组合机床可采用多刀、多轴、多面、多工位和多件加工，因此特别适用于汽车、拖拉机、电机等行业定型产品的大批量生产。

(3) 当加工对象改变后，通用零、部件可重复使用，组成新的组合机床，不致因产品的更新而造成设备的大量浪费。

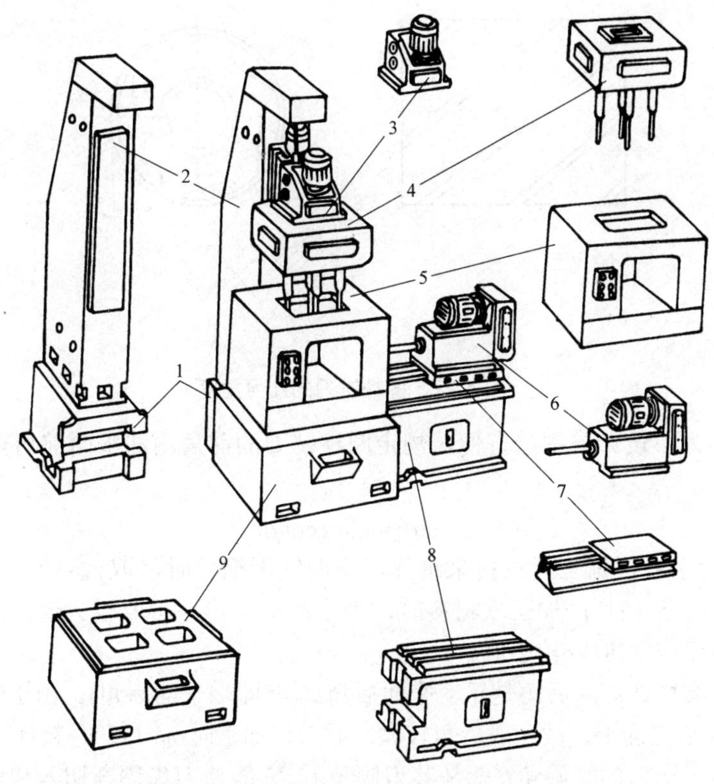


图 4-26　双面复合单工位组合机床的组成

1—立柱底座；2—立柱；3—动力箱；4—多轴箱；5—夹具；
6—镗削头；7—滑台；8—侧底座；9—中间底座

# 4.5　箱体类零件常用加工刀具

【学习目标】掌握箱体类零件常用的加工刀具，如铣刀、刨刀、镗刀等的几何形状、种类等。

## 4.5.1　铣刀

铣刀是刀齿分布在圆周表面或端面上的多刃回转刀具，可以用来加工平面(水平、垂直或倾斜的)、台阶、沟槽和各种成形表面等。

### 1. 铣刀的几何角度

铣削时的主运动就是铣刀的旋转运动，进给运动一般是工件的直线或曲线运动。

铣刀的几何角度可以按圆柱铣刀和端铣刀两种基本类型来分析。

1) 圆柱铣刀的几何角度

铣刀的几何角度如图 4-27 所示。

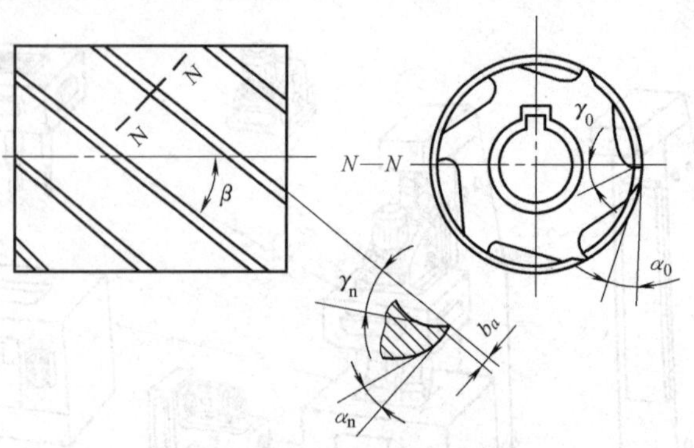


图 4-27　圆柱铣刀的几何角度

(1) 前角。为了设计与制造方便，规定圆柱铣刀的前角用法平面前角$\gamma_n$ 表示，$\gamma_n$ 与$\gamma_0$的换算关系为

$$\tan\gamma_n = \tan\gamma_0\cos\beta$$

铣刀的前角主要根据工件材料来选择，一般铣削钢件时，取$\gamma_n$=10°～20°；铣削铸铁件时，取$\gamma_n$=5°～15°；加工软材料时，为了减小变形，可取较大值；加工硬而脆的材料时，为了保护刀刃则应取较小值。

(2) 后角。圆柱铣刀的后角是正交平面后角$\alpha_0$(亦即端平面后角)。由于铣削厚度较小，磨损主要发生在后刀面上，故一般后角较大。通常粗加工时$\alpha_0$=12°，精加工时$\alpha_0$=16°。

(3) 螺旋角。铣刀的螺旋角$\beta$就是其刃倾角$\lambda$，它能使刀齿逐渐切入和切离工件，使铣刀同时工作的齿数增加，故能提高铣削过程的平稳性。增大$\beta$角，可增大实际切削前角，使切削轻快，排屑较容易。一般粗齿铣刀$\beta$=40°～60°，细齿铣刀$\beta$=40°～60°。

2) 端铣刀的几何角度

端铣刀的每一个刀齿相当于一把车刀，都有主、副切削刃和过渡刃。如图 4-28 所示，在正交平面系内，端铣刀的标注角度有$\gamma_0$、$\alpha_0$、$\kappa_r$、$\kappa_r'$和$\lambda_s$。

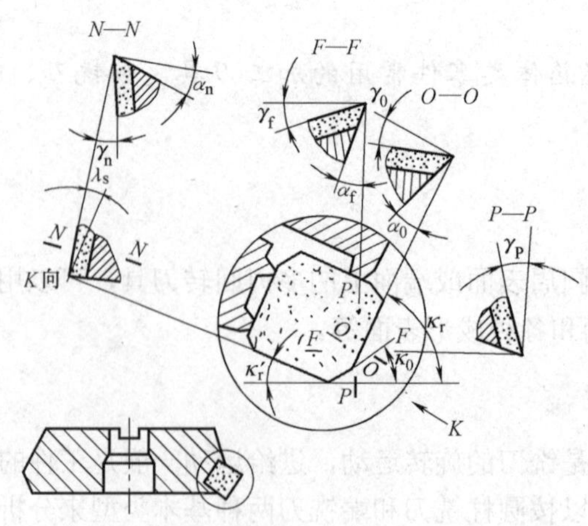


图 4-28　端铣刀的几何角度

机夹端铣刀的每一个刀齿的$\gamma_0$和$\lambda_s$均为 0°，以利于刀齿的集中制造和刃磨。把刀齿安装在刀体上时，为了获得所需要的切削角度，应使刀齿在刀体中径向倾斜$\gamma_f$角，轴向倾斜$\gamma_p$角，并把它们标注出来，以供制造时参考。它们之间可由下式来换算，即

$$\tan\gamma_f=\tan\gamma_0\sin\kappa_r-\tan\lambda_s\cos\kappa_r$$

$$\tan\gamma_p=\tan\gamma_0\cos\kappa_r-\tan\lambda_s\sin\kappa_r$$

由于硬质合金端铣刀是断续切削，刀齿经受较大的冲击，在选择几何角度时，应保证刀齿具有足够的强度。一般铣削钢件时，取$\gamma_0$=−10°～15°，铣削铸铁件时，取$\gamma_0$=−5°～5°；粗铣时，取$\alpha_0$=6°～8°，精铣时，取$\alpha_0$=12°～15°；主偏角 $\kappa_r$=45°～75°，副偏角$\kappa_r'$=2°～5°，刃倾角$\lambda_s$=−15°～5°。

2. 硬质合金端铣刀

(1) 硬质合金机夹重磨式端铣刀。如图 4-29 所示，它是将硬质合金刀片焊接在小刀齿上，再用机械夹固的方法装夹在刀体的刀槽中。这类铣刀的重磨方式有体外刃磨和体内刃磨两种。因其刚性好，故目前应用较多。

(2) 硬质合金可转位端铣刀。如图 4-30 所示，它是将硬质合金可转位刀片直接用机械夹固的方法安装在铣刀体上，磨钝后，可直接在铣床上转换切削刃或更换刀片。其刀片的夹固方法与可转位车刀的夹固方法相似。因此，硬质合金可转位端铣刀在提高铣削效率和加工质量、降低生产成本等方面显示出良好的优越性。

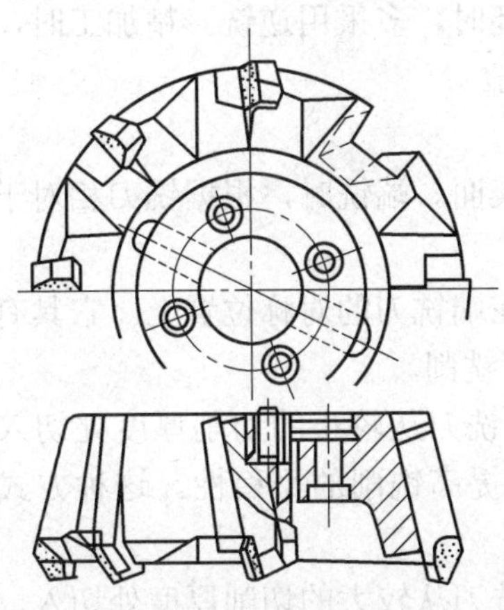

图 4-29　焊接一夹固式端铣刀

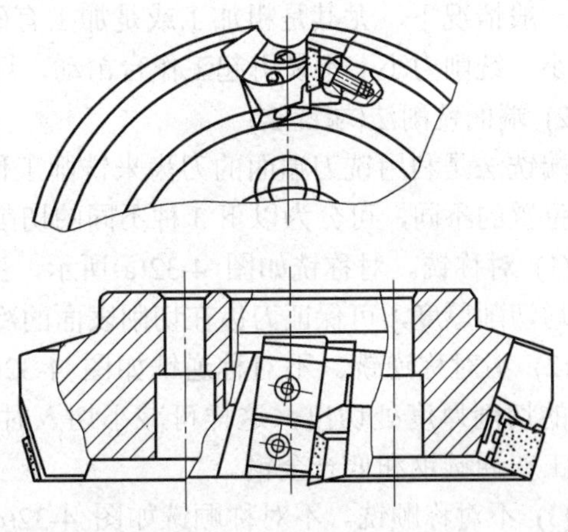

图 4-30　可转位端铣刀

3. 铣削方式及合理选用

铣削方式是指铣削时铣刀相对于工件的运动和位置关系。不同的铣削方式对刀具的耐用度、工件加工表面的粗糙度、铣削过程的平稳性及切削加工的生产率等都有很大的影响。

1) 圆周铣削法(周铣法)

用铣刀圆周上的切削刃来铣削工件加工表面的方法，叫周铣法。它有两种铣削方式：逆铣法(铣刀的旋转方向与工件进给方向相反，如图 4-31(a)所示)和顺铣法(铣刀的旋转方向与工件进给方向相同，如图 4-31(b)所示)。

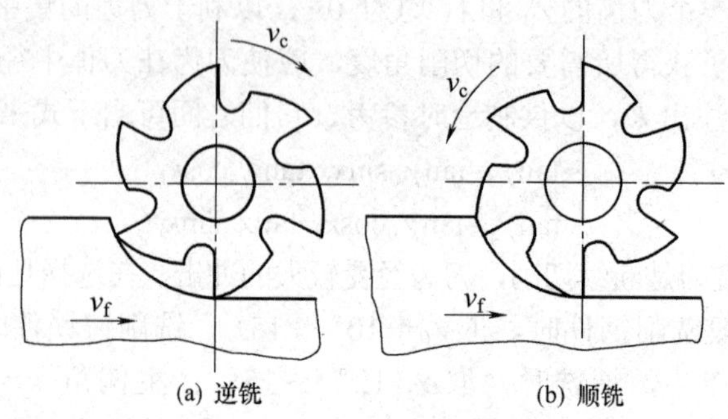


图 4-31　逆铣与顺铣

逆铣时，刀齿由切削层内切入，从待加工表面切出，切削厚度由零增至最大。由于刀刃并非绝对锋利，所以刀齿在刚接触工件的一段距离上不能切入工件，只是在加工表面上挤压、滑行，使工件表面产生严重冷硬层，降低了表面加工质量，并加剧了刀具磨损。顺铣时，切削厚度由大到小，没有逆铣的缺点。同时，顺铣时的铣削力始终压向工作台，避免了工件上、下振动，因而可提高铣刀的耐用度和加工表面质量。但顺铣时由于水平切削分力与进给方向相同，因此可能会使铣床工作台产生窜动，引起振动和进给不均匀。加工有硬皮的工件时，由于刀齿首先接触工件表面硬皮，会加速刀齿的磨损。这些都使顺铣的应用受到很大的限制。

一般情况下，尤其是粗加工或是加工有硬皮的毛坯时，多采用逆铣。精加工时，加工余量小，铣削力小，不易引起工作台窜动，可采用顺铣。

2) 端面铣削法(端铣法)

端铣法是利用铣刀端面的刀齿来铣削工件的加工表面。端铣时，根据铣刀相对于工件安装位置的不同，可分为以下 3 种不同的切削方式。

(1) 对称铣。对称铣如图 4-32(a)所示，工件安装在端铣刀的对称位置上。它具有较大的平均切削厚度，可保证刀齿在切削表面的冷硬层之下铣削。

(2) 不对称逆铣。不对称逆铣如图 4-32(b)所示，铣刀从较小的切削厚度处切入，从较大的切削厚度处切出，这样可减小切入时的冲击，提高铣削的平稳性。这种方式适合于加工普通碳钢和低合金钢。

(3) 不对称顺铣。不对称顺铣如图 4-32(c)所示，铣刀从较大的切削厚度处切入，从较小处切出。在加工塑性较大的不锈钢、耐热合金等材料时，可减小毛刺及刀具的黏结磨损，刀具耐用度可大大提高。

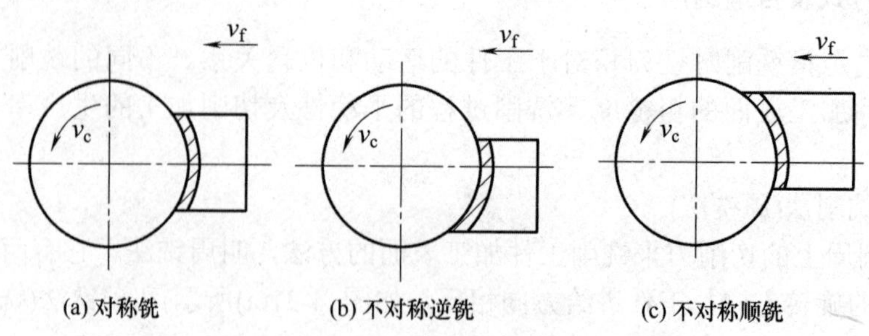


图 4-32　端面铣削方式

## 4.5.2　刨刀

刨刀的种类很多，由于刨削加工的形式和内容不同，采用的刨刀类型也不同。常用的刨刀有平面刨刀、偏刀、切刀、弯头刀等，如图 4-33 所示。

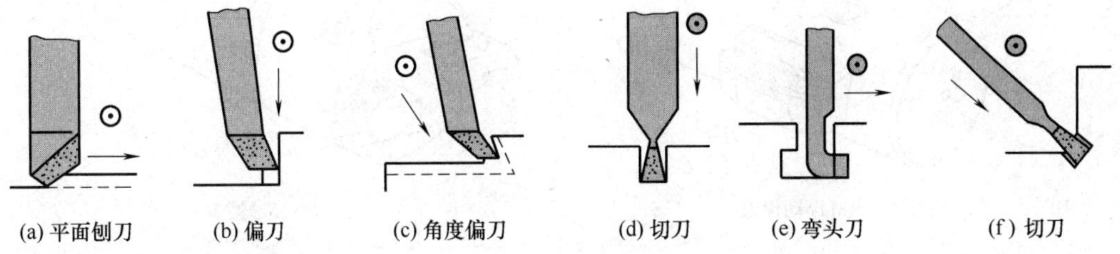


图 4-33　刨刀的类型

(a) 平面刨刀：用来刨平面。

(b) 偏刀：用来刨削垂直面、台阶面和外斜面等。

(c) 切刀：用来刨削直角槽、沉割槽，并具有切断作用。

(d) 弯头刀：用来刨削 T 形槽和侧面割槽。

(e) 角度偏刀：用来刨削角度形工件、燕尾槽和内斜槽。

(f) 样板刀：用来刨削 V 形槽和特殊形状的表面。

刨刀的结构基本上与车刀类似，但刨刀工作时为断续切削，受冲击载荷。因此，在同样的切削截面下，刀杆断面尺寸较车刀大 1.25～1.5 倍，并采用较大的负刃倾角(−10°～−20°)，以提高切削刃抗冲击载荷的性能。为了避免刨刀刀杆在切削力作用下产生弯曲变形，从而使刀刃啃入工件，通常使用弯头刨刀。重型机器制造中常采用焊接—机械夹固式刨刀，即将刀片焊接在小刀头上，然后夹固在刀杆上，以利于刀具的焊接、刃磨和装卸。在刨削大平面时，可采用滚切刨刀，其切削部分为碗形刀头。圆形切削刃在切削力的作用下连续旋转，因此刀具磨损均匀，寿命很高。

## 4.5.3　镗刀

镗刀是指具有一个或两个切削部分，专门用于对已有的孔进行粗加工、半精加工或精加工的刀具。镗刀可在镗床、车床或铣床上使用。因装夹方式的不同，镗刀柄部有方柄、莫氏锥柄和 7∶24 锥柄等多种形式。

单刃镗刀切削部分的形状与车刀相似。为了使孔获得高的尺寸精度，精加工用镗刀的尺寸需要准确地调整。微调镗刀可以在机床上精确地调节镗孔尺寸，它有一个精密游标刻线的指示盘，指示盘同装有镗刀头的心杆组成的一对精密丝杆螺母副机构。当转动螺母时，装有刀头的心杆即可沿定向键作直线移动，借助游标刻度读数，精度可达 0.001mm。镗刀的尺寸也可在机床外用对刀仪预调。

双刃镗刀有两个分布在中心两侧同时切削的刀齿，由于切削时产生的径向力互相平衡，可加大切削用量，生产效率高。双刃镗刀按刀片在镗杆上浮动与否分为浮动镗刀和定装镗刀，如图 4-34 所示。浮动镗刀适用于孔的精加工。它实际上相当于铰刀，能镗削出尺寸精度高和表面光洁的孔，但不能修正孔的直线性偏差。为了提高重磨次数，浮动镗刀常制成可调结构。

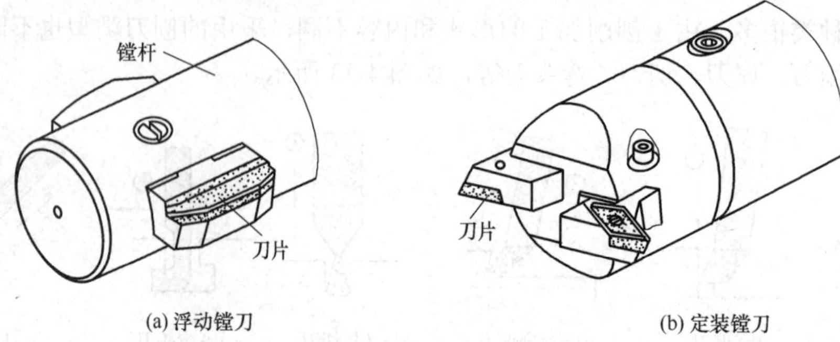


(a) 浮动镗刀　　(b) 定装镗刀

图 4-34　双刃镗刀

为了适应各种孔径和孔深的需要并减少镗刀的品种规格，人们将镗杆和刀头设计成系列化的基本件——模块。使用时可根据工件的要求选用适当的模块，拼合成各种镗刀(见图 4-35)，从而简化了刀具的设计和制造。

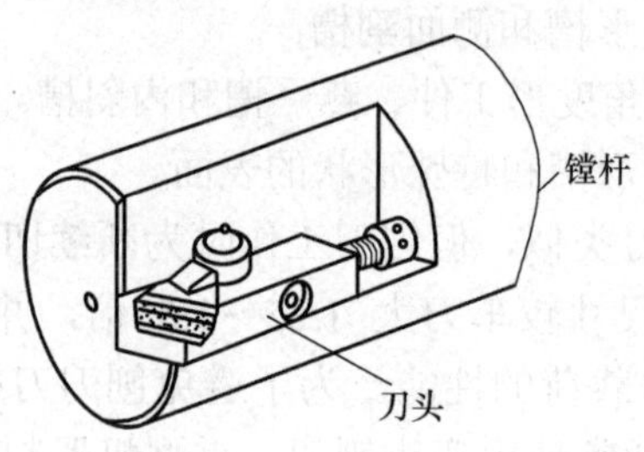


图 4-35　模块式镗刀

# 4.6　保证箱体类零件孔系精度的方法

【学习目标】掌握保证箱体类零件平行孔系、同轴孔系、交叉孔系精度的加工方法。

箱体类零件上一般均有一系列有位置精度要求的孔的组合，称为孔系。孔系可分为平行孔系、同轴孔系和交叉孔系，如图 4-36 所示。

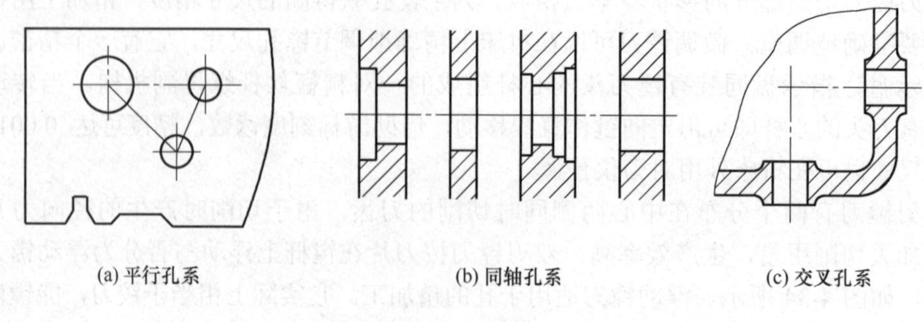

(a) 平行孔系　　(b) 同轴孔系　　(c) 交叉孔系

图 4-36　孔系分类

孔系加工是箱体加工的关键。根据箱体批量的不同和孔系精度要求的不同，所用的加工方法也不一样。

下面介绍几种保证箱体类零件孔系精度的加工方法。

### 1. 平行孔系的加工

所谓平行孔系是指既要求孔的轴线互相平行，又要求保证孔距精度的一些孔。下面将介绍保证平行孔系孔距精度的方法。

1) 找正法

找正法是工人在通用机床(如铣镗床、铣床)上利用辅助工具来找正要加工孔的正确位置的加工方法。这种方法加工效率低，一般只适于单件小批生产，常见的有以下几种。

(1) 划线找正法。加工前按照零件图在箱体毛坯上划出各孔的加工位置线，然后按划线加工。首先将箱体用千斤顶安放在平台上(见图 4-37(a))，调整千斤顶，使主轴孔Ⅰ和 *A* 面与台面基本平行，*D* 面与台面基本垂直，再根据毛坯的主轴孔划出主轴孔的水平轴线Ⅰ-Ⅰ，在 4 个面上均要划出，作为第一校正线。划此线时，应检查所有的加工部位在水平方向是否留有加工余量，若有的加工部位无余量，则需要重新校正Ⅰ-Ⅰ线的位置。Ⅰ-Ⅰ线确定后，同时划出 *A* 面和 *C* 面的加工线。接着将箱体翻转 90°，把 *D* 面置于 3 个千斤顶上，调整千斤顶，使Ⅰ-Ⅰ线与台面垂直，再根据毛坯的主轴孔并考虑各个部位在垂直方向的加工余量，按照上述方法划出主轴孔的垂直轴线Ⅱ-Ⅱ作为第二校正线(见图 4-37(b))，也在 4 个面上均划出；然后依据Ⅱ-Ⅱ线划出 *D* 面加工线。最后再将箱体翻转 90°(见图 4-37(c))，将 *E* 面置于 3 个千斤顶上，调整千斤顶，使Ⅰ-Ⅰ线与Ⅱ-Ⅱ线与台面垂直，再根据凸台高度尺寸，先划出 *F* 面，然后再划出 *E* 面加工线。划线找正花费时间长、生产率低，而且加工出的孔距精度也较低，一般在 0.5～1mm 范围。为提高划线找正的精度，加工中往往需结合试切法同时进行。

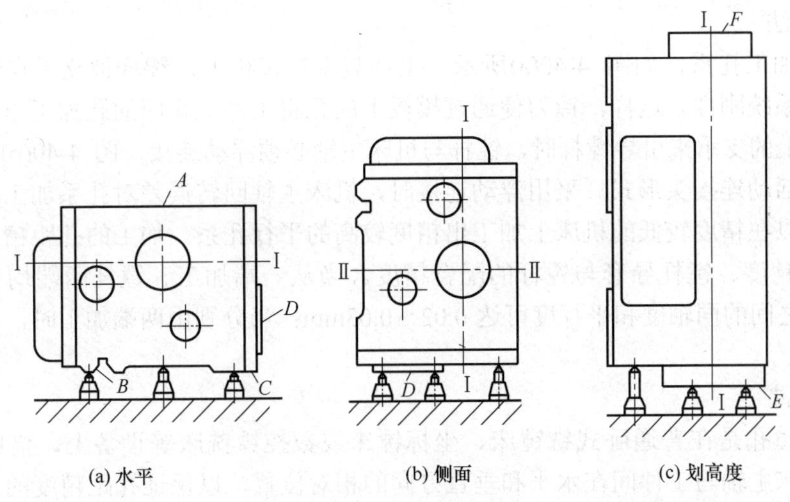


图 4-37　主轴箱的划线

(2) 心轴和量规找正法。此法如图 4-38 所示。镗第一排孔时将心轴插入主轴孔(或直接利用镗床主轴插入主轴孔内)，然后根据孔和定位基准的距离，组合一定尺寸的量规来校正主轴位置。校正时用塞尺测量量规与心轴之间的间隙，以避免量规与心轴直接接触而损伤量规，如图 4-38(a)所示。镗第二排孔时，分别在机床主轴和已加工孔中插入心轴，采用同样的方法来校正主轴线的位置，以保证孔距的精度，如图 4-38(b)所示。这种找正法的孔距精度可达±0.03mm。

(3) 样板找正法。样板找正法如图 4-39 所示，用 10～20mm 厚的钢板制成样板 1，装在垂直于各孔的端面上(或固定于机床工作台上)，样板上的孔距精度较箱体孔系的孔距精度高(一般为±0.01～±0.03mm)，样板上的孔径较工件的孔径大，以便于镗杆通过。样板上孔的直径精度要求不高，但要有较高的形状精度和较小的表面粗糙度值。当样板准确地装到工件上后，在机床主轴上装一个千分表(或千分表定心器)2，按样板找正机床主轴，找正后即换上镗刀加工。此法加工孔系不易出差错，找正方便，孔距精度可达±0.05mm。这种样板的成本低，仅为镗模成本的 1/9～1/7，单件小批的大型箱体加工常用此法。

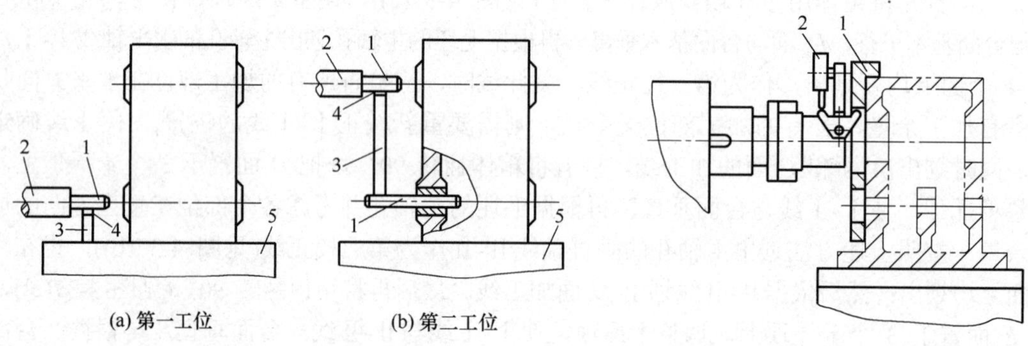


图 4-38　用心轴和量规找正

1—心轴；2—镗床主轴；3—量规；4—塞尺；5—镗床工作台

图 4-39　样板找正法

1—样板；2—千分表

2) 镗模法

用镗模加工孔系，如图 4-40(a)所示。工件装夹在镗模上，镗杆被支承在镗模的导套里，增加了系统刚性。这样，镗刀便通过模板上的孔将工件上相应的孔加工出来。当用两个或两个以上的支承来引导镗杆时，镗杆与机床主轴必须浮动连接，图 4-40(b)所示为常用的一种镗杆活动连接头形式。采用浮动连接时，机床主轴回转误差对孔系加工精度影响很小，因而可以在精度较低的机床上加工出精度较高的平行孔系。加工的孔距精度主要取决于镗模制造精度、镗杆导套与镗杆的配合精度。当从一端加工、镗杆两端均有导向支承时，孔与孔之间的同轴度和平行度可达 0.02～0.03mm；当分别由两端加工时，可达 0.04～0.05mm。

3) 坐标法

坐标法镗孔是在普通卧式铣镗床、坐标镗床或数控镗铣床等设备上，借助于测量装置，调整机床主轴与工件间在水平和垂直方向的相对位置，以保证孔距精度的一种镗孔方法。图 4-41 所示是在卧式铣镗床上用百分表 1 和量规 2 来调整主轴垂直和水平坐标位置的示意图。

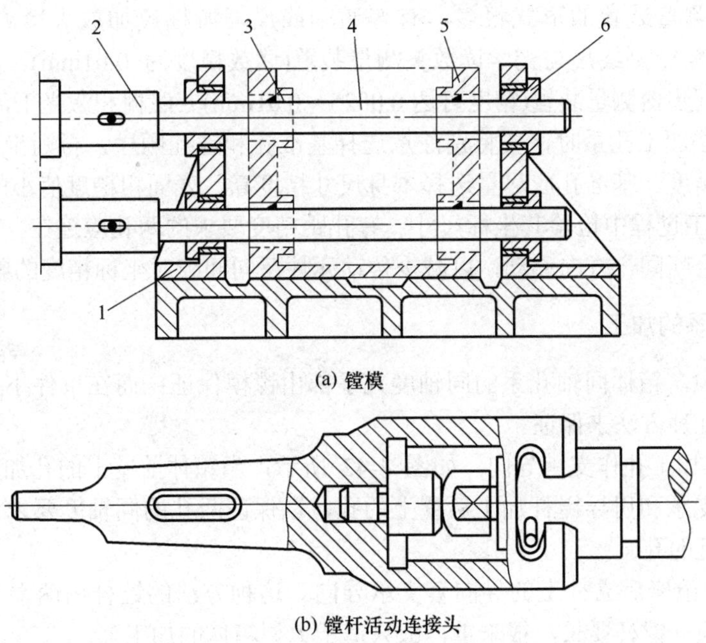


图 4-40　用镗模加工孔系

1—镗模；2—活动连接头；3—镗刀；4—镗杆；5—工件；6—镗杆导套

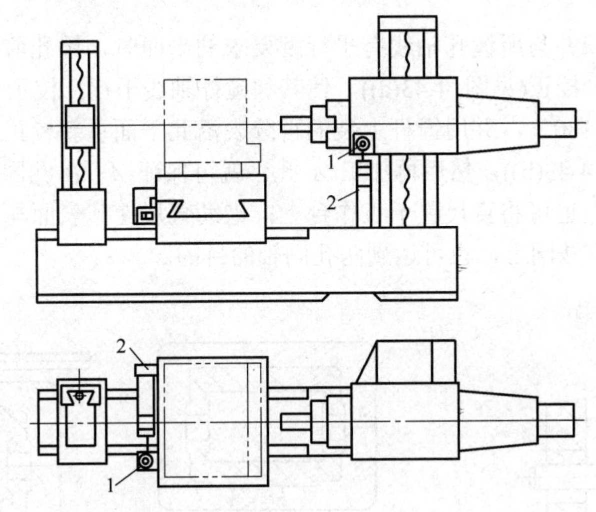


图 4-41　在卧式铣镗床上用坐标法加工孔系

1—百分表；2—量规

因孔与孔间有齿轮啮合关系，故在箱体设计图样上，孔距尺寸有严格的公差要求。采用坐标法镗孔之前，必须先把各孔距尺寸及公差换算成以主轴孔中心为原点的相互垂直的坐标尺寸及公差。目前许多工厂编制了主轴箱传动轴坐标计算程序，用微机可很快完成该项工作。

坐标法镗孔的孔距精度取决于坐标的移动精度，也就是取决于机床坐标测量装置的精度。这类坐标测量装置的形式很多，有普通刻线尺与游标尺加放大镜测量装置(精度为0.1～0.3mm)、精密刻线尺与光学读数头测量装置(读数精度为 0.01mm)，还有光栅数字显示装置和感应同步器测量装置(精度可达 0.0025～0.01mm)、磁栅和激光干涉仪等。

采用坐标法加工孔系时，要特别注意选择基准孔和镗孔顺序，否则坐标尺寸的累积误差会影响孔距精度。基准孔应尽量选择本身尺寸精度高、表面粗糙度值小的孔(一般为主轴孔)，以便于加工过程中检验其坐标尺寸。有孔距精度要求的两孔应连在一起加工，加工时应尽量使工作台朝同一方向移动，以减少传动元件反向间隙对坐标精度的影响。

### 2. 同轴孔系的加工

成批生产中，箱体同轴孔系的同轴度几乎都由镗模保证；而在单件小批生产中，其同轴度可用下面几种方法来保证。

(1) 利用已加工孔作支承导向。如图 4-42 所示，当箱体前壁上的孔加工好后，在孔内装一导向套，支承和引导镗杆加工后壁上的孔，以保证两孔的同轴度要求。这种方法只适于加工箱壁较近的孔。

(2) 利用铣镗床后立柱上的导向套支承导向。这种方法的镗杆由两端支承，刚性好。但此法调整麻烦，镗杆要长，很笨重，故只适于大型箱体的加工。

(3) 采用调头镗。当箱体箱壁相距较远时，可采用调头镗。工件在一次装夹下，镗好一端孔后，将镗床工作台回转 180°，调整工作台位置，使已加工孔与镗床主轴同轴，然后再加工孔。

当箱体上有一较长并与所镗孔轴线有平行度要求的平面时，镗孔前应先用装在镗杆上的百分表对此平面进行校正(见图 4-43(a))，使其和镗杆轴线平行，校正后加工孔 *B*；*B* 孔加工后，工作台回转 180°，并用镗杆上装的百分表沿此平面重新校正，以保证工作台准确地回转 180°(见图 4-43(b))，然后再加工 *A* 孔，就可保证 *A*、*B* 孔同轴。若箱体上无长的加工好的工艺基面，也可将直尺置于工作台上，借助直尺使其表面与待加工的孔轴线平行后再固定。其调整方法同上，也可达到两孔同轴的目的。

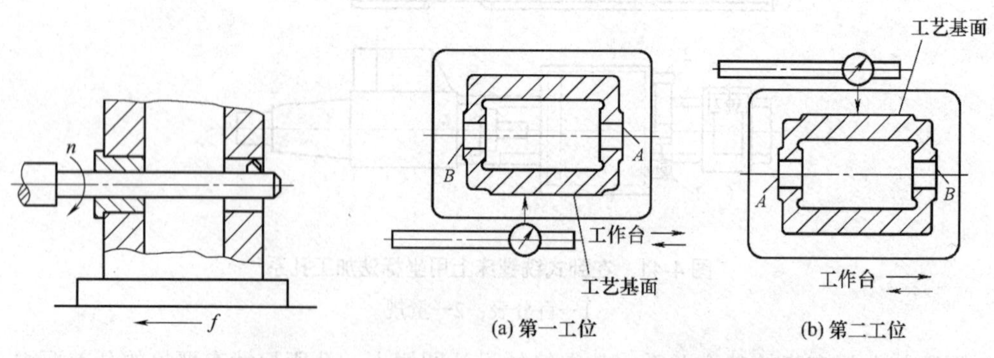


图 4-42　利用已加工孔导向

图 4-43　调头镗时工件的校正

### 3. 交叉孔系的加工

交叉孔系的主要技术要求是控制有关孔的垂直度，在卧式铣镗床上主要靠机床工作台上的 90° 对准装置。因为它是挡铁装置，结构简单，对准精度低(T68 铣镗床的出厂精度为 0.04mm/900mm，相当于 8″)。目前国内有些铣镗床，如 TM617，采用了端面齿定位装置，90° 定位精度达 5″，还有的用了光学瞄准器。

当有些铣镗床工作台 90° 分度定位精度很低时，可用心棒与百分表找正来帮助提高其定位精度，即在加工好的孔中插入心棒，工作台转位 90°，用百分表找正(转动工作台)，如图 4-44 所示。

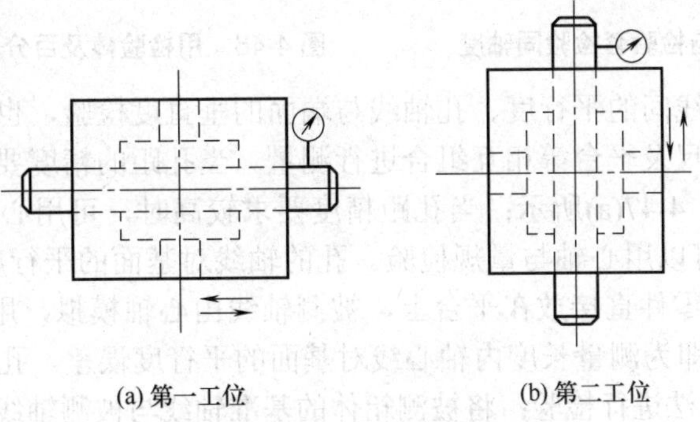


图 4-44　找正法加工交叉孔系

## 4.7　箱体类零件的检验

**【学习目标】**掌握箱体类零件的主要检验项目、箱体类零件孔系位置精度及孔距精度的检验方法。

### 1. 箱体类零件的主要检验项目

通常箱体类零件的主要检验项目有：各加工表面的表面粗糙度以及外观、孔距精度、孔与平面的尺寸精度及形状精度、孔系的位置精度(孔轴线的同轴度、平行度、垂直度，孔轴线与平面的平行度、垂直度等)。

表面粗糙度值要求较小时，可用专用测量仪检测；较大时一般采用与标准样块比较或目测评定。外观检查只需根据工艺规程检查完工情况及加工表面有无缺陷即可。孔的尺寸精度一般采用塞规检验。当需要确定误差的数值或单件小批生产时，用内径千分尺和内径千分表等进行检验；若精度要求很高时，也可用气动量仪检验(示值误差达 1.2～0.4μm)。平面的直线度可用平尺和塞尺检验，也可用水平仪与桥板检验；平面的平面度可用水平仪与桥板检验，也可用标准平板涂色检验。

### 2. 箱体类零件孔系位置精度及孔距精度的检验

用检验棒检验同轴度是一般工厂最常用的方法。当孔系同轴度精度要求不高时，可用通用的检验棒配上检验套进行检验，如图 4-45 所示。如果检验棒能自由地推入同轴线上的孔内，即表明孔的同轴度符合要求；当孔系同轴度精度要求高时，可采用专用检验棒。若要确定孔之间同轴度的偏差数值，可利用图 4-46 所示的方法，用检验棒和百分表检验。

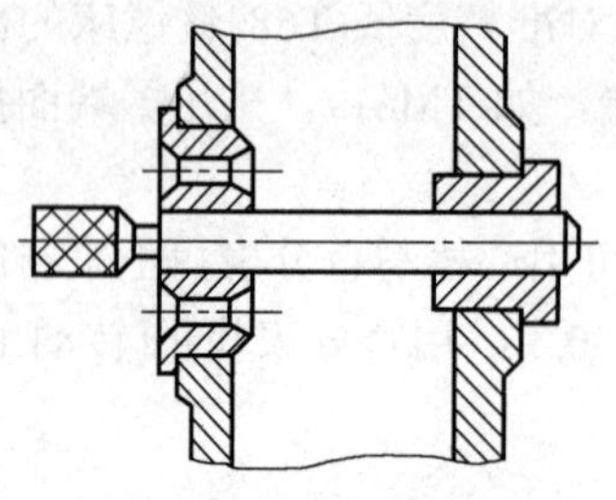
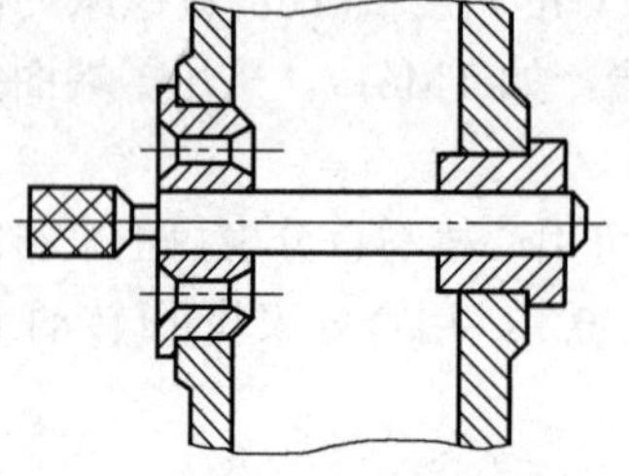

图 4-45　用检验棒与检验套检验同轴度

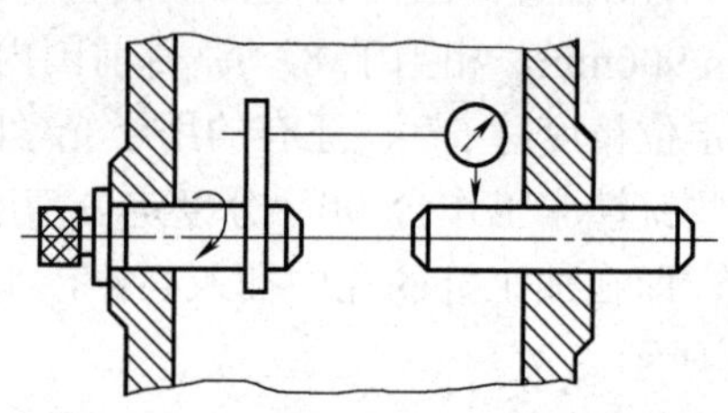

图 4-46　用检验棒及百分表检验同轴度偏差

对于孔距、孔轴线间的平行度、孔轴线与端面的垂直度检验，也可利用检验棒、千分尺、百分表、90° 角尺及平台等相互组合进行测量。当孔距的精度要求不高时，可直接用游标卡尺检验，如图 4-47(a)所示；当孔距精度要求较高时，可用心轴与千分尺检验，如图 4-47(b)所示，还可以用心轴与量规检验。孔的轴线对基面的平行度可用图 4-48(a)所示的方法检验：将被测零件直接放在平台上，被测轴线由心轴模拟，用百分表(或千分表)测量心轴两端，其差值即为测量长度内轴心线对基面的平行度误差。孔轴线之间的平行度常用图 4-48(b)所示的方法进行检验：将被测箱体的基准轴线与被测轴线均用心轴模拟，用百分表(或千分表)在垂直于心轴的轴线方向上进行测量。首先调整基准轴线与平台平行，然后测被测心轴两端的高度，则所测得的差值即为测量长度内孔轴线之间的平行度误差。测量孔轴线与端面的垂直度时，可以在被测孔内装上模拟心轴，并在模拟心轴一端装上百分表(或千分表)，让百分表测量头垂直于端面并与端面接触，将心轴旋转一周，即可测出检验范围内孔与端面的垂直度误差，如图 4-49(a)所示；图 4-49(b)所示是将带有检验圆盘的心轴插入孔内，用着色法检验圆盘与端面的接触情况，或者用塞尺检查圆盘与端面的沟隙 $\Delta$，也可确定孔轴线与端面的垂直度误差。

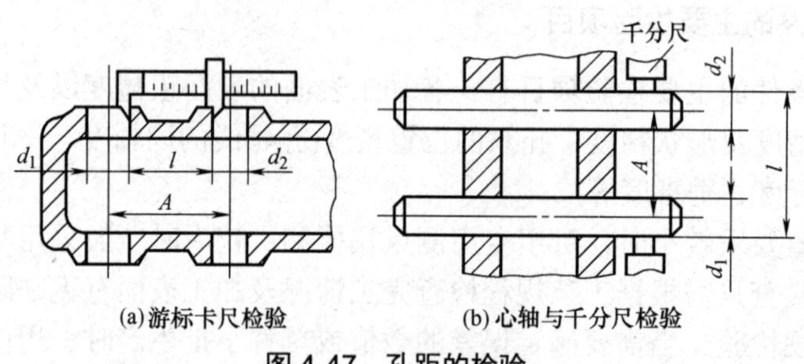


(a) 游标卡尺检验　(b) 心轴与千分尺检验

图 4-47　孔距的检验

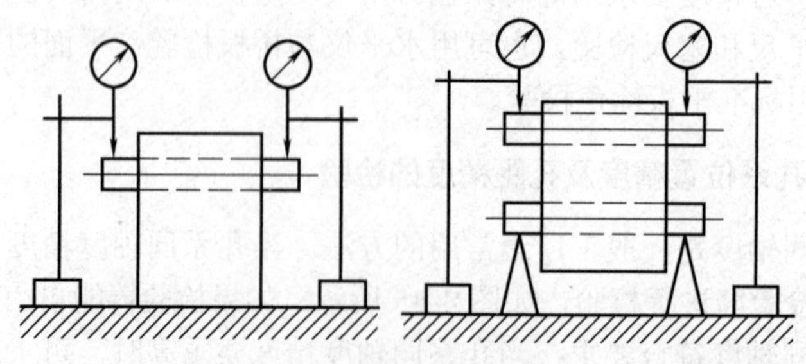

(a) 孔轴线对基面的平行度测量方法　(b) 孔轴线之间的平行度

图 4-48　孔平行度的检验

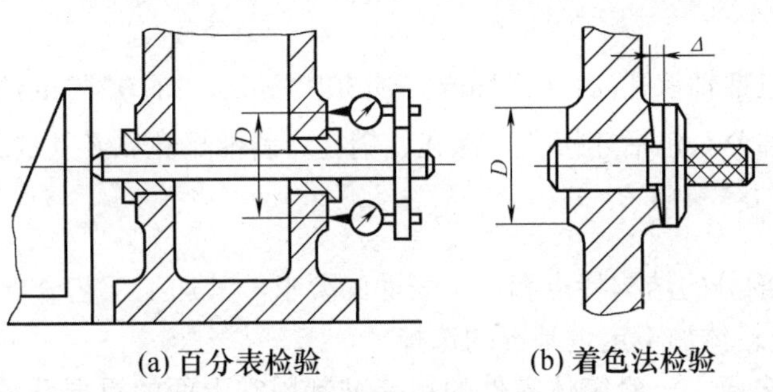


图 4-49　孔轴线与端面垂直度的检验

# 4.8　简单箱体类零件工艺分析

【学习目标】掌握简单箱体类零件工艺的分析方法。

在一般机械制造企业中，经常会碰到各种箱体类等工件，这些工件工艺方案较多，但也有一定的规律，现仅举简单箱体零件的加工工艺分析。

加工如图 4-50 所示的某减速箱。生产类型：小批生产；材料牌号：HT200。毛坯种类：铸件。

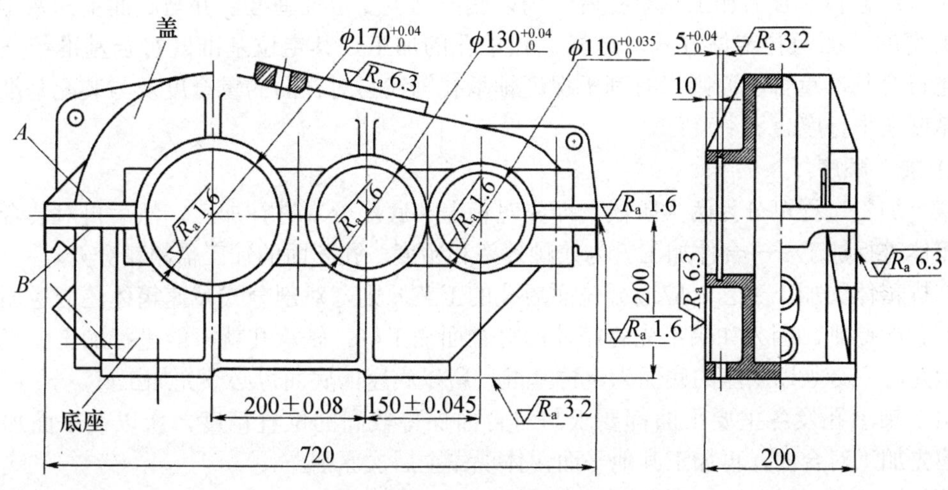


图 4-50　减速箱体结构简图

1—箱盖；2—底座；3—对合面

## 1. 零件特点

一般减速箱为了制造与装配的方便，常做成可剖分的，这种箱体在矿山、冶金和起重运输机械中应用较多。剖分式箱体也具有一般箱体的结构特点，如壁薄、中空、形状复杂，加工表面多为平面和孔。

减速箱体的主要加工表面可归纳为以下 3 类。

(1) 主要平面。包括箱盖的对合面和顶部方孔端面、底座的底面和对合面、轴承孔的端面等。

(2) 主要孔。包括轴承孔($\phi170_{0}^{+0.04}$ mm、$\phi130_{0}^{+0.04}$ mm、$\phi110_{0}^{+0.035}$ mm)及孔内环槽等。

(3) 其他加工部分。包括连接孔、螺孔、销孔、斜油标孔以及孔的凸台面等。

### 2. 加工工艺分析

根据减速箱体剖分的结构特点和加工表面的要求，其加工工艺分析如下。

1) 剖分式减速箱体加工定位基准的选择

(1) 粗基准的选择。一般箱体零件的粗基准都用它上面的重要孔和另一个相距较远的孔作为粗基准，以保证孔加工时余量均匀，剖分式减速箱体最先加工的是箱盖或底座的对合面。由于分离式箱体轴承孔的毛坯孔分布在箱盖和底座两个不同部分上，因而在加工箱盖或底座的对合面时，无法以轴承孔的毛坯面作粗基准，而是以凸缘的不加工面为粗基准，即箱盖以凸缘面 *A*、底座以凸缘面 *B* 为粗基准。这样可保证对合面加工凸缘的厚薄较为均匀，减少箱体装合时对合面的变形。

(2) 精基准的选择。常以箱体零件的装配基准或专门加工的一面两孔定位，使得基准统一。剖分式箱体的对合面与底面(装配基面)有一定的尺寸精度和相互位置精度要求；轴承孔轴线应在对合面上，与底面也有一定的尺寸精度和相互位置精度要求。为了保证以上几项要求，加工底座的对合面时，应以底面为精基准，使对合面加工时的定位基准与设计基准重合；箱体装合后加工轴承孔时，仍以底面为主要定位基准，并与底面上的两定位孔组成典型的一面两孔定位方式。这样，轴承孔的加工，其定位基准既符合基准统一的原则，也符合基准重合的原则，有利于保证轴承孔轴线与对合面的重合度及与装配基准面的尺寸精度和平行度。

2) 加工顺序

整个加工过程可分为两大阶段，即先对箱盖和底座分别进行加工，然后再对装合好的整个箱体进行加工——合件加工。为兼顾效率和精度，孔和面的加工需粗精分开。

安排箱体的加工工艺，应遵循先面后孔的工艺原则，对剖分式减速箱体还应遵循先组装后镗孔的原则。因为如果不先将箱体的对合面加工好，轴承孔就不能进行加工。另外，镗轴承孔时，必须以底座的底面为定位基准，所以底座的底面也必须先加工好。

由于轴承孔及各主要平面都要求与对合面保持较高的位置精度，所以在平面加工方面，应先加工对合面，再加工其他平面，体现先主后次原则。

此外，箱体类零件在安排加工顺序时，还应考虑箱体加工中的运输和装夹。箱体的体积、重量较大，故应尽量减少工件的运输和装夹次数。为了便于保证各加工表面的位置精度，应在一次装夹中尽量多加工一些表面。工序安排应相对集中。箱体零件上相互位置要求较高的孔系和平面，一般尽量集中在同一工序中加工，以减少装夹次数，从而减少装夹误差的影响，有利于保证其相互位置精度要求。

3) 热处理安排

一般在毛坯铸造之后安排一次人工时效即可。对一些高精度或形状特别复杂的箱体，应在粗加工之后再安排一次人工时效，以消除粗加工产生的内应力，保证箱体加工精度的稳定性。

减速箱体机械加工工艺如表 4-2 所示。

表 4-2 减速箱体机械加工工艺过程

| 序 号 | 工序名称 | 工序内容 | 加工设备 |
|---|---|---|---|
| 10 | 铸造 | 铸造毛坯 | — |
| 20 | 热处理 | 人工时效 | — |
| 30 | 油漆 | 喷涂底漆 | — |
| 40 | 划线 | 箱盖：根据凸缘面 $A$ 划对合面加工线，划顶部 $C$ 面加工线，划轴承孔两端面加工线<br>底座：根据凸缘面 $B$ 划对合面加工线，划底面 $D$ 加工线，划轴承孔两端面加工线 | 划线平台 |
| 50 | 刨削 | 箱盖：粗、精刨对合面，粗、精刨顶部 $C$ 面<br>底座：粗、精刨对合面，粗、精刨底面 $D$ | 牛头刨床或龙门刨床 |
| 60 | 划线 | 箱盖：划中心十字线，划各连接孔、销钉孔、螺孔、吊装孔加工线<br>底座：划中心十字线；底面各宫接孔、油塞孔、油标孔加工线 | 划线平台 |
| 70 | 钻削 | 箱盖：按划线钻各连接孔，并锪平；钻各螺孔的底孔、吊装孔<br>底座：按划线钻底面上各连接孔、油塞底孔、油标孔，各孔端锪平<br>将箱盖与底座合在一起，按箱盖对合面上已钻的孔，钻底座对合面上的连接孔，并锪平 | 摇臂钻床 |
| 80 | 钳工 | 对箱盖、底座各螺孔攻螺纹；铲刮箱盖及底座对合面；箱盖与底座合箱；按箱盖上划线配钻，铰二销孔，打入定位销 | — |
| 90 | 铣削 | 粗、精铣轴承孔端面 | 端面铣床 |
| 100 | 镗削 | 粗、精镗轴承孔；切轴承孔内环槽 | 卧式镗床 |
| 110 | 钳工 | 去毛刺、清洗、打标记 | — |
| 120 | 油漆 | 各不加工外表面 | — |
| 130 | 检验 | 按图样要求检验 | — |

## 4.9 回到工作场景

通过学习第 1 章，应该掌握了工艺规程制订的基本知识，包括零件的结构工艺性分析、毛坯确定、工艺路线拟订、工序设计等内容。通过学习 4.2～4.8 节，了解了箱体类零件的功用及结构特点、技术要求以及一般箱体类零件的材料、毛坯及热处理等相关知识，掌握了箱体类零件平面和内孔表面加工方法、箱体类零件常用加工设备、常用加工刀具、保证箱体类零件孔系精度的方法、箱体类零件的检验、简单箱体类零件的加工工艺分析等要点。下面将回到 4.1 节介绍的工作场景中，完成工作任务。

## 4.9.1 项目分析

项目任务完成需要学生掌握机械制图、公差与配合、机械设计基础、金属工艺学等相关专业基础课程知识；需要学生掌握第 1 章机械制造工艺编制基础知识，第 3 章套类零件孔加工方法、加工设备、加工刀具等知识点；并且需要学生已经经历了利用手动工具加工零件、利用普通机床加工零件等实践环节。在此基础上还需要掌握以下知识。

(1) 箱体类零件的加工方法。

(2) 箱体类零件常用的加工设备。

(3) 箱体类零件常用的加工刀具。

(4) 保证箱体类零件孔系精度的方法。

(5) 箱体类零件的检验。

(6) 简单箱体类零件的加工工艺分析。

## 4.9.2 项目工作计划

在项目实训过程中，结合创设情景、观察分析、现场参观、讨论比较、案例对照和评估总结等活动，充分调动学生学习的主动性和积极性，让学生自主地学习、主动地学习。各小组协同制订实施计划及执行情况表如表 4-3 所示，共同解决实施过程中遇到的困难；要相互监督计划执行与完成的情况，保证项目完成的合理性和正确性。

表 4-3 8E160C-J 中间泵壳工艺规程编制计划及执行情况表

| 序 号 | 内 容 | 要 求 | 教学组织与方法 |
|---|---|---|---|
| 1 | 研讨任务 | 根据给定的零件图样、任务要求，分析任务完成需要掌握的相关知识 | 分组讨论，采用任务引导法教学 |
| 2 | 计划与决策 | 企业参观实习、项目实施准备、制订项目实施详细计划、学习与项目相关的基础知识 | 分组讨论、集中授课，采用案例法和示范法教学 |
| 3 | 实施与检查 | 根据计划，分组讨论并审查 8E160C-J 中间泵壳零件图样的工艺性；分组讨论并确定中间泵壳毛坯类型、绘制毛坯图；编制机械加工工艺过程卡和工序卡；填写项目实施记录表 | 分组讨论、教师点评 |
| 4 | 项目评价与讨论 | (1) 评价中间泵壳零件加工工艺分析的充分性、正确性<br>(2) 评价零件毛坯选择的正确性、毛坯图绘制的规范性等<br>(3) 评价工艺规程编制的规范性与可操作性<br>(4) 评价检测方法是否规范；是否形成检验记录；产品是否符合零件图样要求；若为不合格品，是否找出不合格的原因<br>(5) 评价学生职业素养和团队精神 | 项目评价法实施评价 |

## 4.9.3　项目实施准备

(1) 毛坯准备。中间泵壳铸件毛坯(与制造企业共同准备)。

(2) 设备设施准备。53K 立式铣床、Z535 钻床、各类铣刀、镗刀、钻头、夹具、量具等(与制造企业共同准备)。

(3) 资料准备。机床操作规程(制造企业准备)、5S 现场管理制度(制造企业准备)、机械加工工艺人员手册等。

(4) 兼职教师准备。聘请两三位生产车间工艺员为兼职教师。

(5) 准备相似或真实零件。

## 4.9.4　项目实施与检查

课题实施的 8E160C-J 中间泵壳零件图如图 4-1 所示，与其相关的机油泵部件装配图如图 2-2 所示，中小批量生产。

1) 分组分析零件图样

中间泵壳零件图样的视图正确、完整，尺寸、公差及技术要求齐全。加工表面主要有侧面、端面、孔系、内孔、螺纹孔。

根据分析，本零件各表面的加工并不困难，零件结构工艺性较好。

**讨论问题：**

① 8E160C-J 中间泵壳零件装在机油泵部件的哪部分？起什么作用？

② 8E160C-J 中间泵壳零件有哪些加工表面？分别采用何种加工方案？

2) 分组讨论毛坯选择，并绘制毛坯图样

从零件图样获知，泵壳结构较复杂，以承压为主，要求有良好的刚度、减振性和密封性，因零件材料为 HT250，零件毛坯可选择砂型机器造型铸造成形。

毛坯尺寸及公差可由《机械制造工艺设计简明手册》中查得铸件尺寸公差(GB 6414—86)等级为 IT8～IT10，可取 CT9；铸件机加工余量(GB/T 11351—89)等级为 G；可获得铸件各加工表面的加工余量；铸造孔的最小尺寸为 $\phi$30mm；铸造斜度，一般砂型取 3°；圆角半径，为方便侧面孔加工取 $R_7$、$R_9$。

毛坯的外形由零件图样决定。

**讨论问题：**

8E160C-J 中间泵壳零件可选用哪些毛坯？如何确定毛坯余量？

3) 学生分组讨论工艺路线

(1) 定位基准选择。

① 粗基准选择。为保证加工表面余量合理分配，选侧面(*H* 面)为粗基准。

② 精基准选择。按基准统一原则，孔系加工时选侧面(*H* 面)为精基准，两端面加工时选内孔及侧面(*H* 面)为精基准；按互为基准原则，内孔加工时选侧面(*H* 面)为基准，侧面加工时选内孔为基准。

(2) 零件表面加工方法选择。

根据零件图样，加工表面主要有端面、侧面、孔系、螺纹孔、内孔。

① 两侧面。尺寸精度为$85^{+0.054}_{+0.002}$ mm，$R_a$为 0.8μm，需铣—磨削。

② 两端面。80±0.10mm、90±0.10mm，$R_a$为 6.3μm，铣削即可。

③ 孔系。$R_a$为 12.5μm，位置度靠钻模保证，对应钻头直接钻出。

④ M22 螺纹。M22×1.5-6H，$R_a$12.5μm；$\phi$20H7，$R_a$1.6μm；$\phi$14mm，$R_a$12.5μm；其加工方法可分为钻 $\phi$14mm 孔，扩 $\phi$19.7mm 孔，铰 $\phi$20，$R_a$1.6μm，扩 $\phi$20.5mm 螺纹孔，研配后攻螺纹。

⑤ 内孔。$\phi63.37^{+0.146}_{+0.10}$ mm，$R_a$为 1.6μm，需粗镗-精镗。$\phi$36，$R_a$为 12.5μm，粗镗即可。

(3) 工艺路线拟订。

机械加工工艺参考方案如表 4-4 所示。

(4) 填写机械加工工艺过程卡。

学生应按机械工业部指导性技术文件 JB/Z 388.5《工艺管理导则 工艺规程设计》的标准格式填写。

讨论问题：

① 8E160C-J 中间泵壳零件加工时采用哪个面为精基准？哪个面为粗基准？

② $\phi63.37^{+0.146}_{+0.10}$ mm 内孔表面采用钻、扩、镗哪种加工方法？为什么？

③ 8E160C-J 中间泵壳零件的工艺方案有几种？哪种为最佳方案？为什么？

表 4-4 中间泵壳机械加工工艺过程卡

| | | 机械加工工艺过程卡 | 产品型号 | 8E160C-J | | 零(部)件图号 | | 8-HJ10000 | |
|---|---|---|---|---|---|---|---|---|---|
| | | | 产品名称 | 中间泵壳 | | 零(部)件图号 | | 8-HJ10009 | |
| 材料牌号 | HT250 | 毛坯种类 | 铸件 | 毛坯尺寸 | | 每毛坯可制件数 | 1 | 每台件数 | 1 |
| 工序号 | 工序名称 | 工序内容 | 车间 | 设备 | 工艺设备 | | | 工时 | |
| | | | | | 夹具 | 刀具 | 量具 | 准终 | 单件 |
| 10 | | 铸造 | | | | | | | |
| 20 | 热 | 时效 | | | | | | | |
| 30 | | 漆底漆 | | | | | | | |
| 40 | 检 | 铸件按 Q/TYC28 技术条件验收 | | | | | | | |
| 50 | 铣 | (1) 以 *H* 面为粗基准，铣一端侧面<br>(2) 以加工好的一端侧面为基准，铣另一端侧面(*H*面)，控制尺寸为85.5mm | 金工 | X53K | 铣两侧面夹具 | $\phi$140 铣刀 | 游标卡尺 0～125/0.02 | | |

续表

| | 机械加工工艺过程卡 | 产品型号 | 8E160C-J | | 零(部)件图号 | | 8-HJ10000 | | |
|---|---|---|---|---|---|---|---|---|---|
| | | 产品名称 | 中间泵壳 | | 零(部)件图号 | | 8-HJ10009 | | |
| 材料牌号 | HT250 | 毛坯种类 | 铸件 | 毛坯尺寸 | 每毛坯可制件数 | 1 | 每台件数 | 1 | |
| 工序号 | 工序名称 | 工序内容 | 车间 | 设备 | 工艺设备 | | | 工时 | |
| | | | | | 夹具 | 刀具 | 量具 | 准终 | 单件 |
| 60 | 镗 | 以 *H* 面为定位基准<br>(1) 粗镗 2-$\phi 63.37^{+0.146}_{+0.106}$ 至 $\phi$62mm，中心距至 54.630±0.015<br>(2) 粗镗 2-R18 孔至图样要求 | 金工 | X53K | 镗孔夹具 | $\phi$40 镗刀杆<br>$\phi$32 镗刀杆 | 内径百分表 50～100/0.01 | | |
| 70 | 铣 | 以 *H* 面、2-$\phi$62mm 为定位基准<br>(1) 铣一端面，尺寸至图样要求<br>(2) 钻孔 $\phi$30mm 深 50mm<br>(3) 铣另一端面，尺寸至图样要求<br>(4) 钻孔 $\phi$32mm 深 40mm<br>(5) 钻螺纹底孔 $\phi$6.5mm | 金工 | X53K | 铣两端面夹具、钻夹具 | $\phi$85 三面刃铣刀，$\phi$32、$\phi$30、$\phi$6.5 钻头 | 内径百分表 50～100/0.01、游标卡尺 0～125/0.02 | | |
| 80 | 攻螺纹 | 攻螺纹 3×M8-6H | 金工 | 折臂攻丝机 | 攻螺纹夹具 | 机用丝锥 M8-6H | 螺纹塞规 | | |
| 90 | 钻 | 以 *H* 面、2-$\phi$62mm 为定位基准<br>钻 $\phi$14、深 80mm；<br>扩 $\phi$19.7、深 46mm；<br>铰 $\phi$20H7、深 46mm；<br>扩 $\phi$20.5、深 25mm；<br>120° 研配；<br>攻螺纹 M22x1.5-6H 深 25 | 金工 | Z535 | 钻夹具 | $\phi$14 麻花钻，$\phi$19.7、$\phi$20.5 锥柄扩孔钻，$\phi$20 铰刀，$\phi$22 丝锥 | 光滑塞规、游标卡尺 0～125/0.02 | | |

续表

| | 机械加工工艺过程卡 | 产品型号 | | 8E160C-J | | 零(部)件图号 | | 8-HJ10000 | |
|---|---|---|---|---|---|---|---|---|---|
| | | 产品名称 | | 中间泵壳 | | 零(部)件图号 | | 8-HJ10009 | |
| 材料牌号 | HT250 | 毛坯种类 | 铸件 | 毛坯尺寸 | | 每毛坯可制件数 | 1 | 每台件数 | 1 |
| 工序号 | 工序名称 | 工序内容 | 车间 | 设备 | 工艺设备 | | | 工时 | |
| | | | | | 夹具 | 刀具 | 量具 | 准终 | 单件 |
| 100 | 钻 | 以 $H$ 面、2-$\phi$62mm 为定位基准<br>(1) 钻端面孔 6-$\phi$9mm；<br>(2) 钻端面孔 $\phi$14mm 深 35mm | 金工 | Z535 | 钻夹具 | $\phi$9、$\phi$14 麻花钻头 | 光滑塞规、游标卡尺 0～125/0.02 | | |
| 110 | 镗 | 以 $H$ 面为定位基准<br>精镗 2-$\phi 63.37_{+0.100}^{+0.146}$ mm 孔 | 金工 | X53K | 镗夹具 | $\phi$40 镗刀杆 | 内径百分表 50～100/0.01 | | |
| 120 | 磨 | 精磨一侧面；<br>精磨 $H$ 面 | 金工 | M7120A | | WA60L3 50×40×127 | 外径千分尺 50-75/0.01、表面粗糙度比较样板 | | |
| 130 | 检 | 检验 | | | | | | | |

4) 分组讨论工序设计的内容

参考第 1～3 章进行工序设计，并填写工序卡片。

**讨论问题：**

如何确定 $\phi 63.37_{+0.100}^{+0.146}$ mm 内孔加工的各工序的尺寸、刀具？粗、精镗 $\phi 63.37_{+0.100}^{+0.146}$ mm 孔的切削用量如何确定？如何定位、夹紧？

(5) 实施

在条件许可的情况下，委托生产企业操作工根据学生编制的工艺过程卡、工序卡加工零件，由同学对加工后的零件实施测量，判断零件的合格状况。

具体的任务实施检查与评价如表 4-5 所示。

**讨论问题：**

判断零件合格与否的依据是什么？该零件合格吗？若为不合格品，产生的原因是什么？

表 4-5　任务实施检查与评价表

任务名称：

学生姓名：　　　学号：　　　　班级：　　　　　　　　组别：

| 序　号 | 检查内容 | | 检查记录 | 评　价 | 分　值 |
|---|---|---|---|---|---|
| 1 | 零件图分析：是否识别零件的材料；是否识别加工表面、加工表面的尺寸、尺寸精度、形位精度、表面粗糙度和技术要求等；是否形成记录 | | | | 5% |
| 2 | 毛坯确定：是否确定毛坯的类型；毛坯图是否正确、完整 | | | | 5% |
| 3 | 机械加工工艺过程卡编制：加工工艺路线拟订是否合理；机床、刀具、量具选择是否规范 | | | | 20% |
| 4 | 机械加工工序卡编制：工序简图是否包括工序尺寸及公差、形位公差、表面粗糙度、定位和夹紧；切削用量选择是否合理；其他内容是否规范 | | | | 30% |
| 5 | 零件检测：检测方法是否规范；是否形成检验记录；产品是否符合零件图样要求；若为不合格品，是否找出不合格的原因 | | | | 10% |
| 6 | 职业素养 | 遵守时间：是否不迟到、不早退、中途不离开现场 | | | 10% |
| 7 | | 5S：理实一体现场是否符合 5S 管理要求；机床、计算机是否按要求实施日常保养；刀具、量具、桌椅、参考资料是否按规定摆放；地面、门窗是否干净 | | | 10% |
| 8 | | 团结协作：组内是否配合良好；是否积极投入到本项目中，积极完成本任务 | | | 5% |
| 9 | | 语言能力：是否积极回答问题；声音是否洪亮；条理是否清晰 | | | 5% |
| 总评： | | | 评价人： | | |

## 4.10 拓展实训

### 1. 实训任务

图 4-3 所示为某一车床主轴箱零件简图，试拟订该零件小批生产、大批生产的机械加工工艺过程。

### 2. 实训目的

通过车床主轴箱零件小批生产、大批生产工艺路线的拟订，使学生进一步对箱体类零件工艺规程的编制等有所理解和体会，增强学生的学习兴趣，提高学生解决工程技术问题的自信心，体验成功的喜悦；通过项目任务教学，培养学生互助合作的团队精神。

3. 实训过程

1) 分组进行零件图样的工艺性分析

车床主轴箱(见图 4-3)的主要技术要求如下。

(1) 孔径精度。Ⅰ孔系分别为 $\phi$95K6mm、$\phi$90K6mm、$\phi$120K6mm，$R_a$为 0.8μm；Ⅱ孔系分别为 $\phi$52J7mm、$\phi$62J7mm、$\phi$64mm，$R_a$ 分别为 1.6μm、6.3μm；Ⅲ孔系分别为 $\phi$42H7mm、$\phi$40J7mm，$R_a$为 1.6μm；Ⅳ孔系分别为 $\phi$28H7mm、$\phi$25H7mm，$R_a$为 1.6μm。

(2) 孔的位置精度。Ⅰ孔系中 $\phi$120K6mm 端面与 $\phi$120K6mm 中心线垂直度不得大于 0.01，$\phi$95K6、$\phi$90K6 孔与 $\phi$120K6 中心线径向圆跳动分别不得大于 0.02、0.01；Ⅱ孔系中 $\phi$62J7 与 $\phi$52J7 孔中心线径向圆跳动不得大于 0.03；Ⅲ孔系中 $\phi$40J7mm 与 $\phi$42H7mm 孔中心线径向圆跳动不得大于 0.02。

(3) 孔和平面的位置公差。Ⅰ孔系、Ⅱ孔系、Ⅲ孔系的中心线与Ⅰ孔系和安装基面 C 平行度分别不得大于 0.01/100、0.01/100 和 0.02/100。

(4) 主要平面的精度。装配基面 *C* 和导向面 *B*，$R_a$分别为 3.2μm 和 0.8μm，顶面 *A*，$R_a$为 3.2μm，平面度为 0.05。

孔径精度高，孔系中各孔孔径大小排列方式多样，结构工艺性不是太好。各孔系中位置精度高、孔与平面的位置精度高。

2) 分组讨论并确定齿轮毛坯类型

从零件图样获知，箱体结构较复杂，要求有良好的刚度、减振性和密封性，因零件材料为 HT250，零件毛坯根据生产批量选择砂型手工造型、砂型机器造型铸造成形。

3) 分组讨论并拟订零件机械加工工艺路线

(1) 定位基准的选择。

① 精基准的选择。箱体加工精基准的选择也与生产批量的大小有关。

对于单件小批生产，用装配基准作定位基准。图 4-3 所示的车床主轴箱单件小批加工孔系时，选择箱体底面导轨 *B*、*C* 面作为定位基准。*B*、*C* 面既是床头箱的装配基准，又是主轴孔的设计基准，并与箱体的两端面、侧面以及各主要纵向轴承孔在位置上有直接联系，故选择 *B*、*C* 面作定位基准，符合基准重合原则，装夹误差小。另外，加工各孔时，由于箱口朝上，更换导向套、安装调整刀具、测量孔径尺寸、观察加工情况等都很方便。但这种定位方式也有其不足之处。加工箱体中间壁上的孔时，为了提高刀具系统的刚度，应当在箱体内部相应部位设置刀杆的中间导向支承。由于箱体底部是封闭的，中间导向支承只能用图 4-51 所示的吊架从箱体顶面的开口处伸入箱体内，每加工一次需装卸两次，吊架与镗模之间虽有定位销定位，但吊架刚性差，经常装卸也容易产生误差，且使加工的辅助时间增加。因此，这种方式只适用于单件小批量生产。

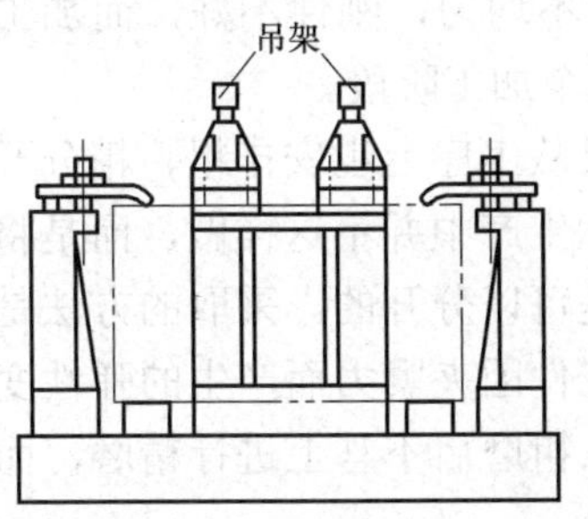

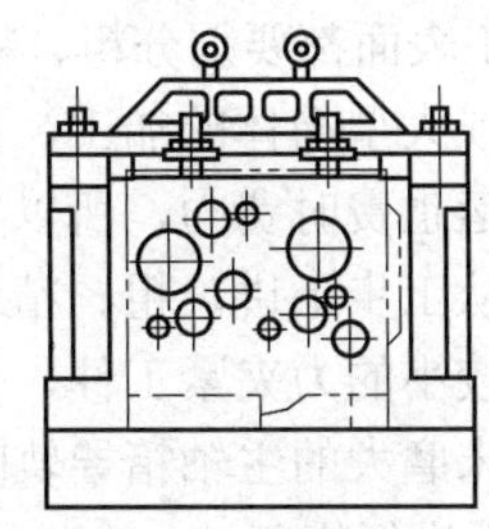
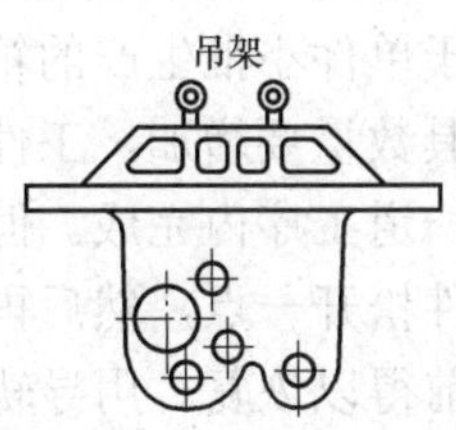


图 4-51　吊架式镗模夹具

批量大时采用顶面及两个销孔(一面两孔)作定位基面，如图 4-52 所示。这种定位方式，加工时箱体口朝下，中间导向支承架可以紧固在夹具体上，提高了夹具刚度，有利于保证各支承孔加工的位置精度，而且工件装卸方便，减少了辅助时间，提高了生产效率。但这种定位方式由于主轴箱顶面不是设计基准，故定位基准与设计基准不重合，出现基准不重合误差。为了保证加工要求，应进行工艺尺寸换算。另外，由于箱体口朝下，加工时不便于观察各表面加工的情况，不能及时发现毛坯是否有砂眼、气孔等缺陷，而且加工中不便于测量和调刀。因此，用箱体顶面及两定位销孔作精基面加工时，必须采用定径刀具(如扩孔钻和铰刀等)。

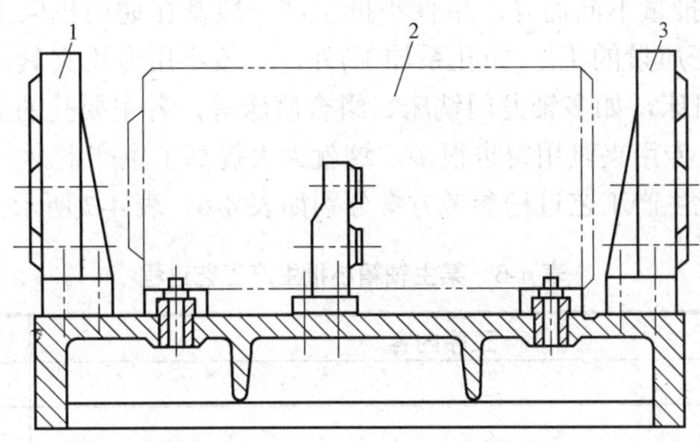


图 4-52　用箱体顶面及两销定位的镗模

1，3—镗模板；2—中间导向支承架

② 粗基准的选择。虽然箱体零件一般都选择重要孔(如主轴孔)为粗基准，但随着生产类型的不同，实现以主轴孔为粗基准的工件装夹方式是不同的。中、小批量生产时，由于毛坯精度较低，一般采用划线找正；大批大量生产时，毛坯精度较高，可直接以主轴孔在夹具上定位，采用专用夹具装夹，此类专用夹具可参阅机床夹具图册。

(2) 加工顺序的安排和设备的选择。

① 加工顺序为先面后孔。箱体类零件的加工顺序均为先加工面，以加工好的平面定位，再来加工孔。因为箱体孔的精度要求高，加工难度大，先以孔为粗基准加工好平面，再以平面为精基准加工孔，这样既能为孔的加工提供稳定、可靠的精基准，同时可以使孔的加工余量较为均匀。由于箱体上的孔均布在箱体各平面上，先加工好平面，钻孔时钻头不易引偏，扩孔或铰孔时刀具不易崩刃。

② 加工阶段粗、精分开。箱体的结构复杂，壁厚不均匀，刚性不好，而加工精度要求又高，因此，箱体重要的加工表面都要划分粗、精两个加工阶段。

对于单件小批生产的箱体或大型箱体的加工，如果从工序上也安排粗、精分开，则机床、夹具数量要增加，工件转运也费时费力，所以实际生产中并不这样做，而是将粗、精加工在一道工序内完成。但是从工步上讲，粗、精还是可以分开的。采取的方法是粗加工后将工件松开一点，然后再用较小的力夹紧工件，使工件因夹紧力而产生的弹性变形在精加工之前得以恢复。用导轨磨床磨大的主轴箱导轨时，粗磨后不马上进行精磨，而是等工件充分冷却，残余应力释放后再进行精磨。

③ 工序间安排时效处理。箱体结构复杂，壁厚不均匀，铸造残余应力较大。为了消除残余应力、减少加工后的变形、保证精度的稳定，铸造之后要安排人工时效处理。人工时效的规范为：加热到 500～550℃，保温 4～6h，冷却速度不大于 30℃/h，出炉温度低于 200℃。

对于普通精度的箱体，一般在铸造之后安排一次人工时效处理；对一些高精度的箱体或形状特别复杂的箱体，在粗加工之后还要安排一次人工时效处理，以消除粗加工所造成的残余应力。对精度要求不高的箱体毛坯，有时不安排时效处理，而是利用粗、精加工工序间的停放和运输时间，使之自然完成时效处理。箱体人工时效，除用加温方法外，也可采用振动时效来消除残余应力。

④ 所用设备依批量不同而异。单件小批生产一般都在通用机床上进行；除个别必须用专用夹具才能保证质量的工序(如孔系加工)外，一般不用专用夹具；而大批量箱体的加工则广泛采用专用机床，如多轴龙门铣床、组合磨床等，各主要孔的加工采用多工位组合机床、专用镗床等，专用夹具用得也很多，这就大大提高了生产率。

小批生产、大批生产工艺过程参考方案分别如表 4-6、表 4-7 所示。

**表 4-6　某主轴箱小批生产工艺过程**

| 序　号 | 工序内容 | 定位基准 |
|---|---|---|
| 10 | 铸造 | — |
| 20 | 时效 | — |
| 30 | 漆底漆 | — |
| 40 | 划线：考虑主轴孔有加工余量，并尽量均匀。划 *C*、*A* 及 *E*、*D* 面加工线 | — |
| 50 | 粗、精加工顶面 *A* | 按线找正 |
| 60 | 粗、精加工 *B*、*C* 面及侧面 *D* | 顶面 *A* 并校正主轴线 |
| 70 | 粗、精加工两端面 *E*、*F* | *B*、*C* 面 |
| 80 | 粗、半精加工各纵向孔 | *B*、*C* 面 |
| 90 | 精加工各纵向孔 | *B*、*C* 面 |
| 100 | 粗、精加工横向孔 | *B*、*C* 面 |
| 110 | 加工螺孔及各次要孔 | — |
| 120 | 清洗、去毛刺 | — |
| 130 | 检验 | — |

表 4-7　某主轴箱大批生产工艺过程

| 序　号 | 工序内容 | 定位基准 |
|---|---|---|
| 10 | 铸造 | — |
| 20 | 时效 | — |
| 30 | 漆底漆 | — |
| 40 | 铣顶面 *A* | I 孔与 I 孔 |
| 50 | 钻、扩、铰 2-$\phi$8H7mm 工艺孔(将 6-M10mm 先钻至 $\phi$7.8mm，铰 2-$\phi$8H7mm) | 顶面 *A* 及外形 |
| 60 | 铣两端面 *E*、*F* 及前面 *D* | 顶面 *A* 及两工艺孔 |
| 70 | 铣导轨面 *B*、*C* | 顶面 *A* 及两工艺孔 |
| 80 | 磨顶面 *A* | 导轨面 *B*、*C* |
| 90 | 粗镗各纵向孔 | 顶面 *A* 及两工艺孔 |
| 100 | 精镗各纵向孔 | 顶面 *A* 及两工艺孔 |
| 110 | 精镗主轴孔 I | 顶面 *A* 及两工艺孔 |
| 120 | 加工横向孔及各面上的次要孔 | — |
| 130 | 磨 *B*、*C* 导轨面及前面 *D* | 顶面 *A* 及两工艺孔 |
| 140 | 将 2-$\phi$8H7mm 及 4-$\phi$7.8mm 均扩钻至 $\phi$8.5mm。攻 6-M10mm 螺纹 | — |
| 150 | 清洗、去毛刺、倒角 | — |
| 160 | 检验 | — |

## 4.11　工作实践中常见问题解析

### 1. 箱体类零件平面磨削加工中常见的问题及解决办法

箱体类零件平面加工中，由于平面磨削的加工质量比刨和铣都高，当生产批量较大时，箱体的主要表面常用磨削来精加工。为了提高生产率和保证平面间的位置精度，工厂还采用组合磨削(多轴和一轴上多个砂轮)来精加工平面。

但在加工中，由于平面磨削时磨削处的温度比其他加工方法(刨、铣)要高，箱体磨削时上表面因热膨胀产生弯曲变形而呈中凸，加工时将这层中凸层磨平，加工后加工面冷却而上下温差消失，上表面则因冷缩而下凹，产生直线度及平面度误差，这项误差对于某些尺寸较大的箱体影响很大。

减少此项误差的方法，除了加强磨削时的冷却措施外，还可采用误差补偿方法，图 4-53(a)所示为某厂采取的补偿措施，在长箱体安装面两端垫入薄垫片，中间压紧而使上平面呈中凹，以抵消加工中产生的中凸热变形；图 4-53(b)所示为数控导轨磨床补偿法，可直接在磨削加工程序中预先编制一条中凸的插补运动曲线，使上平面两端多磨去一些加工余量，有效地减少或消除平面加工误差。当然，此方法也适用于床身导轨面的加工。

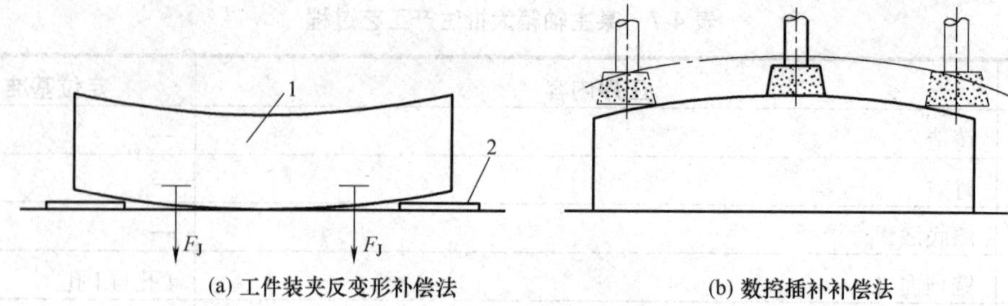

(a) 工件装夹反变形补偿法　　(b) 数控插补补偿法

图 4-53　减少箱体热变形误差的措施

1—工件；2—垫片；$F_J$—压紧力

### 2. 铣刀在使用时常见的问题及解决办法

铣刀在使用时常见的问题之一是铣刀打坏，故在使用铣刀时采取以下措施避免铣刀打坏。

(1) 在进行机动进给时，应先用手动进给进行试切，然后再逐步过渡到机动进给。这样可避免由于切削力的突然变化而打坏刀具。同样，在铣切凹凸不平的表面或碰到有气孔、砂眼、沟槽等部位，也应按此法进行操作。

(2) 应根据具体加工情况，正确合理地选择切削用量。如果背吃刀量、走刀量或转速太大太高，均容易打坏刀具。特别是铣槽等加工，容易产生切屑堵塞而打坏刀具。

(3) 应正确合理地安装铣刀。不能用弯刀杆装铣刀。铣刀调整垫圈两端面应平行，即使用合格的垫圈，由于它们的累积误差，仍可能使安装的铣刀夹歪，如有歪斜现象，应调整垫圈的位置，直到开车观察铣刀没有晃动为止。

(4) 铣刀钝后应及时刃磨，钝刀切削容易把铣刀打坏。

## 本章小结

本章介绍了箱体类零件的结构特点，围绕箱体类零件介绍其加工方法、设备、刀具，保证箱体类零件孔系精度的方法、箱体类零件的检验、简单箱体类零件的加工工艺分析等基本内容。学生通过完成 8E160C-J 中间泵壳零件的结构分析、毛坯确定、工艺规程编制等工作任务，应掌握箱体类零件工艺规程编制的相关知识，并具备中等复杂箱体类零件工艺规程的编制能力。同时增强学生的学习兴趣，提高学生解决工程技术问题的自信心，体验成功的喜悦；通过项目任务教学，培养学生互助合作的团队精神。在工作实训中要注意培养学生的分析问题和解决问题的能力，培养学生查阅设计手册和资料的能力，逐步提高学生处理实际工程技术问题的能力。

## 思考与练习

1. 箱体类零件的加工顺序应怎样安排？
2. 箱体类零件的热处理工序怎样安排？

3. 铣削加工可完成哪些工作？铣削加工有何特点？

4. 说明卧式万能铣床的部件名称与作用。

5. 什么是顺铣？什么是逆铣？试比较其优、缺点并说明适用场合。

6. 刨削加工有何特点？刨削应用范围如何？

7. 在箱体平行孔系加工中如何保证孔系之间的孔距精度？

8. 在箱体同轴孔系加工中如何保证同轴孔系的同轴度？

9. 在箱体交叉孔系加工中如何控制有关孔的垂直度？

10. 箱体零件的主要检验项目有哪些？孔系位置精度和孔距精度如何检验？

11. 箱体类零件平面磨削加工中常见的问题及解决的办法有哪些？

12. 试拟订图 4-54 所示支架零件的加工工艺路线(包括工序名称、加工方法定位基准)。已知该工件的毛坯为铸件(孔未铸出)，生产规模为成批生产。

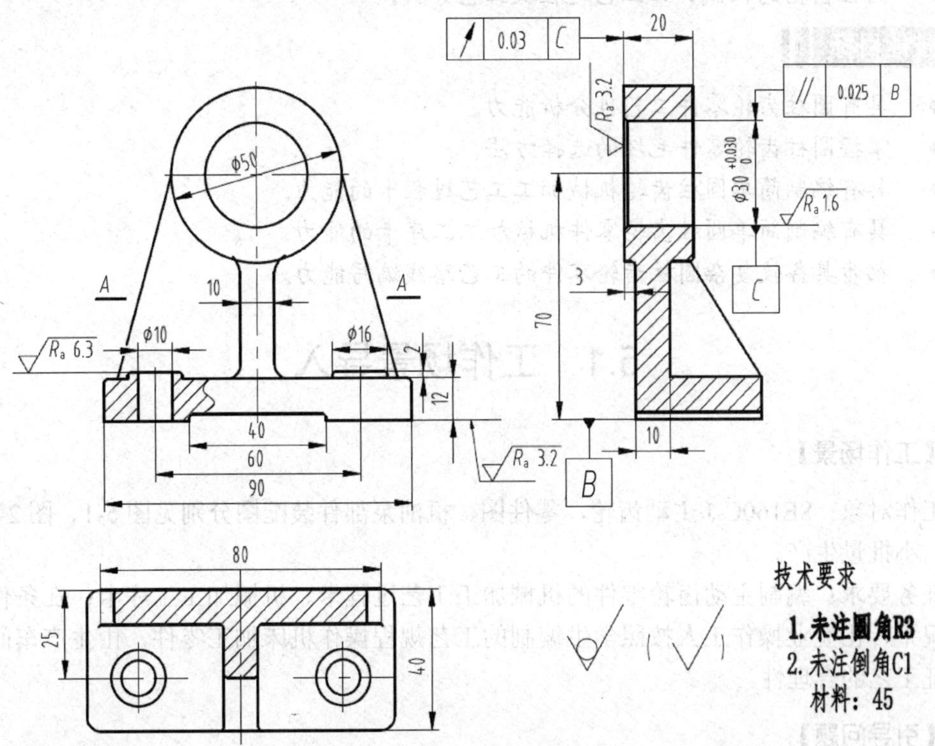


图4-54　支架零件

# 第 5 章　齿轮类零件加工工艺编制及实施

**本章要点**

- 圆柱齿轮零件概述。
- 齿形加工方法。
- 齿轮加工设备。
- 齿轮加工刀具。
- 齿轮检验。
- 圆柱齿轮的机械加工工艺过程及工艺分析。

**技能目标**

- 具有圆柱齿轮零件工艺性分析能力。
- 掌握圆柱齿轮零件毛坯的选择方法。
- 具有编制简单圆柱齿轮机械加工工艺过程卡的能力。
- 具有编制简单圆柱齿轮零件机械加工工序卡的能力。
- 初步具备较复杂圆柱齿轮零件的工艺路线编写能力。

## 5.1　工作场景导入

**【工作场景】**

工作对象：8E160C-J 主动齿轮，零件图、机油泵部件装配图分别见图 5-1、图 2-2，现为中、小批量生产。

任务要求：编制主动齿轮零件的机械加工工艺过程卡、机械加工工序卡；在条件允许的情况下，由企业操作工人按照学生编制的工艺规程操作机床加工零件，由生产车间工艺员验证工艺的合理性。

**【引导问题】**

(1) 仔细阅读主动齿轮零件图，回顾第 1 章第 1.3 节知识点——零件的工艺性分析，检查零件图的完整性和正确性；根据实际制造能力分析审查零件的结构、尺寸精度、形位精度、表面粗糙度、材料及热处理等技术要求是否合理，是否便于加工和加工的经济性。根据零件结构工艺性的一般原则，判断该零件的结构工艺性是否良好，如若结构工艺性不好，如何改进？

(2) 回顾第 1 章 1.4 节知识点——毛坯的选择，思考如何选择主动齿轮零件毛坯，如何确定毛坯尺寸。

(3) 圆柱齿轮零件的功用、结构特点、技术要求、材料、毛坯及热处理要求有哪些？

(4) 圆柱齿轮零件齿形加工方法有哪些？如何选择？

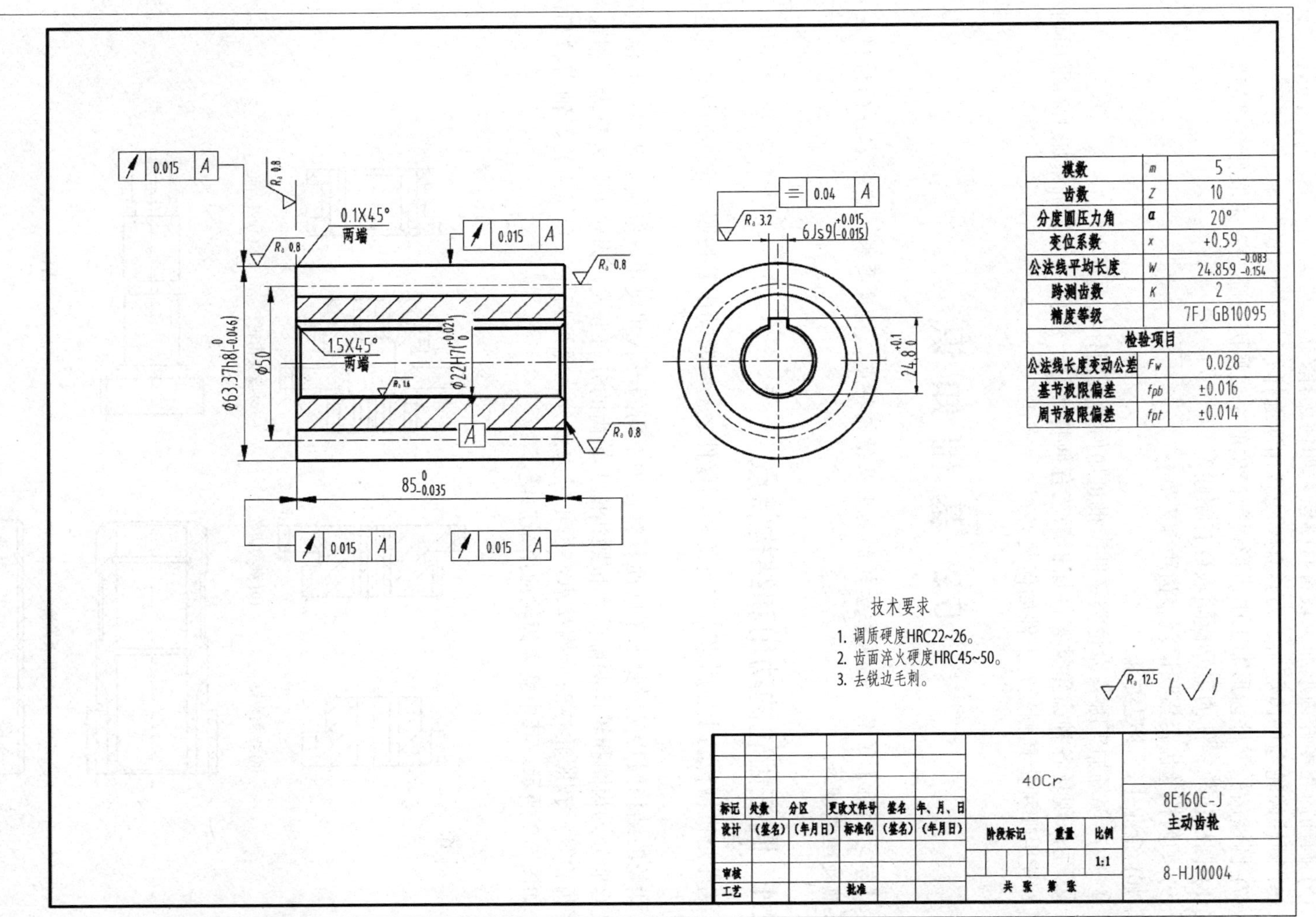
0.015 A
0.1X45°
两端
1.5X45°
两端
φ63.37h8(0 -0.046)
φ50
φ22H7(+0.021 0)
85 0 -0.035
0.04 A
6Js9(+0.015 -0.015)
24.8 +0.1 0
Ra 0.8
Ra 3.2
Ra 12.5
模数 m 5
齿数 Z 10
分度圆压力角 α 20°
变位系数 x +0.59
公法线平均长度 W 24.859 -0.083 -0.154
跨测齿数 K 2
精度等级 7FJ GB10095
检验项目
公法线长度变动公差 Fw 0.028
基节极限偏差 fpb ±0.016
周节极限偏差 fpt ±0.014
技术要求
1. 调质硬度HRC22~26。
2. 齿面淬火硬度HRC45~50。
3. 去锐边毛刺。
40Cr
8E160C-J
主动齿轮
8-HJ10004
1:1

图 5-1　8E160C-J 主动齿轮零件图

(5) 圆柱齿轮零件齿形加工设备有哪些？如何选择？

(6) 圆柱齿轮零件齿形加工刀具有哪些？如何选择？

(7) 圆柱齿轮零件齿形加工中齿形误差产生的主要原因有哪些？采取什么措施？

(8) 圆柱齿轮零件的主要检验项目有哪些？

(9) 如何检验齿距累积误差、齿距偏差？

(10) 企业生产参观实习。

① 生产现场加工哪些齿轮类零件？批量如何？采用什么毛坯？

② 生产现场各种齿轮类零件加工工艺有何特点？一般使用什么机床加工？采用何种刀具？使用哪种量具测量？工件如何装夹？

## 5.2 基 础 知 识

**【学习目标】**了解一般圆柱齿轮的功用及结构特点、精度要求，齿轮零件的材料、毛坯及热处理要求等。

### 5.2.1 圆柱齿轮的功用和结构特点

齿轮是机械传动中应用极为广泛的传动零件之一，其功用是按照一定的速比传递运动和动力。

齿轮的结构因其使用要求不同而具有各种不同的形状和尺寸，但从工艺观点大体上可以把它们分为齿圈和轮体两部分。按照齿圈上轮齿的分布形式，齿轮可分为直齿、斜齿和人字齿轮等；按照轮体的结构特点，齿轮可大致分为盘形齿轮、套筒齿轮、轴齿轮和齿条，如图 5-2 所示。其中盘类齿轮应用最广泛。

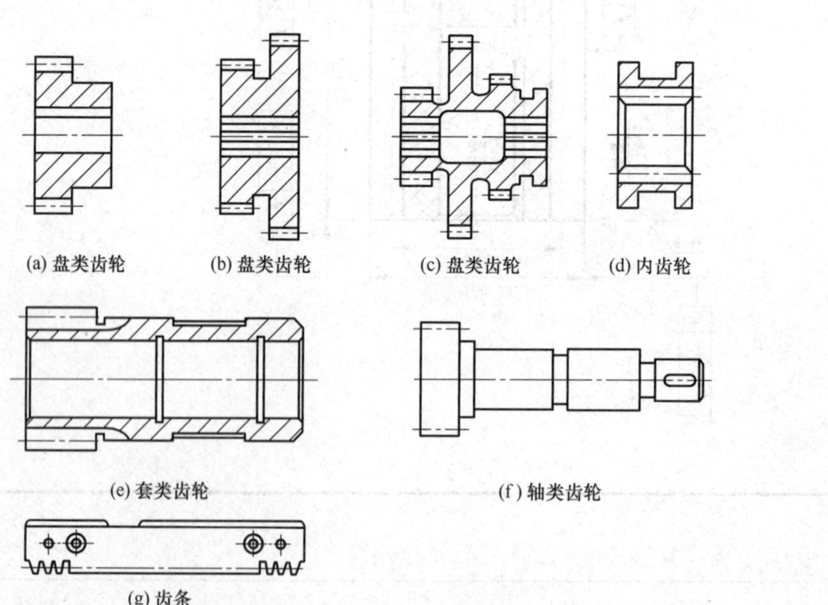


图 5-2 圆柱齿轮的结构形式

### 5.2.2　齿轮传动的精度要求

齿轮本身的制造精度，对整个机器的工作性能、承载能力及使用寿命都有很大影响。根据其使用条件，齿轮传动应满足以下要求。

(1) 传动的准确性。即主动齿轮转过一个角度时，从动齿轮应按给定的速比转过相应的角度。要求齿轮在一转中，转角误差的最大值不能超过一定的限度。

(2) 工作平稳性。要求齿轮传动平稳，无冲击、振动和噪声小，这就需要限制齿轮传动时瞬时传动比的变化，即限制齿轮在转过一个齿形角的转角误差。

(3) 载荷均匀性。要求齿轮工作时，齿面接触要均匀，以使齿轮在传递动力时不致因载荷分布不均而使接触应力集中，引起齿面过早磨损。

(4) 齿侧间隙。一对相互啮合的齿轮，其齿面间必须留有一定的间隙，即为齿侧间隙，其作用是储存润滑油，使齿面工作时减少磨损；同时可以补偿热变形、弹性变形、加工误差和安装误差等因素引起的齿侧间隙减小，防止卡死。应当根据齿轮副的工作条件，来确定合理的齿侧间隙。

以上 4 项要求应根据齿轮传动装置的用途和工作条件等予以合理地确定。例如，滚齿机分度蜗杆副，读数仪表所用的齿轮传动副，对传动准确性要求高，对工作平稳性也有一定要求，而对载荷的均匀性要求一般不严格。

### 5.2.3　常用齿轮的材料和毛坯

#### 1. 齿轮材料及热处理

齿轮的材料及热处理对齿轮的加工质量和使用性能都有很大的影响，选择时应主要考虑齿轮的工作条件(如速度与载荷)和失效形式(如点蚀、剥落或折断等)。

(1) 中碳结构钢(如 45 钢)进行调质或表面淬火。这种钢经热处理后，综合力学性能较好，主要适用于低速、轻载或中载的一般用途的齿轮。

(2) 中碳合金结构钢(如 40Cr)进行调质或表面淬火。这种钢经热处理后，综合力学性能较 45 钢好，且热处理变形小。适用于速度较高、载荷大及精度较高的齿轮。某些高速齿轮，为提高齿面的耐磨性，减少热处理后的变形，不再进行磨齿，可选用氮化钢(如 38CrMoAlA)进行氮化处理。

(3) 渗碳钢(如 20Cr 和 20CrMnTi 等)进行渗碳或碳氮共渗。这种钢经渗碳淬火后，齿面硬度可达 58～63HRC，而心部又有较高的韧性，既耐磨又能承受冲击载荷，适用于高速、中载或有冲击载荷的齿轮。

(4) 铸铁及其他非金属材料(如夹布胶木与尼龙等)。这些材料强度低，容易加工，适用于一些较轻载荷下的齿轮传动。

#### 2. 齿轮毛坯

齿轮毛坯的选择决定于齿轮的材料、结构形状、尺寸大小、使用条件及生产批量等多种因素。

对于钢质齿轮，除了尺寸较小且不太重要的齿轮直接采用轧制棒料外，一般均采用锻造毛坯。生产批量较小或尺寸较大的采用自由锻造；生产批量较大的中小齿轮采用模锻。

对于直径很大且结构比较复杂、不便锻造的齿轮，可采用铸钢毛坯。铸钢齿轮的晶粒较粗，力学性能较差，且加工性能不好，故加工前应先经过正火处理，消除内应力和硬度的不均匀性，以改善加工性能。

## 5.3 齿形加工方法

齿轮加工的关键是齿形加工。按照加工原理，齿形加工可以分为成形法和展成法。

### 1. 成形法

成形法是利用与被加工齿轮的齿槽形状一致的刀具，在齿坯上加工出齿面的方法。成形铣齿一般在普通铣床上进行，如图 5-3 所示。铣齿时工件安装在分度头上，铣刀旋转对工件进行切削加工，工作台作直线进给运动，加工完一个齿槽，分度头将工件转过一个齿，再加工另一个齿槽，依次加工出所有齿槽。铣削斜齿圆柱齿轮必须在万能铣床上进行。铣削时工作台偏转一个角度 $\beta$，使其等于齿轮的螺旋角，工件在随工作台进给的同时，由分度头带动作附加旋转以形成螺旋齿槽。

常用的成形齿轮刀具有盘形铣刀和指状铣刀。后者适用于加工大模数的直齿齿轮、斜齿齿轮，特别是人字齿轮。图 5-3(a)中的刀具为盘形齿轮铣刀。用这种铣刀加工齿轮时，齿轮的齿廓精度是由铣刀切削刃的形状来保证的，而渐开线齿廓是由齿轮的模数和齿数决定的。因此，要加工出准确的齿廓，每一个模数，每一种齿数的齿轮，就要相应地用一种形状的铣刀，这样做显然是行不通的。在实际生产中，是将同一模数的齿轮，按照齿数分为 8 组(或 15 组)，每一组只用一把铣刀，如表 5-1 所示。例如，$m$=2mm 的齿轮有 8 把铣刀，$m$=3mm 的齿轮也有 8 把铣刀，依此类推。如果齿轮的模数是 3mm，齿数是 28，则应用 $m$=3mm 的铣刀中的 5 号铣刀来加工。

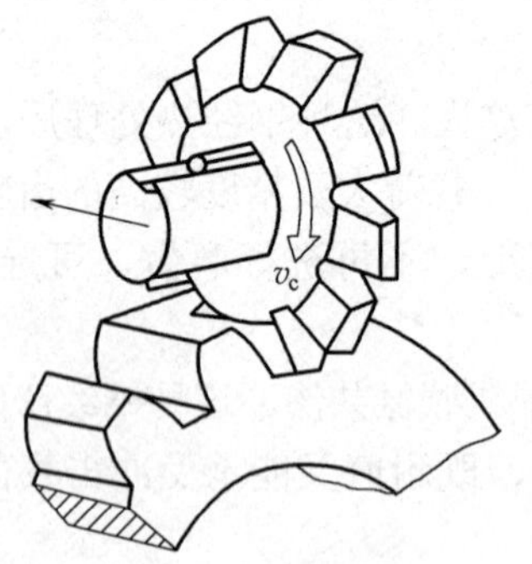


(a) 盘形齿轮铣刀铣削

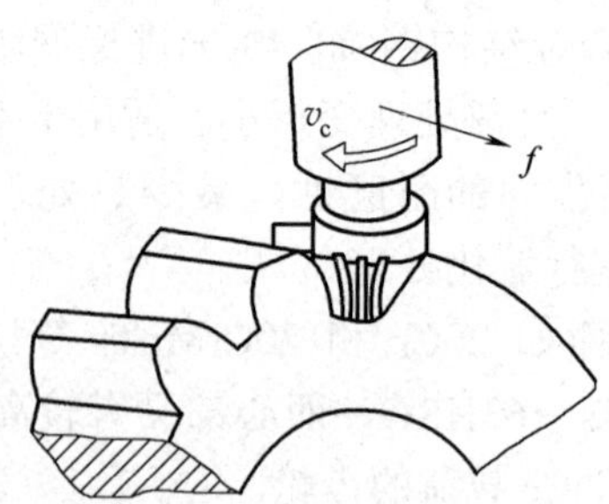


(b) 指状齿轮铣刀铣削

图 5-3　直齿圆柱齿轮的成形铣削

表 5-1　盘形齿轮铣刀刀号

| 刀号 | 1 | 2 | 3 | 4 | 5 | 6 | 7 | 8 |
|---|---|---|---|---|---|---|---|---|
| 加工齿数范围 | 12～13 | 14～16 | 17～20 | 21～25 | 26～34 | 35～54 | 55～134 | 135 以上 |

标准齿轮铣刀的模数、压力角和加工的齿数范围都标记在铣刀的端面上。由于每种编号的刀齿形状均按加工齿数范围中最小齿数设计，因此，加工该范围内的其他齿数的齿轮时，就会产生一定的齿廓误差。盘状齿轮铣刀适用于加工 $m \leqslant 8$mm 的齿轮。

成形法一般用于单件小批量生产和机修工作中，加工精度为 9～12 级，齿面粗糙度 $R_a$ 为 6.3～3.2μm 的直齿、斜齿和人字齿圆柱齿轮。

2. 展成法

展成法是利用一对齿轮啮合或齿轮与齿条啮合原理，使其中一个作为刀具，在啮合过程中加工齿面的方法，如滚齿、插齿、剃齿、磨齿和珩齿等，在生产实际中应用广泛。本章介绍的齿形加工方法主要是展成法。

## 5.3.1　插齿

1. 插齿的运动

插齿就是用插齿刀在插齿机上加工齿轮的齿形。插齿的主要运动(见图 5-4)有以下几种。

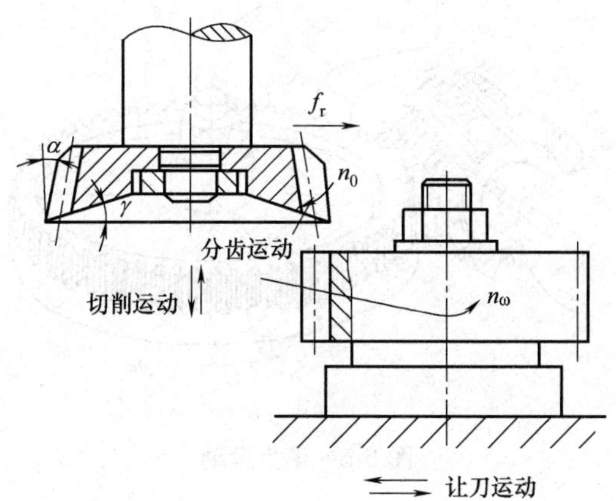


图 5-4　插齿的运动

(1) 主运动。即插齿刀的往复直线运动，常以单位时间内往复行程数来表示，其单位为 str/min(或 str/s)。

(2) 分齿(展成)运动。插齿刀与工件间应保持正确的啮合关系，即插齿刀的齿数严格保证以下关系。当插齿刀的齿数为 $Z_0$，被切齿轮的齿数为 $Z_\omega$，则插齿刀转速 $n_0$ 与被切齿轮转速 $n_\omega$之间，应有严格的以下关系：$n_\omega/n_0= Z_0/ Z_\omega$。插齿刀每往复一次，工件相对刀具在分度圆上转过的弧长，为加工时的圆周进给运动的进给量，故刀具与工件的啮合过程也就是圆周进给过程。

(3) 径向进给运动。插齿时，为逐步切至全齿深，插齿刀应有径向进给运动 $f_r$。当进给到要求的深度时，径向进给停止。

(4) 让刀运动。为了避免插齿刀在返回行程中刀齿擦伤已加工齿面，减少刀具的磨损，在插齿刀向上运动时，工作台带动工件从径向退离切削区一段距离；当插齿刀在工作行程时，工件又恢复原位。这一运动称为让刀运动。

当加工斜齿圆柱齿轮时，要使用斜齿插齿刀。插斜齿时除了上述 4 个运动外，插齿刀在作往复直线运动的同时，还要有一个附加的转动，以便使刀齿切削运动的方向与工件的齿向一致。

2. 插齿的加工循环

开动插齿机后，插齿刀作上、下切削运动，同时以 $n_0$ 速度转动。工件以 $n_\omega$速度转动，刀具还可以向工件作径向进给运动，当切至全齿深时，径向进给自动停止，而刀具、工件继续转动。当工件再转动一周时，则切完所有齿的全部齿形，工件自动退出并停车，完成插削一个齿形的工作循环。

## 5.3.2 滚齿

1. 滚齿的运动

滚切直齿圆柱齿轮时的运动如图 5-5 所示。

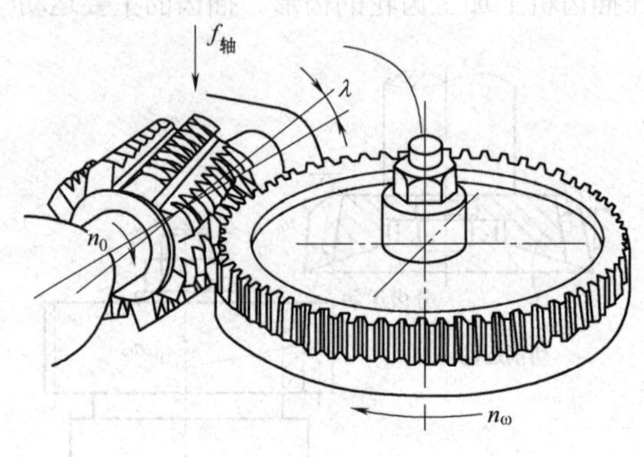


图 5-5 滚齿运动

(1) 主运动。即滚刀旋转，其转速用 $n_0$ 表示。

(2) 分齿(展成)运动。即保持滚刀与被切齿轮之间啮合关系的运动。这一运动使滚刀切削刃的切削轨迹连续，包络形成齿轮的渐开线齿形，并连续地进行分度。如果滚刀的头数为 $\kappa$(一般 $\kappa$=1～4)，被切齿轮的齿数为 $Z_\omega$，则滚刀转速 $n_0$ 与被切齿轮转速 $n_\omega$之间，应严格保证以下关系，即

$$n_\omega/n_0=\kappa/Z_\omega$$

(3) 轴向进给运动。为了在齿轮的全齿宽上切出齿形，滚刀需沿工件作进给运动，工件转 1 转滚刀移动的距离，称为轴向进给量。

滚切直齿圆柱齿轮时，为了使滚刀螺旋线的方向与被切齿轮的齿向一致，也就是使滚刀螺旋线法向齿距($t_{法}=\pi m$)与齿轮分度圆上的齿距($t=\pi m$)相等，故滚刀必须扳转一个 $\lambda$ 角(滚刀螺旋线升角)。如使用右旋滚刀，被切齿轮转向为逆时针方向；若用左旋滚刀，则被切齿轮转向为顺时针方向。

### 2. 滚切斜齿圆柱齿轮

滚切斜齿轮与滚切直齿轮主要有两点区别。第一是滚刀安装时扳转的角度不同，如图 5-6 所示。为了使滚刀螺旋线方向与被切齿轮的齿向一致，当用右旋滚刀滚切右旋齿轮时，滚刀扳转的角度应为$\omega-\lambda$($\omega$为齿轮的螺旋角，$\lambda$为滚刀螺旋线升角)；当用右旋滚刀滚切左旋齿轮时，滚刀应扳转的角度为$\omega+\lambda$。故滚刀扳转的角度与$\omega$、$\lambda$的关系可归纳为"同向相减，异向相加"。第二是被切齿轮需要一个附加的转动，如图 5-6(b)所示。当右旋滚刀滚切右旋齿轮时，取一个齿槽 *ac* 来分析，滚刀由 *a* 点开始切削，滚刀作轴向进给运动 *f*，最后要到 *b* 点，而与齿槽 *ac* 不相符合。为了切出斜齿轮的齿槽 *ac*，被切齿轮必须有一个附加转动，使滚刀切到 *b* 点时，齿轮上的 *c* 点也到达 *b* 点，即齿轮要多转一点(同旋向多转)。当用右旋滚刀滚切左旋齿轮时，情况相反(见图 5-6(c))，齿轮要少转一点(异旋向少转)。由于斜齿轮的齿槽是一个螺旋槽，故当滚刀垂直向下送进一个导程 *L* 时，被切齿轮应多转或少转 1 转。

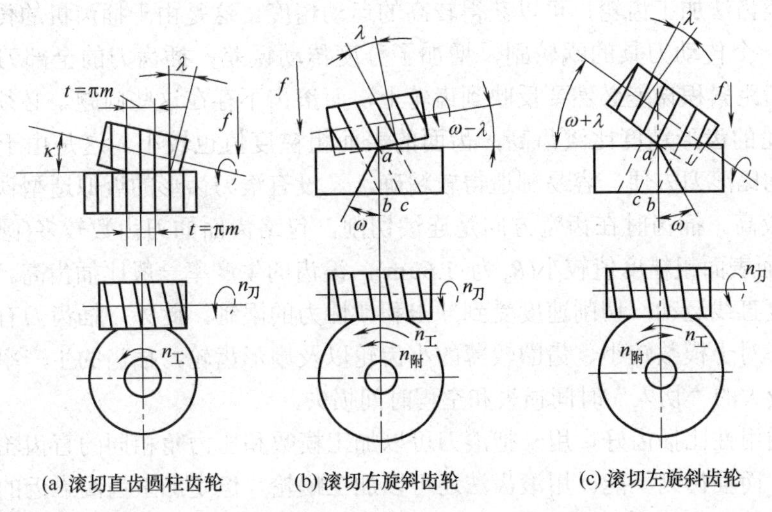


图 5-6　滚切直齿、斜齿圆柱齿轮滚刀刀架的调整

### 3. 滚切蜗轮

由图 5-7 可见，滚切蜗轮时，滚刀应水平放置，滚刀轴线应在蜗轮中心平面内。滚刀的旋转是主运动，分齿运动应保证被切蜗轮的转速 $n_\omega$与滚刀转速 $n_0$ 符合蜗轮、蜗杆的速比关系。即滚刀转 1 转时，蜗轮应转过点 $\kappa/z$ 转($\kappa$ 为蜗杆头数，*z* 为蜗轮齿数)。径向进给运动由蜗轮或滚刀来实现。滚刀从齿顶部分开始切削，一直切到齿高符合要求为止。

必须指出，滚切蜗轮用的滚刀，其模数、齿距、斜齿的旋向和螺旋升角$\lambda$等，必须和该蜗轮相啮合的蜗杆完全一样，才能加工出合格的蜗轮。

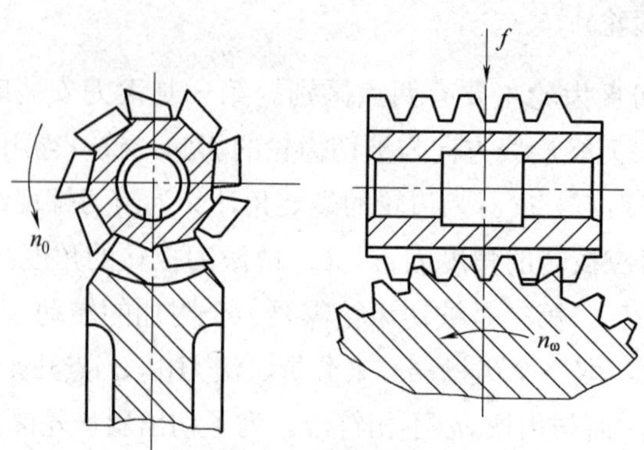


图 5-7　滚切蜗轮的运动

#### 4. 滚齿和插齿的比较

滚齿和插齿一般都能保证 7～8 级精度。若采用精密插齿或滚齿，可以达到 6 级精度。但是用滚齿法加工齿轮，可以获得较高的运动精度。这是由于插齿机的传动机构中比滚齿机多了一个传动刀具的蜗轮副，增加了分度传动误差；插齿刀的全部刀齿都参与工作，刀具的齿距累积误差必然要反映到齿轮上，而滚齿不存在这些问题。必须指出，用插齿法加工齿轮的齿形精度比滚齿高，齿面的表面粗糙度值也较小。这是由于插齿刀的制造、刃磨等均比滚刀方便，容易制造得较精确，又没有滚刀齿形的近似造型误差，故插齿的齿形精度较高。插齿时在齿宽方向是连续切削，包络齿面的刀齿数较多(圆周进给量较小)，而使齿面表面粗糙度值较小($R_a$ 为 1.6μm)。滚齿的生产率一般比插齿高。由于插齿的主运动为往复直线运动，切削速度受到冲击和惯性力的限制。此外，插齿刀有回程的时间损失。但是，对于模数较小、齿圈较薄的小齿轮以及扇形齿轮，插齿的生产率比滚齿高，因为滚齿有较大的“切入”时间损失和空程时间损失。

滚齿的通用性比插齿好，用一把滚刀可以加工模数和压力角相同的直齿轮和任意螺旋角的斜齿轮，而插齿则不能。用滚齿法还可以加工蜗轮。但是加工齿圈靠近的多联齿轮，以及按展成法加工内齿轮、人字齿轮、齿条、带凸台的齿轮等，只能用插齿法加工。

## 5.3.3　齿形的精加工

#### 1. 剃齿

剃齿一般可达到 6～7 级精度，齿面表面粗糙度 $R_a$ 为 0.8～0.4μm，剃齿的生产率高，在成批生产中主要用于滚(或插)齿预加工后，淬火前的精加工。

剃齿是利用一对交错轴斜齿轮啮合的原理在剃齿机上进行的。盘形剃齿刀(见图 5-8)实质上是一个高精度的斜齿轮，每个齿的齿侧沿渐开线方向开槽以形成刀刃(见图 5-9)。加工时工件装在工作台上的顶尖间，由装在机床主轴上的剃齿刀带动工件自由转动。剃齿刀与工件间应有一定的夹角 $\phi$，使剃齿刀与工件的齿向一致，两者形成无侧隙双面紧密啮合。由于剃齿刀和工件相当于一对交错轴斜齿轮，故在接触点的切向分速度不一致，这样工件的齿侧面沿剃齿刀的齿侧面就产生滑移，利用这种相对滑移在齿面上切下细丝状的切屑。剃齿刀与工件轴线夹角 $\phi=\beta_{工}\pm\beta_{刀}$，$\beta_{工}$、$\beta_{刀}$分别为工件、剃齿刀的分度圆螺旋角，两者螺旋同向时取“+”号，反向时取“−”号。图 5-10 所示为左旋剃齿刀剃削右旋齿轮的啮合状况。在啮合点 $O$，剃齿刀与工件的圆周速度为 $v_{刀}$和 $v_{工}$，可以分解为法向分速度 $v_{刀法}$、$v_{工法}$和切向分速度 $v_{刀切}$和 $v_{工切}$。其中法向分速度 $v_{刀法}=v_{工法}$，而 $v_{刀}$和 $v_{工}$间有一夹角，故两者的切向分速度不等，因而在齿面间产生相对滑移速度 $v_0$，$v_0$ 即为切削速度。$\phi$ 值越大，则 $v_0$ 越大，但会使刀具与工件接触不良，一般取 $\phi$=10°～15°。

由于剃齿刀与工件啮合时为点接触，为了剃出整个齿侧面，工作台必须带着工件作纵向往复运动，工作台每次行程后，剃齿刀带动工件反转，以剃出另一齿侧面。工作台每次双行程后还应作径向进给，逐步剃去所留余量，得到所需的齿厚。

剃齿时由于刀具与工件之间没有强制性运动关系，不能保证分齿均匀，因此剃齿对纠正运动误差的能力较差。但是，剃齿刀的精度高，故工件的基节偏差、齿形误差和齿向误差均能在刀具与工件的相互对滚中得到改善，故剃齿后齿轮的平稳性精度、接触精度都能提高。此外，轮齿表面粗糙度也能减小。

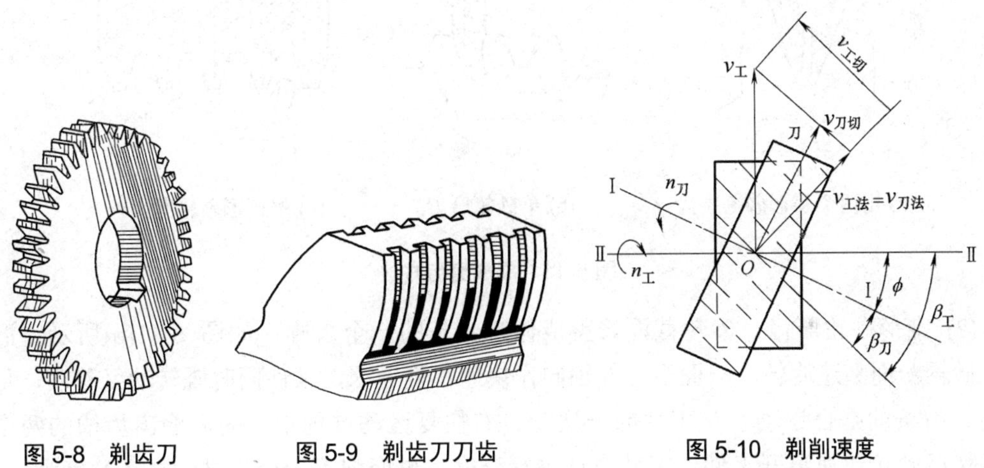


图 5-8　剃齿刀　　图 5-9　剃齿刀刀齿　　图 5-10　剃削速度

### 2. 珩齿

珩齿是对淬硬齿轮进行精加工的方法之一。其原理和运动与剃齿相同，主要区别就是刀具不同，以及珩磨轮的转速比剃齿刀高。珩磨轮是珩齿的刀具，它是由磨料加环氧树脂等材料浇铸或热压而成，齿形精度较高的斜齿轮。珩齿时，珩轮与工件在自由对滚过程中，借齿面间的一定压力和相对滑动，由磨粒来进行切削。由于珩轮的磨削速度较低(1～3m/s)，加之磨料粒度较细，结合剂弹性较大，因此珩磨实际上是一种低速磨削、研磨和抛光的综合过程。珩齿时齿面间除了沿齿向产生滑动进行切削外，沿渐开线方向的滑动也使磨粒能切削，齿面的刀痕纹路比较复杂而使表面粗糙度显著变小。加上珩齿的切削速度低，齿面不会产生烧伤和裂纹，故齿面质量较好。

珩齿目前主要用来切除热处理后齿面上的氧化皮及毛刺。其加工精度在很大程度上取决于前工序的加工精度和热处理的变形量。一般能加工 6～7 级精度齿轮，轮齿表面粗糙度 $R_a$为 0.8～0.4μm。珩齿的生产率高，在成批、大量生产中得到了广泛的应用。

3. 磨齿

磨齿是目前齿形精加工中加工精度最高的方法，对磨齿前的加工误差及热处理变形有较强的修正能力。加工精度可达 3～6 级，轮齿表面粗糙度 $R_a$为 0.8～0.2μm。但加工成本高，生产率较低，多用于齿形淬硬后的光整加工。

磨齿有仿形法和展成法两类。生产中常用展成法，是根据齿轮、齿条啮合原理来进行加工的。按砂轮形状的不同，磨齿可分为以下几种。

(1) 碟形砂轮磨齿(见图 5-11(a))。两片碟形砂轮倾斜安装，构成假想齿条的两个齿面。磨齿时砂轮高速旋转，工件一面转动一面移动，同时沿轴向作低速进给运动，在磨完工件的两个齿侧表面后，工件快速退离砂轮，再进行分度，继续磨削下两个齿面。磨齿精度为 4～5 级，生产率较低。

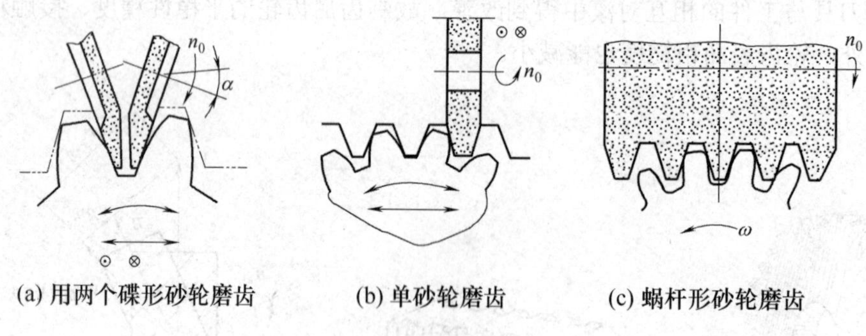


图 5-11　展成磨齿方法

(2) 锥形砂轮磨齿。砂轮截面修整成假想齿条的一个齿廓，如图 5-11(b)所示。磨削时，砂轮一面高速旋转，一面沿工件轴向作快速往复运动，工件同时既转动又移动，形成齿轮、齿条的啮合运动。在工件的一次左、右往复运动过程中，先后磨出齿槽的两个侧面，然后砂轮快速离开工件，工件自动进行分度，再磨削下一个齿槽。加工精度为 5～6 级，生产率比上一种方法高。

(3) 蜗杆砂轮磨齿。用蜗杆砂轮磨齿时的运动与滚齿相同，如图 5-11(c)所示，砂轮制成蜗杆形状，但盲径比滚刀大得多。磨齿精度一般为 4～5 级，由于连续分度和很高的砂轮转速(2000r/min)，生产率比前两种方法都高，但蜗杆砂轮的制造和修整较为困难。

## 5.3.4　齿形加工方法选择

齿形常用的加工方法如表 5-2 所示。在选择齿形加工方法时，主要根据齿轮的精度等级、齿面粗糙度进行选择，同时也会考虑生产率、企业现有的设备等因素。

表 5-2　常用的齿形加工方法

| 加工方法 | 加工原理 | 加工质量 | | 生产率 | 设　备 | 应用范围 |
|---|---|---|---|---|---|---|
| | | 精度等级 | 齿面粗糙度 $R_a$/μm | | | |
| 铣齿 | 成形法 | 9 | 6.3～3.2 | 较插齿、滚齿低 | 普通铣床 | 单件修配生产中，加工低精度外圆柱齿轮、锥齿轮、蜗轮 |
| 拉齿 | 成形法 | 7 | 1.6～0.4 | 高 | 拉床 | 大批量生产 7 级精度的内齿轮，因外齿轮拉刀制造甚为复杂，故少用 |
| 插齿 | 展成法 | 8～7 | 3.2～1.6 | 一般较滚齿低 | 插齿机 | 单件成批生产中，加工中等质量的内外圆柱齿轮、多联齿轮 |
| 滚齿 | 展成法 | 8～7 | 3.2～1.6 | 较高 | 滚齿机 | 单件和成批生产中，加工中等质量的外圆柱齿轮、蜗轮 |
| 剃齿 | 展成法 | 7～6 | 0.8～0.4 | 高 | 剃齿机 | 精加工未淬火的圆柱齿轮 |
| 珩齿 | 展成法 | 7～6 | 0.8～0.4 | 很高 | 珩齿机 | 光整加工已淬火的圆柱齿轮，适用于成批和大量生产 |
| 磨齿 | 成形法<br>展成法 | 6～3 | 0.8～0.2 | 成形法高于展成法 | 磨齿机 | 精加工已淬火的圆柱齿轮 |

## 5.4　齿轮加工设备

【学习目标】掌握齿轮类零件常用的加工设备。

齿轮加工设备是加工齿轮齿面的机床。齿轮加工机床按加工对象的不同，分为圆柱齿轮加工机床和锥齿轮加工机床两大类。圆柱齿轮加工机床主要有滚齿机、插齿机、车齿机等；锥齿轮加工机床有加工直齿锥齿轮的刨齿机、铣齿机、拉齿机以及加工弧齿锥齿轮的铣齿机；用于精加工齿轮齿面的有研齿机、剃齿机、珩齿机和磨齿机等。

齿轮加工机床种类较多，加工方式也各不相同，但按齿形加工原理来分，只有成形法和展成法两种。成形法所用刀具的切削刃形状与被加工齿轮的齿槽形状相同，这种方法的加工精度和生产率通常都较低，仅在单件小批生产中采用。展成法是将齿轮啮合副中的一个齿轮转化为刀具，另一个齿轮转化为工件，齿轮刀具作切削主运动的同时，以内联系传动链强制刀具与工件作严格的啮合运动，于是刀具切削刃就在工件上加工出所要求的齿形表面。这种方法的加工精度和生产率都较高，目前绝大多数齿轮加工机床都采用展成法，其中又以滚齿机应用最广泛。

### 5.4.1 滚齿机

#### 1. 滚齿原理

滚齿加工是根据展成法原理加工齿轮的。滚齿的过程相当于一对交错螺旋齿轮副啮合滚动的过程。将这对啮合传动副中的一个螺旋齿轮齿数减少到 1～4 个齿，其螺旋角很大而螺旋升角很小，就转化成蜗杆。再将蜗杆在轴向开槽形成切削刃和前刀面，各切削刃铲背形成后刀面和后角，再经淬硬、刃磨，制成滚刀。滚齿时，工件装在机床工作台上，滚刀装在刀架的主轴上，使它们的相对位置如同一对螺旋齿轮相啮合。用一条传动链将滚刀主轴与工作台联系起来，对单头滚刀，刀具旋转一转，强制工件转过一个齿，则滚刀连续旋转时，就可在工件表面加工出共轭的齿面，如图 5-12 所示。若滚刀再沿与工件轴线平行的方向作轴向进给运动，就可加工出全齿长。

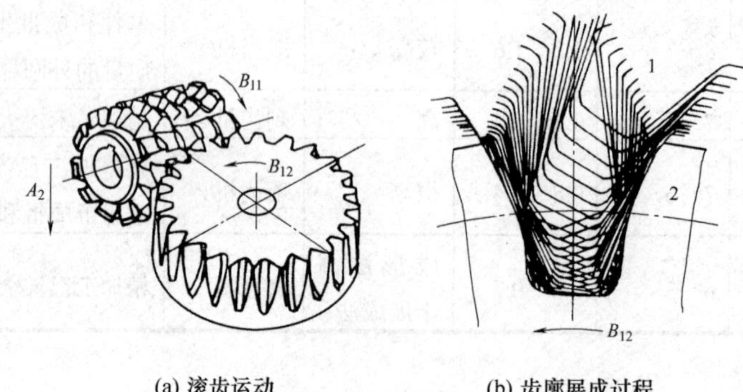


(a) 滚齿运动　　(b) 齿廓展成过程

图 5-12　滚齿原理

1—滚刀；2—工件

#### 2. 滚切直齿圆柱齿轮

根据前述表面成形原理可知，加工直齿圆柱齿轮的成型运动必须包括形成渐开线齿廓(母线)的展成运动($B_{11}+B_{12}$)和形成直线形齿长(导线)的运动 $A_2$，因此滚切直齿圆柱齿轮需要3 条传动链，即展成运动传动链、主运动传动链和轴向进给运动传动链，如图 5-13 所示。

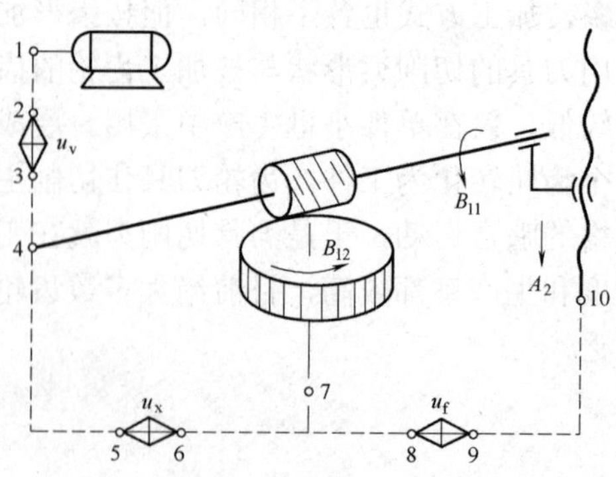


图 5-13　滚切直齿圆柱齿轮的传动原理

1) 展成运动传动链

展成运动传动链由滚刀到工作台的 4—5—$u_x$—6—7 构成。由于头数为 $K$ 的滚刀旋转运动 $B_{11}$ 与工作台的旋转运动 $B_{12}$ 之间要保持严格的传动比关系，因此生成渐开线齿廓的展成运动是一个复合运动，记为($B_{11}$+ $B_{12}$)，因而联系 $B_{11}$ 和 $B_{12}$ 的展成运动传动链为一条内联系传动链。

展成运动传动链的两个末端件的计算位移关系为

$$\text{滚刀1转—工件}\frac{K}{Z}\text{转}$$

式中：$Z$ 为工件的齿数。传动链中的 $u_x$ 表示换置机构的传动比，它的大小应根据不同情况加以调整，以满足上式的要求。由运动平衡式求出 $u_x$ 的值后，一般是用 4 个挂轮的比值来代替 $u_x$。挂轮的计算应很精确，才能得到准确的齿形。滚刀的螺旋方向(左旋或右旋)若有改变，则复合运动($B_{11}$+ $B_{12}$) 中的工件运动 $B_{12}$ 的方向亦应随之改变，故 $u_x$ 的调整还包括方向的变更。

2) 主运动传动链

展成运动传动链只能使滚刀与工件的计算位移之间保持一定的比例关系，但滚刀与工件的旋转速度，还必须由运动源到滚刀的传动链 1—2—$u_v$—3—4 来决定，这条外联系传动链称为主运动传动链。传动链中的换置机构用于调整渐开线齿廓的成型速度，以适应滚刀直径、滚刀材料、工件材料和硬度，以及加工质量要求等的变化。

由滚刀的切削速度和刀具直径确定了滚刀合适的转速后，就可以求出主运动传动链中换置机构的传动比 $u_v$。两末端件的计算位移关系为

$$\text{电机 } n_{\text{电}}(\text{r/min})\text{—滚刀 } n_{\text{刀}}(\text{r/min})$$

3) 轴向进给运动传动链

为了形成全齿长，即形成齿面的导线—直线，滚刀需要沿工件轴线方向作进给运动。在滚齿机上，刀架沿立柱导轨的这个轴向进给运动是由丝杠—螺母机构实现的。轴向进给传动链 7—8—$u_f$—9—10 的两个末端件为工件和刀架，其计算位移关系为

$$\text{工件 1 转—刀架移动 } f(\text{mm})$$

传动链中的换置机构 $u_f$ 用于调整轴向进给量的大小和进给方向，以适应不同的加工表面粗糙度的要求。轴向进给传动链是一条外联系传动链。由于轴向进给量是以工件或工作台每转中刀架移动量计，并且进给速度很低，所耗功率很小，所以这条传动链以工作台作为间接的运动源。

### 3. 滚切斜齿圆柱齿轮

1) 机床的运动和传动原理图

斜齿圆柱齿轮与直齿圆柱齿轮相比，两者端面齿廓都是渐开线，但斜齿圆柱齿轮的齿长方向不是直线，而是螺旋线。因此加工斜齿圆柱齿轮也需要两个成型运动：一个是产生渐开线(母线)的展成运动，另一个是产生螺旋线(导线)的运动。前者与加工直齿圆柱齿轮时相同，后者则有所不同。加工直齿圆柱齿轮时，进给运动是直线运动，是一个简单运动；加工斜齿圆柱齿轮时，进给运动是螺旋运动，是一个复合运动。

滚切斜齿圆柱齿轮的两个成型运动都各需一条内联系传动链和一条外联系传动链，如

图 5-14(a)所示。展成运动的内联系传动链(即展成运动传动链)和外联系传动链(即主运动传动链)与滚切直齿圆柱齿轮时完全相同。产生螺旋运动的外联系传动链——轴向进给运动传动链，也与切削直齿圆柱齿轮时相同。但是由于这时的进给运动是复合运动，因此还需一条产生螺旋线的内联系传动链，即差动运动传动链。

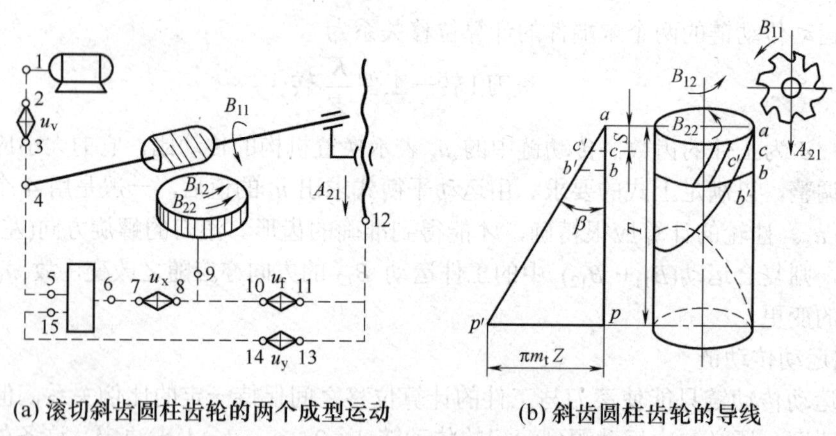

(a) 滚切斜齿圆柱齿轮的两个成型运动　　(b) 斜齿圆柱齿轮的导线

**图 5-14　滚切斜齿圆柱齿轮的传动原理图**

2) 差动运动传动链

斜齿圆柱齿轮的导线是一条螺旋线，如图 5-14(b)所示，将导线展开后得到直角三角形 $ap'p$。当刀架从 $a$ 点沿工件轴向进给到 $b$ 点时，为了使加工出的齿长为右旋的螺旋线，即加工出右旋的斜齿圆柱齿轮，工件上的 $b$ 点应转到 $b'$位置。也就是说，工件在随滚刀的运动 $B_{11}$ 作展成运动 $B_{12}$ 的同时，还应随同刀架的轴向进给 $A_{21}$ 作附加的转动 $B_{22}$。由图 5-14(b)可知，当滚刀沿工件轴向进给一个工件螺旋线导程 $T$ 时，工件附加转动量应为 1 转。附加转动 $B_{22}$ 的方向与工件在展成运动中的旋转运动 $B_{12}$ 的方向或者相同，或者相反，这取决于工件螺旋线方向、滚刀螺旋线方向及滚刀进给方向。当滚刀向下进给时，如果工件与滚刀螺旋线方向相同(即两者均为右旋或者均为左旋)，则 $B_{22}$ 和 $B_{12}$ 同向，计算时附加运动取+1；反之，若工件与滚刀螺旋线方向相反，则 $B_{22}$ 和 $B_{12}$ 方向相反，计算时附加运动取−1。

工件的附加转动 $B_{22}$ 与展成运动 $B_{12}$ 是两条传动链中的两个不同的运动，不能互相代替。但工件最终的运动只能是一个旋转运动，所以应当用一个运动合成机构，将 $B_{22}$ 和 $B_{12}$ 两个旋转运动合成后再传动工作台和工件。图 5-14(a)中的 合成 代表运动合成机构，联系刀架与工作台的传动链 12—13—$u_y$—14—15— 合成 —6—7—$u_x$—8—9 称为差动运动传动链，又称差动链或附加运动链。改变换置机构的传动比 $u_y$，则加工出的斜齿圆柱齿轮的螺旋角 $\beta$ 也发生变化，$u_y$ 的符号改变则会使工件齿的旋向改变。由图 5-14(b)可以得出，工件齿的螺旋角 $\beta$ 与导程 $T$ 之间的关系为

$$T=\frac{\pi m_t Z}{\tan\beta}=\frac{\pi m_n Z}{\tan\beta\cos\beta}=\frac{\pi m_n Z}{\sin\beta}$$

式中：$m_t$、$m_n$ 分别为工件齿的端面模数与法向模数；$Z$ 为工件齿数。

滚齿机是根据滚切斜齿圆柱齿轮的原理设计的，当加工直齿圆柱齿轮时，就将差动链

断开，并把合成机构固定成一个如同联轴器的整体。

4. Y3150E 型滚齿机

Y3150E 型滚齿机为中型滚齿机，能加工直齿、斜齿圆柱齿轮；用径向切入法能加工蜗轮，配备切向进给刀架后也可以用切向切入法加工蜗轮。滚齿机的主参数为最大工件直径。

机床外形如图 5-15 所示。立柱 2 固定在床身 1 上，刀架溜板 3 可沿立柱上的导轨作轴向运动。安装滚刀的刀杆 4 固定在刀架体 5 中的刀具主轴上，刀架体能绕自身轴线倾斜一个角度，这个角度称为滚刀安装角，其大小与滚刀的螺旋升角大小及旋向有关。安装工件用的心轴 7 固定在工作台 9 上，工作台与后立柱 8 装在床鞍 10 上，可沿床身导轨作径向进给运动或调整径向位置。支架 6 用于支承工件心轴上端，以提高心轴的刚性。

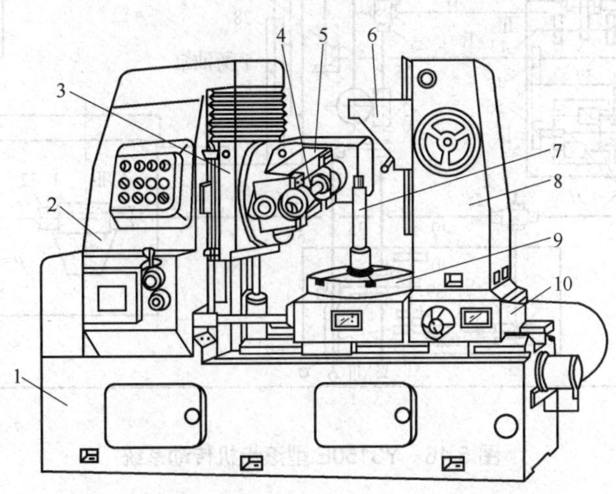


图 5-15　Y3150E 型滚齿机

1—床身；2—立柱；3—刀架溜板；4—刀杆；5—刀架体；
6—支架；7—心轴；8—后立柱；9—工作台；10—床鞍

1) 主运动传动链

图 5-16 所示为 Y3150E 型滚齿机的传动系统。机床的主运动传动链在加工直齿、斜齿圆柱齿轮和加工蜗轮时是相同的，对照图 5-13 和图 5-16，可找出它的传动路线为：电动机—Ⅰ—Ⅱ—Ⅲ—Ⅳ—Ⅴ—Ⅵ—Ⅶ—Ⅷ(滚刀主轴)，其运动平衡式为

$$1430\times\frac{115}{165}\times\frac{21}{42}\times u_{\text{Ⅱ-Ⅲ}}\times\frac{A}{B}\times\frac{28}{28}\times\frac{28}{28}\times\frac{28}{28}\times\frac{28}{28}\times\frac{20}{80}=n_{刀}$$

化简上式，得到调整公式为

$$u_v=u_{\text{Ⅱ-Ⅲ}}\times\frac{A}{B}=\frac{n_{刀}}{124.58}$$

式中：$u_{\text{Ⅱ-Ⅲ}}$为速度箱中轴Ⅱ、Ⅲ间的传动比。在Ⅱ轴和Ⅲ轴之间，用滑移齿轮可以得到 3 个传动比$\frac{35}{35}$、$\frac{31}{39}$、$\frac{27}{43}$。滚刀转速 $n_{刀}$可根据切削速度和滚刀外径确定，然后再利用调整公式确定 $u_{\text{Ⅱ-Ⅲ}}$的值和挂轮齿数 $A$、$B$。挂轮$\frac{A}{B}$的值也有 3 种，即$\frac{44}{22}$、$\frac{33}{33}$、$\frac{22}{44}$。由 $u_{\text{Ⅱ-Ⅲ}}$和$\frac{A}{B}$

的组合，机床上共有转速范围为 40～250r/min 的 9 种主轴转速可供选用。

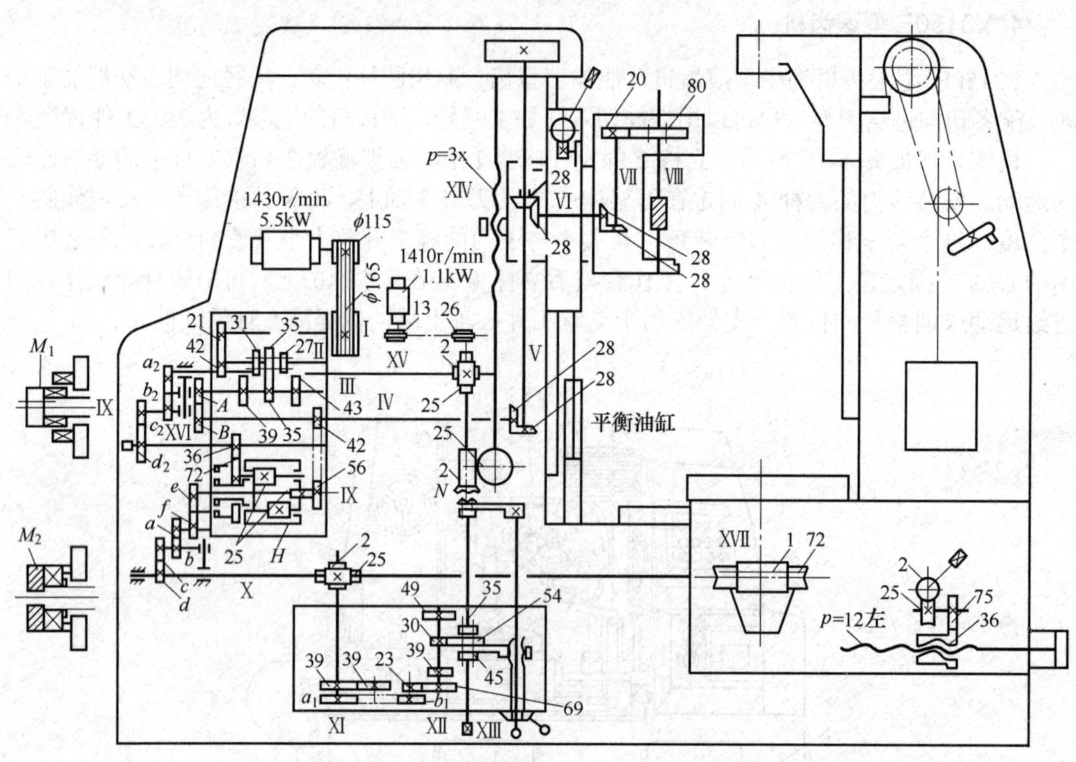


图 5-16 Y3150E 型滚齿机传动系统

2) 展成运动传动链

加工直齿、斜齿圆柱齿轮和蜗轮时使用同一条展成运动传动链，其传动路线为：滚刀主轴Ⅷ—Ⅶ—Ⅵ—Ⅴ—Ⅳ—Ⅸ—合成—$\frac{e}{f}\times\frac{a}{b}\times\frac{c}{d}$—Ⅹ—ⅩⅦ(工作台)，运动平衡式为

$$1转_{(滚刀)}\times\frac{80}{20}\times\frac{28}{28}\times\frac{28}{28}\times\frac{28}{28}\times\frac{42}{56}\times u_{合成}\times\frac{e}{f}\times\frac{a}{b}\times\frac{c}{d}\times\frac{1}{72}=\frac{K}{Z}转_{(工件)}$$

式中：$u_{合成}$ 为运动合成机构的传动比。Y3150E 型滚齿机使用差动轮系作为运动合成机构。滚切直齿圆柱齿轮或用径向切入法滚切蜗轮时，用短齿离合器 $M_1$ 将转臂 $H$，即合成机构相当于一个刚性联轴器，将齿轮 $Z_{56}$ 与挂轮 $e$ 作刚性连接，合成机构的传动比 $u_{合成}=1$。滚切斜齿圆柱齿轮时，用长齿离合器 $M_2$ 将转臂与齿轮 $Z_{72}$ 连成一体，差动运动由ⅩⅦ轴传入。设转臂为静止的，则 $Z_{56}$ 与挂轮 $e$ 的转速大小相等、方向相反，$u_{合成}=-1$。若不计传动比的符号，则两种情况下，经过合成机构的传动比相同，将运动平衡式化简得到调整公式，即

$$u_x=\frac{a}{b}\times\frac{c}{d}=\frac{f}{e}\times\frac{24K}{Z}$$

调整式中的挂轮 $e$、$f$ 用于调整 $u_x$ 的数值，以便在工件齿数变化范围很大的情况下，挂轮的齿数 $a$、$b$、$c$、$d$ 不至相差过大，这样能使结构紧凑，并便于选取挂轮。$e$、$f$ 的选择有以下 3 种情形。

当 $5\leqslant \frac{K}{Z}\leqslant 20$ 时，取 $\frac{e}{f}=\frac{48}{24}$；当 $21\leqslant \frac{K}{Z}\leqslant 142$ 时，取 $\frac{e}{f}=\frac{36}{36}$；当 $\frac{K}{Z}\geqslant 143$ 时，取 $\frac{e}{f}=\frac{24}{48}$。滚切斜齿圆柱齿轮时，安装分齿挂轮 $a$、$b$、$c$、$d$，应按照机床说明书的要求使用惰轮，以使展成运动的方向正确。

3) 轴向进给运动传动链

轴向进给运动传动链的末端件为工作台和刀架，传动路线为工作台 XⅦ—X—XI—XIII—XIV—刀架，运动平衡式为

$$1\text{转}_{(\text{工件})}\times\frac{72}{1}\times\frac{2}{25}\times\frac{39}{39}\times\frac{a_1}{b_1}\times\frac{23}{69}\times u_{\text{XII-XIII}}\times\frac{2}{25}\times 3\pi = f\,(\text{mm})$$

化简后得换置机构的调整公式为

$$u_{\text{f}}=\frac{a_1}{b_1}\times u_{\text{XII-XIII}}=\frac{f}{0.4608\pi}$$

式中，$u_{\text{XII-XIII}}$为进给箱中轴XII—XIII三联滑移齿轮的 3 种传动比：$\frac{49}{35}$、$\frac{30}{54}$、$\frac{39}{45}$。选择合适的挂 $a_1$、$b_1$ 与三联滑移齿轮相组合，可得到工件每转时刀架的不同轴向进给量。

4) 差动运动传动链

差动运动传动链在传动系统图上为丝杠 XIV—XIII—XV—$\frac{a_2}{b_2}\times\frac{c_2}{d_2}$—[合成]—IX—$\frac{e}{f}\times\frac{a}{b}\times\frac{c}{d}$—X—XⅦ(工作台)，运动平衡式为

$$T\,\text{mm}_{(\text{刀架})}\times\frac{1}{3\pi}\times\frac{25}{2}\times\frac{2}{25}\times\frac{a_2}{b_2}\times\frac{c_2}{d_2}\times\frac{36}{72}u_{\text{合成}}\times\frac{e}{f}\times u_x\times\frac{1}{72}=1\text{转}$$

滚切斜齿圆柱齿轮时，使用长齿离合器 $M_2$ 将转臂与空套齿轮 $Z_{72}$ 连成一体后，附加运动自XVI轴上的 $Z_{36}$ 传入，设IX轴上的中心轮 $Z_{56}$ 固定，对于此差动轮系，转臂转 1 转时，中心轮 $e$ 转 2 转，故 $u_{\text{合成}}=2$。前面已求得 $T=\frac{\pi m_n z}{\sin\beta}$，又在展成运动传动链中求得 $u_x=\frac{a}{b}\times\frac{c}{d}=\frac{f}{e}\times\frac{24K}{Z}$，代入上式并简化，得到调整公式为

$$u_{\text{y}}=\frac{a_2}{b_2}\times\frac{c_2}{d_2}=9\frac{\sin\beta}{m_n K}$$

从差动运动传动链的调整公式可以看出，其中不含工件齿数 $Z$，这是由于差动运动传动链与展成运动传动链有一共用段(轴IX—X—IXⅦ)的结果。因为差动挂轮 $a_2$、$b_2$、$c_2$、$d_2$ 的选择与工件齿数无关，在加工一对斜齿齿轮时，尽管其齿数不同，但它们的螺旋角大小可加工得完全相等而与 $u_{\text{y}}$ 时的误差无关，这样能使一对斜齿齿轮在全齿长上啮合良好。另外，由于刀架用导程为 $3\pi$ 的单头模数螺纹丝杠传动，可使调整公式中不含常数 $\pi$，也简化了计算过程。与展成运动传动链一样，在配装差动挂轮时，也应根据工件齿的旋向，参照机床说明书的要求使用惰轮，以使附加转动方向正确无误。

5) 空行程传动链

滚齿加工前刀架趋近工件或两次走刀之间刀架返回的空行程运动，应以较高的速度进行，以缩短空行程时间。Y3150E 型滚齿机上设有空行程快速传动链，其传动路线为：快速电动机(1410r/min，1.1kW)—$\frac{13}{26}$—$M$—$\frac{2}{25}$—XIV—刀架。刀架快速移动的方向由电动机的旋向来改变。起动快速运动电动机之前，轴XIII上的滑移齿轮必须处于空挡位置，即轴向进给传动链应在轴XII和XIII之间断开，以免造成运动干涉。在机床上，通过电气连锁装置实现这一要求。

用快速电动机使刀架快速移动时，主电动机转动或不转动都可以进行。这是由于展成运动与差动运动(附加转动)是两个互相独立的运动。若主电动机转动，则刀架快速退回时工件的运动是($B_{12}$+$B_{22}$)，其中的 $B_{22}$ 取相反的方向、较高的速度；主电动机停开而刀架快速退回时，工件的运动为反方向、较高速度的 $B_{22}$，而 $B_{12}$ 为零，刀具不转动而沿原有的螺旋线快速返回。但是，若工件需要两次以上的轴向走刀才能完成加工，则两次走刀之间开动快速电动机时，绝不可将展成运动或差动运动传动链断开后再重新接合，否则就会造成工件错牙及损坏刀具。

工作台及工件在加工前后，也可以快速趋近或离开刀架，这个运动由床身右端的液压缸来实现。若用手柄经蜗轮副及齿轮 $\frac{2}{25}\times\frac{75}{36}$ 传动与活塞杆相连的丝杠上的螺母，则可实现工作台及工件的径向切入运动。

## 5.4.2 插齿机

插齿机也是一种常见的齿轮加工机床，主要用于加工直齿圆柱齿轮，增加特殊的附件后也可以加工斜齿圆柱齿轮。对滚齿机无法加工的内齿轮和多联齿轮，使用插齿机加工尤为适宜。

插齿的原理相当于一对圆柱齿轮相啮合，其中一个假想的齿轮是工件，另一个齿轮转化为磨有前角、后角而形成切削刃的刀具——插齿刀。用内联系传动链使插齿刀与工件之间按啮合规律作展成运动($B_{11}$+$B_{12}$)，同时插齿刀快速作轴向的切削主运动 $A_2$，就可以在工件上加工出齿形来，如图 5-17 所示。

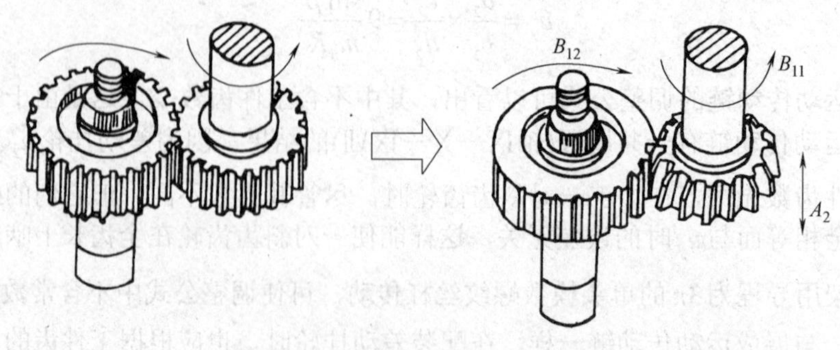


图 5-17　插齿原理及所需运动

## 5.4.3　磨齿机

磨齿机加工齿轮齿面的方式是用砂轮磨削，主要用于加工已淬硬的齿轮，但对模数较小的某些齿轮，可以直接在齿坯上磨出轮齿。磨齿机的加工精度可达 6 级以上，属于精加工机床。按齿形的形成原理，磨齿也分为成形法及展成法两种。

### 1. 成形法磨齿

成形法磨齿用的砂轮，需用专门的机构以金刚石进行修整，使其截面形状与被磨削齿轮的齿廓形状相同。图 5-18(a)、图 5-18(b)所示分别为磨削内齿轮、外齿轮时的砂轮截面形状。磨削时，砂轮作旋转主运动，并沿工件轴线即齿长方向作往复的轴向进给运动，还可在工件径向作切入进给运动。每磨一个齿，工件作一次分度运动，再磨削下一个齿。以成型法原理工作的磨齿机，机床的运动比较简单。

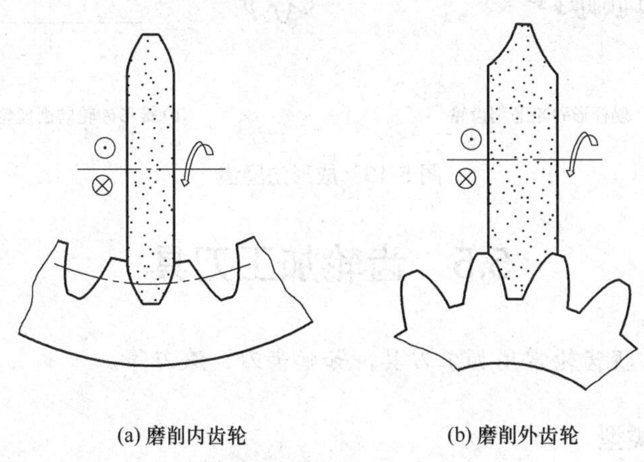

(a) 磨削内齿轮　　(b) 磨削外齿轮

图 5-18　成型法磨齿

### 2. 展成法磨齿

1) 蜗杆形砂轮磨齿机

这是一种连续磨削的高效率的磨齿机，其工作原理与滚齿机相同。如图 5-19(a)所示，大直径的蜗杆形砂轮相当于滚刀，加工时砂轮与工件作展成运动，轴向进给运动一般由工件完成。这种机床的生产率高，但蜗杆形砂轮高速转动时，机械式内联系传动链的零件转速很高，噪声大且易磨损，同时砂轮修整困难，难以获得较高的加工精度。这种机床一般用于成批或大量生产中磨削中、小模数的齿轮。

2) 锥形砂轮磨齿机

这种机床属于单齿分度型，每次磨削一个齿，其磨齿原理相当于齿轮和齿条相啮合。如图 5-19(b)所示，砂轮的两个侧面修整成锥面，其截面形状与齿条相同。砂轮做高速旋转的主运动，并沿工件齿长方向做往复的进给运动，两侧面的母线就形成了假想齿条的一个齿。再强制工件在此不动的假想齿条上一边啮合一边滚动，即工件齿轮转动一个齿($1/Z$ 转)的同时，工件轴线移动一个齿距 $\pi m$ 。实际使用的砂轮比齿条的一个齿略窄一些，往一个方向滚动时只磨削齿槽的一侧，每往复滚动一次磨出一个齿槽的两个侧面，工件经多次分度后就可磨削完毕。由此可见，形成工件上的母线——渐开线是用展成法，由工件同时作转动 $B_{31}$ 和横向移动 $A_{31}$ 来实现的；而工件上的导线——直线，是用相切法，由砂轮旋转主运动 $B_1$ 和纵向移动 $A_2$ 来实现的。

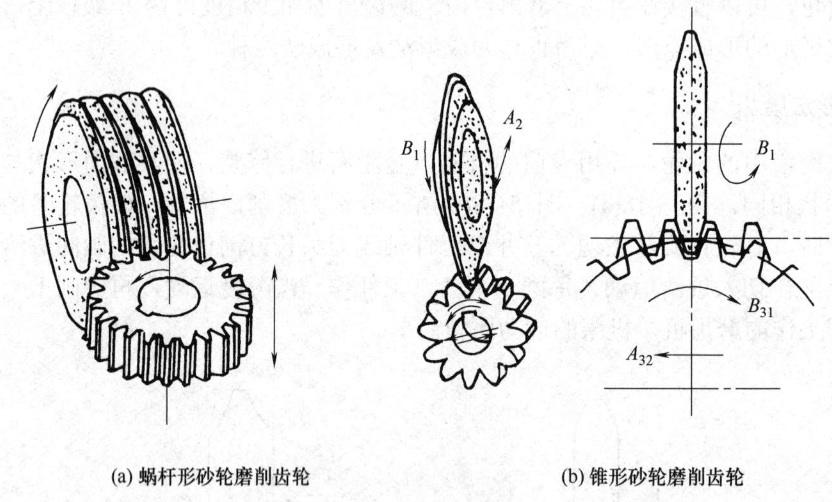


(a) 蜗杆形砂轮磨削齿轮　　(b) 锥形砂轮磨削齿轮

图 5-19　成形法磨齿

## 5.5　齿轮加工刀具

【学习目标】掌握齿轮常用加工刀具，如插齿刀、滚刀等。

### 1. 齿轮刀具的类型

齿轮刀具是用于切削齿轮齿形的刀具。齿轮刀具结构复杂，种类繁多。按其工作原理，齿轮刀具可分为成型法刀具和展成法刀具两大类。

(1) 成型法齿轮刀具。这类刀具切削刃的廓形与被切齿轮齿槽的廓形相同或相似，通常适用于加工直齿槽工件，如直齿圆柱齿轮、斜齿齿条等。常用的成型法齿轮刀具有盘形齿轮铣刀(见图 5-20(a))、指状齿轮铣刀(见图 5-20(b))等。这类铣刀结构较简单，制造容易，可在普通铣床上使用；但加工精度和效率较低，主要用于单件、小批量生产和修配。

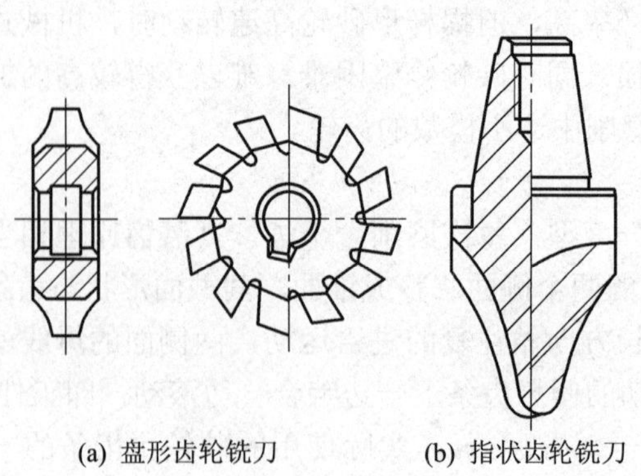

(a) 盘形齿轮铣刀　　(b) 指状齿轮铣刀

图 5-20　成型齿轮铣刀

(2) 展成法齿轮刀具。这类刀具是利用齿轮的啮合原理来加工齿轮的。加工时，刀具本身就相当于一个齿轮，它与被切齿轮作无侧隙啮合，工件齿形由刀具切削刃在展成过程中逐渐切削包络而成。因此，刀具的齿形不同于被加工齿轮的齿槽形状。常用的展成法齿轮刀具有滚齿刀、插齿刀和剃齿刀等。

### 2. 插齿刀

插齿刀可以加工直齿轮、斜齿轮、内齿轮、塔形齿轮、人字齿轮和齿条等，是一种应用很广泛的齿轮刀具。

1) 插齿刀的基本工作原理

插齿刀的形状如同圆柱齿轮，但其具有前角、后角和切削刃。插齿时，它的切削刃随插齿机床的往复运动在空间形成一个渐开线齿轮，称为铲形齿轮。如图 5-21 所示，插齿刀的上、下往复运动就是主运动，同时，插齿刀的回转运动与工件齿轮的回转运动相配合形成展成运动(相当于铲形齿轮与被切齿轮之间的无间隙啮合运动)。展成运动一方面包络形成齿轮渐开线齿廓，另一方面又是切削时的圆周进给运动和连续的分齿运动。在开始切削时，还有径向进给运动，切到全齿深时径向进给运动自动停止。为了避免后刀面与工件的摩擦，插齿刀每次空行程退刀时应有让刀运动。

插齿刀是一种展成法齿轮刀具，它可以用来加工同模数、同压力角的任意齿数的齿轮；既可以加工标准齿轮，也可以加工变位齿轮。

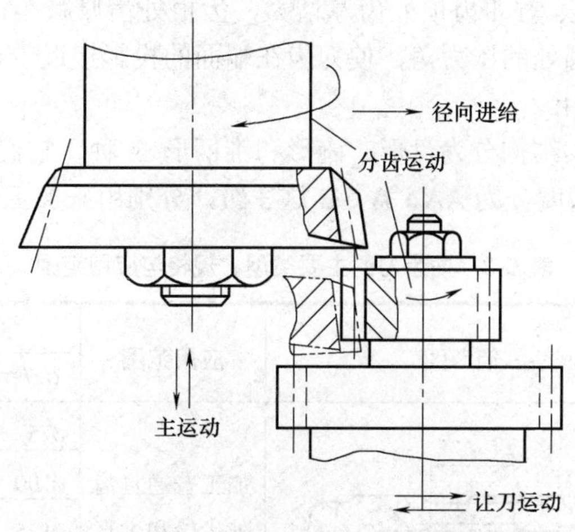


图 5-21　插齿刀的基本工作原理

2) 插齿刀的结构特点

插齿刀的基本结构是一个齿轮，为了形成后角，以及重磨后齿形不变，插齿刀的不同端平面就具有不同变位系数的变位齿轮的形状，如图 5-22 所示。图中，*O-O* 剖面处的变位系数 $\chi_{\mathrm{m}}=0$，具有标准齿形。称 *O-O* 剖面为原始剖面。在原始剖面的前端各剖面中，变位系数为正值，且越接近前端面变位系数越大；在原始平面的后端各剖面中，变位系数为负值，且越接近后端面变位系数越小。根据变位齿轮的特点，插齿刀各剖面中的分度圆和基圆直径不变，故渐开线齿形不变。但由于各剖面中变位量不同，故各剖面的顶圆半径和齿厚都不同。顶圆半径的变化，使插齿刀顶刃后面呈圆锥形，形成顶刃后角。而齿厚的变化，使刀齿的左、右两侧后面呈方向相反的渐开螺旋面(即由一个右螺旋齿轮的侧面和一个左螺旋齿轮的侧面组合而成)，从而形成侧刃后角。

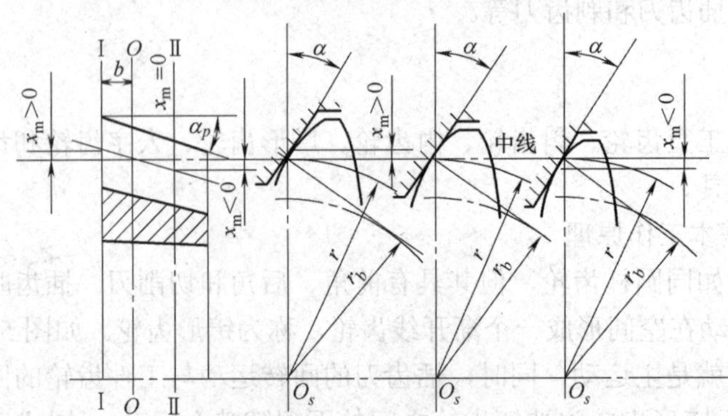


图 5-22　插齿刀不同剖面的齿形

如果用前端平面作为插齿刀的前刀面，则其前角为 0°，切削条件较差。为了使插齿刀的顶刃和侧刃都有一定的前角，可将前刀面磨成内凹的圆锥面。标准插齿刀顶刃前角为 5°。

插齿刀具有了前角后，切削刃在端面上的投影(铲形齿轮齿形)就不再是正确的渐开线，而产生一定的齿形误差(即齿顶处齿厚增大，齿根处齿厚减小)。为了减小这些齿形误差，可增加插齿刀分度圆处的压力角，使刀齿在端面的投影接近于正确的渐开线齿形。

3) 标准插齿刀的选用

标准直齿插齿刀按其结构分为盘形、碗形和锥柄形 3 种，它们的主要规格与应用范围如表 5-3 所示。插齿刀精度分为 AA、A、B 这 3 级，分别用来加工 6～8 级精度的齿轮。

表 5-3　插齿刀的主要类型、规格与应用范围

| 序　号 | 类　型 | 简　图 | 应用范围 | 规　格 | | $d_1$ / mm 或莫氏锥度 |
|---|---|---|---|---|---|---|
| | | | | $d_0$ / mm | $m$ / mm | |
| 1 | 盘形直齿插齿刀 | $d_1$ $d_0$ | 加工普通直齿外齿轮和大直径内齿轮 | $\phi75$ | 1～4 | 31.743 |
| | | | | $\phi100$ | 1～6 | |
| | | | | $\phi125$ | 4～8 | |
| | | | | $\phi160$ | 6～10 | 88.90 |
| | | | | $\phi200$ | 8～12 | 101.60 |
| 2 | 碗形直齿插齿刀 | $d_1$ $d_0$ | 加工塔形、双联直齿轮 | $\phi50$ | 1～3.5 | 20 |
| | | | | $\phi75$ | 1～4 | 31.743 |
| | | | | $\phi100$ | 1～8 | |
| | | | | $\phi125$ | 4～8 | |

续表

| 序　号 | 类　型 | 简　图 | 应用范围 | 规　格 | | $d_1$/mm 或莫氏锥度 |
|---|---|---|---|---|---|---|
| | | | | $d_0$/mm | $m$/mm | |
| 3 | 锥柄形直齿插齿刀 | | 加工直齿内齿轮 | $\phi 25$ | 1～2.75 | 莫氏锥度 2 号 |
| | | | | $\phi 38$ | 1～3.75 | 莫氏锥度 3 号 |

3. 齿轮滚刀

齿轮滚刀是加工直齿和螺旋齿圆柱齿轮时常用的一种刀具。它的加工范围很广泛，模数从 0.1～40mm 的齿轮，均可使用滚刀加工。同一把齿轮滚刀可以加工模数、压力角相同而齿数不同的齿轮。

1) 齿轮滚刀的工作原理

齿轮滚刀是利用螺旋齿轮啮合原理来加工齿轮的。在加工过程中，滚刀相当于一个螺旋角很大的斜齿圆柱齿轮，与被加工齿轮作空间啮合，滚刀的刀齿将齿轮齿形逐渐包络出来，如图 5-23 所示。滚齿时，滚刀轴线与工件端面倾斜一个角度。滚刀的旋转运动为主运动。加工直齿轮时，滚刀每转 1 转，工件转过一个齿(当滚刀为单头时)或数个齿(当滚刀为多头时)，以形成展成运动，即圆周进给运动；为了在齿轮的全齿宽上切出牙齿，滚刀还需沿齿轮轴线方向进给。加工斜齿轮时，除上述运动外，还需给工件一个附加的转动，以形成斜齿轮的螺旋齿槽。

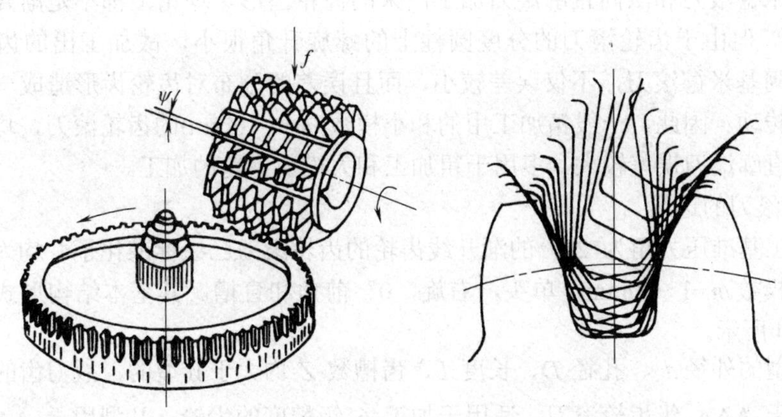


图 5-23　齿轮滚刀的工作原理

2) 齿轮滚刀的基本蜗杆

齿轮滚刀相当于一个齿数很少、螺旋角很大，而且轮齿很长的斜齿圆柱齿轮。因此，其外形就像一个蜗杆。为了使这个蜗杆能起到切削作用，需在其上开出几个容屑槽(直槽或螺旋槽)，形成很多较短的刀齿，因此而产生前刀面和切削刃。每个刀齿有两个侧刃和一个顶刃。同时，对齿顶后刀面和齿侧后刀面进行了铲齿加工，从而产生了后角。但是，滚刀的切削刃必须保持在蜗杆的螺旋面上，这个蜗杆就是滚刀的铲形蜗杆，也称为滚刀的基本蜗杆，如图 5-24 所示。

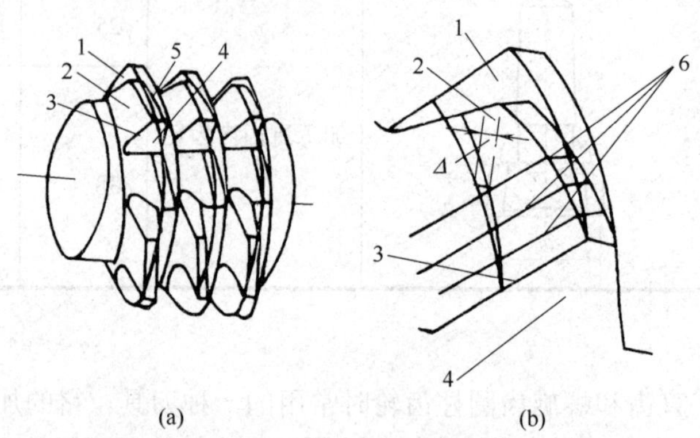


**图 5-24　齿轮滚刀的基本蜗杆与刀刃位置**

1—基本蜗杆表面；2—侧铲螺旋面(侧刃后面)；3—齿轮滚刀刃；

4—前面；5—铲制顶刃后面；6—齿轮滚刀每次重磨后的位置

在理论上，加主渐开线齿轮的齿轮滚刀基本蜗杆应该是渐开线蜗杆。渐开线蜗杆在其端剖面内的截形是渐开线，在其基圆柱的切平面内的截形是直线，但在轴剖面和法剖面内的截形是曲线，这就使滚刀的制造和检验较为困难。因此，生产中一般采用阿基米德蜗杆或法向直廓蜗杆，作为齿轮滚刀的基本蜗杆。阿基米德蜗杆在轴剖面内的齿形为直线，而法向直廓蜗杆在法剖面内的齿形为直线。因此，以这两种蜗杆为基本蜗杆的阿基米德滚刀和法向直廓滚刀，在制造和检验上就方便多了。

用阿基米德滚刀和法向直廓滚刀加工出来的齿轮齿形，理论上都不是渐开线，有一定的原理误差。但由于齿轮滚刀的分度圆柱上的螺旋升角很小，故加工出的齿形误差也很小。特别是阿基米德滚刀，不仅误差较小，而且误差的分布对齿轮齿形造成一定的修缘，有利于齿轮传动。因此，一般精加工用的和小模数($m \leqslant$10mm)的齿轮滚刀，均为阿基米德滚刀。法向直廓滚刀误差较大，多用于粗加工和大模数齿轮的加工。

3) 齿轮滚刀的选用

用于加工基准压力角为 20° 的渐开线齿轮的齿轮滚刀已经标准化了，均为阿基米德整体式滚刀，模数 $m$ =1～10mm，单头，右旋，0° 前角和直槽。其基本结构形式及主要结构尺寸如表 5-4 所示。

表中Ⅰ型的外径 $d_e$、孔径 $D$、长度 $L$、齿槽数 $Z$ 均大于Ⅱ型的，故刀齿的理论齿形精度较高，用于 AAA 级齿轮滚刀，适用于加工 6 级精度的齿轮；Ⅱ型用于 AA、A、B、C 级齿轮滚刀，分别适用于加工 7～10 级精度的齿轮。

选用齿轮滚刀时，应注意以下几点。

(1) 齿轮滚刀的基本参数(如模数、压力角、齿顶高系数等)，应按被切齿轮的相同参数选取。齿轮滚刀的参数标注在其端面上。

(2) 齿轮滚刀的精度等级，应按被切齿轮的精度要求或工艺文件的规定选取。

(3) 齿轮滚刀的旋向，应尽可能与被切齿轮的旋向相同，以减小滚刀的安装角度，避免产生切削振动，以提高加工精度和表面质量。滚切直齿轮，一般用右旋滚刀；滚切左旋齿轮，最好选用左旋滚刀。

表 5-4　标准齿轮滚刀的基本结构形式及主要结构尺寸(GB T6083—2001)

单位：mm

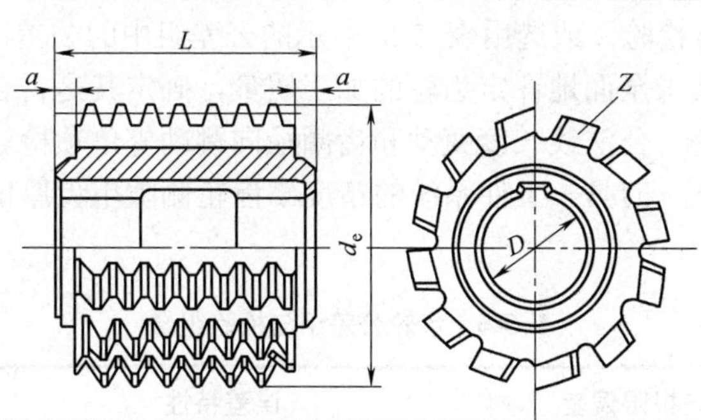


| 模数系列 | | I 型 | | | | | II 型 | | | | |
|---|---|---|---|---|---|---|---|---|---|---|---|
| 1 | 2 | $d_e$ | L | D | $a_{min}$ | Z | $d_e$ | L | D | $a_{min}$ | Z |
| 1<br>1.25<br>1.5<br>2<br>2.5<br>3<br>4 | 1.75<br>2.25<br>2.75<br>3.25<br>3.5<br>3.75<br>4.5 | 63 | 63 | 27 | 5 | 16 | 50 | 32 | 22 | 5 | 12 |
| | | | | | | | | 40 | | | |
| | | 11 271 | 11 271 | 32 | | | 63 | 50 | 27 | | |
| | | 80 | 80 | | | 14 | 71 | 56 | | | |
| | | 90 | 90 | 40 | | | | 63 | | | |
| | | 100 | 100 | | | | 80 | 71 | 32 | | 10 |
| | | 112 | 112 | | | | 90 | 80 | | | |
| | | | | | | | | 90 | | | |
| 5<br>6<br>8<br>10 | 5.5<br>6.5<br>7<br>9 | 125 | 125 | 50 | | 12 | 100 | 100 | 40 | | |
| | | 140 | 140 | | | | 112 | 112 | | | |
| | | | | | | | 118 | 118 | | | |
| | | | | | | | 118 | 125 | | | |
| | | 160 | 160 | 60 | | | 125 | 132 | | | |
| | | 180 | 180 | | | | 140 | 150 | | | |
| | | 200 | 200 | | | | 150 | 170 | 50 | | |

# 5.6 齿轮零件的检验

【学习目标】掌握齿轮零件的主要检验项目、各检验项目的检验方法。

## 5.6.1 齿轮零件的检验项目

齿轮检验按其目的可分为验收检验和工艺检验。验收检验时可选用与齿轮使用条件相近的齿轮单面啮合综合检验，或选用表 5-5 所示的公差组中的公差，根据需要组合进行检验，以便按齿轮精度要求全面地评定齿轮的加工质量，确定其是否合格。工艺检验时可采用齿形误差、基节偏差、公法线长度变动和齿圈径向跳动等单项检验项目，以分析该工序的加工误差，评定机床—刀具—工件系统的精度。齿轮侧隙用齿厚偏差与公法线平均长度偏差等指标来评定。

表 5-5 齿轮公差组与检验组合

| 公差组 | 公差与极限偏差 | 误差特性 | 对传动性能的主要影响 |
|---|---|---|---|
| I | $F_i'$，$F_P$，$F_{PK}$，$F_i''$，$F_r$，$F_W$ | 以齿轮一转为周期的误差 | 传递运动的正确性 |
| II | $f_i'$，$f_{fa}$，$f_{pt}$，$f_{pb}$，$f_i''$，$f_{f\beta}$ | 在齿轮一转内多次地重复出现的误差 | 传动的平稳性、噪声、振动 |
| III | $F_\beta$ | 齿向线的误差 | 载荷分布的均匀性 |

注：$\Delta F_i'$—切向综合误差；$\Delta F_P$—齿距累积误差；$\Delta F_i''$—径向综合误差；$\Delta F_r$—径向跳动公差；$\Delta F_W$—公法线长度变动；$\Delta f_{pt}$—单个齿距累积偏差；$\Delta f_i'$—齿切向综合误差；$\Delta f_{fa}$—齿廓形状公差；$\Delta f_{f\beta}$—螺旋线形状公差；$\Delta f_{pb}$—基圆偏差；$\Delta f_i''$—齿径向综合误差；$\Delta F_\beta$—螺旋线总公差；$\Delta F_{PK}$—$K$ 个齿距偏差。

渐开线圆柱齿轮(GB/T 10095—2001)检验要求如下。

(1) 必检项目。包括单个齿距极限偏差、齿距累积总公差、齿廓总公差、螺旋线总公差、径向综合偏差、径向跳动。

(2) 非必检项目。包括切向综合偏差、齿廓形状偏差、齿廓倾斜偏差、螺旋线形状偏差、螺旋线倾斜偏差。非必检项目有时作为有用的参数和评定值。

(3) 除另有规定外，均在接近齿高中部的位置测量。当公差数值很小时，尤其是小于5μm 时，要求测量齿轮仪器有足够的精度，以确保测量值能达到要求的重复精度。

(4) 当测量切向综合偏差时，产品齿轮在适当的中心距下(有一定的侧隙)与测量齿轮单面啮合，同时要加上一轻微而足够的载荷。

## 5.6.2 圆柱齿轮的检验方法

### 1. 切向综合误差 $\Delta F_i'$ 和齿切向综合误差 $\Delta f_i'$

$\Delta F_i'$ 和 $\Delta f_i'$ 可用单面啮合齿轮检查仪进行检验。这种仪器是用精密圆光栅作为分度基准，采用标准蜗杆作为标准元件，与被测齿轮在单面啮合状态下连续地回转，进行齿轮的动态测量。

图 5-25 所示为单面啮合齿轮检查仪的工作原理。图中光栅头 4、5 是仪器的基准发信元件，在测量啮合过程中，由于被测齿轮 3 的误差，使其相对测量蜗杆 2 产生各瞬间的微小速比差，并由两光栅头转换成与速比差相对应变化的电信号的相位差，通过相位计 6 进行测量和记录器进行记录。

### 2. 齿距累积误差 $\Delta F_{\mathrm{p}}$ 和单个齿距累积偏差 $\Delta f_{\mathrm{pt}}$

$\Delta F_{\mathrm{p}}$ 和 $\Delta f_{\mathrm{pt}}$ 可用齿距仪(见图 5-26)或万能测齿仪进行检验。检验时先取任一齿距作为原始尺寸，将千分表调整到 0 值，然后依次测出各个齿距与原始尺寸的相对偏差(注意正负值)，计算出相对偏差平均值，再计算出各个相对偏差值与平均值之差，取其中最大差值减去最小差值，即为 $\Delta F_{\mathrm{p}}$，通过相应计算可得 $\Delta f_{\mathrm{pt}}$。

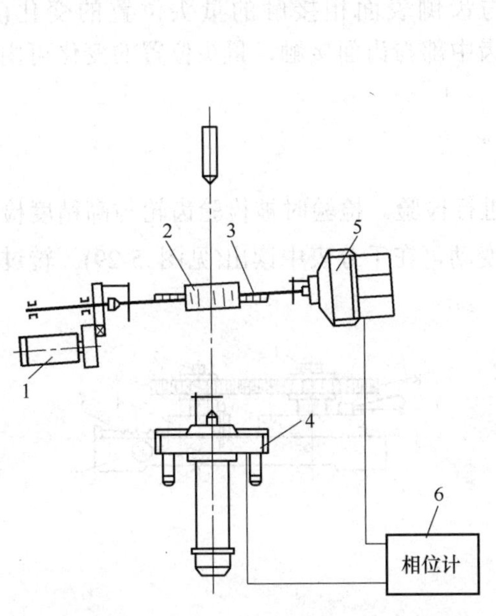


图 5-25　齿轮单面啮合检查仪工作原理

1—直流微电动机及减速器；2—测量蜗杆；
3—被测齿轮；4—低频光栅头；
5—高频光栅头；6—相位计

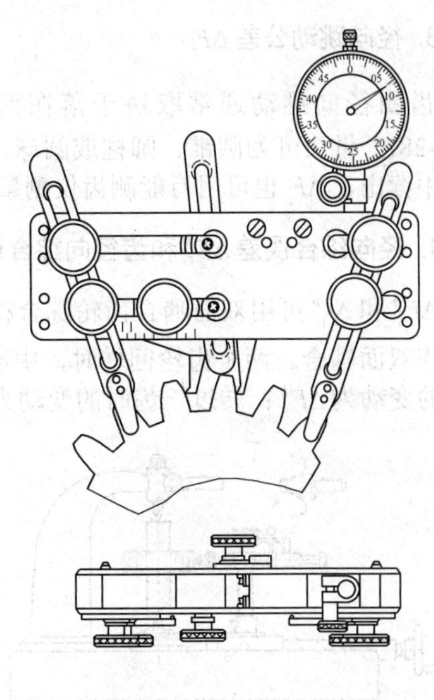

图 5-26　齿距仪

齿距累积误差也可用测角仪进行测定，如图 5-27 所示。这种方法比较简便。用千分表通过杠杆来确定齿轮上每齿的正确位置，然后用带有分度盘和显微镜的测角仪来测定角齿距 $\gamma=\dfrac{360^\circ}{Z}$：

$$\Delta F_{\mathrm{p}} = R\frac{\Delta\gamma}{206.3}$$

式中：$\Delta\gamma$ 为角齿距累积误差，(″)；$R$ 为沿着测量的圆周半径，mm。

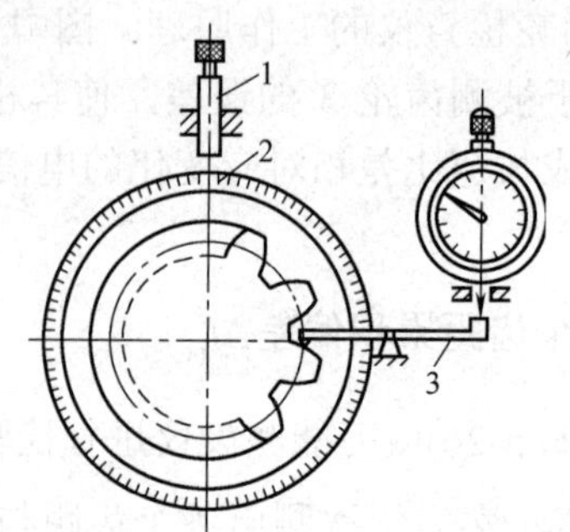


图 5-27 用测角仪测量齿距累积误差

1—显微镜；2—分度盘；3—千分表杠杆

### 3. 径向跳动公差 $\Delta F_r$

齿圈径向跳动通常取决于落在两齿间与齿侧表面相接触的量头位置的变化(见图 5-28)。量头可为圆锥、圆柱或圆球，在轮齿中部与齿面接触，量头位置的变化可由千分表中读出，$\Delta F_r$ 也可用万能测齿仪测量。

### 4. 径向综合误差 $\Delta F_i''$ 和齿径向综合误差 $\Delta f_i''$

$\Delta F_i''$ 和 $\Delta f_i''$ 可用双面啮合齿轮综合检查仪进行检验。检验时被检验齿轮与高精度检验齿轮作双面啮合。两个齿轮回转时，中心距的变动可在千分表中读出(见图 5-29)。转过 1 转时的变动为 $\Delta F_i''$；转过一齿时的变动为 $\Delta f_i''$。

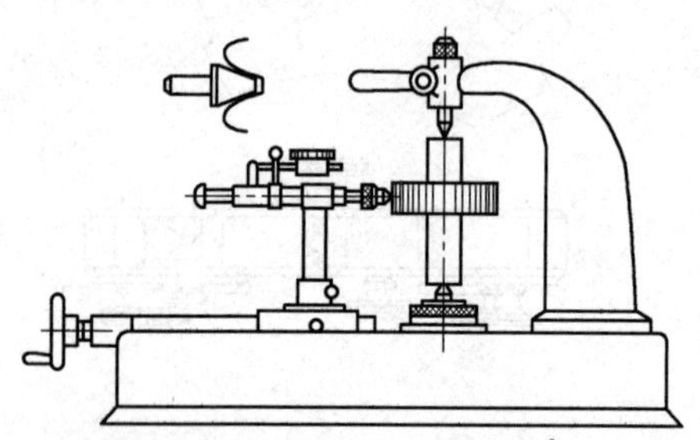

图 5-28 齿圈径向跳动的检验

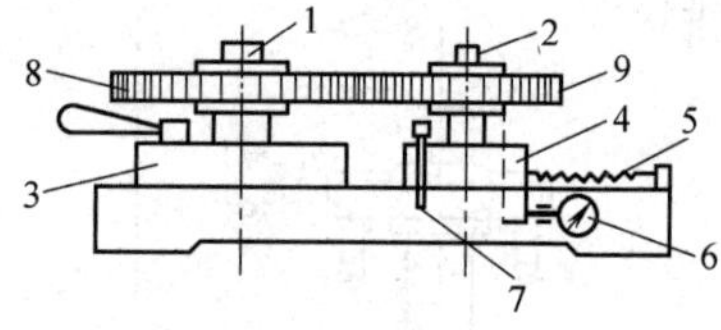


图 5-29 齿轮双面啮合检验仪

1，2—心轴；3—不动支座；4—可动支座；
5—弹簧；6—千分表；7—锁紧销；
8—高精度检验齿轮；9—被检验齿轮

### 5. 公法线长度变动 $\Delta F_W$

$\Delta F_W$ 可用公法线千分尺或公法线千分表卡规来进行检验，如图 5-30 所示。

### 6. 基圆偏差 $\Delta f_{pb}$

$\Delta f_{pb}$ 可用基圆仪进行检验。基圆仪分两种：点接触式(见图 5-31)及切线式(见图 5-32)，也可用万能测齿仪测定。

### 7. 齿廓形状公差 $\Delta f_{f\alpha}$

渐开线齿形用渐开线检查仪进行检验。渐开线检查仪分为单盘式(见图 5-33)及万能式两种。单盘式结构简单，精度高，但检验每种基圆的齿轮须更换一个相同基圆的基圆盘。万能式渐开线检查仪则不需更换基圆盘。

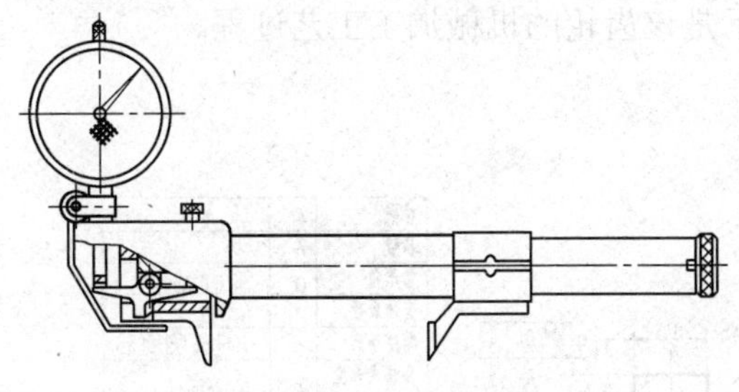

图 5-30　公法线千分表卡规

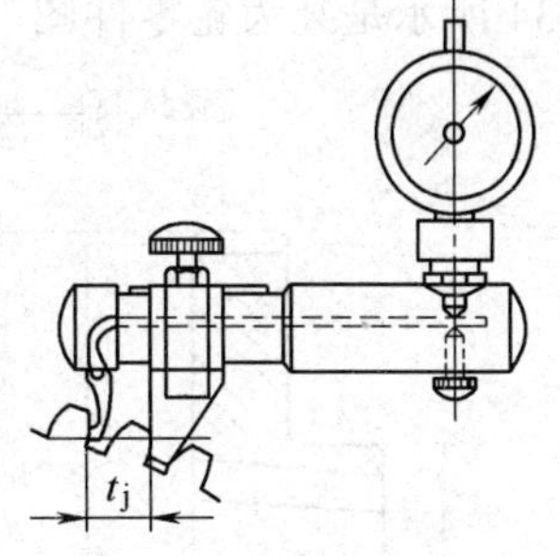


图 5-31　点接触式基圆仪

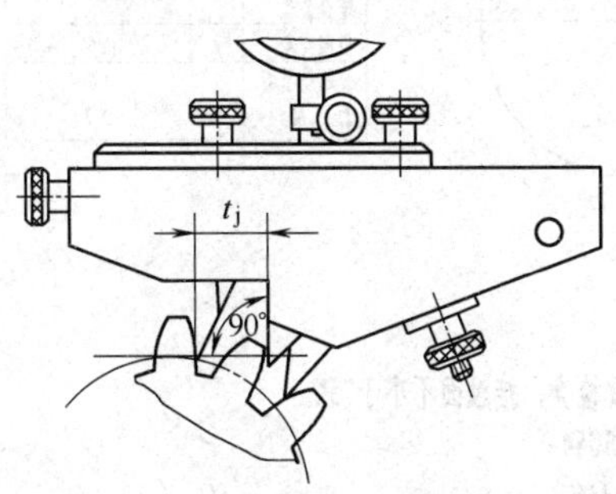


图 5-32　切线式基圆仪

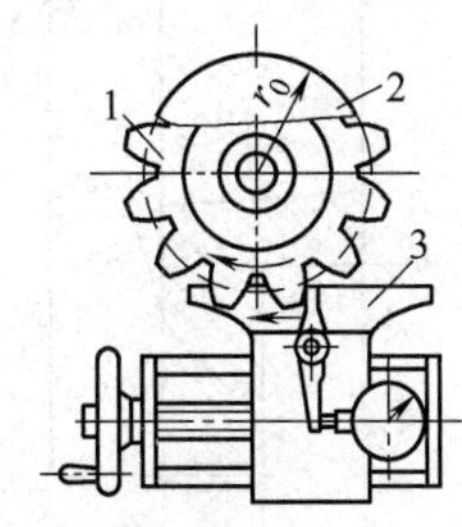


图 5-33　单盘式渐开线检查仪

1—被检验齿轮；2—基圆盘；3—直尺

### 8. 螺旋线总公差 $\Delta F_\beta$

直齿圆柱齿轮一般可用滚柱嵌在两齿间进行检验。检验时被检验齿轮装在顶尖间的心轴上。量柱可先放在心轴正上方的两齿间，然后回转齿轮使量柱与心轴在水平方向平行。在以上两个位置上用万能支柱上的千分表来检验量柱两端的高度误差，以决定齿圈的锥度及齿向偏差。

斜齿齿轮的齿向误差可用齿向检查仪来检验。

## 5.7　圆柱齿轮的机械加工工艺过程及工艺分析

【学习目标】了解并掌握圆柱齿轮的机械加工工艺过程；掌握圆柱齿轮类零件工艺分析方法。

### 1. 圆柱齿轮的机械加工工艺过程

齿轮加工的工艺路线是根据齿轮材质和热处理要求、齿轮结构及尺寸大小、精度要

求、生产批量和车间设备条件而定。一般可归纳为以下的工艺路线。

毛坯制造—齿坯热处理—齿坯加工—齿形加工—齿圈热处理—齿轮定位表面精加工—齿圈精加工。

以下是常见的普通精度、成批生产齿轮的典型工艺方案。它采用滚齿(或插齿)、剃齿、珩齿工艺。

图 5-34 所示是某齿轮零件图，表 5-6 所示是该齿轮的机械加工工艺过程。

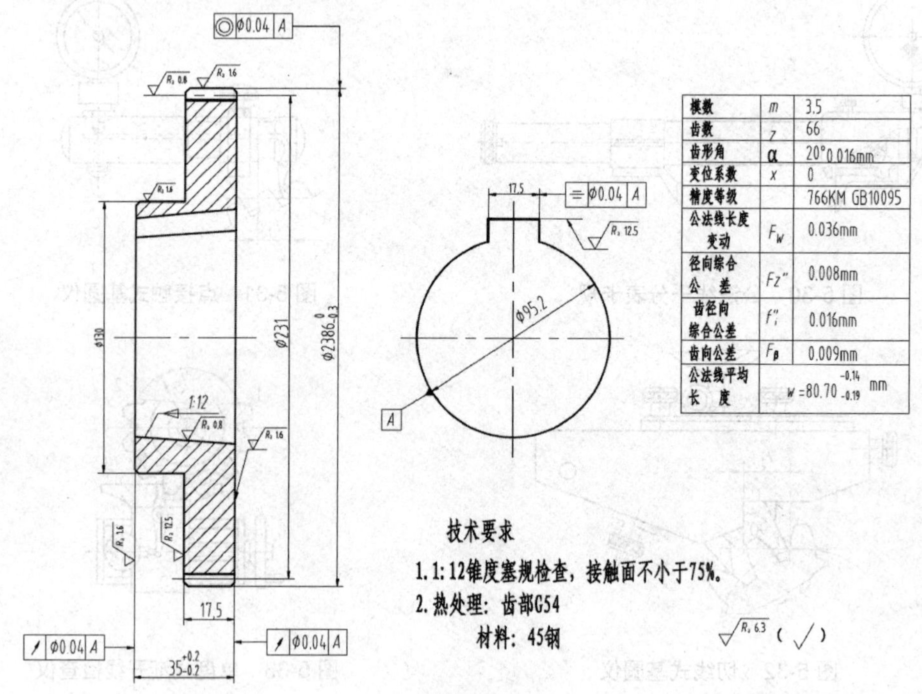


图 5-34　某齿轮简图

表 5-6　某齿轮机械加工工艺过程

| 序　号 | 工序内容及要求 | 定位基准 | 设　备 |
|---|---|---|---|
| 10 | 锻造 | | |
| 20 | 正火 | | |
| 30 | 粗车各部，均留余量 1.5mm | 外圆、端面 | 转塔车床 |
| 40 | 精车各部，内孔至锥孔塞规刻线外露 6～8mm，其余达图样要求 | 外圆、内孔、端面 | C616 |
| 50 | 滚齿 $F_W$=0.036mm，$F_i''$=0.1mm，<br>$f_i''$=0.022mm，$F_\beta$=0.011mm，<br>$W=80.84^{-0.14}_{-0.19}$ mm，齿面 $R_a$2.5μm | 内孔、*B* 端面 | Y38 |
| 60 | 倒角 | 内孔、*B* 端面 | 倒角机 |
| 70 | 插键槽达图样要求 | 外圆、*B* 端面 | 插床 |
| 80 | 去毛刺 | | |

续表

| 序　号 | 工序内容及要求 | 定位基准 | 设　备 |
|---|---|---|---|
| 90 | 剃齿 | 内孔、*B* 端面 | Y5714 |
| 100 | 热处理：齿面淬火后硬度达 50～55HRC | | |
| 110 | 磨内锥孔，磨至锥孔塞规小端平 | 齿面、*B* 端面 | M220 |
| 120 | 珩齿达图样要求 | 内孔、*B* 端面 | Y5714 |
| 130 | 检验 | | |

## 2. 圆柱齿轮的加工工艺过程分析

1) 定位基准选择

齿轮加工时的定位基准应尽可能与设计基准相一致，以避免由于基准不重合而产生的误差，即要符合“基准重合”原则。在齿轮加工的整个过程中(如滚、剃、珩、磨等)也应尽量采用相同的定位基准，即选用“基准统一”的原则。

对于小直径轴齿轮，可采用两端中心孔或锥体作为定位基准，符合“基准统一”原则；对于大直径的轴齿轮，通常用轴颈和一个较大的端面组合定位，符合“基准重合”原则；带孔齿轮则以孔和一个端面组合定位，既符合“基准重合”原则，又符合“基准统一”原则。

2) 齿坯加工

齿形加工前的齿轮加工称为齿坯加工。齿坯的外圆、端面或孔经常作为齿形加工、测量和装配的基准，所以齿坯的精度对于整个齿轮的精度有着重要的影响。另外，齿坯加工在齿轮加工总工时中占有较大的比例，因而齿坯加工在整个齿轮加工中占有重要的地位。

(1) 齿坯精度。齿轮在加工、检验和装夹时的径向基准面和轴向基准面应尽量一致。多数情况下，常以齿轮孔和端面为齿形加工的基准面，所以齿坯精度中主要是对齿轮孔的尺寸精度和形状精度、孔和端面的位置精度有较高的要求；当外圆作为测量基准或定位、找正基准时，对齿坯外圆也有较高的要求。具体要求如表 5-7 和表 5-8 所示。

表 5-7　齿坯尺寸和形状公差

| 齿轮精度等级 | 5 | 6 | 7 | 8 |
|---|---|---|---|---|
| 孔的尺寸和形状公差 | IT5 | IT6 | IT7 | |
| 轴的尺寸和形状公差 | IT5 | | IT6 | |
| 外圆直径尺寸和形状公差 | IT7 | IT8 | | |

注：① 当齿轮的3个公差组的精度等级不同时，按最高等级确定公差值。

② 当外圆不作测齿厚的基准面时，尺寸公差按IT11给定，但不大于0.1mm。

③ 当以外圆作基准面时，本表就指外圆的径向圆跳动。

表 5-8　齿坯基准面径向和端面圆跳动公差

| 公差/μm　　齿轮精度等级<br>分度圆直径/mm | 5 和 6 | 7 和 8 |
|---|---|---|
| 0～125 | 11 | 18 |
| 125～400 | 14 | 22 |
| 400～800 | 20 | 32 |

(2) 齿坯加工方案的选择。齿坯加工的主要内容包括：齿坯的孔加工、端面和中心孔的加工(对于轴类齿轮)以及齿圈外圆和端面的加工；对于轴类齿轮和套筒齿轮的齿坯，其加工过程和一般轴、套类基本相同。下面主要讨论齿坯的加工工艺方案。

齿坯的加工工艺方案主要取决于以下几点。

① 大批量生产的齿坯加工。大批大量加工中等尺寸齿轮齿坯时，多采用“钻—拉—多刀车”的工艺方案：以毛坯外圆及端面定位进行钻孔或扩孔、拉孔；以孔定位在多刀半自动车床上粗、精车外圆、端面、车槽及倒角等。

由于这种工艺方案采用高效机床组成流水线或自动线，所以生产效率高。

② 成批生产的齿坯加工。成批生产齿坯时，常采用“车—拉—车”的工艺方案：以齿坯外圆或轮毂定位，粗车外圆、端面和内孔；以端面支承拉孔(或花键孔)；以孔定位精车外圆及端面等。

这种方案可由卧式车床或转塔车床及拉床实现。它的特点是加工质量稳定，生产效率较高。当齿坯孔有台阶或端面有槽时，可以充分利用转塔车床上的转塔刀架来进行多工位加工，在转塔车床上一次完成齿坯的全部加工。

③ 单件小批生产的齿坯加工。单件小批生产齿轮时，一般齿坯的孔、端面及外圆的粗、精加工都在通用车床上经两次装夹完成，但必须注意将孔和基准端面的精加工在一次装夹内完成，以保证位置精度。

### 3. 齿形加工

齿圈上的齿形加工是整个齿轮加工的核心，尽管齿轮加工有许多工序，但都是为齿形加工服务的，其目的在于最终获得符合精度要求的齿轮。

齿形加工方案的选择，主要取决于齿轮精度的等级、结构形状、生产类型和齿轮热处理方法及生产工厂的现有条件，对于不同精度的齿轮，常用的齿形加工方案如下。

(1) 8 级精度以下的齿轮。调质齿轮用滚齿或插齿就能满足要求。对于淬硬齿轮可采用滚(插)齿—剃齿或冷挤—齿端加工—淬火—校正孔的加工方案。根据不同的热处理方式，在淬火前齿形加工精度应提高一级以上。

(2) 6～7 级精度齿轮。对于淬硬齿面的齿轮可采用滚(插)齿—齿端加工—表面淬火—校正基准—磨齿(蜗杆砂轮磨齿)，该方案加工精度稳定；也可采用滚(插)—剃齿或冷挤—表面淬火—校正基准—内啮合珩齿的加工方案，这种方案加工精度稳定，生产率高。

(3) 5 级以上精度的齿轮。一般采用粗滚齿—精滚齿—表面淬火—校正基准—粗磨齿—精磨齿的加工方案。大批大量生产时也可采用粗磨齿—精磨齿—表面淬火—校正基准—磨削外珩自动线的加工方案。这种加工方案加工的齿轮精度可稳定在 5 级以上，且齿面加工纹理十分错综复杂，噪声极低，是品质极高的齿轮。磨齿是目前齿形加工中精度最高、表面粗糙度值最小的加工方法，最高精度可达 3～4 级。

选择圆柱齿轮齿形加工方案时可参考表 5-9。

表 5-9　圆柱齿轮齿形加工方案

| 类型 | 不淬火齿轮 | | | | | | | | | | 淬火齿轮 | | | | | | | | | | | |
|---|---|---|---|---|---|---|---|---|---|---|---|---|---|---|---|---|---|---|---|---|---|---|
| 精度等级 | 3 | 4 | 5 | | 6 | | | 7 | | | 3～4 | 5 | | 6 | | | | 7 | | | | |
| 表面粗糙度 $R_a$ 值/μm | 0.2～0.1 | 0.4～0.2 | | | 0.8～0.4 | | | 1.6～0.8 | | | 0.4～0.1 | 0.4～0.2 | | 0.8～0.4 | | | | 1.6～0.8 | | | | |
| 滚齿或插齿 | ● | ● | ● | ● | ● | ● | ● | ● | ● | ● | ● | ● | ● | ● | ● | ● | ● | ● | ● | ● | ● | ● |
| 剃齿 | | | | ● | | ● | | | | ● | | | ● | | ● | | | ● | | | | |
| 挤齿 | | | | | | | ● | | ● | | | | | | | ● | | | ● | | | |
| 珩齿 | | | | | | | | | | | | | | | ● | ● | | ● | ● | ● | | |
| 粗磨齿 | ● | ● | ● | | ● | ● | ● | ● | | | ● | ● | | ● | | | ● | | | | ● | |
| 精磨齿 | ● | ● | ● | ● | | | | | | | ● | ● | ● | ● | | | | | | | | |

4．齿端加工

齿端的加工方式有倒圆、倒尖、倒棱和去毛刺，如图 5-35 所示。经倒圆、倒尖、倒棱后的齿轮，沿轴向移动时容易进入啮合。齿端倒圆应用最多，图 5-36 所示是表示用于指状铣刀倒圆的原理。

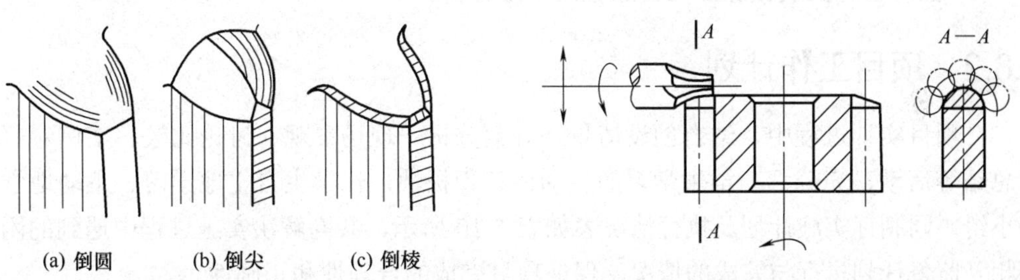


图 5-35　齿端形状

图 5-36　齿端倒圆

齿端加工必须安排在齿形淬火前、滚(插)齿之后进行。

5．精基准的修整

齿轮淬火后其孔常发生变形，孔直径可缩小 0.01～0.05mm。为确保齿形精加工质量，必须对基准孔予以修整。修整的方法一般采用磨孔或推孔。对于成批或大批大量生产的未淬硬的外径定心的花键孔及圆柱孔齿轮，常采用推孔。推孔生产率高，并可用加长推刀前导引部分来保证推孔的精度。对于以小径定心的花键孔或已淬硬的齿轮，以磨孔为好，可稳定地保证精度。磨孔应以齿面定位，符合互为基准原则。

# 5.8 回到工作场景

通过学习第 1 章，应该掌握了工艺规程制订的基本知识，包括零件的结构工艺性分析、毛坯确定、工艺路线拟订、工序设计等内容。通过学习 5.2～5.7 节的内容，了解了齿轮零件的功用及结构特点、齿轮传动的精度要求、常用齿轮的材料和毛坯等相关知识，掌握了齿轮零件齿形加工方法、常用齿形加工设备、常用齿形加工刀具、齿轮检验、圆柱齿轮的机械加工工艺过程及工艺分析等。下面将回到 5.1 节介绍的工作场景中，完成工作任务。

## 5.8.1 项目分析

项目任务完成需要学生掌握机械制图、公差与配合、机械设计基础和金属工艺学等相关专业基础课程知识；需要学生掌握第 1 章机械制造工艺编制基础知识；第 2、3 章轴、套类零件加工方法、加工设备、加工刀具等知识点；已经经历了利用手动工具加工零件、利用普通机床加工零件等实践环节。在此基础上还需要掌握以下知识。

(1) 齿轮零件齿形加工方法。

(2) 齿轮加工常用设备。

(3) 齿轮加工刀具。

(4) 齿轮检验。

(5) 圆柱齿轮的机械加工工艺过程及工艺分析。

## 5.8.2 项目工作计划

在项目实训过程中，结合创设情景、观察分析、现场参观、讨论比较、案例对照和评估总结等活动，充分调动学生学习的主动性和积极性，让学生自主地学习、主动地学习。各小组协同制订实施计划及执行情况表如表 5-10 所示，共同解决实施过程中遇到的困难；要相互监督计划执行与完成的情况，保证项目完成的合理性和正确性。

## 5.8.3 项目实施准备

(1) 毛坯准备。$\phi$70mm 棒料(40Cr)(与制造企业共同准备)。

(2) 设备设施准备。滚齿机、磨齿机、CA6140 普通机床、YT15 车刀、AA 级齿轮滚刀、键槽拉刀、磨齿砂轮、夹具、量具等(与制造企业共同准备)。

(3) 资料准备。机床操作规程(制造企业准备)、5S 现场管理制度(制造企业准备)、机械加工工艺人员手册等。

(4) 兼职教师准备。聘请两三位生产车间工艺员为兼职教师。

(5) 准备相似或真实零件，生产现场参观。

表 5-10　8E160C-J 主动齿轮工艺规程编制计划及执行情况表

| 序　号 | 内　容 | 要　求 | 教学组织与方法 |
| --- | --- | --- | --- |
| 1 | 研讨任务 | 根据给定的零件图样、任务要求，分析任务完成需要掌握的相关知识 | 分组讨论，采用任务引导法教学 |
| 2 | 计划与决策 | 企业参观实习、项目实施准备、制订项目实施详细计划、项目基础知识的学习 | 分组讨论、集中授课，采用案例法和示范法教学 |
| 3 | 实施与检查 | 根据计划，学生分组讨论并审查 8E160C-J 主动齿轮零件图样的工艺性；分组讨论并确定主动齿轮毛坯类型；编制机械加工工艺过程卡和工序卡；填写项目实施记录表 | 分组讨论、教师点评 |
| 4 | 项目评价与讨论 | (1) 评价主动齿轮零件加工工艺分析的充分性、正确性；<br>(2) 评价零件毛坯选择的正确性等；<br>(3) 评价工艺规程编制的规范性与可操作性；<br>(4) 评价检测方法是否规范；是否形成检验记录；产品是否符合零件图样要求；若为不合格品，是否找出不合格的原因；<br>(5) 评价学生职业素养和团队精神 | 项目评价法实施评价 |

## 5.8.4　项目实施与检查

课题实施的 8E160C-J 主动齿轮零件图见图 5-1，与其相关的机油泵部件装配图见图 2-2，生产批量：中小批量生产。

1) 分组分析零件图样

主动齿轮零件图样的视图正确、完整，尺寸、公差及技术要求齐全。加工表面主要有外圆、内孔、端面、齿轮、键槽。齿轮加工精度属于普通精度，根据分析，本零件各表面的加工并不困难，零件结构工艺性较好。

**讨论问题：**

*8E160C-J 主动齿轮零件有哪些加工表面？分别采用何种加工方案？*

2) 分组讨论毛坯选择并绘制毛坯图样

从零件图样获知，该零件尺寸小、结构简单、强度要求不高，故毛坯可采用棒料。

3) 分组讨论工艺路线

(1) 定位基准选择。

① 粗基准选择。由于齿轮全部表面都需加工，而孔作为精基准应先进行加工，因此选外圆及一端面为粗基准。

② 精基准选择。按基准统一原则，在齿轮加工的整个过程中，采用端面和内孔为统一基准。

(2) 零件表面加工方法选择。根据零件图样，加工表面主要有外圆、内孔、端面、齿轮、键槽。根据《机械制造工艺设计简明手册》内圆、外圆、平面、齿轮等表面的经济精度与表面粗糙度，其加工方法选择如下。

① 齿圈外圆面：公差等级为 IT8，$R_a$为 0.8μm，需粗车、半精车、磨削。

② $\phi$22H7mm 内孔：公差等级为 IT7，$R_a$为 1.6μm，需钻孔、扩孔、粗铰孔、精铰孔。

③ 端面：本零件为回转体端面，$R_a$为 0.8μm，需半精车、磨削。

④ 齿轮：模数为 5，齿数为 10，精度为 7FJ，$R_a$为 0.8μm，需滚齿、磨齿即可。

⑤ 键槽：槽宽 6js9，$R_a$为 3.2μm，可采用拉削。

(3) 工艺路线拟订。机械加工工艺参考方案如表 5-11 所示。

(4) 填写机械加工工艺过程卡。学生应按原机械工业部指导性技术文件 JB/Z 388.5《工艺管理导则 工艺规程设计》的标准格式填写。

**讨论问题：**

① 8E160C-J 主动齿轮零件齿坯加工方案如何选择？

② 8E160C-J 主动齿轮零件齿形加工方案如何选择？

③ 8E160C-J 主动齿轮零件的工艺方案有几种？哪种为最佳方案？为什么？

表 5-11 主动齿轮机械加工工艺过程卡

| | 机械加工工艺过程卡 | 产品型号 | 8E160C-J | 零(部)件图号 | 8-HJ10000 |
|---|---|---|---|---|---|
| | | 产品名称 | 主动齿轮 | 零(部)件图号 | 8-HJ10004 |

| 材料牌号 | 40Cr | 毛坯种类 | 棒料 | 毛坯尺寸 | $\phi$70mm | 每毛坯可制件数 | 1 | 每台件数 | 1 |
|---|---|---|---|---|---|---|---|---|---|

| 工序号 | 工序名称 | 工序内容 | 车间 | 设备 | 工艺设备 | | | 工时 | |
|---|---|---|---|---|---|---|---|---|---|
| | | | | | 夹具 | 刀具 | 量具 | 准终 | 单件 |
| 10 | | 备料 | | | | | | | |
| 20 | 热 | 调质 2～26HRC | | | | | | | |
| 30 | 检 | 检验 | | | | | | | |
| 40 | 车 | 粗车外圆至 $\phi$64 | 金工 | CA6140 | 三爪卡盘 | 外圆车刀 | 游标卡尺 0～125/0.02 | | |
| 50 | 车 | (1) 半精车外圆至 $\phi$63.37H8mm (2) 切断至 L86 (3) 半精车端面至 L85.2 | 金工 | CA6140 | 三爪卡盘 | 外圆车刀、YT15 切断刀、端面车刀 | 游标卡尺 0～125/0.02、钢直尺 | | |

续表

| 材料牌号 | 机械加工工艺过程卡 | 产品型号 | 8E160C-J | 零(部)件图号 | | 8-HJ10000 | | | |
|---|---|---|---|---|---|---|---|---|---|
| | | 产品名称 | 主动齿轮 | 零(部)件图号 | | 8-HJ10004 | | | |
| 材料牌号 | 40Cr | 毛坯种类 | 棒料 | 毛坯尺寸 | $\phi 70$ | 每毛坯可制件数 | 1 | 每台件数 | 1 |
| 工序号 | 工序名称 | 工序内容 | 车间 | 设备 | 工艺设备 | | | 工时 | |
| | | | | | 夹具 | 刀具 | 量具 | 准终 | 单件 |
| 60 | 钻 | 以外圆和端面为定位基准<br>(1) 钻孔 $\phi$20mm<br>(2) 扩孔 $\phi$21.8 H10mm<br>(3) 粗绞孔 $\phi$21.94 H8mm<br>(4) 精绞孔 $\phi$22H7mm | 金工 | C620 | 三爪卡盘 | 麻花钻 $\phi$20mm、扩孔钻 HRC$\phi$21.8mm、铰刀 $\phi$22mm | 游标卡尺 0～125/0.02、塞规 | | |
| 70 | 检 | 检验 | | | | | | | |
| 80 | 滚齿 | 滚齿(齿厚留磨加工余量 0.26mm) | 金工 | Y38 | 专用夹具 | AA 级齿轮滚刀 | | | |
| 90 | 钳 | 倒角、去毛刺 | 金工 | C620 | 三爪卡盘 | YT15 车刀、锉刀 | | | |
| 100 | 热 | 齿部淬火 45～50 HRC | | | | | | | |
| 110 | 拉 | 拉键槽 | 金工 | X53K | 镗夹具 | $\phi$40mm 镗刀杆 | 内径百分表 50～100/0.01 | | |
| 120 | 磨 | 磨两端平面 $85_{-0.035}^{0}$ mm | 金工 | 平面磨床 | | WA46KV6P350×40×127 | 外径千分尺 75～100/0.01、表面粗糙度比较样板 | | |
| 130 | 磨 | 磨齿 | 金工 | 磨齿机 | 专用夹具 | WA60KV6P350×40×127 | | | |
| 130 | 检 | 检验 | | | | | | | |

4) 学生分组讨论工序设计的内容

参考第 1～3 章进行工序设计，并填写工序卡片。

**讨论问题：**

① 如何确定$\phi$22H7mm 内孔加工的各工步的尺寸？

② 如何选择磨端面、齿面的砂轮？

5) 实施

在条件许可的情况下，委托生产企业操作工根据学生编制的工艺过程卡、工序卡加工零件，由车间检验员对加工后的零件实施测量，判断零件的合格状况。

具体的任务实施检查与评价表如表 5-12 所示。

**表 5-12　任务实施检查与评价表**

任务名称：

学生姓名：　　　　学号：　　　　班级：　　　　　　　　　　　组别：

<table>
<tr><th>序　号</th><th colspan="2">检查内容</th><th>检查记录</th><th>评　价</th><th>分　值</th></tr>
<tr><td>1</td><td colspan="2">零件图分析：是否识别零件的材料；是否识别加工表面、加工表面的尺寸、尺寸精度、形位精度、表面粗糙度和技术要求等；是否形成记录</td><td></td><td></td><td>5%</td></tr>
<tr><td>2</td><td colspan="2">毛坯确定：是否确定毛坯的类型；毛坯图是否正确、完整</td><td></td><td></td><td>5%</td></tr>
<tr><td>3</td><td colspan="2">机械加工工艺过程卡编制：加工工艺路线拟订是否合理；机床、刀具、量具选择是否规范</td><td></td><td></td><td>20%</td></tr>
<tr><td>4</td><td colspan="2">机械加工工序卡编制：工序简图是否包括工序尺寸及公差、形位公差、表面粗糙度、定位和夹紧；切削用量选择是否合理；其他内容是否规范</td><td></td><td></td><td>30%</td></tr>
<tr><td>5</td><td colspan="2">若为合格品，是否总结经验，并形成记录；若为不合格品，是否找出不合格的原因</td><td></td><td></td><td>10%</td></tr>
<tr><td>6</td><td rowspan="4">职业素养</td><td>遵守时间：是否不迟到，不早退，中途不离开现场</td><td></td><td></td><td>10%</td></tr>
<tr><td>7</td><td>5S：理实一体现场是否符合 5S 管理要求；机床、计算机是否按要求实施日常保养；刀具、量具、桌椅、参考资料是否按规定摆放；地面、门窗是否干净</td><td></td><td></td><td>10%</td></tr>
<tr><td>8</td><td>团结协作：组内是否配合良好；是否积极投入到本项目中，积极完成本任务</td><td></td><td></td><td>5%</td></tr>
<tr><td>9</td><td>语言能力：是否积极回答问题；声音是否洪亮；条理是否清晰</td><td></td><td></td><td>5%</td></tr>
<tr><td colspan="3">总评：</td><td colspan="3">评价人：</td></tr>
</table>

**讨论问题：**

若为合格品，总结经验；若为不合格品，产生的原因是什么？

## 5.9　拓 展 实 训

### 1. 实训任务

图 5-37 所示为某一双联齿轮零件简图，材料为 40Cr，精度为 7 级，中批量生产。试拟订该零件的机械加工工艺过程。

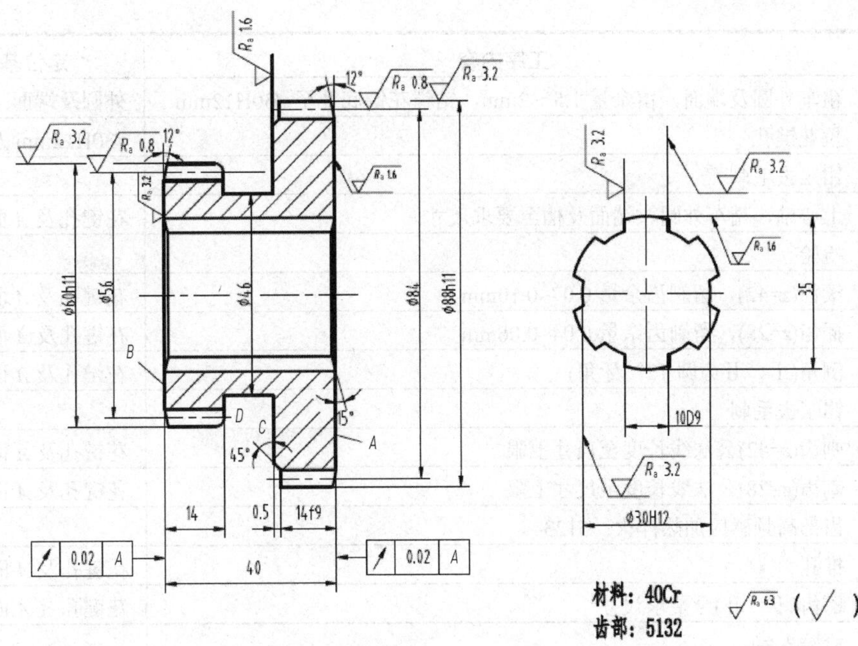


| 齿轮号 | | I | II | 齿轮号 | | I | II |
|---|---|---|---|---|---|---|---|
| 模数 | $m$ | 2 | 2 | 基圆极限偏差 | $F_{pd}$ | ±0.013 | ±0.013 |
| 齿轮 | $Z$ | 28 | 42 | 尺形公差 | $F_f$ | 0.011 | 0.011 |
| 精度等级 | | 7GK | 7JL | 齿向公差 | $F_\beta$ | 0.011 | 0.011 |
| 齿圈径向跳动 | $F_r$ | 0.036 | 0.036 | 跨齿数 | | 4 | 5 |
| 公法线长度变动 | $F_w$ | 0.028 | 0.028 | 公法线平均长度 | | $21.36^{0}_{-0.05}$ | $27.61^{0}_{-0.05}$ |

图 5-37　双联齿轮零件图

## 2. 实训目的

通过某一双联齿轮工艺过程的拟订，使学生进一步对齿轮类零件工艺规程的编制等有所理解和体会，增强学生的学习兴趣，提高学生解决工程技术问题的自信心，体验成功的喜悦；通过项目任务教学，培养学生互助合作的团队精神。

## 3. 实训过程

(1) 学生分组进行零件图样的工艺性分析。

(2) 学生分组讨论并确定齿轮毛坯类型。

(3) 学生分组讨论并拟订零件机械加工工艺路线。

双联齿轮机械加工工艺过程参考方案如表 5-13 所示。

表 5-13　双联齿轮机械加工工艺过程

| 序　号 | 工序内容 | 定位基准 |
|---|---|---|
| 10 | 毛坯锻造 | |
| 20 | 正火 | |

续表

| 序　号 | 工序内容 | 定位基准 |
|---|---|---|
| 30 | 粗车外圆及端面，留余量 1.5～2mm，钻镗花键底孔至 ϕ30H12mm | 外圆及端面 |
| 40 | 拉花键孔 | ϕ30H12mm 及 *A* 面 |
| 50 | 钳工去毛刺 | |
| 60 | 上心轴，精车外圆、端面及槽至要求尺寸 | 花键孔及 *A* 面 |
| 70 | 检验 | |
| 80 | 滚齿($z$=42)，留剃齿余量 0.07~0.10mm | 花键孔及 *A* 面 |
| 90 | 插齿($z$=28)，留剃齿余量 0.04~0.06mm | 花键孔及 *A* 面 |
| 100 | 倒角(Ⅰ、Ⅱ齿圆 12° 牙角) | 花键孔及 *A* 面 |
| 110 | 钳工去毛刺 | |
| 120 | 剃齿($z$=42)公法线长度至尺寸上限 | 花键孔及 *A* 面 |
| 130 | 剃齿($z$=28)公法线长度至尺寸上限 | 花键孔及 *A* 面 |
| 140 | 齿部高频感应加热淬火：5123 | |
| 150 | 推孔 | 花键孔及 *A* 面 |
| 160 | 珩齿(Ⅰ、Ⅱ)至要求尺寸 | 花键孔及 *A* 面 |
| 170 | 检验入库 | |

## 5.10　工作实践中常见问题解析

滚齿加工影响齿轮传递运动的准确性，传递运动的平稳性、噪声和振动，以及载荷分布的均匀性。滚齿加工过程中经常会产生滚齿误差，其产生的主要原因及采取的相应措施如表 5-14 所示。

表 5-14　滚齿误差产生的主要原因及应采取的措施

| 影响因素 | 滚齿误差 | | 主要原因 | 采取的措施 |
|---|---|---|---|---|
| 影响传递运动准确性 | 齿距径向圆跳动超差 | 齿圈径向圆跳动超差 $F_r$ | 齿坯几何偏心或安装偏心造成 | (1) 提高齿坯基准面精度要求<br>(2) 提高夹具定位面精度<br>(3) 提高调整技术水平 |
| | | | 用顶尖定位时，顶尖与机床中心偏心 | 更换顶尖及提高中心孔制造质量，并在加工过程中保护中心孔 |
| | | | 用顶尖定位时，因顶尖或中心孔制造不良，使定位面接触不好造成偏心 | 提高顶尖及中心孔制造质量，并在加工过程中保护中心孔 |
| | | 公法线长度变动量超差 $F_w$ | (1) 滚齿机分度蜗轮精度过低<br>(2) 滚齿机工作台圆形导轨磨损<br>(3) 分度蜗轮与工作台圆形导轨不同轴 | (1) 提高机床分度蜗轮精度<br>(2) 采用滚齿机校正机构<br>(3) 修刮导轨，并以其为基准精滚(或珩)分度蜗轮 |

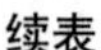

续表

| 影响因素 | 滚齿误差 | | 主要原因 | 采取的措施 |
|---|---|---|---|---|
| 影响传递运动的平稳性、噪声、振动 | 齿形误差超差 | 齿形变肥或变瘦，且左右齿形对称 | (1) 滚刀齿形角误差；<br>(2) 前面刃磨产生较大的前角 | 更换滚刀或重磨前面 |
| | | 一边齿顶变肥，另一边齿顶变瘦，齿形不对称 | (1) 刃磨时产生导程误差或直槽滚刀非轴向性误差；<br>(2) 刀对中性不好 | (1) 误差较小时，重调刀架转角。<br>(2) 重新调整滚刀刀齿，使它和齿坯中心对中 |
| | | 齿面上个别点凸出或凹进 | 滚刀容屑槽槽距误差 | 重磨滚刀前面 |
| | | 齿形面误差近似正弦分布的短周期误差 | (1) 刀杆径向圆跳动过大；<br>(2) 滚刀与刀轴间隙大；<br>(3) 滚刀分度圆柱对内孔轴心线径向圆跳动误差 | (1) 找正刀杆径向圆跳动。<br>(2) 找正滚刀径向圆跳动。<br>(3) 重磨滚刀前面 |
| | | 齿形一侧齿顶多切，另一侧齿根多切，且呈正弦分布 | (1) 滚刀轴向齿距误差；<br>(2) 滚刀端面与孔轴线不垂直；<br>(3) 垫圈两端面不平行 | (1) 防止刀杆轴向窜动。<br>(2) 找正滚刀偏摆，转动滚刀或刀杆加垫圈或垫薄纸。<br>(3) 重磨垫圈两端面 |
| | | 基圆齿距偏差超差 $f_{pb}$ | (1) 滚刀轴向齿距误差；<br>(2) 滚刀齿形角误差；<br>(3) 机床蜗杆副齿距误差过大 | (1) 提高滚刀铲磨精度(齿距齿形角)。<br>(2) 更换滚刀或重磨前面。<br>(3) 检修滚齿机或更换蜗杆副 |
| 载荷分布均匀性载荷分布均匀性 | 齿向误差超差 | | (1) 机床几何精度低或使用磨损(立柱导轨、顶尖、工作台水平性等)；<br>(2) 夹具制造、安装、调整精度低；<br>(3) 齿坯制造、安装、调整精度低 | (1) 定期检修几何精度；<br>(2) 提高夹具的制造和安装精度；<br>(3) 提高齿坯精度 |
| | 表面粗糙度差 | | (1) 滚刀引起因素：滚刀刃磨质量差；滚刀径向圆跳动量大；滚刀磨损；滚刀未紧固而产生振动；辅助轴承支承不好；<br>(2) 切削用量选择不当； | (1) 选用合格滚刀或重新刃磨；重新校正滚刀；刃磨滚刀；紧固滚刀；调整间隙<br>(2) 合理选择切削用量； |

续表

| 影响因素 | 滚齿误差 | 主要原因 | 采取的措施 |
|---|---|---|---|
| 载荷分布均匀性 | 齿向误差超差<br>表面粗糙度差 | (3) 切削挤压引起；<br>(4) 齿坯刚性不好或没有夹紧，加工时产生振动；<br>(5) 机床有间隙：工作台蜗杆副有间隙；滚刀轴向窜动和径向圆跳动大；刀架导轨与刀架间有间隙；进给丝杠有间隙 | (3) 增加切削液的流量或采用顺铣加工；<br>(4) 选用小的切削用量，或夹紧齿坯，提高齿坯刚性；<br>(5) 检修机床，消除间隙 |

## 本章小结

本章介绍了齿轮零件的结构特点，围绕齿轮零件介绍其齿形加工方法、设备、刀具、齿轮检验、圆柱齿轮机械加工工艺过程及工艺分析等基本内容。学生通过完成 8E160C-J 主动齿轮零件的结构分析、毛坯确定、工艺规程编制等工作任务，应掌握齿轮零件工艺规程编制的相关知识，并具备中等复杂齿轮零件工艺规程的编制能力。同时增强学生的学习兴趣，提高学生解决工程技术问题的自信心，体验成功的喜悦；通过项目任务教学，培养学生互助合作的团队精神。在工作实训中要注意培养学生的分析问题和解决问题的能力，培养学生查阅设计手册和资料的能力，逐步提高学生处理实际工程技术问题的能力。

## 思考与练习

1. 齿形加工的精基准由哪些方案？它们各有什么特点？

2. 齿轮加工时，对齿坯加工有何要求？

3. 齿轮淬火前精基准的加工与淬火后精基准的修正通常采用什么方法？

4. 齿轮的典型加工工艺过程由哪几个加工阶段所组成？其中毛坯热处理与齿面热处理各起什么作用？应安排在工艺过程的哪一阶段？

5. 滚齿加工过程中出现齿圈径向圆跳动超差 $F_r$ 和公法线长度变动量超差 $F_W$ 等现象，试分析其原因，并提出采取的措施。

6. 如图 5-38 所示，直齿圆柱齿轮的 $m$=2mm、$z$=30，精度为 7FL GB 10095—1988，齿面的表面粗糙度 $R_a$为 30.8μm，齿轮材料为 45 钢，齿面硬度为 45～48HRC，试制订合理的工艺过程(简述主要工序的工序内容、定位基准，选择各工序所用的机床、夹具、刀具)。

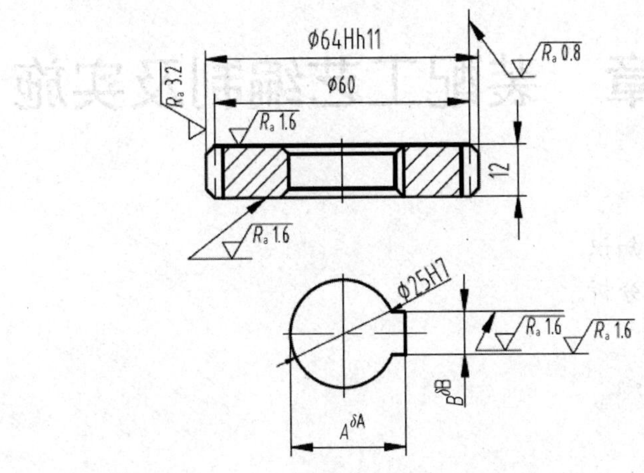


图 5-38　直齿圆柱齿轮

# 第6章　装配工艺编制及实施

**本章要点**

- 装配工艺的基础知识。
- 产品结构工艺性分析。
- 装配尺寸链。
- 装配方法的选择。
- 产品的装配。
- 装配工艺规程。

**技能目标**

- 具有产品结构工艺分析能力。
- 具有装配方法的选择能力。
- 具有编制简单产品的装配工艺规程能力。

## 6.1　工作场景导入

**【工作场景】**

工作对象：8E160C-J 机油泵部件，如图 2-2 所示，现为中小批量生产。

本任务是编制 8E160C-J 机油泵部件装配工艺过程卡。

**【引导问题】**

(1) 什么是装配？装配包括哪些内容？

(2) 装配精度有哪几类？它们之间的关系如何？怎样确定装配精度要求？

(3) 保证装配精度的方法有哪些？

(4) 装配的组织形式有哪些？

(5) 产品结构的装配工艺性有哪些内容？

(6) 过盈连接如何装配？

(7) 圆柱齿轮传动装置如何装配？

(8) 滚动轴承如何装配？

(9) 企业生产参观实习：实习单位生产的主导产品是什么？生产现场装配的产品有哪几种？选择其中 1～2 个产品(包括部件)，阐述其装配工艺过程。

# 6.2 基 础 知 识

【学习目标】了解装配、装配精度的概念，装配精度的类型及装配精度之间的相互关系；掌握装配精度和零件精度的关系。

## 6.2.1 装配的概念

任何机器都是由零件、组件和部件组合而成。由若干零件组成，在结构上有一定独立性的部分，称为组件；由若干个零件和组件组成，具有一定独立功能的结构单元，称为部件。按照规定的技术要求和顺序完成组件或部件组合的工艺过程，称为组件或部件装配；进一步将部件、组件、零件组合成产品的工艺过程，称为总装配。此外，装配还包括对产品的调整、检验、试验、油漆和包装等工作。

机器的质量，是通过机器的工作性能、使用效果、可靠性和寿命等综合指标评定的，这些除了与产品的设计及零件的制造质量有关外，还取决于机器的装配质量。装配是机器制造生产过程中极为重要的最终环节，若装配不当，即使质量全部合格的零件，也不一定能装配出合格的产品；而零件存在某些质量缺陷时，只要在装配中采取合适的工艺措施，也能使产品达到规定的要求。因此，装配质量对保证产品的质量有十分重要的作用。

在机器的装配过程中，可以发现产品设计上的缺陷(如不合理的结构和尺寸标注等)，以及零件加工中存在的质量问题。因此，装配也是机器生产的最终检验环节。

目前，装配工作的机械化、自动化水平低，劳动量大。为了保证产品的质量、提高装配的生产效率和降低成本，必须研究装配工艺，选择合适的装配方法，制订合理的装配工艺规程，并且做到文明装配。如控制装配的环境条件(温度、湿度、清洁度、照明、噪声、振动等)，推行有利于控制清洁度、保证质量的干装配方式，零件必须在完成去毛刺、退磁、清洗、吹(烘)干等工序，并经检验合格后才能入库。

## 6.2.2 装配精度

装配精度是装配工艺的质量指标。装配精度包括零部件间的配合精度和接触精度、位置尺寸精度和位置精度、相对运动精度等。

### 1. 零部件间的配合精度和接触精度

零、部件间的配合精度是指配合面间达到规定的间隙或过盈的要求。它影响配合性质和配合质量，已由国家标准《公差和配合》来解决，如轴和孔的配合间隙或配合过盈的变化范围。

零、部件间的接触精度是指配合表面、接触表面和连接表面达到规定的接触面积大小和接触点分布的情况。它影响接触刚度和配合质量。例如：导轨接触面间、锥体配合和齿轮啮合等处，均有接触精度要求。

### 2. 零、部件间的位置尺寸精度和位置精度

零、部件间的位置尺寸精度是指零、部件间的距离精度，如轴向距离精度和轴线距离

(中心距)精度等。

零、部件间的位置精度包括平行度、垂直度、同轴度和各种跳动。

3. 零、部件间的相对运动精度

相对运动精度指相对运动的零、部件在运动方向和运动速度上的精度。运动方向上的精度主要是相对运动部件之间的平行、垂直等，如牛头刨床滑枕往复直线运动对工作台面的平行度、车床主轴轴线对床鞍移动的平行度等。运动速度上的精度是指内传动链的传动精度，即内传动链首末两端件的实际运动速度关系与理论值的符合程度。显然，零、部件间在运动方向上的相对运动精度的保证是以位置精度为基础的。运动位置上的精度即传动精度，是指内联系传动链中，始、末两端传动元件间的相对运动(转角)精度，如滚齿机主轴(滚刀)与工作台相对运动精度和车床车螺纹时的主轴与刀架移动的相对运动精度等。

## 6.2.3 装配精度与零件精度的关系

机器是由许多零、部件装配而成的，零件的精度特别是关键零件的精度，直接影响相应的装配精度。

一般而言，多数的装配精度与它相关的若干个零、部件的加工精度有关。如机床主轴定心轴径的径向圆跳动，主要取决于滚动轴承内径相对于外径的径向圆跳动，主轴定心轴径相对于主轴支承轴径(装配基准)的径向圆跳动，以及其他结合件(如锁紧螺母)精度的影响。这时，就应合理地规定和控制这些相关零件的加工精度。在加工条件允许时，它们的加工误差累积起来仍能满足装配精度的要求。

当遇到有些要求较高的装配精度，如果完全靠相关零件的制造精度来直接保证，则零件的加工精度将会很高，给加工带来较大困难。如图 6-1 所示卧式车床床头和尾座两顶尖的等高要求(0.06mm)，主要取决于主轴箱 1、尾座 2、底板 3 和床身 4 等零、部件的加工精度。该装配精度很难由相关零、部件的加工精度直接保证。在生产中，常按较经济的精度来加工相关零、部件，而在装配时则采用一定的工艺措施(如选择修配、调整等)，从而形成不同的装配方法来保证装配精度。

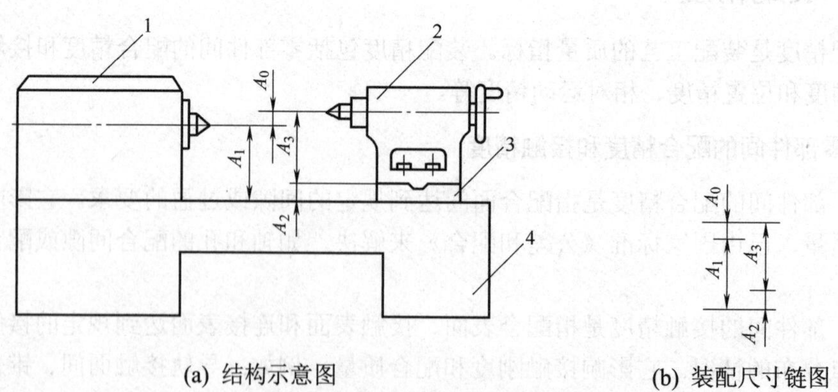


**图 6-1 卧式车床床头和尾座两顶尖的等高要求示意图**

1—主轴箱；2—尾座；3—底板；4—床身

由此可见，装配时由于采用不同的工艺措施，从而形成各种不同的装配方法，在这些装配方法中，装配精度与零件的加工精度具有不同的关系。

# 6.3　产品的结构工艺性

【学习目标】了解产品结构工艺性的概念；掌握产品结构的装配工艺性分析方法。

## 6.3.1　产品结构工艺性的概念

产品结构工艺性是指所设计的产品在能满足使用要求的前提下，制造、维修的可行性和经济性。它包括产品生产工艺性和产品使用工艺性，前者是指其制造的难易程度与经济性；后者则指其在使用过程中维护保养和修理的难易程度与经济性。产品生产工艺性除零件结构工艺性外，还包括产品结构的装配工艺性。

产品结构工艺性审查工作，不仅贯穿在产品设计的各个阶段中，而且在装配工艺规程设计时，还要重点分析产品结构的装配工艺性。

## 6.3.2　产品结构的装配工艺性

装配对产品结构的要求，主要是要容易保证装配质量、装配的生产周期要短、装配劳动量要少。归纳起来，有以下 7 条具体要求。

### 1. 结构的继承性好和“三化”程度高

能继承已有结构和“三化”(标准化、通用化和系列化)程度高的结构，装配工艺的准备工作可少，装配时工人对产品比较熟悉，既容易保证质量，又能减少劳动消耗。

为了衡量继承性和“三化”程度，可用产品结构继承性系数 $K_s$、结构标准化系数 $K_{st}$ 和结构要素统一化系数 $K_e$ 等指标来评价工艺性。

### 2. 能分解成独立的装配单元

产品结构应能分解成独立的装配单元，即产品可由若干个独立的部件总装而成，部件可由若干个独立组件组装而成。这样的产品，装配时可组织平行作业，扩大装配的工作面积，大批量生产时可按流水的原则组织装配生产，因而能缩短生产周期，提高生产效率。由于平行作业，各部件能预先装好、调试好，以较完善的状态送去总装，保证装配质量。另外，还有利于企业间的协作，组织专业化生产。

例如，图 6-2 所示传动轴组件的结构，图 6-2(a)中箱体的孔径 $D_1$ 小于齿轮直径 $d_2$，装配时必须先把齿轮放入箱体内，在箱体内装配齿轮，再将其他零件逐个装在轴上。图 6-2(b)中的 $D_1>d_2$，装配时，可将轴及其上零件组成独立组件后再装入箱体内，并可通过带轮上的孔将法兰拧紧在箱体上。因此，图 6-2(b)所示结构的装配工艺性好。

衡量产品能否分解成独立装配单元，可用产品结构装配性系数 $K_a$ 表示，其计算式为

$$K_a = \frac{\text{产品各独立部件中零件数之和}}{\text{产品零件总数}}$$

### 3. 各装配单元要有正确的装配基准

装配的过程是先将待装配的零件、组件和部件放到正确的位置，然后再紧固和连接。这个过程相似于加工时的定位和夹紧。所以，在装配时，零件、组件和部件必须要有正确的装配基准，以保证它们之间的正确位置，并减少装配时找正的时间。装配基准的选择也要用夹具中的“六点定位”原理。

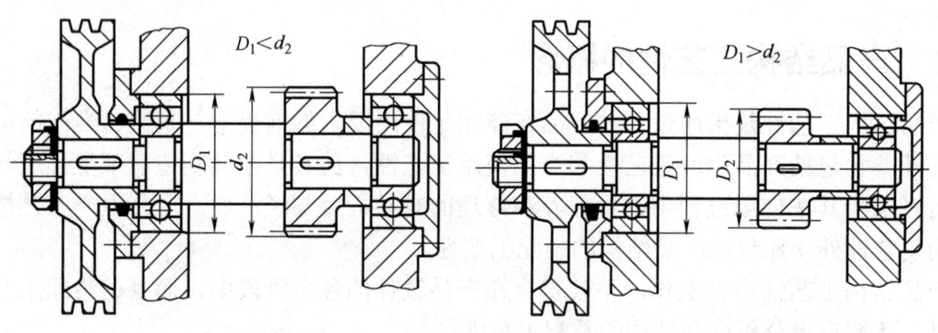


(a) 不能分成独立的装配单元　　(b) 能分成独立的装配单元

图 6-2　传动轴的装配工艺性

例如，图 6-3 所示是锥齿轮轴承座组件，轴承座组件装进壳体 1 时，装配基准是轴承座两外圆柱面和法兰端面，符合装配要求。因此，图 6-3(a)、图 6-3(b)所示的结构都有正确的装配基准。

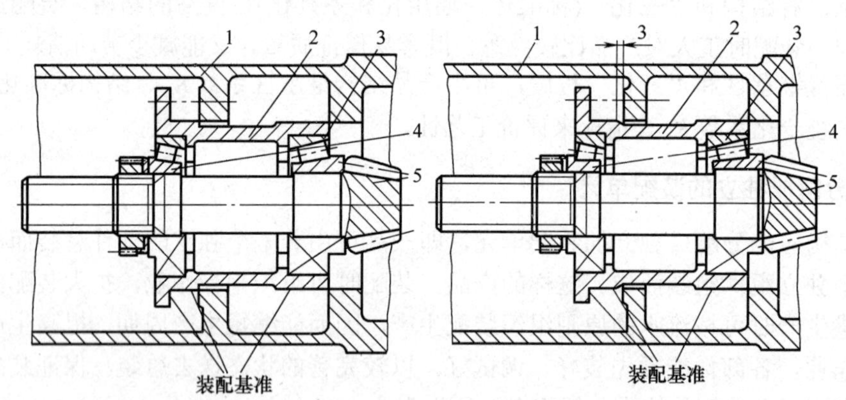


(a) 具有正确的装配基准，但不易装配　　(b) 具有正确的装配基准，且易装配

图 6-3　轴承座组件的装配基准及两种设计方案

1—壳体；2—轴承座；3—前轴承；4—后轴承；5—锥齿轮轴

### 4. 便于装拆和调整

装配过程中，当发现问题或进行调整时，需要进行中间拆装。因此，若结构能便于装拆和调整，就能节省装配时间，提高生产率。具有正确的装配基准也是便于装配的条件之一。下面再举几个便于装拆和调整的实例。

(1) 图 6-3(a)所示结构是轴承座 2 的两段外圆柱面(装配基准)同时进入壳体 1 的两配合孔内，由于不易同时对准两圆柱孔，所以装配较困难；图 6-3(b)所示结构是当轴承座右端外圆柱面进入壳体 1 的配合孔中 3mm，并具有良好的导向后，左端外圆柱面再进入配合，所以装配较方便，工艺性好。

(2) 图 6-4(a)所示为定位销和底板孔过盈配合的结构，因没有通气孔，故当销子压入时内存空气不易排出而影响装配工作。合理的结构是在销子上开孔或在底板上开槽，也可采用如图 6-4(b)所示结构，将底板孔钻通，孔钻通后还有利于销子的拆卸。当底板不能开通孔时，则可用带螺孔的定位销，以便需要时用取销器取出定位销。

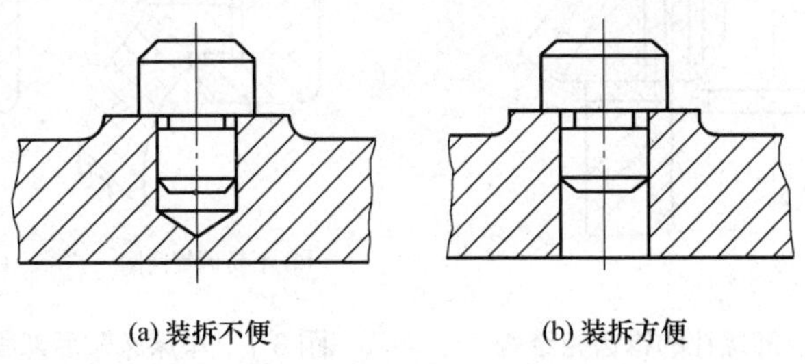

(a) 装拆不便　　(b) 装拆方便

图 6-4　定位销和底板孔过盈连接的两种结构

(3) 图 6-5 所示为箱体上圆锥滚子轴承靠肩的 3 种形式。图 6-5(a)所示的靠肩内径小于轴承外环的最小直径，当轴承压入后，外环就无法卸下。图 6-5(b)所示的靠肩内径大于轴承外环的最小直径和图 6-5(c)所示将靠肩作出 2～4 个缺口的结构，都能方便地拆卸外环，所以工艺性好。

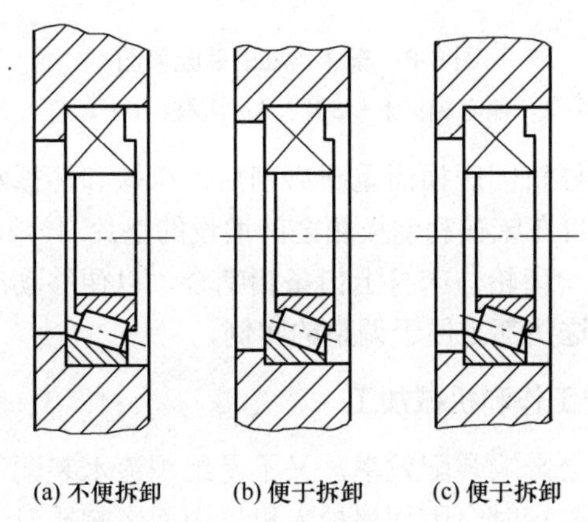

(a) 不便拆卸　　(b) 便于拆卸　　(c) 便于拆卸

图 6-5　箱体上轴承靠肩的 3 种形式

(4) 图 6-6 所示为端面有调整垫(补偿环)的锥齿轮结构。为了便于拆卸，在锥齿轮上加工两个螺孔，旋入螺栓即可卸下锥齿轮。

(5) 图 6-7 所示为卧式车床床鞍后部的两种固定板结构。图 6-7(a)所示的结构靠修磨或刮研来保证床鞍与床身的间隙，装配时调整费时。图 6-7(b)所示的结构采用了调整垫块，在装配和使用中都可方便地进行调整，工艺性好。

(6) 图 6-8 所示是车床丝杠的装配简图。丝杠 6 装在进给箱 1、溜板箱 8 和托架 7 的相应孔中，要求 3 孔同轴，且轴线要与床身导轨面平行。装配时，垂直位置是以溜板箱为基准，先调整进给箱的位置，使丝杠成水平，然后再调整托架的位置保证三者等高；水平位置一般以进给箱为基准，先调整溜板箱的位置，使丝杠与床身导轨平行，最后再调整托架的位置，保证三者一致。调整的补偿环是螺栓过孔与固定螺栓中的间隙，全部调整好后，打上定位销。光杠和操纵杆的装配方法和丝杠相同。

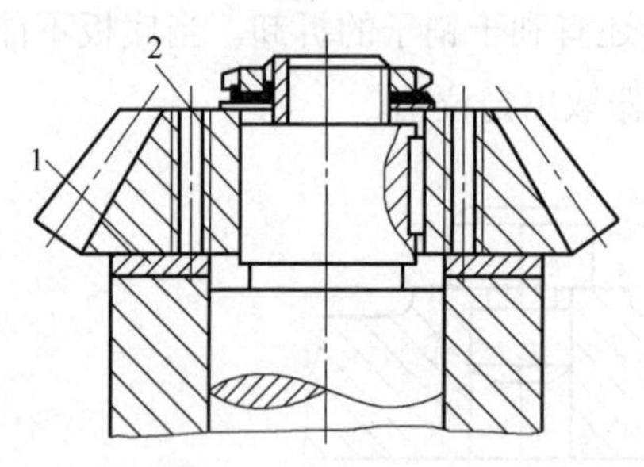


图 6-6　带有便于拆卸螺孔的锥齿轮结构

1—调整垫片；2—锥齿轮上的拆卸用螺孔

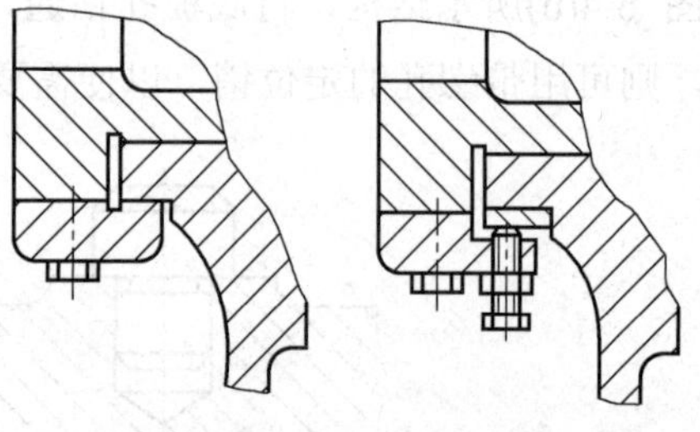

(a) 不易调整间隙　　(b) 用调整块调整间隙

图 6-7　车床床鞍后部固定板的两种形式

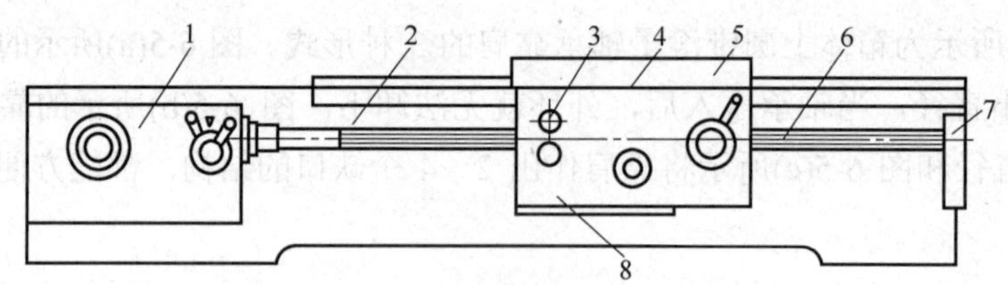


图 6-8　车床丝杠的装配简图

1—进给箱；2—床身；3—偏心轴；4—垫片；5—床鞍；6—丝杠；7—托架；8—溜板箱

当车床中修时，床身导轨因磨损而重新磨削后，床鞍和溜板箱的垂直位置也将下移，丝杠就装不上了。为此，将在床鞍和溜板箱之间增设的垫片 4 减薄，就能保证丝杠孔的中心位置。此外，溜板箱中一齿轮与床身上齿条相啮合，以便移动床鞍作进给运动，其啮合间隙则用偏心轴 3 调整，这些都是便于调整的实例。

### 5. 减少装配时的修配工作和机械加工

装配时进行修配工作会影响装配效率，又不易组织流水装配，还使产品没有互换性。若在装配时进行机械加工，有时会因切屑掉入机器中而影响质量，所以应避免或减少修配工作和机械加工。

### 6. 满足装配尺寸链“环数最少原则”

结构设计中要求结构紧凑、简单，从装配尺寸链分析即减少组成环环数，这对装配精度要求高的尺寸链更应如此。为此，必须减少相关零件和相关尺寸，合理标注零件上的设计尺寸等。

**7. 各种连接的结构形式应便于装配工作的机械化和自动化**

能用最少的工具快速装拆，质量大于 20kg 的装配单元应具有吊装的结构要素，还要避免采用复杂的工艺装备。满足这些要求后，既能减轻工人劳动强度、提高劳动生产率，又能节省成本。

## 6.4　装配尺寸链

**【学习目标】**了解装配尺寸链的概念；掌握装配尺寸链的建立方法。

在产品或部件的装配中，装配精度和相关零件的相关尺寸或相互位置关系构成装配尺寸链，即相关零件的尺寸或相互位置关系可以通过装配尺寸链简洁地表达，产品的装配精度也要通过控制装配尺寸链的封闭环予以保证。显然，正确地查明装配尺寸链，是进行尺寸链分析、计算的前提。

首先需要在装配图上找出封闭环，装配尺寸链的封闭环代表装配后的精度或技术要求，这种要求是通过把零、部件装配好后自然形成的。在装配过程中，对装配精度要求发生直接影响的那些零件的尺寸和位置关系，就是装配尺寸链的组成环。

通过装配关系的分析，对应于每个封闭环的装配尺寸链组成，就能很快被查明。通常的办法是从封闭环两端的那两个零件为起点，沿着装配精度要求的位置方向，以相邻零件装配基准间的联系为线索，分别由近及远地去查找装配关系中影响装配精度的有关零件尺寸，直至找到同一基准件或基础件的两个装配基准为止。然后用一尺寸联系这两个装配基准面，形成封闭的尺寸图形。所有有关零件的尺寸，就是装配尺寸链的组成环。

在装配精度要求一定的条件下，组成环数目越少，分配到各组成环的公差就越大，零件的加工就越容易、越经济。在结构设计时，应当遵循装配尺寸链最短原则，使组成环最少，即要求与装配精度有关的零件只能有一个尺寸作为组成环加入装配尺寸链。这个尺寸就是零件两端面的位置尺寸，应作为主要设计尺寸标注在零件图上，使组成环的数目等于有关零件的数目，即一件一环。

下面以实例说明如何组成装配尺寸链。

图 6-9 所示为单级叶片泵装配图，图中有多个装配精度要求，即存在多个装配尺寸链的封闭环。现仅分析下面两项装配精度要求。

(1) 泵的顶盖 5 与泵体 1 端面的间隙为 $A_0$。

(2) 定子 6 与转子 3 端面的轴向间隙为 $B_0$。

这两项装配精度要求 $A_0$ 和 $B_0$，它们都是装配后自然形成的，所以 $A_0$ 和 $B_0$ 都是封闭环。

通过分析相关零件装配关系，就可确定装配尺寸链的各组成环。

$B_0$ 是一个三环尺寸链的封闭环。图 6-9(c)所示为尺寸链图，尺寸链方程式为

$$B_0 = \vec{B}_1 - \overleftarrow{B}_2$$

式中：$\vec{B}_1$ 为定子的宽度尺寸；$\overleftarrow{B}_2$ 为转子的宽度尺寸。

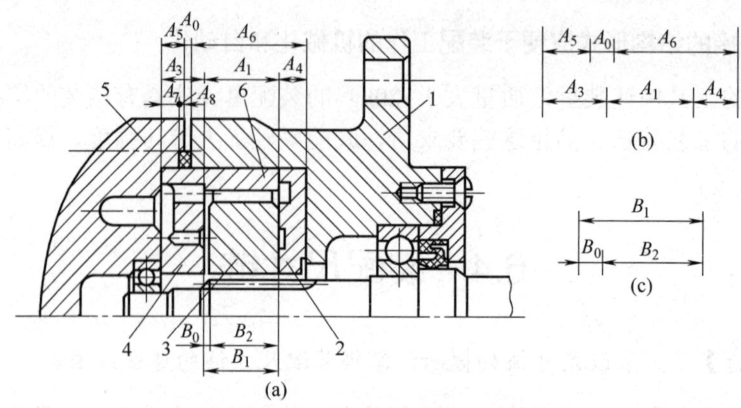


**图 6-9　单级叶片泵装配图**

1—泵体；2—右配油盘；3—转子；4—左配油盘；5—顶盖；6—定子

再查找以 $A_0$ 为封闭环的装配尺寸链。从 $A_0$ 的右侧开始，第一个零件是泵体 1，其泵体端面到装配基面的尺寸为 $A_6$，即泵体孔深度尺寸 $A_6$ 对 $A_0$ 有影响，是组成环，泵体是基础件。孔内左、右配油盘 4、2 宽度为 $A_3$、$A_4$，定子 6 宽度为 $A_1$，其中 $A_3$ 尺寸左端与顶盖 5 的压脚内端面相接触，都对 $A_0$ 有影响，则 $A_3$、$A_1$ 和 $A_4$ 是组成环。继续往下找到顶盖内端面到外端面的尺寸 $A_5$ 对 $A_0$ 也有影响，$A_5$ 也是组成环。顺次查到 $A_0$ 的左侧，所以由尺寸 $A_6$、$A_4$、$A_1$、$A_3$、$A_5$ 和 $A_0$ 组成封闭图形，就是以 $A_0$ 为封闭环的装配尺寸链。如图 6-9(b)所示，增环是 $\vec{A}_1$、$\vec{A}_3$ 和 $\vec{A}_4$，减环是 $\overleftarrow{A}_5$ 和 $\overleftarrow{A}_6$。5 个零件只有 5 个尺寸参加 $A_0$ 的装配尺寸链。六环装配尺寸链符合路线最短原则。

若顶盖压脚尺寸 $A_5$，由 $A_7$ 和 $A_8$ 尺寸代替加入尺寸链中，五个零件有 6 个尺寸加入 $A_0$ 尺寸链，则不符合尺寸链路线最短原则。

列出 $A_0$ 尺寸链方程式：

$$A_0=(\vec{A}_1+\vec{A}_4+\vec{A}_3)-(\overleftarrow{A}_5+\overleftarrow{A}_6)$$

## 6.5　装配方法的选择

【学习目标】掌握常用的装配方法及装配方法的选择。

选择装配方法的实质，就是研究以何种方式来保证装配尺寸链封闭环的精度问题。根据产品的批量、生产率和装配精度要求，在不同的生产条件下，应选择不同的保证装配精度的装配方法。常用的装配方法有完全互换装配法、选择装配法、调整装配法和修配装配法。

### 1. 完全互换装配法

装配尺寸链中的所有组成环的零件，按图样规定的公差要求加工。装配时，不需要经过选择、修配和调整，装配起来就能达到规定的装配精度。这种装配方法称为完全互换装配法。

完全互换装配法的优点是：装配工作简单，生产率高，有利于组织流水生产，也容易解决备件供应问题，有利于维修工作。

其缺点是对加工精度要求高的零件，尤其当封闭环精度要求高而组成环的数目较多时，用完全互换装配法所确定的各组成环的公差值将会很小，难以加工，也不经济。

完全互换装配法是靠零件的制造精度来保证装配精度要求的。在结构设计时，为保证装配精度，必须满足尺寸链各组成环公差之和不大于封闭环的公差值 $T_{A0}$。

故采用这种装配方法时能否保证装配质量的核心问题是组成环公差分配的合理性。

完全互换装配法举例如下。

**【例 6-1】** 图 6-10 所示为双联转子泵(摆线齿轮)的轴向装配关系简图。要求在冷态下轴向装配间隙 $A_0$ 为 0.05～0.15mm，已知泵体内腔深度为 $A_1$=42mm；左右齿轮宽度为 $A_2=A_4$=17mm；中间隔板宽度为 $A_3$=8mm，现采用完全互换装配法满足装配精度要求，则可用极值法确定各组成环尺寸公差大小和分布位置。确定的方法和步骤如下。

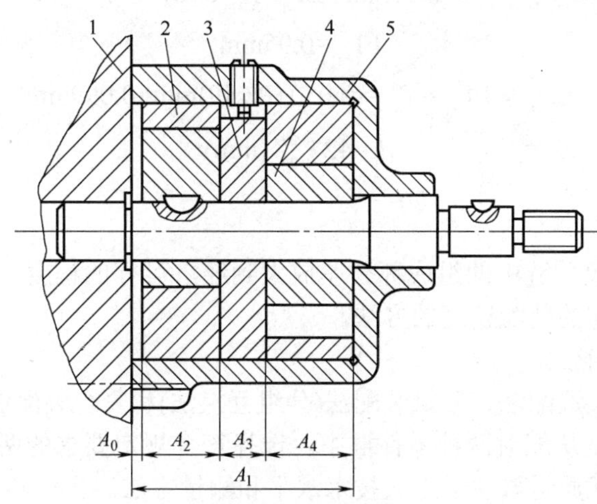


**图 6-10　双联转子泵的轴向装配关系简图**

1—机体；2—外转子；3—隔板；4—内转子；5—壳体

(1) 画出尺寸链简图。依据如图 6-10 装配关系简图，画出如图 6-10 的下方所示的尺寸链简图，计算封闭环的基本尺寸 $A_0$。

$A_0=\vec{A}_1-(\bar{A}_2+\bar{A}_3+\bar{A}_4)$=42−(17×2+8)mm=0mm，所以封闭环的尺寸为 $A_0=0^{+0.15}_{+0.05}$ mm。

(2) 确定各组成环尺寸的公差和分布位置。封闭环公差 $T_{A0}$=0.10mm，要求各组成环的公差之和不应超过封闭环的公差值 0.10mm，即

$$\sum_{i=1}^{n-1}T_{Ai}=T_{A1}+T_{A2}+T_{A3}+T_{A4}\leqslant T_{A0}=0.10\text{mm}$$

在具体确定各 $T_{Ai}$ 值时，首先应按“等公差”法计算各组成环能分配到的平均公差 $T_{AM}$ 的数值，即

$$T_{AM}=\frac{T_{A0}}{n-1}=\frac{0.10}{5-1}\text{mm}=0.025\text{mm}$$

由 $T_{AM}$ 值可以看出，零件制造精度要求较高，但还是可以达到的。因此用完全互换法(实质为极值法)是可行的。但是，最终确定的 $T_{Ai}$ 值，还要根据各零件加工的难易程度来适

当调整分配各组成环的公差。容易加工的取$T_{Ai}$比$T_{AM}$小一些，反之取大一些。

考虑到隔板和内、外转子的端面可用平磨加工，则为$A_2$、$A_4$、$A_3$尺寸精度容易保证，故取$T_{A2}$、$T_{A3}$、$T_{A4}$的值可比$T_{AM}$小一些。同时考虑到其尺寸可用标准量规测量，取其公差为标准公差。而尺寸$A_1$是用镗削加工保证的，不容易加工，公差可给得大一些，而且其尺寸属于深度尺寸，在成批生产中使用通用量具测量，故宜选$A_1$为协调环。由此确定：

$$A_2 = A_4 = 17^{\ 0}_{-0.018}\ \text{mm(按 IT7 级精度取值)}$$

$$A_3 = 8^{\ 0}_{-0.015}\ \text{mm(按 IT7 级精度取值)}$$

(3) 确定协调环$A_1$的公差大小和分布位置。很明显，$A_1$的公差$T_{A1}$应为

$$T_{A1} = T_{A0} - (T_{A2} + T_{A3} + T_{A4}) = 0.049\text{mm(相当于 IT8 级精度值)}$$

计算$A_1$的上、下偏差为

$$\mathrm{EI}_{A_0} = \mathrm{EI}_{\bar{A}_1} - (\mathrm{ES}_{\bar{A}_2} + \mathrm{ES}_{\bar{A}_3} + \mathrm{ES}_{\bar{A}_4})$$

$$0.05\text{mm} = \mathrm{EI}_{A_1} - (0+0+0)$$

$$\mathrm{EI}_{A_1} = 0.05\text{mm}$$

$$\mathrm{ES}_{A_1} = \mathrm{EI}_{A_1} + T_{A_1} = (0.050+0.049)\text{mm} = 0.099\text{mm}$$

$$A_1 = 42^{+0.099}_{+0.050}\ \text{(mm)}$$

### 2. 选择装配法

选择装配法是将尺寸链中的组成环公差放大到经济可行的程度，然后选择合适的零件进行装配，以保证规定的装配精度的方法。

1) 选择装配法的形式

选择装配法有直接选配法、分组装配法(分组互换法)和复合装配法3种形式。

直接选配法：就是从配对两种零件群中，选择符合规定要求的两个零件进行装配。这种方法劳动量大，装配质量取决于工人技术水平和测量方法。

分组装配法：是将组成环的公差按完全互换法的极值法所求得的值放大数倍(一般为2～6倍)，使其能按经济加工精度制造，然后对零件按公差进行测量和分组，再按对应组号进行装配，以满足原定的装配精度要求。由于同组零件可以互换，故又称分组互换法。

复合选配法：这是上述两种方法的复合，即把零件预先测量分组，装配时再在各对应组中直接选配。

2) 分组互换法

在大批量生产条件下，当装配尺寸链的环数较少时，采用分组互换法可以达到很高的装配精度。

现以图6-11所示的阀孔和滑阀配合为例，说明分组互换法的计算方法。

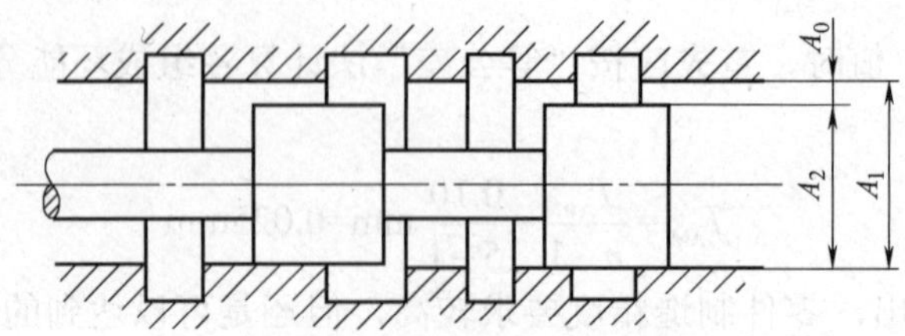


图6-11 阀孔与滑阀的配合简图

要求阀孔与滑阀的配合间隙为 0.006～0.010mm，阀孔直径为 $A_1=\phi 11_{0}^{+0.002}$ mm ($T_{A1}$=0.002mm)，滑阀直径为 $A_2=\phi 11_{-0.008}^{-0.006}$ mm($T_{A2}$=0.002mm)

若采用完全互换法装配，其平均公差为

$$T_{AM}=\frac{T_{A0}}{n}=\frac{0.004}{2}\text{mm}=0.002\text{mm}$$

这个公差值为 IT2 级标准公差值，制造十分困难，也不经济，故可考虑采用分组互换法。

将两个配合件的公差放大 $n$ 倍，取 $n$=5，则 $T'_{Ai}$=0.010mm(相当于 IT6 级)，于是有：

$$A'_1=\phi 11_{0}^{+0.010}\text{ mm}$$

$$A'_2=\phi 11\phi 11_{-0.008}^{+0.002}\text{ mm}$$

然后将制成的零件，再进行测量分组，按阀体孔径 $A'_1$ 和滑阀直径 $A'_2$ 的实际尺寸各分成 5 组，其分组公差为 $T_{Ai}$=0.002mm，组别用不同颜色区别，以便于分组装配。其分组尺寸如表 6-1 所示。

$$T'_{A1}=T'_{A2}=nT_{Ai}=5\times 0.002=0.010\text{(mm)}$$

表 6-1　阀孔和滑阀的分组尺寸

| 组　别 | 标记颜色 | 阀孔直径/mm | 滑阀直径/mm | 配合情况 |
|---|---|---|---|---|
| | | $\phi 11_{0}^{+0.010}$ | $\phi 11_{-0.008}^{+0.002}$ | |
| 1 | 红 | 11.000～11.002 | 10.992～10.994 | 最大间隙为 0.010mm<br>最小间隙为 0.006mm |
| 2 | 黄 | 11.002～11.004 | 10.994～10.996 | |
| 3 | 蓝 | 11.004～11.006 | 10.996～10.998 | |
| 4 | 白 | 11.006～11.008 | 10.998～11.000 | |
| 5 | 绿 | 11.008～11.010 | 11.000～11.002 | |

这样，同一组的阀孔与滑阀相配，可以完全互换，并能保证配合间隙为 0.006～0.010mm。

分组互换法的特点如下。

(1) 分组互换法是将零件的公差放大，使零件制造容易，靠测量分组、按对应组进行装配的方法来保证很高的装配精度。

(2) 分组后各组的配合性质和配合精度要保证原设计要求，配合件的公差必须相等，如图 6-12 所示，公差带增大时要向同方向增大，增大倍数和分组数相同。如果配合件公差不相等时，采用分组互换法可以保持配合精度不变，但配合性质却要发生变化，因此在生产中不宜采用。

(3) 配合件的分组数不宜太多，尺寸公差只要放大到经济加工精度即可；否则，使零件的测量、分组等工作量增加，不利于生产。

(4) 由于装配精度取决于分组公差，要保证很高的配合质量，零件的表面粗糙度和形位公差不要放大，仍要严格要求。

(5) 为了保证分组后的零件能顺利地配套装配，两零件的尺寸分布规律应为正态分布，如图 6-13 中的实线所示。若在加工中因某些因素的影响，使零件尺寸分布不是正态分

布，如图 6-13 中的虚线所示，各组的尺寸分布不对应，将造成各组配合件数不等，不能完全配套，造成大量零件的积压。当生产批量较大，用自动定程或自动控制尺寸加工时，零件的尺寸分布规律是接近正态分布的。但完全配套是不容易的，对于不配套零件，可另外专门加工一批零件与之配套。

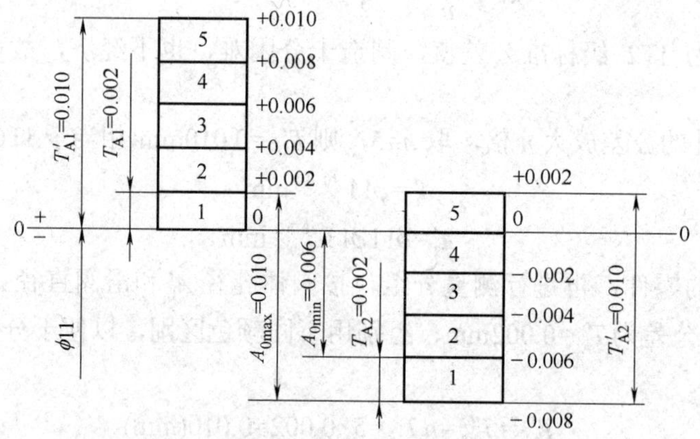


图 6-12 阀孔与滑阀分组公差带位置图

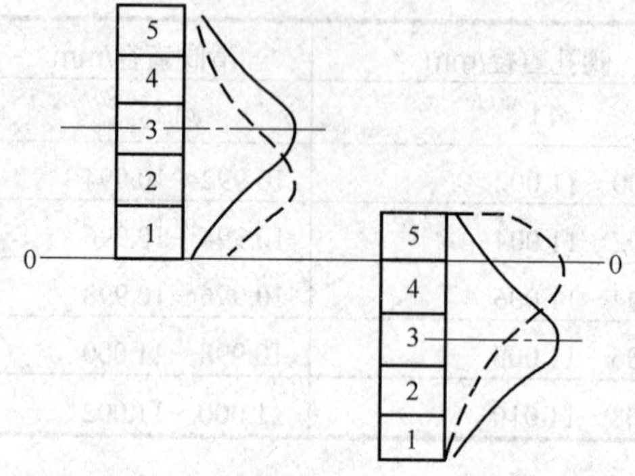

图 6-13 阀孔和滑阀公差及尺寸分布情况

因此，分组互换法只适用于大批量生产和装配精度要求很高的少环尺寸链。

### 3. 调整装配法

对于装配精度要求较高的多环尺寸链，若用完全互换法，则组成环公差较小，加工困难。若用分组互换法，由于环数多，零件分组工作相当复杂。在这种情况下，可以采用调整装配法。所谓调整装配法，就是在装配时用改变产品中可调整零件的相对位置或选用合适的调整件以达到装配精度的方法。

调整装配法的实质就是放大组成环的公差，使各组成环按经济加工精度制造。由于每个组成环的公差都较大，其装配精度必然超差。为了保证装配精度，可改变其中一个组成环的位置或尺寸来补偿这种影响。这个组成环称为补偿环，该零件称为调整件或补偿件。

调整装配法分为可动调整法和固定调整法。

1) 可动调整法

可动调整法就是改变可动补偿件的位置，来达到装配精度的方法。这种方法在机械制造中应用较多。常用的调整件有螺钉、螺母和楔等。图 6-14 所示为用调整螺钉来调整轴承间隙，以保证轴承有足够的刚性，同时又不至于过紧而引起轴承发热。

设计可动调整件时，其最大补偿量必须考虑到最大的补偿数值。同时还要考虑机械在使用过程中因零件磨损、温度变化等而使组成环尺寸发生变化及所能补偿的最大值。

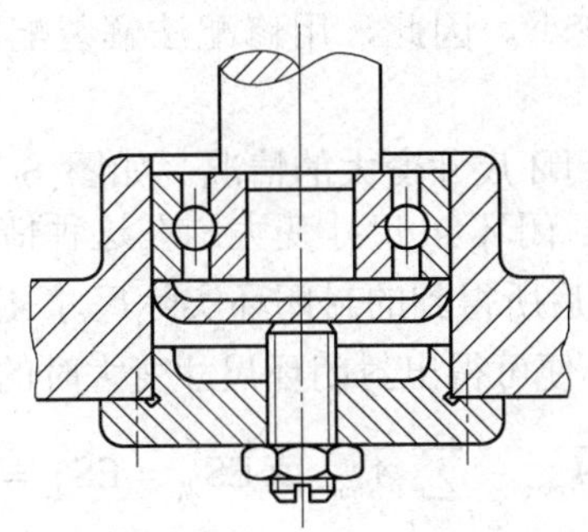

图 6-14　轴承间隙的调整

2) 固定调整法

固定调整法就是在尺寸链中选定一个或加入一个适当尺寸的零件作为调整件。该件是通过计算按一定的尺寸级别制成的一组专用零件。根据装配时的需要，选用某一组别的调整件来做补偿，使之达到规定的装配精度。通常使用的调整件有垫圈、垫片、轴套等零件。对于批量大和精度要求高的产品，固定调整件都采用组合垫片的形式，如不同厚度的紫铜片(厚度为 0.02mm、0.05mm、0.06mm、0.08mm、0.1mm 等，再加上较厚的垫片，如 lmm、2mm 等)，这样可以组合成各种所需要的尺寸，以满足装配精度要求，使调整更为方便。

调整装配法的特点是：扩大了组成环尺寸公差，制造容易，装配时不用修配，就能达到很高的装配精度，容易组织流水生产；使用过程中可以定期改变可动调整件的位置或更换固定调整件来恢复部件原有的装配精度。

其缺点是增加了调整件，相应增加了加工费用，但由于其他组成环公差放大，整体上还是经济的。所以调整法适用于环数多、封闭环精度要求较高的装配尺寸链，尤其是在使用过程中组成环零件尺寸容易变化(因磨损或温度变化)的尺寸链。

#### 4. 修配装配法

在单件小批量生产中，由于产品数量少，对于装配精度要求高和环数多的装配尺寸链，可采用修配装配法。修配装配法就是将尺寸链中各个组成环零件的公差放大到经济可行程度去制造。这样，在装配时封闭环上的累积误差必然超过规定的公差。为了达到规定的装配精度要求，可选尺寸链中的某一个零件作为补偿环(亦称修配环)，通过修配补偿环零件尺寸的方法来达到装配精度。

如果尺寸链中各组成环公差放大为

$$T'_{A1}，\ T'_{A2}，\ \cdots，\ T'_{An-1}$$

则新的封闭环公差 $T'_{A0}$ 为

$$T'_{A0}=\sum_{i=1}^{n-1}T'_{Ai}$$

式中：$T'_{Ai}$为组成环放大后的公差值。

$T'_{A0}$必然大于规定的封闭环公差$T_{A0}$，其差值($T'_{A0}-T_{A0}$)称为补偿量(亦称修配量)。

采用修配法必须合理确定修配环的预加工尺寸，才能达到预期的效果。一般可采用极值法计算。修配环被修配时对封闭环尺寸的影响有两种情况：一种是使封闭环尺寸变大，另一种是使封闭环尺寸变小。因此，用修配法解装配尺寸链时，可根据这两种情况来进行。

(1) 修配环被修配时，封闭环尺寸变大的情况。如图 6-15 所示的简单尺寸链，如选用$A_2$作修配环，当修配$A_2$时，封闭环$A_0$尺寸变大。在这种情况下，为使通过修配环满足装配精度要求，就必须使经修配后所得到的封闭环实际尺寸$A'_{0\max}$，不得大于规定的封闭环的最大值$A_{0\max}$。根据这一关系，便可得出封闭环尺寸变大时的计算关系式为

$$A'_{0\max}=A_{0\max}=\sum_{i=1}^{m}\bar{A}_{i\max}-\sum_{i=m+1}^{n-1}\bar{A}_{i\min}\ \text{或}\ \mathrm{ES}_{A'_0}=\mathrm{ES}_{A_0}=\sum_{i=1}^{m}\mathrm{ES}_{\bar{A}_i}-\sum_{i=m+1}^{n-1}\mathrm{EI}_{\bar{A}_i}$$

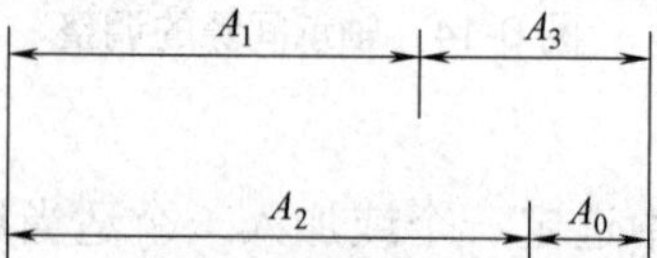

图 6-15　计算修配环的尺寸链

由于具体产品装配结构不同，修配环可能是增环，也可能是减环，但上述公式都可用，将修配环作为未知数从公式中求解即可得出修配环的预加工尺寸。

(2) 修配环被修配时，封闭环尺寸变小的情况。如图 6-15 所示，以$A_3$为修配环，当修配$A_3$时会使封闭环尺寸变小。在这种情况下，为使修配环满足装配精度要求，就应使经修配后所得到的封闭环实际尺寸$A'_{0\min}$，不得小于规定的封闭环最小值$A_{0\min}$。据此分析，可得出封闭环变小时的计算关系式为

$$A'_{0\min}=A_{0\min}=\sum_{i=1}^{m}\bar{A}_{im\min}-\sum_{i=m+1}^{n-1}\bar{A}_{i\max}\ \text{或}\ \mathrm{EI}_{A'_0}=\mathrm{EI}_{A_0}=\sum_{i=1}^{m}\mathrm{EI}_{\bar{A}_i}-\sum_{i=m+1}^{n-1}\mathrm{ES}_{\bar{A}_i}$$

在封闭环尺寸变小的情况下，无论修配环是增环还是减环，皆可由上式计算得出修配环的预加工尺寸。

以上两种情况，计算的修配环尺寸是在最小修配量为零的条件下得出的。但是，确定的修配环预加工尺寸，还要考虑两个问题。

一是使修配环被修配的表面要有良好的接触刚度，以便保证配合质量，因此要求有足够而又尽量小的修配量$K_{\min}$。一般取最小修磨量为$K_{\min}$=0.05～0.10mm，取最小刮研量为$K_{\min}$=0.10～0.20mm。

二是还要考虑到磨削的生产率和工人刮研的劳动强度，要求最大修配量$K_{\max}$不能过大；否则要适当调整组成环的公差。

下面计算最大修配量$K_{\max}$。

已知组成环公差放大后，新的封闭环公差为

$$T'_{A0}=\sum_{i=1}^{n-1}T'_{Ai}$$

要满足原封闭环公差$T_{A0}$，其修配量为

$$T_K = T'_{A0} - T_{A0}$$

而修配量$T_K$等于最大修配量$K_{max}$与最小修配量$K_{min}$之差，即

$$T_K = K_{max} - K_{min}$$

或

$$K_{max} = T_K + K_{min}$$

则最大修配量为

$$K_{max} = \sum_{i=1}^{n-1} T'_{Ai} - T_{A0} + K_{min}$$

对于被修配的表面质量要求较高时，则要求$K_{min}$>0，这时可用上式计算最大修配量$K_{max}$。

而对于被修配表面质量要求不高时，若修配环尺寸处于极限尺寸，可以不经修配，装配后就能满足装配精度要求。这时的最大修配量等于补偿量$T_K$，即

$$K_{max} = T_K = \sum_{i=1}^{n-1} T'_{Ai} - T_{A0}$$

下面通过实例说明确定修配环预加工尺寸和计算最大修配量。

**【例 6-2】** 以图 6-9 所示的单级叶片泵为产品对象，需要在单件小批量生产中，采用修配法保证装配精度要求。要求顶盖端面与泵体端面间的间隙为 0.02～0.12mm，已知有关组成环的尺寸和公差(公差已被放大)为

$$A_1 = 22^{+0.06}_{+0.05}\ \text{mm},\quad A_4 = 7^{+0.042}_{0.}\ \text{mm}$$

$$A_5 = 8^{+0.058}_{0}\ \text{mm},\quad A_6 = 36 \pm 0.05\ \text{mm}$$

$$A_3 = 15\ \text{mm},\quad T_{A3} = 0.07\ \text{mm}$$

采用修配法保证装配精度要求，选择左配油盘(件号 4) $A_3$为修配环，试计算修配环的预加工尺寸和最大修配量。

**解：**

(1) 计算封闭环的基本尺寸及偏差为

$$A_0 = (\bar{A}_3 + \bar{A}_1 + \bar{A}_4) - (\bar{A}_5 + \bar{A}_6) = [(15+22+7)-(8+36)]\text{mm}=0\text{mm}$$

所以，$A_0 = 0^{+0.12}_{+0.02}$

(2) 计算修配环$A_3$的预加工尺寸。图 6-9(b)所示为尺寸链图。从结构图可知，修配环$A_3$经修配尺寸减小时，封闭环$A_0$变小，则$A_3$的尺寸为

$$\text{EI}_{A'_0} = \text{EI}_{A_0} = \sum_{i=1}^{m} \text{EI}_{\bar{A}_i} - \sum_{i=m+1}^{n-1} \text{ES}_{\bar{A}_i}$$

$$\text{EI}_{A_0} = \text{EI}_{\bar{A}_3} + \text{EI}_{\bar{A}_1} + \text{EI}_{\bar{A}_4}) - (\text{ES}_{\bar{A}_5} + \text{ES}_{\bar{A}_6})$$

$$0.02=(\text{EI}_{A_3} +0.05+0)-(0.058+0.050)$$

$$\text{EI}_{A_3} =0.078(\text{mm})$$

所以，$A_3 = 15^{+0.148}_{+0.078}$ mm。

这时的$K_{min}$=0。对配油盘，其端面质量要求高，同定子端面和顶盖内端面结合要严密，防止泄漏，所以配油盘端面要经过平磨和研磨加工，即使在$A_3$处于极限尺寸时，也应有最小修配量，故取最小修配量$K_{min}$=0.05mm。则修配环$A_3$的尺寸为

$$A_3 = (15+0.05)_{+0.078}^{+0.148}\text{mm} = 15_{+0.0128}^{+0.198}\text{mm}$$

(3) 计算最大修配量 $K_{max}$。最大修配量可通过新、老封闭环公差带分布图比较得出，如图 6-16 所示。现计算最大修配量为

$$K_{max} = \sum_{i=1}^{n-1} T'_{Ai} - T_{A0} + K_{min} = (T'_{A1} + T'_{A3} + T'_{A4} + T'_{A5} + T'_{A6}) - T_{A0} + K_{min}$$

修配法的特点：可在较大程度上放大组成环的公差，而仍然保证达到很高的装配精度，因此对于装配精度要求较高的多环尺寸链特别适用。但是，要求修配工作的技术水平较高，并且由于每个产品的修配量不一致，故不适合大批量生产，只适用于单件小批量生产。

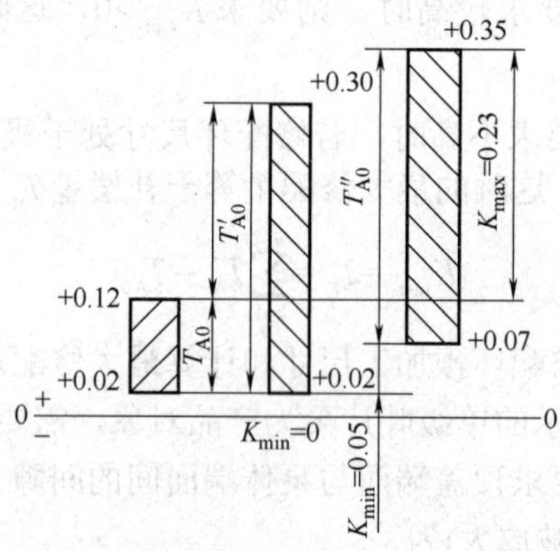


图 6-16　新、老封闭环公差带分布

# 6.6　产品的装配

【学习目标】掌握零件的清洗方法，掌握可拆连接的装配、不可拆连接的装配、活动连接的装配、滚动轴承的装配、齿轮传动装置装配要点或程序。

## 6.6.1　零件的清洗

零件在装配前必须先经洗涤及清理，以消除附着的杂质碎末、油脂和防腐剂等，从而保证零件在装配运转后不致产生先期磨损和额外偏差。清洗的方法如表 6-2 所示。

表 6-2　零件的清洗方法

| 清洗方法 | 设　备 | 洗 涤 剂 |
|---|---|---|
| 大型零件采用手动或机动清洗，然后用压缩空气吹净 | 手动或机动钢丝刷，压缩空气喷嘴 | |
| 中、小型零件采用清洗槽和压缩空气吹干或经清洗机随后烘干 | (1) 人工清洗槽和刷子<br>(2) 机械化清洗槽，清洗槽中备有零件的传送装置、搅拌装置和加热装置(见图 6-17)<br>(3) 清洗机(见图 6-18) | (1) 煤油和三氯乙烯 $C_2HCl_3$(适用小型零件)<br>(2) 3%～5%无水碳酸钠水溶液中加少量乳化剂(10g/L)加热到 60～80℃<br>(3) 同 2 |
| 复杂零件清洗采用喷嘴吹净 | 特殊结构的喷嘴、超声波振荡清洗机 | 同上项 2 |

清洗液的评价指标主要是清洗力、工艺性、稳定性、缓蚀性，以及易于配制、使用安全、成本低廉，并符合消防和环境保护要求等。常用的清洗液有水剂清洗液、碱液、汽油、煤油、柴油、三氯乙烯等。

水剂清洗液应用渐广，其特点是：清洗力强，应用工艺简单，合理配制可有较好的稳定性和缓蚀性，无毒，不燃，使用安全，成本低。品种有 TX-10、6501、6503、105、664、SP-1、741、771、平平加、三乙醇胺油酸皂等。

零件黏附较严重的液态和半固态油污，或带有残存的研磨膏、抛光膏等，可用 664、105、TX-10、771、平平加等。

零件上有热处理熔盐，可用6503清洗剂，它在盐类电解水溶液中有良好的清洗力。

对缓蚀要求较高的零件，可用 6503、664、SP-1、771、三乙醇胺油酸皂等具有一定防锈能力的清洗剂。

铜铝合金或镀锌零件，可用平平加或TX-10清洗剂。

SP-1、HD-2等在常温下仍具有相当强的清洗力，不必加热。

为使水剂清洗液有较好的工艺性、稳定性和缓蚀性，可适当加以添加剂。加入适量磷酸钠、硅酸钠、碳酸钠等，可提高工艺性和稳定性；加少量亚硝酸钠、三乙醇胺、磷酸氢钠等可增强缓蚀性；加适量消泡剂，如二甲苯硅油、邻苯二甲酸二丁酯等，可提高喷洗工艺性。

箱体零件内部杂质在装配前也必须用机动或手动的钢刷清理刷净，或利用装有各种形状的压缩空气喷嘴吹净。压缩空气对各种深孔或凹槽的清理最为有利，同时并保证零件吹净后的快速干燥。

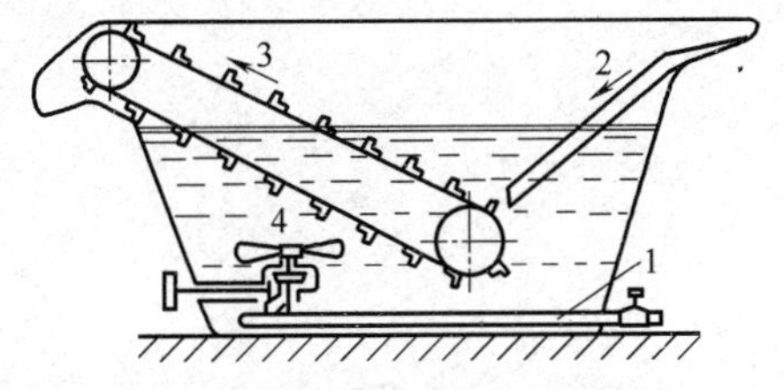


图6-17　机械化清洗槽

1—加热管；2—零件输入槽；3—传送链；4—搅拌器

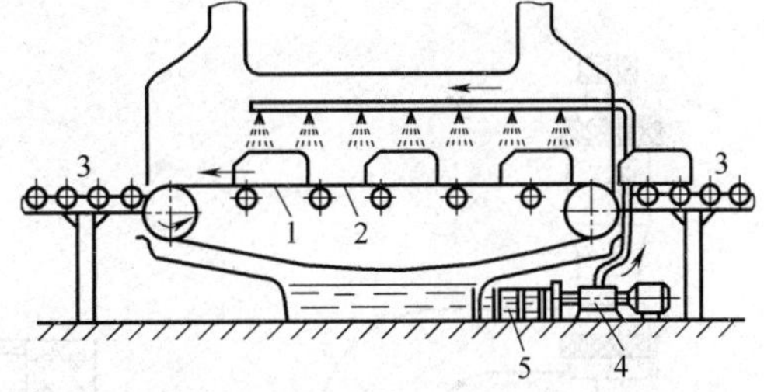


图6-18　单室清洗机

1—产品；2—传送装置；3—滚道；4—泵；5—过滤器及沉淀器

## 6.6.2　可拆连接的装配

可拆连接有螺纹连接、键连接、花键连接和圆锥面连接。其中螺纹连接应用最广泛。

### 1. 螺纹连接

螺纹连接是用螺栓、螺钉或螺柱和螺母等组成。螺纹连接的装配质量主要包括：螺栓和螺母正确地旋紧；螺栓和螺钉在连接中不应有歪斜和弯曲的情况；锁紧装置可靠。拧得过紧的螺栓连接将会降低螺母的使用寿命和在螺栓中产生过大的应力。为了使螺纹连接在长期工作条件下能保证结合零件的稳固，必须给予一定的拧紧力矩。普通螺纹材料为 35 钢，经过正火，在扳手上的最大许用扭矩列于表 6-3 中。对于 Q235、Q255、Q275 和 45 钢(经过正火)应将表中数字分别乘以系数 0.75、0.8、0.9 和 1.1。

表 6-3　螺纹的拧紧扭矩

| 螺纹直径/mm | 6 | 8 | 10 | 12 | 14 | 16 | 18 | 20 | 22 | 24 | 27 | 30 | 36 |
|---|---|---|---|---|---|---|---|---|---|---|---|---|---|
| 拧紧扭矩/(N·m) | 4 | 9.5 | 18 | 32 | 51 | 80 | 112 | 160 | 220 | 280 | 410 | 550 | 970 |

按螺纹连接的重要性，分别采用下列几种方法来保证螺纹的拧紧程度。

(1) 用百分尺或其他测量工具来测定螺栓的伸长量，从而测算出夹紧力(见图 6-19)。

$$F_0 = \frac{\lambda}{l} ES$$

式中：$F_0$——夹紧力，N；

$\lambda$——伸长量，mm；

$l$——螺栓在两支持面间的长度，mm；

$S$——螺栓的截面积，mm$^2$；

$E$——螺栓材料的弹性模数，MPa。

螺栓中的拉应力$\sigma = \frac{\lambda}{l} E$，不得超过螺栓的许用拉应力。

(2) 使用扭力指示式扳手(见图 6-20)和预置式扳手，可事先设定(预置)扭矩值，拧紧扭矩调节精度可达 5%。

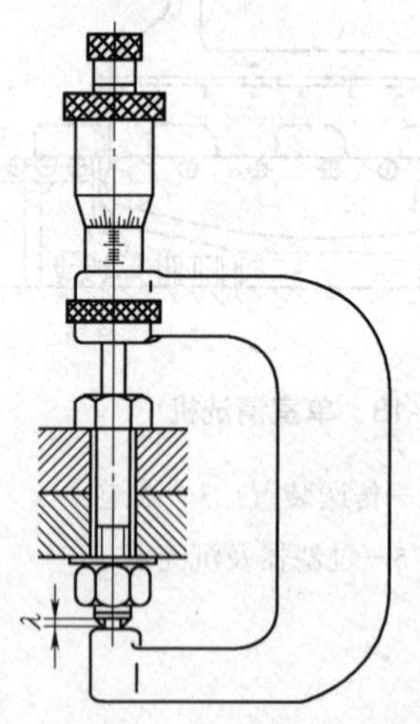


图 6-19　螺栓伸长量的测量简图

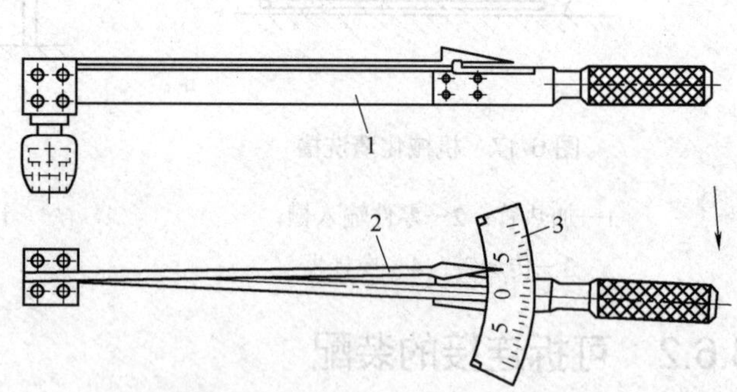


图 6-20　指示式扳手

1—弹性心杆；2—指针；3—标尺

(3) 使用具有一定长度的普通扳手，根据普通装配工能施加于手柄上的最大扭力和正常扭力(装配工最大的扭力是 400～600N，正常扭力是 200～300N)来选择扳手的适宜长度，从而保证一定的拧紧扭矩。

安装螺母的基本要求是：①螺母应能用手轻松地旋到待连接零件的表面上；②螺母的端面必须垂直于螺纹轴线；③螺纹的表面必须正确而光滑；④螺母数量多时，应按一定次序来拧紧(见图 6-21)，并应逐步拧紧，即先把所有的螺母紧到 1/3，然后紧到 2/3，最后再完全拧紧。但如用机械多头螺母扳手同时拧紧各螺母时，则可以一次完全拧紧。

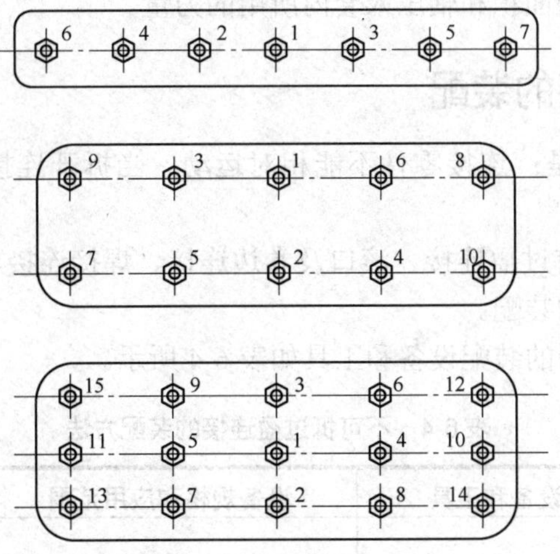


图 6-21　螺母拧紧次序

螺纹装配工具可分为手动和机动两大类。手动工具除一般常用的扳手和螺钉旋具外，尚有各种专用的扳手。

机动工具有气扳机和电动扳手，气动旋具和电动旋具。机动工具除能提高劳动生产率和降低劳动强度外，尚能产生较大的扭矩。这对大型螺栓来说，其意义更大。

### 2. 键、花键和圆锥面连接

键连接是可拆连接的一种。它又分为楔形键、平键和半圆键连接 3 种。采用这种连接装配时，应注意下列各点。

(1) 键连接尺寸按基轴制制造，花键连接尺寸按基孔制制造，以便适合各种配合的零件。

(2) 大尺寸的键和轮毂上的键槽通常修配，修配精度可用塞尺检查。大批生产中键和键槽不宜修配。

(3) 在楔形键配合中，把套和轴的配合间隙减小至最低限度，以消除装配后的偏心度，如图 6-22 所示。

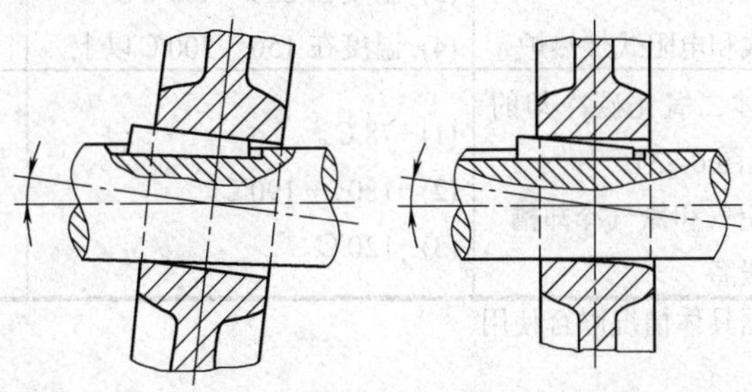

图 6-22　键连接的零件在安装楔形键后的位移

花键连接能保证配合零件获得较高的同轴度。它的装配形式为滑动、紧滑动和固定 3 种。固定配合最好用加热压入法，不宜用锤打，加热温度为 80～120℃。套件压合后应检验跳动误差。重要的花键连接还要用涂色法检验。

圆锥面连接的主要优点是，装配时可轻易地把轴装到套内，并且定中心较好。装配时，应注意套和轴的接触面积和轴压入套内所用的力量。

## 6.6.3 不可拆连接的装配

不可拆连接的特点是：连接零件不能相对运动；当拆开连接时，将损伤或破坏连接零件。

属于不可拆连接的有过盈连接、滚口及卷边连接、焊接连接、铆钉连接和黏合连接。本节主要介绍过盈连接的装配。

过盈连接的装配采用的装配设备和工具如表 6-4 所示。

表 6-4 不可拆过盈连接的装配方法

| 方 法 | 应用的设备和工具 | 设备规格和应用范围 | 备 注 |
|---|---|---|---|
| 人工锤击法 | 手锤(质量 0.25～1.25 kg) | 压装不大的销钉、塞头、键、楔块等;<br>压装轴套、环等 | (1) 手锤材料必须比被冲击的材料软<br>(2) 软锤用木、巴氏合金铜或其他软金属制成<br>(3) 用钢制大锤敲击时，中间必须垫衬软金属 |
| 用压床加压力的连接法 | (1) 手动螺旋压床。<br>(2) 手动齿条压床。<br>(3) 手动偏心杠杆压床。<br>(4) 气动压床。<br>(5) 机动螺旋压床。<br>(6) 液压压床。<br>(7) 吊车拉力压床 | (1) 加压 10 000～20 000N。<br>(2) 加压 10 000～15 000N。<br>(3) 加压 15 000N 以下。<br>(4) 加压 30 000～50 000N。<br>(5) 加压 50 000～100 000N。<br>(6) 加压大于 100 000N。<br>(7) 小批生产 | — |
| 加热包容件法 | (1) 热水槽。<br>(2) 油槽。<br>(3) 气体加热炉。<br>(4) 感应式和电阻式加热炉 | (1) 温度在 100℃以下。<br>(2) 温度在 70～120℃。<br>(3) 温度在 250～400℃。<br>(4) 温度在 150～200℃以上 | 用于加热大尺寸的包容件 |
| 冷却被包容件法 | (1) 用固体二氧化碳冷却的酒精槽(见图 6-23)<br>(2) 液态空气和氮气冷却槽<br>(3) 冷冻设备 | (1) -78℃。<br>(2) -180～-190℃。<br>(3) -120℃ | 将尺寸不大的零件紧配于大型零件时适用 |

注：上述各法亦可根据具体情况联合使用。

压配带有一定过盈的包容件和被包容件(一般亦可称为套类零件和轴类零件所需的轴向压力 $F$(见图 6-24))是根据相配零件的材料、壁厚、形状和过盈的大小而定。最大压合力可

按下列公式计算，即

$$F = f\pi dLp \quad \mathrm{N}$$

式中：$f$——压合时的摩擦因数；

$d$——配合面的公称直径，mm；

$L$——压合长度，mm；

$p$——配合表面上的压应力，MPa，

可根据下列公式计算。

$$p = \frac{\delta \times 10^{-3}}{\left(\frac{c_1}{E_1} + \frac{c_2}{E_2}\right)d}$$

$$c_1 = \frac{d^2 + d_0^2}{d^2 - d_0^2} - u_1, \quad c_2 = \frac{D^2 + d^2}{D^2 - d^2} + u_2$$

式中：$d_0$——被包容件的内孔直径，mm；

$D$——包容件的外圆直径，mm；

$E_1$ 和 $E_2$——被包容件和包容件的弹性模量，MPa；

$u_1$ 和 $u_2$——被包容件和包容件的泊松比(钢为 $u_1 = u_2 = 0.30$；青铜为 0.36；铸铁为 0.25)；

$\delta$——计算过盈，μm。

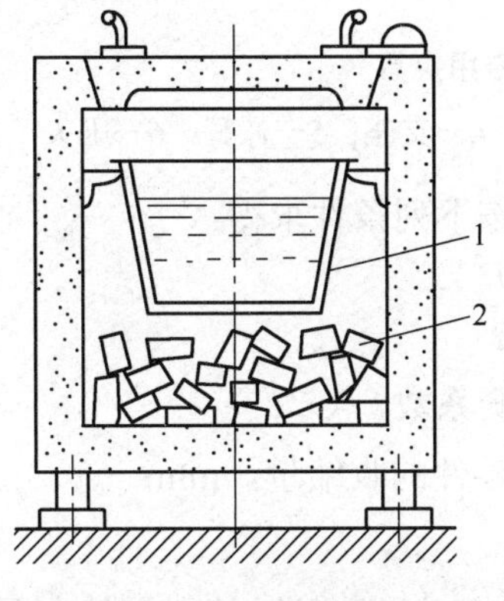


**图 6-23　零件的冷却槽**

1—冷却槽；2—固体二氧化碳

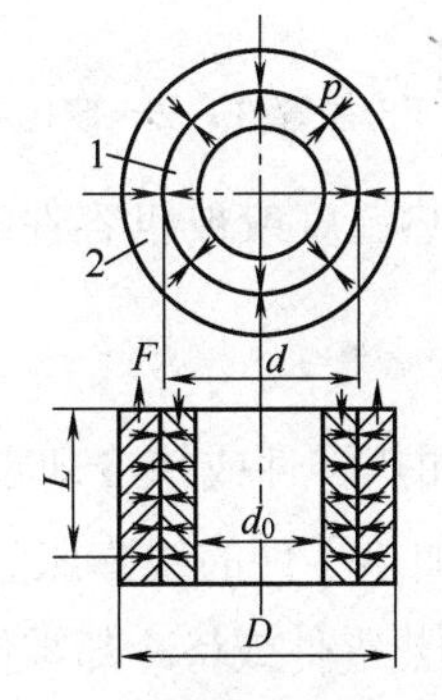


**图 6-24　压配图**

1—被包容件；2—包容件

压合时的摩擦因数是由许多因素决定的，如零件的材料、两配合面的表面粗糙度、压应力、有无润滑和润滑油的性质等。表 6-5 所列为钢轴和各种不同材料压合时的摩擦因数 $f$ 的值。

**表 6-5　压合时的摩擦因数 $f$ 的数值**

| 材料 | 被包容件 | 中 碳 钢 | | | | |
|---|---|---|---|---|---|---|
| | 包容件 | 中碳钢 | 优质铸铁 | 铝镁合金 | 黄　铜 | 塑　料 |
| 润滑油 | | 机油 | 干 | 干 | 干 | 干 |
| $f$ | | 0.06～0.22 | 0.06～0.14 | 0.02～0.08 | 0.05～0.1 | 0.54 |

$f$ 值的变化规律是：两配合表面加工表面粗糙度减小，$f$ 减小；压应力 $p$ 增大，$f$ 减小。

两个压配零件拆卸时的压出力常比压合力大 10%～15%。压合用的压床所能产生的压力应为压合力的 1.5～2 倍。压合速度一般不超过 5mm/s，过高会降低压应力。

相配零件压合后，包容件的外径将会增大，而被包容件如为套件(见图 6-24)，则内径将缩小。压合时除使用各种压床外，尚须使用一些专用夹具，以保证压合零件得到正确的装夹位置及避免变形。图 6-25 所示为这种夹具的几个实例。

大直径零件的配合或和过盈大于 0.1mm 的零件配合，常用加热包容件或者冷却被包容件来实现。

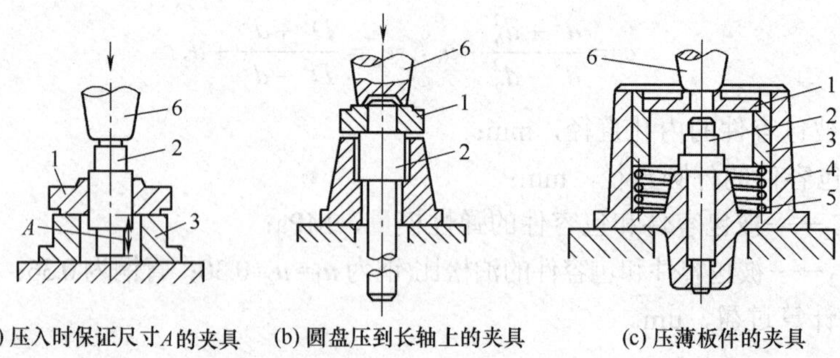

(a) 压入时保证尺寸$A$的夹具　(b) 圆盘压到长轴上的夹具　(c) 压薄板件的夹具

**图 6-25　压合专用夹具**

1—包容件；2—被包容件；3—导套；4—支座；5—弹簧；6—压头

包容件的加热温度或被包容件的冷却温度 $t$ 按下列条件求得：

$$t > \frac{\delta \times 10^{-3}}{a \times d}$$

式中：$a$——待加热零件或待冷却零件材料的线胀系数，℃$^{-1}$；

$\delta$——待加热零件的线膨胀量，或待冷却零件的收缩量，mm；

$d$——待加热零件或待冷却零件的直径，mm。

求得的 $t$ 值必须增加(加热时)或减少(冷却时)20%～30%以补偿零件在配合前由于搬动所引起的温度变化，以及零件在相配时自由安放所需要的间隙。

一般包容件可以在煤气炉或电炉中用空气或液体作介质进行加热。如零件加热温度要保持在一个狭窄范围内，且加热特别均匀，最好用液体作介质。液体可以是水或纯矿物油，在高温加热时可用蓖麻油。大型零件，如齿轮的轮缘和其他环形零件可用移动式螺旋电加热器以感应电流加热(见图 6-26 和图 6-27)。

加热大型包容件的劳动量很大，最好用相反的方法，即用冷却较小的被包容件来获得两个零件的温度差。冷却零件的冷却剂，用固体二氧化碳，可以把零件冷却到-78℃，液态空气和液态氮气可把零件冷却到更低的温度(-180～-190℃)。

使用冷却方法必须采用劳动保护措施，以防止介质伤害人体。

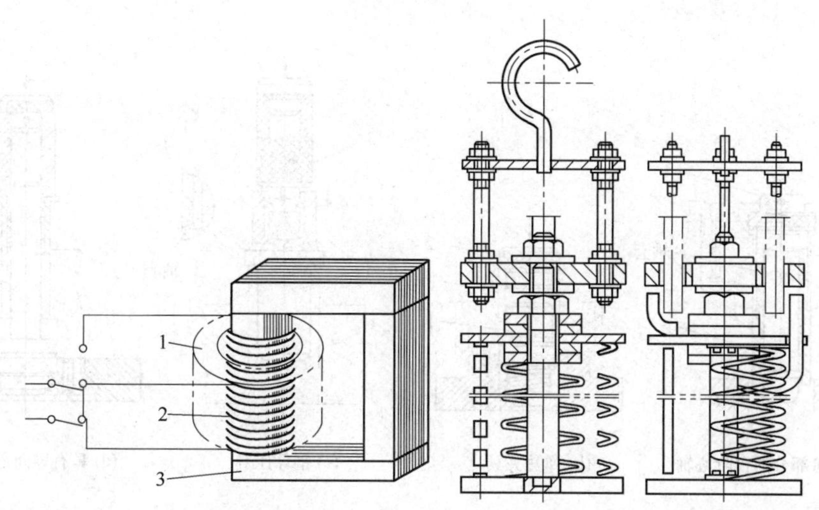


图 6-26　用感应电流加热零件

1—零件；2—线圈；3—磁导体(加热时放置在包容件的孔内)

图 6-27　移动式螺旋电加热器

## 6.6.4　活动连接的装配

活动连接的种类很多，装配方法也各色各样。本节主要介绍轴承、齿轮传动的装配。

### 1. 滑动轴承的装配

滑动轴承分为整体式和对开式。

1) 整体式轴承

整体式轴承分为 3 种，如图 6-28 所示。

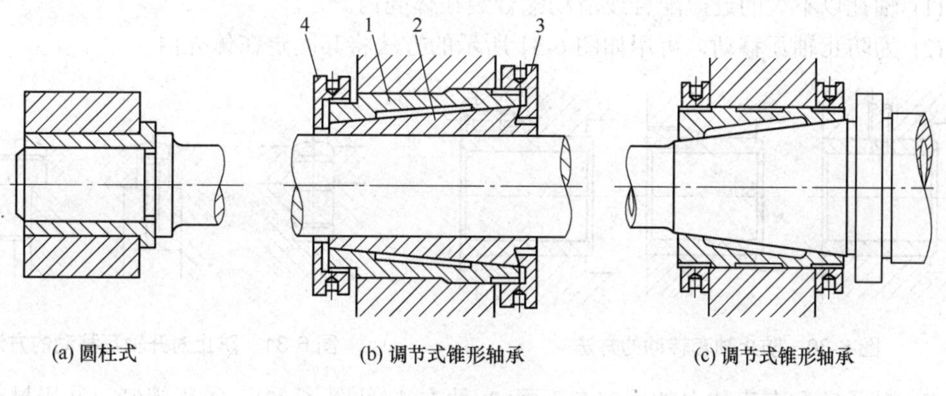


(a) 圆柱式　(b) 调节式锥形轴承　(c) 调节式锥形轴承

图 6-28　滑动轴承

1—衬套；2—轴承；3，4—螺母

整体式轴承的装配要点如下。

(1) 将轴套装到体壳内。根据轴套的尺寸和过盈大小，选择合适的装配方法。

(2) 轴套压入体壳时，需特别注意不使其偏斜，以免表面擦伤及轴套变形。利用图 6-29 所示的几种压配夹具，可以获得良好的效果。

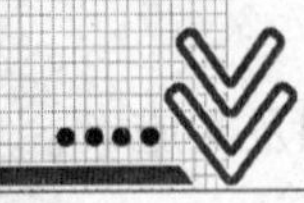



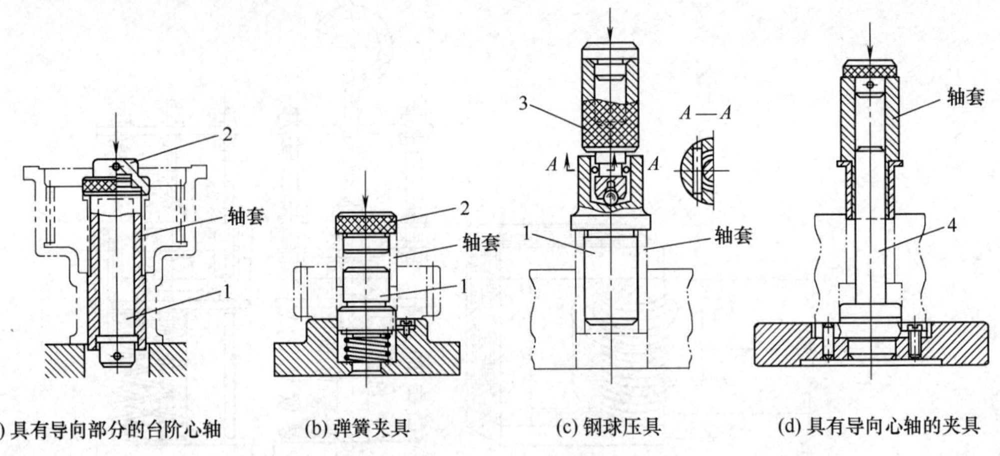


图 6-29　压配轴承轴套的专用夹具

1—心轴；2—可拆卸的端盖；3—钢球压柄；4—导向轴

(3) 轴套压合后应紧固，已防止转动。紧固轴套的方法如图 6-30 所示。

(4) 轴套压入体壳后，会产生变形，因此需修配和校正。这种修配和校正的方法有：铰光；刮研；钢球挤压；研磨。

2) 对开式轴承

对开式轴承分为厚壁轴瓦和薄壁轴瓦两种。厚壁轴瓦由低碳钢、铸铁和青铜制成，并在滑动表面上浇铸巴氏合金和其他耐磨合金。这种轴瓦壁厚为 3～5mm，巴氏合金层的厚度是 0.7～3.0mm。

装配的主要程序和说明如下。

(1) 轴瓦以不大的过盈配合或滑动配合装在体壳内。

(2) 为防止轴瓦移动，可用如图 6-31 所示的方法将其固定在体壳内。

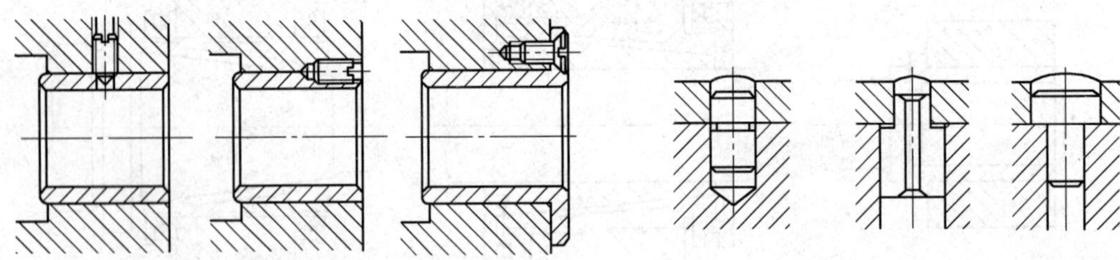

图 6-30　防止轴套转动的方法　　图 6-31　防止对开轴瓦移动的方法

(3) 轴承盖和在壳体上的固定有下面 3 种方法(见图 6-32)：①用销钉；②用槽；③用榫台。

(4) 装配非互换性轴瓦时，滑动表面必须留有 0.05～0.1mm 的余量，以便在装配后进行最后的修配加工。装配具有互换性的厚壁轴瓦，装配前轴瓦必须严格按公差加工。

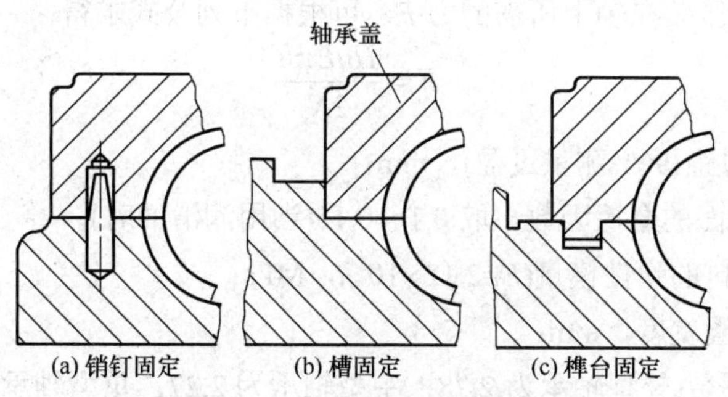


(a) 销钉固定　(b) 槽固定　(c) 榫合固定

图 6-32　固定轴承盖方法

薄壁轴瓦用低碳钢制造，滑动表面浇注一层耐磨的巴氏或铜铅合金。轴瓦全部壁厚为1.5～3mm。为了防止薄壁轴瓦移动，可用定位销或者在开合处用凸齿定位。薄壁轴瓦具有互换性。在没有把轴瓦安装到轴承座内时，轴瓦需有如图 6-33(a)所示的形状。压入轴承座后轴瓦的边缘应高出接合平面，其数值为 $h$，如图 6-33(b)所示。$h$ 值一般采用 0.05～0.10 mm，它可用工具来检验，如图 6-34 所示。

装配多支承轴的滑动轴承时，应特别注意各轴承的同轴度。

轴瓦安装在壳体内后，再把轴安装在轴瓦内，并用涂色法检验轴和轴瓦的接触情况，同时利用刮研方法使涂色点不少于轴承的全部面积的 85%。

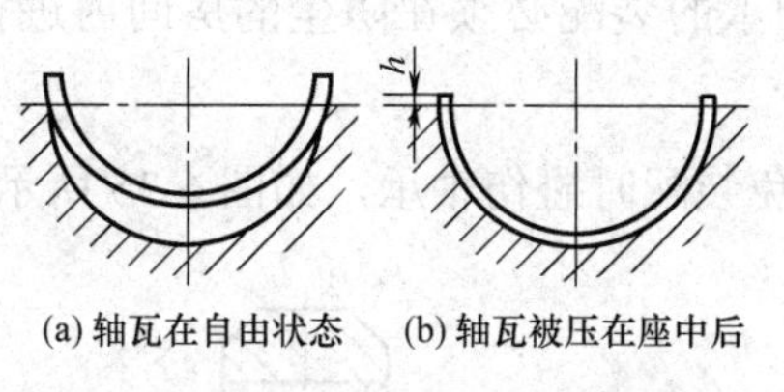


(a) 轴瓦在自由状态　(b) 轴瓦被压在座中后

图 6-33　薄壁轴瓦在轴承座中的装置

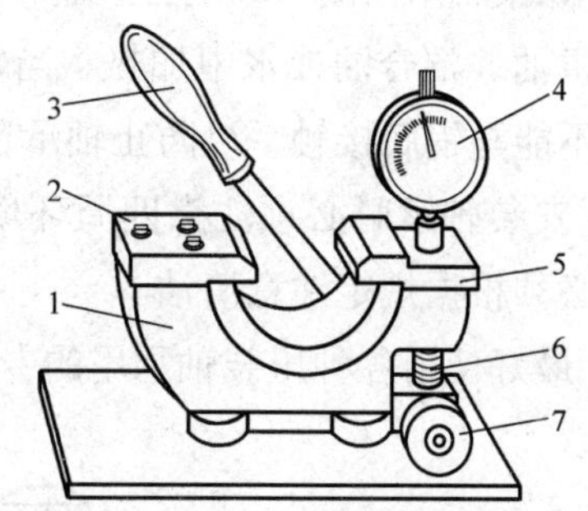


图 6-34　检验薄壳轴瓦边缘高度的工具

1—轴承座；2—固定夹板；
3—移动活动夹板的杠杆；4—百分表；
5—活动夹板；6—复位弹簧；7—偏心轴

## 2. 滚动轴承的装配

滚动轴承(即球轴承和滚子轴承)按工作特性可分为下列 3 种：向心轴承、推力轴承和向心推力轴承。根据负荷的大小，又分为特轻型、轻型、中型和重型等。

滚动轴承种类虽多，但它的装配仍有共同的特点。

(1) 滚动轴承的配合，动圈(一般为内圈)与机器的转动部分(一般为轴颈)常采用过盈配合；静圈(一般为外圈)与机器的静止部分常采用过盈很小或具有间隙的配合。

(2) 与滚动轴承相配的零件必须具有一定的精度和表面粗糙度。

(3) 把轴承内圈压装在轴上所需的力 $F$，可根据下列公式求得：

$$F=\frac{HuE\pi B}{2N}$$

式中：$H$——有效过盈(90%测量过盈)，mm；

$u$——包容表面的摩擦因数，取 0.1～0.15(当用润滑油时)；

$E$——轴承材料的弹性模量($E$=$2.12\times10^5$)，MPa；

$B$——轴承内圈宽度，mm；

$N$——经验系数(轻型轴承为 2.78；中型轴承为 2.27；重型轴承为 1.96)。

(4) 滚动轴承装配时必须注意下列事项。

① 安装前应把轴承、轴、孔及油孔等用煤油或汽油清洗干净。

② 把轴承套在轴上时，压装轴承的压力应施加在内圈上；把轴承压在体壳时，压力应施加在外圈上。

③ 当把轴承同时压装在轴和壳体上时，压力应同时施加在内、外两圈上。

④ 在压配时或用软锤敲打时，应使压配力或打击力均匀地分布于座圈的整个端面。

⑤ 不应使用能把压力施加于夹持架或钢球上去的压装夹具，同时亦不应使用锤直接敲打轴承端面。

⑥ 如果轴承内圈与轴配合过盈较大，最好采用热套法安装。即把轴承放在温度为 90°左右的机油、混合油或水中加热。当轴承的钢球保持架是塑料制的，只宜用水加热。加热时轴承不能与锅底接触，以防止轴承过热。

⑦ 安装轴承时必须注意四周环境，高精度轴承的装配必须在防尘的房间内进行。工作人员必须根据规定注意清洁。

⑧ 最好使用各种压装轴承用的专用工具，以免装配时碰伤轴承，如图 6-35 所示。

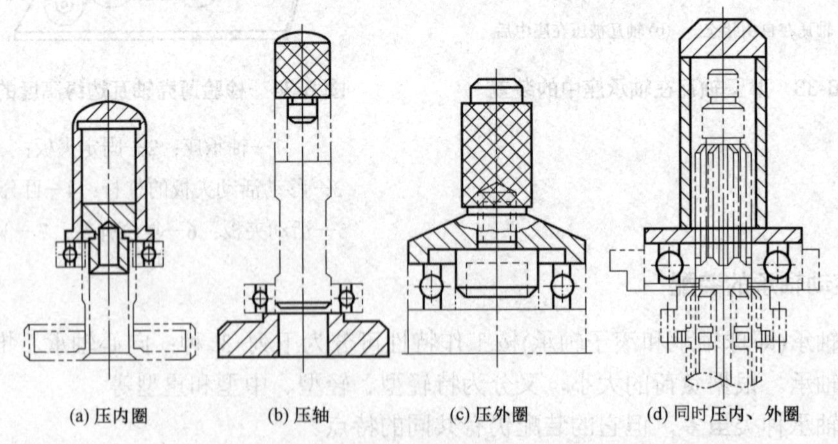


图 6-35　压装轴承用的工具

⑨ 轴承压配后必须用如图 6-36 所示的方法来检查轴承的间隙。

⑩ 轴上安装轴承的跨距较大时，必须留有轴受热膨胀伸延所需的间隙。

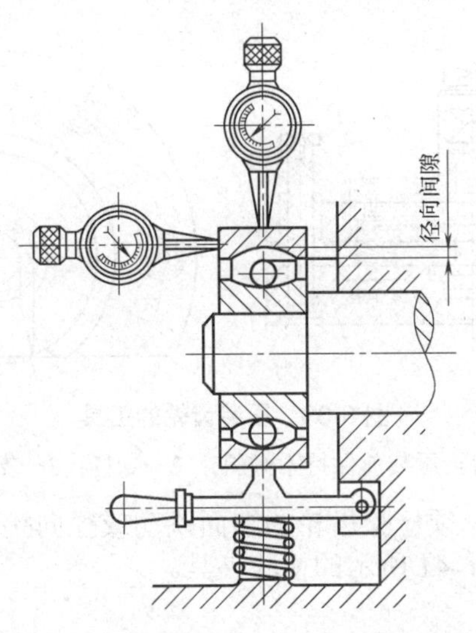


图 6-36　用百分表检验轴承中的径向间隙

### 3. 齿轮传动装置的装配

齿轮传动装置主要可分为 3 类：圆柱齿轮传动装置；锥齿轮传动装置；蜗轮蜗杆传动装置。

1) 圆柱齿轮传动装置的装配程序

(1) 把齿轮装到传动轴上。齿轮安装在轴上的方法有很多，图 6-37 所示是几种安装方法的示例。当齿轮与轴是间隙配合时，只需用手或一般的起重工具进行装配。当两者之间的配合是过渡配合时，就需在压床上或用专用工具(见图 6-38 及图 6-39)把齿轮压装在轴颈上，齿圈和齿轮轮毂的配合往往是带有过盈的过渡配合。一般是把齿圈加热进行装配。

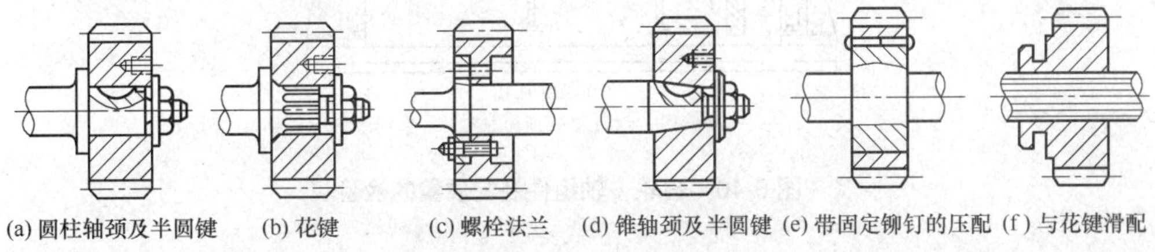

(a) 圆柱轴颈及半圆键　(b) 花键　(c) 螺栓法兰　(d) 锥轴颈及半圆键　(e) 带固定铆钉的压配　(f) 与花键滑配

图 6-37　齿轮安装在轴上的方法

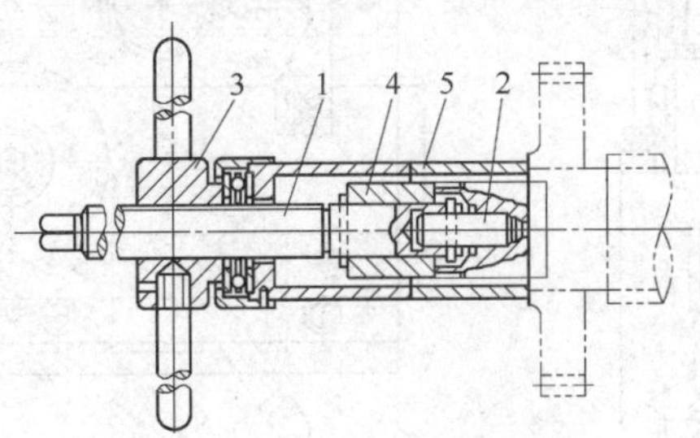


图 6-38　压装齿轮的工具

1—螺杆；2—螺杆 1 端部的螺钉(压装时固定在工件轴端上)；3—带手柄的螺母；4—导套；5—中间隔环

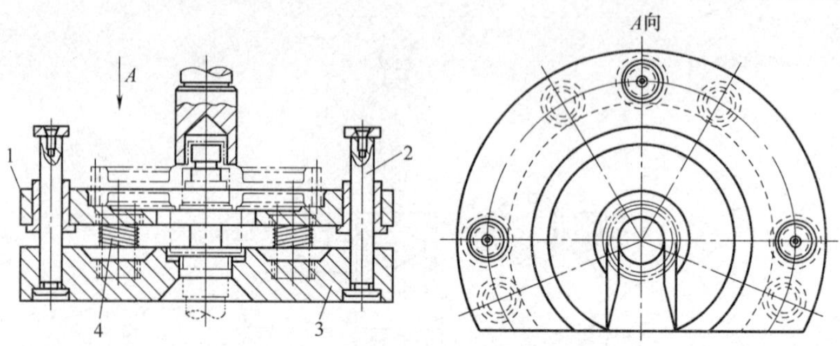


图 6-39　压装齿轮的工具

1—移动套板(使齿轮压装前保持不倾斜)；2—导柱；3—支持底板；4—弹簧

(2) 齿轮安装在轴上后，须检验齿轮的端面跳动或径向跳动。检验用的夹具如图 6-40 所示。大批量生产时可用图 6-41 所示的检验夹具。

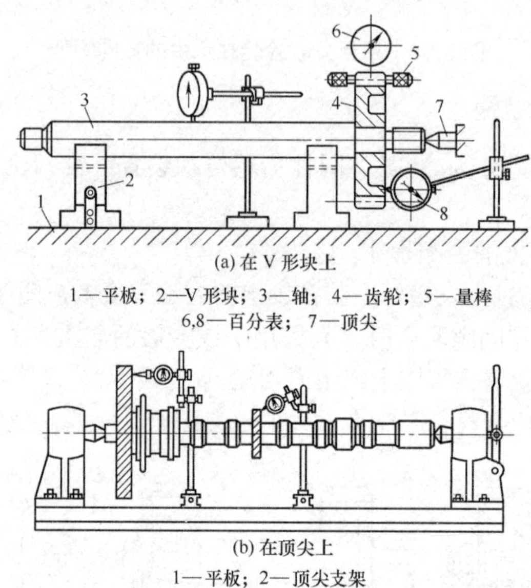


(a) 在 V 形块上

1—平板；2—V 形块；3—轴；4—齿轮；5—量棒
6,8—百分表；7—顶尖

(b) 在顶尖上

1—平板；2—顶尖支架

图 6-40　齿轮—轴组件装配质量的检验

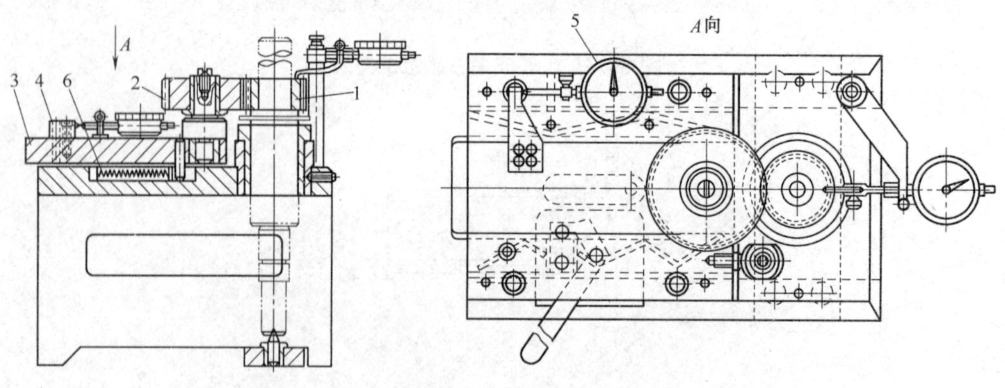


图 6-41　大批量生产中齿轮—轴组件装配质量的检验

1—被检验齿轮—轴组件；2—标准齿轮；3—滑板；4—挡块；5—百分表；6—弹簧

(3) 检验壳体内主动轴和从动轴的位置。检验内容包括：①齿轮轴中心距的检验，如图 6-42 所示；②齿轮轴轴线平行度和倾斜度的检验，如图 6-43 所示。

(4) 把齿轮—轴部件安装到体壳轴孔中。装配方式根据轴在孔中的结构特点而定。

(5) 检验齿轮传动装置的啮合质量：①齿轮齿侧面的接触斑点的位置及其所占面积的百分比(利用涂色法)；②齿轮啮合齿侧间隙。

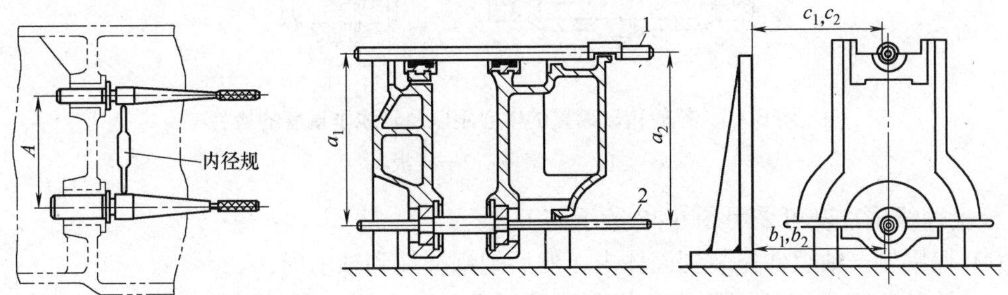


图 6-42　利用量规作孔的中心距检验

图 6-43　平台上箱体孔轴线平行度和倾斜度的检验

1，2—校验轴

2) 锥齿轮传动装置的装配程序

锥齿轮传动装置的装配工序和装配圆柱齿轮装置的相类似，但必须注意以下的特点：锥齿轮传动装置中，两个啮合的锥齿轮的锥顶必须重合于一点。为此，必须用专门装置来检验锥齿轮传动装置轴线相交的正确性。图 6-44 中的塞杆的末端顺轴线切去一半，两个塞杆各插入安装锥齿轮轴的孔中，用塞尺测出切开平面间的距离 $a$，即为相交轴线的误差。

锥齿轮轴线之间角度的准确性是用经校准的塞杆 1 及专门的样板 2 来校验的，如图 6-45 所示。将样板 2 放入外壳安装锥齿轮轴的孔中，将塞杆放入另一个孔中，如果两孔的轴线不形成直角，则样板中的一个矮脚与塞杆之间存有间隙。这间隙可用塞尺来测得。

3) 蜗轮蜗杆传动装置的装配程序线的误差

(1) 首先从蜗轮着手，把齿圈和轮毂装配好。

(2) 把蜗轮装到轴上，安装过程和检验方法同圆柱齿轮。

(3) 用专门工具检验壳体内孔的中心距和轴线间的歪斜度。在图 6-46 中，把塞杆 1 放入壳体蜗轮轴孔中，塞杆上套着样板 2，然后在蜗杆安装孔中放入塞杆 3；并用特制的量规测得塞杆 3 与样板 2 之间的距离 $a$、$c$。根据 $a$、$b$ 和塞杆直径 $d$ 可以算出中心距 $A$，$A = b + a + d/2$。

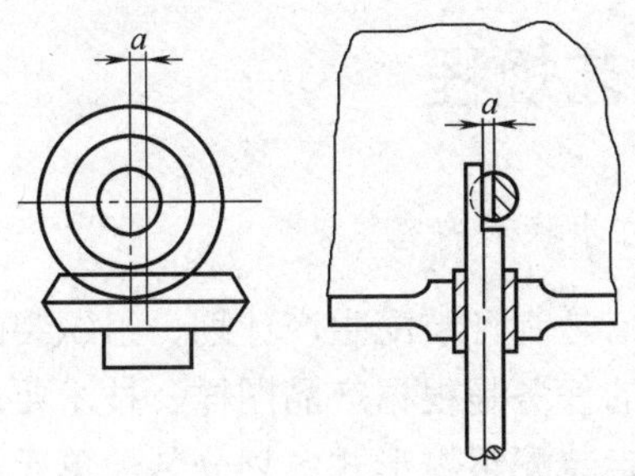


图 6-44　锥齿轮传动装置轴线相交的正确性检验

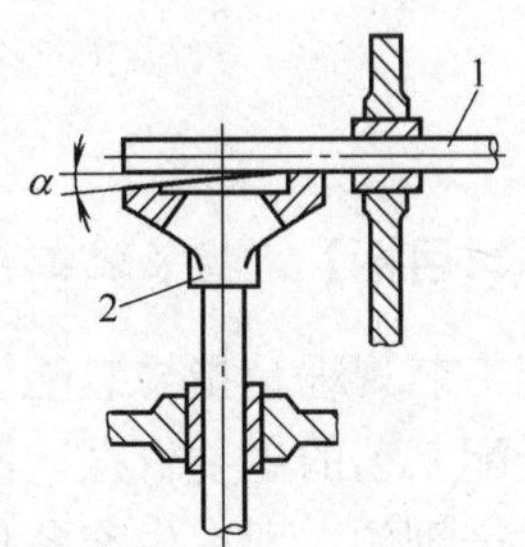


图 6-45　锥齿轮轴线交角的检验

1—塞杆；2—样板

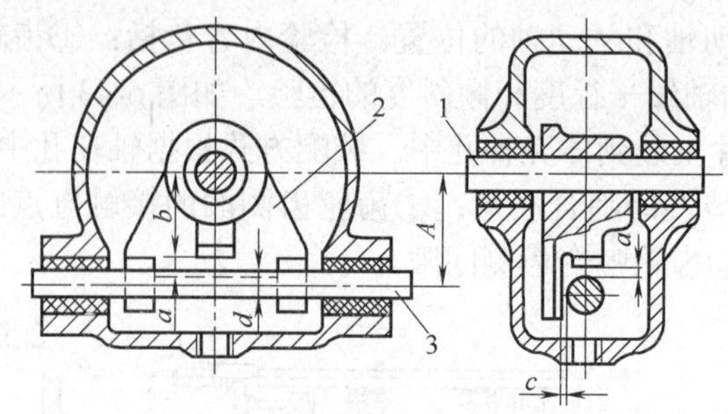


图 6-46　蜗轮传动装置的中心距以及轴线垂直度的检验

1，3—塞杆；2—样板

检验轴线垂直度可采用图 6-47 所示的工具。

(4) 把蜗轮—轴组件先装到壳体内，然后把蜗杆装到轴承内。

(5) 检验装配完毕的蜗轮传动装置的灵活度和啮合的“空行程”。检验传动灵活性就是检验蜗轮处在任何位置下，旋转蜗杆所需的转矩。空行程的检验是在蜗轮不动时蜗杆所能转动的最大角度。空行程的检验方法见图 6-48。

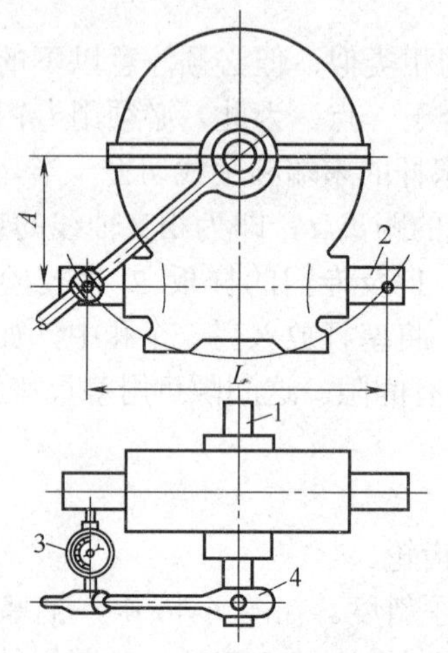


图 6-47　用百分表作蜗轮装置轴线的垂直度检验

1，2—塞杆；3—百分表；4—百分表夹

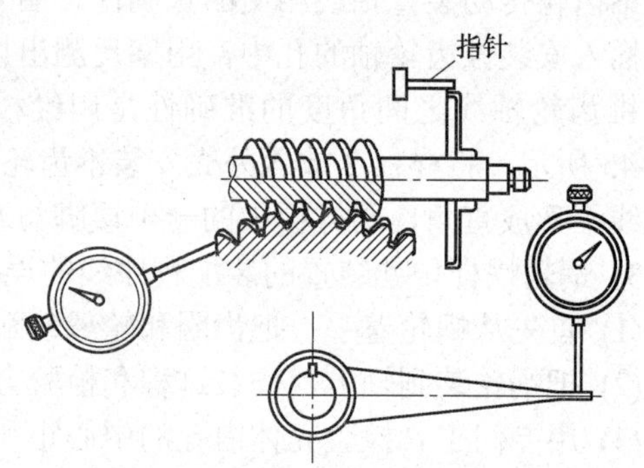


图 6-48　蜗轮啮合的空行程的检验

## 6.7　装配工艺规程

【学习目标】掌握装配工艺规程的概念、制订步骤和内容。

装配工艺规程是指导装配生产的技术性文件，是制订装配生产计划、组织装配生产以及设计装配工艺的主要依据。制订装配工艺规程的任务是根据产品图样、技术要求、验收标准和生产纲领、现有生产条件等原始资料，确定装配组织形式；划分装配单元和装配工序；拟订装配方法；包括计算时间定额，规定工序装配技术要求及质量检查方法和工具，确定装配过程中装配件的输送方法及所需设备和工具，提出专用工、夹具的设计任务书，编制装配工艺规程文件等。装配工艺规程的制订步骤和内容如下。

### 1. 熟悉和分析产品的装配图样及验收条件

(1) 了解产品及部件的具体结构、装配技术要求和检查验收的内容及方法。

(2) 审查产品的结构工艺性。

(3) 研究设计人员所确定的装配方法，进行必要的装配尺寸链分析与计算。

### 2. 确定装配组织形式

根据产品的结构特点和生产纲领的不同，装配组织形式可采用固定式或移动式。

(1) 固定式装配。固定式装配是指产品在固定工作地点进行装配。产品的所有零、部件汇集在工作地附近。其特点是装配占地面积大，要求工人有较高的技术水平，装配周期长，装配效率低。因此，固定式装配适用于单件小批量生产。

(2) 移动式装配。移动式装配是指将产品或部件置于装配线上，从一个工作地移到另一个工作地，在每个工作地重复完成固定的工序，使用专用设备和工、夹具。在装配线上实现流水作业，因而装配效率高。

移动式装配分为自由式移动装配和强制式移动装配。自由式移动装配是利用小车或托盘在辊道上自由移动。强制式移动又分为连续移动和间歇移动，是利用链式传送带进行的。移动式装配只适用于大批量生产。

### 3. 划分装配单元，确定装配顺序

为了利于组织平行和流水装配作业，应根据产品的结构特征和装配工艺特点，将产品分解为可以独立进行装配的单元，称为装配单元。装配单元包括零件、组件和部件，零件是组成产品的基本单元。

无论哪一级装配单元，都要选定某一零件或比它低一级的装配单元作为装配基准件。装配基准件一般是产品的基体或体积，重量较大，有足够支承面的主干零、部件，应满足陆续装入零、部件时的作业要求和稳定性要求；基准件补充加工量应尽量少，还应有利于装配过程的检测，工序间的传递输送和翻身、转位等作业。

在划分装配单元、确定装配基准件以后，即可安排装配顺序。安排装配顺序的原则是：

(1) 预处理工序先行。如前述去毛刺、清洗工序，还有防锈、防腐处理等应安排在前。

(2) “从里到外”，使先装部分不致成为后续装配作业的障碍。

(3) “由下而上”，保证重心始终稳定。

(4) “先难后易”，因先装有较开阔的安装、调整、检测空间。

(5) 带强力、加温或补充加工的装配作业应尽量先行，以免影响前面工序的装配质量。

(6) 处于基准件同方位的装配工序或使用同一工装，或具有特殊环境要求的工序，尽可能集中连续安排，有利于提高装配生产率。

(7) 易燃、易碎或有毒物质、部件的安装，应尽量放在最后。

(8) 电线、各种管道安装必须安排在合适的工序。

(9) 及时安排检测工序，保证前行工序质量。

4. 划分装配工序

装配顺序确定以后，就可以将装配工艺过程划分为若干个工序。其主要工作包括以下步骤。

(1) 划分装配工序，确定工序内容。

(2) 制定工序装配质量要求与检测项目。

(3) 制定各工序施力、温升等操作规范。

(4) 选择装配工具和装备。

(5) 确定工时定额与平衡各工序的节拍。

(6) 确定产品检测和试验方法等。

5. 绘制装配单元系统图

装配单元系统图是表示从分散的零件如何依次装配成组件、部件以至成品的途径及其相互关系的程序。按照产品的复杂程度，为了表达清晰方便，可分别绘制产品装配系统图和部件装配系统图，甚至组件装配系统图。常见的具体表达方式见图6-49(a)、(b)。在装配单元系统图上加注必要的工艺说明，如焊接、配钻、配刮、冷压、热压和检验等，就形成装配工艺系统图。

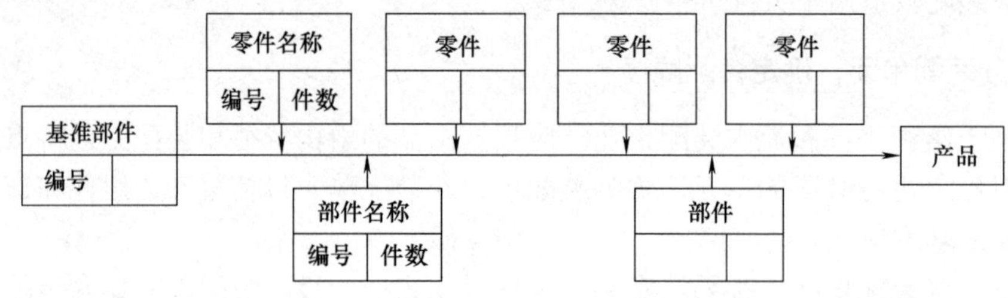


(a)产品装配系统

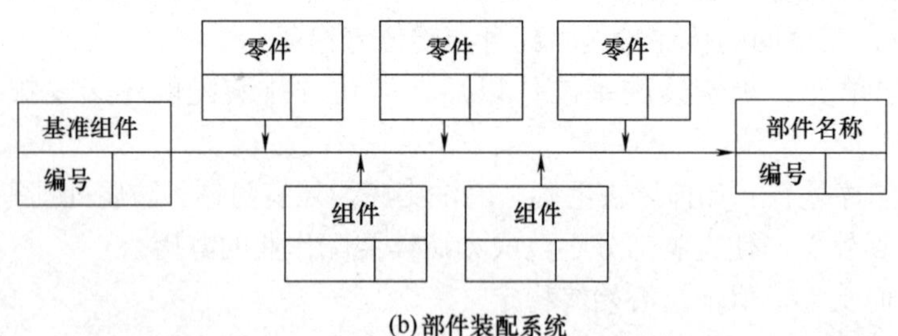


(b)部件装配系统

图6-49　装配单元系统图

6. 填写工艺文件

单件小批量生产仅要求填写装配工艺过程卡。中批量生产时，通常只需要填写装配工艺过程卡，对复杂产品则还需填写装配工序卡。大批量生产时，不仅要求填写装配工艺过程卡，而且要填写装配工序卡，以便指导工人进行装配。

装配工艺过程卡和装配工序卡的格式如表6-6和表6-7所示。

表 6-6 装配工艺过程卡格式

| 装配工艺过程卡片 | | 产品型号 | | 零（部）件图号 | | | |
|---|---|---|---|---|---|---|---|
| | | 产品名称 | | 零（部）件名称 | | 共（ ）页 | 第（ ）页 |
| 工序号 | 工序名称 | 工序内容 | 装配部门 | 设备及工艺装备 | 辅助材料 | 工时定额 min | |
| | | | | | | | |
| | | | | | | | |
| | | | | | | | |
| | | | | | | | |
| | | | | | | | |
| | | | | | | | |
| | | | | | | | |
| | | | | | | | |

左侧栏：描图 | 描校 | 底图号 | 装订号

| | | | | | | | | | | 设计（日期） | 审核（日期） | 标准化（日期） | 会签（日期） | |
|---|---|---|---|---|---|---|---|---|---|---|---|---|---|---|
| 标记 | 处数 | 更改文件号 | 签字 | 日期 | 标记 | 处数 | 更改文件号 | 签字 | 日期 | | | | | |

表 6-7 装配工序卡格式

| 装配工序卡片 | | 产品型号 | | 零（部）件图号 | | | |
|---|---|---|---|---|---|---|---|
| | | 产品名称 | | 零（部）件名称 | | 共（ ）页 | 第（ ）页 |
| 工序号 | | 工序名称 | | 车间 | | 工段设备 | 工序工时 |
| 简图 | | | | | | | |

| 工步号 | 工步内容 | 工艺装备 | 辅助材料 | 工时定额 min |
|---|---|---|---|---|
| | | | | |
| | | | | |
| | | | | |
| | | | | |
| | | | | |
| | | | | |

左侧栏：描图 | 描校 | 底图号 | 装订号

| | | | | | | | | | | 设计（日期） | 审核（日期） | 标准化（日期） | 会签（日期） | |
|---|---|---|---|---|---|---|---|---|---|---|---|---|---|---|
| 标记 | 处数 | 更改文件号 | 签字 | 日期 | 标记 | 处数 | 更改文件号 | 签字 | 日期 | | | | | |

# 6.8 回到工作场景

通过 6.2～6.7 节内容的学习，了解了装配的概念、装配精度、装配精度与零件精度的关系；掌握了产品的结构工艺性的概念、产品结构的装配工艺性；掌握了装配尺寸链的建立方法、装配方法的选择、一般产品结构的装配要点和装配程序以及装配工艺规程设计的方法等。下面将回到 6.1 节介绍的工作场景中，完成工作任务。

## 6.8.1 项目分析

项目任务完成需要学生掌握机械制图、公差与配合、机械设计基础、金属工艺学等相关专业基础课程知识；已经经历了生产实习等实践环节。在此基础上还需要掌握以下知识。

(1) 产品结构工艺性分析。

(2) 装配尺寸链。

(3) 装配方法的选择。

(4) 产品的装配。

(5) 装配工艺规程。

## 6.8.2 项目工作计划

在项目实训过程中，结合创设情景、观察分析、现场参观、讨论比较、案例对照和评估总结等活动，充分调动学生学习的主动性和积极性，让学生自主地学习、主动地学习。各小组协同制订实施计划及执行情况表如表 6-8 所示，共同解决实施过程中遇到的困难；要相互监督计划执行与完成的情况，保证项目完成的合理性和正确性。

表 6-8 8E160C-J 机油泵部件工艺规程编制计划及执行情况表

| 序　号 | 内　容 | 要　求 | 教学组织与方法 |
|---|---|---|---|
| 1 | 研讨任务 | 根据给定的机油泵部件图样、任务要求，分析任务完成需要掌握的相关知识 | 分组讨论，采用任务引导法教学 |
| 2 | 计划与决策 | 企业参观实习、项目实施准备、制订项目实施详细计划、项目基础知识的学习 | 分组讨论、集中授课，采用案例法和示范法教学 |
| 3 | 实施与检查 | 根据计划，学生分组讨论并审查 8E160C-J 机油泵部件的结构工艺性；分组讨论并确定装配组织形式、装配单元、装配顺序、装配工序，绘制装配单元系统图；编制装配工艺过程卡；填写项目实施记录表 | 分组讨论、教师点评 |

续表

| 序　号 | 内　容 | 要　求 | 教学组织与方法 |
|---|---|---|---|
| 4 | 项目评价与讨论 | (1) 评价 8E160C-J 机油泵部件结构工艺性分析的充分性、正确性<br>(2) 评价装配组织形式、装配单元、装配顺序、装配工序，装配单元系统图绘制的合理性、正确性等<br>(3) 评价装配工艺过程卡编制的规范性与可操作性<br>(4) 评价学生职业素养和团队精神 | 项目评价法实施评价 |

## 6.8.3　项目实施准备

(1) 兼职教师：聘请一两位装配生产车间工艺员为兼职教师。

(2) 准备相似或真实产品，装配生产现场参观。

## 6.8.4　项目实施与检查

课题实施的 8E160C-J 机油泵部件装配图如图 2-2 所示，生产批量为中、小批量生产。

1) 分组分析产品的结构工艺性

8E160C-J 机油泵部件装配图图样的视图正确、完整，配合尺寸及公差、技术要求齐全。根据产品结构分析，本部件能分解成独立的装配单元，各装配单元均有正确的装配基准，产品的结构工艺性较好。

2) 分组讨论

分组讨论产品的装配组织形式、装配单元、装配顺序、装配工序，绘制装配单元系统图。

讨论问题：

① 8E160C-J 主机油泵部件的装配组织形式为哪一种？为什么？

② 8E160C-J 主机油泵部件可分解成几个独立的装配单元？

③ 划分产品装配顺序应遵循的原则是什么？

④ 何谓装配单元系统图？

⑤ 在设计图样上，设计人员确定的装配方法是什么？

3) 编制装配过程卡

具体的任务实施检查与评价表如表 6-9 所示。

表 6-9　任务实施检查与评价表

任务名称：

学生姓名：　　　　学号：　　　　班级：　　　　组别：

| 序　号 | 检查内容 | 检查记录 | 评　价 | 分　值 |
|---|---|---|---|---|
| 1 | 产品结构工艺性分析 | | | 5% |
| 2 | 装配组织形式确定 | | | 5% |

续表

| 序　号 | 检查内容 | | 检查记录 | 评　价 | 分　值 |
|---|---|---|---|---|---|
| 3 | 装配单元划分，装配顺序确定 | | | | 10% |
| 4 | 装配工序确定 | | | | 10% |
| 5 | 装配单元系统图绘制 | | | | 10% |
| 6 | 装配工艺过程卡编制 | | | | 30% |
| 7 | 职业素养 | 遵守时间：是否不迟到、不早退，中途不离开现场 | | | 10% |
| 8 | 职业素养 | 团结协作：组内是否配合良好；是否积极投入到本项目中，积极完成本任务 | | | 10% |
| 9 | 职业素养 | 语言能力：是否积极回答问题；声音是否洪亮；条理是否清晰 | | | 10% |
| 总评： | | | 评价人： | | |

## 本 章 小 结

本章介绍了装配的概念、装配精度、装配精度与零件精度的关系；产品的结构工艺性；装配尺寸链的建立方法、装配方法的选择、一般产品结构的装配要点和装配程序以及装配工艺规程设计的方法等基本内容。学生通过完成 8E160C-J 机油泵部件的结构工艺性分析，确定 8E160C-J 机油泵部件装配组织形式、装配单元、装配顺序、装配工序，绘制装配单元系统图，编制装配工艺过程卡等工作任务，应掌握产品工艺规程编制的相关知识，并具备简单产品工艺规程的编制能力。

## 思考与练习

1. 装配包括哪些内容？

2. 装配精度有哪几类？它们之间的关系如何？怎样确定装配精度要求？

3. 装配尺寸链和工艺尺寸链有何区别？

4. 试说明建立装配尺寸链的方法、步骤和原则。

5. 图 6-50 所示为 CA6140 车床主轴前支承结构。根据技术要求，主轴前端法兰盘与主轴箱体端面间隙应为 0.38～0.95mm，试建立该装配精度的装配尺寸链，并用极值法求出各有关尺寸及其极限偏差。

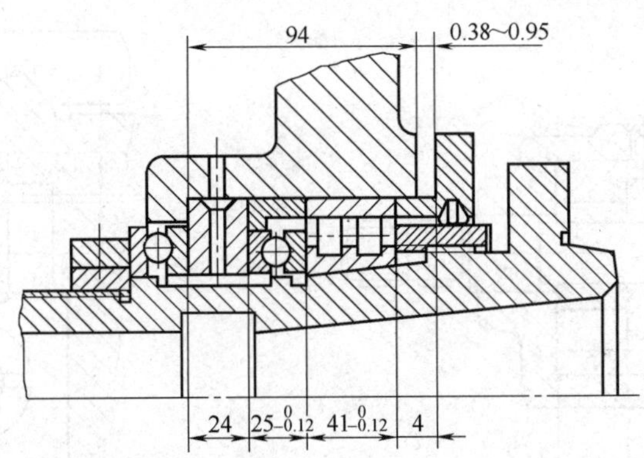


图6-50　题5图

6. 图 6-51 所示的双联转子(摆线齿轮)泵，要求冷态下的装配间隙 $A_0$=0.05～0.15mm。各组成环的基本尺寸为：$A_1$=41mm，$A_2$=$A_4$=17mm，$A_3$=7mm。

(1) 试确定采用完全互换法装配时，各组成环尺寸及其极限偏差(选 $A_1$ 为协调环)。

(2) 采用修配法装配时，$A_2$、$A_4$ 按 IT9 公差制造，$A_1$ 按 IT10 公差制造，选 $A_3$ 为修配环，试确定修配环的尺寸及其极限偏差，并计算可能出现的最大修配量。

(3) 采用固定调整法装配时，$A_1$、$A_2$、$A_4$ 仍按上述精度制造，选 $A_3$ 为调整环，并取 $T_{A3}$=0.02mm，试计算垫片组数及尺寸系列。

7. 某轴与孔的尺寸和公差配合为 $\phi 50\dfrac{H3}{h3}$ mm。为降低加工成本，现将两零件按 IT7 公差制造，试计算采用分组装配法时：

(1) 分组数和每一组的极限偏差。

(2) 若加工 1 万套，且孔和轴的实际分布都符合正态分布规律，问每一组孔与轴的零件数各为多少？

8. 图 6-52 所示为车床溜板箱小齿轮与齿条啮合精度的装配尺寸链，装配要求小齿轮齿顶与齿条齿根的径向间隙为 0.10～0.17mm，现采用修配法装配，选取 $A_2$ 为修配环，即修磨齿条的安装面。设 $A_1=53_{-0.1}^{\ 0}$ mm，$A_2$=28($T_{A2}$=0.1mm)，$A_3=20_{-0.1}^{\ 0}$ mm，$A_4$=(48 ± 0.05)mm，$A_5=53_{-0.1}^{\ 0}$ mm。试求修配环 $A_2$ 的上、下偏差，并验算最大修配量。可否选 $A_1$ 为修配环(即修配溜板箱的结合面)?为什么?

9. 图 6-53 所示为某轴颈与齿轮的装配图，结构设计采用固定调整法保证间隙 $A_0$=0.01～0.06mm。若选 $A_K$ 为调整件，试求调整件的组数及各组尺寸。已知 $A_1=38.5_{-0.07}^{\ 0}$ mm，$A_2=2.5_{-0.04}^{\ 0}$ mm，$A_3=43.5_{+0.05}^{+0.10}$ mm，$A_4=18_{\ 0}^{+0.20}$ mm，$A_5=20_{\ 0}^{+0.1}$ mm，$A_6=41_{-0.5}^{\ 0}$ mm，$A_7=1.5_{\ 0}^{+0.20}$ mm，$A_8=35_{-0.2}^{\ 0}$ mm，调整件的制造公差 $T_K$=0.01mm。

10. 图 6-54 所示为离合器齿轮轴部装配图。为保证齿轮灵活转动，要求装配后轴套与隔套的轴向间隙为 0.05～0.20mm。试合理确定并标注各组成环(零件)的有关尺寸及其偏差。

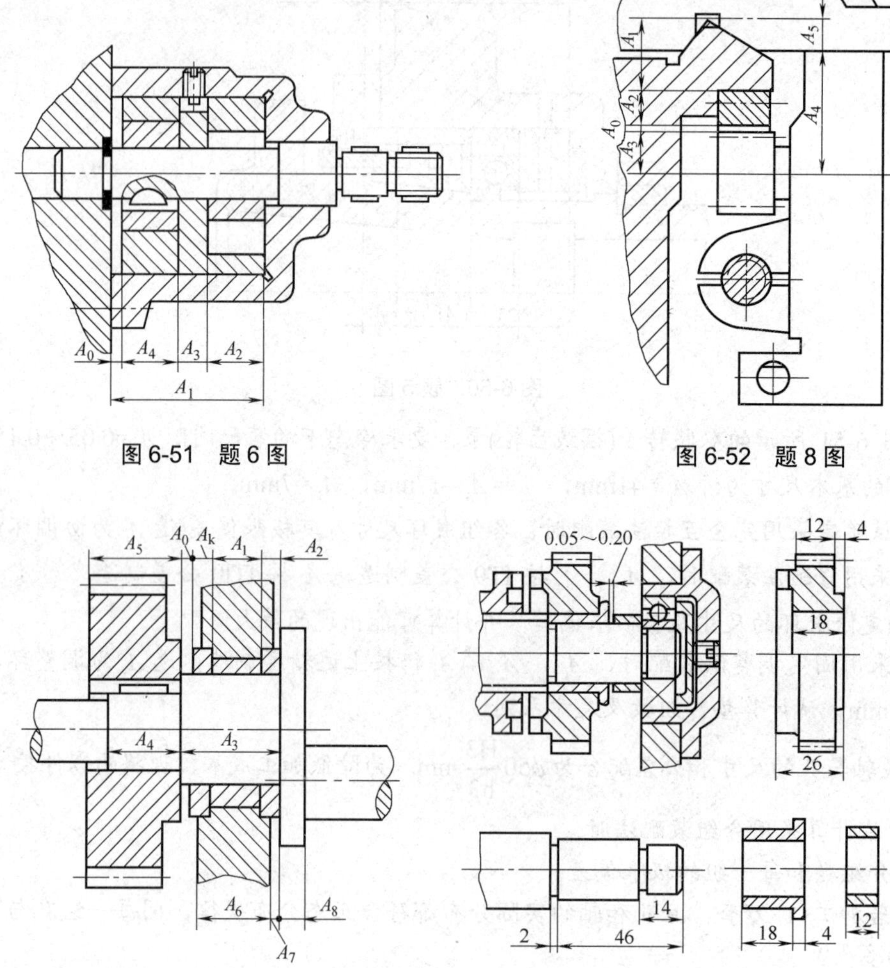


图 6-51　题 6 图

图 6-52　题 8 图

图 6-53　题 9 图

图 6-54　题 10 图

11. 试归纳总结 4 种装配方法的特点及应用场合。
12. 何为装配单元?为什么要把机器划分为独立的装配单元?
13. 装配的组织形式有几种?各有何特点?各应用于什么场合?
14. 产品结构的装配工艺性包括哪些内容?举例说明。
15. 试说明零件的清洗方法。
16. 试说明不可拆连接的装配方法。
17. 试说明整体轴承的装配要点。

# 附录 A　机械制造工艺常用设计简明参数表

表 A-1　模锻件内外表面加工余量

| 锻件重量/kg 大于 | 锻件重量/kg 至 | 一般加工精度 $F_1$ | 磨削加工精度 $F_2$ | 锻件形状复杂系数 $S_1$ | 锻件形状复杂系数 $S_3$ | 锻件单边余量 厚度(直径)方向/mm | 水平方向/mm 大于 0 至 315 | 大于 315 至 400 | 大于 400 至 630 | 大于 630 至 800 | 大于 800 至 1250 | 大于 1250 至 1600 | 大于 1600 至 2500 |
|---|---|---|---|---|---|---|---|---|---|---|---|---|---|
| 0 | 0.4 | | | | | 1.0～1.5 | 1.0～1.5 | 1.5～2.0 | 2.0～2.5 | | | | |
| 0.4 | 1.0 | | | | | 1.5～2.0 | 1.5～2.0 | 1.5～2.0 | 2.0～2.5 | 2.0～3.0 | | | |
| 1.0 | 1,8 | | | | | 1.5～2.0 | 1.5～2.0 | 1.5～2.0 | 2.0～2.7 | 2.0～3.0 | | | |
| 1.8 | 3.2 | | | | | 1.7～2.2 | 1.7～2.2 | 2.0～2.5 | 2.0～2.7 | 2.0～3.0 | 2.5～3.5 | | |
| 3.2 | 5.0 | | | | | 1.7～2.2 | 1.7～2.2 | 2.0～2.5 | 2.0～2.7 | 2.5～3.5 | 2.5～4.0 | | |
| 5.0 | 10.0 | | | | | 2.0～2.5 | 2.0～2.5 | 2.0～2.5 | 2.3～3.0 | 2.5～3.5 | 2.7～4.0 | 3.0～4.5 | |
| 10.0 | 20.0 | | | | | 2.0～2.5 | 2.0～2.5 | 2.0～2.7 | 2.3～3.0 | 2.5～3.5 | 2.7～4.0 | 3.0～4.5 | |
| 20.0 | 50.0 | | | | | 2.3～3.0 | 2.0～3.0 | 2.5～3.0 | 2.5～3.5 | 2.7～4.0 | 3.0～4.5 | 3.5～4.5 | |
| 50.0 | 150.0 | | | | | 2.5～3.2 | 2.5～3.5 | 2.5～3.5 | 2.7～3.5 | 2.7～4.0 | 3.0～4.5 | 3.5～4.5 | 4.0～5.5 |
| 150.0 | 250.0 | | | | | 3.0～4.0 | 2.5～3.5 | 2.5～3.5 | 2.7～4.0 | 3.0～4.5 | 3.0～4.5 | 3.5～5.0 | 4.0～5.5 |
| | | | | | | 3.5～4.5 | 2.7～3.5 | 2.7～3.5 | 3.0～4.0 | 3.0～4.5 | 3.5～5.0 | 4.0～5.0 | 4.5～6.0 |
| | | | | | | 4.0～5.5 | 2.7～4.0 | 3.0～4.0 | 3.0～4.5 | 3.5～4.5 | 3.5～5.0 | 4.0～5.5 | 4.5～6.0 |

注：本表适用于在热模锻压力机、模锻锤、平锻机及螺旋压力机上生产的模锻件。

例：锻件重量为 3kg，在 1600t 热模锻压力机上生产，零件无磨削精加工工序，锻件复杂系数为 $S_3$，长度为 480mm 时，查出该零件余量是：厚度方向为 1.7～2.2mm，水平方向为 2.0～2.7mm。

表 A-2 锻件内孔直径的机械加工余量

单位：mm

| 孔径 | | 孔深 | | | | | |
|---|---|---|---|---|---|---|---|
| 大于 | 到 | 大于 | 0 | 63 | 100 | 140 | 200 |
| | | 到 | 63 | 100 | 140 | 200 | 280 |
| 0 | 25 | 2.0 | | — | — | — | — |
| 25 | 40 | 2.0 | | 2.6 | — | — | — |
| 40 | 63 | 2.0 | | 2.6 | 3.0 | — | — |
| 63 | 100 | 2.5 | | 3.0 | 3.0 | 4.0 | — |
| 100 | 160 | 2.6 | | 3.0 | 3.4 | 4.0 | 4.6 |
| 160 | 250 | 3.0 | | 3.0 | 3.4 | 4.0 | 4.6 |

表 A-3 锻件形状复杂系数 $S$ 分级表

| 级 别 | $S$ 数值范围 | 级 别 | $S$ 数值范围 |
|---|---|---|---|
| 简 单 | $S_1$>0.63～1 | 较复杂 | $S_3$>0.16～0.32 |
| 一 般 | $S_2$>0.32～0.63 | 复杂 | $S_4$≤0.16 |

注：当锻件为薄形圆盘或法兰件，其厚度与直径之比≤0.2 时，直接确定为复杂系数。

表 A-4 锻件材质系数

| 级 别 | 钢的最高含碳量 | 合金钢的合金元素最高总含量 |
|---|---|---|
| $M_1$ | <0.65% | <3.0% |
| $M_2$ | ≥0.65% | ≥3.0% |

表 A-5　模锻件的长度、宽度、高度偏差及错差、残留飞边量(普通级)

单位：mm

| 错差同轴度 | 横向残留飞边 | 分模线 不对称 | 分模线 平直对称 | 锻件重量/kg 大于 | 锻件重量/kg 至 | 锻件材质系数 $M_1$ | 锻件材质系数 $M_2$ | 锻件形状复杂系数 $S_1$ | $S_2$ | $S_3$ | $S_4$ | 锻件轮廓尺寸 大于 0 至 30 | 大于 30 至 80 | 大于 80 至 120 | 大于 120 至 180 | 大于 180 至 315 | 大于 315 至 500 | 大于 500 至 800 | 大于 800 至 1250 | 大于 1250 至 2500 |
|---|---|---|---|---|---|---|---|---|---|---|---|---|---|---|---|---|---|---|---|---|
|  |  |  |  |  |  |  |  |  |  |  |  | 偏差 |  |  |  |  |  |  |  |  |
| 0.3 | 0.3 |  |  | 0 | 0.4 |  |  |  |  |  |  | +0.8<br>−0.3 | +0.8<br>−0.4 | +1.0<br>−0.4 | +1.1<br>−0.5 | +1.2<br>−0.6 | +1.4<br>−0.6 | +1.5<br>−0.7 | +1.7<br>−0.8 | +1.9<br>-0.9 |
| 0.4 | 0.4 |  |  | 0.4 | 1.0 |  |  |  |  |  |  | +0.8<br>−0.4 | +1.0<br>−0.4 | +1.1<br>−0.5 | +1.2<br>−0.6 | +1.4<br>−0.6 | +1.5<br>−0.7 | +1.7<br>−0.8 | +1.9<br>−0.9 | +2.1<br>-1.1 |
| 0.5 | 0.5 |  |  | 1.0 | 1.8 |  |  |  |  |  |  | +1.0<br>−0.4 | +1.1<br>−0.5 | +1.2<br>−0.6 | +1.4<br>−0.6 | +1.5<br>−0.7 | +1.7<br>−0.8 | +1.9<br>−0.9 | +2.1<br>−1.1 | +2.4<br>-1.2 |
| 0.6 | 0.6 |  |  | 1.8 | 3.2 |  |  |  |  |  |  | +1.1<br>−0.5 | +1.2<br>−0.6 | +1.4<br>−0.6 | +1.5<br>−0.7 | +1.7<br>−0.8 | +1.9<br>−0.9 | +2.1<br>−1.1 | +2.4<br>−1.2 | +2.7<br>-1.3 |
| 0.7 | 0.7 |  |  | 3.2 | 5.0 |  |  |  |  |  |  | +1.2<br>−0.6 | +1.4<br>−0.6 | +1.5<br>−0.7 | +1.7<br>−0.8 | +1.9<br>−0.9 | +2.1<br>−1.1 | +2.4<br>−1.2 | +2.7<br>−1.3 | +3.0<br>-1.5 |
| 0.8 | 0.8 |  |  | 5.0 | 10 |  |  |  |  |  |  | +1.4<br>−0.6 | +1.5<br>−0.7 | +1.7<br>−0.8 | +1.9<br>−0.9 | +2.1<br>−1.1 | +2.4<br>−1.2 | +2.7<br>−1.3 | +3.0<br>−1.5 | +3.3<br>-1.7 |
| 1.0 | 1.0 |  |  | 10 | 20 |  |  |  |  |  |  | +1.5<br>−0.7 | +1.7<br>−0.8 | +1.9<br>−0.9 | +2.1<br>−1.1 | +2.4<br>−1.2 | +2.7<br>−1.3 | +3.0<br>−1.5 | +3.3<br>−1.7 | +3.8<br>-1.8 |
| 1.2 | 1.2 |  |  | 20 | 50 |  |  |  |  |  |  | +1.7<br>−0.8 | +1.9<br>−0.9 | +2.1<br>−1.1 | +2.4<br>−1.2 | +2.7<br>−1.3 | +3.0<br>−1.5 | +3.3<br>−1.7 | +3.8<br>−1.8 | +4.2<br>-2.1 |
| 1.2 | 1.2 |  |  | 50 | 120 |  |  |  |  |  |  | +1.9<br>−0.9 | +2.1<br>−1.1 | +2.4<br>−1.2 | +2.7<br>−1.3 | +3.0<br>−1.5 | +3.3<br>−1.7 | +3.8<br>−1.8 | +4.2<br>−2.1 | +4.7<br>-2.3 |
| 1.4 | 1.4 |  |  | 120 | 250 |  |  |  |  |  |  | +2.1<br>−1.1 | +2.4<br>−1.2 | +2.7<br>−1.3 | +3.0<br>−1.5 | +3.3<br>−1.7 | +3.8<br>−1.8 | +4.2<br>−2.1 | +4.7<br>−2.3 | +5.3<br>-2.7 |
| 1.4 | 1.7 |  |  |  |  |  |  |  |  |  |  | +2.4<br>−1.2 | +2.7<br>−1.3 | +3.0<br>−1.5 | +3.3<br>−1.7 | +3.8<br>−1.8 | +4.2<br>−2.1 | +4.7<br>−2.3 | +5.3<br>−2.7 | +6.0<br>-3.0 |
|  |  |  |  |  |  |  |  |  |  |  |  | +2.7<br>−1.3 | +3.0<br>−1.5 | +3.3<br>−1.7 | +3.8<br>−1.8 | +4.2<br>−2.1 | +4.7<br>−2.3 | +5.3<br>−2.7 | +6.0<br>−3.0 | +6.5<br>-3.5 |
|  |  |  |  |  |  |  |  |  |  |  |  | — | +3.3<br>−1.7 | +3.8<br>−1.8 | +4.2<br>−2.1 | +4.7<br>−2.3 | +5.3<br>−2.7 | +6.0<br>−3.0 | +6.5<br>−3.5 | +7.5<br>-3.5 |
|  |  |  |  |  |  |  |  |  |  |  |  | — | — | +4.2<br>−2.1 | +4.7<br>−2.3 | +5.3<br>−2.7 | +6.0<br>−3.0 | +6.5<br>−3.5 | +7.5<br>−3.5 | +8.0<br>-4.0 |
|  |  |  |  |  |  |  |  |  |  |  |  | — | — | +4.7<br>−2.3 | +5.3<br>−2.7 | +6.0<br>−3.0 | +6.5<br>−3.5 | +7.5<br>−3.5 | +8.0<br>−4.0 | +9.0<br>-4.0 |

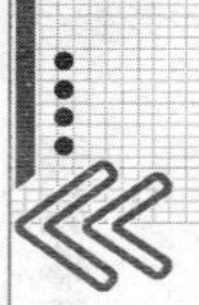





表 A-6 模锻件的厚度偏差及顶杆压痕偏差(普通级)

单位：mm

| 顶料杆压痕 | 锻件重量/kg | | 锻件材质系数 | | 锻件形状复杂系数 | | | | 锻件厚度尺寸 | | | | | | |
|---|---|---|---|---|---|---|---|---|---|---|---|---|---|---|---|
| | | | | | | | | | 大于 0<br>至 18 | 大于 18<br>至 30 | 大于 30<br>至 50 | 大于 50<br>至 80 | 大于 80<br>至 120 | 大于 120<br>至 180 | 大于 180<br>至 315 |
| | 大于 | 至 | $M_1$ | $M_2$ | $S_1$ | $S_2$ | $S_3$ | $S_4$ | 偏差 | | | | | | |
| −0.8/+0.3 | 0 | 0.4 | | | | | | | +0.5<br>−0.1 | +0.6<br>−0.2 | +0.7<br>−0.2 | +0.8<br>−0.2 | +0.9<br>−0.3 | +1.0<br>−0.4 | +1.2<br>−0.4 |
| −0.8/+0.4 | 0.4 | 1.0 | | | | | | | +0.6<br>−0.2 | +0.7<br>−0.2 | +0.8<br>−0.2 | +0.9<br>−0.3 | +1.0<br>−0.4 | +1.2<br>−0.4 | +1.4<br>−0.4 |
| −1.0/+0.5 | 1.0 | 1.8 | | | | | | | +0.7<br>−0.2 | +0.8<br>−0.2 | +0.9<br>−0.3 | +1.0<br>−0.4 | +1.2<br>−0.4 | +1.4<br>−0.4 | +1.5<br>−0.5 |
| −1.2/+0.6 | 1.8 | 3.2 | | | | | | | +0.8<br>−0.2 | +0.9<br>−0.3 | +1.0<br>−0.4 | +1.2<br>−0.4 | +1.4<br>−0.4 | +1.5<br>−0.5 | +1.7<br>−0.5 |
| −1.6/+0.8 | 3.2 | 5.0 | | | | | | | +0.9<br>−0.3 | +1.0<br>−0.4 | +1.2<br>−0.4 | +1.4<br>−0.4 | +1.5<br>−0.5 | +1.7<br>−0.5 | +2.0<br>−0.5 |
| −1.8/+1.0 | 5.0 | 10 | | | | | | | +1.0<br>−0.4 | +1.2<br>−0.4 | +1.4<br>−0.4 | +1.5<br>−0.5 | +1.7<br>−0.5 | +2.0<br>−0.5 | +2.1<br>−0.7 |
| −2.2/+1.2 | 10 | 20 | | | | | | | +1.2<br>−0.4 | +1.4<br>−0.4 | +1.5<br>−0.5 | +1.7<br>−0.5 | +2.0<br>−0.5 | +2.1<br>−0.7 | +2.4<br>−0.8 |
| −2.8/+1.5 | 20 | 50 | | | | | | | +1.4<br>−0.4 | +1.5<br>−0.5 | +1.7<br>−0.5 | +2.0<br>−0.5 | +2.1<br>−0.7 | +2.4<br>−0.8 | +2.7<br>−0.9 |
| −3.5/+2.0 | 50 | 120 | | | | | | | +1.5<br>−0.5 | +1.7<br>−0.5 | +2.0<br>−0.5 | +2.1<br>−0.7 | +2.4<br>−0.8 | +2.7<br>−0.9 | +3.0<br>−1.0 |
| −4.5/+2.5 | 120 | 250 | | | | | | | +1.7<br>−0.5 | +2.0<br>−0.5 | +2.1<br>−0.7 | +2.4<br>−0.8 | +2.7<br>−0.9 | +3.0<br>−1.0 | +3.4<br>−1.1 |
| | | | | | | | | | +2.0<br>−0.5 | +2.1<br>−0.7 | +2.4<br>−0.8 | +2.7<br>−0.9 | +3.0<br>−1.0 | +3.4<br>−1.1 | +3.8<br>−1.2 |
| | | | | | | | | | +2.1<br>−0.7 | +2.4<br>−0.8 | +2.7<br>−0.9 | +3.0<br>−1.0 | +3.4<br>−1.1 | +3.8<br>−1.2 | +4.2<br>−1.4 |
| | | | | | | | | | +2.4<br>−0.8 | +2.7<br>−0.9 | +3.0<br>−1.0 | +3.4<br>−1.1 | +3.8<br>−1.2 | +4.2<br>−1.4 | +4.8<br>−1.5 |
| | | | | | | | | | +2.7<br>−0.9 | +3.0<br>−1.0 | +3.4<br>−1.1 | +3.8<br>−1.2 | +4.2<br>−1.4 | +4.8<br>−1.5 | +5.3<br>−1.7 |
| | | | | | | | | | +3.0<br>−1.0 | +3.4<br>−1.1 | +3.8<br>−1.2 | +4.2<br>−1.4 | +4.8<br>−1.5 | +5.3<br>−1.7 | +6.0<br>−2.0 |
| | | | | | | | | | +3.4<br>−1.1 | +3.8<br>−1.2 | +4.2<br>−1.4 | +4.8<br>−1.5 | +5.3<br>−1.7 | +6.0<br>−2.0 | — |

表 A-7　圆角半径计算表

| $H/B$ | $r$ | $R$ |
|---|---|---|
| ≤2 | $0.05H+0.5$ | $2.5r+0.5$ |
| >2～4 | $0.06H+0.5$ | $3.0r+0.5$ |
| >4 | $0.07H+0.5$ | $3.5r+0.5$ |

表 A-8　锤上锻件外起模角 $\alpha$ 的数值

| $L/B$ | | $H/B$ | | | | |
|---|---|---|---|---|---|---|
| | | ≤1 | >1～3 | >3～4.5 | >4.5～6.5 | >6.5 |
| ≤1.5 | α | 5° | 7° | 10° | 12° | 15° |
| >1.5 | | 5° | 5° | 7° | 10° | 12° |

注：① 内起模角 $\beta$ 可按表中数值加大 2° 或 3°。

② 在热模锻压力机和螺旋压力机上使用顶料机构时，起模角可比表中数值减少 2º 或 3º。

③ 当上、下模模膛深度不相等时，应按模膛较深一侧计算起模角。

表 A-9　精度系数 $K$ 的确定

| 公差等级 | IT5 | IT6 | IT7 | IT8 | IT9 | IT10 | IT11～IT 16 |
|---|---|---|---|---|---|---|---|
| $K$/% | 32.5 | 30 | 27.5 | 25 | 20 | 15 | 10 |

表 A-10　常用测量工具和测量方法的极限误差 $\Delta_{\lim}$

| 量具及量仪名称 | 相对测量法用量规 | | 被测尺寸分段/mm | | | | | | | |
|---|---|---|---|---|---|---|---|---|---|---|
| | | | 1～10 | 10～50 | 50～80 | 80～120 | 120～180 | 180～260 | 260～360 | 360～500 |
| | 等 | 级 | 测量的极限尺寸/μm | | | | | | | |
| 刻度值为 0.001mm 的各式比较仪及测微表 | 3 | 0 | 0.5 | 0.7 | 0.8 | 0.9 | 1.0 | 1.2 | 1.5 | 1.8 |
| | 4 | 1 | 0.6 | 0.8 | 1.0 | 1.2 | 1.4 | 2.0 | 2.5 | 3.0 |
| | 5 | 2 | 0.7 | 1.0 | 1.4 | 1.8 | 2.0 | 2.5 | 3.0 | 3.5 |
| | | 3 | 0.8 | 1.5 | 2.0 | 2.5 | 3.0 | 4.5 | 6.0 | 8.0 |
| 刻度值为 0.002mm 的各式比较仪及测微表 | 4 | 1 | 1.0 | 1.2 | 1.4 | 1.5 | 1.6 | 2.2 | 3.0 | 3.5 |
| | | 2 | 1.2 | 1.5 | 1.8 | 2.0 | 2.8 | 3.0 | 4.0 | 5.0 |
| | 5 | 3 | 1.4 | 1.8 | 2.5 | 3.0 | 3.5 | 5.0 | 6.5 | 8.0 |
| 刻度值为 0.005mm 的各式比较仪 | 5 | 2 | 2.0 | 2.2 | 2.5 | 2.5 | 3.0 | 3.5 | 4.0 | 5.0 |
| | | 3 | 2.2 | 2.5 | 3.0 | 3.5 | 4.0 | 5.0 | 6.5 | 8.0 |
| 刻度值为 0.001mm 的千分表(标准段内使用) | 4 | 1 | 1.0 | 1.2 | 1.4 | 1.5 | 1.6 | 2.2 | 3.0 | 3.5 |
| | | 2 | 1.2 | 1.5 | 1.8 | 2.0 | 2.8 | 3.0 | 4.0 | 5.0 |
| | 5 | 3 | 1.4 | 1.8 | 2.5 | 3.0 | 3.5 | 5.0 | 6.5 | 8.0 |

续表

| 量具及量仪名称 | 相对测量法用量规 | | 被测尺寸分段/mm | | | | | | | |
|---|---|---|---|---|---|---|---|---|---|---|
| | | | 1～10 | 10～50 | 50～80 | 80～120 | 120～180 | 180～260 | 260～360 | 360～500 |
| | 等 | 级 | 测量的极限尺寸/μm | | | | | | | |
| 刻度值为 0.002mm 的千分表(标准段内使用) | 5 | 2 | 2.0 | 2.2 | 2.5 | | 3.0 | 3.5 | 4.0 | 5.0 |
| | | 3 | 2.2 | 2.5 | 3.0 | 3.5 | 4.0 | 5.0 | 6.5 | 8.5 |
| 刻度值为 0.001mm 的千分表(在 0.1mm 内使用) | | 3 | 3.0 | 3.0 | 3.5 | 4.0 | 5.0 | 6.0 | 7.0 | 8.5 |
| 一级杠杆式百分表(在 0.1mm 内使用) | | 3 | 8 | 8 | 9 | 9 | 9 | 10 | 10 | 11 |
| 二级杠杆式百分表(在 0.1mm 内使用) | | 3 | 10 | 10 | 10 | 11 | 11 | 12 | 12 | 13 |
| 一级钟表式百分表(在 0.1mm 内使用) | | 3 | 15 | 15 | 15 | 15 | 15 | 16 | 16 | 16 |
| 二级钟表式百分表(在任一转内使用) | | 3 | 20 | 20 | 20 | 20 | 22 | 22 | 22 | 22 |
| 一级内径式百分表(在指针转动范围内使用) | | 3 | 16 | 16 | 17 | 17 | 18 | 19 | 19 | 20 |
| 二级内径式百分表(在指针转动范围内使用) | | 3 | 22 | 22 | 26 | 26 | 28 | 28 | 32 | 36 |
| 杠杆千分表 | 绝对测量法 | | 3 | 4 | — | — | — | — | — | — |
| 0 级百分尺 | | | 4.5 | 5.6 | 6 | 7 | 8 | 10 | 12 | 15 |
| 1 级百分尺 | | | 7 | 8 | 9 | 10 | 12 | 15 | 20 | 25 |
| 2 级百分尺 | | | 12 | 13 | 14 | 15 | 18 | 20 | 25 | 30 |
| 1 级测深百分尺 | | | 14 | 16 | 18 | 22 | — | — | — | — |
| 1 级内测百分尺 | | | 22 | 25 | 30 | 35 | — | — | — | — |
| 2 级内测百分尺 | | | 16 | 18 | — | — | — | — | — | — |
| 8 级内测百分尺 | | | 24 | 30 | — | — | — | — | — | — |
| 内测百分尺 | | | — | 16 | 18 | 20 | 22 | 25 | 30 | 35 |
| 刻度值为 0.02mm 的游标卡尺外尺寸量内尺寸 | | | 40 | 40 | 45 | 45 | 50 | 50 | 60 | 70 |
| | | | — | 50 | 60 | 60 | 70 | 70 | 80 | 90 |

续表

| 量具及量仪名称 | 相对测量法用量规 | | 被测尺寸分段/mm | | | | | | | |
|---|---|---|---|---|---|---|---|---|---|---|
| | | | 1～10 | 10～50 | 50～80 | 80～120 | 120～180 | 180～260 | 260～360 | 360～500 |
| | 等 | 级 | 测量的极限尺寸/μm | | | | | | | |
| 刻度值为 0.05mm 的游标卡尺外尺寸量内尺寸 | | | 80<br>— | 80<br>100 | 90<br>130 | 100<br>130 | 100<br>150 | 100<br>150 | 110<br>150 | 110<br>150 |
| 刻度值为 0.10mm 的游标卡尺外尺寸量内尺寸 | | | 150<br>— | 150<br>200 | 160<br>230 | 170<br>260 | 190<br>280 | 200<br>300 | 210<br>300 | 230<br>300 |
| 刻度值为 0.02mm 的游标深度尺及高度尺 | | | 60 | 60 | 60 | 60 | 60 | 60 | 70 | 80 |
| 刻度值为 0.05mm 的游标深度尺及高度尺 | | | 100 | 100 | 150 | 150 | 150 | 150 | 150 | 150 |
| 刻度值为 0.10mm 的游标深度尺及高度尺 | | | 200 | 250 | 300 | 300 | 300 | 300 | 300 | 300 |

# 附录B 综合测试图集

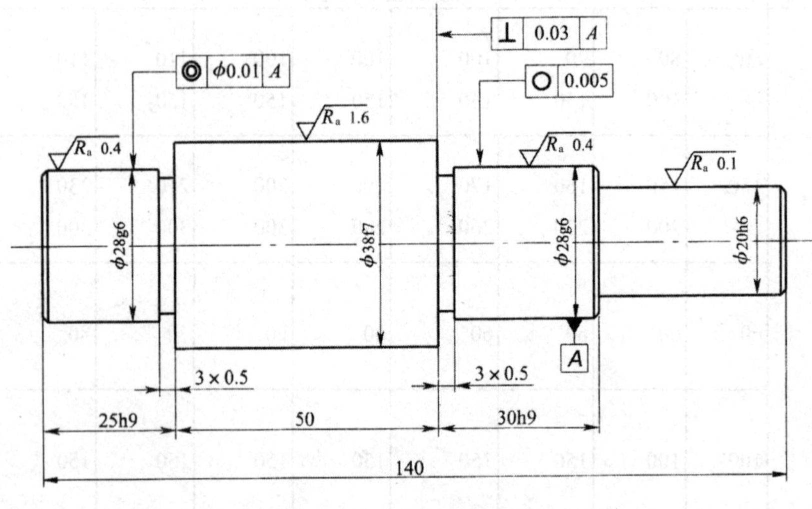


技术要求

1. 倒角均为C1
2. 材料：40Cr
3. 表面淬火46HRC

Ra 3.2 (√)

图 B-1 台阶轴

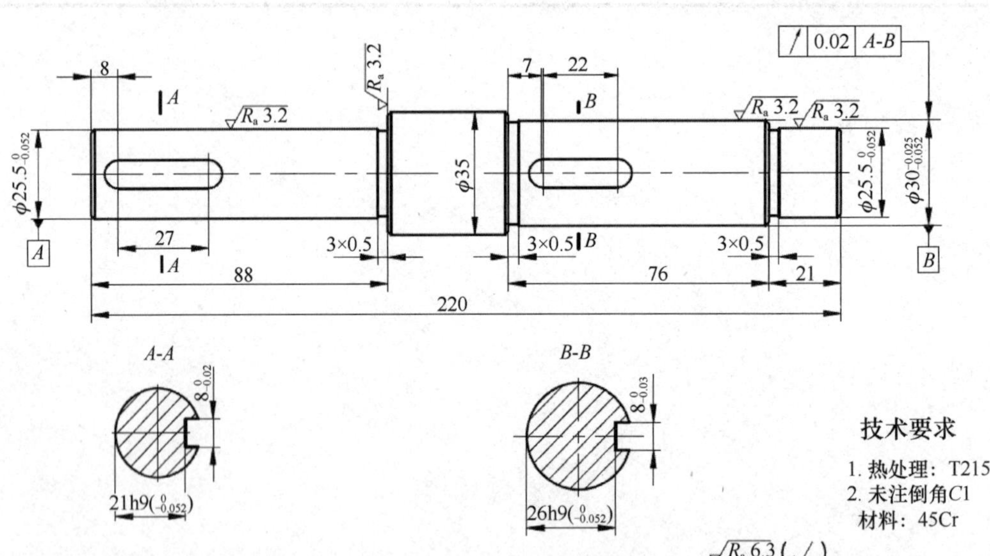


图 B-2 变速箱输出轴

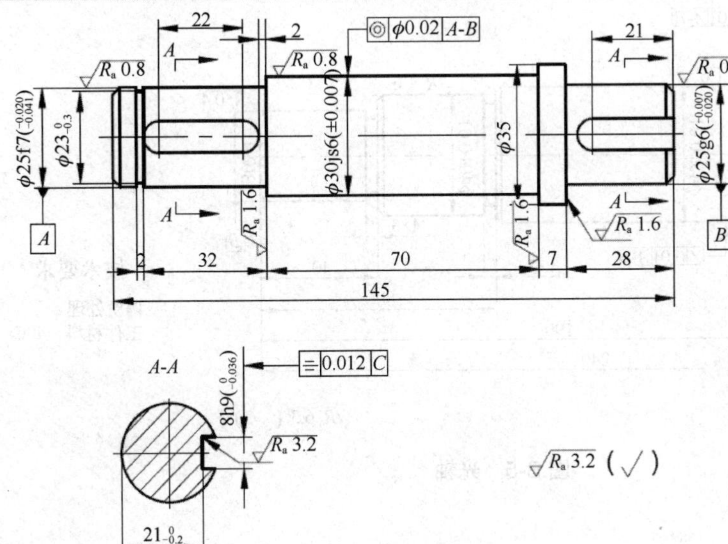


技术要求

1. 淬火硬度40~45HRC
2. 未注倒角1.5

材料：45钢

图 B-3　传动轴 1

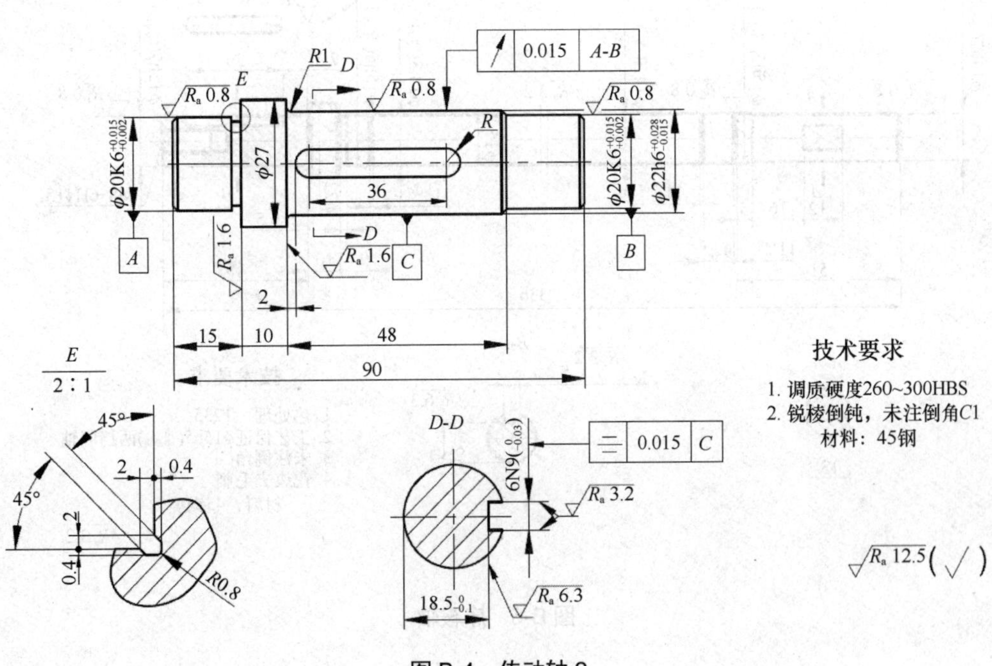


技术要求

1. 调质硬度260~300HBS
2. 锐棱倒钝，未注倒角C1

材料：45钢

图 B-4　传动轴 2

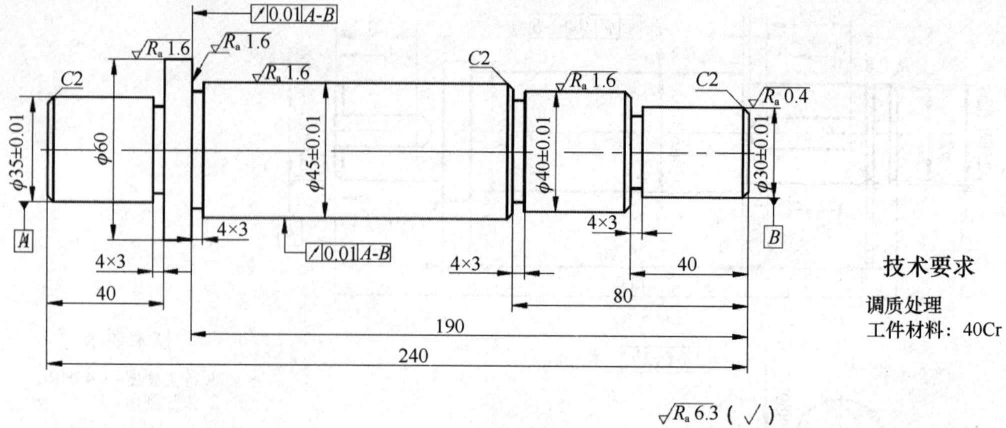


图 B-5　光轴

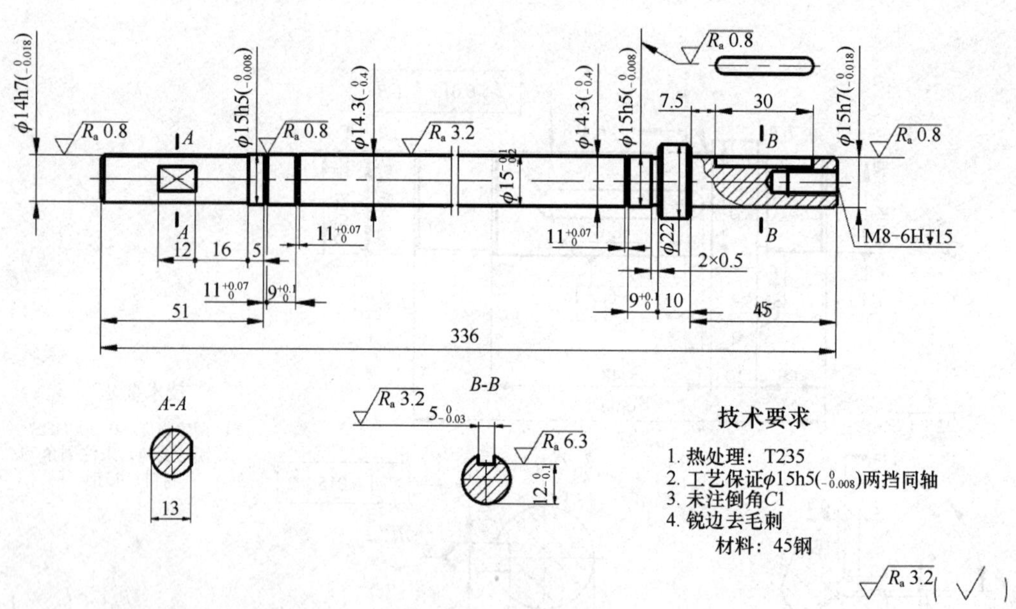


图 B-6　床鞍轴

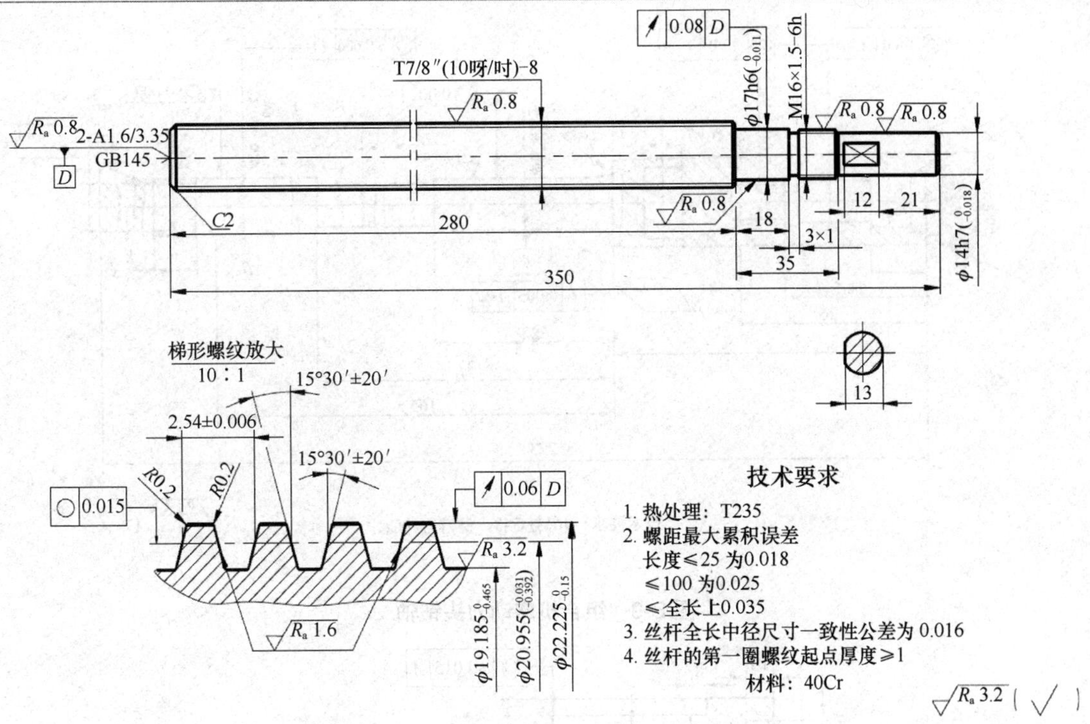


图 B-7　横向丝杆

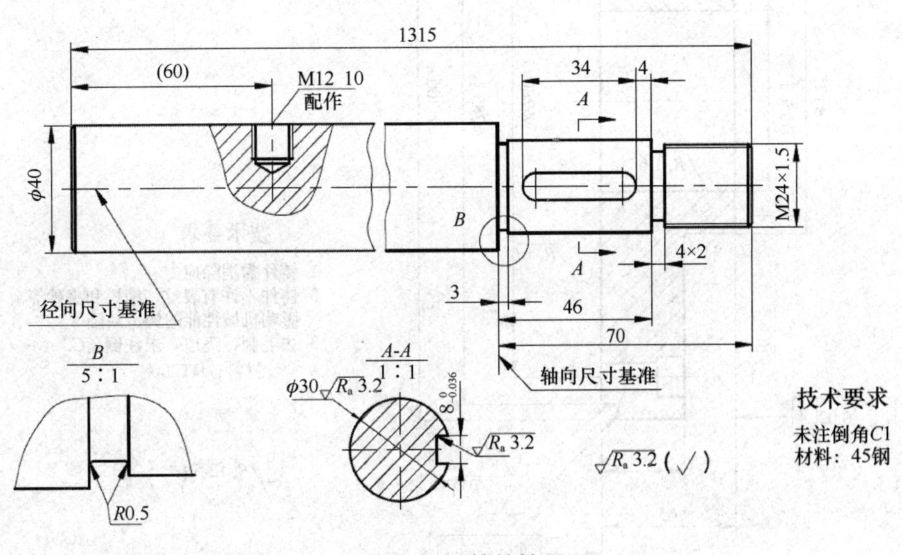


图 B-8　搅拌轴

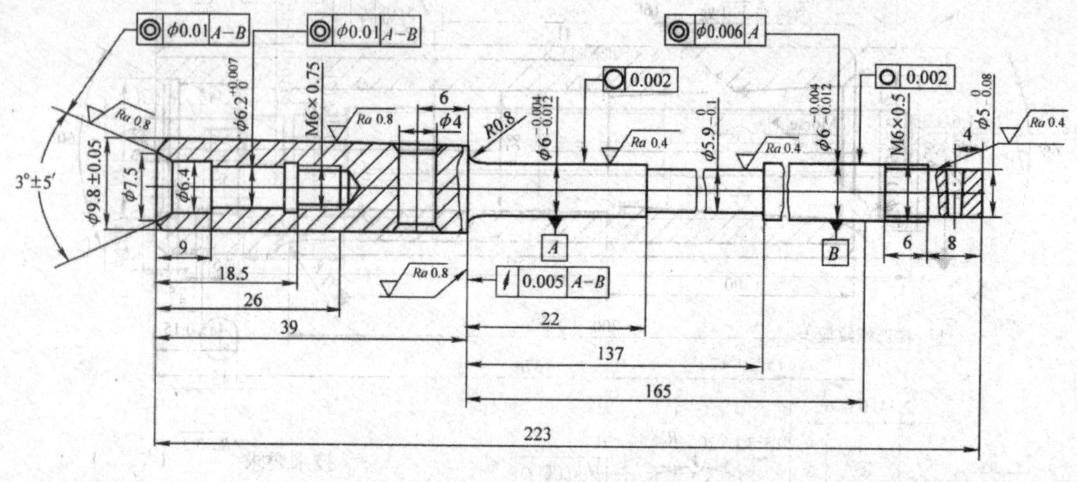


技术要求：165处G48，材料为40Cr。

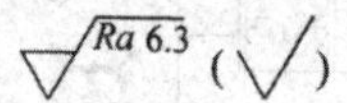

图 B-9　组合机床动力头钻轴

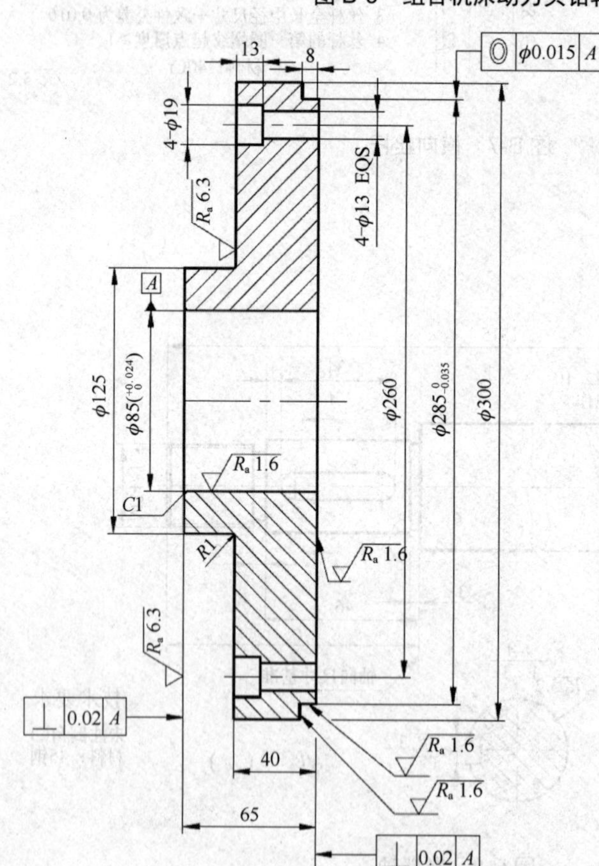


**技术要求**

1. 铸件需消除应力
3. 铸件不许有裂纹、缩松和夹砂等影响机械性能的铸造缺陷
3. 去毛刺、飞边、未注倒角C2

材料：HT200

$\sqrt{R_a\ 12.5}$ ( √ )

图 B-10　端盖 1

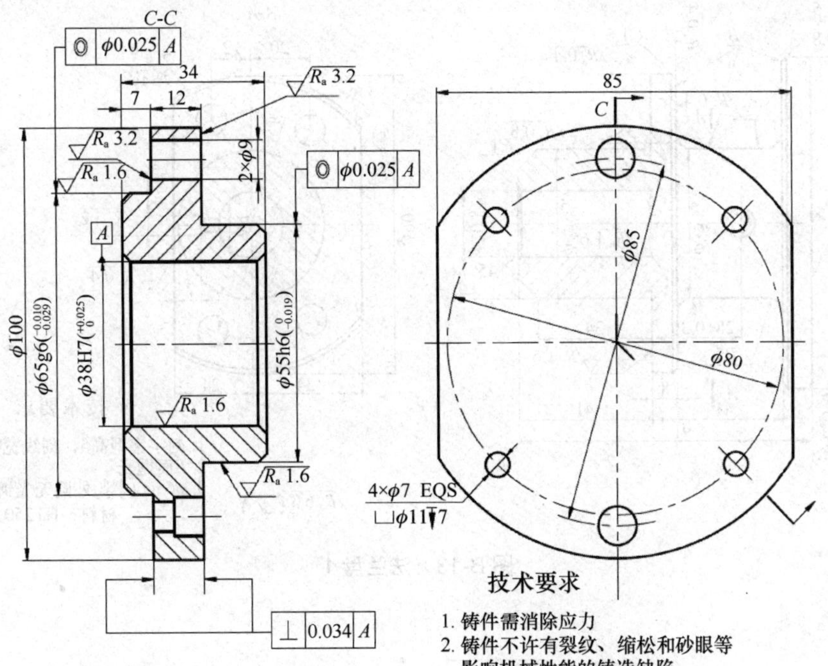
C-C
34
7 12
$R_a$ 3.2
$R_a$ 1.6
2×φ9
φ0.025 A
85
C
φ85
φ80
φ100
φ65g6($^{-0.010}_{-0.029}$)
φ38H7($^{+0.025}_{0}$)
φ55h6($^{0}_{-0.019}$)
A
4×φ7 EQS
⌴φ11↧7
0.034 A
技术要求
1. 铸件需消除应力
2. 铸件不许有裂纹、缩松和砂眼等影响机械性能的铸造缺陷
3. 去毛刺飞边、未注倒角C2
材料：HT150
(√)

图 B-11 端盖 2

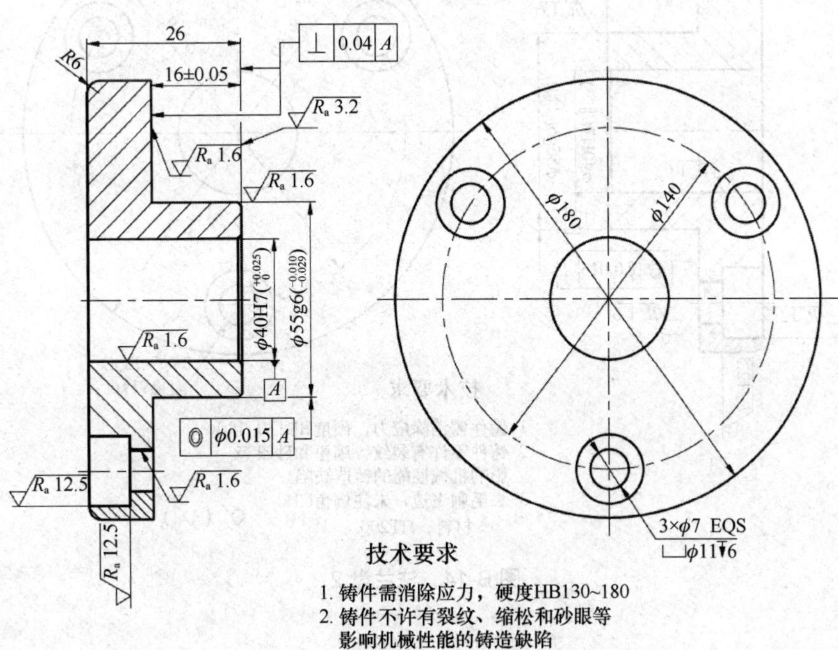
26
R6
16±0.05
0.04 A
$R_a$ 3.2
$R_a$ 1.6
φ40H7($^{+0.025}_{0}$)
φ55g6($^{-0.010}_{-0.029}$)
A
φ0.015 A
$R_a$ 12.5
φ180
φ140
3×φ7 EQS
⌴φ11↧6
技术要求
1. 铸件需消除应力，硬度HB130~180
2. 铸件不许有裂纹、缩松和砂眼等影响机械性能的铸造缺陷
3. 去毛刺飞边、未注倒角C1
材料：HT200
(√)

图 B-12 阀盖

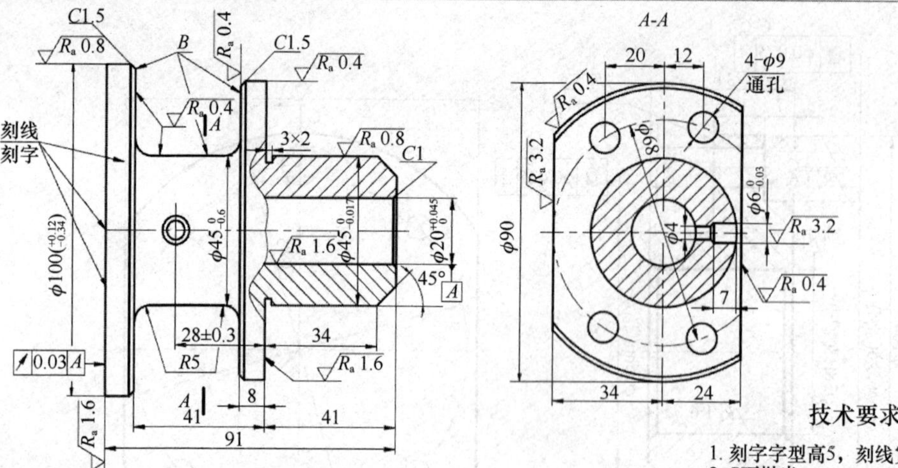


图 B-13　法兰盘 1

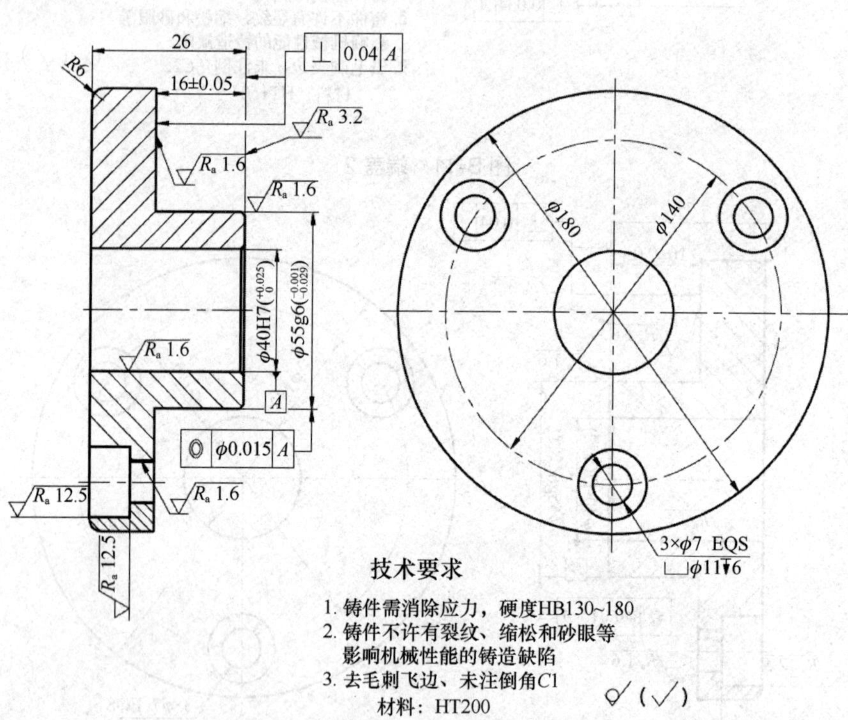


图 B-14　法兰盘 2

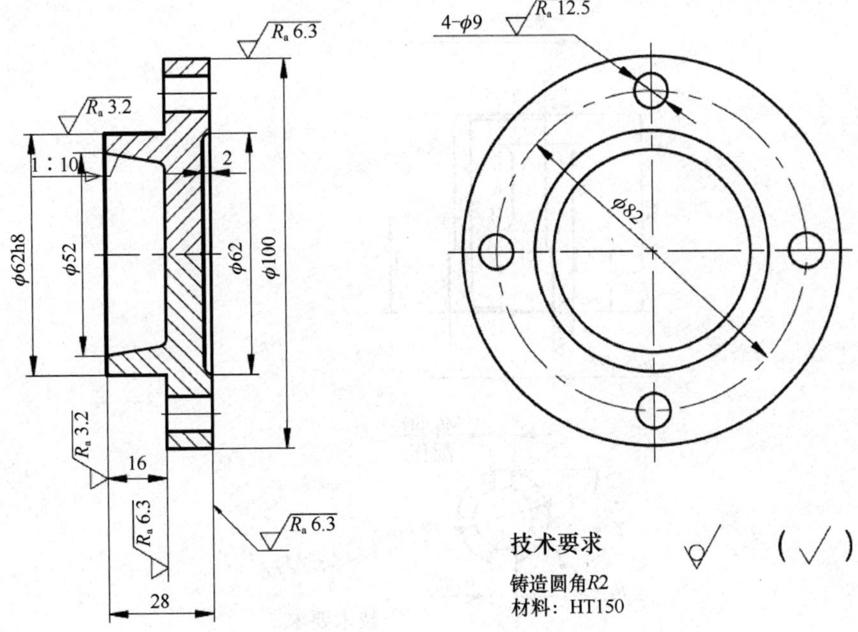


图 B-15　后盖

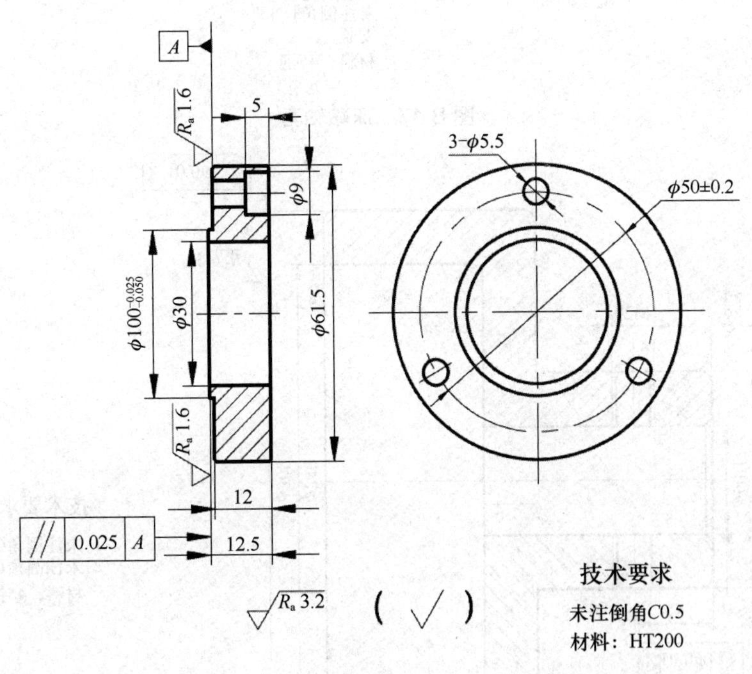


图 B-16　轴承盖

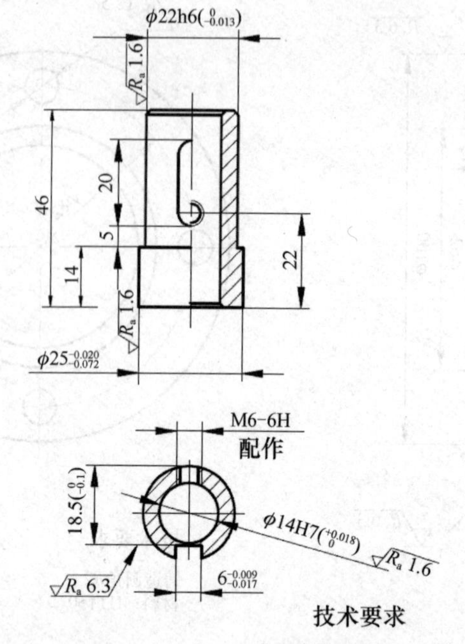


图 B-17 床鞍轴套

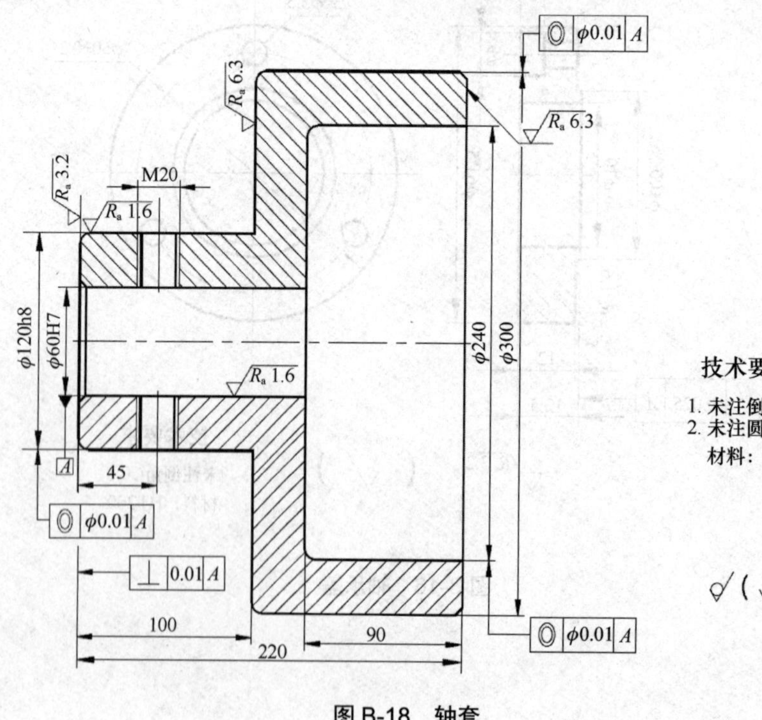


技术要求

1. 未注倒角C4
2. 未注圆角R6

材料：45钢

✓( ✓ )

图 B-18 轴套

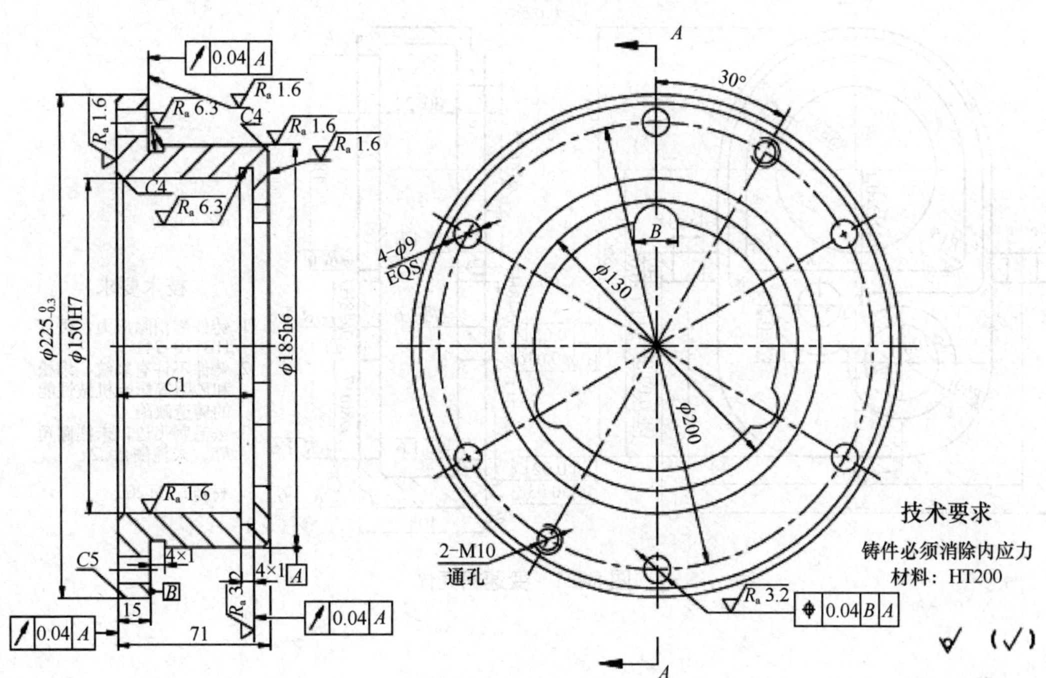


图 B-19　套筒

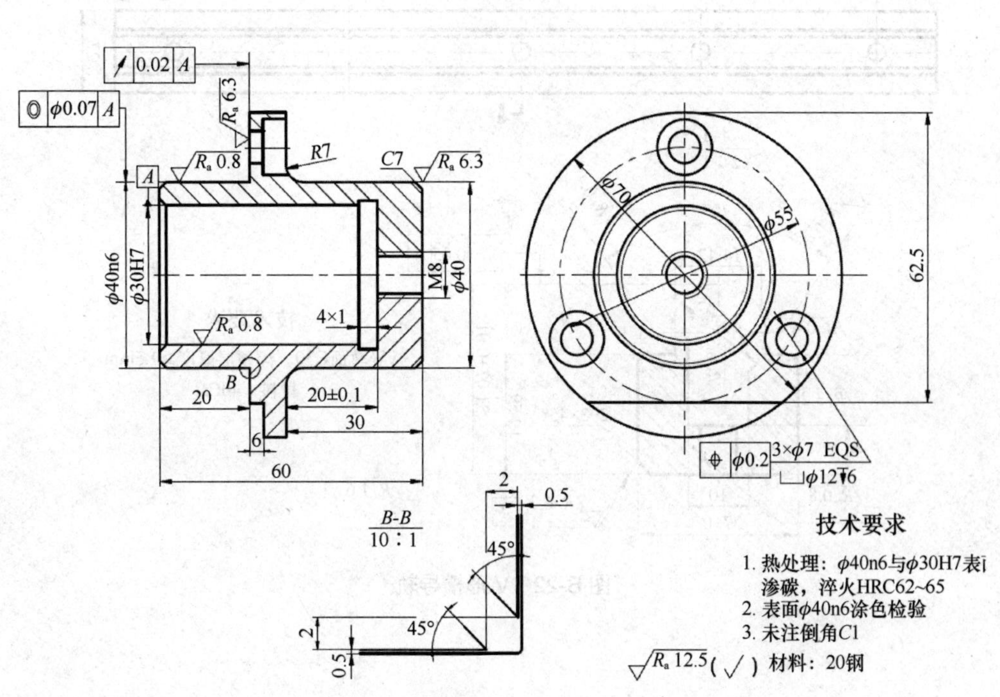


图 B-20　装换套

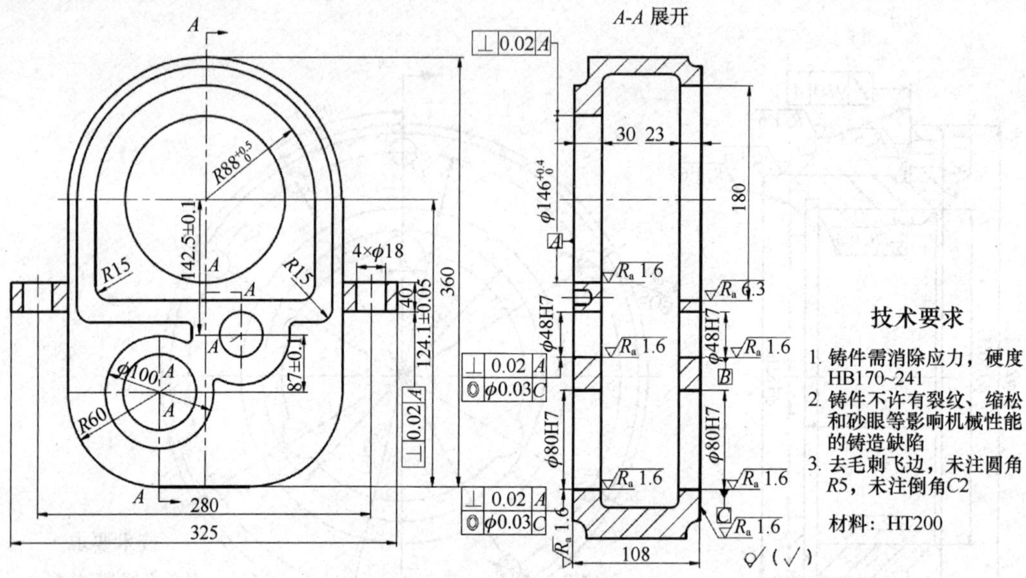

A-A 展开
技术要求
1. 铸件需消除应力，硬度HB170~241
2. 铸件不许有裂纹、缩松和砂眼等影响机械性能的铸造缺陷
3. 去毛刺飞边，未注圆角R5，未注倒角C2
材料：HT200


图 B-21　变速箱壳体

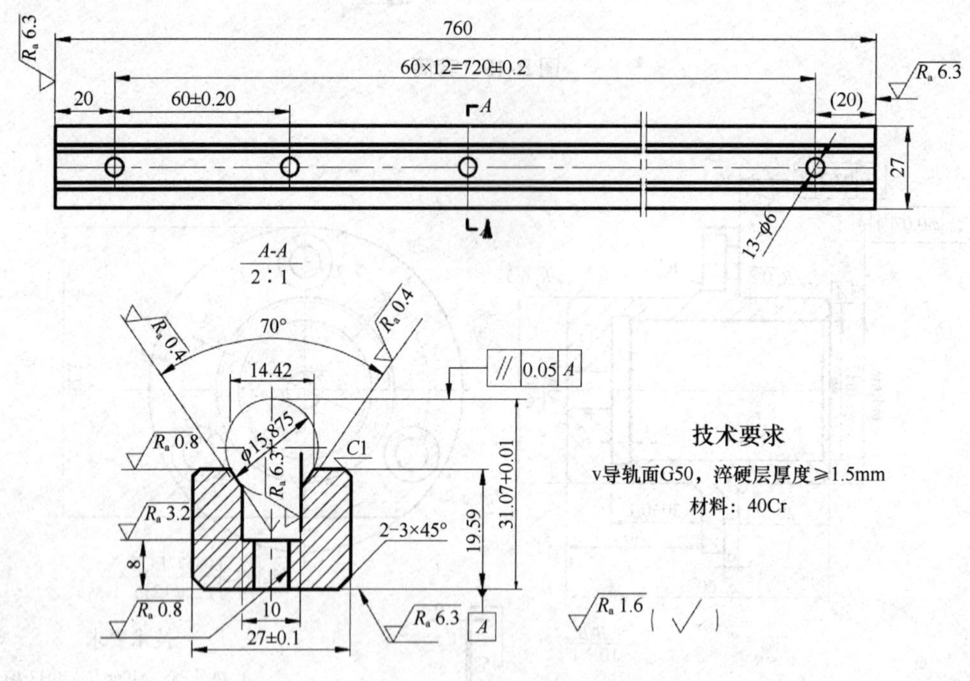


图 B-22　V 形槽导轨

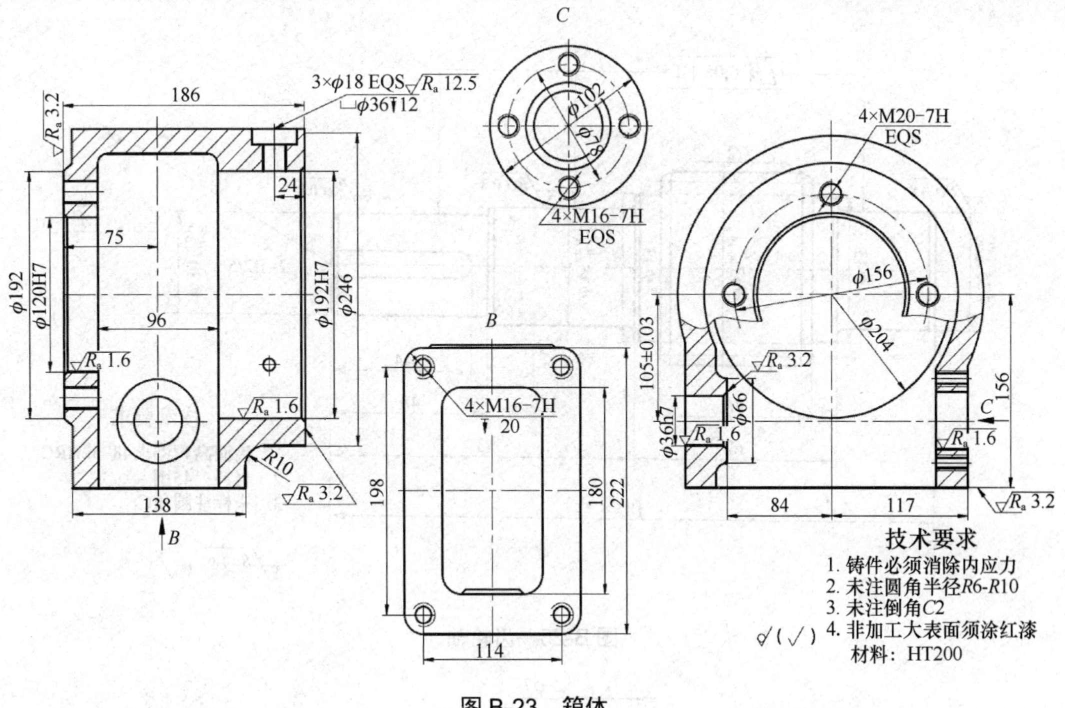


图 B-23　箱体

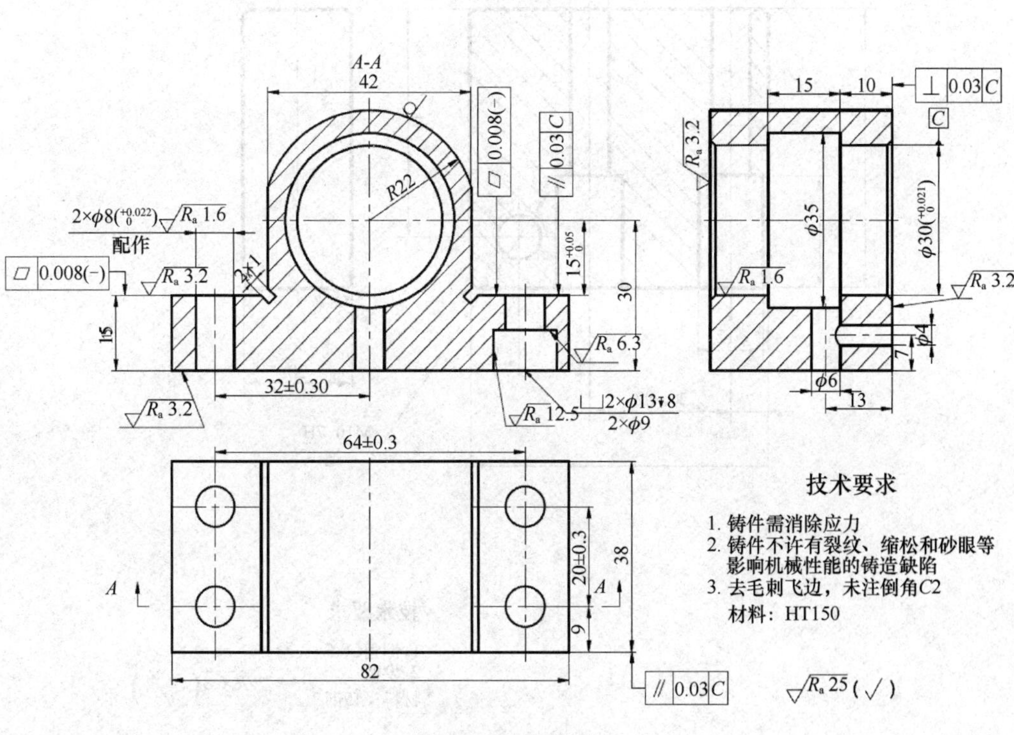


图 B-24　轴承座

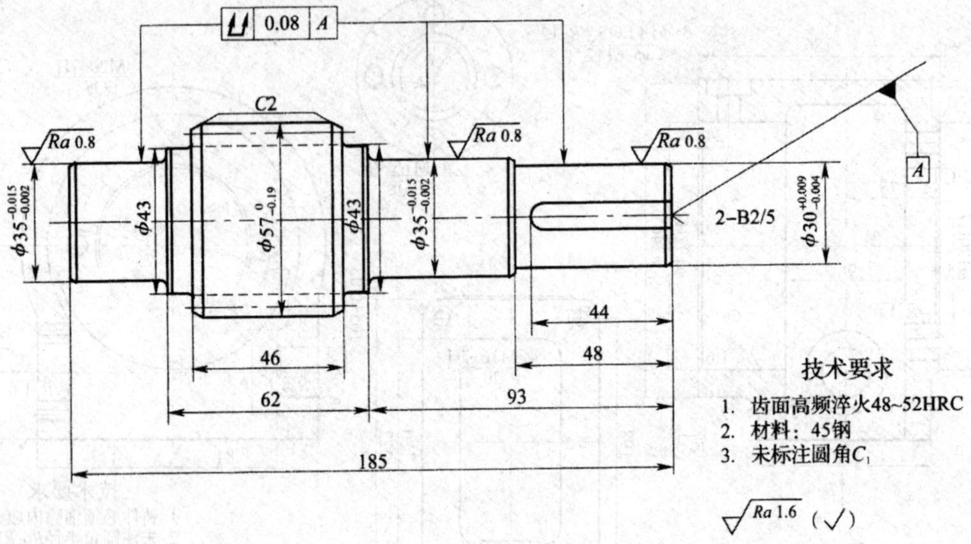


图 B-25　齿轮轴

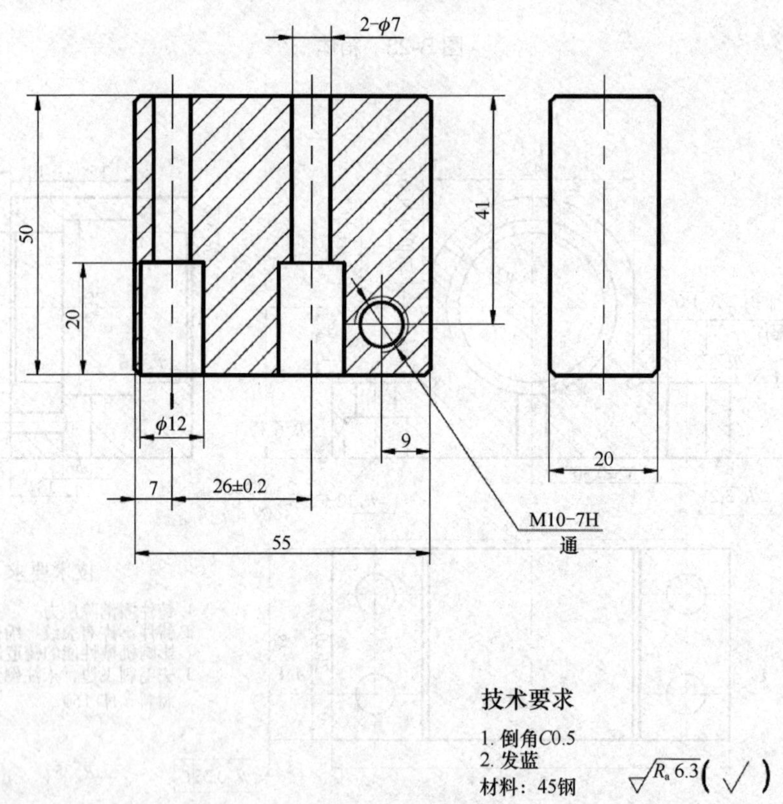


图 B-26　固定块

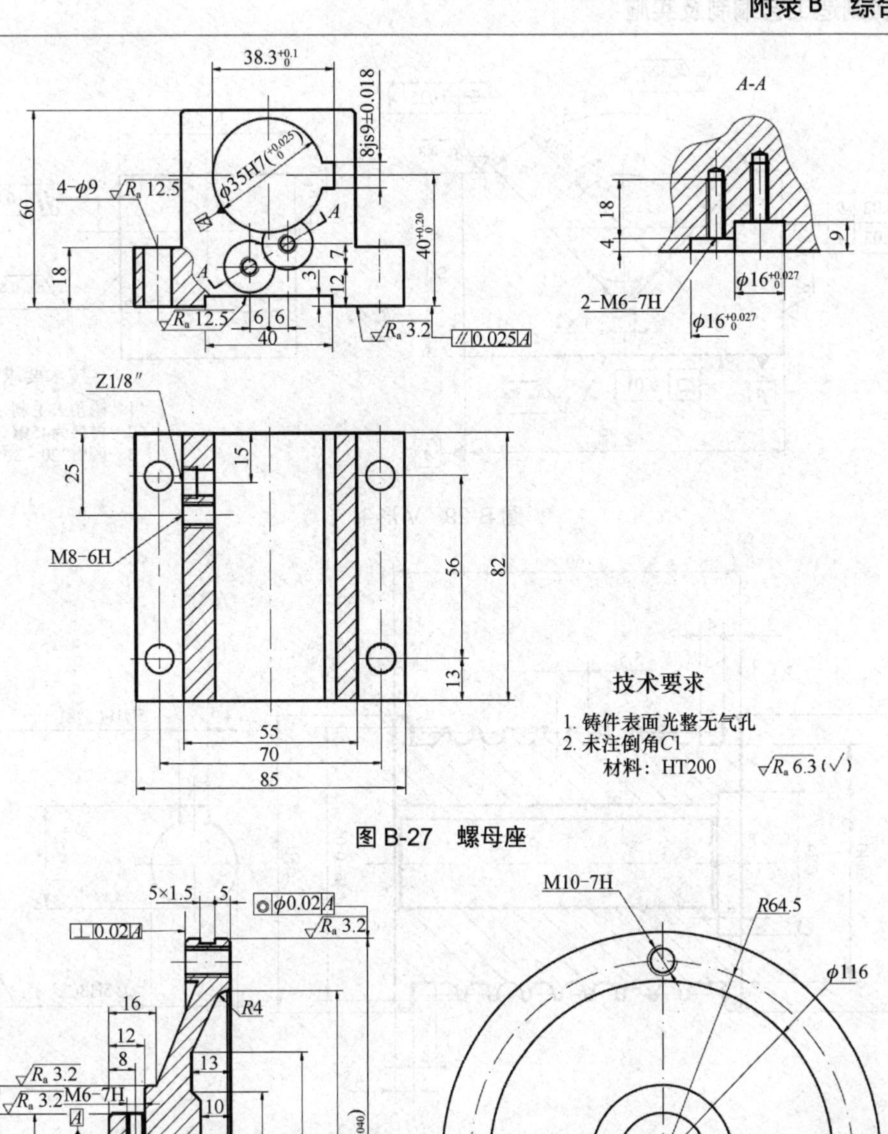


图 B-27 螺母座

技术要求

1. 铸件表面光整无气孔
2. 铸件作消除应力处理
3. 未注圆角$R3$
4. 未注倒角$C2$
5. $\phi$110内涂黑漆

材料：HT200

$\sqrt{R_a\ 6.3}$（√）

图 B-28 手轮

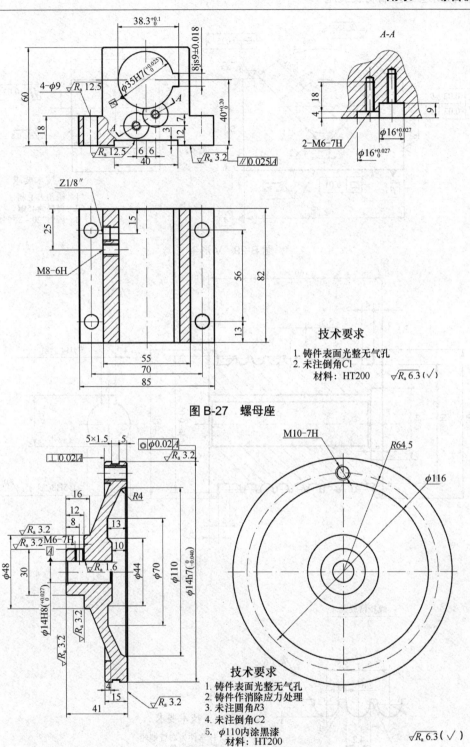

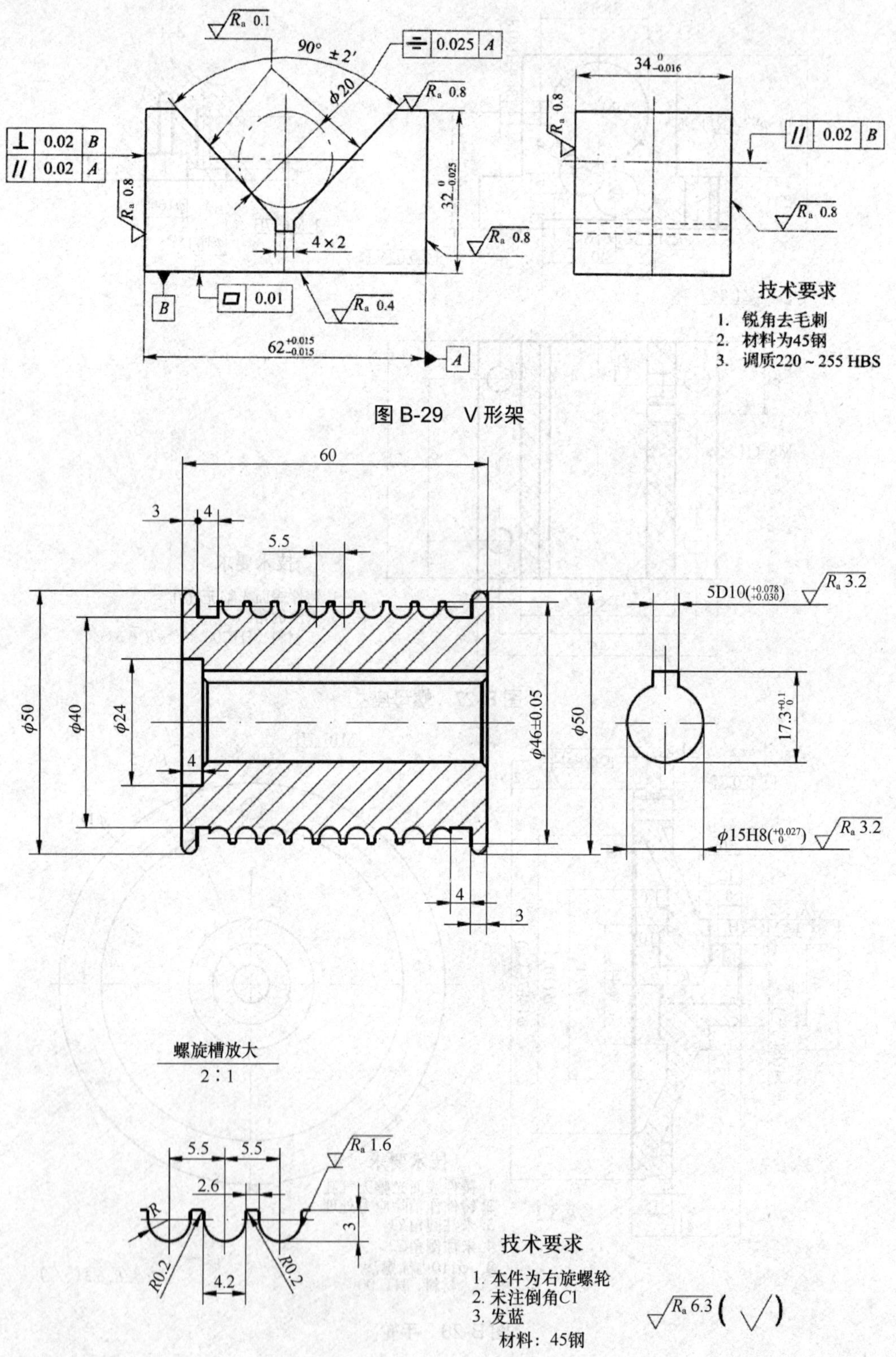


图 B-29　V 形架

图 B-30　纵向进给绳轮

# 参 考 文 献

[1] 李益民. 机械制造工艺简明手册[M]. 2 版. 北京：机械工业出版社，2015.

[2] 艾兴，肖诗纲. 切削用量简明手册[M]. 3 版. 北京：机械工业出版社，2015.

[3] 赵如福. 金属机械加工工艺人员手册[M]. 4 版. 上海：上海科学技术出版社，2006.

[4] 张福润，等. 机械制造技术基础[M]. 2 版. 武汉：华中理工大学，2000.

[5] 人力资源和社会保障部教材办公室组织编写. 机械制造工艺学[M]. 2 版. 北京：中国劳动社会保障出版社，2011.

[6] 郑修本. 机械制造工艺学[M]. 3 版. 北京：机械工业出版社，2012.

[7] 孙希禄. 机械制造工艺[M]. 北京：北京理工大学出版社，2012.

[8] 孙英达. 机械制造工艺与装备[M]. 北京：机械工业出版社，2012.

[9] 涂序斌，等.机械制造基础[M]. 北京：北京理工大学出版社，2012.

[10] 王风平. 机械制造工艺学[M]. 北京：机械工业出版社，2011.

[11] 陈磊，等.机械制造工艺[M]. 北京：北京理工大学出版社，2010.

[12] 张江华，等.机械制造工艺[M]. 北京：机械工业出版社，2012.

[13] 国家职业资格培训教材编审委员会. 机修钳工(高级)[M]. 北京：机械工业出版社，2012.

[14] 胡国强. 铣工加工工艺经验实例[M]. 北京：国防工业出版社，2011.

[15] 魏康民. 机械制造技术基础[M]. 重庆：重庆大学出版社，2006.

[16] 实用车工手册编写组. 实用车工手册[M]. 2 版. 北京：机械工业出版社，2009.

[17] 吴国良. 铣工实用技术手册[M]. 江苏：江苏科学技术出版社，2009.

[18] 徐鸿本. 磨削工艺技术[M]. 沈阳：辽宁科学技术出版社，2009.

[19] 金福昌. 车工(高级)[M]. 北京：机械工业出版社，2008.

[20] 陈宏均. 实用钳工手册[M]. 北京：机械工业出版社，2009.

[21] 朱派龙，等. 机械制造工艺装备[M]. 西安：西安电子科技大学出版社，2006.

[22] 张福润，等. 机械制造工艺学[M]. 武汉：华中理工大学，1998.

[23] 乐总谦. 金属切削刀具[M]. 北京：机械工业出版社，1993.

[24] 王先逵. 机械制造工艺学[M]. 北京：机械工业出版社，1995.

[25] 王启平. 机械制造工艺学[M]. 哈尔滨：哈尔滨工业大学出版社，1995.

[26] 刘登平. 机械制造工艺及机床夹具设计[M]. 北京，北京理工大学出版社，2008.

[27] 兰建设. 机械制造工艺与夹具[M]. 北京：机械工业出版社，2004.

[28] 周学世. 机械制造工艺与夹具. 北京：北京理工大学出版社，2006.

[29] 孙庆群. 机械工程综合实训[M]. 北京：机械工业出版社，2005.

[30] 倪小丹，杨继荣. 机械制造技术基础[M]. 北京：清华大学出版社，2007.

[31] 倪森寿. 机械制造工艺与装备[M]. 北京：化学工业出版社，2002.

[32] 周宏甫. 机械制造技术基础[M]. 北京：高等教育出版社，2004.

[33] Rick Dove. 敏捷企业(上)[J]. 张申生，译. 中国机械工程，1996，7(3).

[34] Rick Dove. 敏捷企业(下)[J]. 张申生，译. 中国机械工程，1996，7(4).